高职高专公共基础课系列教材

计算机办公软件应用基础

（含上机指导工作单）

主　编　付　良　许梅瑛

副主编　王德铭　胡苏梅

参　编　林　琳　叶　梅　王作启

王东黎　张　玲

西安电子科技大学出版社

内 容 简 介

本书主要包括 8 个技能项目：操作系统与资源管理、图文排版与打印输出、电子表格与数据处理、演示文稿与媒体展示、数据管理与分析处理、图形图表与绘制分析、网络应用与施工配置、邮件收发与信息管理。为满足教师教学实践的需求，方便教学实施，我们还依据国家对学生的技能要求，补充编写了与其配套的“上机指导工作单”，其中除有工作(学习)任务外，针对每一个具体的任务还给出了具体的操作步骤，这样既给教师的教学实施带来了方便，也为学生的自学提供了便利。

本书依据国家计算机等级考试大纲、系统操作员技能鉴定考试大纲，并对相关题库的内容、形式、知识和操作能力考点进行分析、归纳、提炼后，确定在每个技能项目中都按照软件的应用功能，设计了若干个有梯度的“子任务”，其任务要求明确、实用，且具有代表性。本书注重实践，旨在引导读者跟着做，于做中得悟，从而提升能力。

本书可作为高职高专院校及职业高中等各类专业的计算机应用基础课程的教材，也可作为计算机应用基础的入门参考书。

图书在版编目(CIP)数据

计算机办公软件应用基础 / 付良，许梅瑛主编. —西安：西安电子科技大学出版社，2021.6
ISBN 978-7-5606-6002-8

Ⅰ. ①计… Ⅱ. ①付… ②许… Ⅲ. ①办公自动化—应用软件 Ⅳ. ①TP317.1

中国版本图书馆 CIP 数据核字(2021)第 053962 号

策划编辑 秦志峰
责任编辑 秦志峰 马 凡
出版发行 西安电子科技大学出版社(西安市太白南路 2 号)
电 话 (029)88242885 88201467 邮 编 710071
网 址 www.xduph.com 电子邮箱 xdupfxb001@163.com
经 销 新华书店
印刷单位 咸阳华盛印务有限责任公司
版 次 2021 年 6 月第 1 版 2021 年 6 月第 1 次印刷
开 本 787 毫米×1092 毫米 1/16 印 张 24.75
字 数 584 千字
印 数 1～3000 册
定 价 61.00 元(含上机指导工作单)
ISBN 978 - 7 - 5606 - 6002 - 8 / TP

XDUP 6304001-1

前　言

计算机应用和计算机文化已渗透到人类生活的各个方面，并逐渐改变着人们的工作、学习和生活方式。掌握计算机的基本操作方法，提升计算机的应用能力，已经成为培养高素质人才的重要组成部分。随着我国中小学信息技术教育的日益普及和推广，大学新生计算机知识的起点也越来越高，计算机基础课程的教学已经不再是零起点，很多学生在初中或者高中阶段已或多或少学习了计算机基础知识，有的还具备了相当的操作和应用能力，新一代大学生对大学计算机基础课程教学提出了更新、更高、更具体的要求。考虑到这些因素，本书对一些计算机基础常识，如计算机的原理、组成、功能、应用、发展与分类以及计算机中信息的表示、网络常识等都作了省略。因此，本书在内容的安排与处理上与其他计算机基础教材不同，删繁就简，注重实效，具有自己的特色。

计算机应用基础是一门实践性较强、内容比较丰富的基础课程，但学校安排的学时通常又较少，这就造成了内容多与课时少的矛盾。计算机专业的学生以后还可以在专业课程中有再学习的机会，但对非计算机专业的学生来说，想通过此基础课程的学习完全掌握计算机应用基础知识比较困难。所以，我们在编写本书时，为解决这些矛盾，在教学内容的编排上采用了项目(每个项目就是计算机的一个应用领域或某一办公软件)下的多个任务的设计方法。如果课时少，那么对那些不需要学生有更多计算机知识、技能的专业，教师在安排教学计划时，可以只选择每个项目下的前一两个任务作为课堂的教学内容，其他任务可以作为选修内容。因此，每个项目下的第一个任务涵盖了项目的基础知识或技能要求，而不是仅包含基础知识的某一部分。比如，文字处理软件(Word)在第一个任务中包括新建、保存、页面设计、打印、字号、字体、行间距及排版等基本操作内容，后面的各任务只是在难易程度、复杂程度与应用范围上有所提升。这样安排教材的内容，避免了以往教师在教学过程中由于课时不够只讲述整个教材前面的内容而放弃后面内容的情况。以往那种教学安排的结果是学生所学知识不完整，根本不能了解课程的全部，使学生的再学习缺少知识支撑，结果是课程开了，但效果却不理想。

早期的计算机应用基础课程中包含较多的原理性内容，图解相对较少，各操作实例缺少联系性，学生难以获得理解与掌握。本书的架构体系采用“项目—任务”的形式编写，用任务引导，学生在引导实践后，对所获得的成果会有成就感，有利于激发其学习兴趣；以“轻理论、重实践，以实例贯穿知识，采用任务引导”为指导思想，力求真正体现计算机的实用性特点；选材合理，编排新颖，实例贴近工作实际，且通过大量图解及简化的操作步骤，以完成任务为主线的表述形式，删繁就简，目标明确，思路清晰；对于那些有多种操作手段可以实现的操作步骤，选用一种最常见、方便、简单的方法提出，其他方法采用“注”的形式说明；对于内容多的知识点，为不影响学生练习时的思路，把它们放置在“知识拓展”部分。如此安排，一是可使读者易学、易懂、易用，二是可对学生今后的自学或技能提升提供空间与便利。

本书涉及 8 个技能项目，主要内容如下：

技能项目 1　操作系统与资源管理：介绍操作系统的入门级常识、高级操作，包括控制面板、用户账户、文件管理、文件夹的基本操作、磁盘清理、碎片整理、数据备份、设置个性化的桌面背景、添加输入法、添加桌面小工具、创建用户、管理新账户等。

技能项目 2　图文排版与打印输出：介绍文档的相关操作，如页面设置、文本编辑、查找与替换、项目符号添加、打印设置、创建工作表及其边框与底纹制作、图片艺术字、文本框的插入、分栏、各种格式字体设置等。

技能项目 3　电子表格与数据处理：介绍编辑工作簿工作表、编辑单元格、美化工作表、打印工作表、用公式计算、引用单元格、创建图表、编辑图表、排序、筛选等。

技能项目 4　演示文稿与媒体展示：介绍创建演示文稿，使用幻灯片主题版式，使用图片、SmartArt 图形、表格，为幻灯片添加备注，修改母板，格式化幻灯片，插入图形、图片、音频、视频等媒体，设置幻灯片的切换方式，设置幻灯片的放映方式，交互性设置，打包与发行等。

技能项目 5　数据管理与分析处理：介绍创建数据库，管理修改数据表，创建数据表的关联，利用查询设计器设计插入、删除、修改记录及统计查询 SQL 语句，选择查询，更新查询，删除查询，追加查询，生成表等。

技能项目 6　图形图表与绘制分析：介绍添加形状、连接线及其格式的更改、添加文本、页面属性设置、添加背景、模具的添加、图例与配置图例、绘制形状、填充图案、追加模具或搜索模具、形状属性的锁定与解锁等。

技能项目 7　网络应用与施工配置：了解 ADSL 宽带接入技术、ADSL Modem 的安装、宽带连接的设置、局域网相关技术、通过宽带路由器共享上网的配置、申请免费电子邮箱、利用免费电子邮箱收发电子邮件、传送文件等。

技能项目 8　邮件收发与信息管理：介绍添加账户信息，创建电子邮件及其重要性级别设置，密件使用，字体设置，图形添加，回执设置，创建日历、约会、会议、通讯簿，新建联系人组，文件的导出与导入等。

另外，为方便教师教学实施及学生的自主学习，本书还对部分主要项目内容编制了《计算机办公软件应用基础上机指导工作单》，并单独成册。

本书由江苏省徐州技师学院部分分院的专业教师编写，他们都是长期从事大学计算机基础或专业课教学的一线教师，不仅教学经验丰富，而且对当代大学生的现状非常熟悉，在编写过程中充分考虑到不同学生的特点和需求，在本书内容选择、任务设置、教法探索等方面都付出了大量心血，因此可以说本书凝聚了编者们多年来的教学经验和成果。本书由付良、许梅瑛担任主编，王德铭、胡苏梅担任副主编，最终由王德铭负责统稿。本书具体编写分工为：技能项目 1 由王东黎编写，技能项目 2 由林琳编写，技能项目 3 由胡苏梅编写，技能项目 4 由叶梅编写，技能项目 5 由付良编写，技能项目 6 由王德铭编写，技能项目 7 由王作启编写，技能项目 8 由张玲编写，上机工作单主要由许梅瑛、林琳编写。

本书可作为高职高专计算机文化基础课教材或各行业计算机知识与应用的培训教材，也可作为计算机爱好者自学的手册，同时更适合从事计算机基础教学的教师作为教学参考、备课资料或教学案例设计的样本。

最后感谢在本书编写过程中给予帮助和建议的系领导、同事以及学院领导的支持。由于编写时间紧张，书中可能还存在不足之处，恳请专家、读者多多包涵与指正。

编　者

2021 年 2 月于徐州彭城

目　　录

技能项目 1

操作系统与资源管理

Windows 7 系统是微软公司开发的新一代操作系统，在用户界面、应用程序和功能、安全、网络、管理性等方面做了大幅度改善的同时，其性能也大幅度提升。该系统旨在让用户日常的计算机操作更加简单和快捷，为用户提供高效易行的工作环境。它是目前最流行、使用最广泛的操作系统之一。

对于初学者来说，要使用计算机进行工作、学习，需要先熟悉 Windows 7 工作环境，逐步掌握 Windows 7 的基本操作，为提高日常工作效率打下基础。本项目主要通过 4 个任务来实践 Windows 7 的功能。

任务 1　个性化管理自己的计算机

桌面就如同人的脸面一样，它是计算机的名片，且直接体现了其主人的喜好与个性及其使用计算机的习惯。本任务主要实践内容为设置桌面背景、添加桌面小程序及利用帮助添加本地打印机，使读者初步认识计算机及其操作系统。设置完成的计算机桌面如图 1-1 所示。

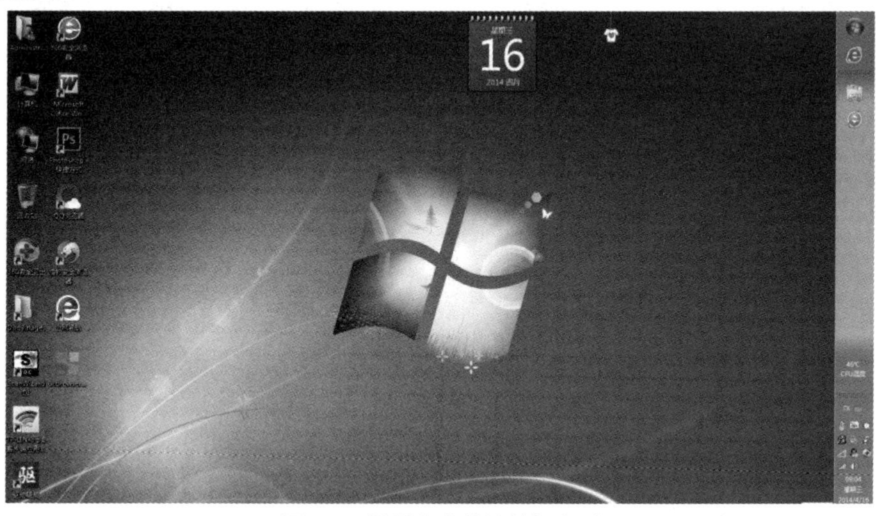

图 1-1　设置完成的计算机桌面

(1) 启动系统(开机)及系统退出(关机)；
(2) 改变任务栏的放置位置；
(3) 从“开始”菜单打开不常用的程序；
(4) 在桌面上添加“日历”小工具；
(5) 设置个性化的桌面背景；
(6) 使用 Windows 系统的帮助功能来安装本地打印机。

步骤 1　启动系统(开机)。

接通外部电源，打开显示器，按下主机开机按钮，系统会进行自检。自检完毕后启动 Windows 7，屏幕上出现 Windows 桌面，主要包括桌面图标、桌面背景和任务栏，如图 1-2 所示。

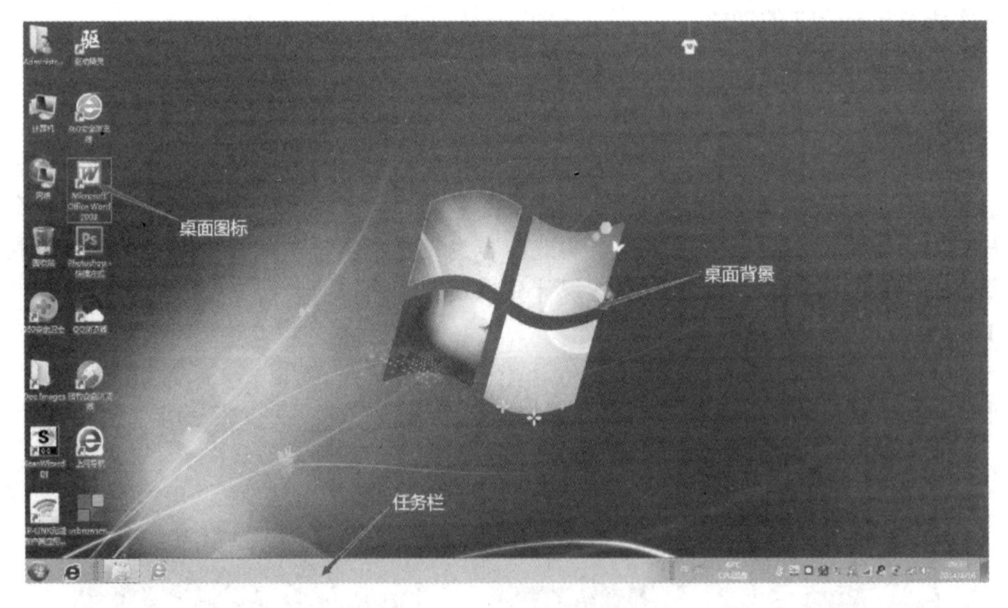

图 1-2　Windows 7 桌面

说明：

① 桌面图标：图标是某个应用程序、文档或设备的快捷方式。双击图标可以打开相应操作窗口或应用程序。

② 桌面背景：丰富桌面内容，增强用户的操作体验，对操作系统没有实质性的作用。

③ 任务栏：一般位于桌面的底部，包括“开始”按钮、“快速启动区”“指示区”和“显示桌面”按钮。

步骤 2　改变任务栏的放置位置。

(1) 用鼠标右击任务栏上的空白区域，在弹出的快捷菜单中可见“锁定任务栏”命令前有复选标记，说明任务栏已是锁定状态。此时单击“任务栏”，可以解除任务栏的锁定(锁定时，任务栏不能拖动改变位置)，如图 1-3 所示。

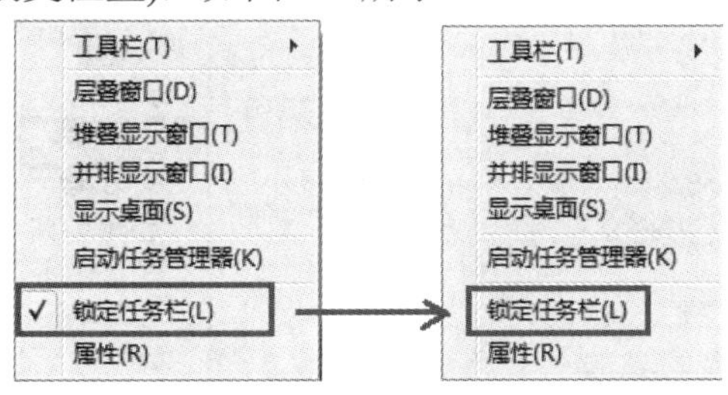

图 1-3　锁定及解锁任务栏

(2) 再次打开快捷菜单，选择“属性”命令，在打开的“任务栏和「开始」菜单属性”对话框中切换到“任务栏”选项卡。在“屏幕上的任务栏位置”选项中选择“右侧”，单击“确定”按钮即可，如图 1-4 所示。

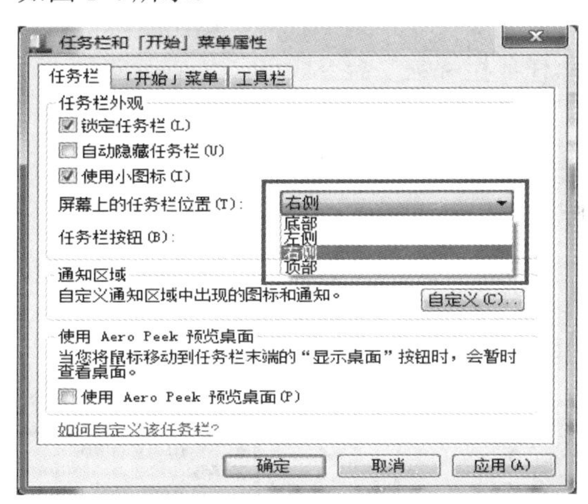

图 1-4　“任务栏和「开始」菜单属性”对话框

注：在任务栏没有被锁定的情况下，可直接用左键拖动“任务栏”到屏幕的右侧。

除了可以改变任务栏的位置，还可以改变其大小及任务栏属性的其他设置。在任务栏没锁定的情况下，用鼠标拖动方式还可以改变任务栏的大小(读者可以尝试操作)。任务栏属性的设置还包括“自动隐藏任务栏”“使用小图标”“任务栏按钮”等。

任务栏的调整根据个人习惯设置。本书以下操作中的任务栏均位于屏幕底部。

❖ 知识拓展：将程序(以“计算器”程序为例)锁定到任务栏

将程序(特别是经常使用的程序)直接锁定到任务栏，以便快速方便地打开该程序，而无须在“开始”菜单中查找该程序。其操作方法如下：

(1) 如果此程序正在运行，则用鼠标右击任务栏上此程序的按钮，从跳转列表中选择“将此程序锁定到任务栏”命令锁定计算器程序到任务栏，如图 1-5 所示。

(2) 如果此程序没有运行，则单击“开始/所有程序”按钮，找到“附件”文件夹的图标并单击打开，在“计算器”程序上右击，然后选择“锁定到任务栏”命令，如图 1-6 所示。

图 1-5　将“计算器”程序锁定到任务栏

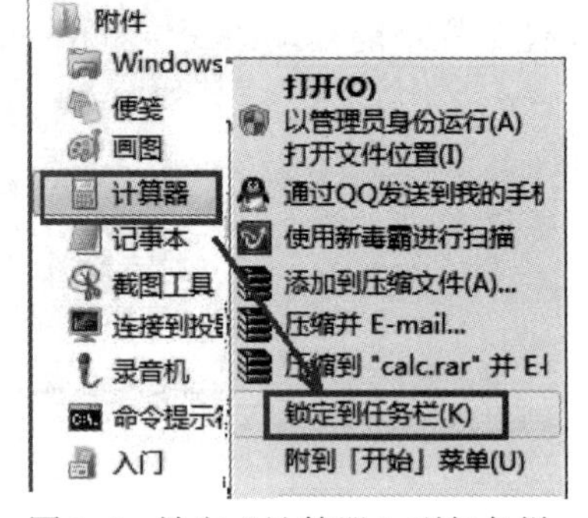

图 1-6　锁定“计算器”到任务栏

(3) 将程序的快捷方式从桌面或“开始”菜单中直接拖到任务栏上也能达到锁定程序的目的。

注：若要从任务栏中删除某个锁定的程序，则用鼠标右击该程序图标，从快捷菜单中选择“将此程序从任务栏解锁”命令即可。

步骤 3　从“开始”菜单打开不常用程序。

(1) 打开不常用的程序“计算器”。

单击“开始”按钮，如果看不到所需的程序，则可单击“开始”菜单下的“所有程序”命令，将在左边窗格中出现按字母顺序显示程序的长列表。单击“附件”，再单击“计算器”即可打开其程序，如图 1-7 所示。

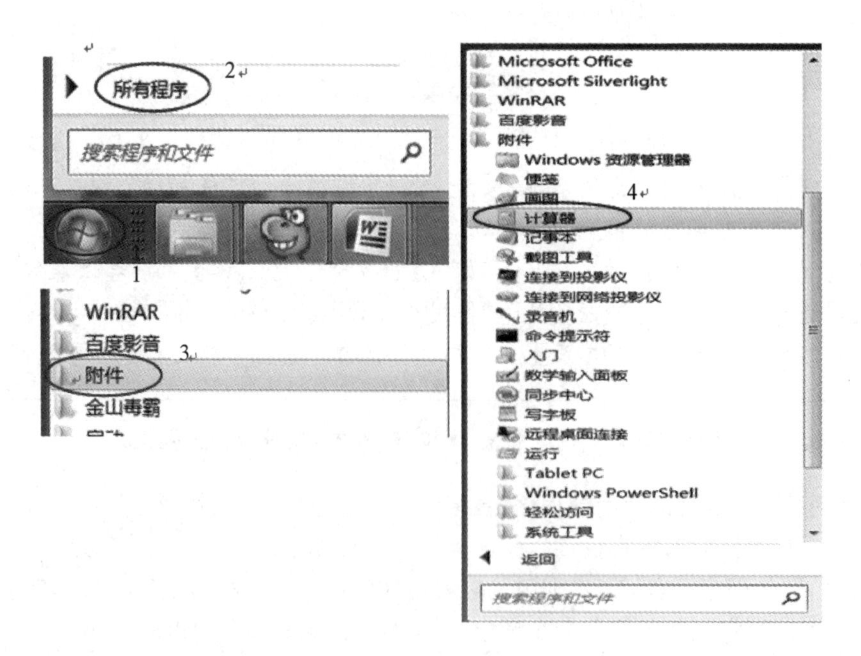

图 1-7　利用“开始”菜单打开不常用的程序

(2) 将“计算器”程序附到“开始”菜单。

单击“开始/所有程序”，找到“附件”文件夹并单击展开，右击“计算器”，在下拉列表中选择“附到「开始」菜单”，如图 1-8 所示。

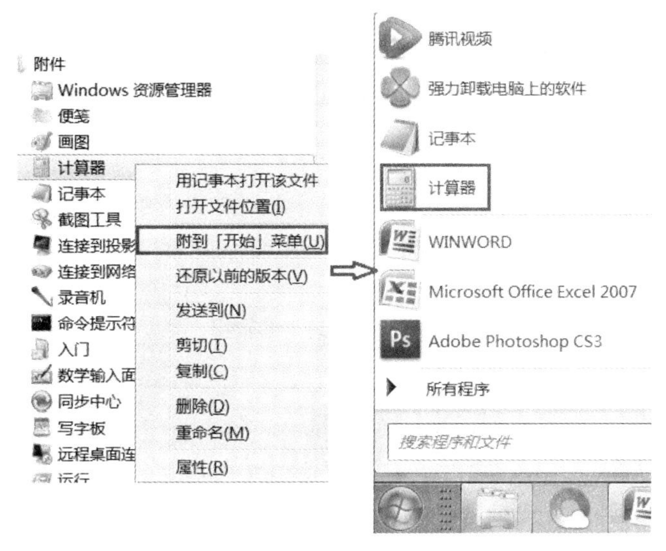

图 1-8　将“计算器”程序附到“开始”菜单

说明：“开始”按钮位于任务栏的最左端，采用具有 Windows 标志的打开按钮。单击“开始”按钮，弹出“开始”菜单，如图 1-9 所示。其中：“最近使用的程序”栏中列出了最近使用的程序列表，通过它可快速启动这些程序；“当前用户”图标显示当前系统使用的图标，便于用户识别，单击它可设置用户账户；另外还包括“所有程序”菜单、搜索框、“关机”系统控制区及选项按钮。

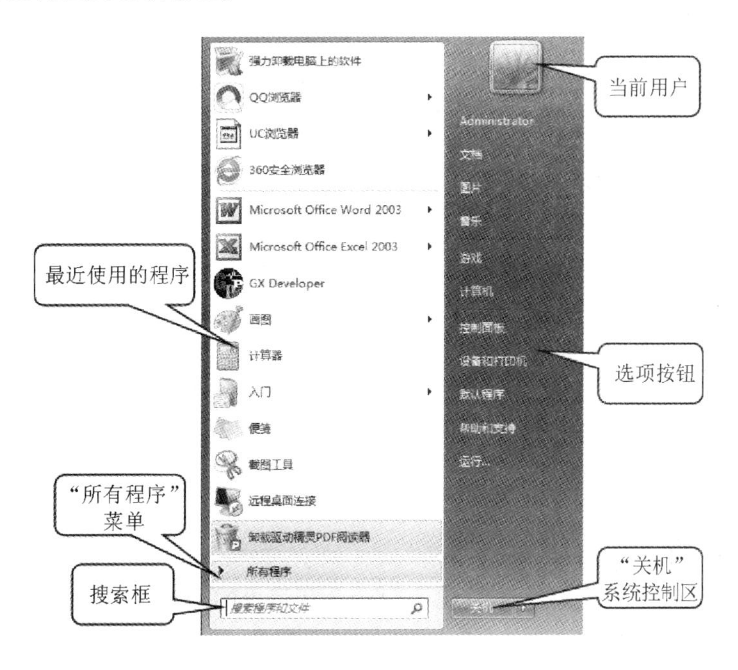

图 1-9　“开始”菜单

步骤 4　在桌面上添加日历小工具。

(1) 在桌面的空白处右击，从弹出的快捷菜单中选择“小工具”菜单命令，如图 1-10 所示，弹出“小工具库”窗口，系统列出了多个自带的小工具。

(2) 用户选择小工具后，可以直接拖曳到桌面上；或者直接双击小工具；或者选择小工具后右击，在弹出的快捷菜单中选择“添加”菜单命令。本实例选择“日历”小工具，如图 1-11 所示。

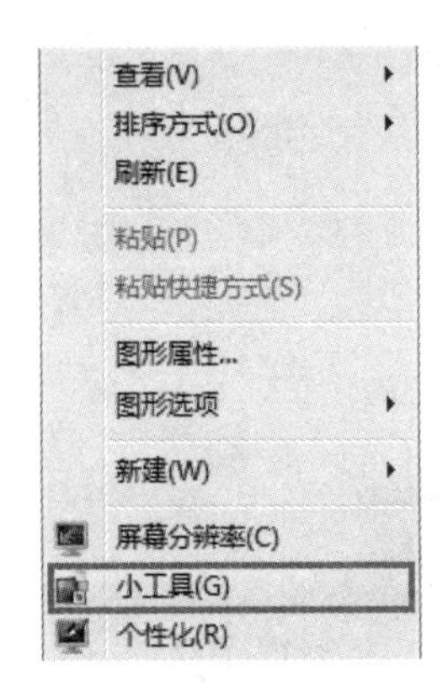

图 1-10　添加“小工具”

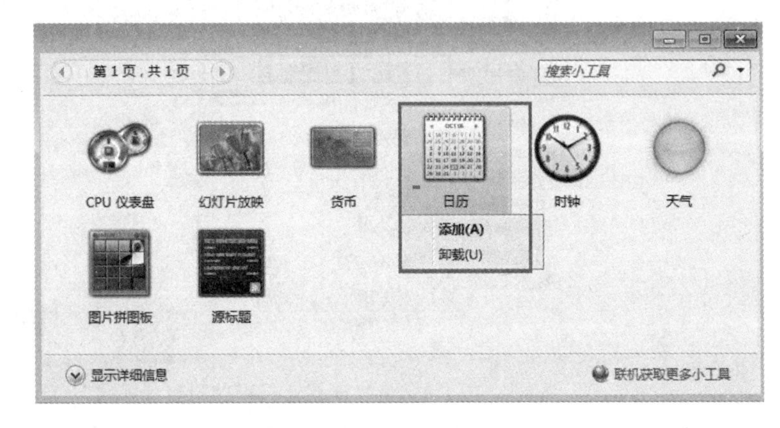

图 1-11　添加“日历”小工具

注：移除和卸载小工具的方法。

① 小工具被添加到桌面上后，如果不再使用，则可以将小工具从桌面上移除。将鼠标指针放在“日历”小工具的右侧，单击“关闭”按钮即可从桌面上移除该小工具，如图 1-12 所示。

图 1-12　移除“日历”小工具

② 在桌面的空白处右击，从弹出的快捷菜单中选择“小工具”菜单命令，在弹出的“小工具库”窗口中选择需要卸载的小工具并右击，然后在弹出的快捷菜单中选择“卸载”菜单命令，选择的小工具即被成功卸载。

步骤 5　设置个性化的桌面背景。

在桌面空白处右击，选择“个性化”命令，在弹出的窗口中单击“桌面背景”，弹出“选择桌面背景”对话框，在“图片位置”处单击右侧的向下黑三角，选择图片，或者单击“浏览”选择图片位置，最后单击“保存修改”按钮，如图 1-13 所示。

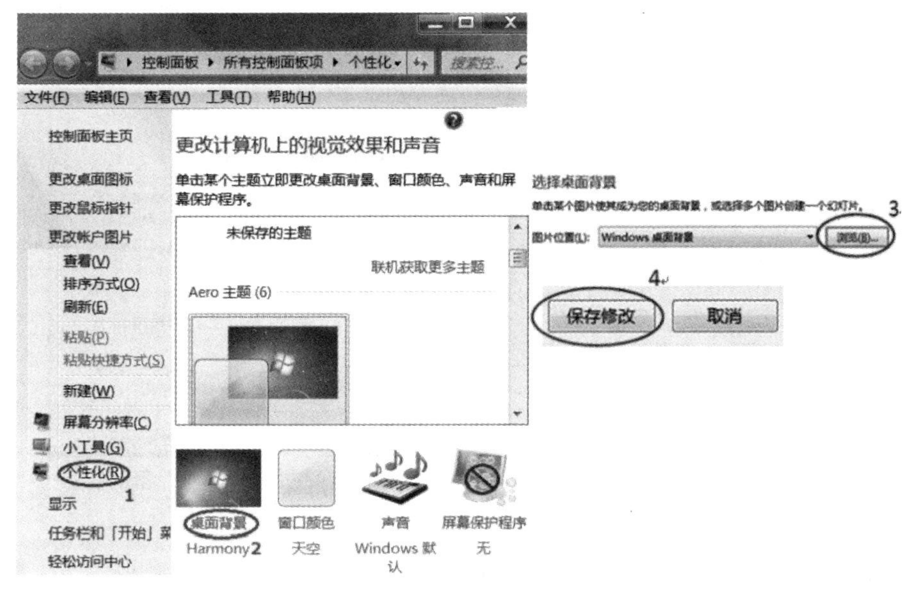

图 1-13　设置个性化桌面背景

注： 如果想把某张图片作为桌面背景，则可直接右击该图片，在下拉列表中选择“设置为桌面背景”即可将其设为桌面，如图 1-14 所示。

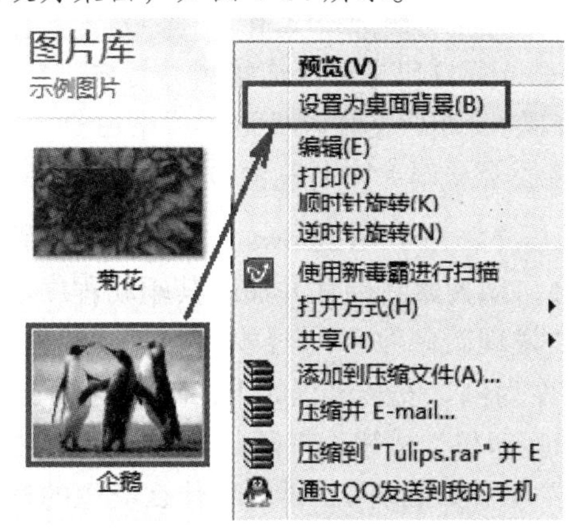

图 1-14　将某张图片设置为桌面背景

步骤 6　利用 Windows 帮助和支持安装本地打印机。

1. 使用 Windows 帮助和支持获取安装打印机信息

在 Windows 使用过程中，对于一些不太清楚或不熟悉的操作，可使用“Windows 帮助和支持”进行了解。例如，获取“查找怎样安装本地打印机？”的帮助信息的操作步骤如下：

(1) 单击“开始”→“帮助和支持”命令，打开“Windows 帮助和支持”窗口。

(2) 在“搜索帮助”框中输入关键字“打印机”，单击“搜索”按钮 ，将显示其内容标题窗口，如图 1-15 所示。

(3) 单击“安装打印机”标题，将显示“安装打印机”帮助内容，如图 1-16 所示。

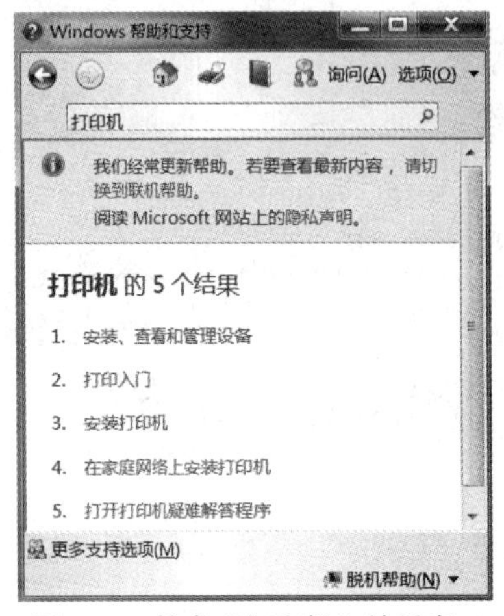

图 1-15　搜索“打印机”结果窗口

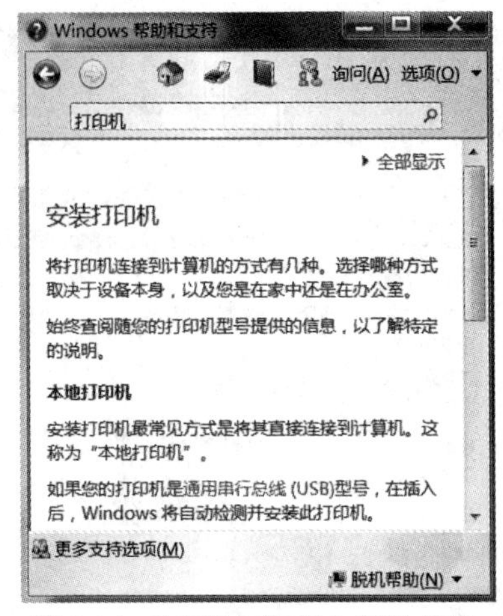

图 1-16　“安装打印机”帮助信息

2．安装本地打印机

在了解打印机的安装信息后，开始安装本地打印机。

(1) 连接打印机。在安装打印机之前首先要进行打印机的硬件连接，把打印机的数据线与计算机的 LPT1 端口相连，并接通电源。

注： 打印机的数据线与计算机的连接方式有多种，大多数打印机都具有通用串行总线(USB)连接器，但某些较旧型号的打印机可能连接到并行或串行端口。在典型的 PC 上，并行端口通常被标记为“LPT1”或者标上打印机形状的小图标。如果打印机是 USB 型号，则在其插入后，Windows 将自动检测并安装此打印机(驱动程序)。

(2) 安装打印机的驱动程序。由于 Windows 7 自带了一些硬件的驱动程序，因此在启动计算机的过程中，系统会自动搜索新硬件并加载其驱动程序，在任务栏上会提示其安装的过程，如“查找新硬件”“发现新硬件”“已经安装好可以使用了”等信息。现以安装“联想 LJ2000 打印机”驱动程序为例，安装过程如下：

① 单击“开始/设备和打印机”按钮，打开 “设备和打印机”窗口，如图 1-17 所示。

② 单击“添加打印机”按钮，打开 “要安装什么类型的打印机？”界面，如图 1-18 所示。

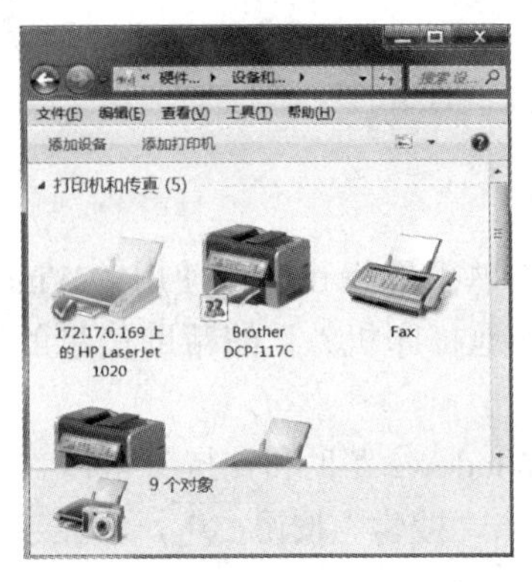

图 1-17　“设备和打印机”窗口

图 1-18　“要安装什么类型的打印机”界面

注： 若安装网络打印机，则可选择“添加网络、无线或 Bluetooth 打印机”选项。

选择“添加本地打印机”选项，单击“下一步”按钮。打开“选择打印机端口”界面，如图 1-19 所示。

(3) 选择安装打印机使用端口“LPT1”，单击“下一步”按钮，打开“安装打印机驱动程序”界面，如图 1-20 所示。

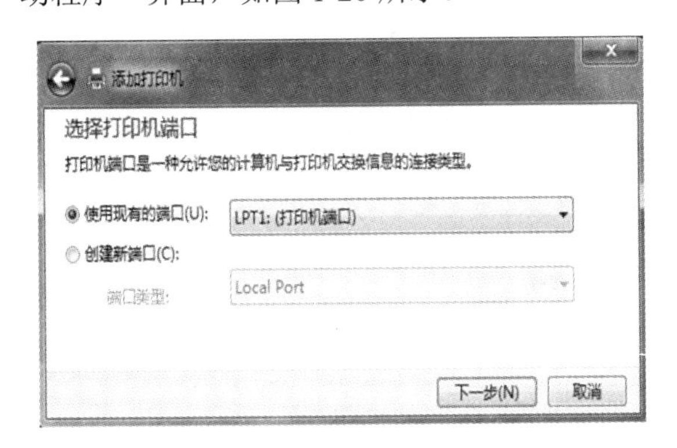

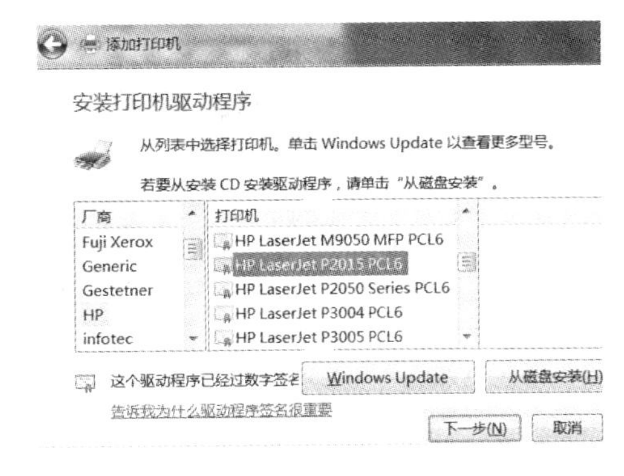

图 1-19　“选择打印机端口”界面　　　图 1-20　“安装打印机驱动程序”界面

从左侧的“厂商”列表选择打印机的厂商，再从右侧的“打印机”列表中选择打印机型号，然后单击“下一步”按钮。

(4) 在打开的“键入打印机名称”界面中输入打印机名称，系统将以打印机型号作为默认打印机名称，也可重新命名，如图 1-21 所示。

(5) 确定名称后单击“下一步”按钮，打开 “打印机共享”界面。若选择“不共享这台打印机”选项，则不共享打印机；若选择“共享此打印机以便网络中的其他用户可以找到并使用它”选项，则需要键入“共享名称”“位置”等，如图 1-22 所示。

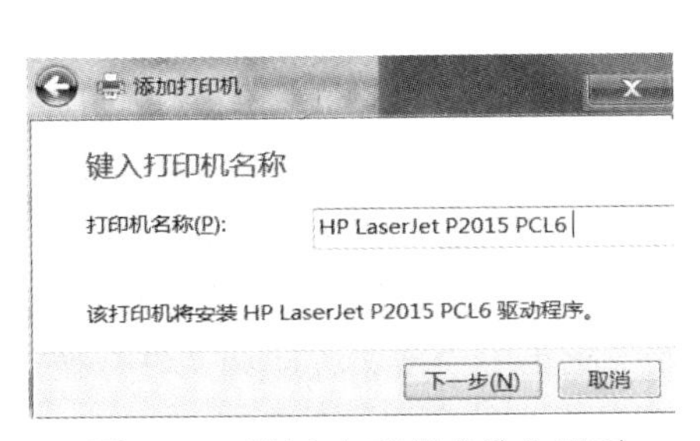

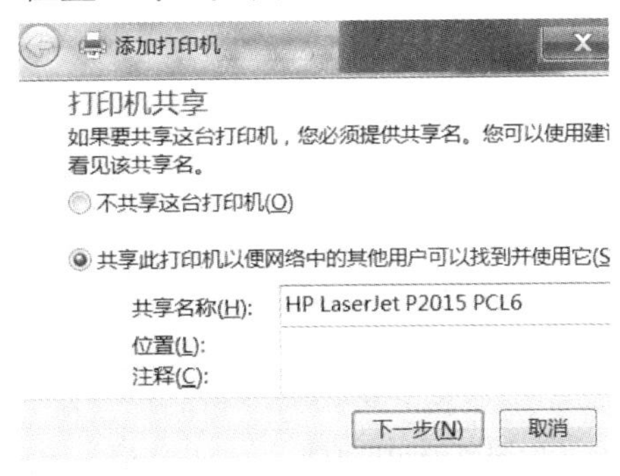

图 1-21　“键入打印机名称”界面　　　图 1-22　“打印机共享”界面

(6) 单击“下一步”按钮，打开打印测试页界面。如果需要确认打印机是否连接正确，并且是否顺利安装了驱动程序，则单击“打印测试页”按钮进行测试，如图 1-23 所示。

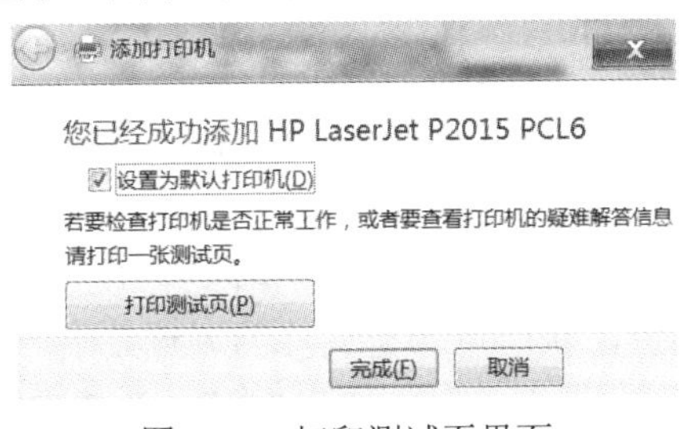

图 1-23　打印测试页界面

(7) 单击“完成”按钮，计算机开始安装打印机驱动程序，并在“设置和打印机”窗口中会出现刚添加的打印机的图标。如果设置为默认打印机，则在图标旁边会有一个带“√”的标志。

步骤 7　退出系统。

单击“开始”菜单，“关闭选项”按钮区主要用来对系统进行关闭操作，包括“关机”“切换用户”“注销”“锁定”“重新启动”和“睡眠”，如图 1-24 所示。

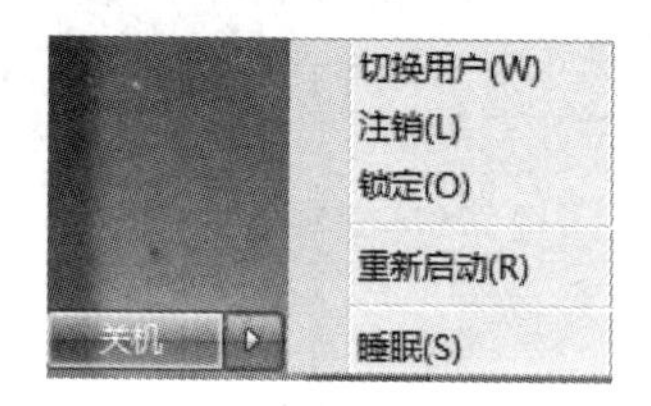

图 1-24　退出系统

说明：

切换用户：不关闭程序切换到其他用户。

注销：关闭所有程序并注销。

锁定：锁定该计算机。

重新启动：关闭所有打开的程序，关闭 Windows，然后重新启动 Windows。

睡眠：将会话保存在内存中并将计算机置于低功耗状态，这样即可快速恢复工作状态。

❖ 知识拓展

1. 认识窗口

1) 窗口的组成

(1) 标题栏。在 Windows 7 的系统窗口中，只显示了窗口的“最小化”按钮、“最大化”/“还原”按钮和“关闭”按钮，单击这些按钮可对窗口执行相应的操作。

(2) 地址栏。地址栏出现在窗口的顶部，将用户当前的位置显示为以箭头分隔的一系列链接。可以单击“后退”按钮和“前进”按钮导航至已经访问的位置。

(3) 搜索框。窗口右上角的搜索框与“开始”菜单中“搜索程序和文件”搜索框的使用方法和作用相同，都具有在计算机中搜索各类文件和程序的功能。

(4) 窗格。Windows 7 的“计算机”窗口中有多个窗格类型，包括导航窗格、预览窗格和细节窗格。

① 导航窗格：可以使用导航窗格(左窗格)来查找文件和文件夹。还可以在导航窗格中将项目直接移动或复制到目标位置。如果在已打开窗口的左侧没有看到导航窗格，则可在“工具栏”上单击“组织”，指向“布局”，然后单击“导航窗格”以将其显示出来。

② 预览窗格：同打开“导航窗格”。在指向“布局”时可选择打开此窗格。用于显示当前选择的文件内容，从而可预览文件的大致效果。

③ 细节窗格：显示出文件大小、创建日期等文件的详细信息。其调用方法与导

航窗格一样。

(5) 窗口工作区。窗口工作区用于显示当前窗口的内容或执行某项操作后显示的内容。打开“计算机”窗口后，窗口工作区显示的内容如图 1-25 所示。若窗口工作区的内容较多，则在其右侧和下方会出现滚动条，通过拖动滚动条可查看其他未显示的内容。

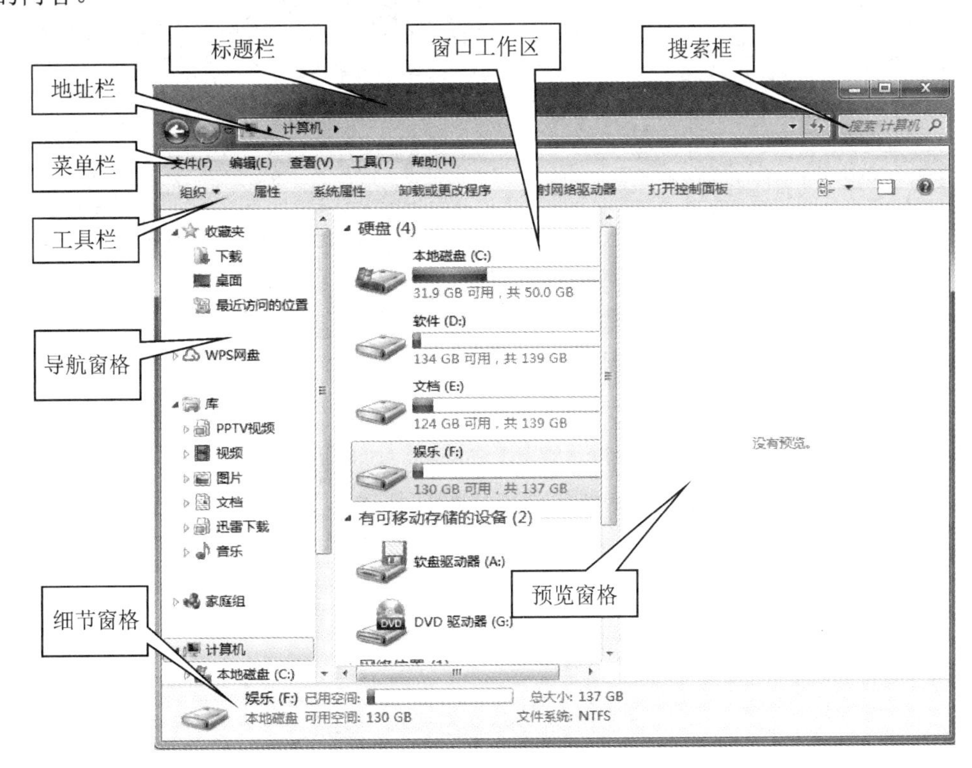

图 1-25　“窗口”的组成

2) 窗口的操作

窗口的操作在 Windows 系统中是最常用的。其操作主要包括打开、缩放、移动、排列、切换等。

如果打开了多个程序或文档，则桌面会快速布满杂乱的窗口。通常不容易跟踪已打开了哪些窗口，因为一些窗口可能部分或完全覆盖了其他窗口。Window 7 提供了多种窗口切换方法，常用的操作如下：

(1) 单击任务栏上窗口对应的按钮，该窗口将出现在所有其他窗口的前面，成为活动窗口，即当前正在使用的窗口。

(2) 使用“Alt + Tab”组合键。通过按“Alt+Tab”组合键可以切换到先前的窗口，或者按住 Alt 键不放，并重复按 Tab 键循环切换所有打开的窗口和桌面。释放 Alt 键可以显示所选的窗口。

(3) 使用 Aero 三维窗口切换。选择 Aero 主题中的任一主题，按住“Ctrl + + Tab”组合键可打开三维窗口切换。当按下 Windows 徽标键 时，重复按 Tab 键或滚动鼠标轮可以循环切换打开的窗口，如图 1-26 所示。

图 1-26　Aero 三维窗口切换

2. 利用“开始”菜单搜索文件

单击“开始”按钮，在打开的“开始”菜单底部的搜索框中输入需要的程序、文件或文件夹。如输入“Excel”，结果将以“程序”“文件”和“文件夹”作为搜索结果显示出现，如图 1-27 所示。

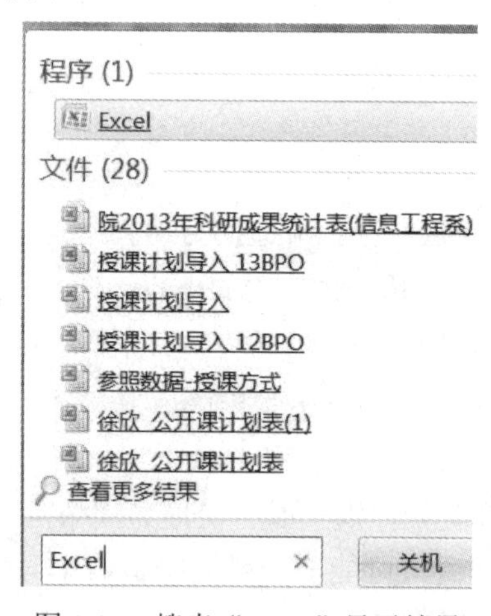

图 1-27　搜索“Excel”显示结果

注：在搜索框中输入搜索内容时，在开始输入关键字时，搜索就开始进行了，随着输入的关键字越来越完整，符合条件的内容也将越来越少，直到搜索出符合条件的内容为止。这种在输入关键字的同时就进行搜索的方式称为“动态搜索功能”。在搜索文件时需要注意，只在打开的文件夹窗口中搜索输入内容，而不是对整个计算机资源进行搜索。

3. 自定义“开始”菜单

(1) 用鼠标右键单击“任务栏”空白区域，从弹出的快捷菜单中选择“属性”命令，打开“任务栏和「开始」菜单属性”对话框。

(2) 切换到的“「开始」菜单”选项卡，单击“自定义”按钮，打开“自定义「开始」菜单”对话框，如图 1-28 所示。

(3) 在对话框中选择相应的选项进行设置，如图 1-29 所示。

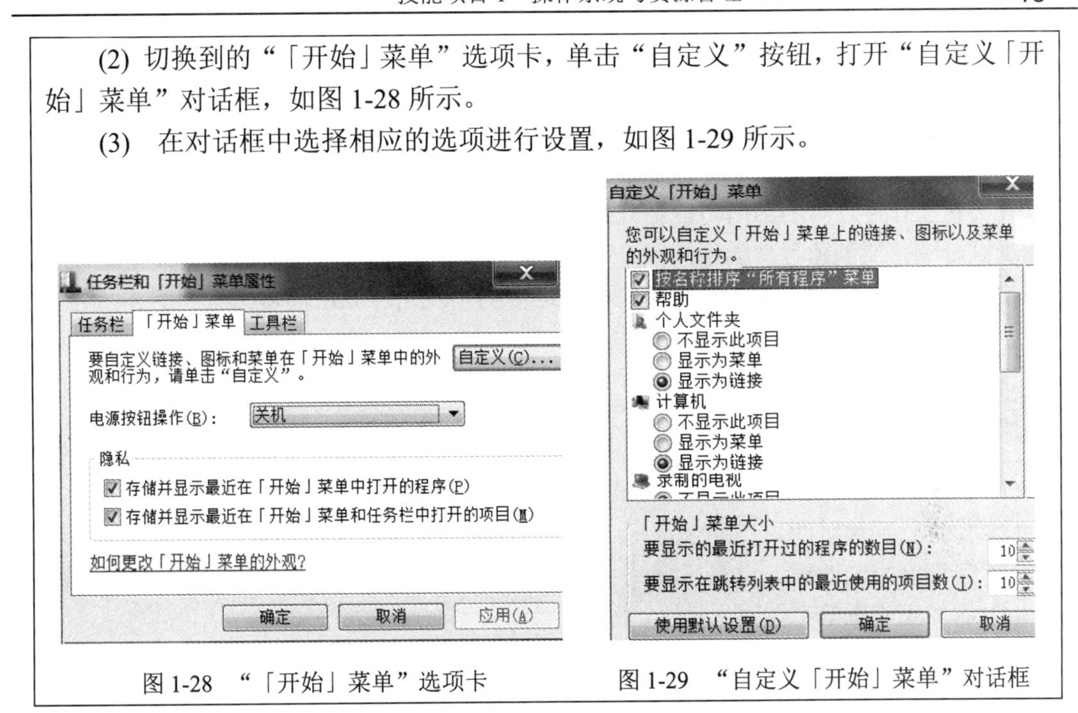

图 1-28　“「开始」菜单”选项卡　　图 1-29　“自定义「开始」菜单”对话框

实战训练

为江苏省徐州技师学院“第三届技能节——计算机技能比赛”现场布展准备计算机。

(1) 测试 Windows 7 操作系统能否正常启动和退出。

(2) 检查桌面是否能正常显示，并设置桌面背景为“第三届技能节”，如图 1-30 所示。

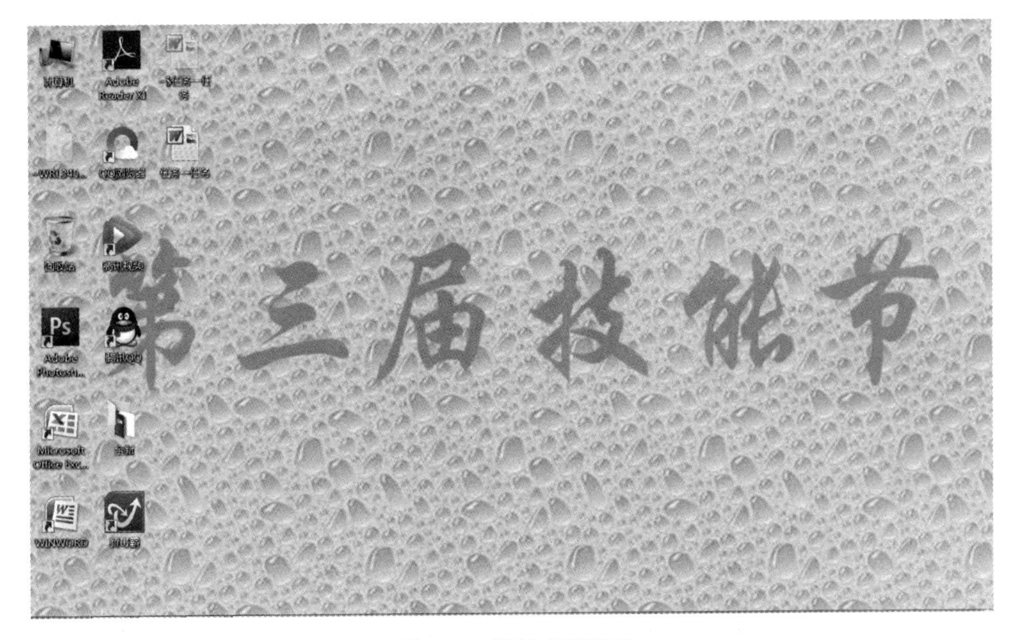

图 1-30　设置桌面背景

任务2　配置个性化的工作环境

在日常工作中，有的部门可能会几个同事共同使用一台计算机，为了避免相互之间的操作受到影响，要创建各自的用户账户，并按各用户的需要和个性习惯，更改桌面、显示器、键盘、鼠标和时间来定制适合用户使用习惯的个性化计算机环境。

任务分解

(1) 创建 xx.chm 新用户并管理新账户；

(2) 设置日期与时间：日期设置为 2015/1/1，时间设置为 12:01:00；

(3) 自定义桌面图标，设置三维文字屏幕保护；

(4) 添加王码五笔字型输入法 86 版；

(5) 卸载百度影音。

实施过程

步骤 1　创建 xx.chm 新用户并管理新账户。

1. 创建 xx-chm 新用户

(1) 启动计算机，进入 Windows 7 桌面环境。

(2) 选择“开始/控制面板”命令，打开“控制面板”窗口，如图 1-31 所示。

(3) 在“控制面板”窗口中，单击“用户账户和家庭安全”选项，打开“用户账户和家庭安全”窗口，如图 1-32 所示。

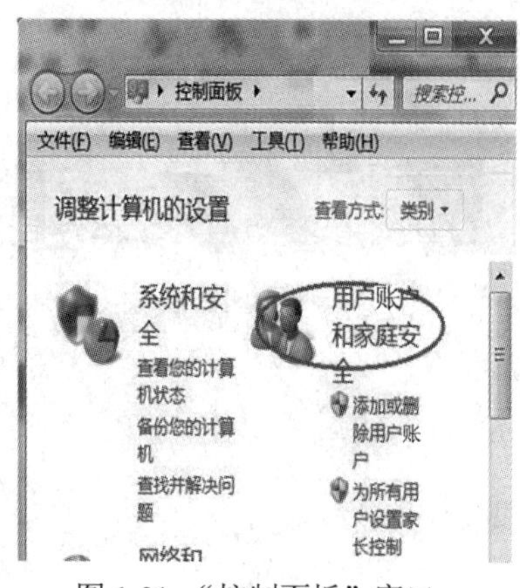

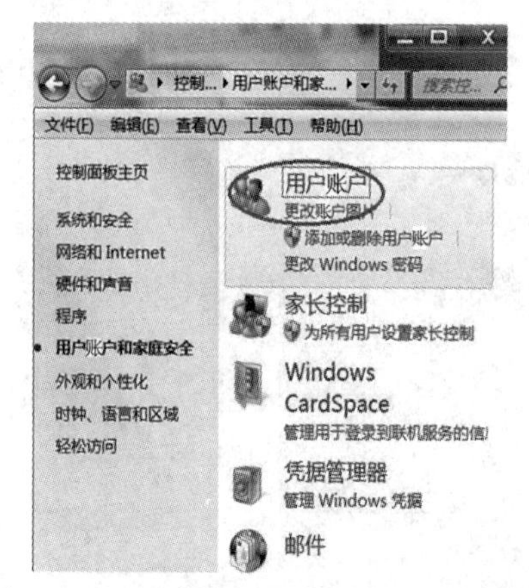

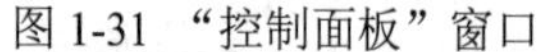
图 1-31　“控制面板”窗口　　　　图 1-32　“用户账户和家庭安全”窗口

(4) 单击选择“用户账户”选项，打开如图 1-33 所示的“用户账户”窗口。

(5) 单击“管理其他账户”，打开“管理账户”窗口，如图 1-34 所示。

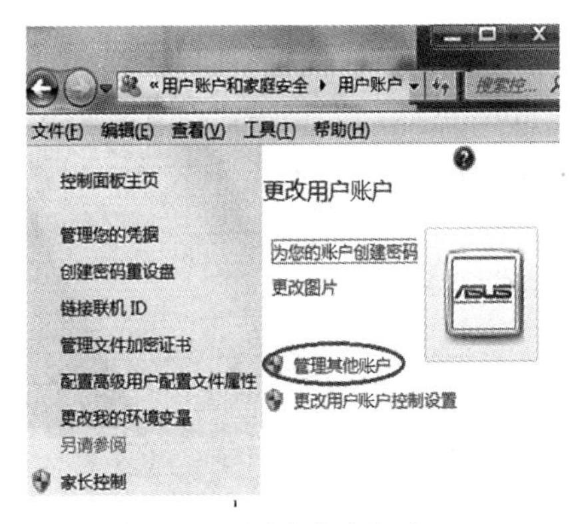

图 1-33 “用户账户”窗口

图 1-34 “管理账户”窗口

(6) 单击“创建一个新账户”选项，打开“创建新账户”窗口，如图 1-35 所示。键入用户账户名称“xx_chm”，选择账户类型为“标准用户”。

(7) 单击“创建账户”按钮，返回“管理账户”窗口，显示新创建的账户“xx_chm”，如图 1-36 所示。

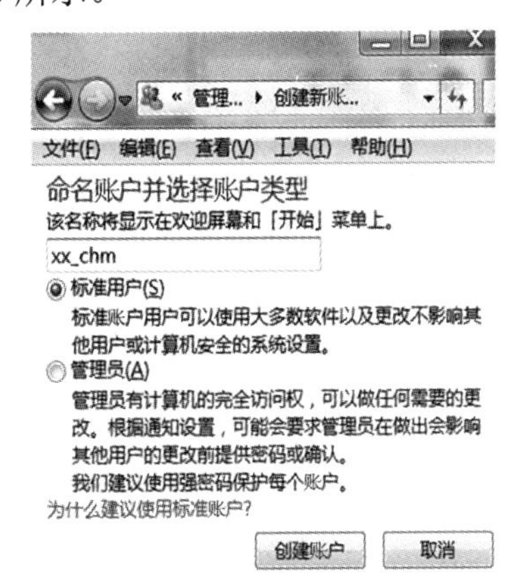

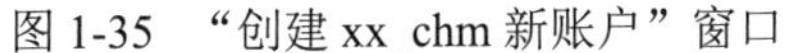

图 1-35 “创建 xx_chm 新账户”窗口　　图 1-36 新创建的账户“xx_chm”

说明：Windows 7 用户账户类型主要有“管理员账户”“标准用户”和“来宾账户”三种账户。

① 管理员账户：管理员对整个计算机拥有完全的访问权限，并且可以执行任意的操作，包括 Windows 7 系统下载安装应用软件、修改系统时间等需要管理特权的任务。这些操作不仅可以对管理员本身产生影响，而且还可能对整个计算机和其他用户造成影响。

② 标准用户：标准用户账户使用计算机的大多数功能。可以使用计算机上安装的大多数程序，并可以更改影响用户账户的设置。但是，用户无法安装或卸载某些软件和硬件，无法删除计算机工作所需的文件，也无法更改影响计算机的其他用户或安全的设置。

③ 来宾账户：可以临时访问用户的计算机。使用来宾账户的人无法安装软件或硬件，也无法更改设置或者创建密码。

一台计算机至少有一个管理员账户，一般人员建议使用标准用户。

2．管理新账户

(1) 单击“xx_chm”账户，打开“更改 xx_chm 的账户”窗口，在此窗口中可以更改账户信息，如“更改账户名称”“创建密码”“更改图片”等，如图 1-37 所示。

(2) 单击“创建密码”选项，打开“创建密码”窗口，输入并确认密码，键入密码提示。单击“创建密码”按钮，密码创建成功，如图 1-38 所示。

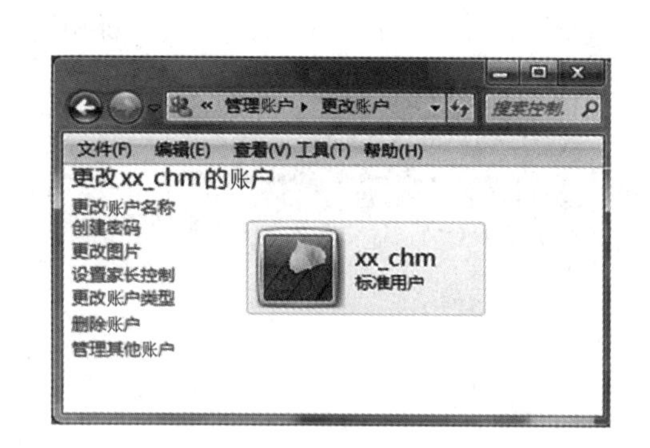

图 1-37　“更改账户”窗口

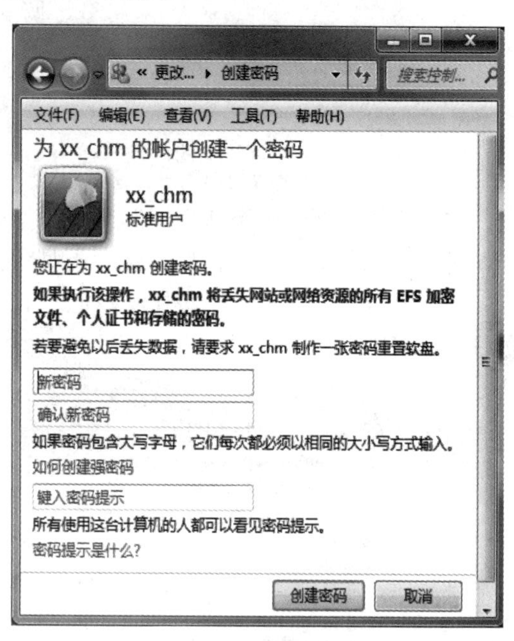

图 1-38　“创建密码”窗口

(3) 在“更改账户”窗口中单击“更改图片”选项，选择合适的图片后，单击“更改图片”，如图 1-39 所示。

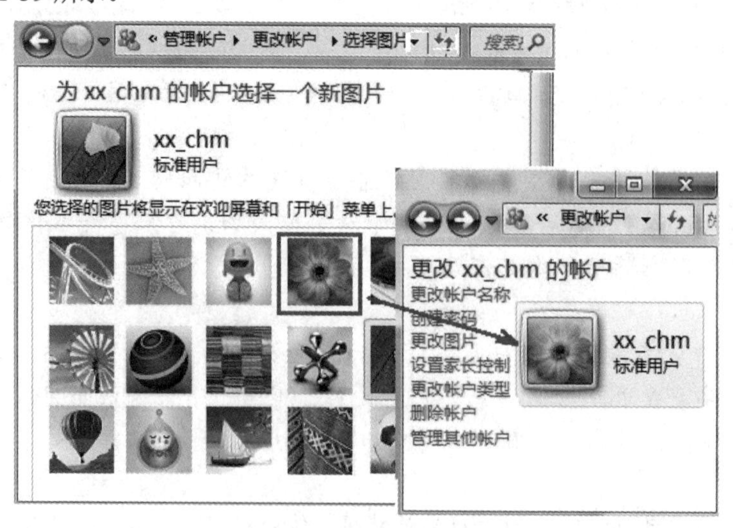

图 1-39　更改图片的操作

(4) 单击“开始/关机/注销”命令，可重新进入登录界面，选中“xx_chm”账户，可进入“xx_chm”账户的桌面。

步骤 2　日期与时间分别设置为 2015/1/1 和 12:01:00。

(1) 右键单击任务栏右下的“时间显示”区，在弹出的菜单中单击“调整日期/时间”，打开“日期和时间”窗口，如图 1-40 所示。

(2) 在“日期和时间”窗口中单击“更改日期和时间”按钮，如图 1-41 所示。

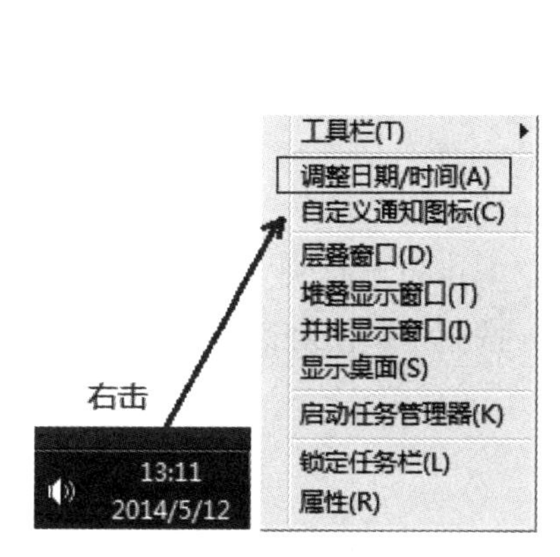

图 1-40　打开“调整日期/时间”

图 1-41　“日期和时间”窗口

(3) 在“日期和时间设置”窗口中调整日期和时间，最后单击“确定”按钮，保存更改的设置，如图 1-42 所示。

注：也可以用如下方法打开“日期和时间设置”窗口。

左键单击任务栏右下的“时间显示”区，在弹出的命令窗口中单击“更改日期和时间设置...”链接文本，如图 1-43 所示。

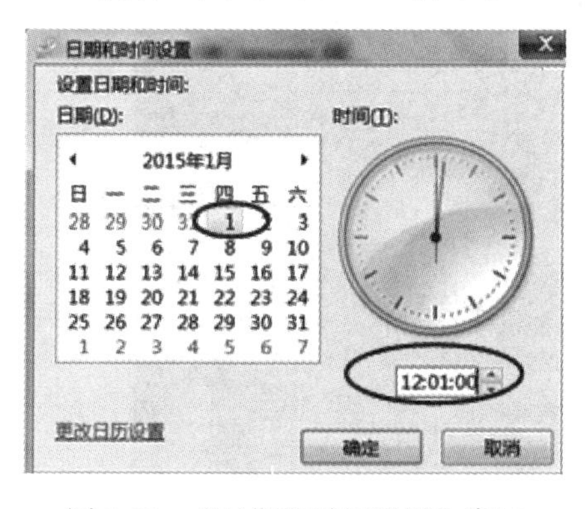

图 1-42　“日期和时间设置”窗口

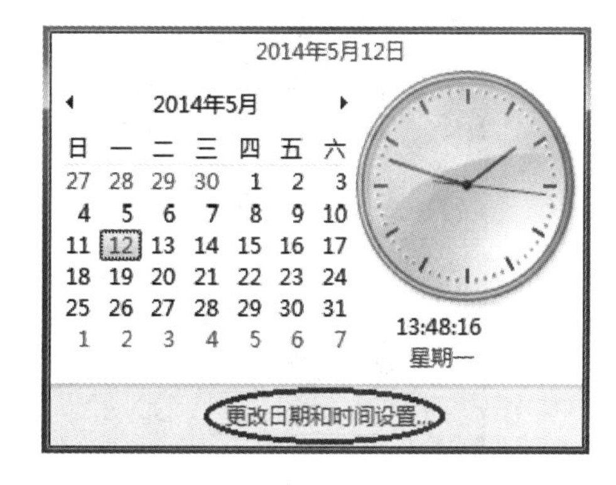

图 1-43　更改日期和时间设置

步骤 3　自定义桌面图标并设置字符滚动屏幕保护。

(1) 在桌面空白处右击，再单击“个性化”选项，打开个性化窗口。

(2) 在个性化窗口中单击“更改桌面图标”命令，打开“桌面图标设置”对话框，如图 1-44 所示。

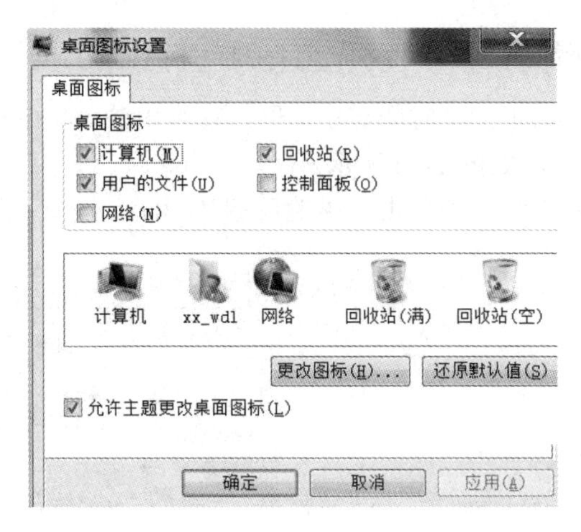

图 1-44　“桌面图标设置”对话框

(3) 在“桌面图标设置”对话框中选中“计算机”“用户的文件”“网络”“回收站”等复选框，将在桌面上添加相应图标。最后单击“确定”按钮，关闭对话框。

❖ **知识拓展**

1. 设置桌面图标的大小和排列方式

如果桌面上的图标比较多，则会显得很乱，这时可以通过设置桌面图标的大小和排列方式等来整理桌面。大、中、小 3 种图标的排列如图 1-45 所示。

图 1-45　大、中、小 3 种图标的排列

(1) 在桌面空白处右击，在弹出的快捷菜单中选择“查看”菜单命令，在弹出的

子菜单中显示 3 种图标大小，包括大图标、中等图标和小图标。选择“中等图标”，如图 1-46 所示。

(2) 在桌面空白处右击，然后在弹出的快捷菜单中选择“排列方式”菜单命令，在弹出的子菜单中有 4 种排列方式，分别为名称、大小、项目类型和修改日期，选择“名称”，如图 1-47 所示。

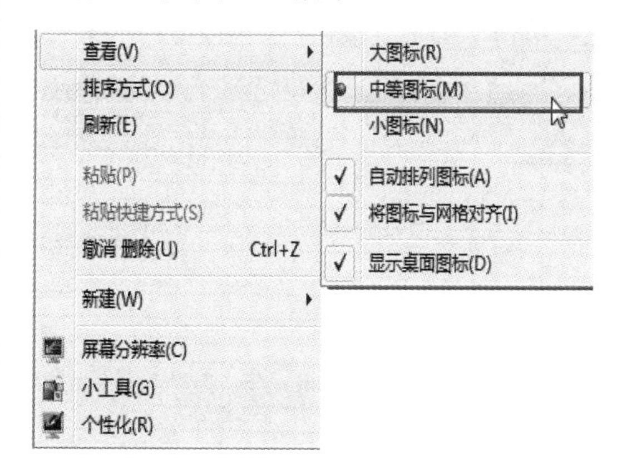

图 1-46　选择“中等图标”

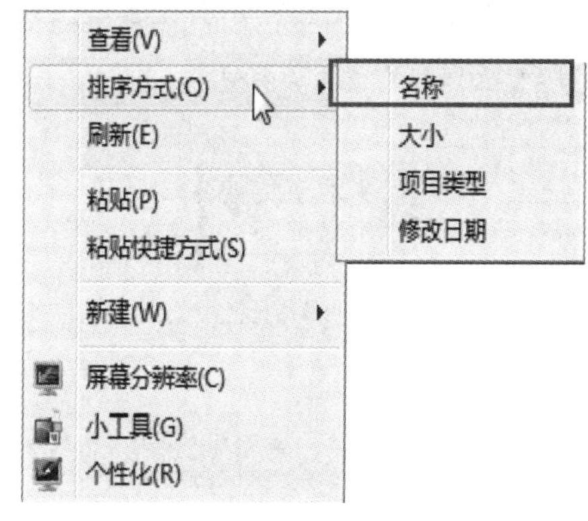

图 1-47　选择“名称”排列方式

2. 设置屏幕显示

要使阅读屏幕上的内容更容易，可以更改屏幕上的文本大小及其他项，若要暂时放大部分屏幕，则可以使用放大镜工具。计算机的显示功能有 3 个选项，可根据需要选择。

(1) 在桌面空白处右击，选择“个性化→显示”或“开始→控制面板→外观和个性化→显示”窗口，在大、中、小 3 种显示比例中任选一种，如图 1-48 所示。

(2) 设置三维文字“第五届技能节”屏幕保护。三维文字“第五届技能节”屏幕保护设置结果如图 1-49 所示。其操作过程如下：

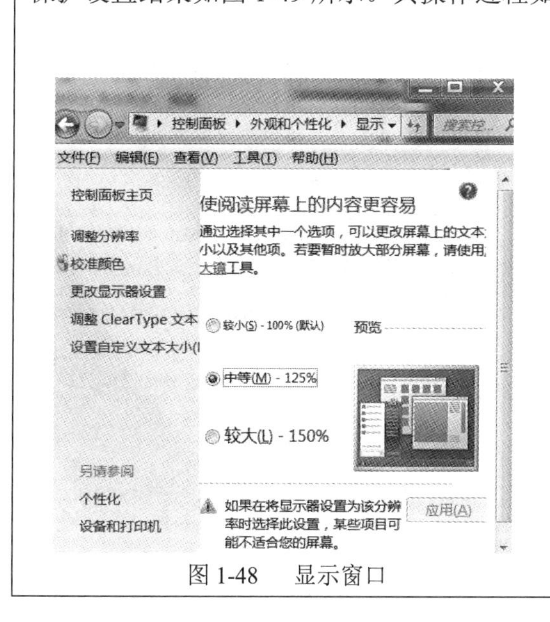

图 1-48　显示窗口

图 1-49　三维文字屏幕保护

① 在桌面空白处右击，选择“个性化/屏幕保护程序”，打开“屏幕保护程序设置”对话框，如图 1-50 所示。

② 在“屏幕保护程序”下拉列表中选择“三维文字”。

③ 单击“设置”按钮，打开“三维文字设置”对话框，在“自定义文字”中输入“第五届技能节”；选择适当的字体；在“旋转类型”中选择“滚动”；在“表面样式”中选择“纯色”，并选择适当颜色，单击“确定”按钮，如图 1-51 所示。

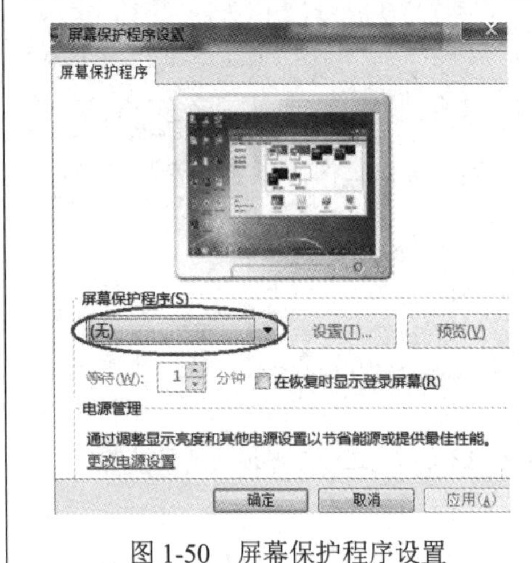

图 1-50　屏幕保护程序设置

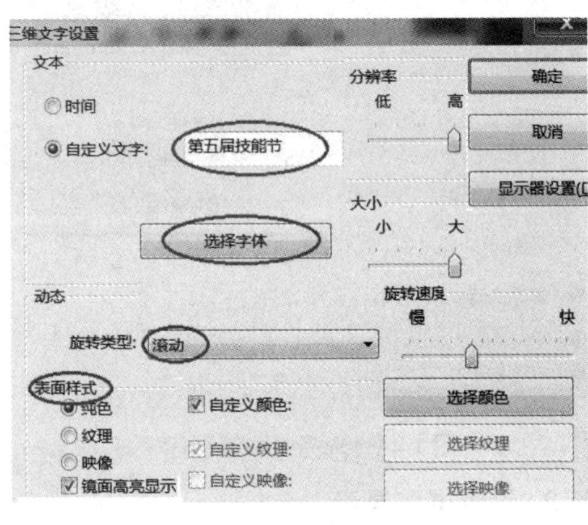

图 1-51　三维文字设置

步骤 4　添加王码五笔字型输入法 86 版。

Windows 7 提供了多种中文输入法，如简体中文全拼、双拼、郑码、微软拼音 ABC 等，此外，用户还可以根据自身需要添加或删除输入法。

首先，确定将要添加的王码五笔字型输入法 86 版已经在本机上下载安装。

(1) 单击“开始”→“控制面板”命令，在“控制面板”窗口中单击“更改键盘或其他输入法”，打开“区域和语言”对话框，如图 1-52 所示。

(2) 选择“键盘和语言”选项卡，单击“更改键盘”按钮，打开“文本服务和输入语言”对话框，如图 1-53 所示。

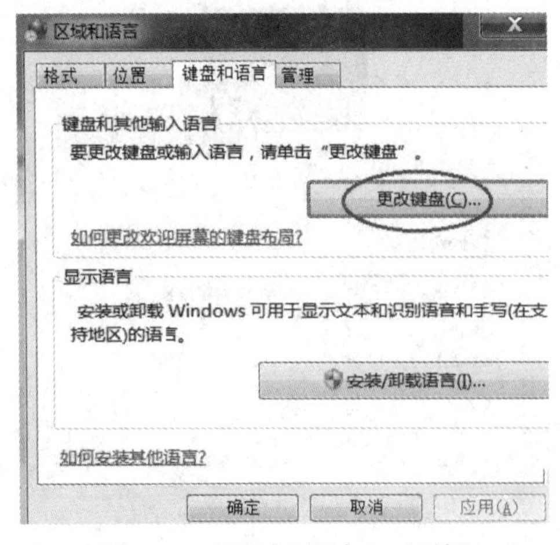

图 1-52　“区域和语言”对话框

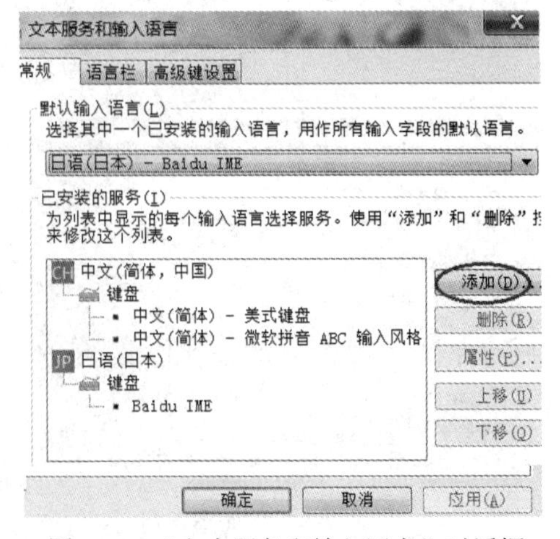

图 1-53　“文本服务和输入语言”对话框

(3) 单击“添加”按钮，打开“添加输入语言”对话框，如图 1-54 所示。选择需要的“王码五笔型输入法 86 版”，单击“确定”按钮，完成输入法的设置。

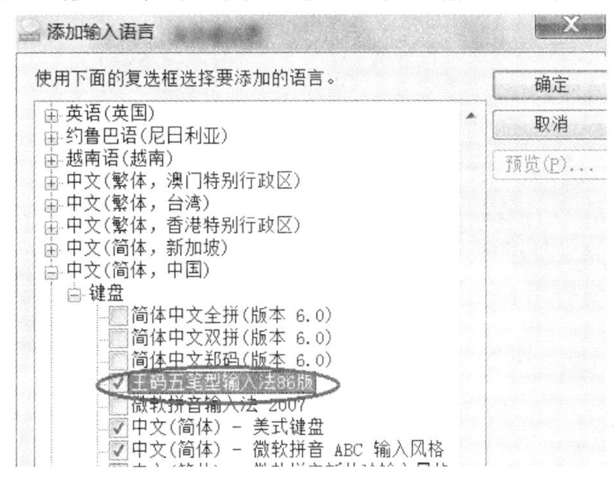

图 1-54　“添加输入语言”对话框

注：添加或删除输入法，也可以用鼠标右键单击“任务栏”中的“输入法”指示器，从快捷菜单中选择“设置”命令，打开“文本服务和输入语言”对话框添加或删除输入法。

步骤 5　卸载百度影音。

如果不再使用某个程序，或者如果希望释放硬盘上的空间，则可以从计算机上卸载不用的程序。

(1) 单击“开始”→“控制面板”→“程序”→“卸载程序”打开“卸载或更改程序”窗口，如图 1-55 所示。

(2) 选中要卸载的程序“百度影音”，右键单击选择“卸载/更改”对程序进行操作，如图 1-56 所示。

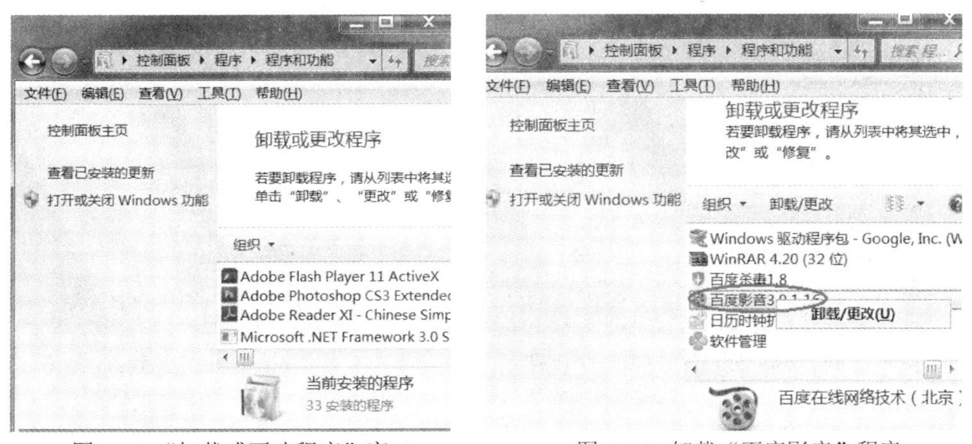

图 1-55　“卸载或更改程序”窗口　　图 1-56　卸载“百度影音”程序

注：① 对于有些应用程序，在开始的程序菜单上有卸载的菜单项。此时可以这样操作：单击“开始”→“所有程序”找到要卸载的程序，如“百度影音”，单击“卸载百度影音”命令即可，如图 1-57 所示。

② 除了卸载选项外，某些程序还包含更改或修复程序选项，但许多程序只提供卸载选项。若要更改程序，则单击“更改”或“修复”选项。有些软件提供了卸载程序，则可以单击“开始/所有程序”命令，找到需要卸载的程序，再单击“卸载”选项。

为“江苏省徐州技师学院第五届技能节计算机技能比赛”现场的计算机配置用户环境。

(1) 创建技能节登录标准账户“xx_jingsai”，如图1-58所示。

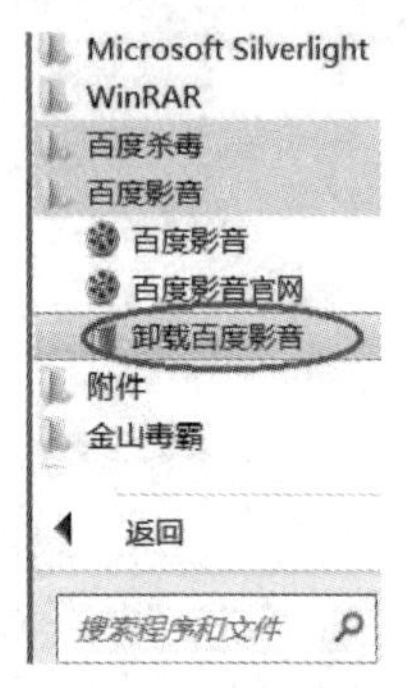

图1-57　从“开始”菜单进行卸载操作

图1-58　创建新账户“xx_jingsai”

(2) 设置屏幕保护“气泡”，如图1-59所示。

(3) 为技能节文字录入比赛安装日语输入法，如图1-60所示。

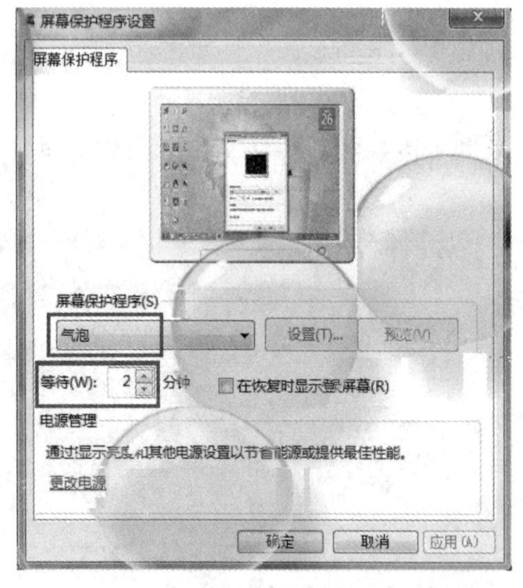

图1-59　设置屏幕保护“气泡”

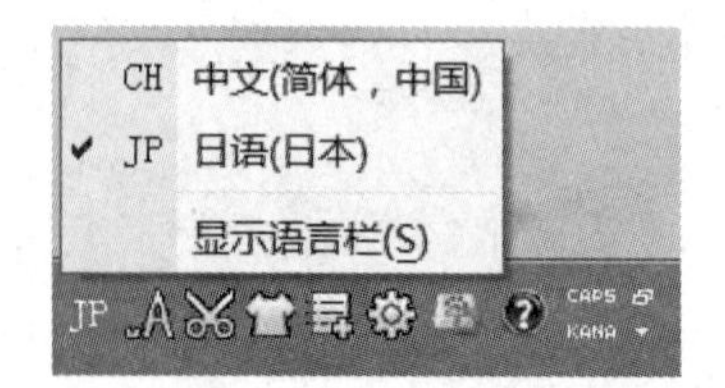

图1-60　安装日语输入法

任务3　管理计算机中的资源

为推进学院信息化建设，学院要求各部门应规范计算机中的文件管理，能够做到分类管理，以便保存和迅速提取，还需要做好重要数据文档的备份。由于学院是院系二级管理，因此系部管理文件繁多，本任务以信息工程系教务科为例，实现计算机中文件的高效管理。

(1) 用资源管理器打开文档“D/信息工程系教务科/教学计划/BPO 授课进度计划”；
(2) 文件及文件夹的创建、移动、复制和删除；
(3) 设置文件存档属性，创建快捷方式；
(4) 创建家庭组。

步骤1 使用资源管理器打开文档“D/信息工程系教务科/教学计划/BPO 授课进度计划”。

(1) 双击桌面上的“计算机”图标，打开 Windows 资源管理器窗口，如图 1-61 所示。

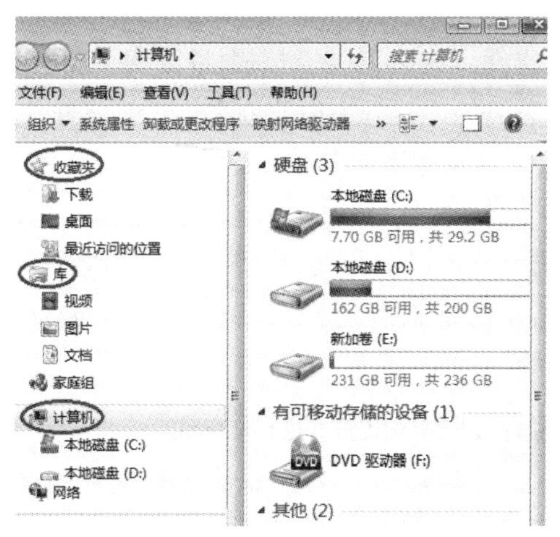

图 1-61 Windows 资源管理器窗口

(2) 左键双击 D 盘，打开“信息工程系教务科”文件夹，找到文件“BPO 授课进度计划”，双击打开，如图 1-62 所示。

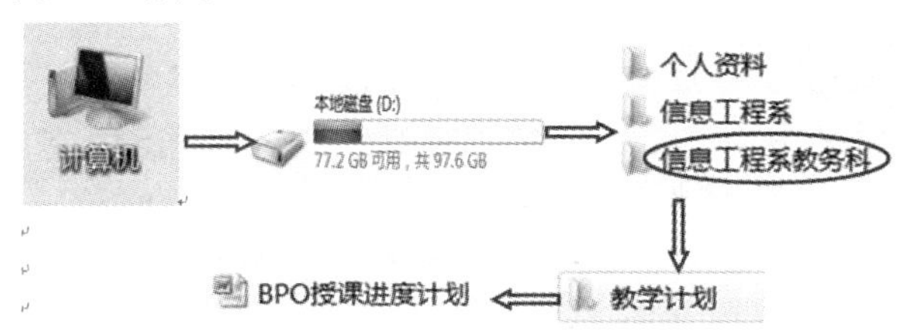

图 1-62 打开文件“BPO 授课进度计划”

❖ 知识拓展

1. 打开 Windows 资源管理器的其他方法

(1) 单击任务栏的“资源管理器”图标，打开 Windows 资源管理器。

(2) 右击任务栏“资源管理器”图标，打开跳转列表，单击“Windows 资源管理器”命令。

(3) 单击“开始”→“计算机”，打开 Windows 资源管理器。

(4) 用鼠标右键单击“开始”按钮，从弹出的快捷菜单中选择“打开 Windows 资源管理器”命令。

(5) 按下“+E”组合键打开 Windows 资源管理器。

2.“Windows 资源管理器”窗口组成

Windows 7 资源管理器窗口左侧的导航窗格中包含收藏夹、库、计算机和网络等资源，如果设置有家庭组，则还会有家庭组等其他项。

(1) 收藏夹。在“收藏夹”里有“下载、桌面、最近访问的位置”这 3 项信息，其中“最近访问的位置”非常有用，可以帮我们轻松跳转到最近访问的文件和文件夹位置。

(2) 库。库是用于管理文档、音乐、图片和其他文件的位置。可以使用与在文件夹中浏览文件相同的方式浏览文件，也可以查看按属性(日期、类型和作者)排列的文件。在某些方面，库类似于文件夹。例如，打开库时将看到一个或多个文件。有 4 个默认库(文档、音乐、图片和视频)，但可以新建库用于其他集合。

(3) 在“Windows 资源管理器”左侧导航窗格显示了收藏夹、库、计算机和网络等资源，单击 ▷ 标记可展开文件夹，显示其子文件夹内容；单击 ◢ 标记可折叠此文件夹。当单击左侧导航窗格中的磁盘或文件夹名称时，右侧的预览窗格将显示选中的文件内容。

3. 改变 Windows 资源管理器中文件的显示方式

在资源管理器中，为了不同的目的，经常需要改变文件的显示方式，操作方法是单击工具栏的“更改您的视图”下拉按钮，单击某个视图或移动滑块以更改文件和文件夹的外观，如图 1-63 所示。可以将滑块移动到某个特定视图(如“详细信息”视图)，或者通过将滑块移动到小图标和超大图标之间的任意点来微调图标大小。

注：要在视图之间快速切换，可直接单击工具栏上的“更改您的视图”按钮。每单击一次，文件夹将在“列表”“详细信息”“平铺”“内容”和“大图标”5 个视图之间切换。也可以单击“查看”菜单选择“超大图标”“大图标”“中等图标”等显示方式，如图 1-64 所示。

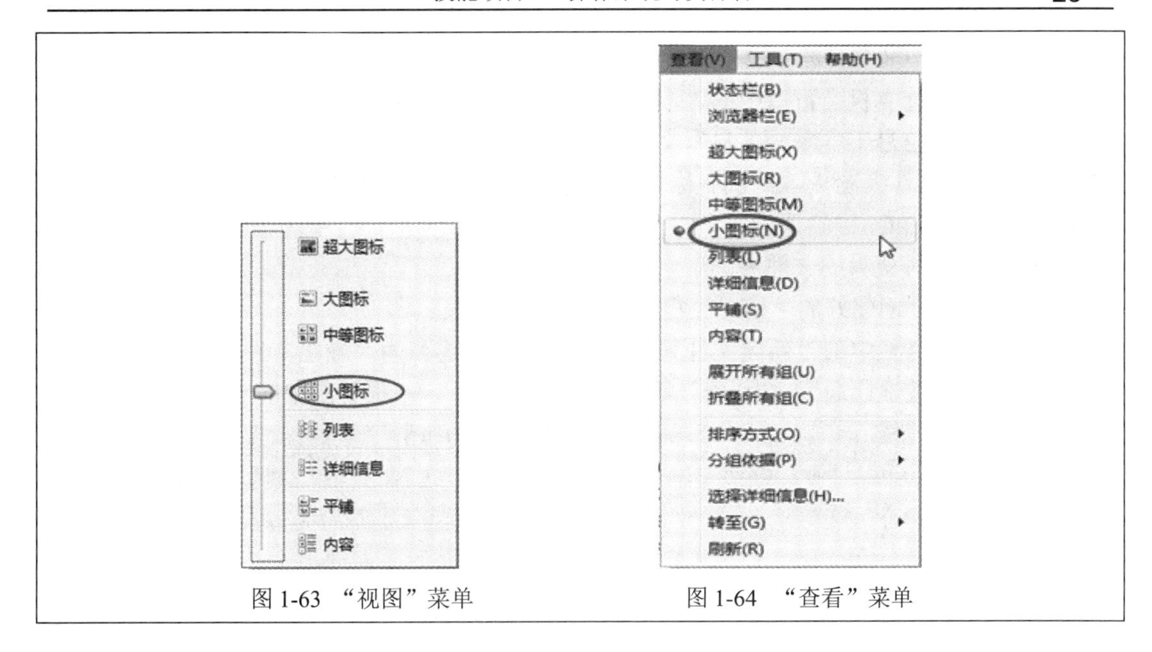

图 1-63　“视图”菜单　　图 1-64　“查看”菜单

步骤 2　文件夹的创建、移动、复制、删除。

1．选择合适的文件存放位置

在“计算机”资源管理器窗口中，用鼠标右键单击各磁盘分区图标，从快捷菜单中选择“属性”命令，可查看每个磁盘分区的可用空间，如图 1-65 所示。可选择其中一个磁盘作为数据存储专用分区。

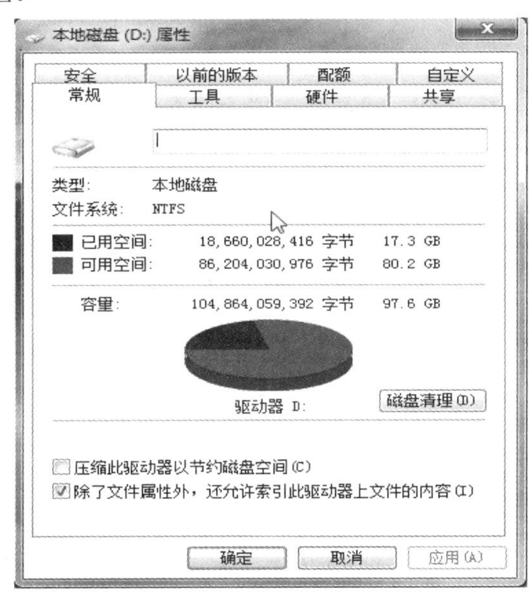

图 1-65　磁盘属性对话框

注：计算机内一般有多个磁盘分区，通常应该明确规定各自的用途。如有 3 个分区，可将操作系统和应用软件安装在 C 盘，D 盘作为资料存储盘，E 盘作为临时盘。当然，实际工作中可根据磁盘分区情况来做合适的分配。

2. 创建部门文件存放目录

(1) 双击“计算机”窗口中的“本地磁盘(D:)”图标，打开D盘。

(2) 创建“信息工程系教务科”文件夹。单击工具栏中的“新建文件夹”按钮，在D盘上出现一个文件夹图标，默认名称为“新建文件夹”，输入新的文件夹名称“信息工程系教务科”，按Enter键确认。

(3) 创建各种资料的文件夹。

① 双击打开创建好的“信息工程系教务科”文件夹。

② 单击工具栏中的“新建文件夹”按钮，分别新建名为“教学文件”“教学任务书”“课时统计”“教学计划”“教科研”等的文件夹，如图1-66根目录中的3所示。

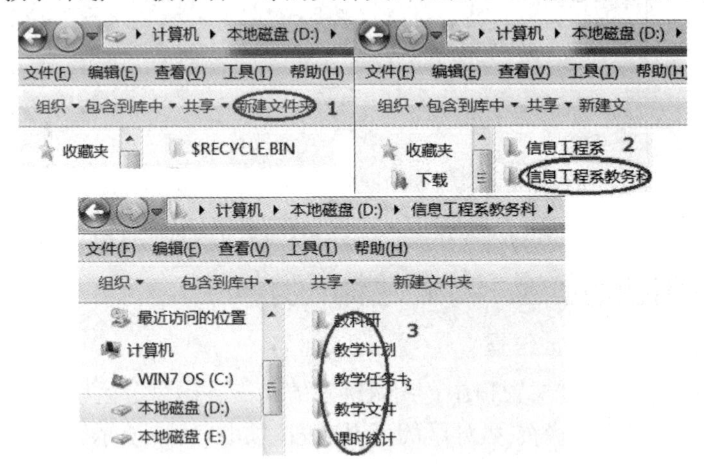

图1-66　创建根目录

3. 选定文件或文件夹

(1) 选定单个文件(夹)：单击可选定文件或文件夹，被选定的文件呈高亮显示。

(2) 选定多个文件(夹)：

① 选定多个连续的文件(夹)：先单击选中第一个文件(夹)，按住Shift键不放，再单击最后一个文件(夹)；或按住鼠标左键，用鼠标框选要选定的文件(夹)。

② 选定多个不连续的文件(夹)：先单击选中第一个文件(夹)，按住Ctrl键不放，再依次单击要选的文件(夹)。

③ 选定所有文件(夹)：选择“编辑”→“全选”命令，或按“Ctrl+A”组合键，选择全部对象，或单击工具栏上“组织”按钮，从下拉列表中选择“全选”命令。

④ 反向选定文件：当要选择多个文件时，可以先选定不需要的文件(夹)，再选择“编辑”→“反向选择”命令。

4. 移动文件(夹)

(1) 选定要移动的文件(夹)，选择“编辑”→“剪切”命令，选定目标位置，再选择“编辑”→“粘贴”命令。

(2) 用鼠标右键单击要移动的文件(夹)，从快捷菜单中选择“剪切”命令，选定目标位置，单击鼠标右键，从快捷菜单中选择“粘贴”命令。

(3) 选定要移动的文件(夹)，按“Ctrl+X”组合键，选定目标位置，按“Ctrl+V”组合键。

(4) 要移动的文件(夹)若在同一磁盘中，则直接用鼠标拖放到目标位置；若为不同磁盘，则先按住 Shift 键不放，再用鼠标拖动到目标位置。

(5) 按住鼠标右键拖动要移动的对象到目标位置，松开鼠标，从快捷菜单中选择“移动到当前位置”命令。

5. 复制文件(夹)

(1) 选定要复制的文件(夹)，选择“编辑/复制”命令，选定目标位置，再选择“编辑”→“粘贴”命令。

(2) 用鼠标右键单击要复制的文件(夹)，从快捷菜单中选择“复制”命令，选定目标位置，单击鼠标右键，从快捷菜单中选择“粘贴”命令。

(3) 选定要复制的文件(夹)，按“Ctrl+C”组合键，选定目标位置，按“Ctrl+V”组合键。

(4) 要复制的文件(夹)若在同一磁盘中，则按住 Ctrl 键不放，再用鼠标拖动到目标位置即可；若为不同磁盘，则直接用鼠标拖动到目标位置。

(5) 按住鼠标右键拖动要复制的对象到目标位置，松开鼠标，从快捷菜单中选择“复制到当前位置”命令。

6. 删除文件(夹)

(1) 选定要删除的文件(夹)，按键盘上的 Delete 键，打开“删除文件”对话框，如图 1-67 所示。单击“是”按钮，将该文件(夹)放入回收站中。

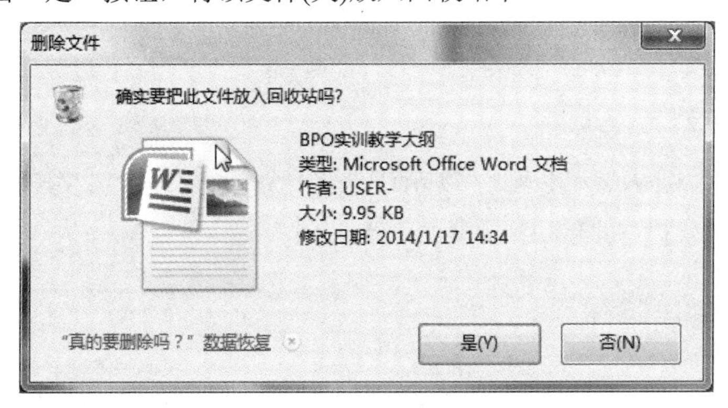

图 1-67　“删除文件”对话框

(2) 选定要删除的文件(夹)，选择单击“文件”→“删除”命令。

(3) 用鼠标右键单击要删除的文件(夹)，从快捷菜单中选择“删除”命令。

(4) 按住鼠标左键，将要删除的文件(夹)拖动到回收站中。

注： 从硬盘中删除文件(夹)时，不会立即将其删除，而是将其存储到回收站中，直到清空回收站为止。若要永久删除文件(夹)而不是先将其移至回收站，则选定该文件(夹)，然后按“Shift+Delete”组合键。如果从网络文件夹或 USB 闪存驱动器中删除文件(夹)，则会永久删除该文件(夹)，而不是将其存储在回收站中。如果无法删除某个文件，则可能是当前运行的某个程序正在使用该文件。关闭该程序或重新启动计算机可以解决该问题。

步骤 3　设置文件属性，创建文件快捷方式。

1. 设置文件属性

选中要设置属性的文件(夹)，选择“文件”→“属性”命令，打开“BPO 实训教学大纲 属性”对话框，可设置“只读”“隐藏”“高级”等属性，如图 1-68 所示。

2. 创建文件快捷方式

在日常的办公过程中，如果经常要快捷访问文件或文件夹，则可以为其创建“快捷方式”，再将生成的快捷方式图标移动到经常停留的地方。同样，对于经常使用的软件，也可以在桌面上为其创建快捷图标。

(1) 选择要创建快捷方式的文件，右击文件，从弹出的快捷菜单中选择“创建快捷方式”命令，如图 1-69 所示。

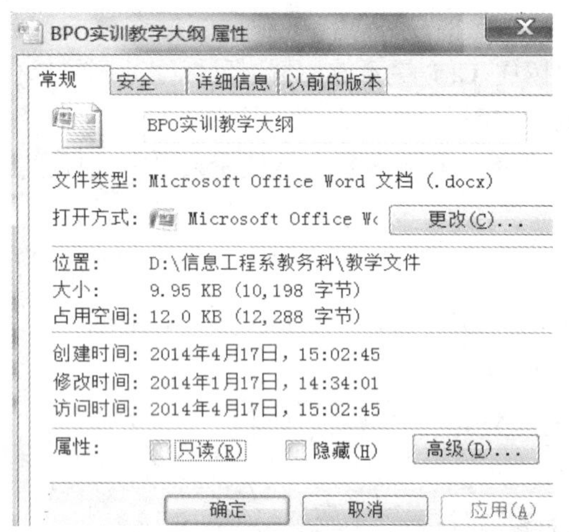

图 1-68　设置“BPO 实训教学大纲 属性”对话框　　图 1-69　创建“教学任务书”快捷方式

(2) 将创建的快捷方式移动到需要的位置。

步骤 4　创建家庭组。

1. 准备工作

要设置家庭组，必须要有一个家庭网络。即加入家庭组的计算机都要在同一网络内。所有联网的计算机都必须使用 Windows 7 操作系统。(注：家庭版 Windows 7 不能创建家庭组)

2. 建立家庭组

(1) 单击“开始”→“控制面板”→“网络和 Internet”→“家庭组”选项，打开“创建家庭组”窗口，如图 1-70 所示。

注： 如果网络上已存在一个家庭组，则 Windows 会询问是否愿意加入该家庭组而不是新建一个家庭组。如果没有家庭网络，则需要在创建家庭组之前先设置一个家庭网络。

(2) 单击“创建家庭组”按钮，打开“选择您要共享的内容:”窗口，选择需要共享的内容，如图 1-71 所示。

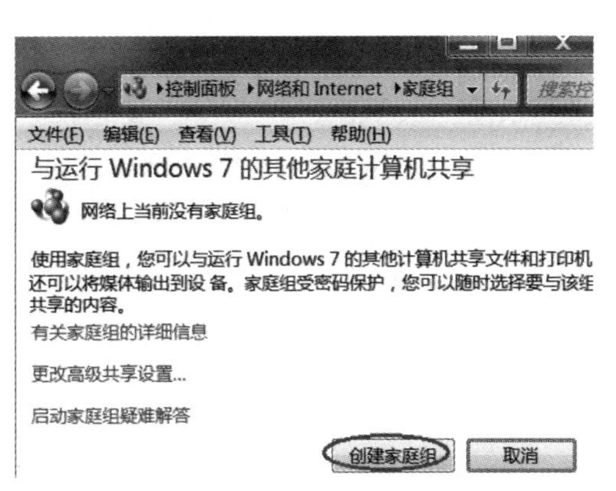

图 1-70　“创建家庭组”窗口

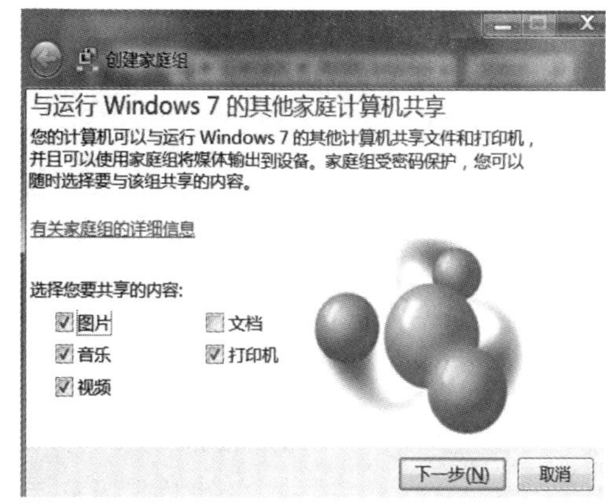

图 1-71　选择共享内容窗口

(3) 单击“下一步”按钮，家庭组自动生成一组家庭组密码，使用此家庭组密码添加其他计算，如图 1-72 所示。

(4) 单击“完成”按钮就创建了家庭组。

注：如果忘了家庭组密码，则可以通过打开控制面板的家庭组查看或更改。

3. 共享“教学任务书”文件夹

(1) 在任务栏中单击“Windows 资源管理器”按钮，打开资源管理器。

(2) 选中 D 盘“信息工程系教务科”文件夹中的“教学任务书”文件夹。

(3) 单击工具栏上的“共享”按钮，打开“共享对象”列表，选择“家庭组(读取)”选项，如图 1-73 所示。

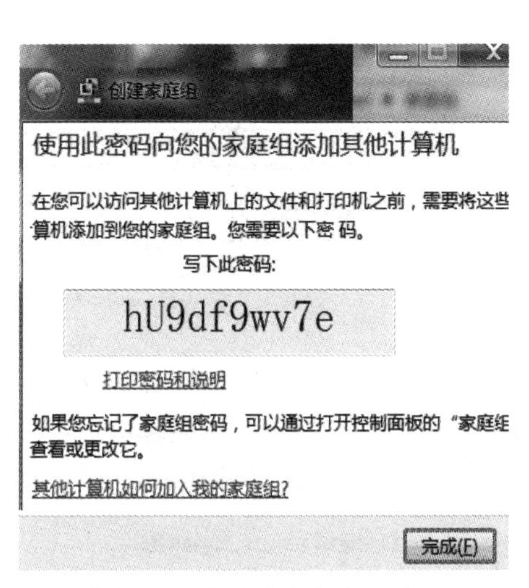

图 1-72　生成家庭组密码窗口

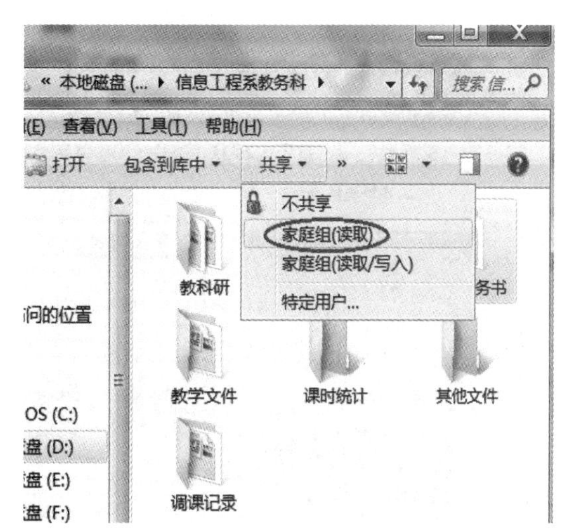

图 1-73　设置“共享对象”

4. 查看共享文件

(1) 单击“开始”按钮，然后单击自己的用户账户名。

(2) 在导航窗格中，选择“家庭组”，单击要访问的文件或文件夹的用户账户名称，在右侧的窗格中显示出共享的文件夹“教学任务书”，如图 1-74 所示。

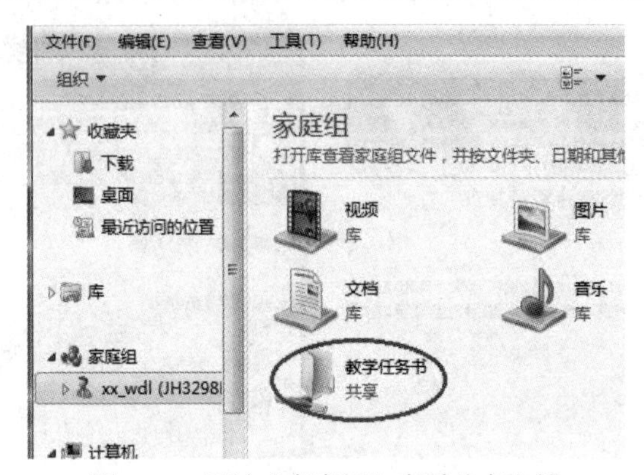

图 1-74　通过“家庭组”查看共享文档

实战训练

合理规划和管理“江苏省徐州技师学院第五届技能节”的文档资料。

(1) 用现场的一台计算机创建一个“家庭组”，并把其余的计算机加入到这个“家庭组”中。

(2) 选择 E 盘作为“第五届技能节”文档资料的存放位置。创建“第五届技能节”文档资料文件夹“第五届技能节”，并在文件夹中创建子文件夹“办公自动化作品”“CAD 作品”“平面设计作品”“动漫制作作品”“成绩汇总”及“照片”，如图 1-75 所示。

图 1-75　创建“第五届技能节”相关文件夹

(3) 将“第五届技能节”文件夹设置为“共享”，权限设置为“只读”，如图 1-76 所示。

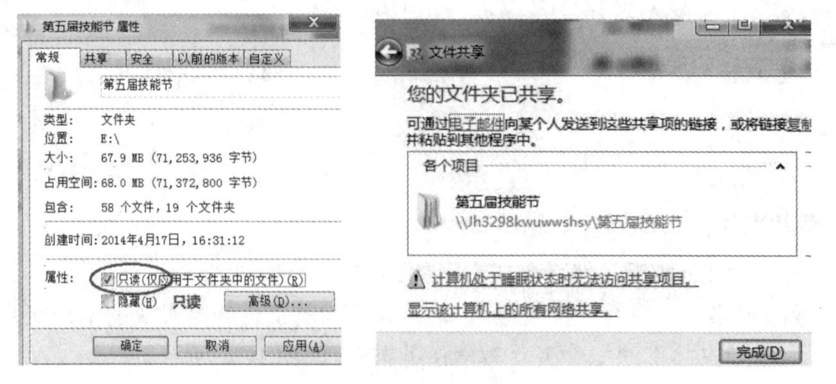

图 1-76　设置“第五届技能节”文件夹为“共享”“只读”

(4) 在桌面创建“第五届技能节”文件夹的快捷方式，如图 1-77 所示。

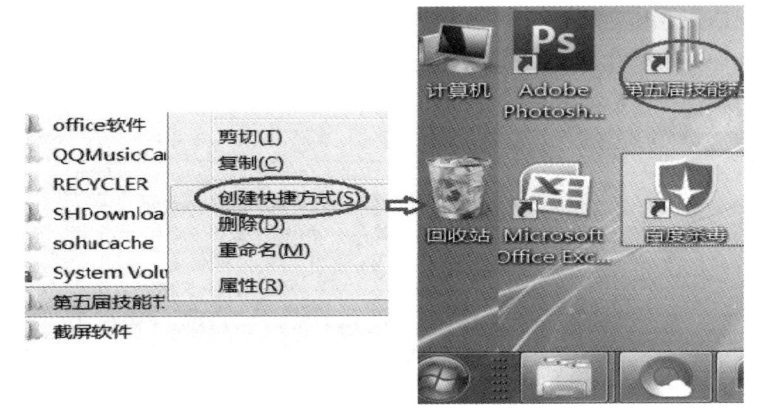

图 1-77 设置“第五届技能节”文件夹快捷方式

(5) 将涉及作品的文件夹设置为“隐藏”属性。

任务 4 维护和优化系统

安装好的 Windows 7 系统在使用一段时间后，随着计算机使用时间的增加，系统的运行速度就会变得越来越慢，并且经常会出现非法操作，甚至蓝屏死机等故障。为避免以上情况给人们的工作带来不必要的影响，在使用计算机的过程中应注意维护。为了方便用户管理和维护计算机，Windows 7 提供了很多系统工具，如计算机使用一段时间后，系统会变慢，此时可用自带磁盘管理工具等进行优化和维护，以使用户的工作变得得心应手。

任务分解

(1) 使用磁盘清理工具清理 C 盘；
(2) 优化 Windows 7，将视觉效果调整为最佳性能；
(3) 用碎片整理程序整理 D 盘碎片；
(4) 将 D 盘中的数据备份至 F 盘。

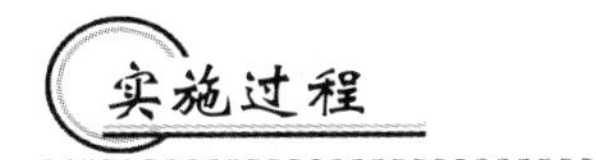

步骤 1 使用磁盘清理工具清理 C 盘。

使用磁盘清理工具清理 C 盘的操作方法如图 1-78 所示。

(1) 单击“开始”→“所有程序”→“附件”→“系统工具”→“磁盘清理”命令，在打开的对话框中选择 C 盘，如图 1-78 中的 1 所示。

(2) 在“驱动器”列表中选择要清理的硬盘驱动器 C 盘，然后单击“确定”按钮，开始对 C 盘进行磁盘扫描，如图 1-78 中的 2 所示。

(3) 磁盘扫描完成后，选择要删除的文件，单击“确定”按钮，如图 1-78 中的 3 所示。

(4) 系统处理完会弹出“确认要永久删除这些文件吗”对话框，单击“删除文件”按钮即可，如图 1-78 中的 4 所示。

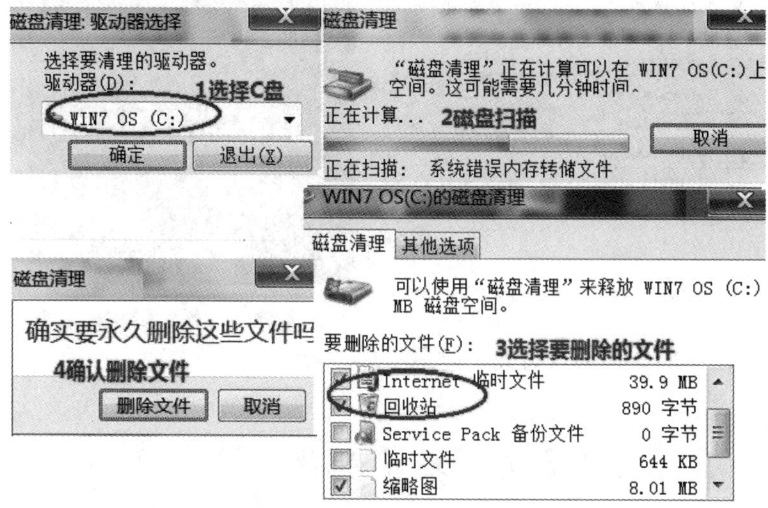

图 1-78　使用磁盘清理工具清理 C 盘

注: Windows 为了提供更好的性能，往往会采用建立临时文件的方式加速数据的存取，但如果不对这些临时文件进行定期清理，磁盘中许多空间就会被悄悄占用，而且还会影响系统整体的性能，所以定期对磁盘进行清理是非常有必要的。

磁盘清理可搜索指定的驱动器，然后列出临时文件、Internet 缓存文件和可以安全删除的不需要的程序，使用磁盘清理程序删除部分或全部这类文件。

步骤 2　优化 Windows 7，将视觉效果调整为最佳性能。

(1) 单击“开始”→“控制面板”选项，在查看方式选项中选择非类别选项，如图 1-79 中的 1 所示。

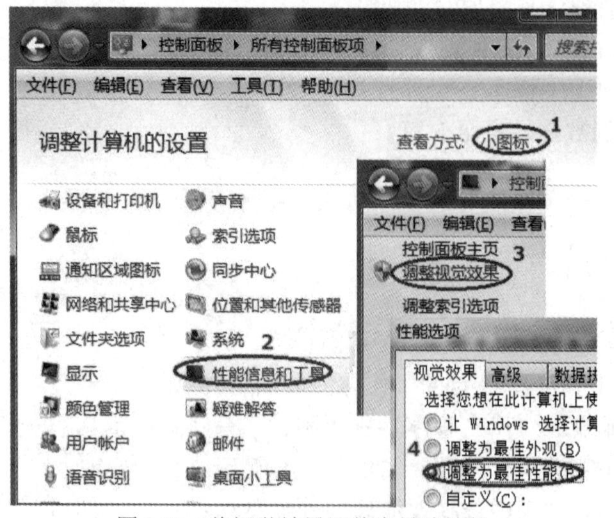

图 1-79　将视觉效果调整为最佳性能

(2) 单击“性能信息和工具”命令，如图1-79中的2所示。

(3) 在打开的“性能信息和工具”窗口中，选择左侧导航窗格中的“调整视觉效果”命令，如图1-79中的3所示。

(4) 在打开的“调整视觉效果”窗口中，选择“视觉效果”选项卡，选中“调整为最佳性能”选项，单击“应用”按钮即可，如图1-79中的4所示。

注：打开“性能选项”对话框的另一种方法是单击“开始”按钮，在“搜索”框中键入“视觉”，然后在结果列表中单击“调整Windows外观和性能”。

❖ **知识拓展**

当系统运行缓慢时，可以禁用一些视觉效果来加快系统的运行速度，这就涉及外观和性能谁更优先的问题了。是愿意让Windows运行更快，还是外观更漂亮呢？如果计算机运行速度足够快，则不必面对牺牲外观的问题；但如果计算机仅能勉强支持Windows 7的运行，则减少使用不必要的视觉效果会比较有用。可以逐个选择要关闭的视觉效果，也可以让Windows选择。可以控制的视觉效果有20种，如透明玻璃外观、菜单打开或关闭的方式及是否显示阴影等。

另外，为了提高开机速度，优化计算机的性能，最好关闭一些不必要的自动程序。许多软件的供应商都希望他们的程序使用起来方便快捷，因此就会将程序设置成开机时自动在后台运行。而所有的软件在启动和运行的时候都会占用内存空间和CPU。

关闭自启动程序的操作方法如下：

(1) 单击“开始”→“所有程序”→“附件”→“运行”命令，打开“运行”对话框，输入“msconfig”命令，如图1-80所示。

(2) 单击“确定”按钮，打开“系统配置”对话框，如图1-81所示。

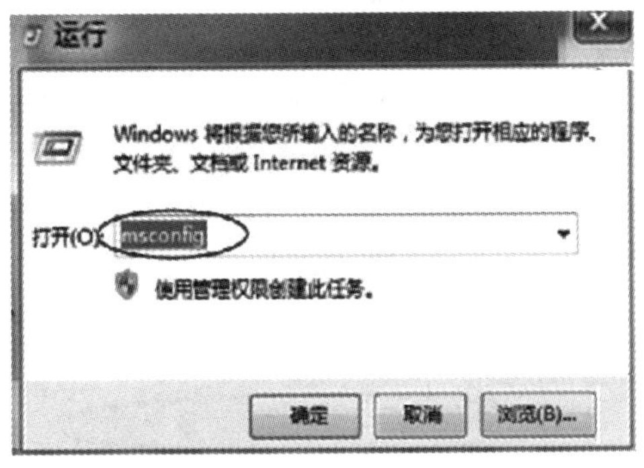

图1-80　“运行”对话框

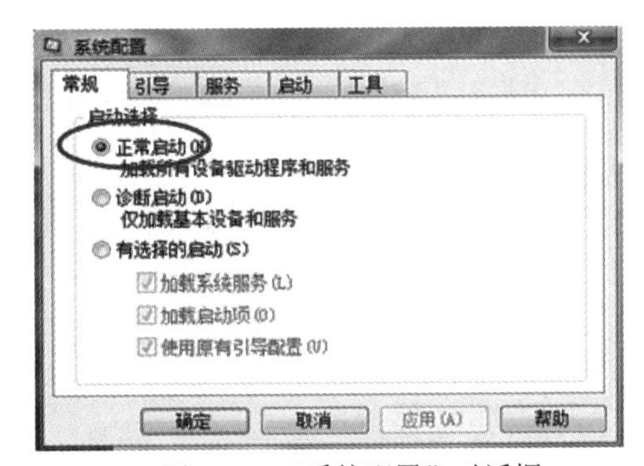

图1-81　“系统配置”对话框

(3) 切换到“启动”选项卡，在启动列表中显示出系统启动时自动运行的程序，在列表中清除不需要自动运行的项目，以提高启动速度，如图1-82所示。

(4) 单击“确定”按钮，然后重新启动计算机，更改的设置就可以生效了。

注：系统配置是一种工具，它可以帮助用户确定可能阻止Windows正确启动的问题，通过系统配置可以设置启动方式或清除一些不必要的程序，以提高计算机的启动时间。

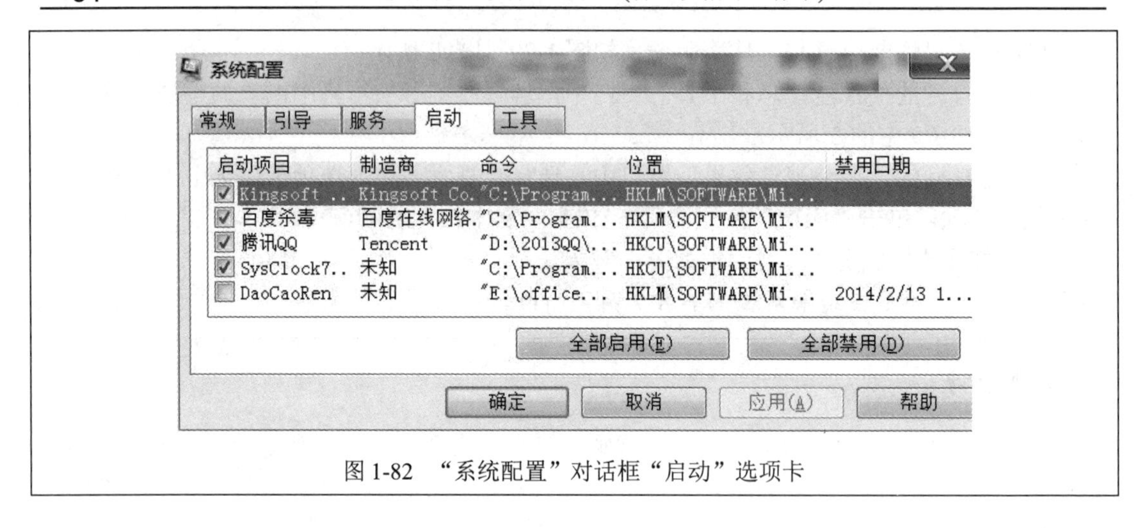

图 1-82　“系统配置”对话框“启动”选项卡

步骤 3　用碎片整理程序整理 D 盘碎片。

(1) 单击“开始”→“所有程序”→“系统工具”→“磁盘碎片整理程序”命令，打开“磁盘碎片整理程序”对话框。

(2) 选择 D 盘，单击“分析磁盘”按钮。

(3) 磁盘分析进行中。在 Windows 完成分析磁盘后，可以在“上一次运行时间”列中检查磁盘上碎片的百分比。如果数字高于 10%，则应该对磁盘进行碎片整理，单击“磁盘碎片整理”按钮，如图 1-83 所示。

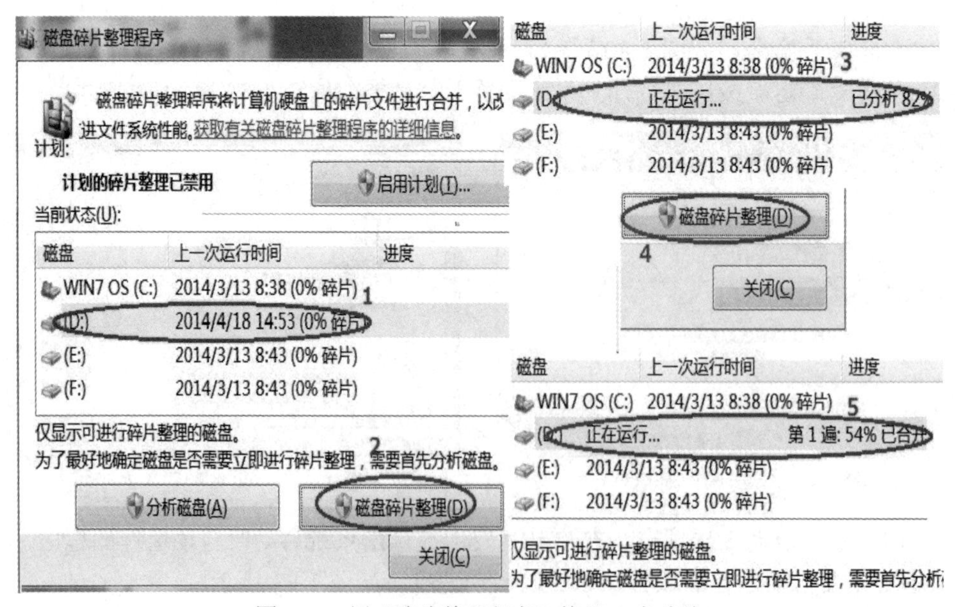

图 1-83　用“碎片整理程序”整理 D 盘碎片

(4) 运行磁盘碎片整理程序后，磁盘原碎片整理程序可能需要几分钟到几小时才能完成，具体取决于硬盘碎片的大小和程度，如图 1-83 中的 5 所示。在碎片整理过程中，仍然可以使用计算机。碎片整理完成后，关闭窗口即可。

❖ 知识拓展

1. 设置碎片整理计划

对于磁盘的碎片整理，除了手动设置外，还可以制订碎片整理计划，系统按设置频率自动整理。

(1) 单击“开始”→“所有程序”→“附件”→“系统工具”→“磁盘碎片整理程序”命令，打开“磁盘碎片整理程序”对话框，单击“配置计划”按钮，打开“磁盘碎片整理程序：修改计划”对话框，如图 1-84 所示。

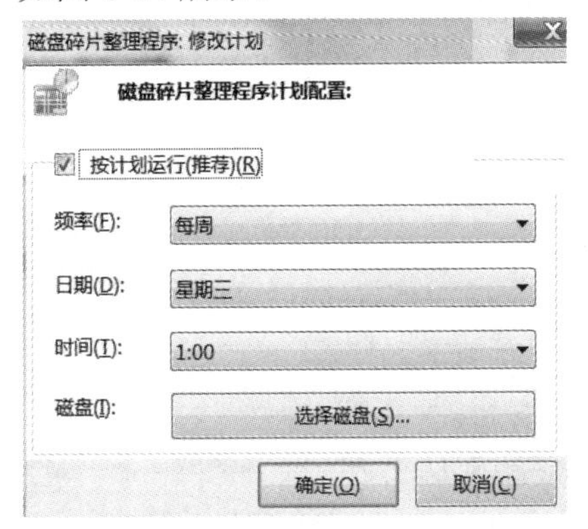

图 1-84　“磁盘碎片整理程序：修改计划”对话框

(2) 若要更改磁盘碎片整理程序运行的频率，则单击“频率”右侧的下拉按钮，选择“每天”“每周”或“每月”；若将频率设置为“每周”或“每月”，则单击“日期”右侧的下拉按钮，以选择希望磁盘碎片整理程序在每周或每月的哪一天运行；若要更改磁盘碎片整理程序在一天中的运行时间，则单击“时间”右侧的下拉按钮，然后选择时间；若要更改计划进行碎片整理的卷，则单击“选择磁盘”按钮，然后按照说明执行操作。

2. 碎片整理相关知识

磁盘碎片整理是合并硬盘或存储设备上的碎片数据，以便硬盘或存储设备能够更高效地工作的过程。

用户在保存、更改或删除文件时，随着时间的推移，硬盘或存储设备上会产生碎片。所保存的对文件的更改通常存储在硬盘或存储设备上与原始文件所在位置不同的位置。这不会改变文件在 Windows 中的显示位置，而只会改变组成文件的信息片段在实际硬盘或存储设备中的存储位置。随着时间推移，文件和硬盘或存储设备本身都会碎片化，而计算机也会变慢，这是因为计算机打开单个文件时需要查找不同的位置。

在 Windows 7 中，磁盘碎片整理程序可以按计划自动运行，因此用户不必记得运行该程序。但是，用户仍然可以手动运行该程序或更改该程序使用的计划。

步骤 4　将 D 盘中的数据备份至 F 盘。

(1) 单击“开始”→“控制面板”命令，在打开的“控制面板”窗口中选择“系统和安全”中的“备份您的计算机”选项。

(2) 在打开的“备份和还原”窗口中选择“设置备份”选项。

(3) 在“设置备份”对话框中选择要保存备份的位置 F 盘。

(4) 选择 F 盘后，单击“下一步”按钮，在“您希望备份哪些内容”中选择“让我选择”选项，如图 1-85 所示。

(5) 单击“下一步”按钮选择好要备份的内容 D 盘，单击“下一步”→“查看备份设置”，同时制订一个计划对要备份的内容进行定时备份。单击“保存设置并运行备份”即可完成备份操作。

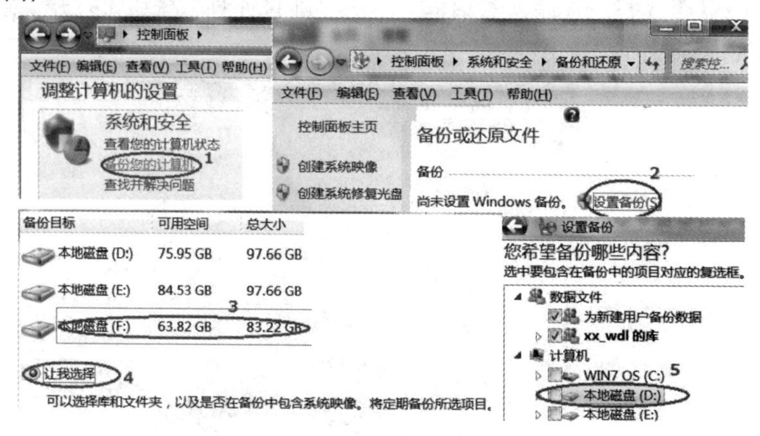

图 1-85　将 D 盘中数据备份至 F 盘

注： Windows 备份允许为使用计算机的所有人员创建数据文件的备份。可以让 Windows 选择备份的内容或者可以选择要备份的个别文件夹、库和驱动器。默认情况下，将定期创建备份。可以更改计划，并且可以随时手动创建备份。设置 Windows 备份之后，Windows 将跟踪新增或修改的文件和文件夹并将它们添加到备份中。

实战训练

为“江苏省徐州技师学院第五届技能节”现场的计算机做好系统优化和维护工作。

(1) 为防范比赛过程中由于使用 U 盘而导致的病毒危害，对 E 盘文件夹“第五届技能节”进行备份，如图 1-86 所示。

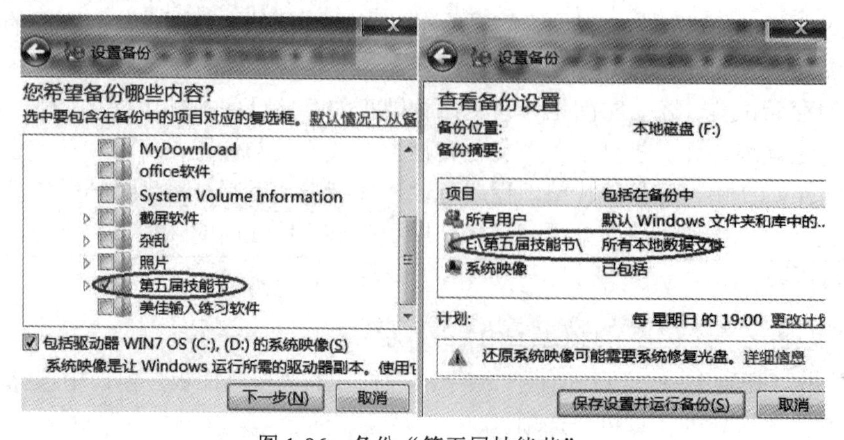

图 1-86　备份“第五届技能节”

(2) 为保证比赛时数据的读取速度，设置整理碎片计划，每日 17:00 进行碎片整理，如图 1-87 所示。

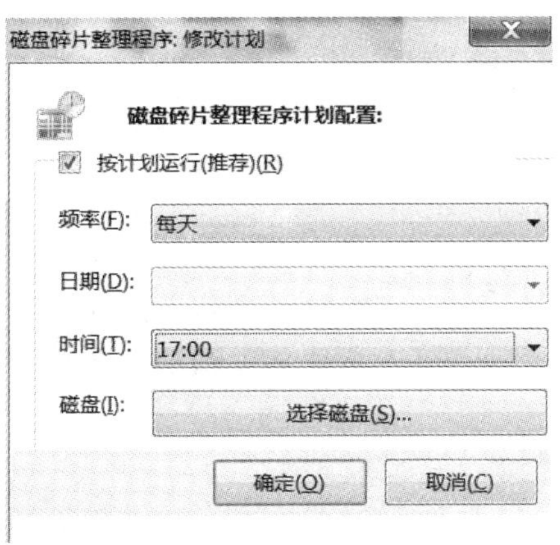

图 1-87　设置整理碎片计划

技能项目 2

图文排版与打印输出

Word 是 Microsoft Office 系列软件中应用最为广泛的一款软件，是功能最强大的文字处理软件之一，主要用于日常的文字处理工作，如书写信函、公文、简报、报告、学术论文、个人简历、商业合同、博客等，具有处理各种复杂文件的功能。

任务 1　制作“活动方案”

本任务通过制作一则活动通知，完成最基本、最简单的文档操作，以及简单、常用的格式编辑操作。任务的目标效果如图 2-1 所示。

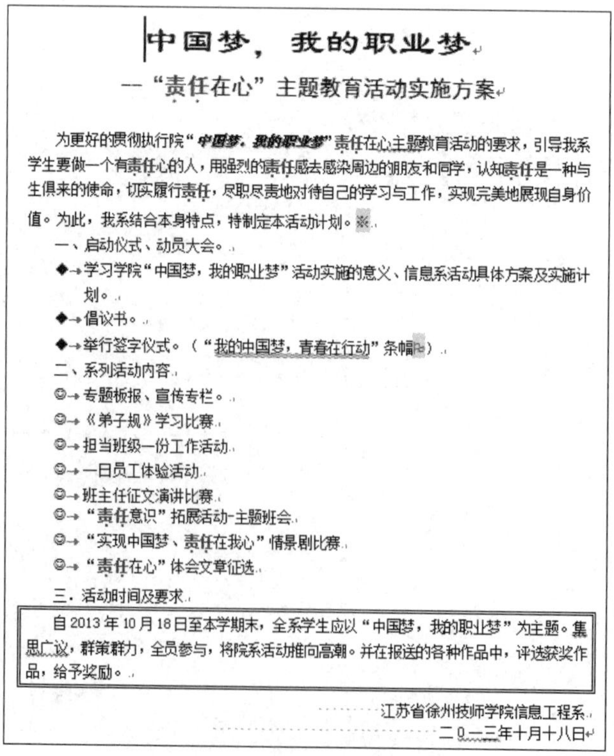

中国梦，我的职业梦

——“责任在心”主题教育活动实施方案

为更好的贯彻执行院“**中国梦，我的职业梦**”责任在心主题教育活动的要求，引导我系学生要做一个有责任心的人，用强烈的责任感去感染周边的朋友和同学，认知责任是一种与生俱来的使命，切实履行责任，尽职尽责地对待自己的学习与工作，实现完美地展现自身价值。为此，我系结合本身特点，特制定本活动计划。

一、启动仪式、动员大会。

◆ 学习学院“中国梦，我的职业梦”活动实施的意义、信息系活动具体方案及实施计划。

◆ 倡议书。

◆ 举行签字仪式。（“我的中国梦，青春在行动”条幅）

二、系列活动内容

☺ 专题板报、宣传专栏。

☺ 《弟子规》学习比赛

☺ 担当班级一份工作活动

☺ 一日员工体验活动

☺ 班主任征文演讲比赛

☺ “责任意识”拓展活动-主题班会

☺ “实现中国梦、责任在我心”情景剧比赛

☺ “责任在心”体会文章征选

三．活动时间及要求

自 2013 年 10 月 18 日至本学期末，全系学生应以“中国梦，我的职业梦”为主题。集思广议，群策群力，全员参与，将院系活动推向高潮。并在报送的各种作品中，评选获奖作品，给予奖励。

江苏省徐州技师学院信息工程系

二〇一三年十月十八日

图 2-1　任务结果样式

任务分解

(1) 文档操作：新建、保存、打开、关闭文档等；
(2) 页面设置：纸张大小和页面边距的设置；
(3) 文字编辑：插入、删除、移动、分段/并段、光标快速定位文字；
(4) 文字美化：设置字体、字号、下划线、突出显示，使用格式刷；
(5) 查找与替换操作；
(6) 段落格式的设置：段落缩进、段落对齐、设置行间距、设置段间距；
(7) 项目符号操作；
(8) 边框与底纹操作；
(9) 打印操作。

实施过程

步骤1　启动Word。

直接双击桌面上的快捷方式图标(图2-2)来启动Word。启动Word后，系统会自动新建一个空白文档，默认文档名为“文档1”。

注：启动Word还可以用以下方法。

① 单击“开始”→“所有程序”→“Microsoft　Office”→“Microsoft Word”命令来启动。

② 如果程序曾被使用过，则程序的快捷键会自动出现在“高频栏”，再次启动该程序时可单击“开始”，于弹出的“高频栏”菜单中单击Word图标，如图2-2所示。

图2-2　桌面快捷方式图标以及开始菜单的“高频栏”

此外，在文件夹中、桌面上等处双击已经建立的Word类型的文档也可以启动Word，只不过同时打开了原有文档。

> ❖ **知识拓展：认识Word的操作界面**
>
> 启动后的Word操作界面如图2-3所示，该界面自上而下主要由标题栏、功能区、文档编辑区和状态栏四大区域组成。

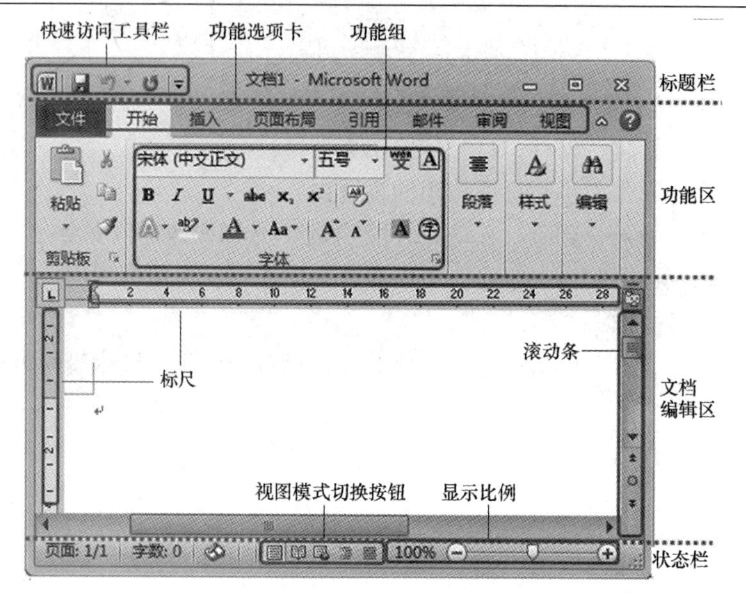

图 2-3　Word 的窗口组成

1. 标题栏

标题栏包含快速访问工具栏、文档名(默认为文档 1、文档 2……)、应用程序名(Microsoft Word)、最小化按钮、最大化按钮、关闭按钮。

其中快速访问工具栏位于界面左上角，其默认的按钮包括“保存”按钮、“撤销”按钮和“恢复”按钮。单击图 2-4 中圈出的按钮后，在打开的下拉菜单中包含多个选项，其中前面有标记的表示该选项的相应按钮已经添加到快速访问工具栏中，否则表示相应按钮未被添加。

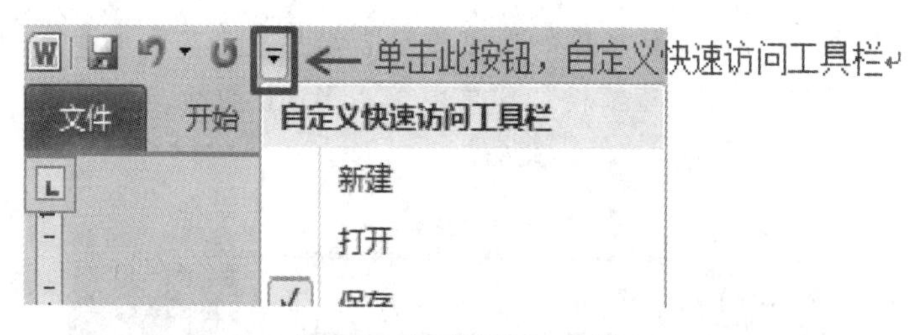

图 2-4　快速访问工具栏

标题栏右侧的“最大化”按钮变为图标时，表示窗口已经最大化，单击该按钮可将窗口恢复到最大化之前的大小。

2. 功能区

功能区的工具按钮与功能选项卡是对应的，单击选项卡即可打开相应的功能区按钮。每个选项卡在功能区都包括多个功能组，组中提供了常用的命令按钮或列表框。一些功能区的右下角包含“对话框启动器”按钮，单击该按钮即可打开相应的对话框或任务窗格，在其中可对文档进行详细设置，如图 2-5 所示。

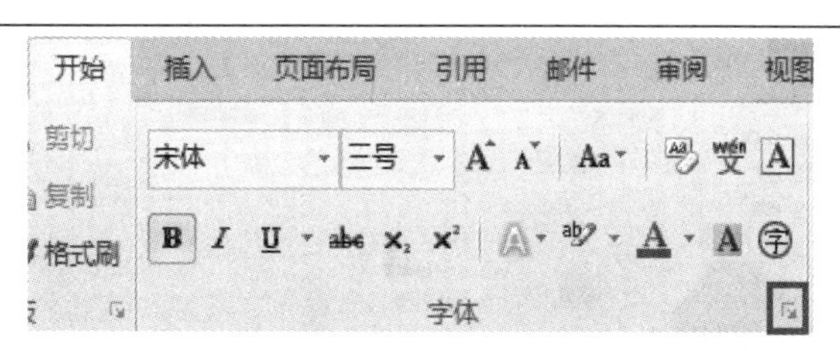

图 2-5　功能区中的功能按钮及对话框启动器

3. 文档编辑区

文档编辑区位于操作界面的中间，是 Word 中最重要的部分，所有关于文本编辑的操作都在该区域完成。文档编辑区闪烁的光标是文本插入点，用于定位文本的输入位置。

另外，文档编辑区周边还包括标尺、滚动条、导航窗格等。

标尺分为水平标尺与垂直标尺。在 Word 2010 默认的文档编辑区中，标尺是被隐藏的，单击文档编辑区垂直滚动条上方的“标尺”按钮，或在“视图”→“显示”组中选中或取消选中 标尺 来显示或隐藏标尺。

导航窗格位于窗口界面左侧。Word 2010 默认的操作界面中并没有显示导航窗格，如需显示或隐藏导航窗格，在“视图”→“显示”组中选中或取消选中 导航窗格 复选框即可。

4. 状态栏

状态栏位于 Word 2010 操作界面的底部。状态栏左侧显示当前文档总页数、光标位置的当前页码、当前文档的总字数、插入\改写状态等信息，如图 2-6 所示。状态栏右侧则为视图模式切换按钮及显示比例控制滑块。

图 2-6　状态栏中的状态信息

步骤 2　新建文档。

启动 Word 后，系统会自动新建一个空白文档。用户可以直接在 Word 新建的空白文档中编辑文字内容。

注：也可以在启动状态下再次新建文档，基本方法有下列几种。

① 新建一个空白文档，最快捷、最简单的方法是单击“自定义快速访问工具栏”上的“新建”按钮，如图 2-7 所示。

图 2-7　快速访问工具栏上的“新建”按钮

② 使用快捷键。对于需要处理大量 Word 文档的用户，快捷键“Ctrl+N”操作更为高效。N 为 New 的简写，用于新建空白文档。

③ 创建基于模板的文档。单击“文件”菜单下的“新建”，在列表框中选择所需的模板类型，在右边可以预览模板内容，单击“创建”按钮即可依据模板建立文档，如图 2-8 所示。

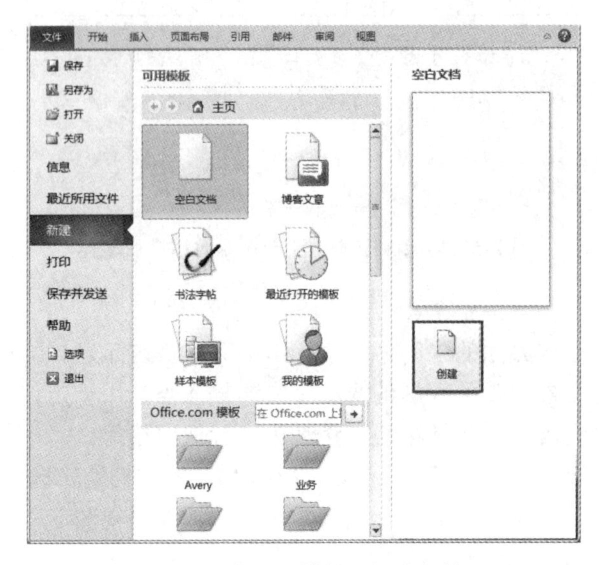

图 2-8　使用“模板”新建文件

步骤 3　保存文档。

单击标题栏左侧的“保存”按钮，系统弹出“另存为”对话框，进行保存“三要素”——文档位置、文件名、文件类型的设置后，单击“保存”按钮，如图 2-9 所示。

图 2-9　保存对话框

注：保存类型的不同，决定着在文件夹中双击文件图标时默认打开的软件。一般使用默认的“Word 文档”，无需更改。若希望文件在 Word 2007 以前的版本中也可以直接打开，则可以将保存类型更改为“Word 97-2003 文档(.doc)”，如图 2-10 所示。本例中使用默认的“Word 文档(*.docx)”。

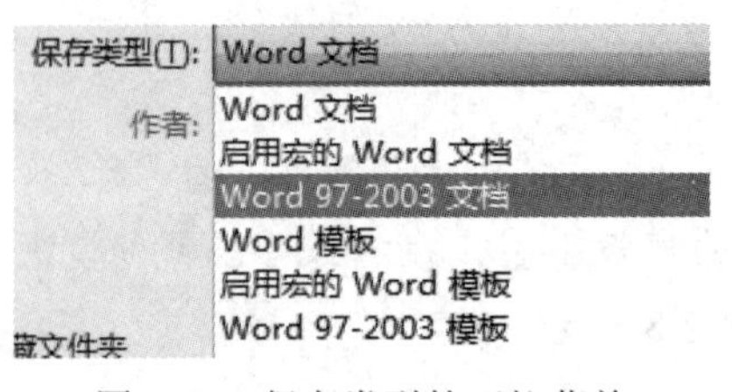

图 2-10　保存类型的下拉菜单

说明：

① 及时保存。文档的输入、编辑、美化、排版设计应及时进行保存操作，否则，突然停电或关闭计算机会造成文件内容丢失。但应注意的是，保存操作仅保存文档的目前状态，修改后应再次及时保存。本例中请读者每进行若干步骤操作后随即进行一次保存，不再复述。

② 首次保存与再保存。此文件为新文件，从未进行过“保存”操作，第一次进行“保存”操作，故弹出对话框进行三要素设置。修改后再次进行“保存”操作，对话框不再弹出，是因为系统已经明确保存操作的相关信息，无需用户重复操作，便按照原来的设置直接保存了，此时，用户一般看不到界面发生任何变化，保存操作便瞬间完成。

③ 保存的其他方法：

• 单击“文件”功能选项卡下的“保存”命令，如图 2-11 所示。

• 单击“文件”功能选项卡下的“另存为”命令，用于在原有文件的基础上另外保存一个类似文件。

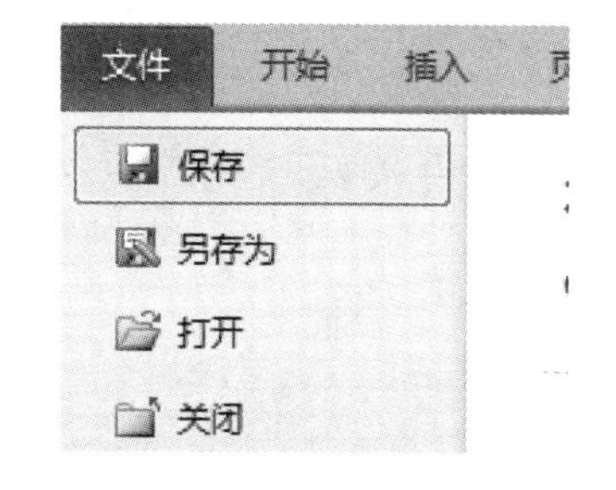

图 2-11　“文件”功能选项卡下的“保存”命令

步骤 4　输入文字内容。

(1) 录入通知的内容，如图 2-12 所示。

中国梦，我的职业梦
--“责任在心”主题教育活动实施方案
为更好的贯彻执行院“中国梦，我的职业梦”责任在心主题教育活动的要求，引导我系学生要做一个有责任心的人，用强烈的责任感去感染周边的朋友和同学，认知责任是一种与生俱来的使命，切实履行责任，尽职尽责地对待自己的学习与工作，实现完美地展现自身价值。为此，我系结合本身特点，特制定本活动计划。
一、启动仪式、动员大会。
学习学院“中国梦，我的职业梦”活动实施的意义、信息系活动具体方案及实施计划。
倡议书。
举行签字仪式。(“我的中国梦，青春在行动”条幅)
二、系列活动内容
专题板报、宣传专栏。
《弟子规》学习比赛
担当班级一份工作活动
一日员工体验活动
班主任征文演讲比赛
“责任意识”拓展活动-主题班会
“实现中国梦、责任在我心”情景剧比赛
“责任在心”体会文章征选
三．活动时间及要求
自 2013 年 10 月 18 日至本学期末，全系学生应以“中国梦，我的职业梦”为主题。集思广议，群策群力，全员参与，将院系活动推向高潮。并在报送的各种作品中，评选获奖作品，给予奖励。
江苏省徐州技师学院信息工程系
二〇一三年十月十八日

图 2-12　文档的文字输入内容

注：输入文本时，用户可以连续不断地输入文本，当到达页面的最右端时，插入点会自动移到下一行首位置，这就是 Word 的“自动换行”功能。

一篇长的文档常常由多个自然段组成，增加新的段落可以通过按 Enter 键的方式来实现。段落标记是 Word 中的一种非打印字符，它能够在文档中显示，但不会被打印出来。

(2) 插入特殊符号。

① 双引号等符号的输入。键盘上有的符号，通过击键直接输入，其中，对于一个键上对应有两个字符的，直接击键输入的是下排字符，按住 Shift 键不松再击字符键，输入对应键面上的上排字符。

② ※、⚐等符号的输入。对于键盘上没有的符号，如正文中第一自然段和第五自然段末尾的符号，可以通过菜单"插入/符号"命令，单击需要插入的符号，或单击"其他符号"命令打开"符号"对话框，向下浏览，选中所需符号后，单击"插入"命令即可，如图 2-13 所示。

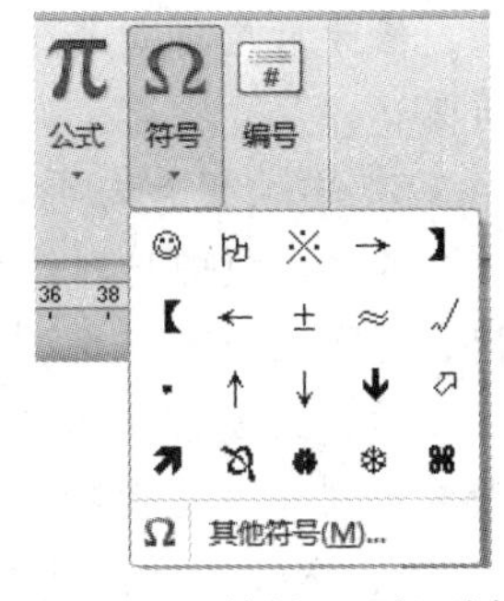

图 2-13　"符号"下拉列表

注：不同字体对应的符号集不同，如图 2-14 所示。

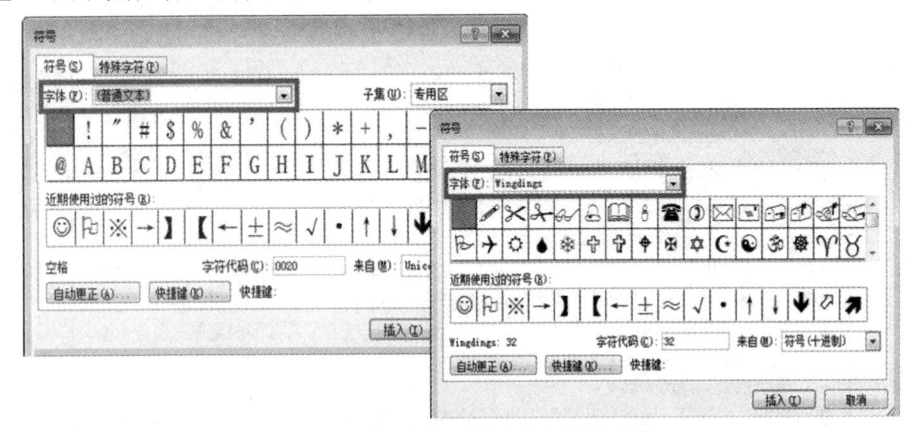

图 2-14　不同字体下对应的不同符号集

步骤 5　设置页面。

与用户用笔在纸上写字一样，利用 Word 进行文档编辑时，先要进行纸张大小、页面方向等页面设置操作。

1. 设置纸张大小和纸张方向

单击"页面布局"选项卡，在"页面设置"选项组中可以直接单击"纸张大小""纸张方向"等选项进行相应设置。本例中设置为 A4 纸张，纸张方向为纵向，如图 2-15 所示。

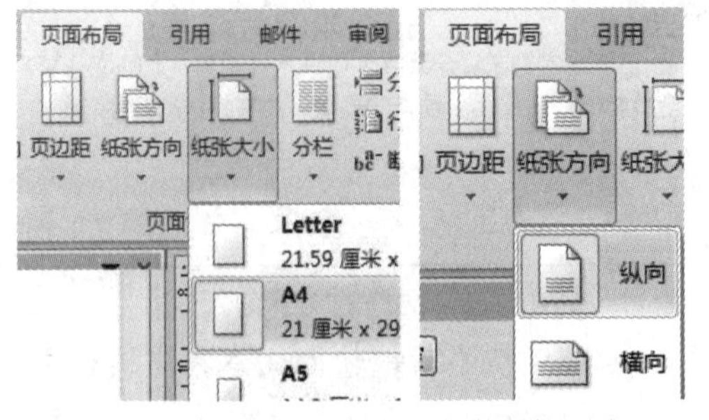

图 2-15　纸张大小和纸张方向下拉列表

注：自定义纸张。不知道纸张的型号怎么办？单击选择“纸张大小”下拉列表最下方一项“其他页面大小”，弹出“页面设置”对话框，在“纸张”选项卡“纸张大小”下方的宽度、高度文本框中直接修改宽度、高度的数值。如默认宽度、高度的单位不是厘米，可以直接输入汉字“厘米”作为度量单位，修改后系统会以新的数值自动对应标准的纸张型号或者对应为“自定义纸张”，如图 2-16 所示。

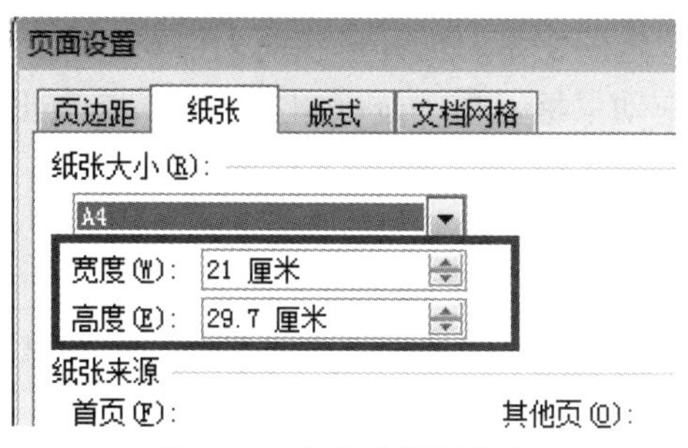

图 2-16　自定义纸张大小

2. 设置页边距

页边距指打印时文字最外侧边缘与纸张边缘之间的距离，用户可以选用系统已经设置好的“宽”“窄”“适中”等成套方案，也可以根据实际需求“自定义边距”，如图 2-17 所示。本例中使用“适中”的预设方案。

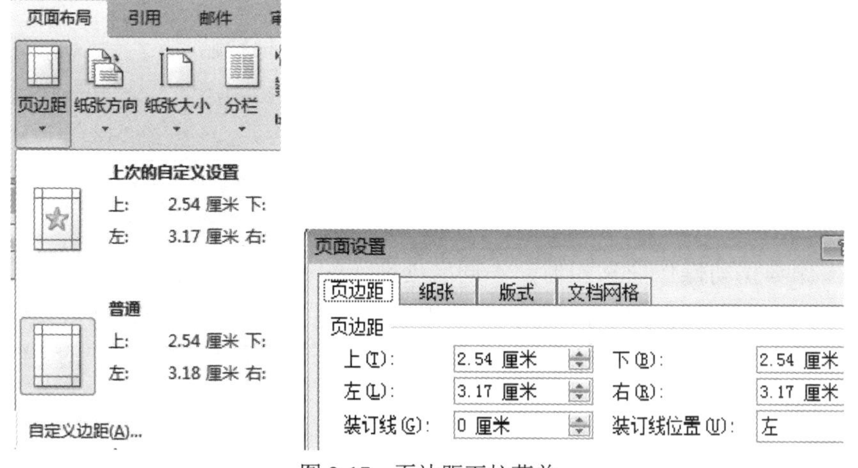

图 2-17　页边距下拉菜单

注：使用对话框设置。如果用户需要使用“自定义”设置，或者需要进行除“页边距”“纸张大小”“纸张方向”等常用设置外的更多设置，则可以直接单击“页面设置”选项组右下角的“对话框启动器”打开“页面设置”对话框，其中包括“页边距”“纸张”“版式”“文档网络”4 个选项卡，每个选项卡内均有多项设置内容，用户可根据需要设置。

步骤 6　编辑修改。

1. 分段与并段操作

分段与并段的根本区别在于由回车产生的段落标记“↵”的有无。段落标记位于段落末尾最后一个字符后面，因此，在要分段处单击 Enter 键，即可添入该标记实现分段效果。同理，在要并段的前一段落的结尾按 Delete 键删除此标记，即完成并段操作。

2. 移动操作

移动操作的方法有很多种，用户可根据自己的操作习惯及文本移动的距离等因素，选择不同的操作方法。

方法一：利用鼠标拖动的方法。

(1) 选定要移动的文本。

(2) 鼠标指针指向已选定的文本，指针形状变为指向左上的空心箭头⇖。

(3) 按住鼠标左键，拖动鼠标，拖动过程中指针箭头前会出现一个虚竖线，同时右下方出现小方框。

(4) 拖动竖线到要插入文本处，松开鼠标即可。

方法二：使用右键快捷菜单。

(1) 选定要移动的文本。在选定区域右键单击鼠标，在弹出的快捷菜单中单击“剪切”命令。

(2) 在要插入的位置单击鼠标，即将光标定位于目标位置。右键单击鼠标，在弹出的快捷菜单中单击“粘贴”命令。

方法三：使用快捷键。

操作方法类似于方法二，把步骤(1)与步骤(2)中的剪切与粘贴操作分别换做使用快捷键“Ctrl+X”和“Ctrl+V”完成。

方法四：使用工具按钮。

操作方法类似于方法二，把步骤(1)与步骤(2)中的剪切与粘贴操作分别换做使用“开始”选项卡中的工具按钮完成，按钮如图2-18所示。

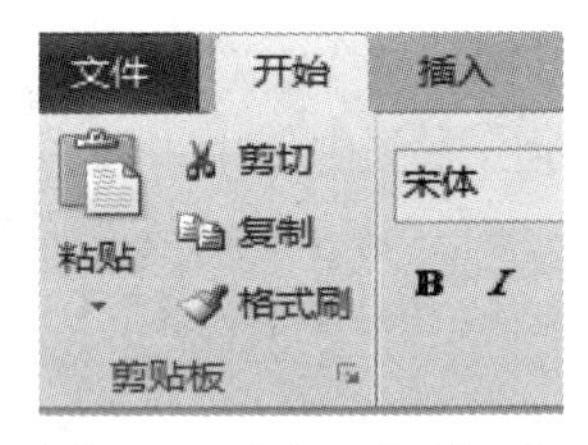

图2-18　剪切、复制、粘贴工具按钮

注： 未选定文本时，“剪切”工具按钮为灰色不可用状态。

3. 复制操作

复制操作与移动操作非常相似，不同之处在于，拖动式复制操作在拖动鼠标时按住Ctrl键不松，直至目标位置松开鼠标左键后再松开Ctrl键。对于使用右键快捷菜单、快捷键和工具按钮的操作方法，只需将上述方法二、方法三或方法四步骤(1)中的“剪切”改为“复制”即可。

步骤7　文字美化。

1. 标题行文字格式

选中标题行的文字，在“开始”选项卡中“字体”选项组内单击“字体”下拉列表中的“隶书”，单击“字号”下拉列表，设置字号为“一号”，用类似方法设置副标题为“黑体”“三号”，完成后效果如图2-19所示。

中国梦，我的职业梦

——“责任在心”主题教育活动实施方案

图2-19　标题文字格式设置后的效果

注： ① “字体”工具组中各按钮及其功能如图2-20所示。

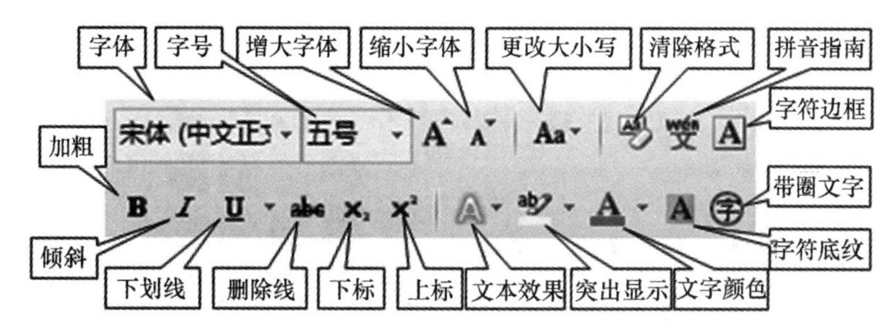

图 2-20　“字体”工具选项组

② 字号有大写和阿拉伯数字两种表示方法。大写表示时，值越小字越大，初号为最大，而阿拉伯数字表示时正好相反，值越大字越大。

2. 正文部分文字格式

(1) 设置正文第一自然段中“中国梦，我的职业梦”的效果。选中正文第一自然段中的“中国梦，我的职业梦”，单击“字体”选项组右下角的“对话框启动器”，打开“字体”对话框，如图 2-21 所示，设置“字形”为“加粗 倾斜”，完成后效果如图 2-22 所示。

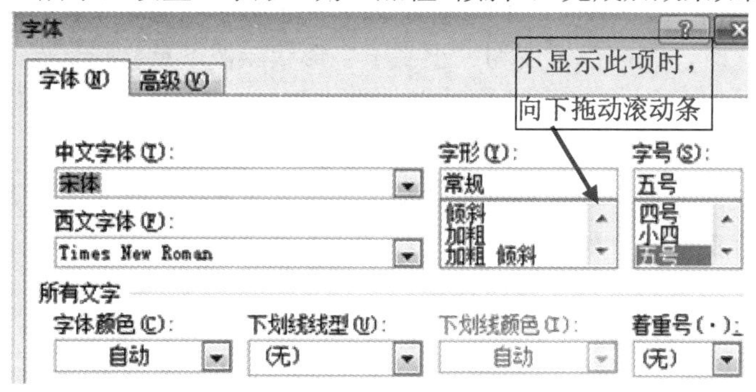

图 2-21　“字体”对话框设置界面

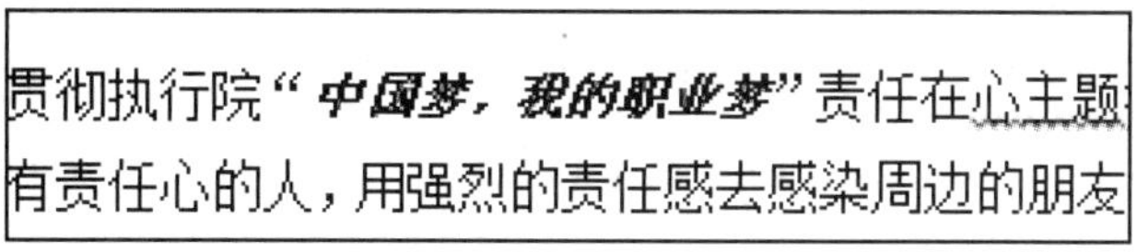

贯彻执行院“***中国梦，我的职业梦***”责任在心主题
有责任心的人，用强烈的责任感去感染周边的朋友

图 2-22　加粗、倾斜的完成效果

(2) 设置正文第五自然段中“我的中国梦，青春在行动”的效果。选中正文第五自然段中的“我的中国梦，青春在行动”，在“字体”对话框中设置“下划线线型”为“双波浪线”，“下划线颜色”为橙色，完成后效果如图 2-23 所示。

仪式。（“我的中国梦，青春在行动”条幅）

图 2-23　下划线线型及颜色的完成效果

注：下划线颜色在线型为“无”时，下拉菜单为灰色不可用，需在线型设置后方可使用。

(3) 设置正文第一段后特殊符号的颜色效果。选中正文第一段后的特殊符号“※”，单击“字体”工具组中的“文字颜色”按钮，将其设置为红色，再单击“字体”工具组中的“突出显示”按钮设置黄色突出，设置选项及完成后的效果如图 2-24 所示。

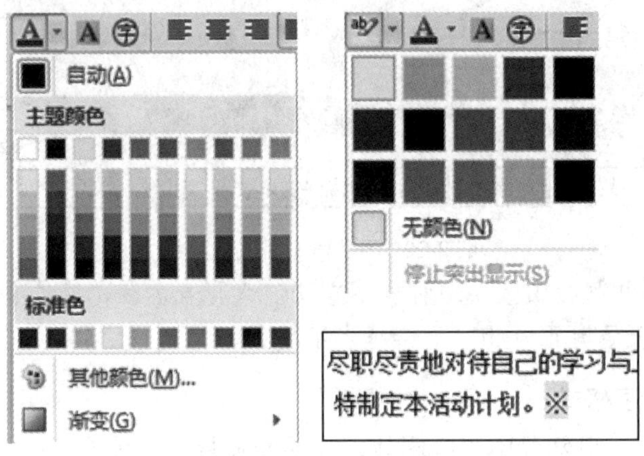

图 2-24　文字颜色、突出显示设置及完成效果

(4) 复制格式给特殊符号“⚐”。选中设置完成后的“※”，单击“开始”选项卡中“剪贴板”组的“格式刷”命令，此时该命令处于突出显示状态，表示命令被激活，鼠标光标移至正文编辑区时，光标指针变为“小刷子”形状，按下鼠标拖动经过特殊符号“⚐”，则“※”的格式被复制给“⚐”。继续单击“格式刷”后拖动，可将格式复制给其他文本，直至在文本编辑区内再次单击鼠标结束。

注：格式刷被激活后，每次单击格式刷相当于每刷一下“蘸取”一次“颜料”。也可以在激活格式刷时使用双击鼠标的操作，则不必每次“蘸取颜料”，可以直接多次拖动使用，结束时，再次单击格式刷命令即可。

步骤 8　替换操作。

在 Word 文档中，若要对某个文本进行替换，则可单击“开始”选项卡中右方的“编辑”组中的“替换”命令，打开“查找和替换”对话框，在“查找内容”文本框中输入需要查找的内容，在“替换为”文本框中输入要替换的内容。对于不加格式效果的简单文字替换，如果仅需要部分替换，则单击“替换”按钮，若需要替换所有的查找内容，则单击“全部替换”按钮，如图 2-25 所示。

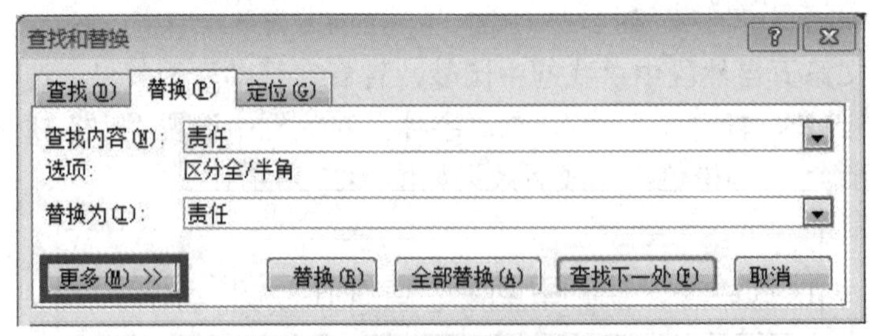

图 2-25　“查找和替换”对话框

本例中替换的“责任”应具有“红色”“加粗”的格式效果，依下列步骤操作：

(1) 单击“更多”按钮，显示如图 2-26 所示的对话框，设置参数。

(2) 确认选定了“替换为”的文字。单击“格式”按钮，在下拉菜单中单击“字体”命令。在打开的对话框中设置好格式后，单击“确定”按钮。

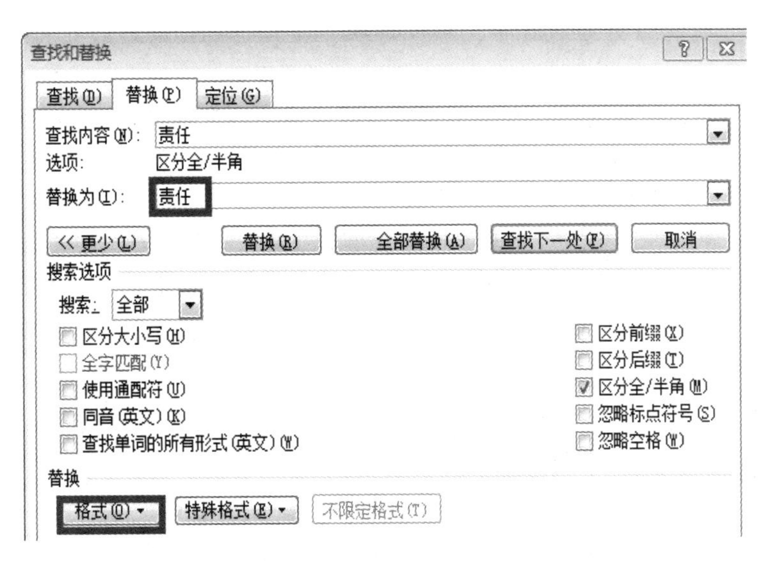

图 2-26　“替换”中的更多选项

(3) 此时“查找和替换”对话框中“替换为”文本条下方会有所设置格式的文字说明，如图 2-27 所示。单击“全部替换”按钮完成操作。

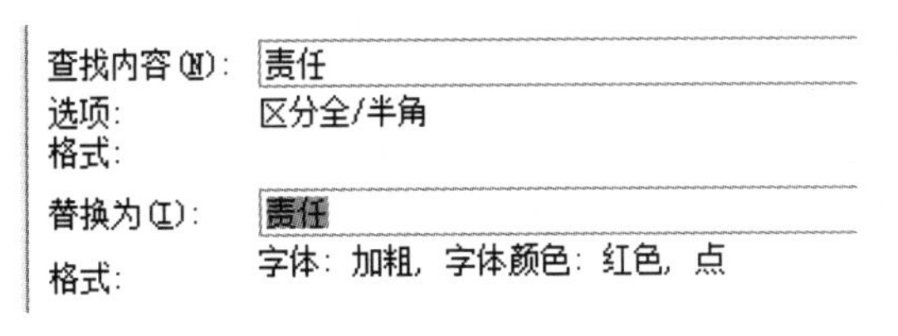

图 2-27　“替换为”文字的格式说明

注：在 Word 文档中，若要对某个文本只查找位置，无需替换，则可单击“开始”选项卡中右方的“编辑/查找”命令，在文档窗口左侧出现“导航”窗格，在搜索框中输入要查找的文本后，Word 将自动把文档中要查找的内容显示为高亮状态，同时在下方列表中一一列出，并在鼠标指向时提示对应文本所在页码。

步骤 9　设置段落对齐方式。

选中标题行，单击“开始”选项卡“段落”选项组中的“居中”按钮，如图 2-28 所示，设置对齐方式为“居中”对齐。

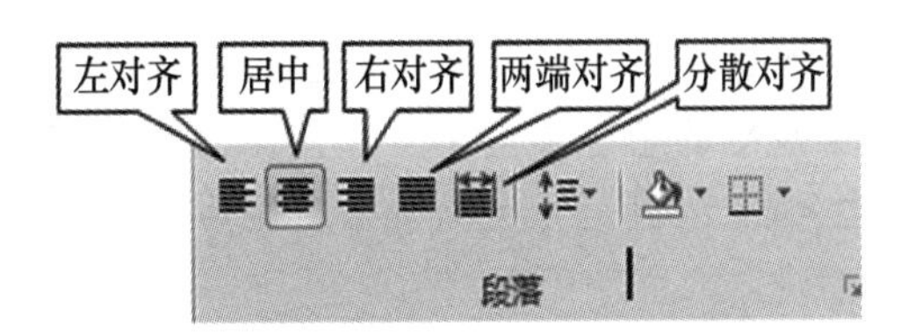

图 2-28　段落对齐方式工具按钮

选中最后两行，单击“开始”选项卡“段落”选项组中的“右对齐”按钮，设置对齐方式为右对齐。

其余的中间部分，使用默认的“两端对齐”。

注：对齐方式共分为靠左对齐、居中对齐、靠右对齐、两端对齐和分散对齐 5 种方式。

其中前 3 种通过字面意思比较容易理解，即文字不能完整占据一行(不够多)时，文字优先靠左边缘(或居中、或靠右边缘)排列。而两端对齐是为了避免靠左对齐时，右边缘因半角符号等原因产生小锯齿现象，进而通过微调字与字之间的间距，达到左右两边缘都对齐的效果。但这种左右边缘的对齐是不包含段落的最后一行的，即文字不排满一行时，不调整字间距平均分布，如若最后一行也需要调整至平均分布至整行，则对应的是分散对齐的效果。分别对一小段带有符号的文字设置 3 种不同的对齐方式，设置后的效果对比如图 2-29～图 2-31 所示。

我俯首感谢所有星球的相助
让我与你相遇
与你离别
完成了上帝所作的一首诗
然后再缓缓老去

图 2-29　左对齐效果

我俯首感谢所有星球的相助
让我与你相遇
与你离别
完成了上帝所作的一首诗
然后再缓缓老去

图 2-30　右对齐效果

我 俯 首 感 谢 所 有 星 球 的 相 助
让　我　与　你　相　遇
与　你　离　别
完 成 了 上 帝 所 作 的 一 首 诗
然　后　再　缓　缓　老　去

图 2-31　分散对齐效果

步骤 10　设置段落缩进。

选中除标题行和下方落款外的中间部分文字，单击“开始”选项卡“段落”选项组中的“对话框启动器”，打开“段落”对话框，单击“特殊格式”下拉列表，选中“首行缩进”，设置其值为 2 字符，如图 2-32 所示。

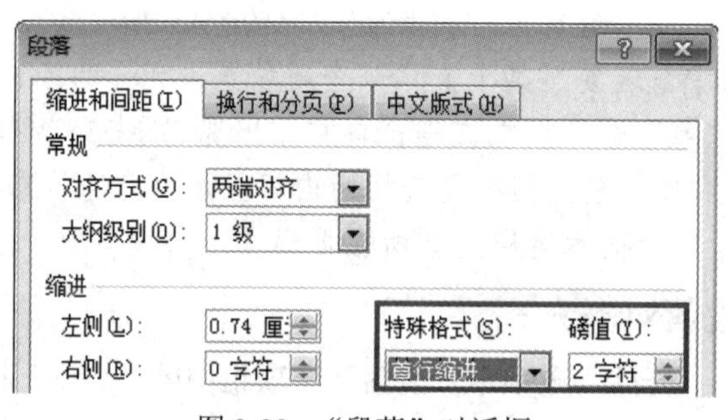

图 2-32　“段落”对话框

注：段落缩进共分为左缩进、右缩进、首行缩进、悬挂缩进 4 种方式。

左缩进指左边缘在页面边距的基础上进一步从左侧向中间缩进，即左边缘比其他未缩进段落留出更多的空白，左缩进的值是指去除页面边距后的空白边缘的值。

右缩进即从右侧向内缩进。

首行缩进指只是段落中的第一行留出空白向内缩进。

悬挂缩进指段落中除第一行外，其余各行向内缩进，类似于“名词解释”的格式。

各缩进方式设置后的效果如图 2-33 所示。

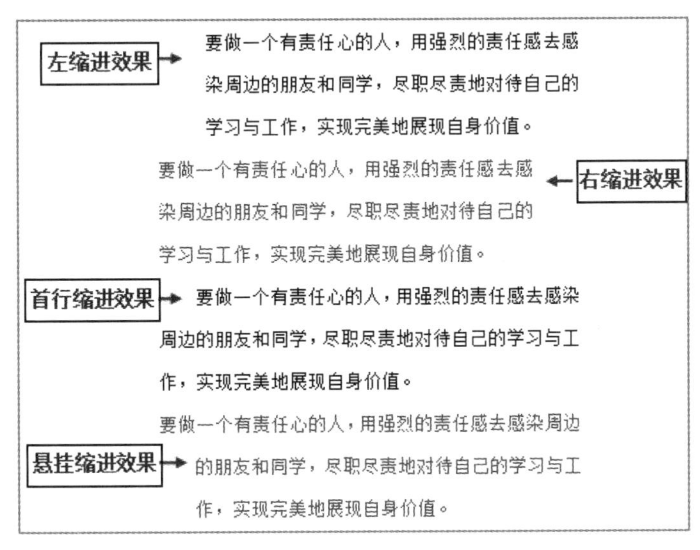

图 2-33　4 种“缩进”效果对比

步骤 11　设置行间距。

行间距指段落中行与行之间的距离，默认情况下，行间距会随着字号的增大对应加大，本例中正文部分的行间距是默认值的 1.15 倍，设置方法如下：

(1) 选中除标题行之外的正文部分。

(2) 单击“开始”选项卡“段落”选项组中的“行和段落间距”按钮，弹出下拉菜单，如图 2-34 所示。

(3) 在下拉菜单中单击“1.15”，即设置了以倍数为单位的行间距。

注：行间距的设置除了以倍数为单位外，还可以进行更加精确的以“磅”为单位的设置。单击“行距选项”，弹出“段落”对话框，其中“行距”下拉菜单行距设置项中的“最小值”和“固定值”都是以磅值为单位进行设置，用于较为精细的调整，如图 2-35 所示。

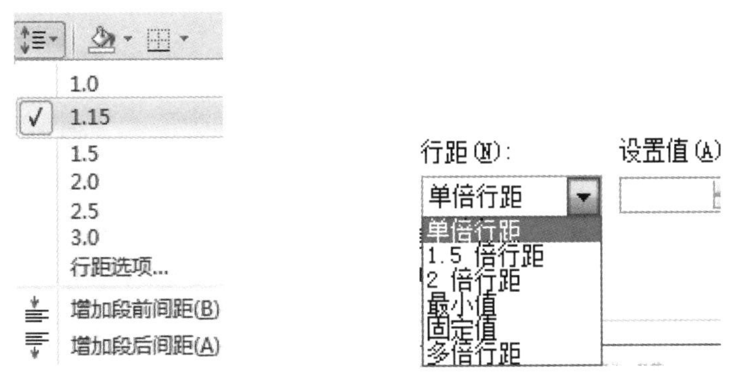

图 2-34　行间距的设置　　图 2-35　行距下拉菜单

需要注意的是，以“最小值”类型设置后，各行间距仍可以随字号发生改变，只要不低于指定的最小值即可，因此可能产生不一致的行距。

若以“固定值”类型设置行间距，则会避免行间距不一致的情况，无论字号如何改变，行间距固定为某一值，但字号较大、固定行间距设置较小时，有可能出现“文字被削去”的现象，如图 2-36 所示。以倍数为单位设置的行间距也有可能产生行距不一致的现象。

要做一个有责任心的人，用强烈的责任感去感染周边的朋友和同学，认知责任是一种与生俱来的使命，切实履行责任，尽职尽责地对待自己的学习与工作，实现完美地展现自身价值。

行距不一致

要做一个有责任心的人，用强烈的责任感去感染周边的朋友和同学，认知责任是一种与生俱来的使命，切实履行责任，尽职尽责地对待自己的学习与工作，实现完美地展现自身价值。

文字被削去

图 2-36　行距可能产生的效果对比

步骤 12　设置段间距。

段间距指文章中段落与段落之间的距离，默认情况下，段间距与普通行间距一致，应用中有时为了结构更加清晰，会加大部分段落之间的距离。本例中，标题与正文第一行之间设置了段间距，设置方法如下：

(1) 选中正文部分第一段，单击“开始”选项卡“段落”选项组中的“行和段落间距”按钮，弹出下拉菜单，如图 2-37 所示。

(2) 在下拉菜单中单击“增加段前间距”。

间距

段前(B)：　0 行

段后(F)：　0 行

图 2-37　段落对话框中的段间距设置

注：此时若再次打开这个下拉菜单，则此项将变为“减少段前间距”。即此选项间距值不能设置，且为“开关”类设置项。

如若默认段间距值不能满足用户要求，则通过单击“行距选项”或直接在工具栏单击“段落”选项组右下角的“对话框启动器”按钮打开“段落”对话框进行设置，如图 2-34 所示。

步骤 13　使用项目符号。

Word 中可以使用项目符号清晰地表达文档中的层次与结构。

1．设置“◆”为项目符号

选中文本(多行)，单击“开始”选项卡“段落”工具组中的“项目符号”右侧向下的三角符号，拉出下拉菜单，单击已显示的需要的“◆”项目符号，如图 2-38 所示。

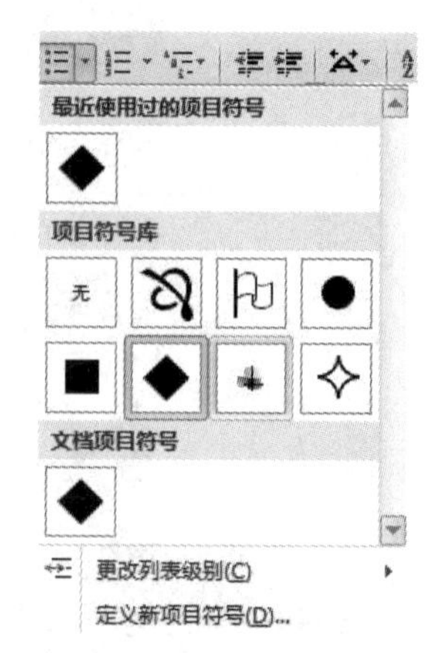

图 2-38　项目符号下拉菜单

2．添加“☺”作为项目符号

如果用户需要设置的项目符号并未在如图 2-38 所示的下拉列表中显示，则单击列表最下方的“定义新项目符号”，打开“定义新项目符号”对话框，如图2-39所示，单击左上方的“符号”按钮，打开“符号”对话框选择要设置的符号。

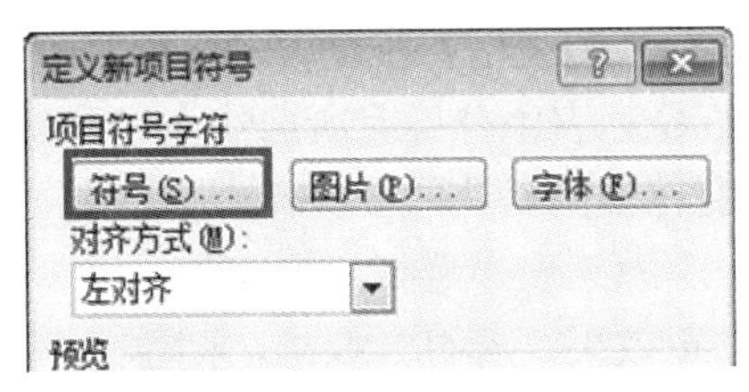

图2-39　自定义项目符号

注：① 同在正文中插入特殊符号一样，在“符号”对话框中左上方“字体”列表中选择的字体集不同，对应显示的符号也不相同。

② 文档中的各并列结构部分，若存在先后顺序关系，则可以设置使用“自动编号”，其工具按钮 ⁝≡ 与项目符号相邻，使用方法相似。

步骤14　设置边框。

本例正文部分最后一段，添加了边框效果。边框从应用范围上可以分为文字边框和段落边框。选中一个段落(多行文字)时，文字边框效果为每行加一框线，而段落边框效果为整个段落外围加一框线，本例中的框线为段落边框，段落边框和文字边框的效果对比如图2-40所示。

要做一个有责任心的人，用强烈的责任感去感染周边的朋友和同学，尽职尽责地对待自己的学习与工作，实现完美地展现自身价值。

要做一个有责任心的人，用强烈的
责任感去感染周边的朋友和同学，尽职
尽责地对待自己的学习与工作，实现完
美地展现自身价值。

图2-40　段落边框和文字边框效果对比

边框框线默认为黑色单细线，本例中线型为黑色双线，具体操作步骤如下：

(1) 选中正文部分的最后一个段落，确定边框添加的范围。

(2) 单击“开始”选项卡“段落”工具组中的“边框”按钮右侧向下的三角符号，拉出下拉菜单，单击“边框和底纹”命令，如图2-41所示。

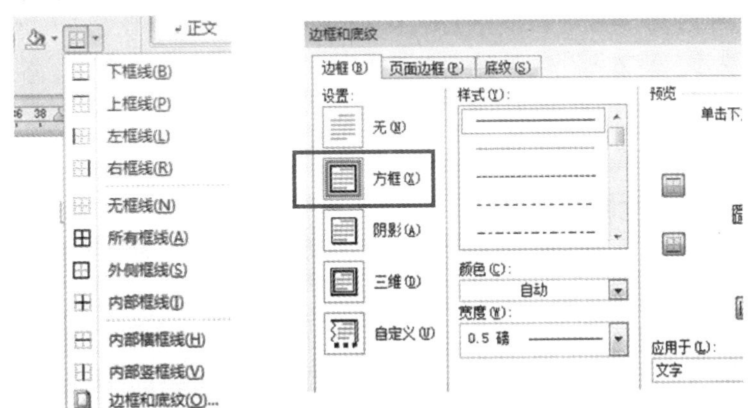

图2-41　“边框”对话框

(3) 在打开的“边框和底纹”对话框中，单击左侧“方框”按钮，即首先确定边框类型。

(4) 在对话框中间的“样式”列表中，拖动滚动条选择线型，本例中选择“双线”。

(5) 在“颜色”“宽度”下拉列表中分别对所选线型设置颜色和线的粗细，本例中颜色不变，使用默认的黑色，宽度也使用默认的 0.5 磅。

(6) 在右侧的“应用于”下拉列表中选择“段落”。

(7) 观察对话框右部的预览效果，若符合要求，则单击下方的“确定”按钮。

注：① 后续段落的默认格式与更改。

有时用户会在美化排版后，需要添加内容。如果本例需在正文部分最后一个段落后面再添加一个段落的文字，此段文字不需要加边框，则用户在操作时会产生两种不同情况。

第一种情况，可以按我们预想的直接添加，无须进行什么设置，很顺利。

第二种情况，可能所添加的这一段文字也在边框内，而我们不需要这段文字加框，这该如何操作？是什么原因导致的不同情况？

先说第一个问题，如何去除边框。前面提过，一个通用的方法就是如何加上的设置效果，一般情况下可以按照同样的方法去除这种效果。按照这种思路，可再次进入如图 2-41 所示的“边框和底纹”对话框，单击左侧的“无”，即可去除边框。

更简单的方法是，在选中最后一个添加的段落后，单击如图 2-41 所示的“边框”按钮，于下拉菜单中选择“无框线” 无框线(N) 即可。

再说第二个问题，为什么会出现不同的情况。当我们进行格式设置时一般是先进行“选定”操作，以确定操作的对象。同时我们新输入的内容会继承前面的格式，即新输入的后一字符继承前一字符的格式。同理，由回车产生的新段落继承前一段落的格式。所以，在设置边框后，再回车添加的段落会自动具有边框格式。而如果有的用户在原来加边框前，最后一段文字后面已经有空的段落(回车)，就不会出现上述第二种情况了。

② 文字边框与段落边框。

文字边框与段落边框的区分，除了进入“边框与底纹”对话框，通过“应用于”下拉列表中选择“段落”或“文字”进行设置外，还可以通过“选定”直接影响改变设置的效果。

对于直接使用按钮加框，无须改变边框线型、粗细、颜色的情况，也不必进入对话框设置应用范围。当选中时包含回车符号时，通过按钮添加的边框默认为段落边框；反之，若不包含回车符号，则系统默认为文字边框效果。

③ 段落中除设置边框美化外，还可再设置底纹装饰美化，其设置与边框设置在同一对话框内的不同选项卡中，操作与边框设置类似。

步骤 15 打印完成。

文档编排完成后，可以通过“打印预览”功能观察排版的整体效果，满意后打印。单击如图 2-42 所示的标题栏中“快速访问工具栏”区域的“打印预览和打印”按钮，屏幕显示如图 2-43 所示的打印界面，可通过屏幕右侧的预览窗口观察打印后的效果，拖动右下角的滑块可以调整预览时的缩放比例，同时界面左侧可设置打印份数、打印机、打印页码范围、是否双面打印等打印设置选项，设置完成后单击“打印”按钮对文档进行打印。

图 2-42　快速访问工具栏　　　　　　　　　图 2-43　“打印”设置

注：在快速访问工具栏中添加按钮的方法为单击右侧向下的三角符号。

❖ 知识拓展

1. 打开文档

在 Word 环境未退出的情况下，如若打开已关闭的文档，则可使用以下方法：

方法一：单击标题栏左侧的“打开”按钮(见图 2-44)，系统弹出“打开”对话框，如图 2-45 所示。在“打开”对话框中指定要打开文件所在的文件夹，在中间列表中双击要打开的文件，或在列表区单击选中要打开的文件后，单击对话框下方的“打开”命令按钮。

图 2-44　快速访问工具栏上的按钮　　　　　　图 2-45　“打开”对话框

注：列表框中看到的不一定是选定文件夹下的所有文件，而是受打开按钮上方文件类型所约束的文件，如图 2-46 所示，即只显示符合限定条件的文件。

所有 Word 文档
所有文件
所有 Word 文档
Word 文档
启用宏的 Word 文档
XML 文件
Word 97-2003 文档
所有网页
所有 Word 模板
Word 模板

图 2-46　“打开”对话框内“文件类型”列表

方法二：单击“文件”选项卡中的“打开”命令。

2. Word 的退出

退出 Word 常用的方法有以下几种：

方法一：单击“文件”功能选项卡，再单击“退出”命令。此时无论打开了几个 Word 文档，都将全部关闭，退出 Word 环境。

方法二：单击 Word 窗口右上角的“关闭”按钮。如果 Word 环境仅打开当前一个文档，则系统关闭文件的同时，退出 Word 环境。如果打开了多个文件，则仅关闭当前文档，Word 系统环境并不退出。

方法三：单击“文件”功能选项卡，再单击“关闭”命令。效果同方法二。

方法四：右击标题栏，在弹出的快捷菜单中选择“关闭”命令，如图 2-47 所示。

图 2-47　右击“标题栏”的快捷菜单

方法五：使用快捷键 Alt+F4。

3. 选定文本的技巧

在对 Word 中的文档进行编辑和格式设置操作时，应先进行“选定”操作以确定设置操作的操作对象，被选定的文本会反相显示。

选择文本最基本的方法为拖动鼠标操作，即将鼠标的指针定位到要选定的文本的开始处，按下左键并扫过要选定的文本，当拖动到选定文本的末尾时松开鼠标。

同时，针对不同的需求，也可以使用特殊操作，见表 2-1。

表 2-1　不同选定需求对应的操作方法

选定需求	操作方法	选定需求	操作方法
选择一行文本	文本左侧鼠标为↗时单击鼠标	选择不连续文本	Ctrl+拖动
选择一段文本	文本左侧鼠标为↗时双击鼠标	选择连续长文本(通常用于跨页)	开始处单击，Shift+结尾处单击
选择全部文本(鼠标)	文本左侧鼠标为↗时三击鼠标	当前位置至文档首	Ctrl+Shift+Home
选择全部文本(键盘)	快捷键 Ctrl+A	当前位置至文档尾	Ctrl+Shift+End

4. 文字“胖瘦”、间距、位置高低设置

“字体”对话框含有“字体”“高级”两个选项卡，打开“高级”选项卡，如图 2-48 所示，可将文字根据需要设置。

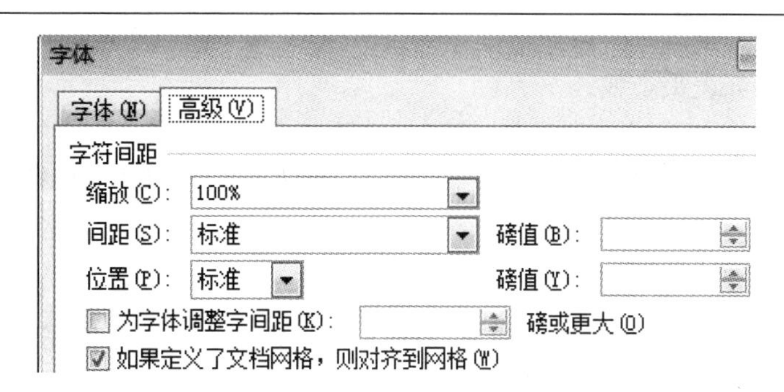

图 2-48　“字体”对话框中的“高级”选项卡

缩放：在不改变字号的情况下，改变字符的宽高比，使文字“变胖”(大于 100%)或者“变瘦”(小于 100%)，其中缩放比例不局限于下拉列表中的值，可以手动在文本框中输入，回车确认即可。

间距：指字与字之间的距离，可以加宽或紧缩。

位置：指文字的高低位置可以相对默认位置上升或下降，即对应“提升”或“降低”选项。

用户在操作时，务必先选定文字，再操作观察效果，如图 2-49 所示分别为默认无格式三号字、加宽(缩放)150%、间距加宽 1 磅、文字“任”提升 3 磅、文字“心”降低 3 磅的效果对比。

责任在心　责任在心　责任在心　责任在心

图 2-49　标准字体、缩放 150%、间距 1 磅、提升和降低的效果对比

5. 使用键盘快速定位光标与编辑操作

键盘快速定位光标与对应实现的功能如表 2-2 所示。

表 2-2　键位与对应实现的功能

键位	功　能	键位	功　能
Insert	插入/改写状态切换	End	快速定位于行尾
Delete	删除光标后一字符	Pageup	向上翻一页
Backspace	删除光标前一字符	Pagedown	向下翻一页
Home	快速定位于行首		

6. 文字格式的清除

文字格式的清除，可以采用“怎么加就怎么去”的思想。对于可以通过按钮快速添加的效果，选中文本后，再次单击对应按钮即可清除该项设置效果；对于通过对话框设置的效果，则再次采用同样方法进入对话框，清除相应选项即可。

如果是清除所有格式，则可以使用“字体”选项组中的“清除格式”按钮。

7. 撤销与恢复

在 Word 文档的编排中，如果用户想要撤销最后一步操作，则可以直接单击“快速访问工具栏”中的“撤销”按钮。如果要撤销多个误操作，则可单击“撤销”按钮旁边

的下拉按钮，查看最近进行的可撤销操作列表，然后单击要撤销的操作，如果该操作目前不可见，则可滚动列表来查找。

如果撤销后又认为不该撤销操作，这时就需要使用恢复操作。恢复的方法是：单击“快速访问工具栏”中的“恢复”按钮，重复单击可恢复被撤销的多步操作。

8. 巧用标尺

文档编辑区上方，可显示标尺，用来以刻度形式标识相对位置。除此之外，标尺也可用来设置缩进，当缩进值对精度要求不高时，直接拖动滑块，如图 2-50 所示，操作更快捷。

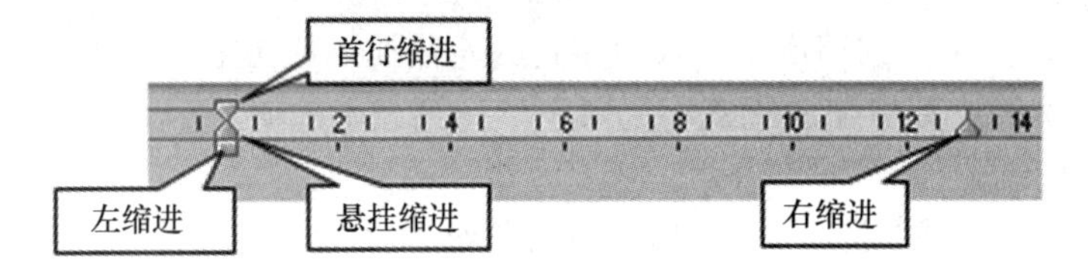

图 2-50　使用“标尺”缩进

拖动滑块时，若未进行选定操作，则对当前段落(光标所在段落)有效，也可选中多个段落后拖动设置。

如果标尺未显示，则可单击“视图”选项卡中“显示”工具组中的“标尺”选项，单击后有“ √ ”为显示状态，如图 2-51 所示，再次单击则关闭显示。

9. 对称页边距

如果用户需要打印后像书一样装订，那么装订线一侧通常需要设置较大一些的页边距，可能产生左右边距或上下边距不对称的情况，如果需要装订的内容又需要正反面双面打印，则此时可使用对称页边距设置，如图 2-52 所示。

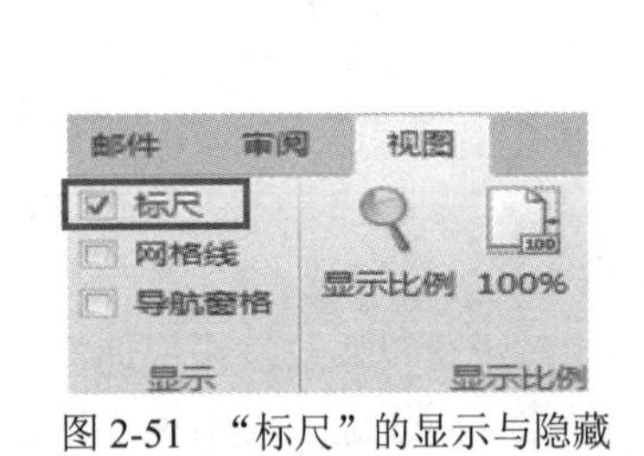

图 2-51　“标尺”的显示与隐藏

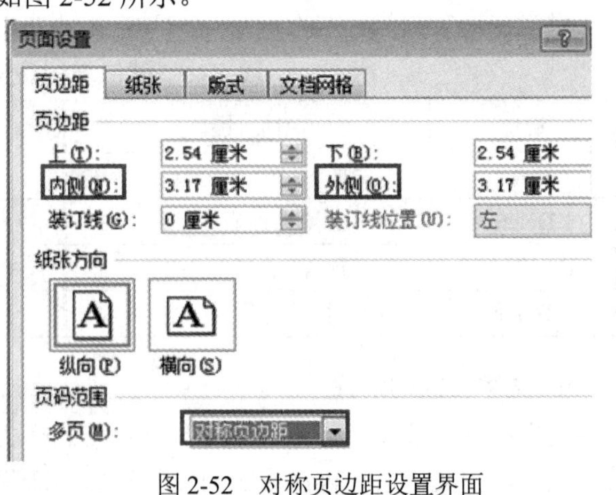

图 2-52　对称页边距设置界面

结合前面所学知识与操作，完成如图 2-53 所示的通知的制作。

关于开展"弘扬传统美德，提倡勤俭节约"主题活动通知

勤俭节约是中华民族的传统美 德，它不仅是一种良好的行为习惯，更是一个人道德品质的反映。为进一步弘扬中华民族勤俭节约的传统美德，加强对全校师生进行思想教育，院团委决定在全校范围内开展"弘扬传统美德，提倡勤俭节约"主题活动。现将有关事宜通知如下：

一、指导思想

以构建社会主义和谐社会、加快节约型社会建设为目标，将思想教育与实践教育有机结合，通过组织开展内容丰富、形式多样的主题活动，教育和引导广大学生树立勤俭节约意识和节约责任意识，不断增强厉行节约的自觉性，努力为建设节约型社会贡献力量。

二、活动主题

- 弘扬传统美德
- 提倡勤俭节约
- 勤俭节约从我做起

三、活动安排

(一) 宣传发动阶段：

发放倡议书。大力倡导"勤俭节约，从我做起，从现在做起，从身边做起，从点滴的小事做起"的活动主旨，充分调动学生参与此次活动的积极性和自觉性，营造浓厚的活动氛围。

(二) 组织实施阶段：

- "勤俭节约，从我做起"主题班会
- 节水节电标语提示语布置
- 签名倡议活动
- "珍惜资源，节约水电"征文比赛
- "节电节水"主题的黑板报
- 节水节电书画比赛

(三) 总结深化阶段

认真总结本次活动的成果收获，开展座谈会，同时进一步部署和落实今后工作，推动节约型校园建设和勤俭节约教育深入持久地开展。

院团委

二 0 一三年十一月

图 2-53　实战训练任务样稿

任务 2　制　作　表　格

表格是一种简明扼要的表达方式，它以行和列的形式组织信息，每一小格称为一个单元格，其结构严谨、效果直观、信息量较大。工作生活中的很多需求适合以表格的形式表达，下面以某小学课外阅读统计卡为例(见图 2-54)，学习 Word 中表格的使用。

三年级下学期课外阅读统计卡

书目 / 学生信息	书　名	作　者	出版社	字数（千字）	书籍是人类进步的阶梯
（照片）	蓝色的海豚岛	斯·奥台尔（美）	新蕾出版社	85	
	豆蔻镇的居民和强盗	托比扬·埃格纳（挪威）	湖南少年儿童出版社	60	
	窗边的小豆豆	黑柳彻子（日）	南海出版公司	175	
	伊索寓言	伊索（古希腊）	上海人民美术出版社	120	
姓　名		阅读字数总计			
班　级					

图 2-54　表格样例

任务分解

(1) 表格的绘制、编辑(增删行、列及单元格的合并、拆分)；
(2) 表格中文字的美化及斜线表头制作；
(3) 表格中的边框与底纹及对齐方式的设置；
(4) 表格中的计算。

步骤 1　新建空白文档，输入表格标题。

(1) 启动 Word 并新建空白文档(参照任务 1)。
(2) 保存文档至指定位置，文件名为“阅读统计卡”。
(3) 输入表格的标题文字“三年级下学期课外阅读统计卡”。

步骤 2　绘制表格。

将光标定位于文档中要插入表格的位置，单击“插入”选项卡下的“表格”命令，在弹出的下拉菜单中拖动鼠标至所需要的行数和列数。本例中为 7 行 5 列，如图 2-55 所示。松开鼠标后，一个空表格即成功插入，如图 2-56 所示。

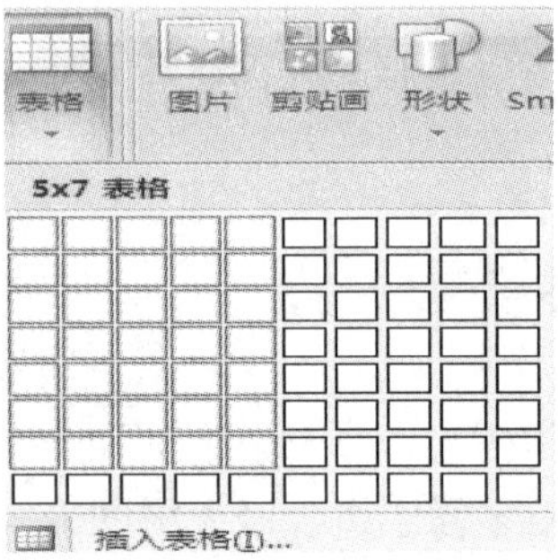

图 2-55　拖动插入“表格”

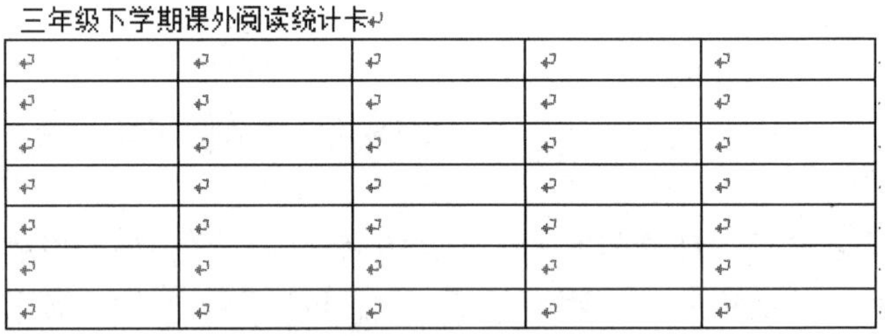

三年级下学期课外阅读统计卡

图 2-56　插入的规则表格

注： ① 目标图 2-54 中最右侧列“书籍是人类进步的阶梯”为后期表格修改时添加的内容，故现插入表格为 5 列。

② 绘制表格的方法有多种，通常结合目标表格的不规则程度，选择相应的绘制方法。所谓规则的表格，即每行的单元格数一致，且每列的单元格数也一致。一般情况下，完全规则的表格不太常见。用户对复杂程度不高的不规则表格，可以先绘制规则表格再编辑修改；对不规则程度较高的表格，则采用“手绘”的方式。本例中采用前者，即先绘制规则表格，再根据需要修改。

③ 如果在建立空白文档后，忘记了输入表格的大标题，直接插入了表格，则此时表格在首页的最上方，上方无法定位文字输入符，该如何插入表格的标题呢？将光标定位于表格第一个单元格中第一个字符前，单击回车。此时会在表格外的上方增加一个空行。(此

种使用，仅限于表格在文档中顶头存在时，即表格前方有空行时，第一单元格内的回车则会在单元格内产生分段。)

步骤 3　输入文字。

将光标在目标单元格单击后，即可将文字输入在该单元格中，输入文字时也可以通过光标移动键将插入点定位于不同单元格，输入完成后的表格如图 2-57 所示。

	书　名	作　者	出版社	字数（千字）
	蓝色的海豚岛	斯·奥台尔（美）	新蕾出版社	85
	豆蔻镇的居民和强盗	托比扬·埃格纳（挪威）	湖南少年儿童出版社	60
	窗边的小豆豆	黑柳彻子（日）	南海出版公司	175
	伊索寓言	伊索（古希腊）	上海人民美术出版社	120
姓　名				
班　级				

图 2-57　输入文字后的表格

步骤 4　合并单元格。

使多个单元格成为一个单元格，称为合并单元格操作。本例中需要多次合并操作，以第一列中照片所在位置为例，操作步骤如下：

(1) 选定要合并的单元格，即第一列的第二行到第五行，共计 4 个单元格。

(2) 在选定区域右击鼠标，在弹出的下拉菜单中单击“合并单元格”命令，如图 2-58 所示。或者单击“布局”选项卡　“合并”工具组中的“合并单元格”命令，如图 2-59 所示。

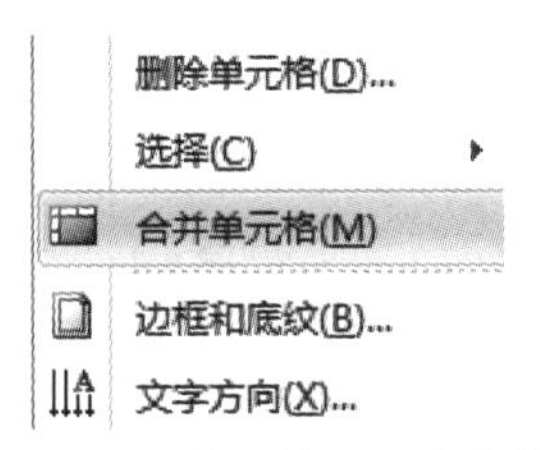

图 2-58　选定单元格区右击的快捷菜单项

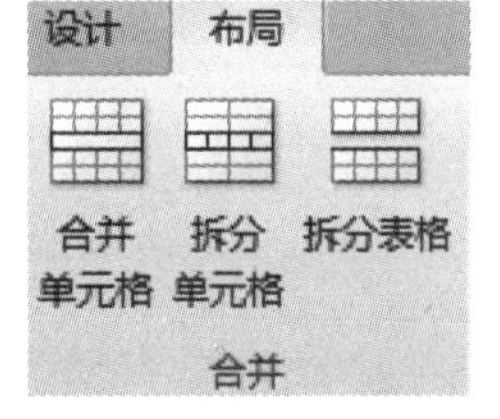

图 2-59　“合并”工具选项组

(3) 依次合并其他几处单元格，并在其中输入所需的文字内容。

注：当光标处于表格范围内时，系统会根据当前的位置信息，判断可能进行的操作，自动添加针对表格的“设计”“布局”两个工具选项卡。

步骤 5　设置字体字号。

选中标题文字，设置为“宋体、二号、棕色”。

表格内的文字同段落中的设置一样，用户应先选定，以确定字号等设置的操作对象。本例中表格内使用默认的“宋体、五号”。若需更改，则单击表格左上角的符号“⊞”(表格外)，选定整个表格后设置。

注：① 表格中的默认字号取决于插入表格时光标位置的字号。

② 表格中的选定有以下五种。

• 选定单元格：将鼠标指针放在单元格的左侧，出现向右上的黑色实心箭头“↗”时，单击鼠标左键。拖动鼠标，则可以选定多个相邻的单元格。

• 选定行：将鼠标指针移动到表格行的最左侧(表格外)，指针变为指向右上的空心箭头“⇗”时，单击可选定一行。拖动鼠标，则可选定连续多行。

• 选定列：将鼠标指针移动到表格最上方边缘处(表格外)，指针变为指向下方的黑色实心箭头“↓”时，单击可选定一列。拖动鼠标，则可选定连续多列。

• 选定相邻的多个单元格：单击相邻区域的第一个(最左上方)单元格，然后按住Shift键的同时单击相邻区域的最后一个(最右下方)单元格，则以两次单击位置为对角线的单元格区域被选定。

• 选定不相邻的多个单元格：单击第一个单元格后，按住Ctrl键的同时依次单击其他需要被同时选定但又不相邻的单元格，完成后松开Ctrl键。

步骤6　调整行高、列宽。

选中第一行，将光标移至第一行的下线处，当光标指针变为指向上下的双向箭头时，向下拖动，至所需高度即可，如图2-60所示。

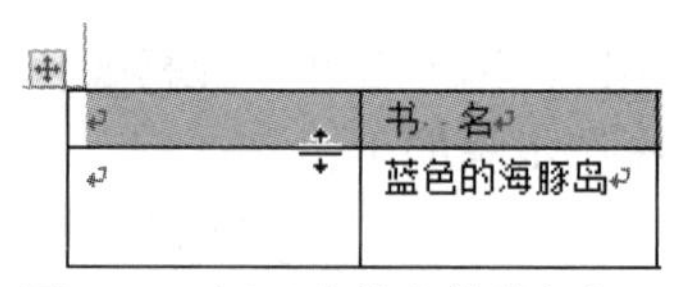

图2-60　标尺中的表格线标记

选中“作者”列，拖动如图2-61所示标尺中表格列线对应的标识，可以改变标识左侧列的宽度，而不影响其余各列宽度。这种操作方法的缺点是表格的总宽度会随之相应变宽或变窄。本例中调整“书名”“作者”列使其中的文字一行显示，其他各列宽度调整至整体效果美观。

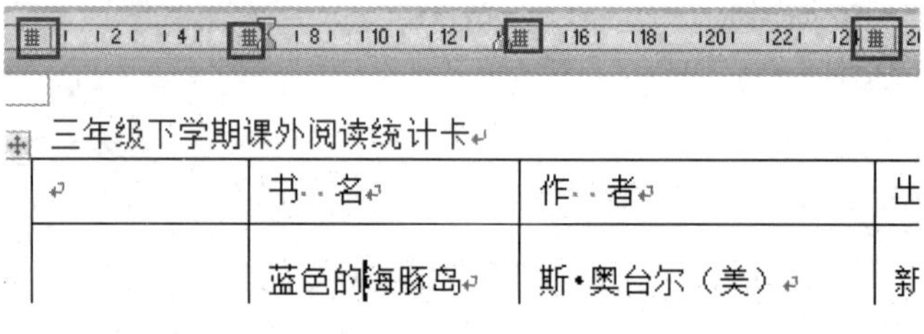

图2-61　标尺中的表格线标记

设置表格的列宽有多种方法，可以满足用户的各种需要，非常灵活，读者可参考后面的知识拓展练习。

注： 表格中的默认行高以1行当前文字的高度作为行高，与表格中当前字号大小有关。列宽则以纸张左右边距之间的宽度平均分配表格中的各列作为列宽。

步骤7　在表格中插入照片。

光标定位于表格内要插入照片的单元格，单击“插入”选项卡中“插图”选项组中的“图片”命令，如图2-62所示。在打开的“插入图片”对话框中选择所需照片后，单击“插入”命令，如图2-63所示。图片插入后拖动控点缩放至合适大小。

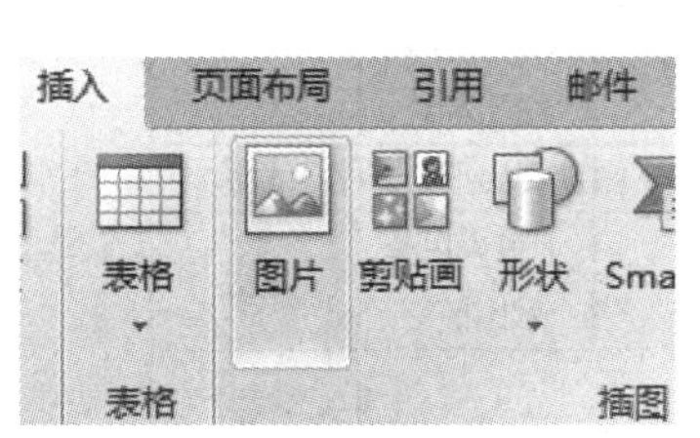

图 2-62　插入“图片”命令

图 2-63　“插入图片”对话框

步骤 8　设置表格中的文字对齐。

文字在单元格中的位置直接影响了表格的美观，本例中的文字在对齐效果上不仅水平方向上居中，垂直方向上也居中，即中部居中，操作步骤如下：

单击表格左上角的全选标志，选中整个表格。单击“布局”选项卡中“对齐方式”选项组中的“中部居中”命令，如图 2-64 所示。

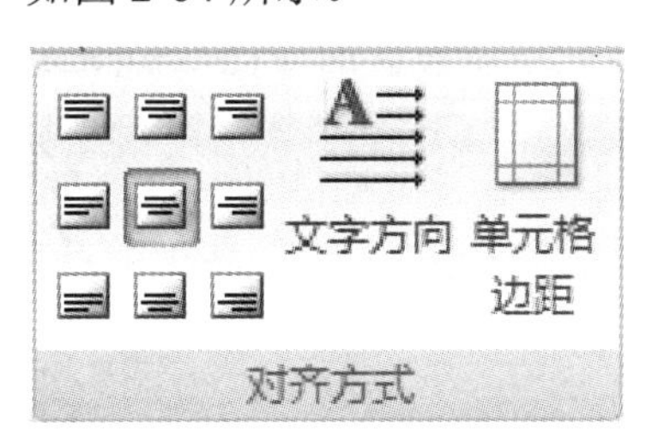

图 2-64　“对齐方式”工具组

注：单元格中的文字对齐方式有九种，分别是上部靠左、上部居中、上部靠右、中部靠左、中部居中、中部靠右、下部靠左、下部居中和下部靠右。

步骤 9　使用分散对齐。

表格最后一行中“阅读字数总计”部分文字之间的间距，可以使用字间距调整，也可以使用“分散对齐”设置。使用“分散对齐”时，若定于某个单元格，则文字平均分布至整个单元格，效果如图 2-65 所示。若只选中文字“阅读字数总计”，而不选其后面的回车标记，则单击“开始”工具选项卡中的“分散对齐”按钮后，会弹出如图 2-66 所示对话框，设置文字分散的宽度，然后单击“确定”按钮，完成后的效果如图 2-67 所示。

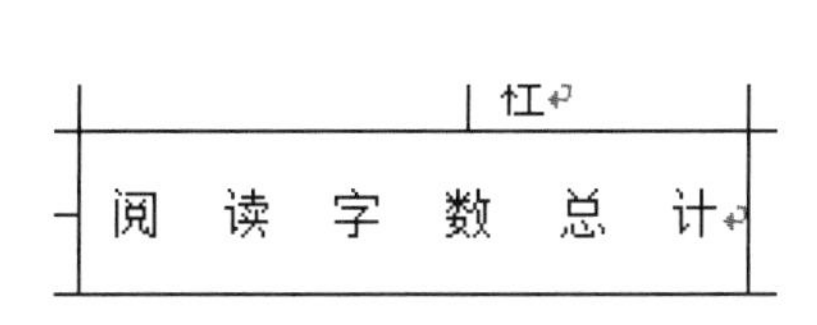

图 2-65　单元格文字分散对齐

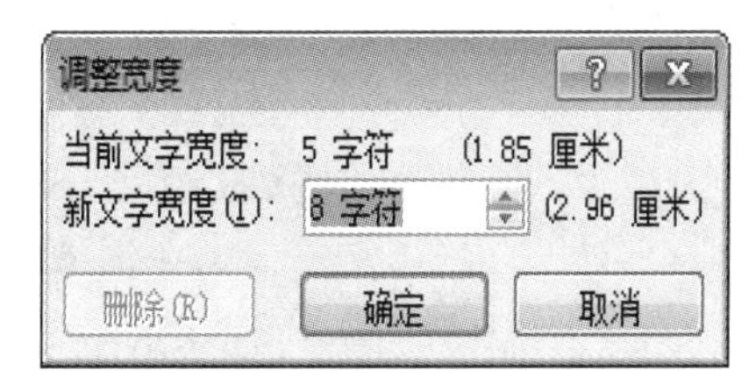

图 2-66　“分散对齐”宽度设置

	书　名	作　者	出版社	字数（千字）
	蓝色的海豚岛	斯·奥台尔（美）	新蕾出版社	85
	豆蔻镇的居民和强盗	托比扬·埃格纳（挪威）	湖南少年儿童出版社	60
	窗边的小豆豆	黑柳彻子（日）	南海出版公司	175
	伊索寓言	伊索（古希腊）	上海人民美术出版社	120
姓　名		阅 读 字 数 总 计		
班　级				

图 2-67　设置对齐后的效果

步骤 10　设置表格中的底纹。

本例中的表格底色为底纹效果，类似于段落底纹，操作步骤如下：

(1) 选中整个表格。单击“设计”选项卡“表样式”工具组中的“底纹”工具按钮，如图 2-68 所示。

(2) 在弹出的下拉菜单中单击所要设置的颜色，如图 2-69 所示。

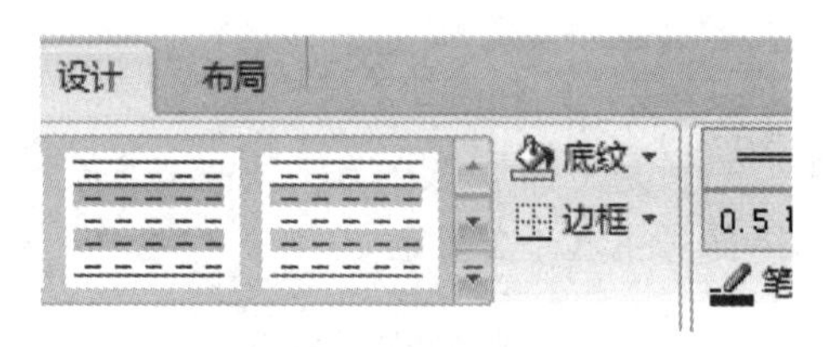

图 2-68　“底纹”工具按钮

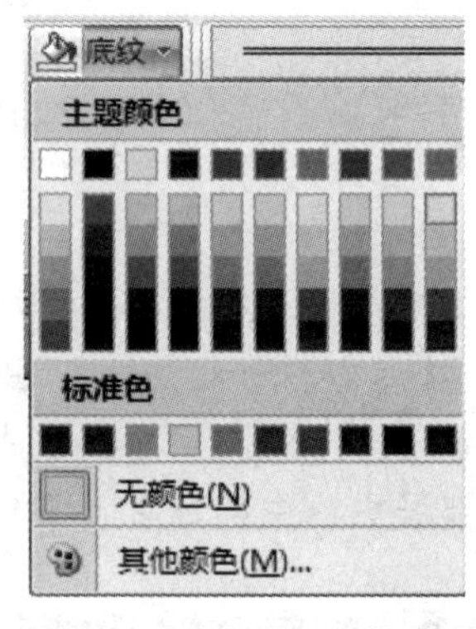

图 2-69　“底纹”下拉菜单

步骤 11　设置表格框线。

(1) 在“设计”选项卡中的“绘图边框”工具组中设置如图 2-70 所示的边框，线型设置为“双线”，颜色设置为“红色”。

(2) 选定整个表格。单击“设计”选项卡中“表格样式”工具组中“边框”按钮旁的向下三角符号，如图 2-70 所示。

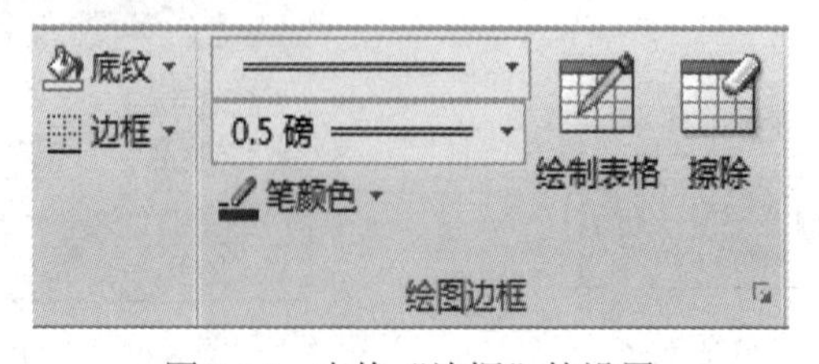

图 2-70　表格“边框”的设置

(3) 在弹出的下拉菜单中单击“外侧框线”命令，如图 2-71 所示，即将所设置的线型添加到相对选定单元格范围的外侧部分。

注：对于给单条表格线设置特殊线型，也可以在设置线型、颜色、粗细后，直接使用“表格笔”在表格内某条框线上绘制。

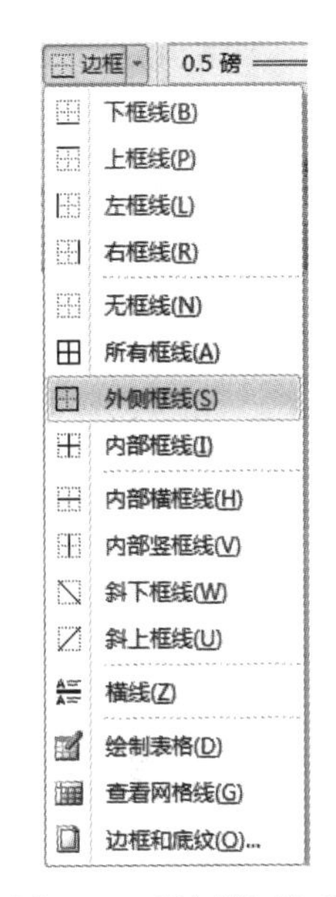

图 2-71　“边框”选项

步骤 12　斜线表头的制作。

(1) 光标定位于目标单元格。鼠标拖动表格行线，适当增加斜线表头所在行的行高。

(2) 在如图 2-70 所示的“绘图边框”工具组中，设置所需要的边框线型、颜色、粗细。

(3) 在如图 2-71 所示的下拉列表中，单击“斜下框线”命令后，在单元格内通过空格、回车等移动光标完成斜线表头内文字的输入及位置调整。

步骤 13　设置表格中的文字方向(即图 2-54 中表的最右边的一列)。

(1) 设置目标表中的最右侧列。假设在使用过程中想后续添加一列内容，那么需要进行的操作如下：

① 添加列。

② 合并单元格。

③ 设置表格框线。

④ 输入文字内容。

⑤ 调整列宽。

⑥ 设置文字方向。

⑦ 设置对齐方式。

(2) 文字方向的设置步骤如下：

① 光标定位于目标单元格。

② 单击“布局”选项卡下“对齐方式”命令组中的“文字方向”按钮，将文字排列方式改为“竖向”，如图 2-72 所示。

注：如果用户需要文字在竖向排列的同时，能够使文字自身进行 90°的旋转，则可以在单元格中右击鼠标，在弹出的快捷菜单中单击“文字方向”命令。在打开的“文字方向”对话框中，单击选择所需要的文字方向，再单击“确定”按钮，如图 2-73 所示。

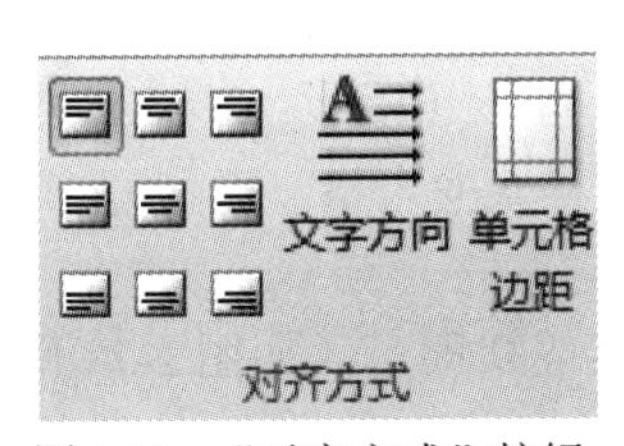

图 2-72　“对齐方式”按钮

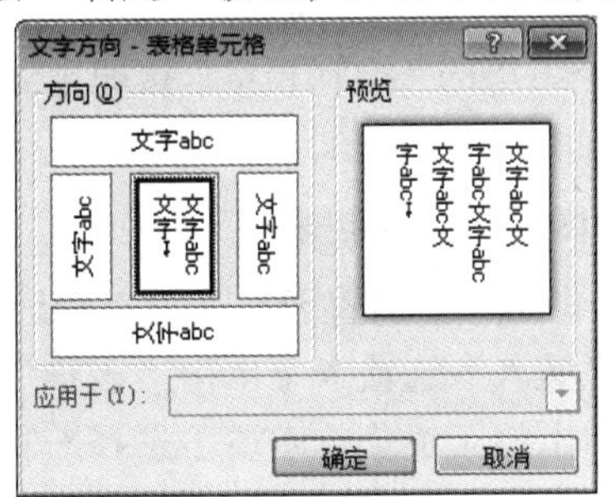

图 2-73　“文字方向”按钮

步骤 14　表格中的计算。

一般情况下，带有计算的表格，首选使用 Excel 来完成，Word 在格式设置、排版等方面具有更强的优势，但 Word 自身也具有计算功能，只需要少量计算的表格也可以在 Word 环境中完成。本例中阅读总字数的计算，按下列步骤完成。

(1) 光标定位于目标单元格。单击“布局”选项卡中“数据”工具组中的“公式”按钮，如图 2-74 所示。

(2) 在弹出的“公式”对话框中，默认公式为“=SUM(ABOVE)”，如图 2-75 所示，本例直接使用这个默认公式即可，无需修改，最后单击“确定”按钮完成设置。

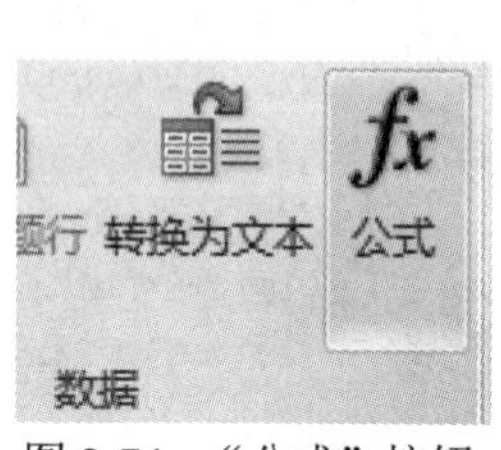

图 2-74　“公式”按钮

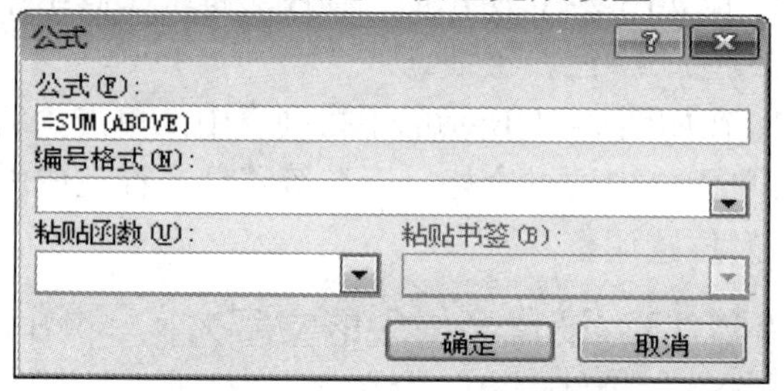

图 2-75　表格中“公式”对话框

❖ 知识拓展

1. 使用对话框绘制表格

还可以使用“插入表格”对话框来设置表的行数和列数。当单击“表格/插入表格”命令按钮后，在弹出的“插入表格”对话框中输入所需的行数、列数，最后单击“确定”按钮即可，如图 2-76 所示。

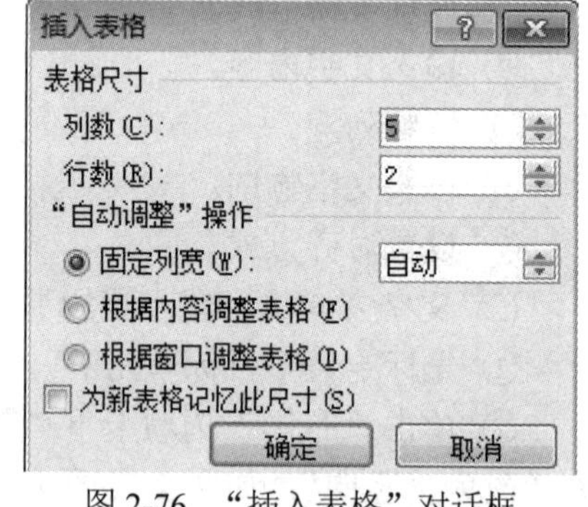

图 2-76　“插入表格”对话框

2. 不规则表格的绘制

当用户需要使用一些个性化的或不规格的表格时，可以使用手动绘制的方式。方法如下：

(1) 单击“插入”选项卡下“表格/绘制表格”命令按钮。鼠标指针变成铅笔形状，用鼠标拖动绘制出表格外框，然后画出行线和列线。

(2) 绘制完毕后，按下键盘上的 Esc 键，结束表格的绘制状态；或者单击“设计”工具选项卡中“绘图边框”命令组里的“绘制表格”按钮来结束表格的绘制状态，如图 2-77 所示。

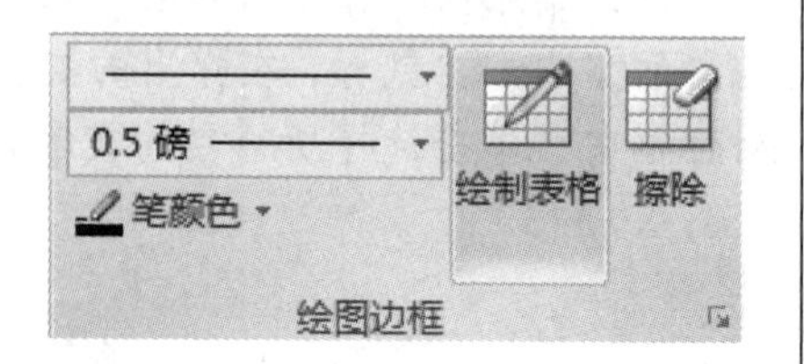

图 2-77　“绘制表格”按钮

3. 使用内置样式绘制表格

Word 提供了许多内置表格，可以快速地插入指定样式的表格。操作方法如下：

(1) 在“插入”选项卡下单击“表格”，指向“快速表格”菜单。

(2) 在弹出的子级菜单中单击选择一种内置样式的表格即可，如图 2-78 所示。

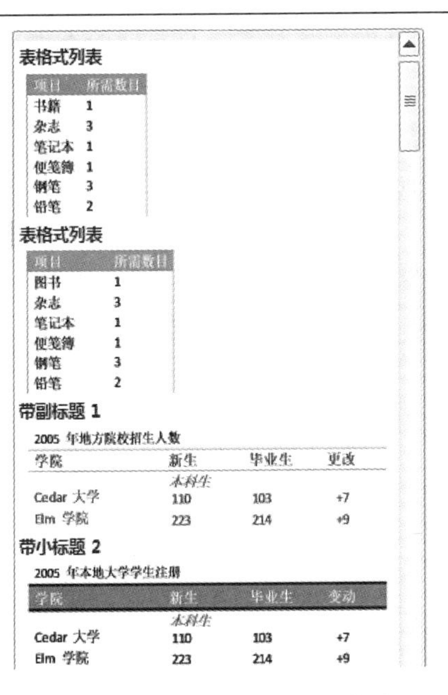

图 2-78　“快速表格”下的格式

4. 输入内容与键盘切换

在单元格中输入文字时，除使用鼠标单击定位光标外，还可以使用键盘快速定位，以减少手在键盘与鼠标之间的来回移动。

(1) 单击键盘上的“Tab”键或者向右的光标键“→”可以将光标移至当前单元格的右侧单元格。

(2) 单击键盘上的“Shift”加“Tab”键，可以将光标移至当前单元格的左侧单元格。

(3) 单击键盘上的“↑”或“↓”键，可以将光标向上或向下移动一行。

5. 拆分单元格

使一个单元格分解成多个单元格的操作，称为拆分单元格。操作方法如下：

(1) 光标定位于要拆分的单元格。右击鼠标，在弹出的快捷菜单中单击“拆分单元格”命令，如图 2-79 所示。

(2) 系统弹出如图 2-80 所示对话框，输入要拆分成的行数、列数后，单击“确定”按钮。

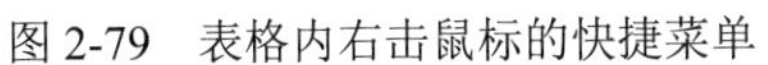
图 2-79　表格内右击鼠标的快捷菜单

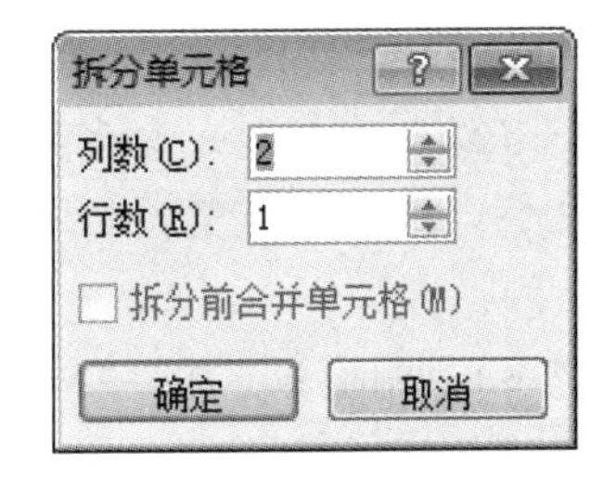

图 2-80　拆分单元格对话框

同理，拆分单元格也可以由“布局”选项卡中“合并”工具组中的“拆分单元格”命令来完成。

注：如果用户需要先将几个单元格合并后再重新拆分成新单元格，则使用工具按钮的方法可以将“合并”“拆分”两步操作合二为一。如将一行中的两个单元格合并后平均拆分为三个单元格的操作步骤如下：

① 选中这两个相邻的单元格。单击“布局”选项卡中“合并”工具组中的“拆分单元格”命令。

② 在弹出的对话框中设置列数为3，行数为1，同时选中下方的“拆分前合并单元格”选项，如图2-80所示。最后单击“确定”按钮完成操作。

6. 插入行、列

如若在输入表格内容时，发现原插入表格行数或列数不足，则可根据需要插入表格行或列。操作方法如下：

光标定位于表格中要插入行或列的位置，单击 “布局”选项卡中“行和列”工具组中相应的“在上方插入”“在下方插入”“在左侧插入”“在右侧插入”工具按钮，如图2-81所示。

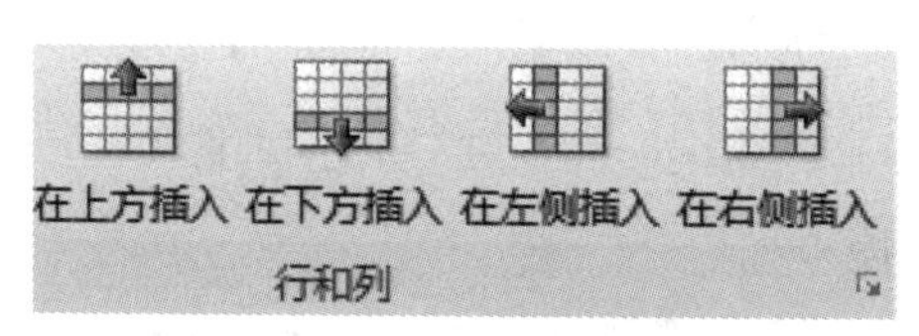

图2-81　“行与列”工具组

注：其他插入行(或列)的技巧方法有以下几种。

① 使用键盘也可以快速插入行。将光标定位于行的最右侧(表格外框线外，回车前)，单击鼠标，在当前行下方插入一行。将光标定位于表格尾部的最后一个单元格内，按Tab键，则在表格最后一行下方追加一个新行。

② 若一次需要插入多行，可选定多行再单击上述四个工具按钮，则每次插入与选定行同样多的行数，或与选定列同样多的列数插入多列。插入列后，表格总宽度变大。

③ 在不规则表格中，若选定的多行结构不一致，则在插入多行时，在上方插入与在下方插入会产生不同的结果。在上方插入时，以选定多行的最上方行结构为标准插入新行；在下方插入时，则以选定多行的最下方行的结构为标准插入新行。

④ 用户也可以使用在选定区域右击的方法，利用快捷菜单插入新行或新列。

7. 删除行、列

如果用户在绘制表格时，有多余的行或列，则可以将其删除。单击如图2-82所示的“删除”按钮，弹出下拉菜单，单击删除行可以删除当前行或选定的行。同理，进行删除列操作。

一般情况下，“删除单元格”命令使用较少，单击其会弹出如图2-83所示的对话框。删除单元格好比从队伍被叫出去一个人，其“空位”可选择右侧单元格或下方单元格来补，当右侧单元格补位时，整个表格的外边缘会在这一行产生凹进的现象，一般应尽力避免这种现象，故此选项较少使用。

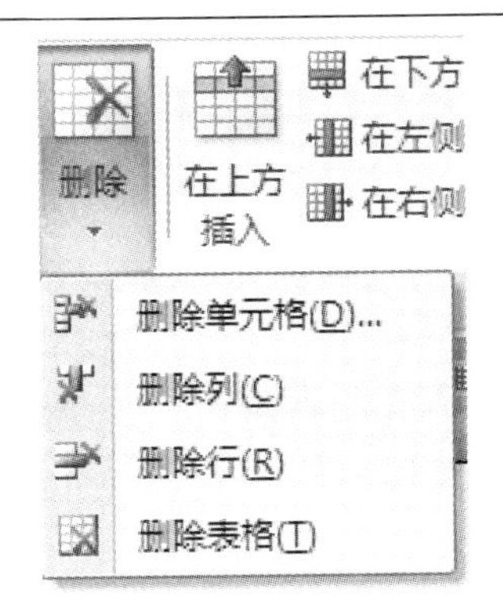

图 2-82　“删除”按钮的下拉菜单

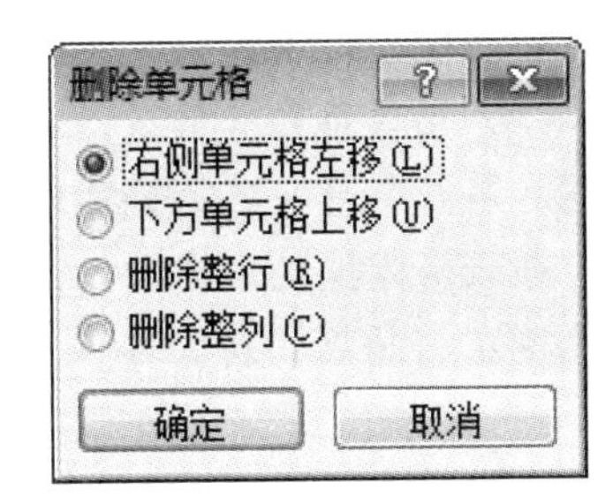

图 2-83　“删除单元格”对话框

8. 清除与删除的区别

用户应注意区分清除与删除的区别。一般情况下，清除指清除内容或格式，可以在选定后按 Delete 键清除内容，但单元格(或行或列)还在，而删除则指行或列完全不存在了。

9. 复制与移动

表格中内容的复制与移动同段落中文字的复制与移动类似。

10. 删除表格

如若用户在文档的编辑修改过程中，决定不再使用表格，则应如何删除整个表格？步骤如下：

(1) 选定整个表格。在选定区域右击鼠标，弹出对应的快捷菜单。

(2) 单击快捷菜单中的“删除表格”命令，如图 2-84 所示。

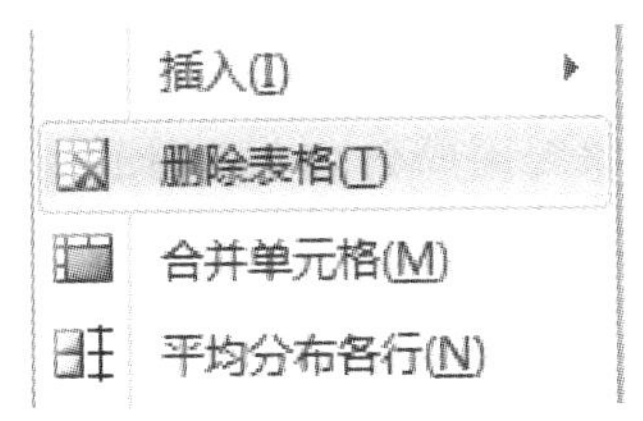

图 2-84　“删除表格”命令

11. 表的样式设置

Word 内置了一些成套的表格样式，包括表格的框线、底纹、字体等格式设置，利用它可以快速地引用这些预定的样式设置。

(1) 将光标定位于表格内任一单元格。鼠标指针指向“设计”选项卡中“表格样式”列表中的任一样式时，可在表格中显示其预览效果，单击某个样式，可将选定的样式应用到表格中，如图 2-85 所示。

(2) 列表中含多行样式，可使用右侧滚动条向下滚动选择合适的样式。同时，样式列表左侧有“表格样式选项”工具组，如图 2-86 所示，用户可对某一套样式有选择地部分应用。

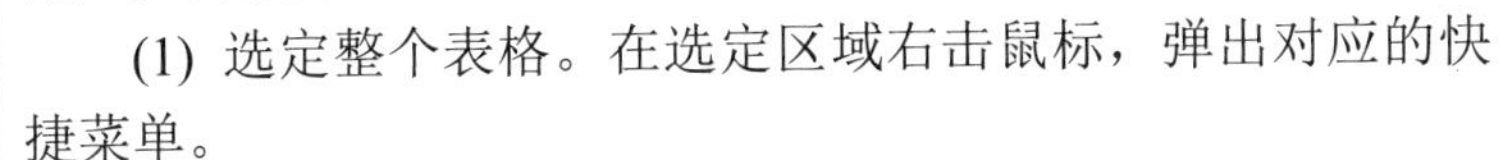

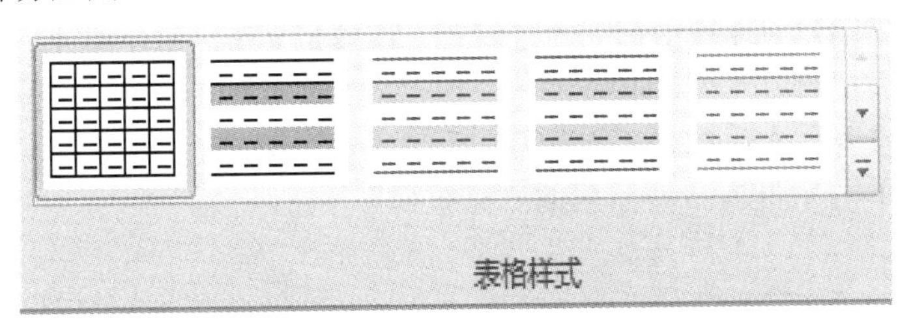

图 2-85　“表格样式”列表

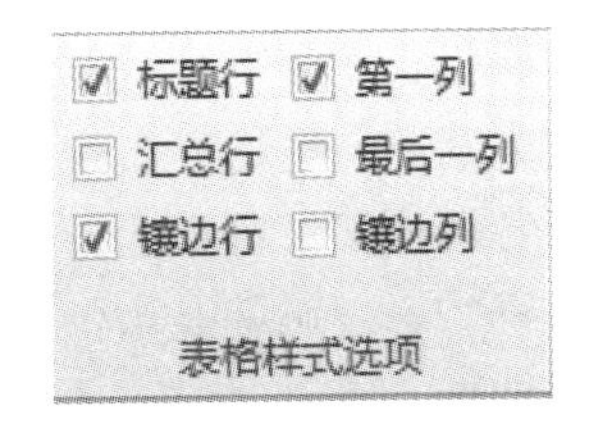

图 2-86　表格样式选项

12. 调整行高、列宽的其他方法

下面介绍其他各种改变行高或列宽的方法。

方法一：将光标定位于表格内任一位置，当表格右下方出现一个较小的灰色空心正方形时(见图 2-87)，将鼠标移至此处，鼠标指针变为斜向的双向箭头“↘”，按下鼠标向下适当拖动即可，各行行高、各列列宽均按比例放大(或者缩小)。

方法二：在表格内拖动表格线。将鼠标移至要调整列宽的列线处，当鼠标指针变为中间有竖线的指向左右两侧的箭头时(见图 2-88)，按下鼠标拖动至目标宽度后松开鼠标。

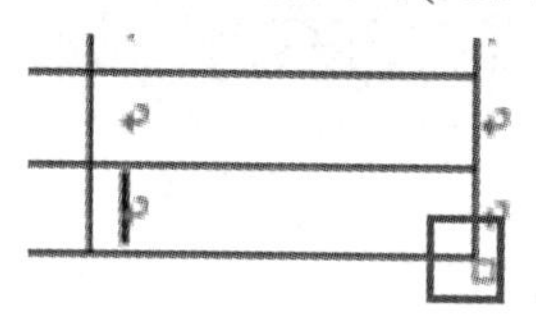

图 2-87　表格中的缩放标记

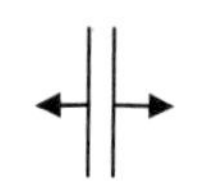

图 2-88　改变列宽时的鼠标指针

这种方法的优点是操作直接，要改变哪一列的宽度，直接拖动对应的列线即可，非常便捷。它的缺点是相邻列的宽度会随着左侧列的变宽而变窄，或者随着左侧列的变窄而相应变宽，即表格的总宽度不变。这时，如若要调整的是最左侧列的宽度，而右侧各列宽度均不需要改变，则操作效率会相对较低。

方法三：根据内容调整。如若表格已输入内容，则可由系统根据各列中文字的宽度调整对应的列宽，以满足文字显示的最小值设置列宽；如若未输入文字，则不建议使用此方法，否则表格将“缩”为一团。根据内容调整的设置方法是：光标定位于表格内，单击“布局”选项卡中“单元格大小”工具组中的“自动调整”命令，弹出下拉菜单(见图 2-89)，再单击“根据内容自动调整表格”命令项即可。

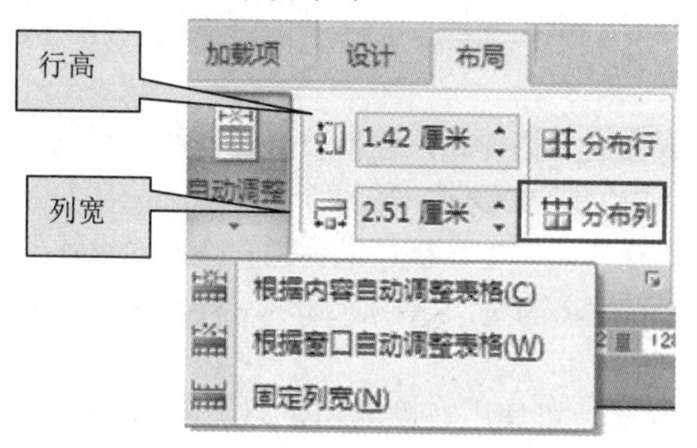

图 2-89　修改“行高”与“列宽”窗口

方法四：根据窗口调整。默认状态下，系统即为根据窗口调整。

方法五：固定值调整。如果用户对表格中每列的宽度有严格的定义值，则使用此项。选中要指定宽度的列，在如图 2-89 所示列宽对应宽度值框中输入新的列宽值，并回车确认。

方法六：平均分布列。如若用户拖动改变部分列宽值后，对于部分列宽需要重新平均分布各列列宽，则在选中后，单击如图 2-89 中所示的“分布列”按钮。

13. 表格的文字环绕方式

表格的文字环绕方式指文档中表格外的文字与表格的相对位置关系。默认情况下，表格的环绕方式为“无”，即正文中的文字只在表格上、下方，而不会出现在表格的左右两

侧。当选中整个表格并拖动时，表格的环绕方式会自动变为“环绕”，如需要更改，方法如下：

(1) 单击表格内任一位置，将光标置于表格内任一位置。单击“布局”选项卡中“表”选项组中的“属性”命令(见图 2-90)，或右击鼠标在快捷菜单中单击“表格属性”命令。

(2) 在打开的“表格属性”对话框中(见图 2-91)单击文字环绕选项中的“无”或“环绕”，最后单击“确定”按钮完成设置。

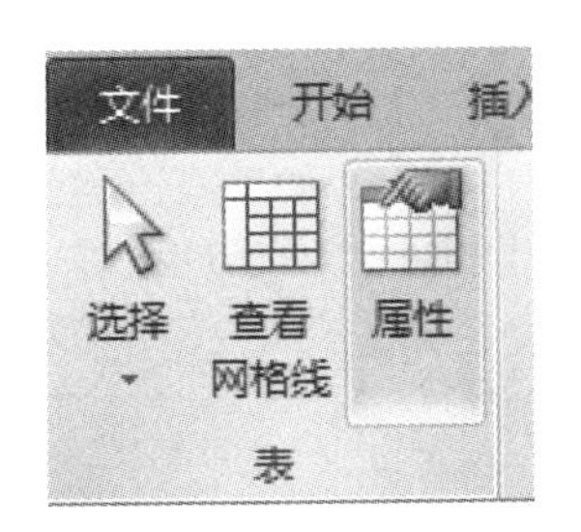

图 2-90　表格“属性”按钮

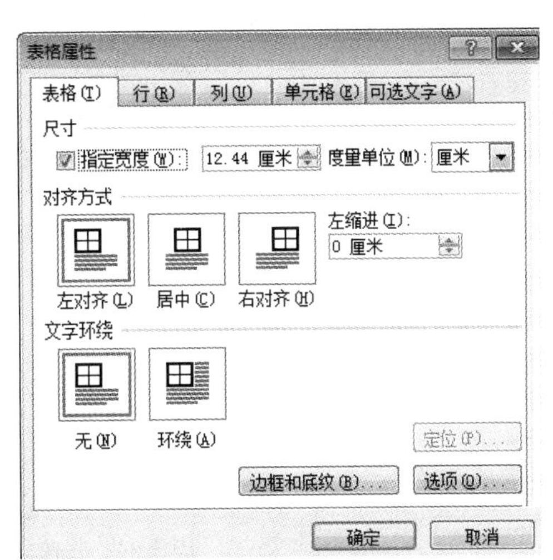

图 2-91　“表格属性”对话框

14. 关于公式的格式

公式由三部分组成：

(1)“=”为公式的开始标志，必不可少。

(2)“SUM”为公式中函数运算的函数名，用来表示进行“求和”运算，常用的如“AVERAGE”表示求平均值等。

(3)“(ABOVE)”表示前面运算的范围，即对哪些数据“求和”。“ABOVE”即对当前单元格上方的所有单元格数据求和。常用的还有“LEFT”，表示对当前单元格左侧的所有单元格数据进行运算。

此外，Word 中也可以使用 Excel 中的单元格命名方式表示单元格地址，即使用 A、B、C、D 等作为列号，行号使用 1、2、3、4 等表示，单元格用列号加行号表示，如 A1、B3 等，本例中若用此种方法表示，则应表示为“(E2:E5)”。其中，表示列号的英文字母使用大写或小写均可。

公式中的冒号“:”表示“到”的关系，即对 E2 到 E5 四个单元格运算。如若只计算 E2 和 E5 两个单元格，则用逗号“,”连接，即“,”表示“和”的关系，“:”表示“到”的关系。需要注意的是，公式中的符号应是英文半角符号，而非中文状态下的全角符号，否则系统会提示出错，不能进行计算。

15. 表格转换为文本

表格与规则排列的文本之间可以相互转换，由表格转换为文本时，光标定位于表格内任一位置，单击“布局”选项卡“数据”工具组中的“转换为文本”命令，打开“表格转换成文本”对话框，可以设置文本分隔的标记，如图 2-92 所示。本例中的表格如图 2-93 所示，以制表符作为分隔标记，将其转换成如图 2-94 所示的规则排列的文本。

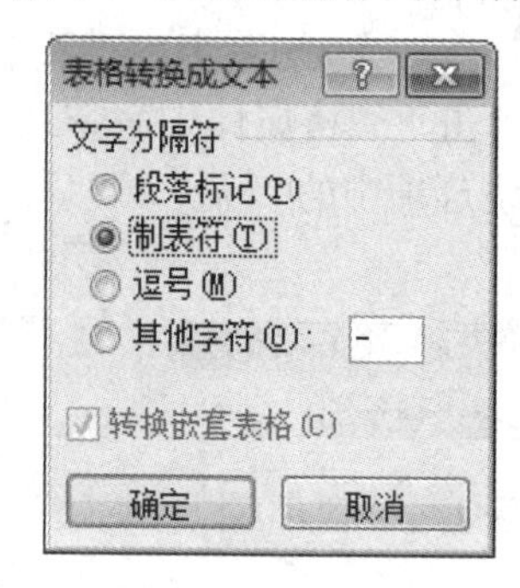

图 2-92　“表格转换成文本”对话框

书　名	作　者	出版社	字数(千字)
蓝色的海豚岛	斯·奥台尔(美)	新蕾出版社	85
豆蔻镇的居民和强盗	托比扬·埃格纳(挪威)	湖南少年儿童出版社	60
窗边的小豆豆	黑柳彻子(日)	南海出版公司	175
伊索寓言	伊索(古希腊)	上海人民美术出版社	120

图 2-93　转换前的表格

书　名 → 作　者 → 出版社 → 字数（千字）
蓝色的海豚岛 → 斯·奥台尔（美） → 新蕾出版社 → 85
豆蔻镇的居民和强盗 → 托比扬·埃格纳（挪威） → 湖南少年儿童出版社 → 60
窗边的小豆豆 → 黑柳彻子（日） → 南海出版公司 → 175
伊索寓言 → 伊索（古希腊） → 上海人民美术出版社 → 120

图 2-94　转换后的表格

16. 文本转换为表格

对于具有规则的、整齐排列的、有规律的文本，也可以将其转换为表格，这也是创建表格的另一种形式。选中如图 2-94 所示的文本，单击“插入”选项卡中的“表格”命令，在弹出的下拉菜单中单击“文本转换成表格”命令(未选中文本时，该命令为灰色)，弹出“将文字转换成表格”对话框，如图 2-95 所示，设置列数、文字分隔位置、列宽等，设置完成后单击“确定”按钮。

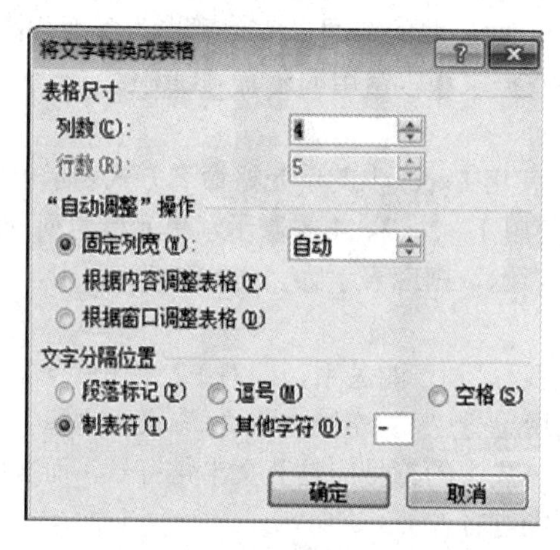

图 2-95　“文字转换成表格”对话框

17. 拆分表格

Word 可以根据用户需要将表格分割为上下两个表格，用户只需将光标定位于下一个表格的第一行中任一位置，单击“布局”选项卡中“合并”选项组中的“拆分表格”命令即可。

18．标题行重复

对于行数较多的大表格，如名单信息等，可能打印时需要多页才能够打完，第二页起每列所对应的项目名称若翻回第一页对照，则极不方便。Word 提供了“标题行重复”的功能，只需将第一页中的标题行选中(可能为一行，也可能是多行)，然后单击“布局”选项卡中“数据”工具组中的“标题行重复”命令，系统会自动在每页首部重复选中的标题行。

制作如图 2-96 所示的“员工信息表”。

员 工 信 息 表

<table>
<tr><td>姓名</td><td></td><td>性别</td><td></td><td>出生年月</td><td></td><td rowspan="4"></td></tr>
<tr><td>民族</td><td></td><td>籍贯</td><td colspan="3"></td></tr>
<tr><td>学历</td><td></td><td>政治面貌</td><td></td><td>健康状况</td><td></td></tr>
<tr><td>婚姻</td><td></td><td>职称</td><td></td><td>技术等级</td><td></td></tr>
<tr><td>家庭住址</td><td colspan="6"></td></tr>
<tr><td>联系电话</td><td></td><td>邮编</td><td></td><td>电子邮件</td><td colspan="2"></td></tr>
<tr><td rowspan="4">主要经历</td><td colspan="2">何年何月到何年何月</td><td colspan="2">在何单位任何职务</td><td colspan="2">证明人</td></tr>
<tr><td colspan="2"></td><td colspan="2"></td><td colspan="2"></td></tr>
<tr><td colspan="2"></td><td colspan="2"></td><td colspan="2"></td></tr>
<tr><td colspan="2"></td><td colspan="2"></td><td colspan="2"></td></tr>
<tr><td colspan="7">考 评 成 绩</td></tr>
<tr><td colspan="2">考评 1</td><td colspan="2">考评 2</td><td>考评 3</td><td colspan="2">平均分</td></tr>
<tr><td colspan="2">67</td><td colspan="2">94</td><td>86</td><td colspan="2"></td></tr>
</table>

图 2-96　巩固实践样表

任务 3　制作电子报刊

在日常生活和工作中，常常要制作一些图文混合排版的 Word 文档，如活动海报、报纸杂志、产品宣传单等。此类文档，在编辑时可以插入图片、艺术字、文本框等对象，不仅会使报告、文章显得生动有趣，还能更直观地理解文章内容。

本任务以制作一份班级电子小报为例，学习图文混排的相关操作，完成后的效果如图2-97所示。

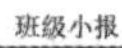

哲理故事：

求人不如求己

某人在屋檐下躲雨，看见观音正撑伞走过。这人说："观音菩萨，普度一下众生吧，带我一段如何？"

观音说："我在雨里，你在檐下，而檐下无雨，你不需要我度。"

这人立刻跳出檐下，站在雨中："现在我也在雨中了，该度我了吧？"

观音说："你在雨中，我也在雨中，我不被淋，因为有伞；你被雨淋，因为无伞。所以不是我度自己，而是伞度我。你要想度，不必找我，请自找伞去！"说完便走了。

第二天，这人遇到了难事，便去寺庙里求观音。走进庙里，才发现观音的像前也有一个人在拜，那个人长得和观音一模一样，丝毫不差。

这人问："你是观音吗？"

那人答道："我正是观音。"

这人又问："那你为何还拜自己？"

观音笑道："我也遇到了难事，但我知道，求人不如求己。"

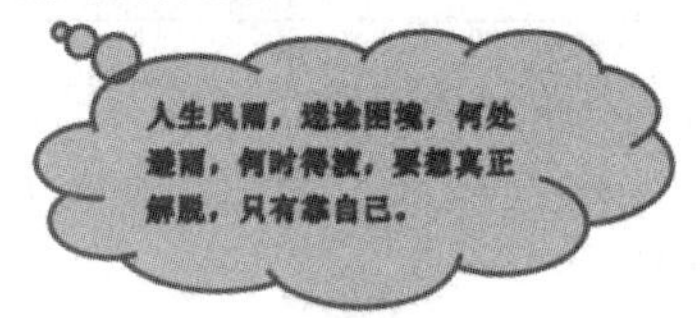

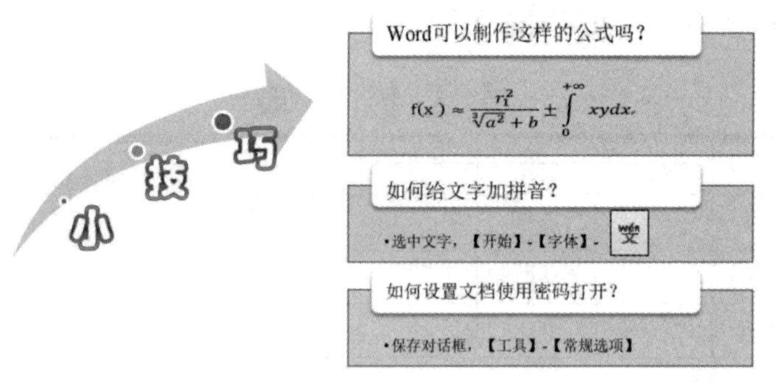

为进一步推动我院专业建设和专业技能教学改革，展示师生技能风采，增强职业能力，争做技能标兵，营造学习技能的氛围，为学生提供充分展示自我的舞台，学院定于本学期举办第五届技能节活动，活动期间将开展技能竞赛[1]、技能展示表演、作品展览、专家讲座等系列活动，时间定为第八周至第十周，望广大同学积极准备，踊跃报名。

公 告 栏

[1] 竞赛项目另行通知。

1

图2-97　图文混排样例完成后的效果

任务分解

(1) 文本分栏及首字下沉设置；
(2) 公式制作操作；
(3) 插入和编辑形状及SmartArt图形；
(4) 艺术字的插入与编辑；
(5) 页眉页脚的设置操作以及脚注与尾注的设置操作。

步骤 1　前期准备操作。

(1) 准备素材。收集并准备班级小报中要用到的文字素材，进行初步的版面设计与版面规划。

(2) 创建并保存文档。新建空白文档，并将文档保存到“D:\of 学习\Word 任务四图文混排”中。

(3) 输入文字。输入“求人不如求己”的故事文字内容及公告栏中的文字内容，如图 2-98 所示，输入后保存。

哲理故事：

某人在屋檐下躲雨，看见观音正撑伞走过。这人说：“观音菩萨，普度一下众生吧，带我一段如何？”

观音说：“我在雨里，你在檐下，而檐下无雨，你不需要我度。”

这人立刻跳出檐下，站在雨中：“现在我也在雨中了，该度我了吧？”

观音说：“你在雨中，我也在雨中，我不被淋，因为有伞；你被雨淋，因为无伞。所以不是我度自己，而是伞度我。你要想度，不必找我，请自找伞去！”说完便走了。

第二天，这人遇到了难事，便去寺庙里求观音。走进庙里，才发现观音的像前也有一个人在拜，那个人长得和观音一模一样，丝毫不差。

这人问：“你是观音吗？”

那人答道：“我正是观音。”

这人又问：“那你为何还拜自己？”

观音笑道：“我也遇到了难事，但我知道，求人不如求己。”

为进一步推动我院专业建设和专业技能教学改革，展示师生技能风采，增强职业能力，争做技能标兵，营造学习技能的氛围，为学生提供充分展示自我的舞台，学院定于本学期举办第五届技能节活动，活动期间将开展技能竞赛 、技能展示表演、作品展览、专家讲座等系列活动，时间定为第八周至第十周，望广大同学积极准备，踊跃报名。

图 2-98　文字输入的内容

(4) 设置页面格式。设计确定班级小报版面大小，并进行页面设置。本例为 A4 纵向纸张排版，页边距为默认的“普通”方案，此部分设置若需更改，则参照本章任务 1 中的步骤 5 内容。

(5) 设置缩进。选中哲理故事的正文部分，设置首行缩进为 2 字符。

步骤 2　设置分栏部分。

目标效果中“哲理故事”部分为“分栏”效果，其操作步骤如下：

(1) 选中需要设置为两栏的文字部分，本例中为“哲理故事：”至故事正文最后的“求人不如求己”。

(2) 单击“页面布局/页面设置”工具组中的“分栏”命令，在系统弹出的下拉菜单中单击“两栏”命令，如图 2-99 所示。(此时，完成的分栏为等宽等长的两栏。)

(3) 在右侧栏最后一自然段末尾加打若干个回车，增加空行，为后面要插入的“云”形图形预留空间。

注：若用户需要对整篇文档分栏，则可以不做选定操作，此时，系统默认为对文档中全部内容分栏，即光标可以任意定位。

若用户分栏后，又进行了若干其他编辑操作，此时想放弃使用分栏效果，则可以“删除分栏”。其实分栏不仅可以由一栏分为多栏，也可在不同栏数间变换，如由两栏变为三栏、由四栏变两栏等，亦可以由多栏变为一栏，只是栏数的选择不同而已。

步骤 3　设置“哲理故事:”的效果。

选中文字后，单击“开始”选项卡中的“字体/文本效果”按钮，在弹出的下拉菜单中选择一种文字效果，并设置文字加粗，如图 2-100 所示。

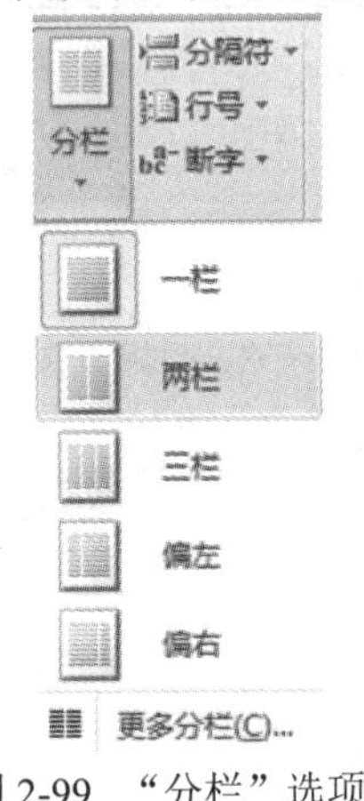

图 2-99　“分栏”选项

图 2-100　“文本效果”选项

步骤 4　插入编辑艺术字。

分栏部分“求人不如求己”的效果使用 Word 中的“艺术字”设置，操作步骤如下：

(1) 插入艺术字。

① 光标定位于正文第一自然段第一个字符之前。单击“插入”选项卡“文本”选项组中的“艺术字”命令图标。

② 在弹出的下拉菜单中单击第五行最右侧列的效果按钮，如图 2-101 所示。

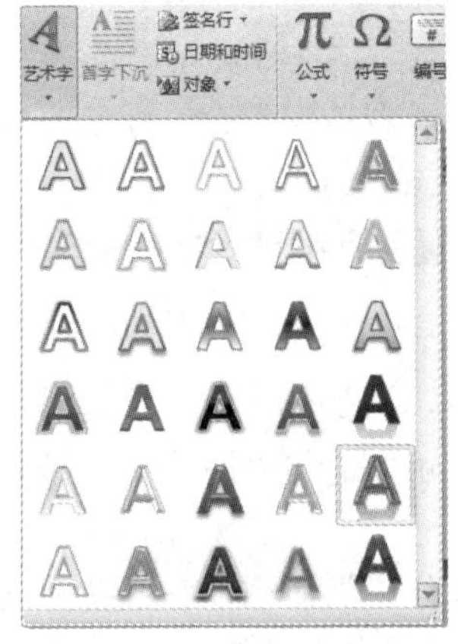

图 2-101　插入艺术字

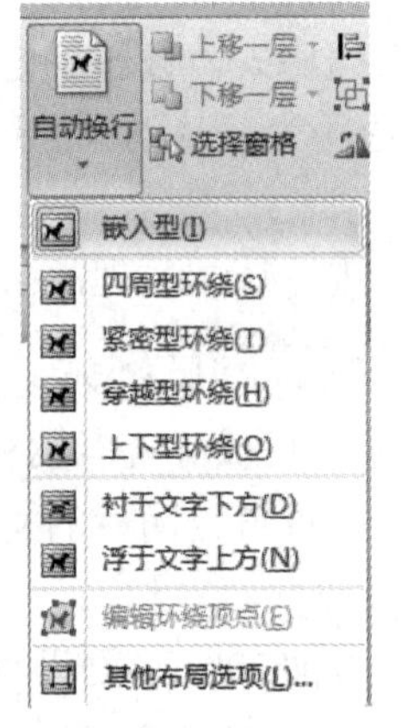

图 2-102　“自动换行”选项

③ 此时，系统弹出文本输入框，在其中输入“求人不如求己”，并在“开始”选项卡中设置字号为“一号”。最后在文档中的其他位置单击，结束操作。

(2) 设置艺术字的环绕效果。

刚插入的艺术字是覆盖在哲理故事正文上面的，现需改变它与正文之间的显示环绕效果，操作步骤如下：

① 单击艺术字，使其处于选中状态，在其周围出现 8 个空心小方框。且此时会增加一个用于“艺术字”格式设置的“格式”选项卡。

② 单击“格式”选项卡中的“自动换行”命令。在弹出的下拉菜单中选择“嵌入型”，如图 2-102 所示。

(3) 设置艺术字文本效果。

选中艺术字，单击“格式”选项卡中的“艺术字样式”→“文本效果”命令，在弹出的下拉菜单中，指向“转换”命令，如图 2-103 所示。在其下一级菜单中，选择“朝鲜鼓”样式，如图 2-104 所示。

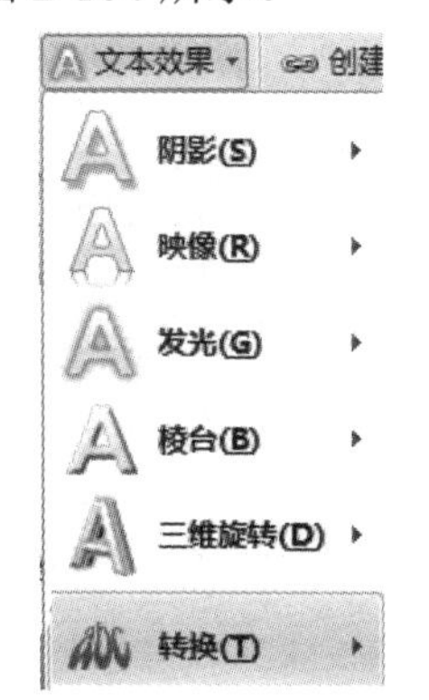

图 2-103　“文本效果”按钮及下拉菜单

图 2-104　“转换”文本效果的部分级联菜单

步骤 5　插入并编辑形状。

(1) 插入形状。单击“插入”选项卡下的“形状”命令，在弹出的下拉菜单中选择“标注”类中的第四个“云形标注”，回到文档，如图 2-105 所示。

(2) 此时鼠标指针在编辑区变为十字形的插入状态，在目标区域拖动鼠标。在拖动起点和终点连线为对角线的矩形区域内就插入了云形标注的图形，如图 2-106 所示。

图 2-105　“形状”按钮及下拉菜单

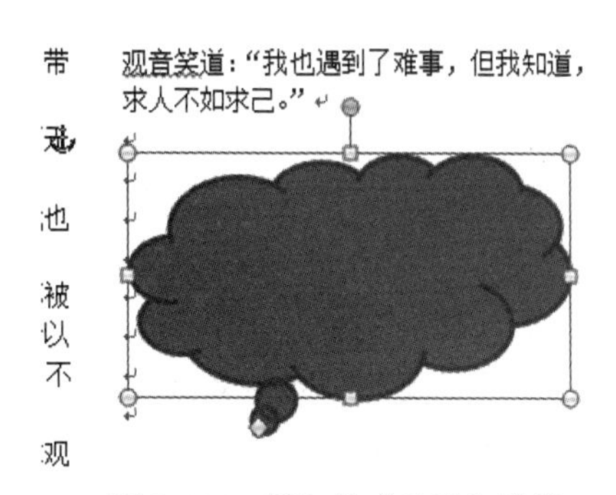

图 2-106　插入的“云形”形状

(3) 编辑形状。

① 按住小云圈下方的黄色菱形小方块，拖动至左上方，小云圈也随之移动。

② 单击“格式/形状样式”选项组中的“形状填充”命令和“形状轮廓”命令，更改填充颜色及轮廓颜色，分别如图 2-107 和图 2-108 所示。

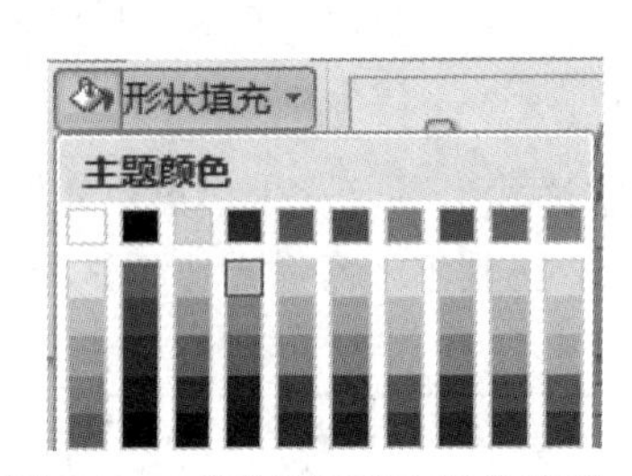

图 2-107　“形状填充”下拉选项

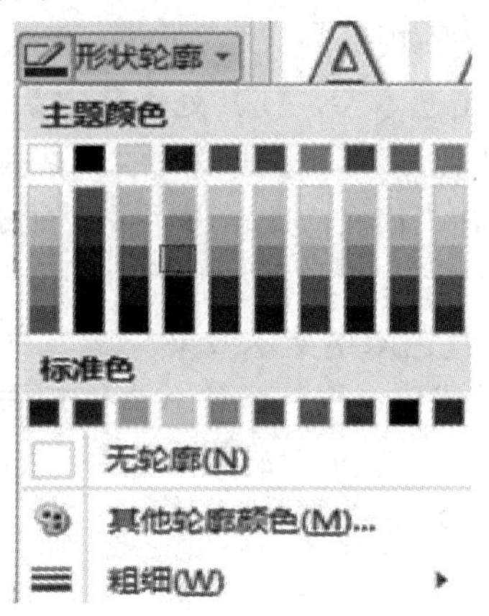

图 2-108　“形状轮廓”下拉选项

③ 光标定位于大云圈内，输入文字“人生风雨，迷途困境，何处避雨，何时得渡，要想真正解脱，只有靠自己”。

④ 设置文字格式为文本效果第一行第二列样式，设置对齐方式为两端对齐。最后调整图形大小、位置。

步骤 6　插入并编辑公式。

(1) 光标定位在后半部分一栏文字前方的空行中。

(2) 单击“插入”选项卡“符号”→“公式”命令。

(3) 在弹出的下拉菜单最下方，单击“插入新公式”命令，如图 2-109 所示。

(4) 此时文本编辑区出现公式编辑框，如图 2-110 所示。同时，新增并打开“设计”工具选项卡。

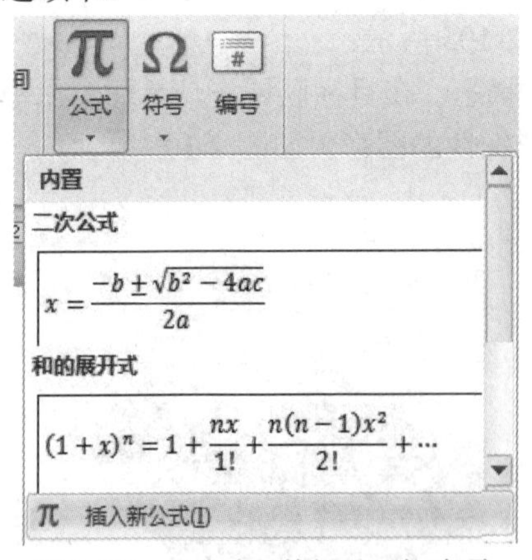

图 2-109　“公式”按钮及下拉选项

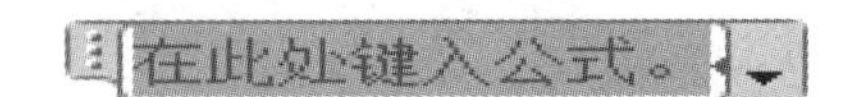

图 2-110　“公式”编辑框

(5) 在公式编辑框中输入字母“f(x)”后，单击“设计”选项卡中“符号”工具组中的“≈”按钮插入符号，如图 2-111 所示。

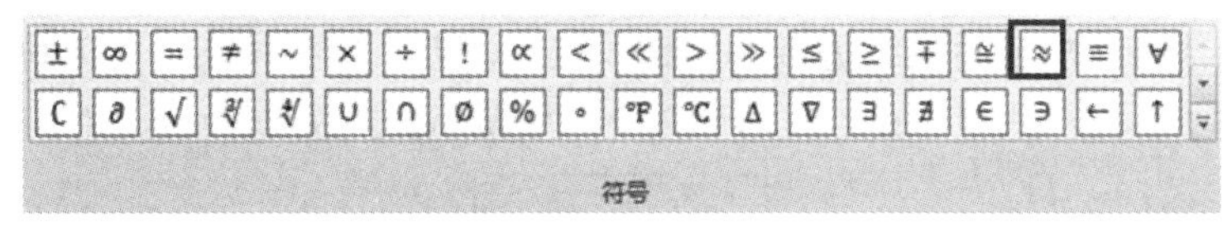

图 2-111　“符号”工具组

(6) 判断在“≈”符号后公式的第一级结构，并在“设计”选项卡中“结构”工具组中单击对应的结构按钮，如图 2-112 所示。

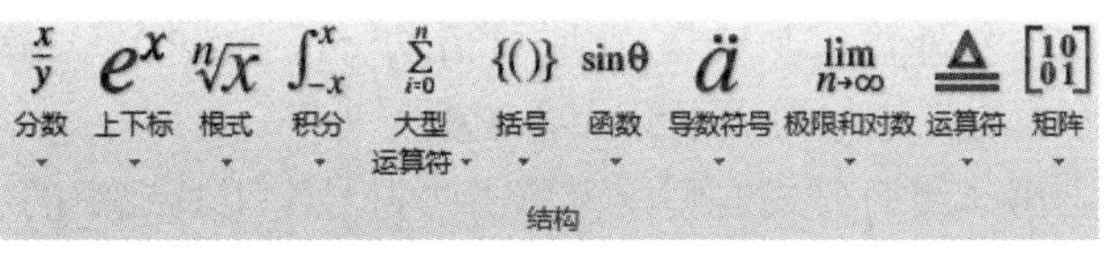

图 2-112　“结构”工具组

(7) 本例中单击结构中的“分数”按钮，弹出下拉菜单，单击第一行中的第一个结构，如图 2-113 所示。

(8) 其中分子部分再次使用系统提供的结构，单击光标，将其定位于分子内，再单击“上下标”按钮，在下拉菜单中单击第一行中的第三种结构，如图 2-114 所示。此时，公式结构如图 2-115 所示，可在方框内输入对应字符。

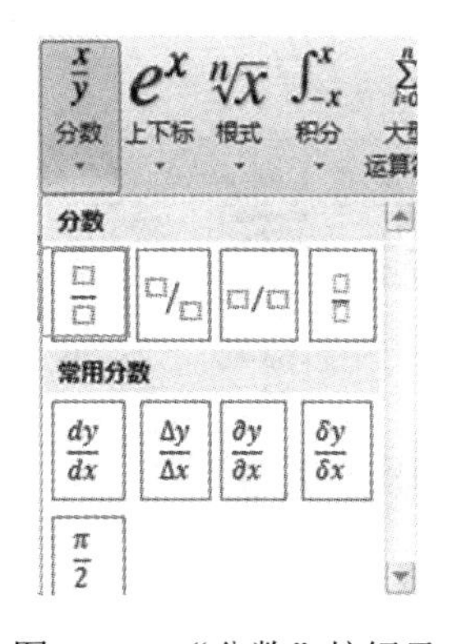

图 2-113　“分数”按钮及下拉菜单

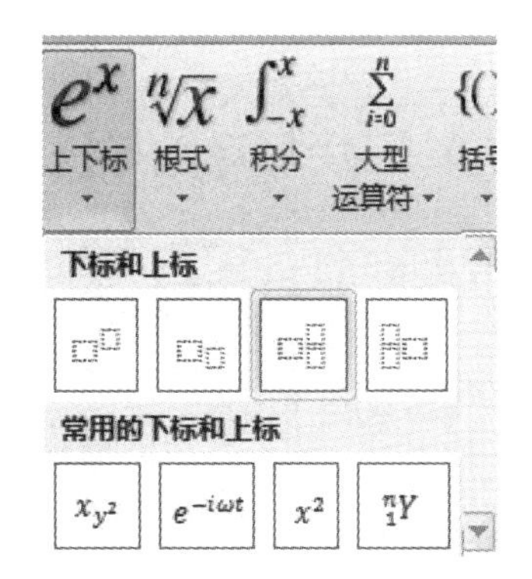

图 2-114　“上下标”按钮及下拉菜单

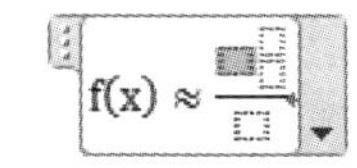

图 2-115　应用分数、上下标结构后的公式

(9) 在分母中同样二次使用系统提供的结构，光标定位于分母，然后单击“根式”按钮，在下拉菜单中单击第一行中的第四种“三次根式”结构，如图 2-116 所示。

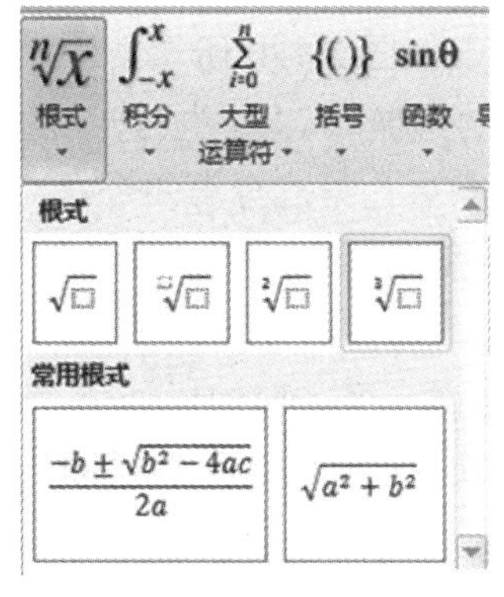

图 2-116　“根式”按钮及下拉菜单

(10) 在根号内再次使用系统提供的结构，单击“上下标”按钮，在下拉菜单中单击第一行中的第一种结构，此时公式的状态如图 2-117 所示，在方框内输入对应的字符。

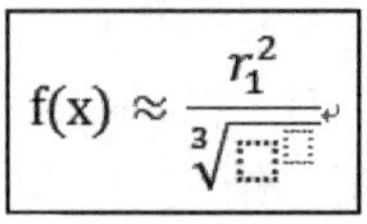

$$f(x) \approx \frac{r_1^2}{\sqrt[3]{\square^{\square}}}$$

图 2-117　设置完“根式”结构后的公式

(11) 在分母中的根号外输入“+b”，此时可借助→、←光标移动键观察，当整个根式处于反白显示时，输入的符号与根式平级，即在根号外部。

(12) 将光标单击第一级的分式右侧，再单击“符号”工具组中的“±”。

(13) 单击“结构”中的“积分”按钮，选择相应的积分样式并输入字符。

步骤 7　插入并编辑 SmartArt 图形。

(1) 插入左侧“小技巧”标题。

① 单击下半部文字之前的任一空行。

② 单击“插入”选项卡中的“插图/SmartArt”命令，如图 2-118 所示。

③ 在弹出的对话框中选择“流程”组中的“向上箭头”图形，最后单击“确定”按钮，如图 2-119 所示。

图 2-118　“SmartArt”按钮

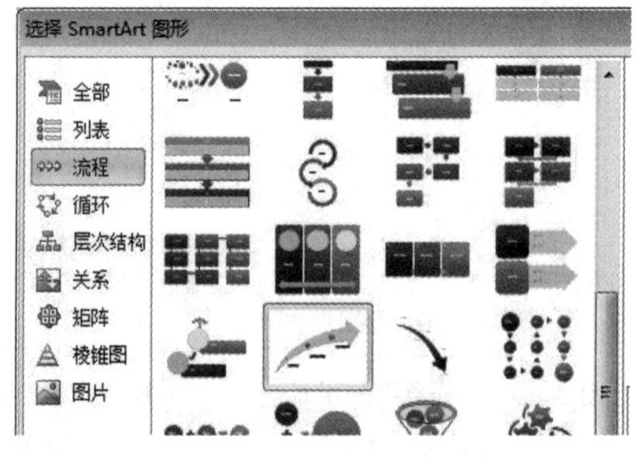

图 2-119　选择 SmartArt 图形

④ 此时，原光标处插入了选定图形，同时新增“设计”“格式”两组工具选项。

⑤ 单击“设计”选项卡中的“SmartArt 样式/更改颜色”按钮，并在下拉菜单中单击“彩色”组中的第一个颜色方案，如图 2-120 所示。

⑥ 在三个“文本”处，依次分别输入“小”“技”“巧”三个汉字，并设置字号为 26、字体为华文彩云，同时指定文本效果为第三行第四个。

⑦ 在图形角点处拖动鼠标，缩放至合适大小。

(2) 插入右侧小技巧内容。

① 单击上一图形下方、后半部文字之前的任一空行。

② 单击“插入”选项卡“插图”选项组中的“SmartArt”命令，在弹出的对话框中选择“列表”组中第二行第二个“垂直框列表”图形，并单击“确定”按钮，如图 2-121 所示。

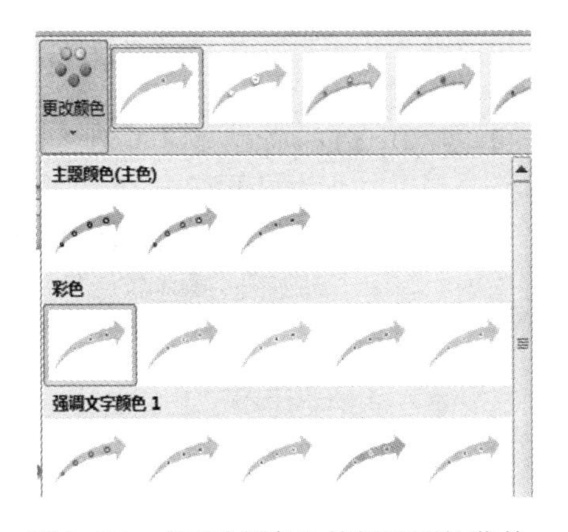

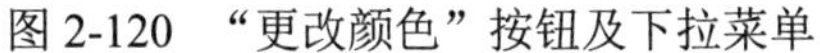

图 2-120　“更改颜色”按钮及下拉菜单

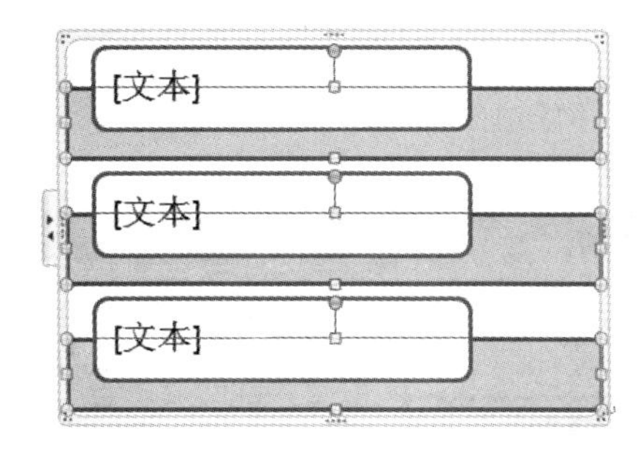

图 2-121　设置颜色后的 SmartArt 图形

③ 单击“设计”选项卡中“SmartArt 样式”工具组中的“更改颜色”按钮，并在下拉菜单中选择“强调文字颜色 2”组中的第一个颜色方案。

④ 按住 Shift 键，依次选中其中三个淡红色填充框形。

⑤ 更改边框颜色、粗细。单击“格式”选项卡中“形状样式”工具组中的“形状轮廓”按钮，在弹出的下拉菜单中选择“标准色”中的第一个。再次单击“形状轮廓”按钮，设置粗细为级联菜单中的“1 磅”。

⑥ 设置形状效果。按住 Shift 键，依次选中其中三个白底的带“文本”字样的图形，单击“格式”选项卡中“形状样式”工具组中的“形状效果”按钮，在弹出的下拉菜单中选择“预设”级联菜单中第二行第四个“预设 8”效果，如图 2-122 所示。

图 2-122　“形状效果”按钮及菜单

⑦ 调整各图形高度、位置，输入文字。

⑧ 设置 SmartArt 图形为“格式”选项卡中“自动换行”下拉菜单中的“浮于文字上方”。

⑨ 移动图形至目标位置。调整整个 SmartArt 图形的大小及其在整个文档中的位置。

(3) 插入“公告栏”标题。单击 “SmartArt”图形中“循环”下的一种图形，如图 2-123 所示。依次调整配色方案以及图形中的文字、大小、位置等设置。需要注意的是，此图形与周围文字的关系使用“紧密型”，而非四周型或嵌入型。

步骤 8　设置首字下沉。

选中后半部文字段落中第一个字符前，单击“插入”选项卡中“文本”工具组中的“首字下沉”命令，在弹出的下拉菜单中选择“下沉”，如图 2-124 所示。

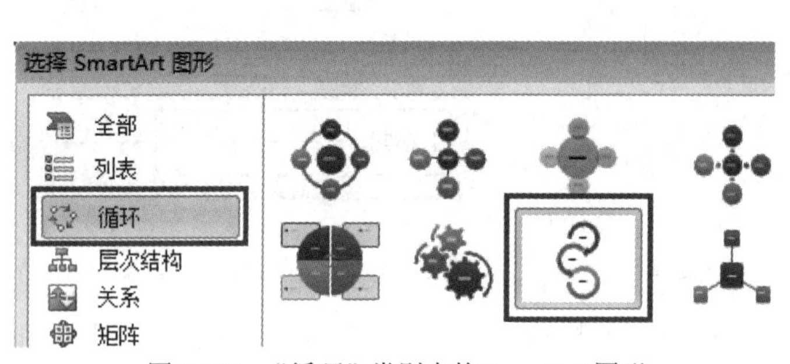

图 2-123　“循环”类别中的 SmartArt 图形　　图 2-124　“首字下沉”命令

说明： 下沉设置完成后，若需去除下沉效果，则光标定位后，再次点开下拉菜单，单击菜单中的“无”即可。

步骤 9　设置页眉和页脚。

(1) 插入页码。单击“插入”选项卡中 “页眉和页脚”工具组中的“页码”命令，在弹出的下拉菜单中依次选择“页面底端”的“普通数字 3”即可完成，如图 2-125 所示。

如需更改页码格式，则在下拉菜单中单击“设置页码格式”命令，打开如图 2-126 所示对话框进行设置。

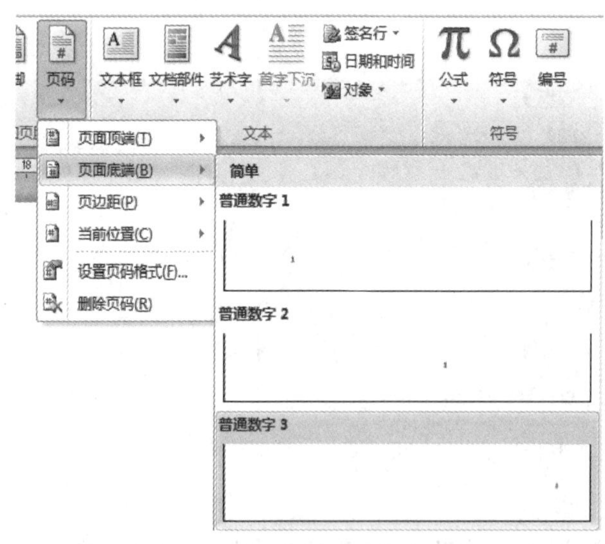

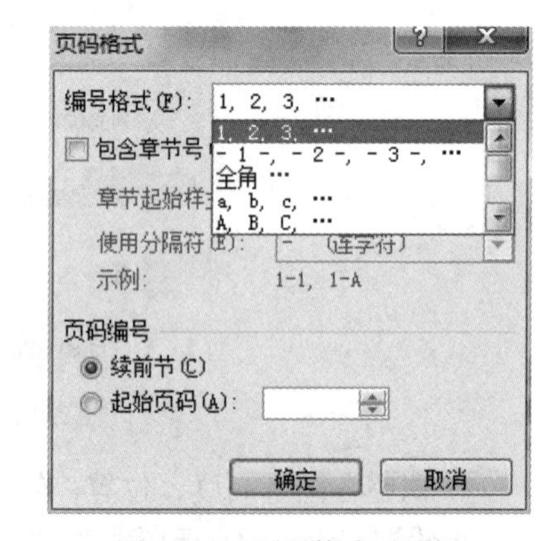

图 2-125　插入页码的操作过程　　图 2-126　页码格式对话框

(2) 插入页眉。单击“插入”选项卡中“页眉和页脚”工具组中的“页眉”命令，如图 2-127 所示，在弹出的下拉菜单中单击“空白”命令进入页眉编辑状态，如图 2-128 所示，输入文字即可。

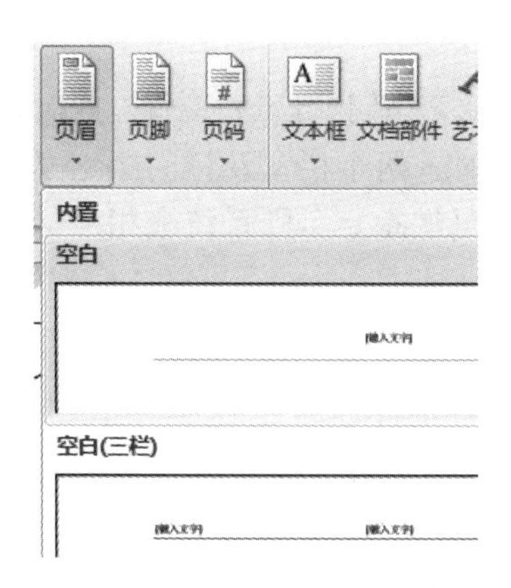

图 2-127　页眉按钮及下拉菜单

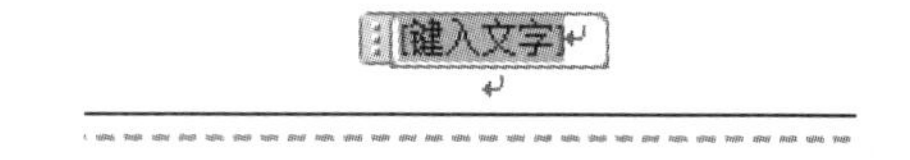

图 2-128　“页眉”区域的编辑状态

步骤 10　设置脚注。

(1) 光标定位于要进行标注的文字后，单击“引用”选项卡中“脚注”组中的“插入脚注”命令，如图 2-129 所示。

(2) 光标自动定位于脚注的注释区，直接输入注释内容即可，同时正文区域已自动添加了脚注编号。输入完成后，在正文区任意位置单击鼠标，结束注释编辑。

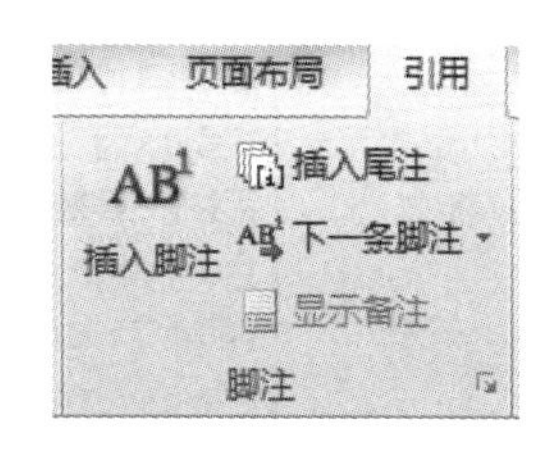

图 2-129　“插入页脚”按钮

❖ 知识拓展

1. 使用对话框设置分栏

如果用户需要设置栏宽不相等的两栏或多栏，则需要使用对话框设置，方法如下：

(1) 系统弹出如图 2-130 所示对话框。单击“页面布局”选项卡中的“页面设置/分栏”命令，在弹出的下拉菜单中选择“更多分栏”命令，如图 2-130 所示。

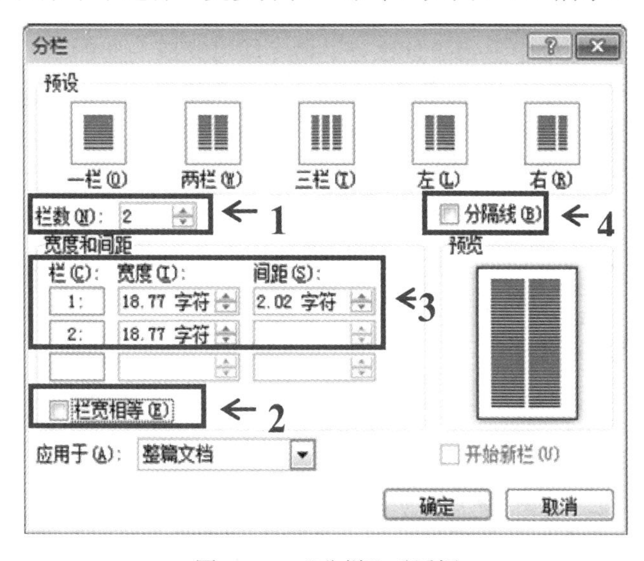

图 2-130　“分栏”对话框

(2) 在系统弹出的“分栏”对话框中设置栏数。

(3) 单击“栏宽相等”前面的“ √ ”，使系统允许栏宽不相等的设置。此时可以分别指定各栏宽度及栏间距，但总宽度不变，即分两栏时，两个栏宽及栏间距这三个宽度指定其中两项时，第三项会自动计算得出，若第三项再次指定，则系统会相应计算调整前两项的值。

(4) 分栏后，可使用标尺调整栏宽或间距。

2. 设置栏分隔线

两栏间的竖线称为“栏分隔线”，若需设置，则在“分栏”对话框中单击选中“分隔线”选项即可，结果如图 2-131 所示。

哲理故事：↵
某人在屋檐下躲雨，看见观音正撑伞走过。这人说：“观音菩萨，普度一下众生吧，带我一段如何？”↵
观音说：“我在雨里，你在檐下，而檐下无雨，你不需要我度。”↵
这人立刻跳出檐下，站在雨中：“现在我也在雨中了，该度我了吧？”↵
观音说：“你在雨中，我也在雨中，我不被淋，因为有伞；你被雨淋，因为无伞。所以不是我度自己，而是伞度我。你要想度，不↵
必找我，请自找伞去！”说完便走了。↵
第二天，这人遇到了难事，便去寺庙里求观音。走进庙里，才发现观音的像前也有一个人在拜，那个人长得和观音一模一样，丝毫不差。↵
这人问：“你是观音吗？”↵
那人答道：“我正是观音。”↵
这人又问：“那你为何还拜自己？”↵
观音笑道：“我也遇到了难事，但我知道，求人不如求己。”↵
↵

图 2-131　“分栏”后的效果

3. 强制分栏

假设用户的需求效果如图 2-132 所示，即虽然第一栏没有排满，但下面的内容要从第二栏开始。这时，用户可以手动插入分栏符，强行指定分栏位置。操作步骤如下：

(1) 光标定位于第二栏开始位置。单击“页面布局”选项卡中“页面设置”工具组中的“分隔符”命令。

(2) 在弹出的下拉菜单中单击“分栏符”命令即可完成，如图 2-133 所示。

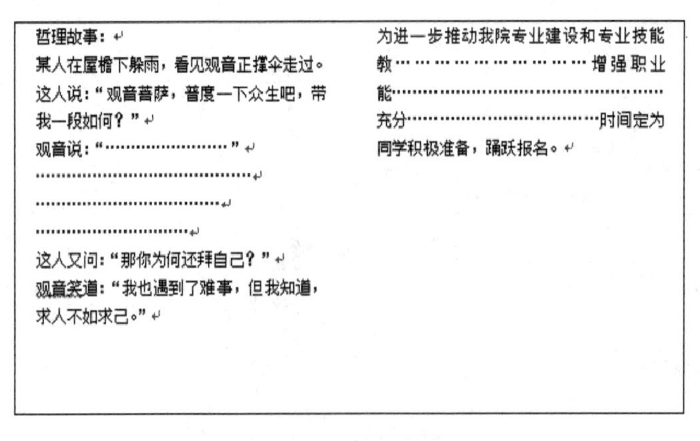
哲理故事：↵
某人在屋檐下躲雨，看见观音正撑伞走过。↵
这人说：“观音菩萨，普度一下众生吧，带我一段如何？”↵
观音说：“……………………”↵
……………………………………↵
……………………………………↵
……………………………………↵
这人又问：“那你为何还拜自己？”↵
观音笑道：“我也遇到了难事，但我知道，求人不如求己。”↵
为进一步推动我院专业建设和专业技能教………………………………增强职业能……………………………………………充分……………………………时间定为同学积极准备，踊跃报名。↵

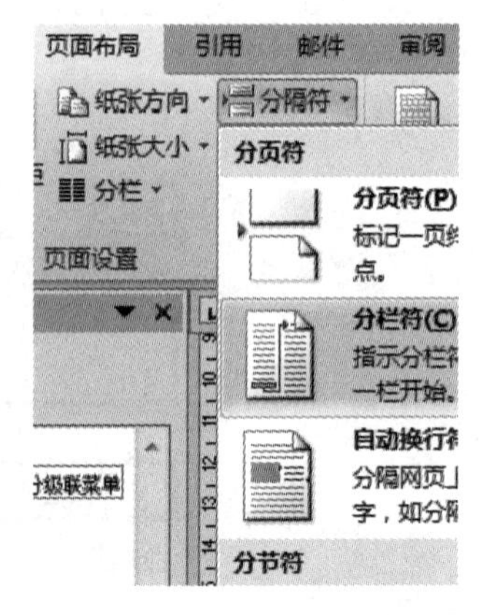

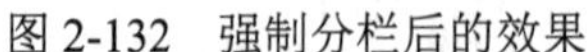
图 2-132　强制分栏后的效果　　　　图 2-133　分栏符按钮

4. 加注拼音

选中文字后，单击“开始”选项卡中“字体”组中的“拼音指南”按钮 wén 文，打开“拼音指南”对话框，如图 2-134 所示，单击“确定”按钮完成设置。完成后的效果如图 2-135 所示。

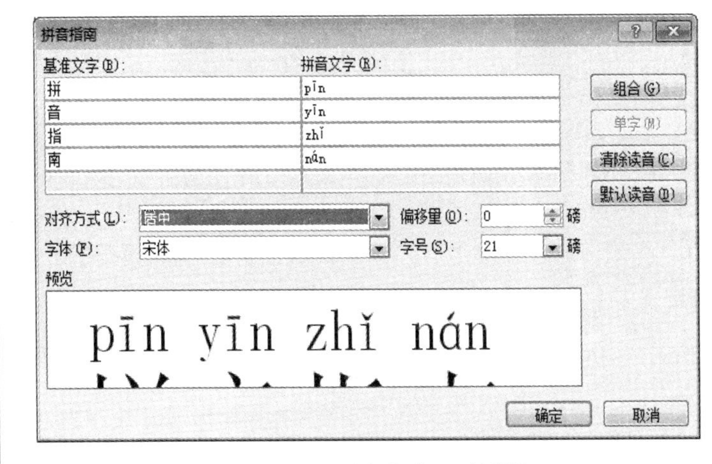

图 2-134　“拼音指南”对话框

图 2-135　拼音完成效果

5. 设置水印

水印效果即衬于文字下方的作为背景的模糊的文字或图片。单击 “页面布局”选项卡中的“页面背景/水印”按钮，如图 2-136 所示，在弹出的下拉菜单中单击“自定义水印”命令，打开“水印设置”对话框进行设置。

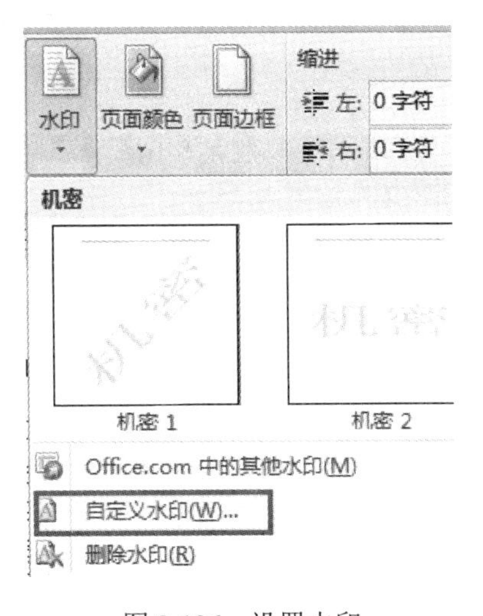

图 2-136　设置水印

请制作如图 2-137 所示的小报样式。(内容可以不同，但形式、元素要一样。)

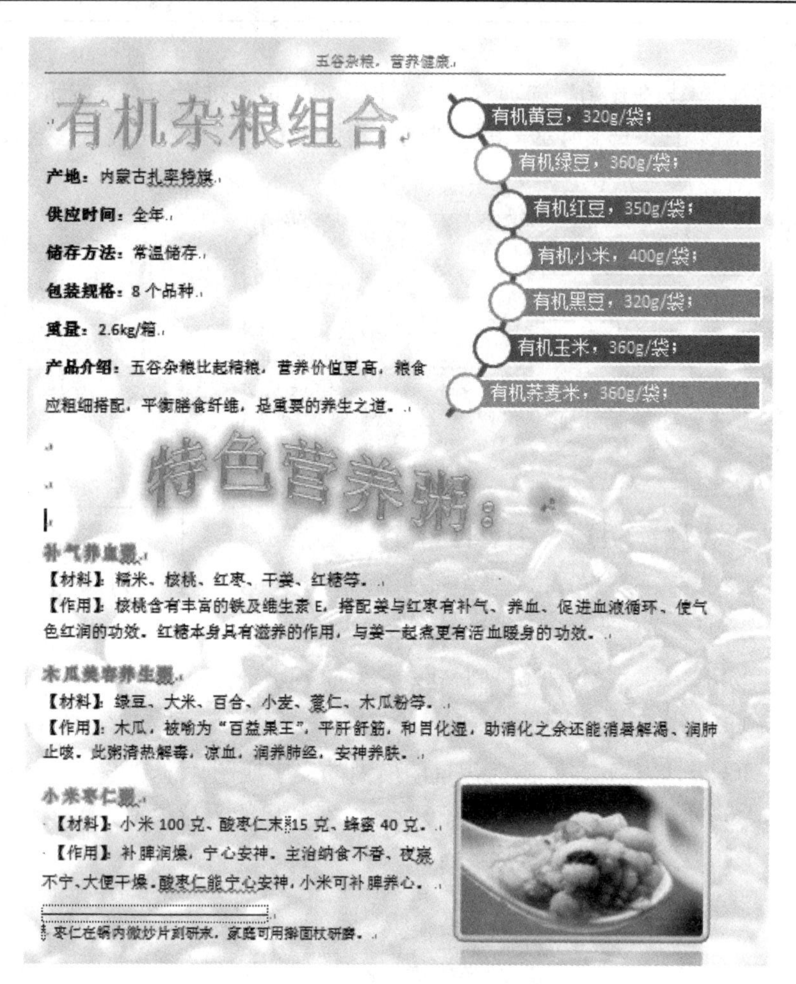

图 2-137　实践训练小报样式

任务 4　批量制作荣誉证书

邮件合并是 Word 的一项高级功能，是办公自动化人员应该掌握的基本技术之一。邮件合并这个名称最初是在批量处理邮件文档时提出的，具体地说，就是在邮件文档(主文档)的固定内容中合并与发送信息相关的一组数据资料，批量生成需要的邮件文档，从而极大地提高工作的效率。

邮件合并适用于制作数量较多，且由“固定不变”与“变化”的两部分内容构成的文档。邮件合并操作除可以应用于信函、信封等与邮件相关的文档外，还可以轻松地批量制作工资条、成绩单、准考证、明信片、奖状、证书等。

本任务要求批量制作一部分竞赛的获奖荣誉证书。证书的形式、风格相同，大小一致，并可批量打印出来。

任务分解

生活中我们都见过或使用过荣誉证书，你买来的荣誉证书是留有空格的、内容不完整的卡片，只有填上了被邀请人姓名、时间和地点后，才是完全意义上的请柬。我们可以这样理解荣誉证书：它由两部分构成——事先印上的内容(固定的)；需要填写的人名(不同的)。假设让 Word 的“邮件合并”来为你写一批荣誉证书，你只要先做好一个有固定内容的荣誉证书，然后把你要邀请人的“姓名表”提供给它，就能一次为你打出所有的荣誉证书。可以想象，这样要比一张一张地去写快很多。

荣誉证书的内容可以由两部分构成，分别如图 2-138、图 2-139 所示。图 2-138 中的文字、排版、打印设置等均为固定不变的主文档(相当于空白的请柬)，而图 2-139 部分为获奖名单、奖项等信息(相当于所有被邀请人名单)，它以表格形式存在另一 Word 文档中，即为信息源部分。通过邮件合并操作，可完成所有人员的获奖证书的制作，合并完成后的效果如图 2-140 所示。

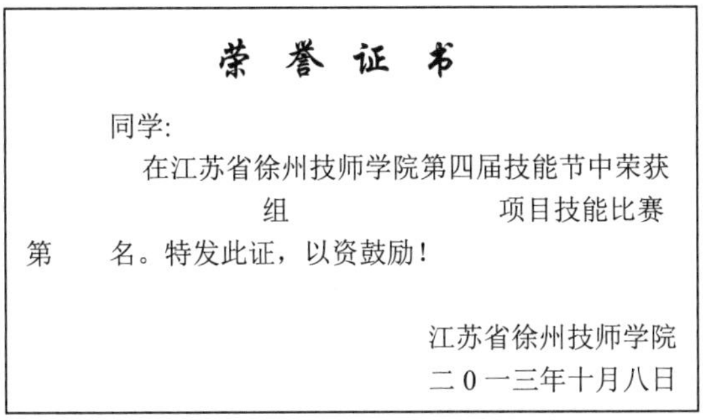

荣　誉　证　书

同学:

在江苏省徐州技师学院第四届技能节中荣获　　　组　　　　　项目技能比赛第　　名。特发此证，以资鼓励！

江苏省徐州技师学院

二 0 一三年十月八日

图 2-138　主文档文件的内容

姓名	组别	项目	奖项
周智丽	学生组	办公自动化	一
曹瑞敏	学生组	办公自动化	二
韩漫漫	学生组	办公自动化	二
刘雪寒	学生组	办公自动化	三
王丹	学生组	办公自动化	三
刘敏	学生组	办公自动化	三
单迎迎	学生组	平面设计	一
苗雅慧	学生组	平面设计	二
尚青青	学生组	平面设计	二
⋮	⋮	⋮	⋮

图 2-139　数据源文件的内容

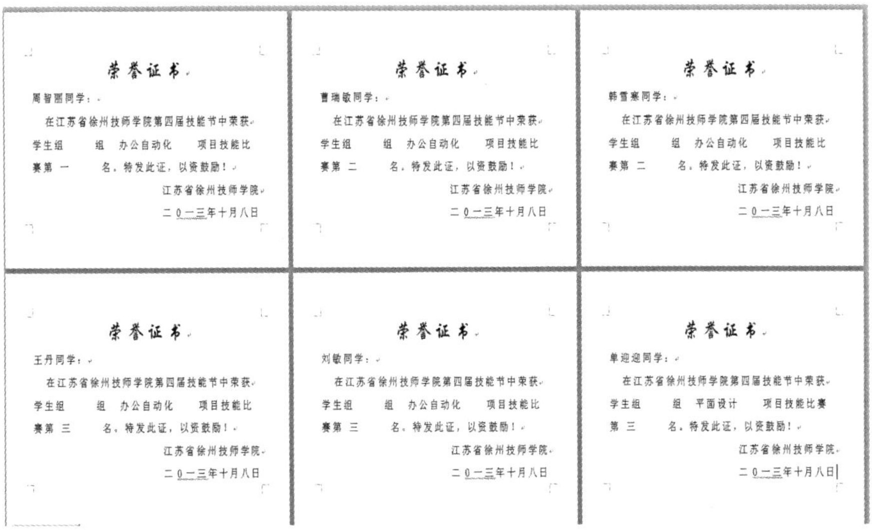

图 2-140　合并完成后的效果

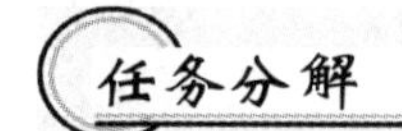

(1) 建立 Word 邮件合并文档；
(2) 制作邮件合并数据源；
(3) 正确使用邮件合并域；
(4) 预览并完成邮件合并。

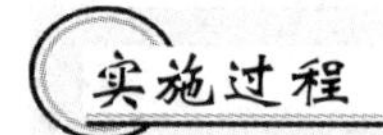

步骤 1　准备数据源。

数据源是指要合并到文档中的信息文件。本任务中的数据源为获奖人员的“姓名”、参加比赛的“组别”、比赛“项目”及获得的“奖项”。本例中，获奖人员的相关信息以 Word 表格的形式保存在一个名为“获奖信息”的 Word 文档中，如图 2-139 所示。

注：数据源以文件形式单独存储，可以为 Word 表格、Excel 工作表、Access 数据库、Outlook 联系人列表及其他数据库文件等。

注意：以 Word 表格作数据源时，表格外部不要有其他文字，否则，在后面导入数据源时容易产生错误。

步骤 2　建立主文档。

主文档指邮件合并中内容固定不变的部分。建立主文档的过程与新建一个 Word 文档一样。本任务中，主文档为荣誉证书文字排版部分，如图 2-138 所示。

设置纸张大小为 16 开；页边距为“普通”；标题“荣誉证书”为“华文行楷、初号”；字间距为“加宽 5 磅”“居中对齐”。正文部分为“宋体、小一”；字间距为“加宽 2 磅”；行间距为“3 倍行距、两端对齐”。落款部分为“右对齐”方式。

步骤 3　建立主文档与数据源的连接。

(1) 建立主文档文件与数据源文件的联系时，在“邮件”选项卡下单击“开始邮件合并”按钮，在打开的下拉菜单中选择文档类型，如信函、电子邮件、信封、标签、目录等，本例中选择合并的文件类型为“信函”，如图 2-141 所示。

(2) 进行与数据源的连接操作。单击“邮件”选项卡“开始邮件合并”组中的“选择收件人”按钮，在下拉菜单中单击“使用现有列表”项，如图 2-142 所示。

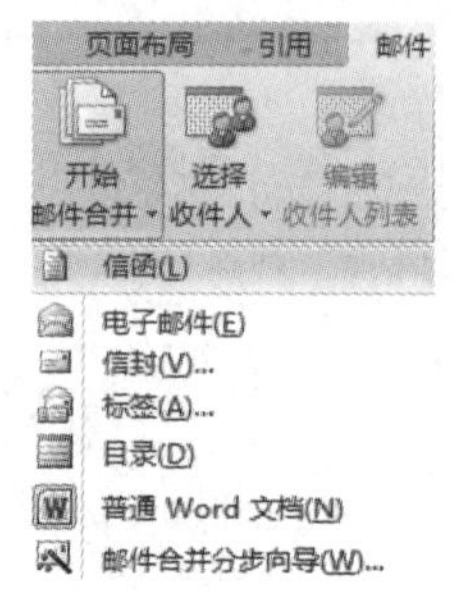

图 2-141　“开始邮件合并”选项

图 2-142　“选择收件人”选项

(3) 在打开的对话框中指定数据源文件所在位置，如图 2-143 所示。

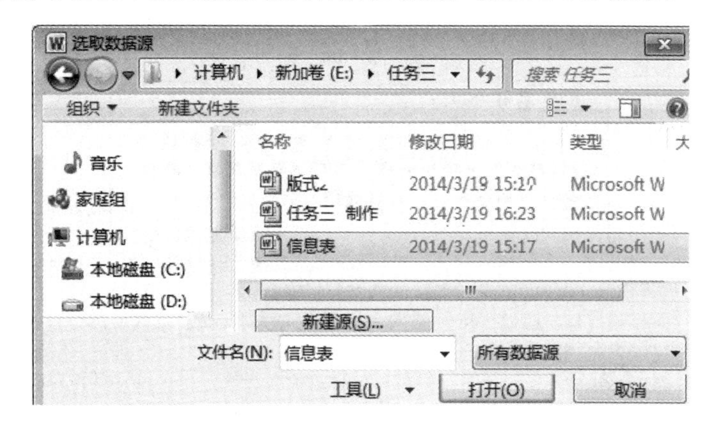

图 2-143　指定数据源文件对话框

注： 在指定数据源文件后，“邮件”选项卡中“编写和插入域”工具组中的按钮被激活，就可以进行下一步“插入域”的操作。

同时被激活的按钮还有“邮件”选项卡“开始邮件合并”组中的“编辑收件人列表”按钮，按钮如图 2-142 所示。

如果数据源文件中所有人员的信息均需要在邮件合并中使用时，则直接进行下一步操作。有时只使用数据源文件中部分人员的信息进行邮件合并，此时要单击“编辑收件人列表”按钮，在弹出的“邮件合并收件人”对话框中，在不需要进行邮件合并操作的人员信息前面的方框内单击，则取消勾选，保证要合并的人员“姓名”前有“√”标记，如图 2-144 所示。最后单击“确定”按钮完成设置。

步骤 4　向主文档中添加域。

将主文档连接到数据源文件之后，就可以开始添加域的操作了。在主文档中单击要插入域的位置，然后在“邮件”选项卡下“编写和插入域”工具组中单击“插入合并域”按钮，在弹出的下拉菜单中单击要插入的数据源提供的对应项的个人信息。

本例中对应要插入合并域的信息是“姓名、组别、项目、奖项”四项内容。按照相同的方法分四次分别把这四项信息合并到域中，如图 2-145 所示。

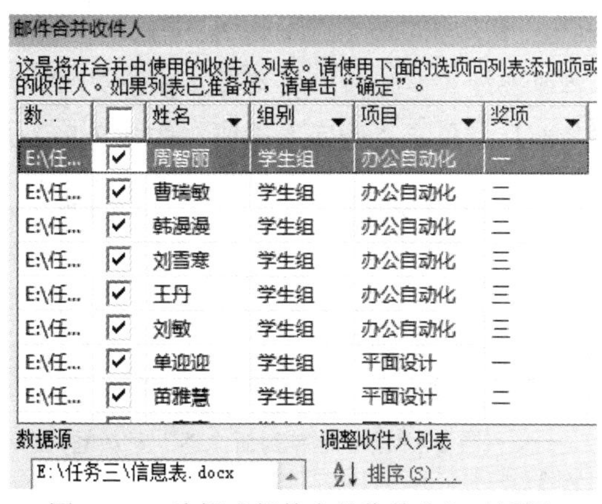

数..		姓名	组别	项目	奖项
E:\任...	✓	周智丽	学生组	办公自动化	一
E:\任...	✓	曹瑞敏	学生组	办公自动化	二
E:\任...	✓	韩漫漫	学生组	办公自动化	二
E:\任...	✓	刘雪寒	学生组	办公自动化	三
E:\任...	✓	王丹	学生组	办公自动化	三
E:\任...	✓	刘敏	学生组	办公自动化	三
E:\任...	✓	单迎迎	学生组	平面设计	一
E:\任...	✓	苗雅慧	学生组	平面设计	二

图 2-144　编辑“邮件合并收件人”对话框

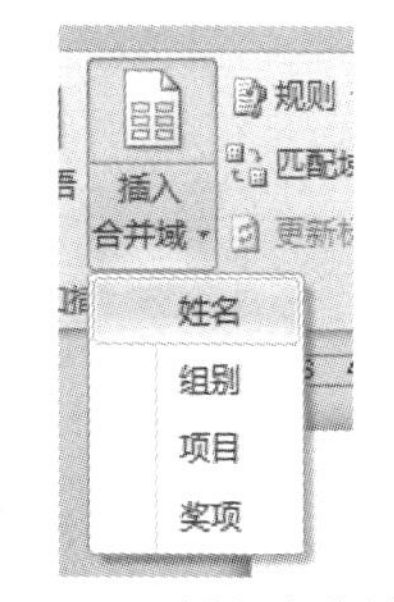

图 2-145　“插入合并域”选项

插入合并域完成后的效果如图 2-146 所示。

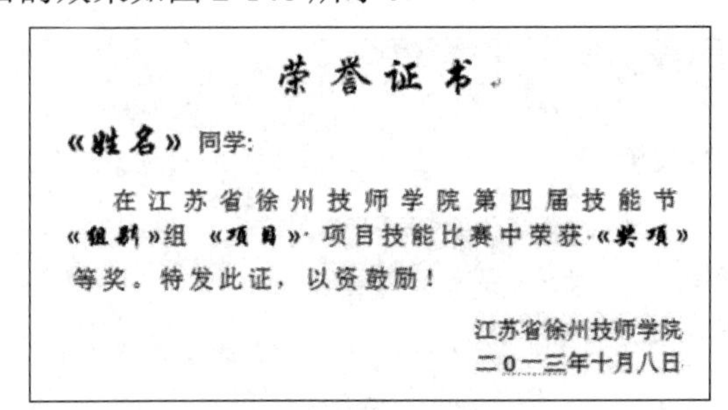
荣誉证书
《姓名》同学:
在江苏省徐州技师学院第四届技能节《组别》组 《项目》项目技能比赛中荣获《奖项》等奖。特发此证，以资鼓励！
江苏省徐州技师学院
二〇一三年十月八日

图 2-146　插入合并域完成后的效果

步骤 5　预览合并。

插入任一合并域后，“邮件”选项卡中“预览结果”工具组中的按钮被激活。单击如图 2-147 所示“预览结果”工具组中的“预览结果”按钮。插入合并域后的主文档显示为如图 2-148 所示的预览效果。

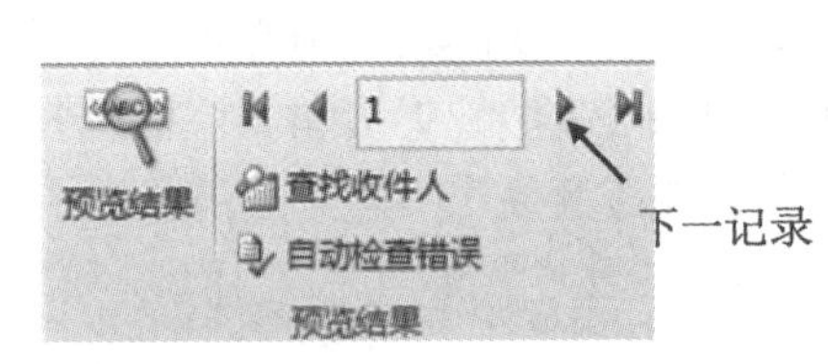

图 2-147　“预览结果”选项组

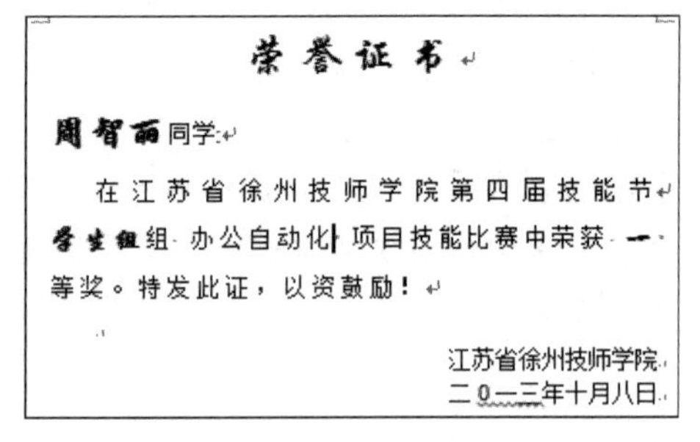
荣誉证书
周智丽同学:
在江苏省徐州技师学院第四届技能节学生组组 办公自动化项目技能比赛中荣获 一等奖。特发此证，以资鼓励！
江苏省徐州技师学院
二〇一三年十月八日

图 2-148　预览效果

单击“预览结果”工具组中的“下一记录”按钮，可以依次预览逐条记录的效果。

注：若需再次调整主文档中的排版设置、域的插入等，则可以再次单击“预览结果”按钮，关闭预览返回如图 2-146 所示的编辑状态进行操作。

步骤 6　完成邮件合并。

通过预览功能核对邮件内容无误后，在“邮件”选项卡的“完成”组中单击“完成并合并”按钮。在打开的下拉菜单中根据需要选择“编辑单个文档”“打印文档”或“发送电子邮件”等，如图 2-149 所示。

本例中，选择“编辑单个文档”菜单选项。在其弹出的“合并到新文档”对话框中选择“合并记录”的范围。这里选择“全部”并单击“确定”按钮，如图 2-150 所示。

图 2-149　“完成及合并”菜单

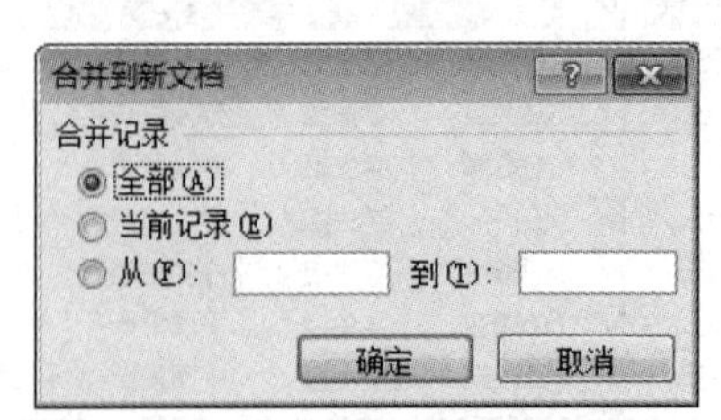

图 2-150　“合并到新文档”对话框

最终生成如图 2-140 所示的目标文件。

❖ 知识拓展

(1) 使用 Excel 表作为“邮件合并”的数据源。如果用户的数据源信息以 Excel 格式存放，那么在建立主文档与数据源的连接时，在单击“使用现有列表”后，系统会弹出如图 2-151 所示的“选择表格”对话框。在此可以指定使用 Excel 文件中的哪一个工作表。

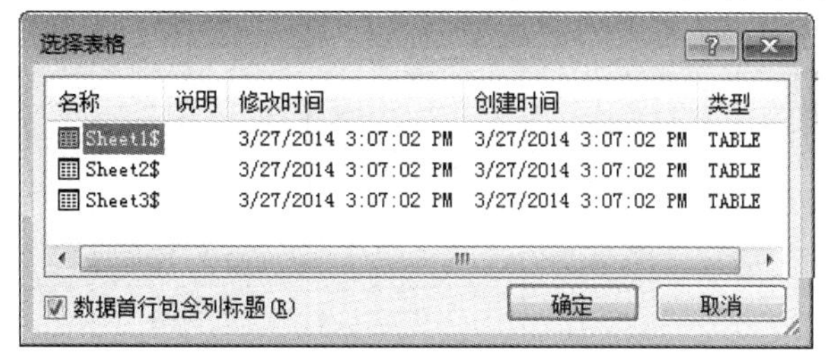

图 2-151　“选择表格”对话框

(2) 使用“邮件合并向导”完成邮件合并操作。在“邮件”选项卡的“开始邮件合并”组中单击“开始邮件合并”按钮，在打开的下拉菜单最下方单击“邮件合并分步向导”命令，如图 2-141 所示，即可打开“邮件合并”任务窗格，依步骤提示逐步进行操作，如图 2-152 所示。

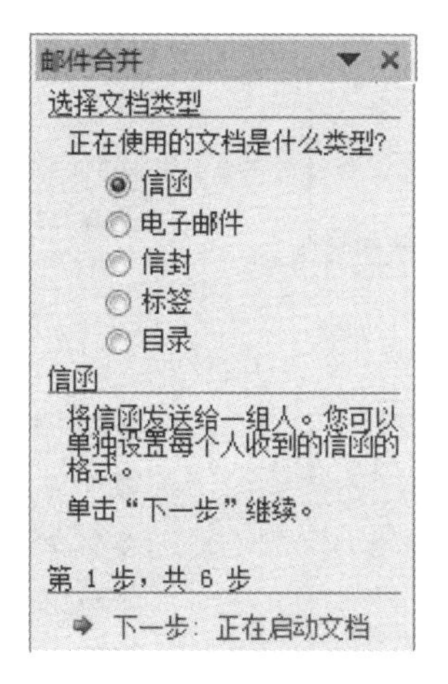

图 2-152　合并向导窗格

(3) 批量制作卡片等内容时，可在“开始邮件合并”时选择“标签”类别。这一类别的特点为卡片较小，通常一个打印页内以表格形式排版多份。其对话框内可设置卡片大小及打印纸张大小，如图 2-153 所示，系统根据两者之间的大小关系自动排列分布，具体操作不再详述。

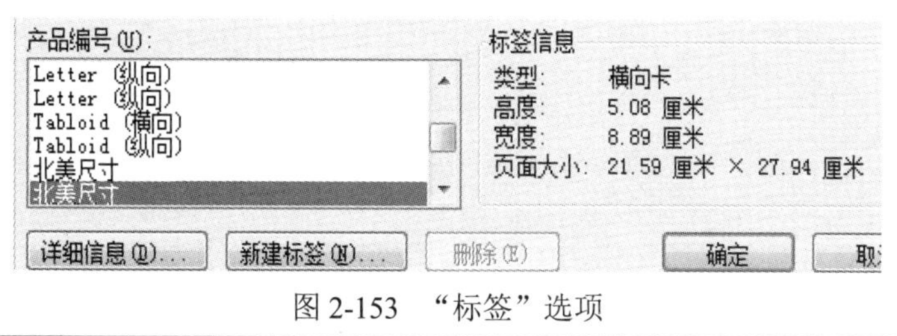

图 2-153　“标签”选项

实践训练

利用“邮件合并”功能批量制作如图 2-154 所示的借书证。

信息表

学号	姓名	性别	班级	系部
1106001	周智丽	女	11 高网	信息系
1106002	曹瑞敏	女	11 高网	信息系
1106046	韩漫漫	女	11 动画	信息系
1106085	刘雪寒	女	11 软件	信息系
1206005	王丹	男	12 高网	信息系
1206053	刘敏	女	12 信管	信息系
1206054	单东风	男	12 信管	信息系

借　书　证

姓名：周智丽
性别：女
学号：1106001
系部：信息系
班级：11 高网
照　片

借　书　证

姓名：曹瑞敏
性别：女
学号：1106002
系部：信息系
班级：11 高网
照　片

借　书　证

姓名：韩漫漫
性别：女
学号：1106046
系部：信息系
班级：11 动画
照　片

借　书　证

姓名：刘雪寒
性别：女
学号：1106085
系部：信息系
班级：11 软件
照　片

借　书　证

借　书　证

图 2-154　借书证样式参考图

技能项目 3

电子表格与数据处理

Excel 是 Office 软件包中最重要的应用软件之一，是一款功能强大、技术先进、使用方便的电子数据表软件。它可进行数据计算、数据管理、数据分析等各种功能操作。

任务 1　创建、编辑“成绩表”

徐州技师学院基础部老师分别负责各系的基础课教学工作，基础部的教务员李老师想了解各系 12 级学生基础课的学习情况，他想用 Excel 软件制作一个“12 级基础课成绩表”，以便对数据进行分析。

本任务的具体工作：制作“原始数据”工作表(如图 3-1 所示)，再将工作表复制产生“格式化表”，最终效果如图 3-2 所示。

	A	B	C	D	E	F	G	H	I
1	序号	学号	姓名	性别	系部	语文	数学	英语	德育
2	1	120101	孟祥	男	机电系	96	95	83	87
3	2	120201	孙虎	女	建筑系	80	74	77	85
4	3	120301	王丹	男	数控系	78	90	68	75
5	4	120401	高兴	男	商贸系	85	64	80	78
6	5	120501	王超	女	交通系	92	87	69	80
7	6	120601	李芳	女	信息系	87	65	61	76
8	7	120102	罗健	女	机电系	54	48	57	79
9	8	120202	赵炎	男	建筑系	60	54	76	83
10	9	120302	马虎	女	数控系	83	44	71	86
11	10	120402	华林	女	商贸系	57	60	62	90
12	11	120502	陈娟	男	交通系	76	70	80	84
13	12	120602	王森	女	信息系	72	62	69	92

原始数据　Sheet2　Sheet3

图 3-1　“原始数据”工作表

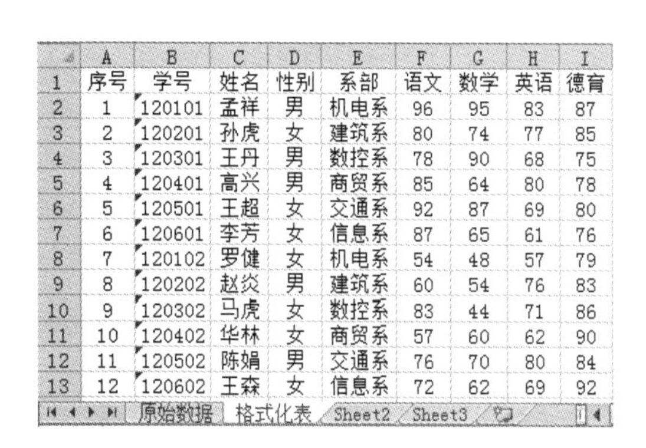

	A	B	C	D	E	F	G	H	I
1	序号	学号	姓名	性别	系部	语文	数学	英语	德育
2	1	120101	孟祥	男	机电系	96	95	83	87
3	2	120201	孙虎	女	建筑系	80	74	77	85
4	3	120301	王丹	男	数控系	78	90	68	75
5	4	120401	高兴	男	商贸系	85	64	80	78
6	5	120501	王超	女	交通系	92	87	69	80
7	6	120601	李芳	女	信息系	87	65	61	76
8	7	120102	罗健	女	机电系	54	48	57	79
9	8	120202	赵炎	男	建筑系	60	54	76	83
10	9	120302	马虎	女	数控系	83	44	71	86
11	10	120402	华林	女	商贸系	57	60	62	90
12	11	120502	陈娟	男	交通系	76	70	80	84
13	12	120602	王森	女	信息系	72	62	69	92

原始数据　格式化表　Sheet2　Sheet3

图 3-2　复制工作表后的效果图

任务分解

(1) 编辑工作簿：创建、保存工作簿；

(2) 编辑工作表：复制、重命名、插入、删除、保护工作表等；

(3) 选定对象：选定单元格、单元格区域、行或列。

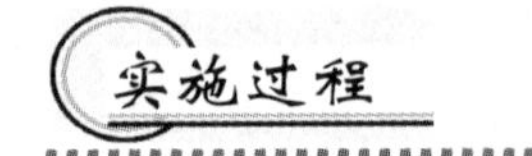

步骤 1　启动 Excel 应用程序，新建空白工作簿。

1. 启动 Excel 应用程序

选择“开始”→“所有程序”→“Microsoft Office”→“Microsoft Excel 2010”命令，即可启动 Excel 应用程序。

注：如果在 Windows 桌面上创建了 Excel 的快捷方式，则双击桌面上的快捷方式图标，也可启动 Excel 应用程序。

2. 新建空白工作簿

启动 Excel 2010 时，会自动新建一个名为“工作簿 1”的空白工作簿，如图 3-3 所示。

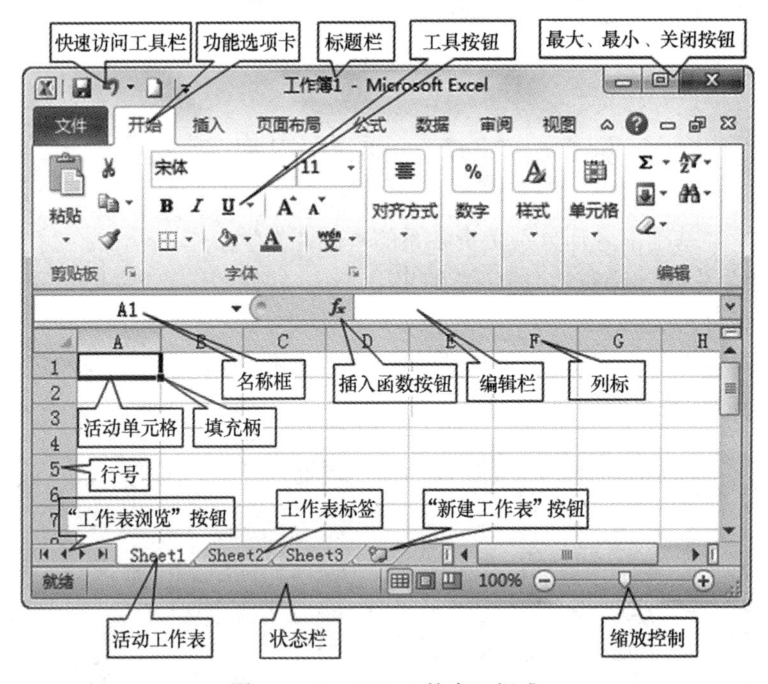

图 3-3　Excel 2010 的窗口组成

注：新建空白工作簿的其他方法。

方法一：单击“快速访问”工具栏上的□按钮创建空白工作簿。

方法二：在打开的 Excel 窗口中，使用组合键“Ctrl+N”新建空白工作簿。

方法三：在打开的 Excel 窗口中，单击“文件”选项卡，打开 Microsoft Office Backstage 视图，选择“新建”命令，单击“空白工作簿”图标，再单击“创建”按钮创建空白工作簿，如图 3-4 所示。

方法四：双击 Windows 桌面上的“计算机”图标，打开“计算机”窗口，选择磁盘及文件夹，单击“文件”菜单按钮，选择“新建”选项卡中的“Microsoft Excel 工作表”按钮，再单击“创建”按钮，即可得到新建的空白工作簿，如图 3-5 所示。

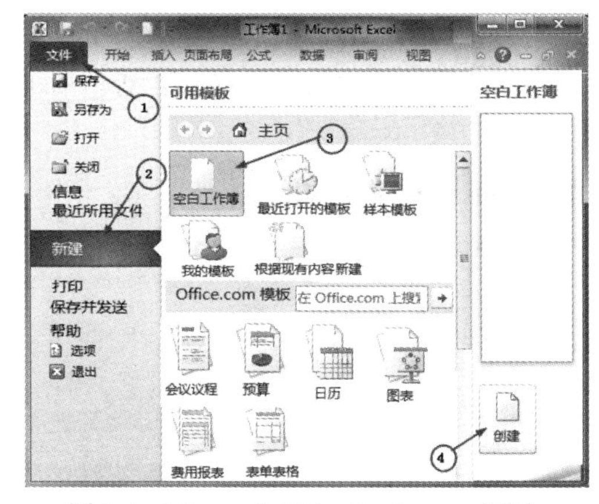

图3-4　Microsoft Office Backstage 视图

图3-5　在文件夹中新建“Microsoft Excel 工作表”

步骤2　保存工作簿。

单击快速访问工具栏上的“保存”按钮，因为是首次保存文件，所以会出现“另存为”对话框，选择保存位置为“D:\CJ”文件夹。在“文件名”组合中输入工作簿的名称“12级学生基础课成绩表”，在“保存类型”下拉列表中保持默认的“Excel 工作簿”类型，如图3-6所示。

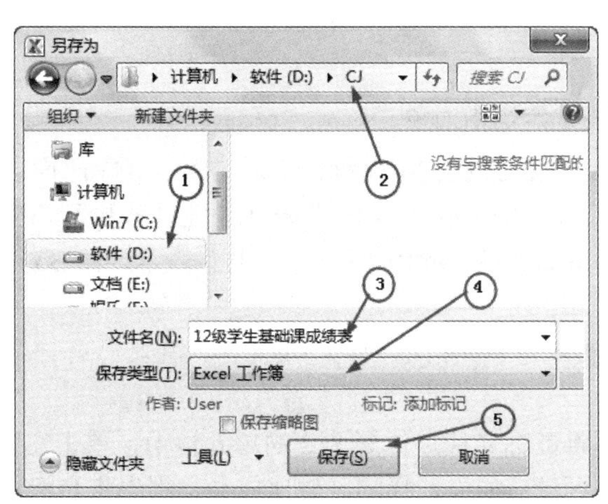

图3-6　“另存为”对话框

步骤3　在工作表中输入数据。

在默认的情况下，新建的空白工作簿中会自动创建名为 Sheet1、Sheet2、Sheet3 的三个工作表。参考图3-1中的数据，在 Sheet1 中输入数据，具体操作如下：

输入“原始数据”的标题行：

序号	学号	姓名	性别	系部	语文	数学	英语	德育

在地址为“A1”的单元格中输入“序号”，按 Tab 键或“→”光标键移动活动单元格，依次输入“学号”“姓名”等。

注：操作技巧介绍。如果是连续在行方向上录入数据，则按 Tab 键或“→”光标键，这样操作更为快捷。Excel 默认，确认在单元格输入的内容时，按 Enter 键活动单元格向下移动；读者也可根据需要进行修改，单击“开始”选项卡中的“选项”命令，弹出“Excel

选项”对话框，单击左栏中的“高级”按钮，在右栏的“编辑选项”中勾选“按 Enter 键后移动所选内容”后，单击“方向”后的下拉列表按钮，选择移动方向，最后单击“确定”按钮，如图 3-7 所示。

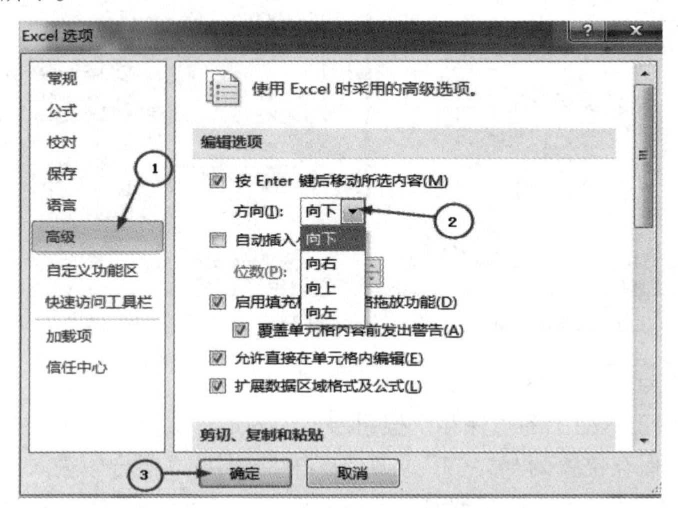

图 3-7 “Excel 选项”对话框

❖ 知识拓展

1. 单元格的地址及选定当前对象

(1) 单元格地址。工作表由 65536 行和 256 列构成。其中，行号以数字“1、2、3…”表示，列标以字母“A、B、C…AA、BB…”表示。工作表中行与列交叉位置形成的矩形区域称为单元格。单元格的地址一般用“列号+行号”表示，如 B3 表示工作表上第二列第三行的单元格。

(2) 活动单元格。被选定单元格称为活动单元格，在其外有一个黑色的方框。

(3) 选定单元格。

选定单个单元格：将鼠标光标定位到选定的单元格上，单击左键。

选定连续的单元格区域：如果选择的区域比较小，则先将光标定位到区域左上角的单元格，按住鼠标左键拖动鼠标，移至区域右下角单元格处释放鼠标；如果选择的区域比较大，则先选中区域左上角的单元格，再借助 PgDn 键或滚动条向下或向右翻页，看到区域右下角的单元格后，按住 Shift 键不动，再单击区域右下角的单元格。

选定非连续的单元格区域：先选定一个区域，然后按住 Ctrl 键不动，再用鼠标选择其他的区域。

(4) 选定行或列。

选定一行或一列：单击要选定行的行号或列的列标。

选定连续的行或列：在起始行的行号或列的列标处单击鼠标左键，拖动鼠标至结束的行或列，释放鼠标即可。

选定非连续的行或列：先选定第一个行或列，然后按住 Ctrl 键，再逐个单击要选定的其他行号或列标。

选定整表：单击工作表的左上角行号和列标交叉处的“全选按钮”，如图 3-8 所示。

(5) 输入“序号”列内容：1、2、3…。

此列数据为有序数据，Excel 提供了“自动填充”功能，方便我们快速录入这些有序数据。其操作方法如下：

方法一：应用“填充柄”工具。

在“A2”中录入数字“1”，在“A3”中录入数字“2”，然后选中“A2 和 A3”单元格，鼠标指针移至选中区域的右下角时，会变成实心的“+”形状，如图 3-9 所示，这就是“填充柄”，向下拖动“填充柄”直至“A13”单元格处释放鼠标按键，这时在 A2～A13 中自动填充数据 1～12。

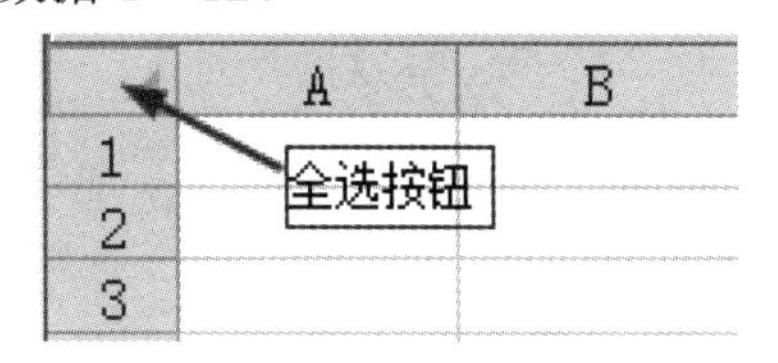

图 3-8　全选按钮

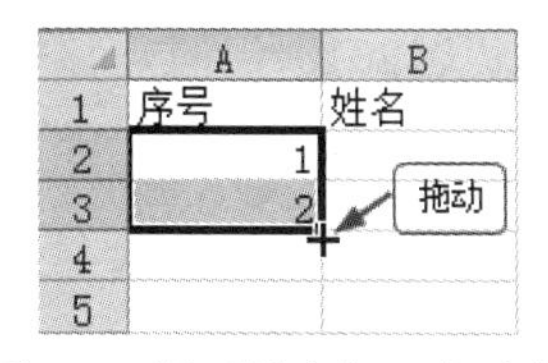

图 3-9　用“填充柄”自动填充

注：在“A2”中录入数字“1”，按住 Ctrl 键，并拖动填充柄，也可填充“1、2、3…”序列数据。

方法二：用“填充”菜单命令。

在“A2”单元格中录入数字“1”，再单击“开始”选项卡中“编辑”组中的“填充”按钮，选择“系列”命令，弹出“序列”对话框，设置“序列产生在”选项为“列”，“类型”为“等差序列”，“步长值”为“1”，“终止值”为“12”，单击“确定”按钮，也可实现在 A2～A13 中自动填充数据 1～12，分别如图 3-10 和图 3-11 所示。

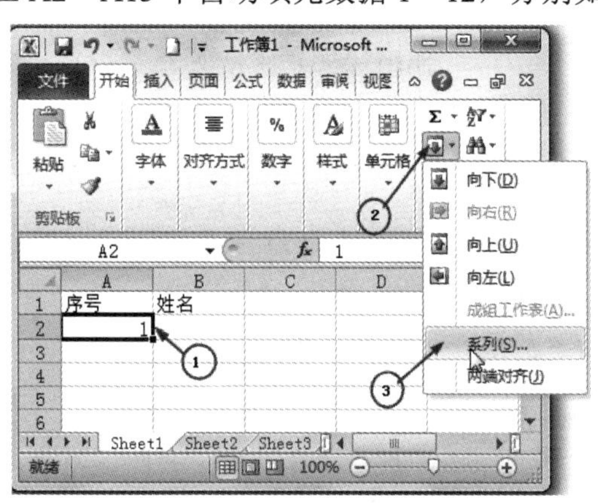

图 3-10　选择“系列”命令

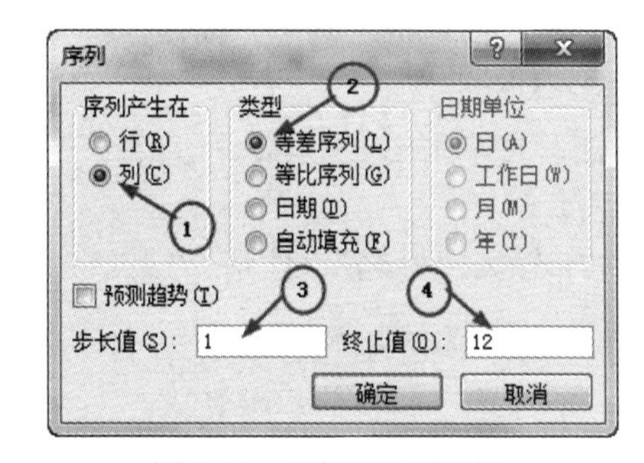

图 3-11　“序列”对话框

注：① 如果在选择“填充”菜单命令之前，已选中需要填充的区域，则图 3-11 中“序列”对话框中的终止值无须设置。

② “填充”按钮下的“向下”“向上”“向左”“向右”命令的含义：当选中区域中需要参照填充的内容在最上侧、最下侧、最右侧、最左侧时，对区域其他单元格的填充，可以分别选择“向下”“向上”“向左”“向右”命令来实现。

例如，在 D2～D6 单元中连续录入“机电系”，具体操作为：在“D2”中录入“机电系”，再选中 D2～D6 单元格，单击“填充”按钮中的“向下”命令，即可完成填充操作，如图 3-12 所示。

(6) 输入“学号”列数据。

直接在单元格中输入数字时，Excel 默认为“数值”型数据，如在单元格中直接输入“0120101”，则第一个“0”直接被丢弃。但此表中的学号列数据为“文本”型数据，故不能直接录入。具体录入方法如下：

方法一：选中要填充数据的区域，单击“开始”选项卡“数字”组中“常规”后面的下拉按钮，选择“文本”选项，即把选中的区域的数据类型定义为“文本”型，如图 3-13 所示。再输入“0120101”时，该数据就会被作为“文本”型数据处理。

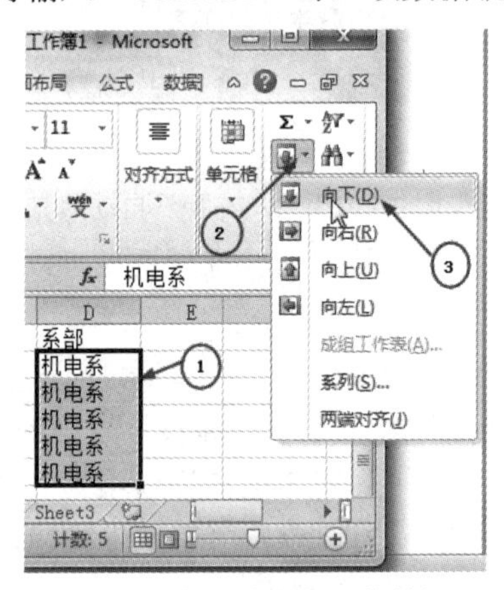

图 3-12　向下填充相同的数据

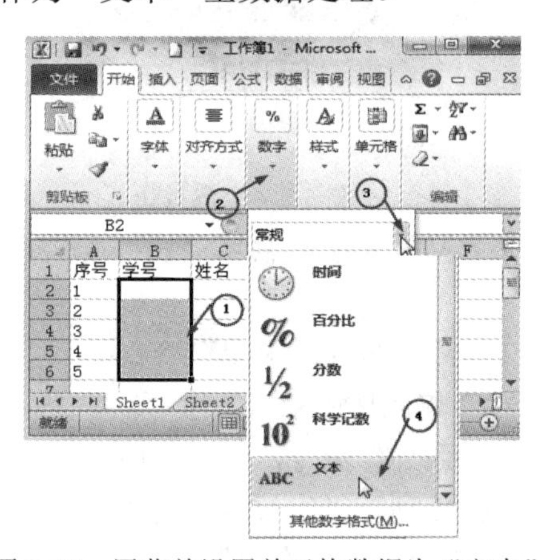

图 3-13　用菜单设置单元格数据为“文本”型

方法二：选中要填充数据的区域，单击鼠标右键，弹出快捷菜单，选择“设置单元格格式”命令，出现“设置单元格格式”对话框，选择“数字”选项卡中“分类”项下的“文本”选项，再单击“确定”按钮，该区域的数据类型就会被设置为“文本”型，如图 3-14 和图 3-15 所示。

注：在单元格中先录入半角字符“,”，再录入“0120101”，此时“0120101”也是“文本”型。

(7) 输入“姓名”“性别”“系部”“语文”“数学”“英语”“德育”列数据。

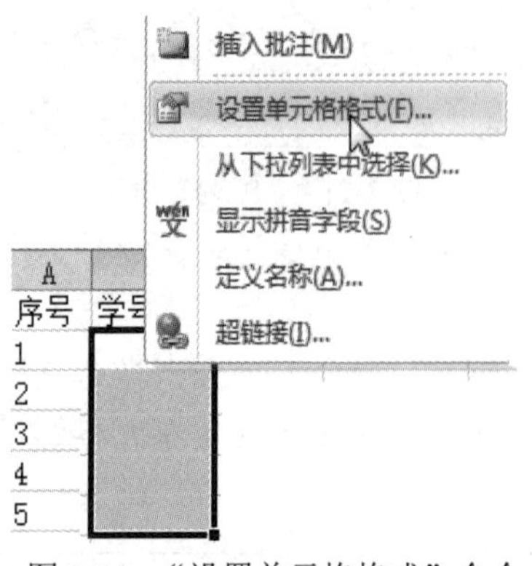

图 3-14　“设置单元格格式”命令

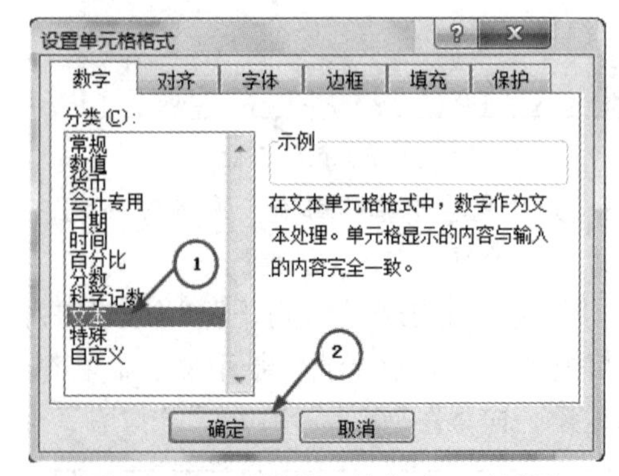

图 3-15　“设置单元格格式”对话框

2. 常见数据类型及输入技巧

在 Excel 工作表中，常用的数据类型主要有文本、数值、日期、时间等。

1) 文本型数据

(1) 组成及运算。文本型数据由字母、汉字、空格及其他字符组成，如“姓名”“0120101”等。文本型数据只有连接运算，其运算符为“&”，可以将若干个文本型数据首尾相连形成一个新的文本型数据。例如，“计算机”&“成绩”的运算结果为“计算机成绩”。

(2) 输入技巧。如果输入的文本都是数字形式，如“0120101”，则需在输入字符前加半角的“'”符号，或选择将单元格设置为“文本”格式。

在工作表中输入文本数据时，系统默认为左对齐。Excel 规定，每个单元格中最多可以容纳 32 000 个字符。如果在单元格中输入的字符超过了单元格的宽度，则 Excel 自动将字符依次显示在右侧相邻的单元格上。如果相邻单元格中含有数据，则文本字符将被自动隐藏。如果需要文本换行显示，则先选定待设置格式的单元格，单击“开始”选项卡“对齐方式”组中的“自动换行”按钮[自动换行]，在输入文本时，若单元格宽度不够，则会自动换行。利用组合键“Alt+Enter”可手动换行。

2) 数值型数据

(1) 组成及运算。数值型数据由数字 0～9 及正号(+)、负号(−)、小数点(.)、百分号(%)、千位分隔符(,)、货币符号($、￥)、指数符号(E 或 e)、分数符号(/)等组成。数值型数据可以进行加、减、乘、除以及乘幂等各种数学运算。

(2) 数值型数据的输入技巧。在工作表中输入数值型数据时，系统默认的对齐方式为右对齐。

当输入的数据涉及小数、货币、分数或百分比等数据时，先设置单元格的格式，在“设置单元格格式”对话框中单击“数字”选项卡，在“分类”中根据需要，选择相应的选项，进行相应的设置，如图 3-16 所示。

图 3-16 “设置单元格格式”对话框中的数值格式设置

注： 分数的输入，还可先输入“0”，然后按一个空格，再输入分数本身。如输入分数 1/3，可输入“0 1/3”。

3) 日期和时间类型数据

日期和时间属于特殊数值型数据，与输入数值型数据不同，应遵循一定的格式。在工作表中输入日期和时间时，系统默认的对齐方式为右对齐。

日期型数据的输入技巧：输入日期时，年、月、日用“-”或“/”分隔，如 2014-5-8 或 2014/5/8。输入时间时，用“:”分隔，如 3 点 5 分可表示为 3:05。

输入当前日期，可按组合键“Ctrl+;”。

输入当前时间，可按组合键“Ctrl+Shift+;”。

如果日期或时间的格式有其他要求，则在“设置单元格格式”对话框中单击“数字”选项卡，在“分类”栏中单击“日期”或“时间”选项，设置成合适的格式，如图 3-17 所示。

图 3-17　“设置单元格格式”对话框中的日期格式设置

步骤 4　编辑数据。

检查录入的数据，如果数据有错，则需进行修改，修改单元格中的数据，分为全部修改和部分修改两种常见的操作。

(1) 全部修改：单击需要修改的单元格，使其成为活动单元格，这时若直接输入新的内容，则会覆盖原先的内容，实现全部修改；也可选定需修改的单元格，在编辑栏中输入新的数据，按 Enter 键或单击编辑栏上修改数据时出现的✓按钮来确认修改。

(2) 部分修改：双击需要修改的单元格，将光标定位在单元格的数据中，这时可修改其中的部分内容；也可以选定待修改的单元格，在编辑栏中修改部分内容，按 Enter 键或编辑栏上的✓按钮确认修改，若按✕按钮，则取消修改。

步骤 5　工作表重命名。

为了便于识别内容，通常会对工作表重命名，如将“Sheet1”改名为“原始数据”。具体操作是：双击“Sheet1”工作表的标签，或用鼠标右键单击“Sheet1”工作表标签，在弹出的快捷菜单中选择“重命名”，使“Sheet1”变为黑底白字，再直接输入新的名称“原始数据”，如图 3-18 所示。

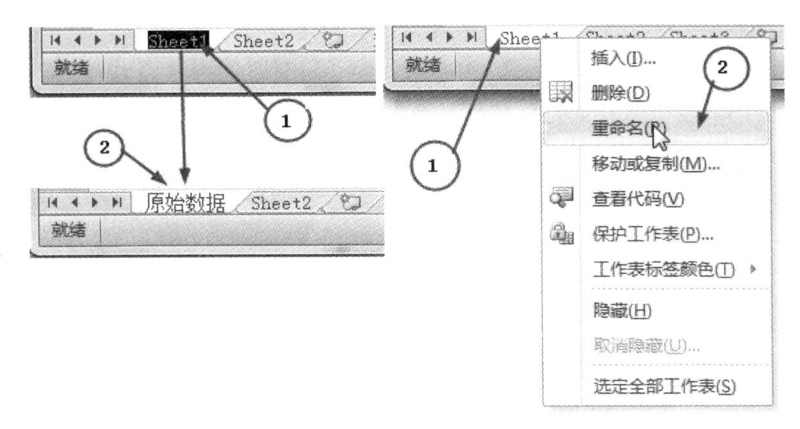

(a) 用双击方法对工作表重命名　　(b) 用快捷菜单对工作表重命名

图 3-18　对工作表重命名

说明：在 Excel 中，每个工作簿包含多张工作表，但要对某张工作表进行操作，首先要选定该工作表，使其为当前工作表。当前工作表的标签底色为白色。单击工作表的标签即可选定该工作表。

步骤 6　复制工作表。

根据对数据处理的目的不同，可将原始数据复制到不同的工作表中，并做相应的处理。现在想将“原始表”中的数据复制到“格式化表”中，待做美化工作。

操作方法如下：

方法一：选中“原始数据”工作表标签，在该工作表标签上按住鼠标左键，并按住 Ctrl 键，此时指针位置会出现一个黑色的三角形和一个带“+”号的白板图标，拖动鼠标指针到所需位置，释放按键和鼠标，则会出现名为“原始数据(2)”的工作表，即完成工作表的复制。最后，再将该工作表改名为“格式化表”，如图 3-19 所示。

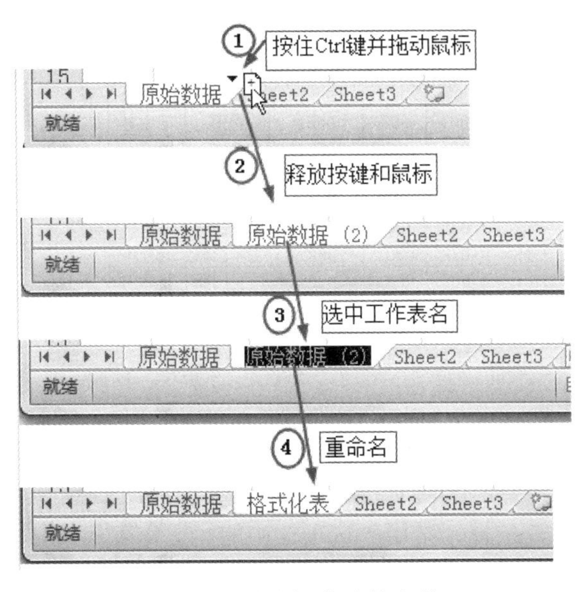

图 3-19　复制工作表的步骤

注：在上述操作步骤中，在拖动鼠标时，如果不同时按 Ctrl 键，则为移动工作表操作。

方法二：菜单法。在工作表标签上单击右键，弹出快捷菜单，选择“移动或复制”选项，会出现“移动或复制工作表”对话框。因为是在同一工作簿中复制工作表，所以在“工作簿”处仍选择“工作簿 1.xlsx”，在“下列选定工作表之前”处选择“Sheet2”，选中复选框“建立副本”，单击“确定”按钮，即完成工作表的复制，如图 3-20 和图 3-21 所示。

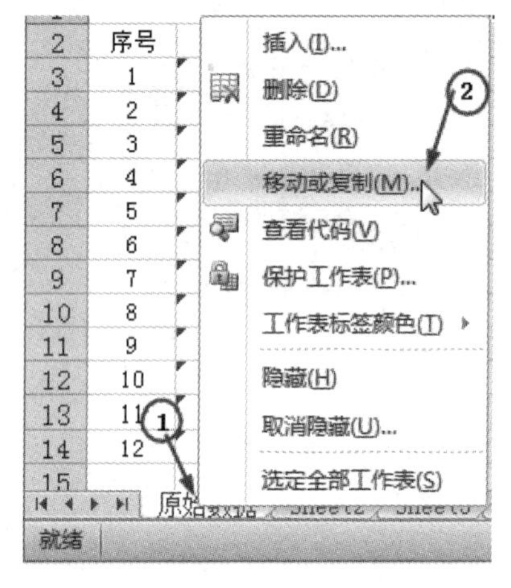

图 3-20　选择“移动或复制”命令

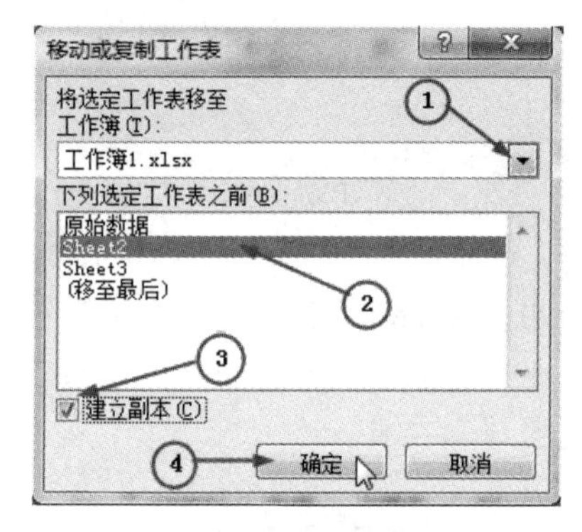

图 3-21　“移动或复制工作表”对话框

注：在“移动或复制工作表”对话框中，如果不选“建立副本”复选框，则会完成移动工作表操作。

❖ 知识拓展

1. 工作表的其他编辑

常用的编辑工作表的操作主要有插入、删除、隐藏工作表等。

1) 插入工作表

方法一：单击工作表标题栏的“插入工作表”按钮，即可插入新工作表，如图 3-22 所示。

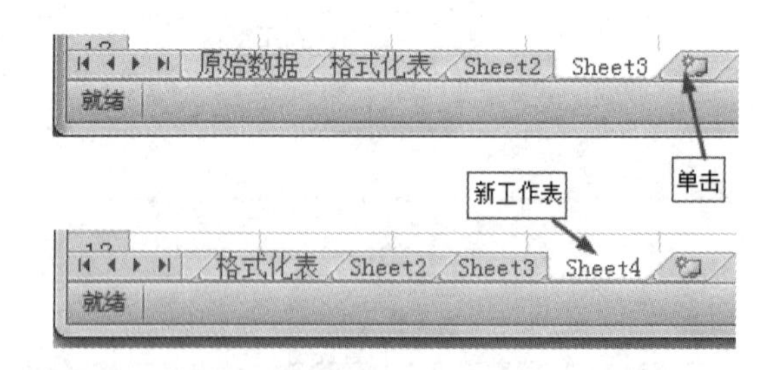

图 3-22　用“插入工作表”按钮插入工作表

方法二：光标定位到某工作表(如 Sheet2)标签处，单击鼠标右键，选择“插入”命令，会弹出“插入”对话框，选择“常用”选项卡中的“工作表”，再单击“确定”按钮，即在该工作表(Sheet2)之前插入一个新工作表，如图 3-23 和图 3-24 所示。

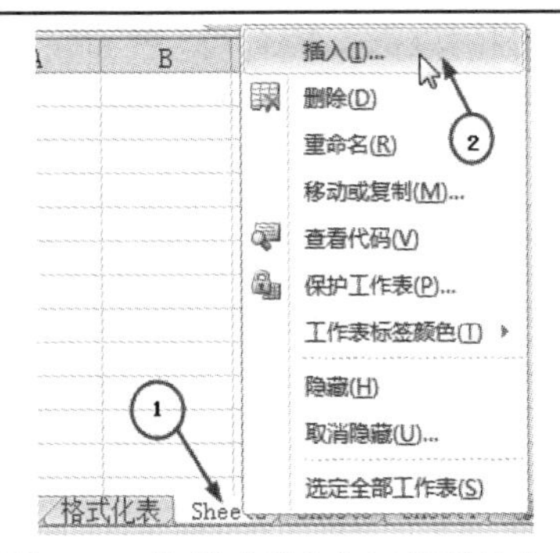

图 3-23　选择“插入”工作表命令

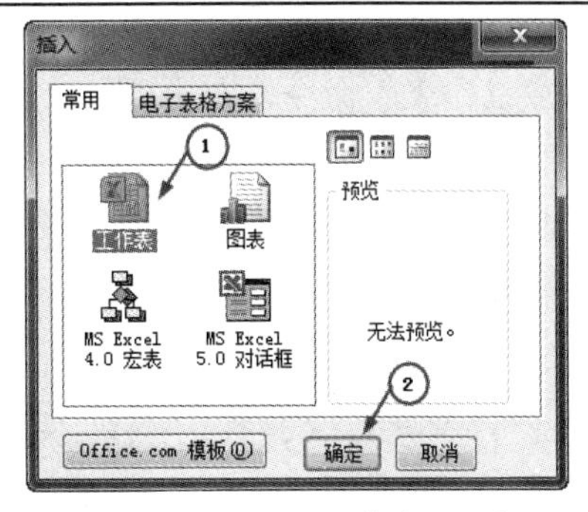

图 3-24　“插入”工作表对话框

2) 删除工作表

方法一：选择要删除的工作表标签，单击鼠标右键，在弹出的快捷菜单中选择“删除”命令，会出现提示信息框，单击“删除”按钮，则该工作表被删除，且按组合键“Ctrl+Z”无法恢复，如图 3-25 所示。

方法二：单击“开始”选项卡“单元格”工作组中“删除”下面的下拉按钮，选择“删除工作表”命令，如图 3-26 所示。

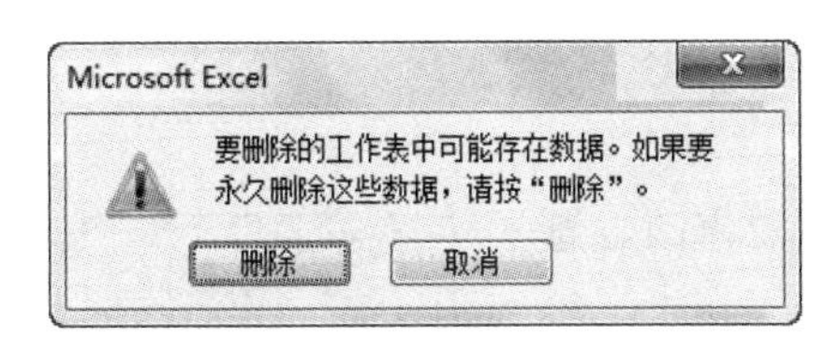

图 3-25　删除工作表提示信息框

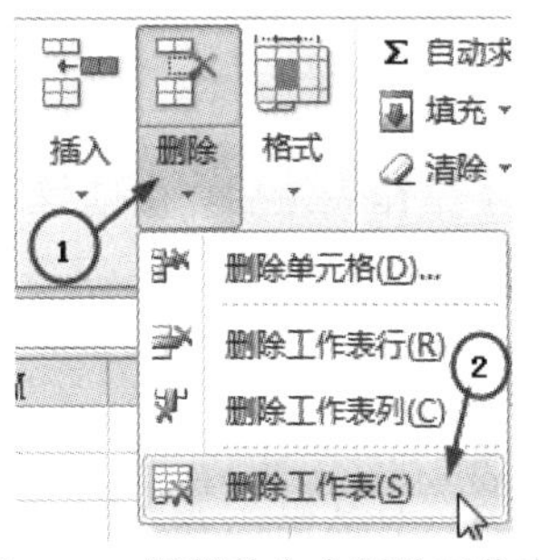

图 3-26　用菜单命令删除工作表

3) 隐藏工作表

方法一：选择要隐藏的工作表标签，单击鼠标右键，在弹出的快捷菜单中选择“隐藏”命令，则该工作表不再显示。

方法二：单击菜单“单元格”组中“格式”的下拉按钮，选择“隐藏和取消隐藏”中的“隐藏工作表”命令，也可实现隐藏工作表操作。

4) 取消隐藏工作表

方法一：在任一工作表的标签处，单击鼠标右键，在弹出的快捷菜单中选择“取消隐藏”命令，出现“取消隐藏”对话框，选择要取消隐藏的工作表，再单击“确定”按钮，则该工作表可显示出来，如图 3-27 所示。

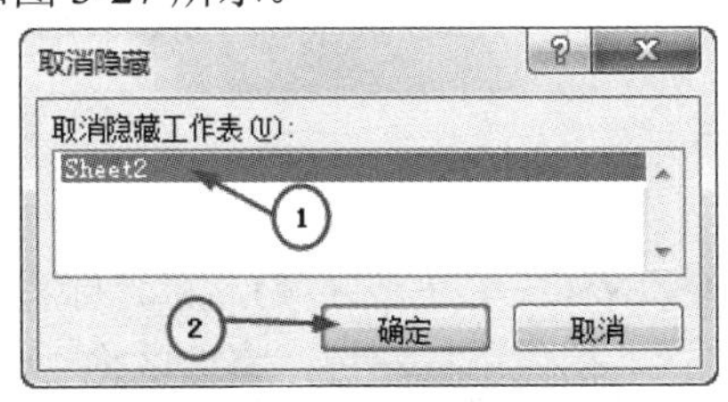

图 3-27　“取消隐藏”对话框

方法二：单击菜单“单元格”组中“格式”的下拉按钮，选择“隐藏和取消隐藏”中的“取消隐藏工作表”命令，在出现的“取消隐藏”对话框中选择要取消隐藏的工作表，再单击“确定”按钮。

5) 设置工作表组

当同时选择了多张工作表时，在工作簿的标题栏上会出现“工作组”字样，此时即设置了工作表组，如图 3-28 所示。

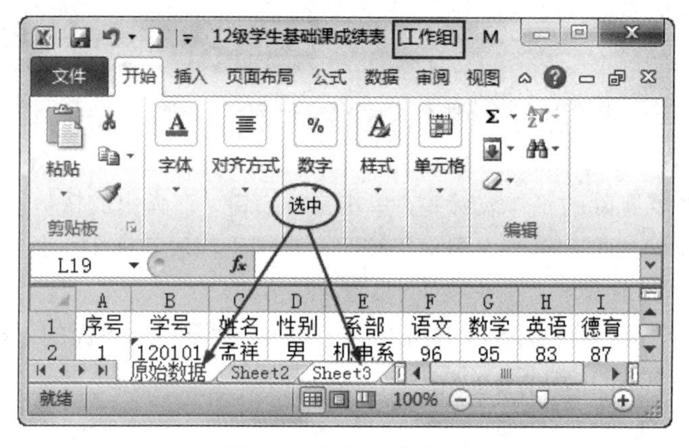

图 3-28　设置工作表组

设置了工作表组后，当前操作的结果将不仅用于本工作表，而且会作用于工作表组中的所有工作表。

6) 保护工作表

应用保护工作表的功能可防止工作表被无意修改、删除或移动等。具体操作方法为：选择要保护的工作表，单击“审阅”选项卡“更改”工作组中的“保护工作表”命令按钮，弹出“保护工作表”对话框，勾选“保护工作表及锁定的单元格内容”复选框，在“取消工作表保护时使用的密码”文本框中输入密码，在“允许此工作表的所有用户进行”列表框中勾选允许用户所用的选项，然后单击“确定”按钮，如图 3-29 所示；在弹出的“确认密码”对话框中再次输入相同的密码，单击“确定”按钮。

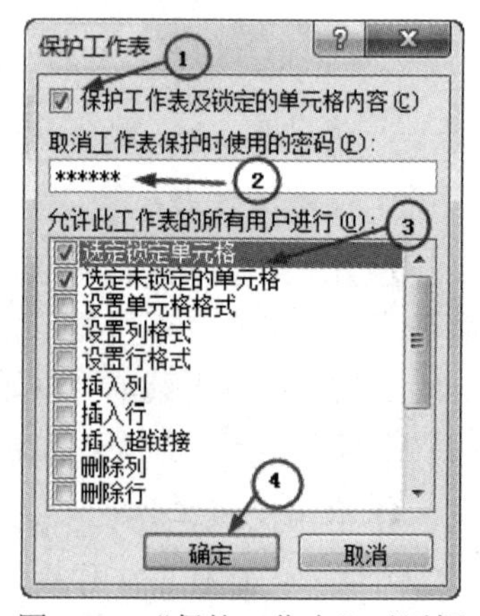

图 3-29　“保护工作表”对话框

如果需要撤销对工作表的保护，则单击“审阅”选项卡“更改”工作组中的“取消保护工作表”命令按钮，在弹出的“撤销工作表保护”对话框的“密码”文本框中输入设置的密码，单击“确定”按钮。

2．单元格的操作

1) 移动单元格

方法一：选定要移动的单元格(或单元格区域)，将光标移动到选区黑色的粗边框上，此时光标变为 4 个细箭头“✥”，按住鼠标左键，将选区拖动到新的位置，释放鼠标即可。

方法二：选定要移动的单元格(或单元格区域)，按组合键“Ctrl+X”，再选定目标位置的起始单元格，按组合键“Ctrl+V”。

方法三：选定要移动的单元格(或单元格区域)，单击“开始”选项卡“剪贴板”组中的“剪切”按钮，选定目标位置的起始单元格，再单击“粘贴”按钮。

2) 复制单元格

方法一：选定要移动的单元格(或单元格区域)，将光标移动到选区黑色的粗边框上，此时光标变为 4 个细箭头“✢”，按住 Ctrl 键，并按住鼠标左键，将选区拖动到新的位置，释放鼠标即可。

方法二：选定要移动的单元格(或单元格区域)，按组合键“Ctrl+C”，再选定目标位置的起始单元格，按组合键“Ctrl+V”。

方法三：选定要移动的单元格(或单元格区域)，单击“开始”选项卡“剪贴板”组中的“复制”按钮，选定目标位置的起始单元格，再单击“粘贴”按钮。

3) 粘贴命令

(1) 粘贴选项。复制了数据之后，在需要粘贴的单元格右下角会出现一个“粘贴”选项按钮，打开“粘贴”选项，可以实现多种形式的粘贴，如图 3-30 所示。

(2) 选择性粘贴。单击“开始”选项卡“剪切板”组中“粘贴”的下拉按钮，选择“选择性粘贴”命令，打开“选择性粘贴”对话框，可进行粘贴设置，如图 3-31 所示。使用“粘贴”命令可以实现粘贴公式和数字格式、保留源格式、无边框、保留源列宽、转置等操作。默认的操作是常见的粘贴，即组合键“Ctrl+V”实现的粘贴。粘贴数值这部分命令中有值、值和数字格式、值和源格式的粘贴选项。其他粘贴选项包含格式、粘贴链接、图片、链接的图片的选项。

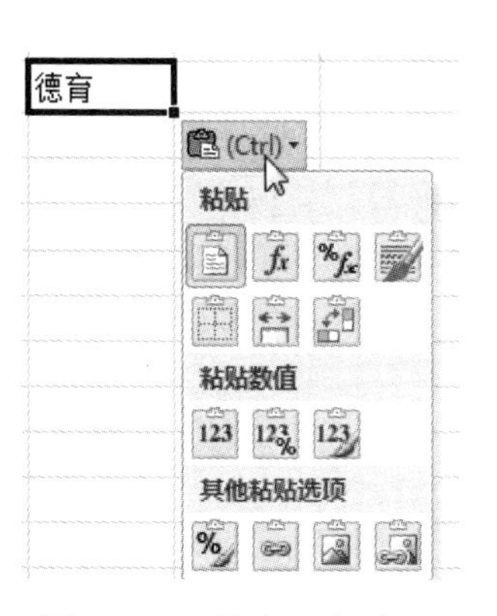

图 3-30　“粘贴”选项

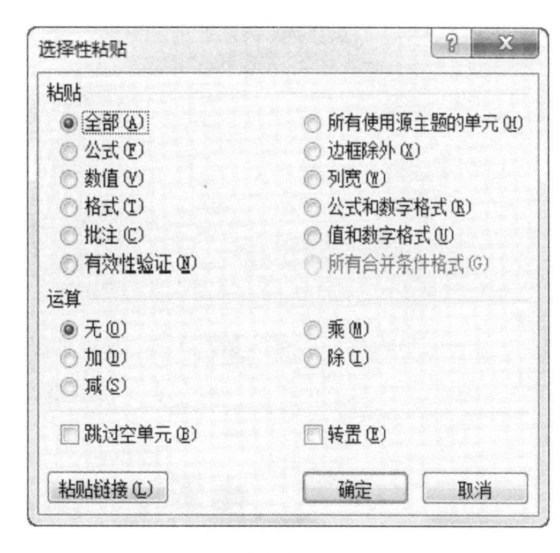

图 3-31　“选择性粘贴”对话框

在本任务中，通过制作“12 级学生基础课成绩表”，学习了如何在 Excel 中创建工作

表，了解了工作簿、工作表、区域和单元格的使用方法，以及数据的输入方法及其类型的设置等。

(1) 创建“工资表”工作簿，制作“工资原始数据”工作表，效果如图 3-32 所示。

	A	B	C	D	E	F	G	H	I
1	工号	姓名	部门	职务	基本工资	奖金	津贴	应扣款	应发工资
2	001	陈士明	生产部	职员	1200	600	60	14	
3	002	高丽广	技术部	职员	1500	800	100	10	
4	003	李有伟	销售部	职员	1200	1000	120	12	
5	004	王金明	人事部	职员	1300	800	60	14	
6	005	钱春光	生产部	部门主管	1800	800	180	15	
7	006	方小军	技术部	部门主管	2300	840	200	20	
8	007	李三友	销售部	部门主管	2000	1050	220	24	
9	008	赵红花	人事部	部门主管	2000	1000	200	23	
10	009	李良好	生产部	职员	1300	500	60	17	
11	010	孙建军	技术部	职员	1400	750	80	4	
12	011	王前进	销售部	职员	1300	900	100	16	
13									

工资原始数据　Sheet2　Sheet3　就绪　100%

图 3-32　“工资表.xlsx”中的“工资原始数据”表

(2) 录入数据练习，效果如图 3-33 所示。

在 A、B、C、D、E 列用自动填充功能录入序列数据，在 F 列练习录入分数。

	A	B	C	D	E	F
1	有序数列1	有序数列2	有序数列3	有序数列4	有序数列5	分数
2	1	2	1月2日	星期一	男	1/2
3	3	4	1月3日	星期二	男	1/3
4	5	8	1月4日	星期三	女	1/6
5	7	16	1月5日	星期四	男	0
6	9	32	1月6日	星期五	男	- 1/6
7	11	64	1月7日	星期六	女	- 1/3
8	13	128	1月8日	星期日	男	- 1/2
9	15	256	1月9日	星期一	男	- 2/3
10	17	512	1月10日	星期二	女	- 5/6
11						

录入数据练习　sheet2

图 3-33　数据录入练习效果图

任务 2　美化工作表

在任务 1 中制作了成绩的原始数据，为了能美观原始数据或使其突出显示和输出，还可对原始数据进行格式化设置、页面设置等，如 90 分以上成绩用绿色显示，不及格的成绩用红色显示。打印要求：水平居中，上、下、左、右边距都为 2 厘米等。美化后的“格式化表”效果如图 3-34 所示。

	A	B	C	D	E	F	G	H	I
1	12级学生基础课成绩								
2	序号	学号	姓名	性别	系部	语文	数学	英语	德育
3	1	120101	孟祥	男	机电系	96	95	83	87
4	2	120201	孙虎	女	建筑系	80	74	77	85
5	3	120301	王丹	男	数控系	78	90	68	75
6	4	120401	高兴	男	商贸系	85	64	80	78
7	5	120501	王超	女	交通系	92	87	69	80
8	6	120601	李芳	女	信息系	87	65	61	76
9	7	120102	罗健	女	机电系	54	48	57	79
10	8	120202	赵炎	男	建筑系	60	54	76	83
11	9	120302	马虎	女	数控系	83	44	71	86
12	10	120402	华林	女	商贸系	57	60	62	90
13	11	120502	陈娟	男	交通系	76	70	80	84
14	12	120602	王森	女	信息系	72	62	69	92
15									

原始数据　格式化表　Sheet2　Sheet3

图 3-34　美化后的“格式化表”效果图

(1) 编辑单元格：插入、删除单元格，选定、复制、移动单元格(或单元格区域)等；

(2) 美化工作表：设置字体、对齐方式、行高、列宽、边框和底纹等；

(3) 打印工作表：页面设置、打印预览等。

步骤 1　插入表头。

如果在数据表的顶端标明标题，便能更清晰地表达数据反映的内容。在数据表的顶端添加“12 级学生基础课成绩”，效果如图 3-35 所示。

	A	B	C	D	E	F	G	H	I
1	12级学生基础课成绩								
2	序号	学号	姓名	性别	系部	语文	数学	英语	德育
3	1	120101	孟祥	男	机电系	96	95	83	87
4	2	120201	孙虎	女	建筑系	80	74	77	85
5	3	120301	王丹	男	数控系	78	90	68	75
6	4	120401	高兴	男	商贸系	85	64	80	78
7	5	120501	王超	女	交通系	92	87	69	80
8	6	120601	李芳	女	信息系	87	65	61	76
9	7	120102	罗健	女	机电系	54	48	57	79
10	8	120202	赵炎	男	建筑系	60	54	76	83
11	9	120302	马虎	女	数控系	83	44	71	86
12	10	120402	华林	女	商贸系	57	60	62	90
13	11	120502	陈娟	男	交通系	76	70	80	84
14	12	120602	王森	女	信息系	72	62	69	92

格式化表　Sheet2　Sheet3

图 3-35　插入表头效果图

具体操作如下：

(1) 插入行。单击第一行的行号，选中第一行，然后在该行任意位置单击鼠标右键，弹出快捷菜单，选择“插入”命令，即可在第一行之前插入一个空行，如图 3-36 所示。

(2) 在“A1”单元格中录入“12级学生基础课成绩”。

(3) 合并单元格。选中A1至H1单元格区域，单击“开始”选项卡中“对齐方式”中的“合并后居中”按钮，即可实现单元格的合并及数据居中显示，如图3-37所示。

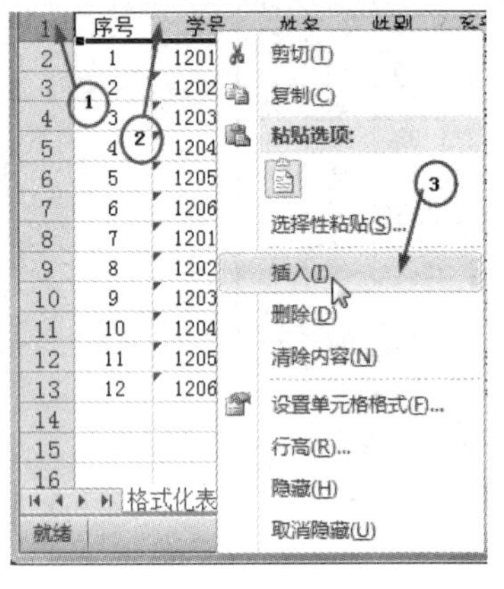

图3-36　插入行

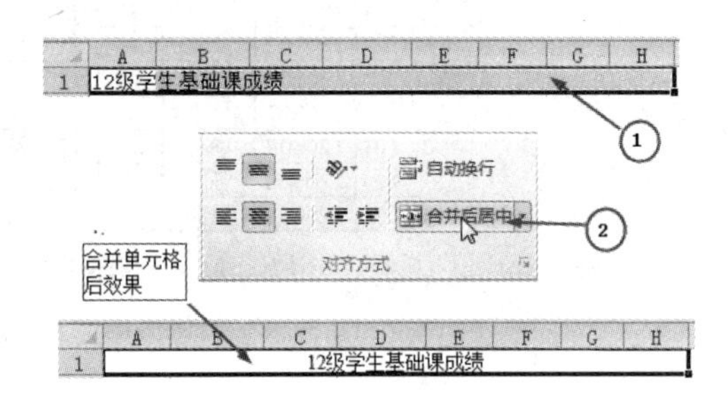

图3-37　合并单元格操作

❖ **知识拓展：单元格的编辑操作**

1. 插入单元格

选定需要插入新单元格之下或之右的单元格(或单元格区域)，单击“单元格”组中的下拉按钮，选择“插入单元格”命令，出现“插入”对话框，再根据自己的需要确定选项，最后单击“确定”按钮，如图3-38所示。

图3-38　“插入”对话框——插入单元格

2. 插入单列

方法一：选定需要插入列的任意一个单元格或整列，单击“开始”选项卡“单元格”组中“插入”下面的下拉按钮，选择“插入工作表列”命令，如图3-39所示。

方法二：选定需要插入列的任意一个单元格或整列，在选定区域单击鼠标右键，选择快捷菜单中的“插入”命令，在“插入”对话框中选择“整列”选项，再单击“确定”按钮，如图3-40所示。

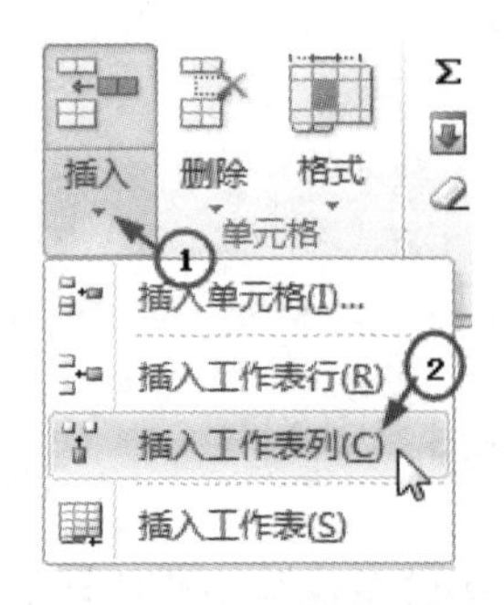

图3-39　“插入工作表列”命令

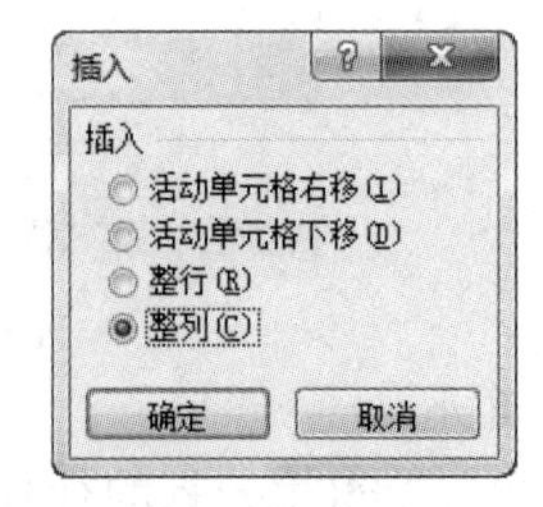

图3-40　“插入”对话框——插入列

3. 插入多行或多列

选定需要插入的新行之下的若干行或新列右侧的若干列(可以是连续的，也可以是不连续的)，然后执行插入行或列的操作。

4. 删除单元格

选定单元格或单元格区域，单击“编辑”组中“删除”下面的下拉按钮，选择“删除单元格”命令，在出现的“删除”对话框中选择需要的选项，单击“确定”按钮。

5. 删除行或列

选定要删除的行或列，在选定区域单击鼠标右键，选择“删除”命令，即可删除整行或整列。

步骤 2　设置字体及对齐方式。

(1) 设置表头。选中“A1”单元格，单击“开始”选项卡“字体”组中“字体”文本框后面的下拉按钮，选择“黑体”字体；在字号文本框中选择字号为“20”；选择字的颜色为“红色”；再单击“对齐方式”组中的“垂直居中”按钮和“居中”按钮，如图 3-41 所示。

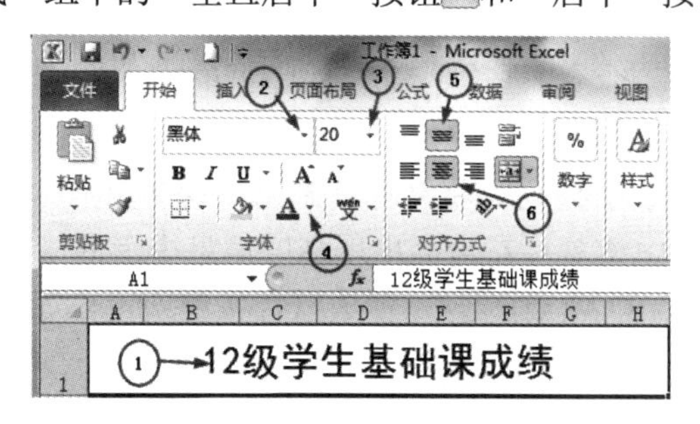

图 3-41　设置字体及对齐方式

(2) 设置正表。选中“A2”单元格，拖动鼠标到“H2”单元格，选中 A2:H2 区域，单击“字体”组中的“加粗” **B** 按钮，将标题栏内的文字加粗显示。

选中“A2”单元格，拖动鼠标到“H14”单元格，选中 A2:H14 区域，在选中区域的任意位置单击鼠标右键，弹出快捷菜单，选择“设置单元格格式”命令，出现“设置单元格格式”对话框。单击“对齐”选项卡，在“水平对齐”中选择“居中”，在“垂直对齐”中选择“居中”，最后单击“确定”按钮，如图 3-42 和图 3-43 所示。

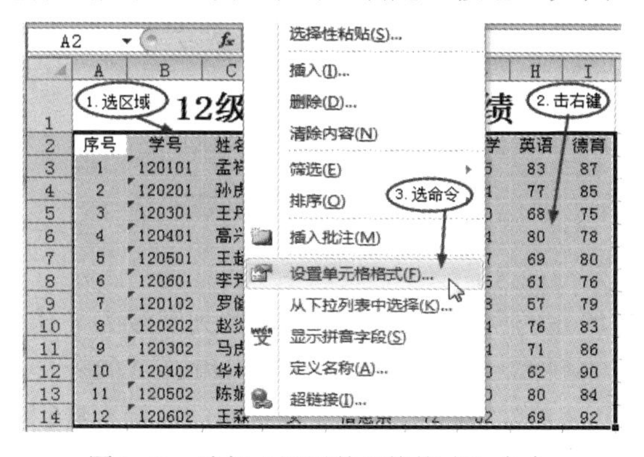

图 3-42　选择“设置单元格格式”命令

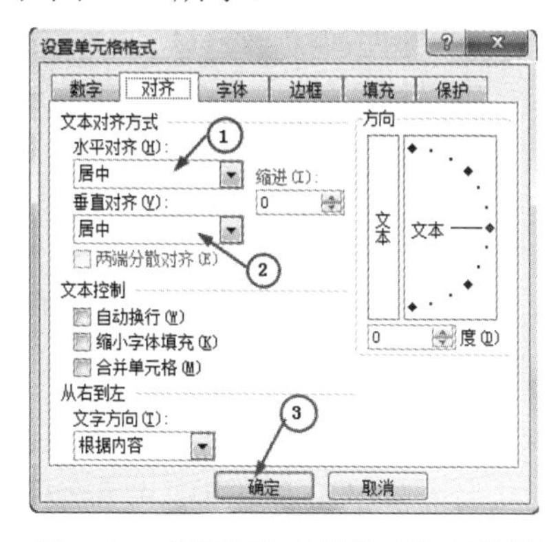

图 3-43　“设置单元格格式”对话框

注：如果仅清除单元格的格式，则先选定要清除格式的单元格，单击“开始”选项卡“编辑”组中“清除”后面的下拉按钮，选择“清除格式”命令，设置的所有格式将全部清除，恢复为 Excel 默认格式，如图 3-44 所示。

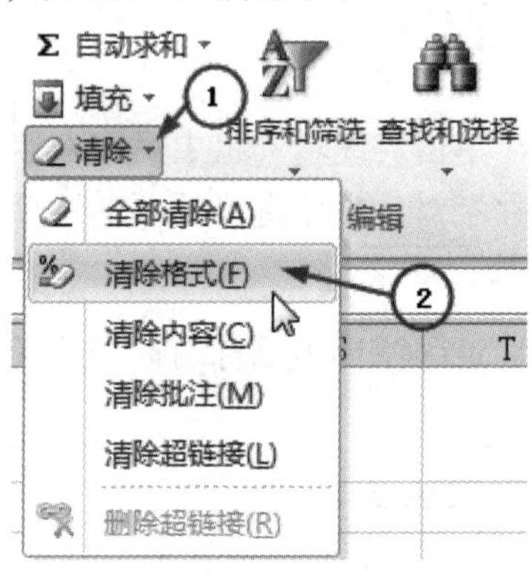

图 3-44　“清除格式”命令

步骤 3　设置行高与列宽。

(1) 设置表头所在行的行高为 36 磅。选中第一行，在第一行处单击鼠标右键，在弹出的快捷菜单中选择“行高”命令，在“行高”对话框的文本框中输入“36”，单击“确定”按钮，如图 3-45 和图 3-46 所示。

(2) 调整标题行的行高为 24 磅。将光标移到第二行和第三行的行号之间的分界线上，此时光标变为黑色双箭头，按鼠标左键会出现高度信息提示框，拖动鼠标，当高度信息提示框中出现“高度：24.00(32 像素)”时，释放鼠标按键即可，如图 3-47 所示。

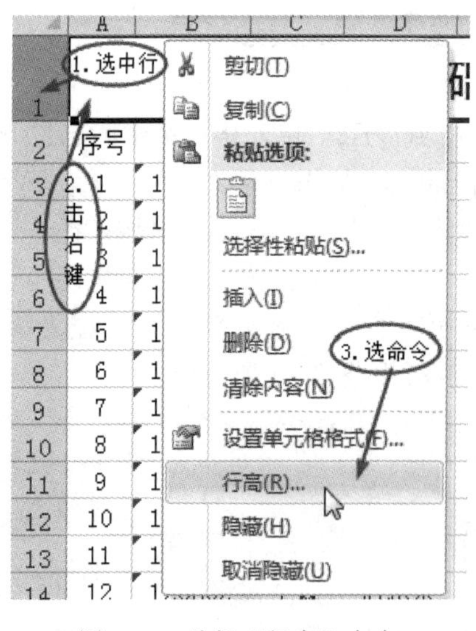

图 3-45　选择“行高”命令

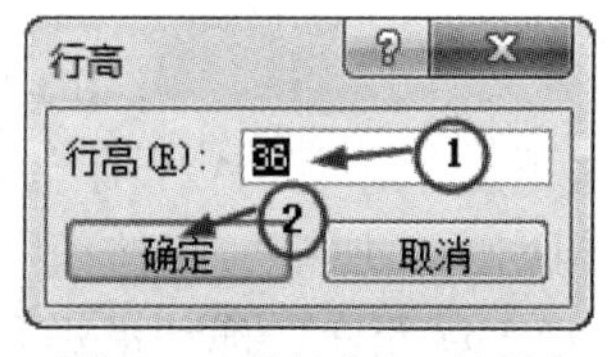

图 3-46　“行高”对话框

图 3-47　拖动鼠标调整行高

(3) 调整列宽。将“学号”和“系部”所在的列，即 B 列和 D 列的列宽设为 8 磅。先选中 B 列，按住 Ctrl 键不动，再单击 D 列的列号，将光标移动到 B 列和 C 列的分界线处或 D 列与 E 列的分界线处，光标变为黑色的双箭头，按住鼠标左键，拖动鼠标，直到列宽提示信息框中出现 “宽度：8.00(69 像素)”，释放鼠标按键即可，如图 3-48 所示。

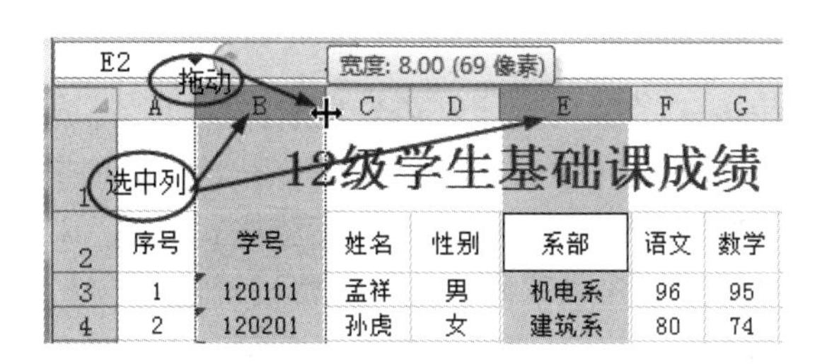

图 3-48　拖动鼠标调整列宽

步骤 4　设置边框和底纹。

(1) 设置单元格的边框线。选定需要设置边框线的单元格区域，在选定区域的任意位置单击鼠标右键，弹出快捷菜单，选择“设置单元格格式”命令，出现“设置单元格格式”对话框，单击“边框”选项卡，在线条样式中选择“粗线”，颜色选“蓝色”，在预置选项中选择“外边框”，再选择线条样式为“细线”，预置为“内部”，最后单击“确定”按钮，即可实现对选定单元格区域外部为粗线、内部为细线的连框线的设置，如图 3-49 和图 3-50 所示。

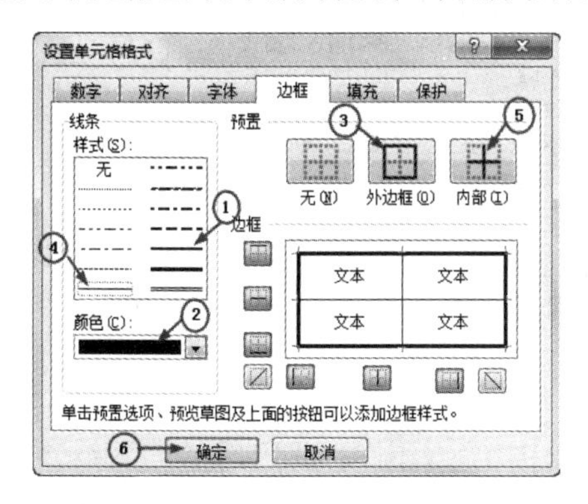

图 3-49　边框设置对话框

序号	学号	姓名	性别	系部	语文	数学	英语	德育
1	120101	孟祥	男	机电系	96	95	83	87
2	120201	孙虎	女	建筑系	80	74	77	85
3	120301	王丹	男	数控系	78	90	68	75
4	120401	高兴	男	商贸系	85	64	80	78
5	120501	王超	女	交通系	92	87	69	80
6	120601	李芳	女	信息系	87	65	61	76
7	120102	罗健	女	机电系	54	48	57	79
8	120202	赵炎	男	建筑系	60	54	76	83
9	120302	马虎	女	数控系	83	44	71	86
10	120402	华林	女	商贸系	57	60	62	90
11	120502	陈娟	男	交通系	76	70	80	84
12	120602	王森	女	信息系	72	62	69	92

图 3-50　设置边框线后的效果图

注：也可使用“边框”工具按钮设置边框。选定需要添加边框的单元格区域，然后单击格式工具栏中“边框”按钮的下拉按钮，从弹出的下拉列表中选择所需的边框样式即可。

(2) 设置单元格的底纹。选中 A2:H2 单元格区域，在选中区域的任意位置单击鼠标右键，弹出快捷菜单，选择“设置单元格格式”命令，出现“设置单元格格式”对话框，单击“填充”选项卡，选择“浅蓝色”，最后单击“确定”按钮，如图 3-51 所示。

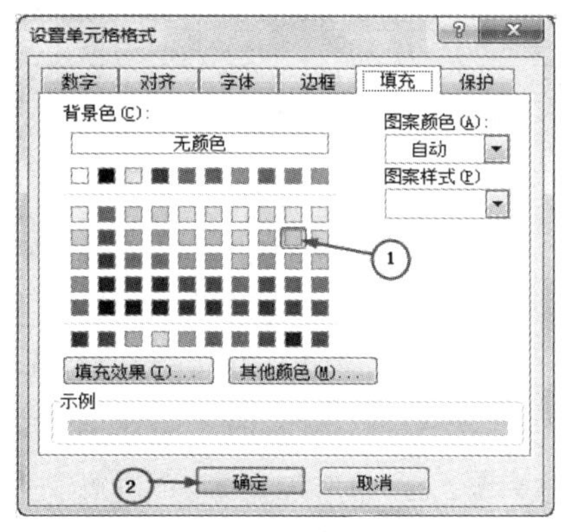

图 3-51　设置单元格底纹

步骤 5　设置条件格式。

(1) 60 分以下(不含 60 分)的分数用“红色”显示。

选中要设置条件格式的数据区域 E3:H14，单击“开始”选项卡“样式”组中“条件格式”的下拉按钮，选择“新建规则”命令，出现“新建格式规则”对话框。在对话框的“选择规则类型”栏中选择“只为包含以下内容的单元格设置格式”选项；在“编辑规则说明”栏的“只为满足以下条件的单元格设置格式”中，在第一个文本框中选择“单元格值”，在第二个文本框中选择“小于”，在第三个文本框中输入“60”；再单击“格式”按钮，弹出“设置单元格格式”对话框，设置字体为“加粗”，颜色为“红色”，单击“确定”按钮，返回“新建格式规则”对话框；最后单击“确定”按钮，即完成了小于 60 分的分数用红色显示的设置，如图 3-52 和图 3-53 所示。

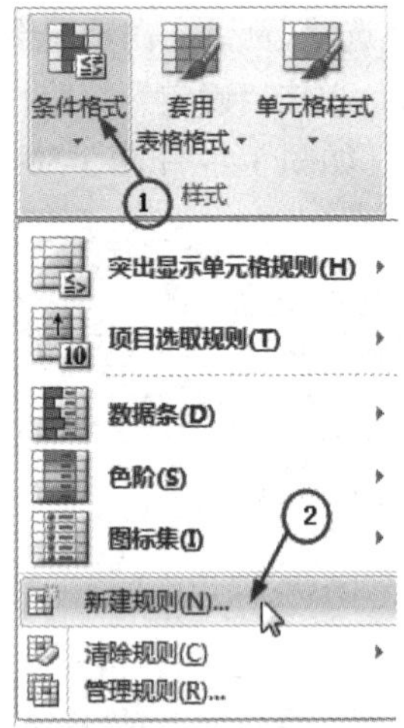

图 3-52　选择“新建规则”命令

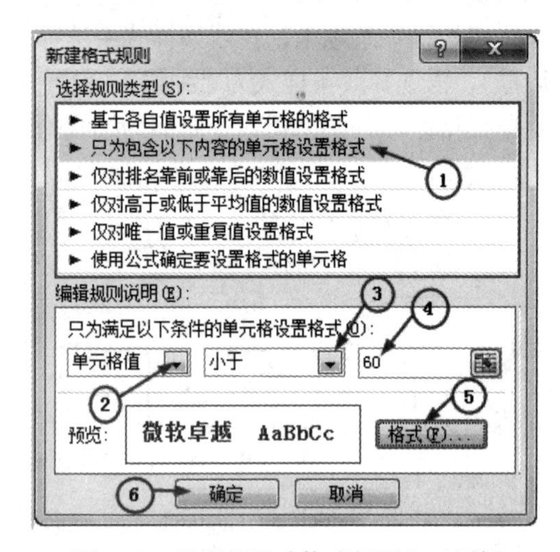

图 3-53　设置“新建格式规则”对话框

(2) 90 分以上(含 90 分)分数用“绿色”显示。方法与(1)相同，仅在“只为满足以下条件的单元格设置格式”中的第二文本框中选择“大于或等于”，第三个文本框中输入“90”，字体设为“绿色”“加粗”即可。设置规则后的效果如图 3-54 所示。

12级学生基础课成绩

序号	学号	姓名	性别	系部	语文	数学	英语	德育
1	120101	孟祥	男	机电系	96	95	83	87
2	120201	孙虎	女	建筑系	80	74	77	85
3	120301	王丹	男	数控系	78	90	68	75
4	120401	高兴	男	商贸系	85	64	80	78
5	120501	王超	女	交通系	92	87	69	80
6	120601	李芳	女	信息系	87	65	61	76
7	120102	罗健	女	机电系	54	48	57	79
8	120202	赵炎	男	建筑系	60	54	76	83
9	120302	马虎	女	数控系	83	44	71	86
10	120402	华林	女	商贸系	57	60	62	90
11	120502	陈娟	男	交通系	76	70	80	84
12	120602	王森	女	信息系	72	62	69	92

原始数据　格式化表　Sheet2　Sheet3

图 3-54　设置数据“条件格式”后的效果

(3) 管理规则。对于已经设置的规则，如果需要修改规则，则单击“条件格式”的下拉按钮，选择“管理规则”命令，弹出“条件格式规则管理器”对话框，选中需要修改的规则，再单击“编辑规则”按钮，出现“编辑格式规则”对话框，在对话框中对规则进行重新设置，最后单击“确定”按钮即可，如图 3-55 所示。

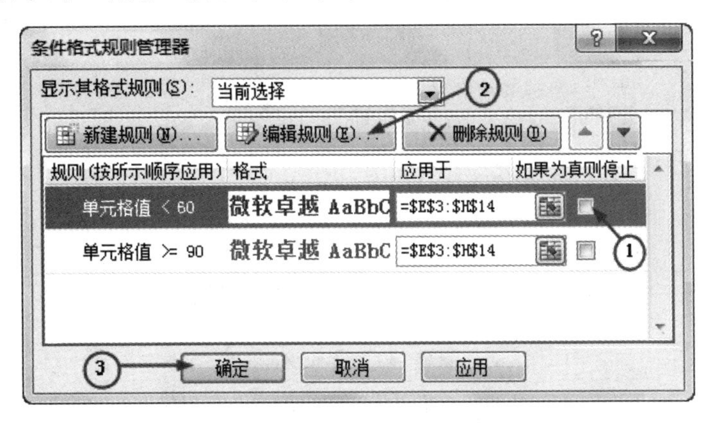

图 3-55　设置“条件格式规则管理器”对话框

注：若要删除规则，则需在“条件格式规则管理器”对话框中先选中需删除的规则，再单击“删除规则”按钮，最后单击“确定”按钮。

❖ 知识拓展：套用表格格式

Excel 2010 的套用表格格式功能可以根据预设的格式将工作表格式化，以产生美观的报表，从而节省使用者的时间，还可使表格符合数据库表单的要求。

1. 应用套用表格格式

把鼠标定位在数据区域中的任何一个单元格，单击“开始”中“样式”组中的“套用表格格式”，选择自己所需要的表格样式，如图 3-56 所示，在出现的“套用表格格式”对话框中确定套用格式的范围，单击“确定”按钮来确定应用的表格样式。

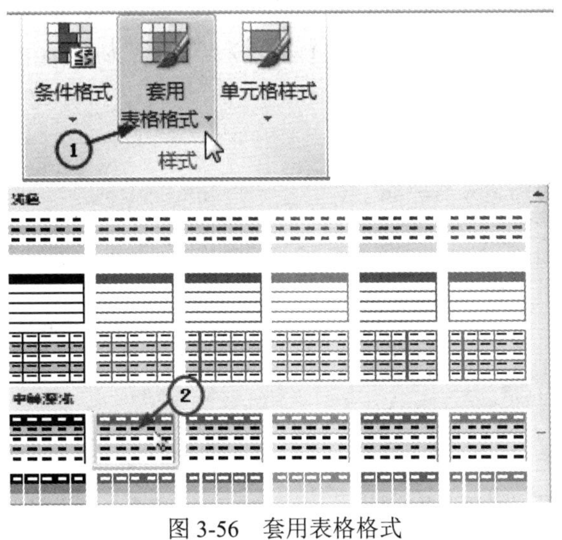

图 3-56　套用表格格式

2. 取消套用表格格式

单击表格的任意单元格，然后在功能区选择“设计”选项卡，单击“转换为区域”按钮即可取消套用表格格式，如图 3-57 所示。取消后，原套用表格格式产生的格式都还在。如果要完全取消套用表格格式，则再选定单元格区域，单击“编辑”组中的“清除格式”命令即可。

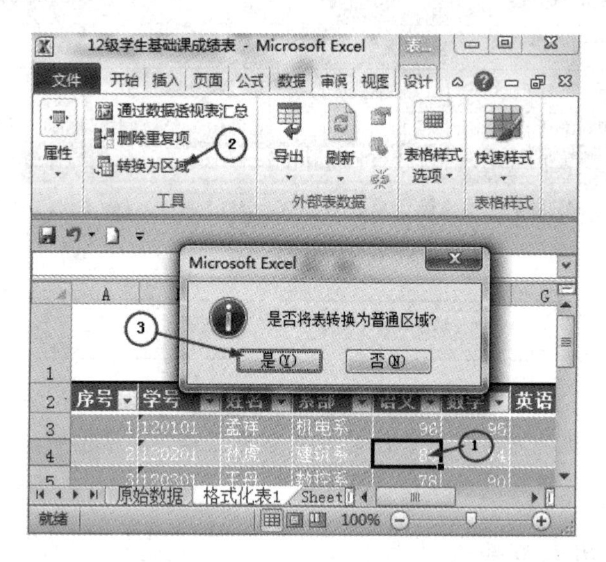

图 3-57　取消套用表格格式

步骤 6　设置和预览页面。

1. 设置页面

(1) 单击“页面布局”选项卡“页面设置”组中“纸张大小”的下拉按钮，选择“A4”命令，如图 3-58 所示。

(2) 单击“页面布局”中“纸张方向”的下拉按钮，选择“横向”命令。

(3) 单击“页面布局”中“页边距”的下拉按钮，选择“自定义边距”命令，出现“页面设置”对话框，将页边距上、下、左、右均设为“2”，“居中方式”选择“水平”，如图 3-59 所示。

图 3-58　设置“纸张大小”

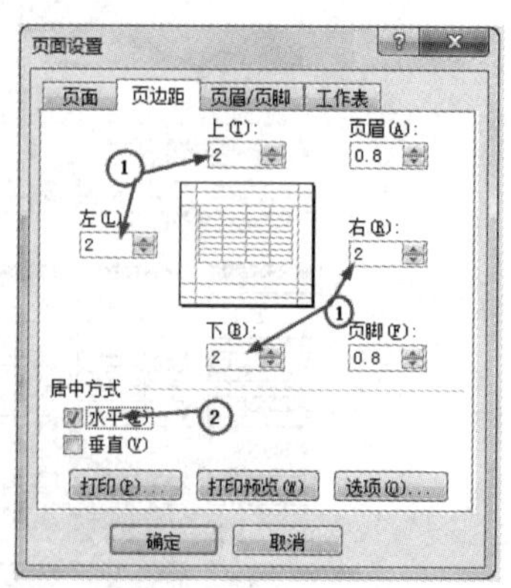

图 3-59　设置“页边距”

(4) 单击“页面设置”对话框中的“页眉/页脚”选项卡，单击“页脚”下面的下拉按钮，选择“第1页”，如图3-60所示。

(5) 单击“页面设置”对话框中的“工作表”选项卡，单击“打印标题”栏中的“顶端标题行”右侧的按钮，在工作表中选中第一、二行，按Enter键，返回“页面设置”对话框，再单击“确定”按钮(设置“打印标题”后，当数据表中的数据一页打不完时，打印其他页也会自动加上标题行)，如图3-61所示。

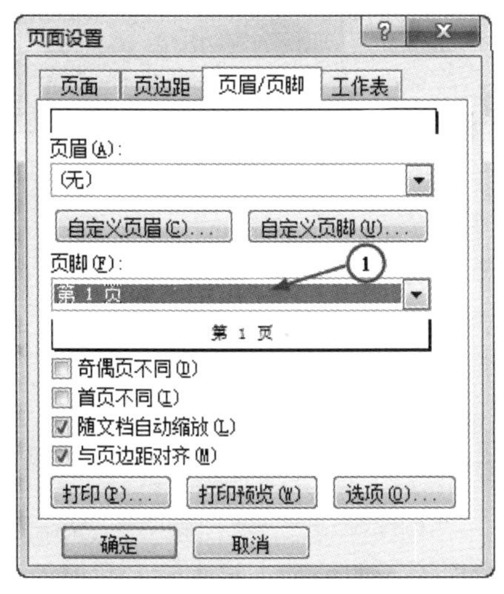

图3-60　设置“页眉/页脚”

图3-61　设置工作表的打印标题

2. 预览页面

单击“自定义快速访问工具栏”按钮，从中选中“打印预览及打印”按钮，将该按钮添加到快速访问工具栏。然后单击“打印预览及打印”按钮，切换到打印视图，并单击窗口右下角的“显示边距”按钮，以将页边距及页眉、页脚一起显示的方式查看工作表的打印效果，如图3-62所示。

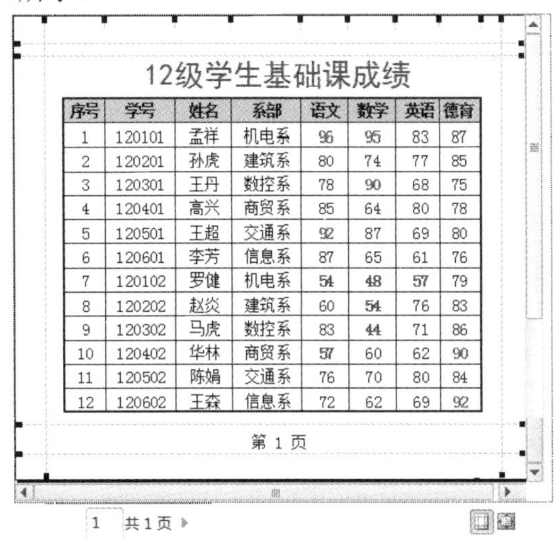

12级学生基础课成绩

序号	学号	姓名	系部	语文	数学	英语	德育
1	120101	孟祥	机电系	96	95	83	87
2	120201	孙虎	建筑系	80	74	77	85
3	120301	王丹	数控系	78	90	68	75
4	120401	高兴	商贸系	85	64	80	78
5	120501	王超	交通系	92	87	69	80
6	120601	李芳	信息系	87	65	61	76
7	120102	罗健	机电系	54	48	57	79
8	120202	赵炎	建筑系	60	54	76	83
9	120302	马虎	数控系	83	44	71	86
10	120402	华林	商贸系	57	60	62	90
11	120502	陈娟	交通系	76	70	80	84
12	120602	王森	信息系	72	62	69	92

第 1 页

图3-62　以显示边距方式预览工作表

❖ 知识拓展

1. 清除命令

若要删除单元格中的数据内容，则可以使用键盘上的Delete键，但其格式还会保留，会影响该单元格以后输入的内容，所以需要使用清除格式的操作将残留的格式清除掉。单击“开始”选项卡“编辑”组中的“清除”下拉按钮，可以看到5种形式的清除，如图3-63所示。

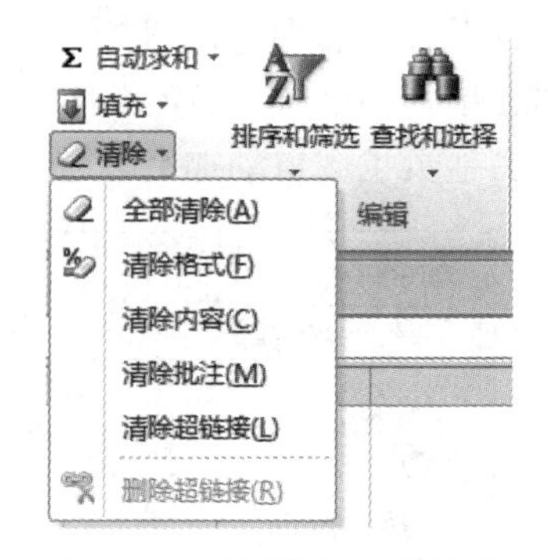

图3-63　“清除”命令选项

(1) 全部清除：清除单元格中所有的内容，包含格式、内容、批注和超链接。

(2) 清除格式：只清除数据格式，如数字格式、字体、对齐方式、边框和底纹等，清除格式后成为Excel默认的格式。

(3) 清除内容：删除数据文本的内容，相当于使用键盘上的Delete命令。

(4) 清除批注：清除手工添加的批注及内容。

(5) 清除超链接：将设置的超链接清除，只留下单元格内容。

2. 数据有效性

Excel提供的“数据有效性”功能，可以设置数据输入的范围，提高输入数据的正确性，如成绩的范围一般是0～100，可以通过设置“数据有效性”来确保其输入的范围。具体操作如下：

(1) 设置数据的有效范围。单击“数据”选项卡中“数据工具”组中的“数据有效性”命令按钮，弹出“数据有效性”对话框，在“允许”下拉列表中选择“整数”选项，在“数据”下拉列表中选择“介于”选项，在“最小值”文本框中输入“0”，在“最大值”文本框中输入“100”，如图3-64所示。

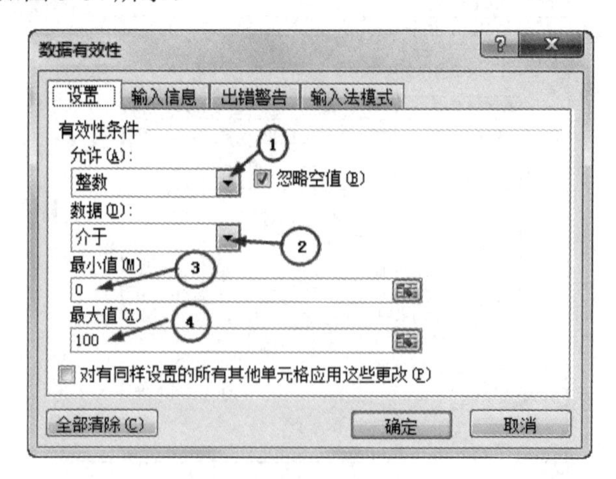

图3-64　在“数据有效性”对话框中设置数据范围

(2) 设置输入提示信息。单击“输入信息”选项卡，勾选“选定单元格时显示输入信息”复选框，在“标题”文本框中输入“输入提示”，在“输入信息”文本框中输入“请输入介于 0～100 的数据！”，如图 3-65 所示。

(3) 设置出错警告信息。单击“出错警告”选项卡，勾选“输入无效数据时显示出错警告”复选框，在“样式”下拉列表中选择“停止”样式，在“标题”文本框中输入“出错警告”，在“错误信息”文本框中输入“输入的数据只能介于 0～100 之间，请重新输入！”。完成设置后，单击“确定”按钮，如图 3-66 所示。

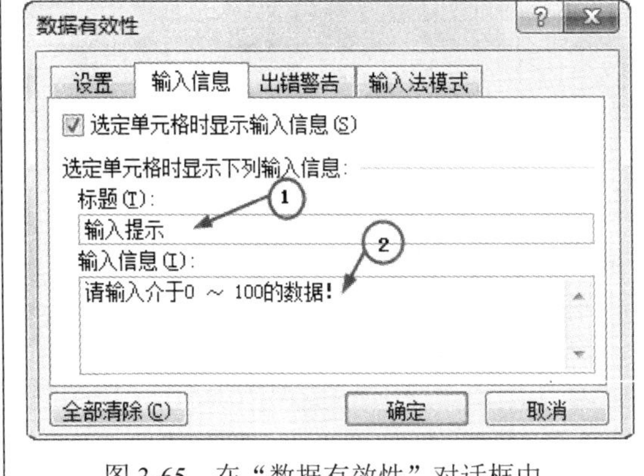

图 3-65　在“数据有效性”对话框中设置输入提示信息

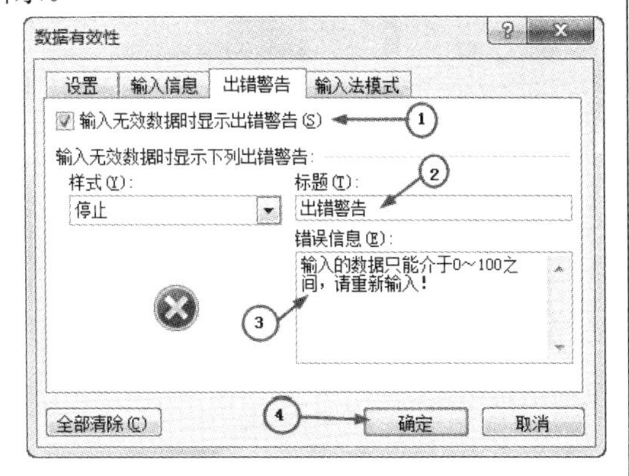

图 3-66　在“数据有效性”对话框中设置出错警告信息

实战训练

(1) 将“工资原始数据”表中的数据复制到“Sheet2”，并对“Sheet2”重命名为“工资表格式化”，效果如图 3-67 所示。

工资表

工号	姓名	部门	职务	基本工资	奖金	津贴	应扣款	应发工资
001	陈士明	生产部	职员	1200	600	60	14	
002	高丽广	技术部	职员	1500	800	100	10	
003	李有伟	销售部	职员	1200	1000	120	12	
004	王金明	人事部	职员	1300	800	60	14	
005	钱春光	生产部	部门主管	1800	800	180	15	
006	方小军	技术部	部门主管	2300	840	200	20	
007	李三友	销售部	部门主管	2000	1050	220	24	
008	赵红花	人事部	部门主管	2000	1000	200	23	
009	李良好	生产部	职员	1300	500	60	17	
010	孙建军	技术部	职员	1400	750	80	4	
011	王前进	销售部	职员	1300	900	100	16	

工资原始数据　工资表格式化　Sheet3

图 3-67　“工资表格式化”效果图

(2) “数据有效性”练习。参考图 3-68 录入数据。

① 要求“工号”列的数据是唯一的，如果录入时与之前的数据重复，则提示出错，如图 3-69 所示。

数据有效性练习

工号	性别	手机号	年龄
001	男	12345678901	30
002	女	12345678902	31
003	男	12345678903	43
004	女	12345678904	33
005	男	12345678905	65
006	女	12345678906	35
007	男	12345678907	78
008	女	12345678908	24
009	男	12345678909	35
010	女	12345678910	14

图 3-68　数据有效性练习

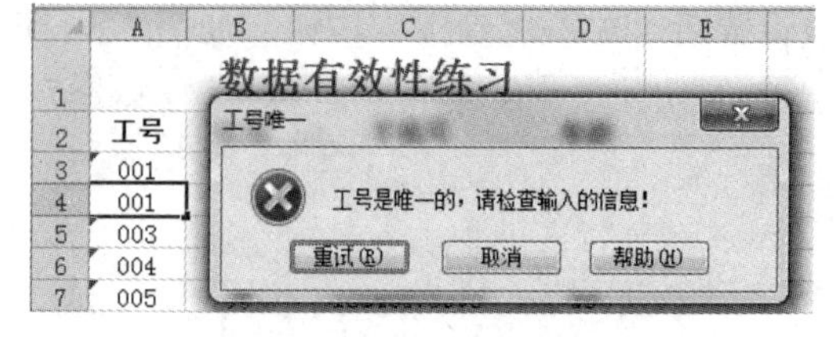

图 3-69　录入重复数据时弹出消息框

操作提示：先选中 A3:A12 单元格区域，然后在“数据有效性”对话框中的“设置”选项卡中“允许”下拉列表框中选“自定义”，在“公式”文本框中输入“=COUNTIF($A$3:$A$12，A3)<=1”，单击“确定”按钮，如图 3-70 所示。

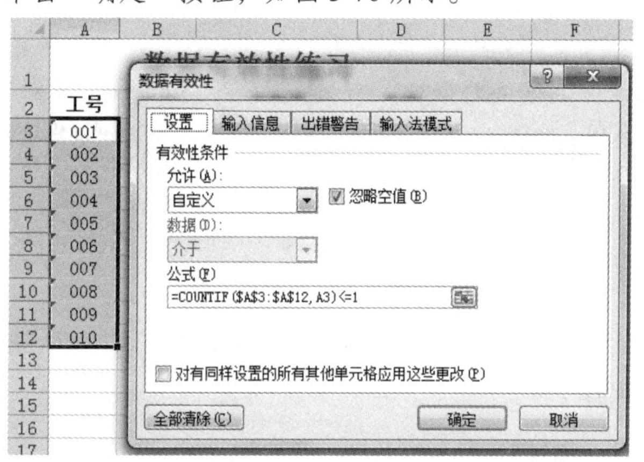

图 3-70　工号唯一的有效性设置对话框

② 要求在“性别”列的数据输入格中，可实现下拉菜单式单项选择“男”或“女”功能，如图 3-71 所示。

操作提示：先选中 B3:B12 单元格区域，然后在“数据有效性”对话框的“设置”选项卡中“允许”下拉列表框中选“序列”，在“来源”文本框中输入“男，女”，单击“确定”按钮，如图 3-72 所示。

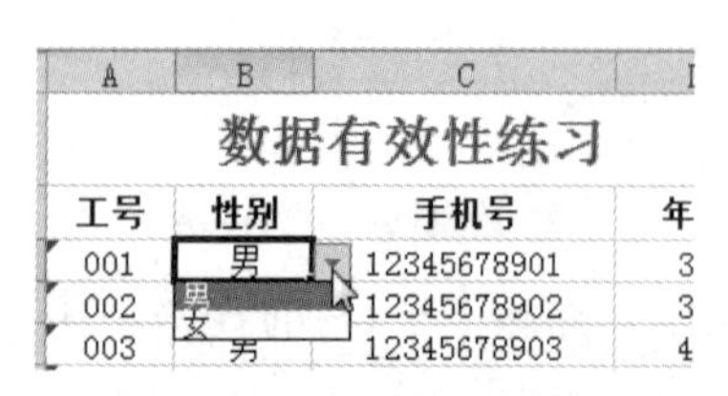

图 3-71　从下拉列表中选择性别

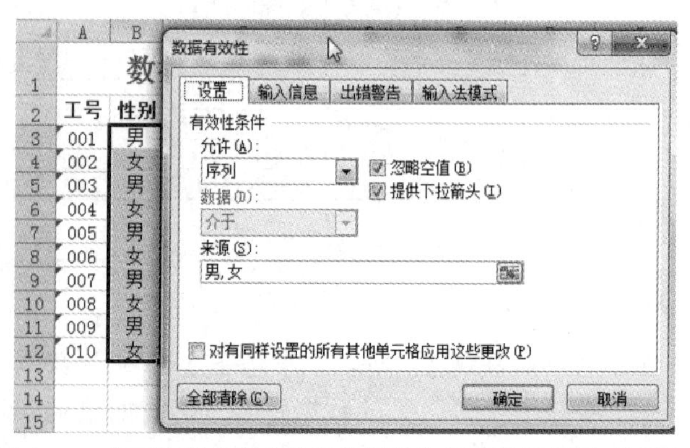

图 3-72　从下拉列表框中选择数据的数据有效性设置对话框

③ 要求“手机号”列的数据长度为11位，若不足11位或超过11位，都弹出消息框，提示出错，如图3-73所示。

操作提示：先选中C3:C12单元格区域，然后在“数据有效性”对话框的“设置”选项卡中“允许”下拉列表框中选择“文本长度”，在“数据”下拉列表框中选择“等于”，在“长度”文本框中输入“11”，单击“确定”按钮，如图3-74所示。

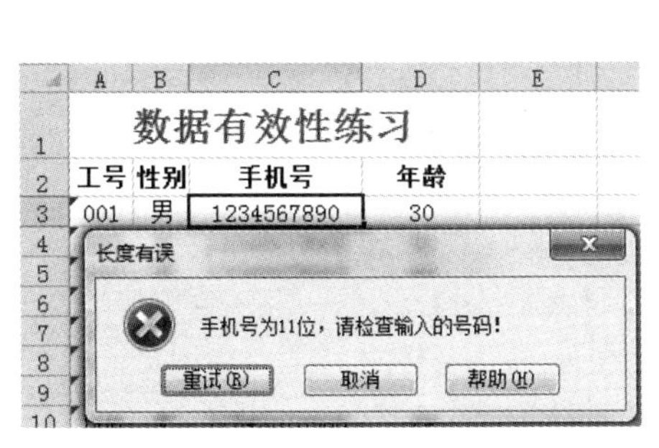

图3-73　文本长度出错弹出消息框

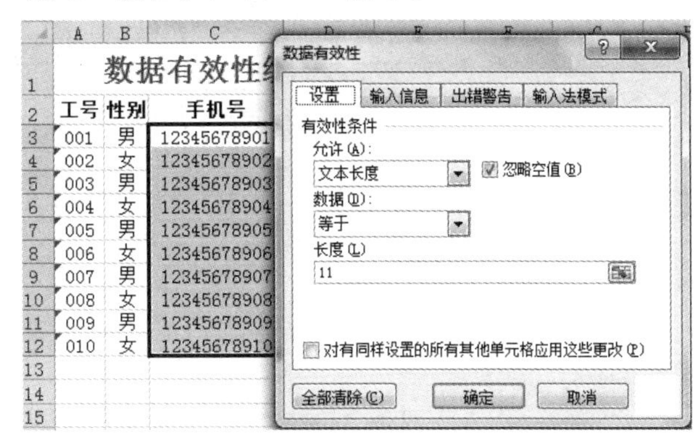

图3-74　文本长度限制有效性设置对话框

④ 要求“年龄”列的数据介于0～150之间，若超出范围，则提示出错，如图3-75所示。

操作提示：先选中D3:D12单元格区域，然后在“数据有效性”对话框的“设置”选项卡中“允许”下拉列表框中选择“整数”，在“数据”下拉列表框中选择“介于”，在“最小值”文本框中输入“0”，在“最大值”文本框中输入“150”，单击“确定”按钮，如图3-76所示。

图3-75　数据超出范围弹出消息框

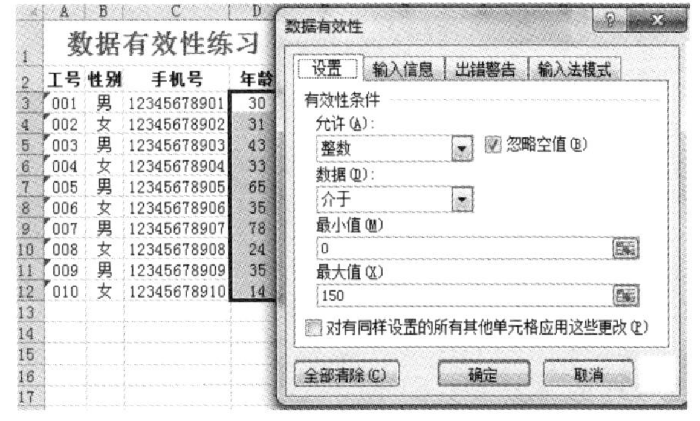

图3-76　数值范围设置有效性对话框

任务3　计算分数及创建图表

Excel提供了强大的数据计算和处理功能。在本任务中将复制“格式化表”工作表，并将其命名为“成绩计算”。在“成绩计算”工作表中，利用公式或函数对成绩数据进行计算：计算每个学生的总分及平均分；计算各科的平均分、最高分和最低分；统计各分数段的人数及百分比，并将各分数段人数的百分比用图表表示出来。完成后的效果分别如图3-77和图3-78所示。

序号	学号	姓名	性别	系部	语文	数学	英语	德育	总分	平均分
12级学生基础课成绩										
1	120101	孟祥	男	机电系	96	95	83	87	361	90
2	120201	孙虎	女	建筑系	80	74	77	85	316	79
3	120301	王丹	男	数控系	78	90	68	75	311	78
4	120401	高兴	男	商贸系	85	64	80	78	307	77
5	120501	王超	女	交通系	92	87	69	80	328	82
6	120601	李芳	女	信息系	87	65	61	76	289	72
7	120102	罗健	女	机电系	54	48	57	79	238	60
8	120202	赵炎	男	建筑系	60	54	76	83	273	68
9	120302	马虎	女	数控系	83	44	71	86	284	71
10	120402	华林	女	商贸系	57	60	62	90	269	67
11	120502	陈娟	男	交通系	76	70	80	84	310	78
12	120602	王森	女	信息系	72	62	69	92	295	74
				均分	77	68	71	83		
				最高分	96	95	83	92		
				最低分	54	44	57	75		

原始数据　格式化表　成绩计算

图 3-77　“成绩计算”效果图

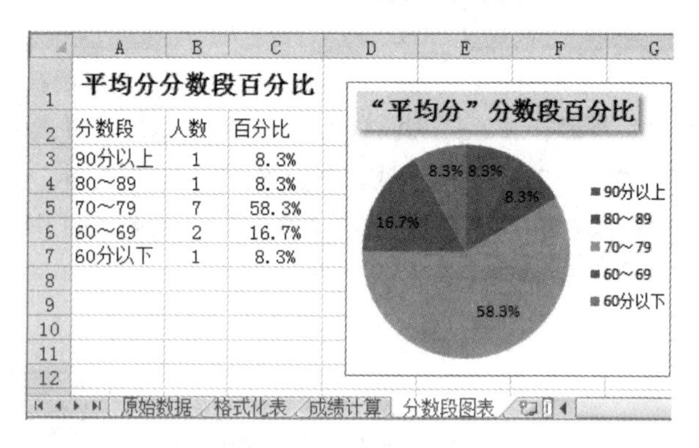

平均分分数段百分比

分数段	人数	百分比
90分以上	1	8.3%
80～89	1	8.3%
70～79	7	58.3%
60～69	2	16.7%
60分以下	1	8.3%

图 3-78　“分数段图表”效果图

任务分解

(1) 用公式进行计算：输入公式，编辑公式；

(2) 常用函数：SUM、AVERAGE、MAX、MIN、COUNT、COUNTIF 等的输入、编辑及应用；

(3) 引用单元格：相对引用、绝对引用、混合引用和外部引用；

(4) 图表的操作：创建图表，编辑图表。

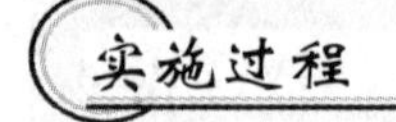

实施过程

步骤 1　复制工作表。

在当前工作簿中复制“原始数据”工作表，并将复制出的新工作表“原始数据(2)”改名为“成绩计算”，如图 3-79 所示。

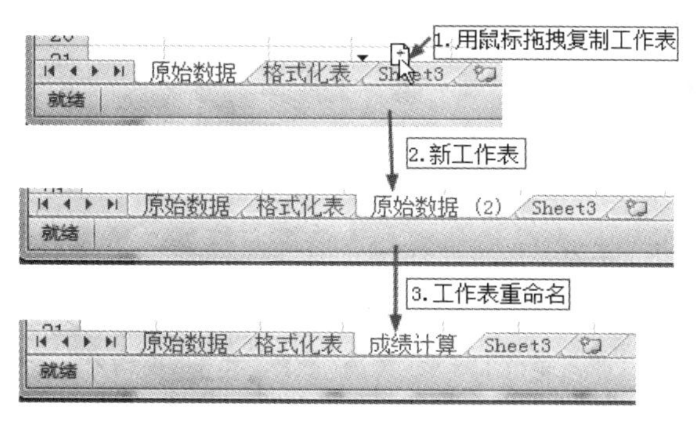

图 3-79　新建“成绩计算”工作表

步骤 2　确定需计算的数据项。

在“成绩计算”的“J1”单元格中输入“总分”，“K1”中输入“平均分”，“E14”中输入“均分”，“E15”中输入“最高分”，“E16”中输入“最低分”，如图 3-80 所示。

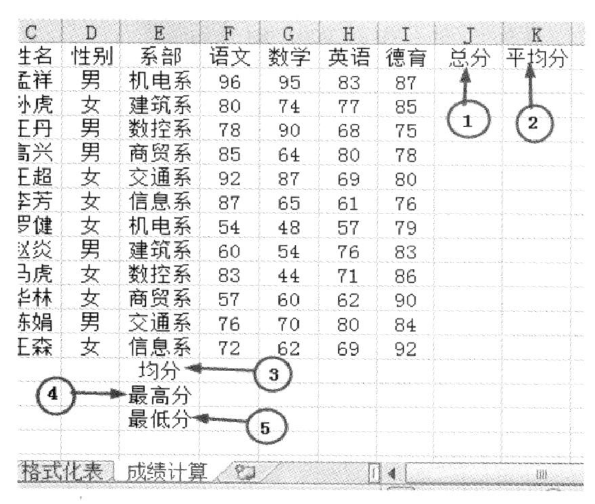

C	D	E	F	G	H	I	J	K
生名	性别	系部	语文	数学	英语	德育	总分	平均分
孟祥	男	机电系	96	95	83	87		
小虎	女	建筑系	80	74	77	85		
E丹	男	数控系	78	90	68	75		
高兴	男	商贸系	85	64	80	78		
E超	女	交通系	92	87	69	80		
李芳	女	信息系	87	65	61	76		
罗健	女	机电系	54	48	57	79		
赵炎	男	建筑系	60	54	76	83		
马虎	女	数控系	83	44	71	86		
华林	女	商贸系	57	60	62	90		
东娟	男	交通系	76	70	80	84		
E森	女	信息系	72	62	69	92		
		均分						
		最高分						
		最低分						

图 3-80　确定需计算的数据项

步骤 3　计算“总分”。

方法一：用“公式”方法计算。

注： 关于“公式”和“函数”的概念，可参阅后面的“知识拓展 1”部分。

(1) 选中单元格“J2”，在其中输入计算公式“＝F2+G2+H2+I2”，按 Enter 键确定，得到运算结果，如图 3-81 和图 3-82 所示。

	A	B	C	D	E	F	G	H	I	J	K
1	序号	学号	姓名	性别	系部	语文	数学	英语	德育	总分	平均分
2	1	120101	孟祥	男	机电系	96	95	83	87	=F2+G2+H2+I2	
3	2	120201	孙虎	女	建筑系	80	74	77	85		

图 3-81　输入总分的计算公式

	A	B	C	D	E	F	G	H	I	J	K
1	序号	学号	姓名	性别	系部	语文	数学	英语	德育	总分	平均分
2	1	120101	孟祥	男	机电系	96	95	83	87	361	
3	2	120201	孙虎	女	建筑系	80	74	77	85		

图 3-82　总分的计算结果

注：计算公式的录入，既可用手工输入，也可借助单击单元格输入。如公式“=F2+G2+H2+I2”的输入，依次按如下操作：在“J2”单元格输入“=”，单击“F2”单元格，输入“+”，单击“G2”单元格，输入“+”，单击“H2”单元格，输入“+”，单击“I2”单元格。

(2) 选中“J2”单元格，光标移动到右下角填充柄处，单击并拖动鼠标至“J13”，释放鼠标，实现自动填充，如图 3-83 所示。

E	F	G	H	I	J	K
部	语文	数学	英语	德育	总分	平均分
电系	96	95	83	87	361	
筑系	80	74	77	85	316	
控系	78	90	68	75	311	
贸系	85	64	80	78	307	
通系	92	87	69	80	328	
息系	87	65	61	76	289	
电系	54	48	57	79	238	
筑系	60	54	76	83	273	
控系	83	44	71	86	284	
贸系	57	60	62	90	269	
通系	76	70	80	84	310	
息系	72	62	69	92	295	
分						
高分						
低分						

图 3-83　自动填充得到“总分”数据

方法二：用“函数”方法计算。

(1) 选中单元格“J2”，单击“公式”选项卡“函数库”组中的“Σ 自动求和”Σ 自动求和按钮，或单击“开始”选项卡中“编辑”组中的“Σ 自动求和”按钮，在“J2”单元格中出现“=SUM(F2:I2)”，函数括号中的“F2:I2”黑色底纹显示的是默认的求和区域，此区域正是需要计算的数据区域，不需要重新选择，如图 3-84 和图 3-85 所示。

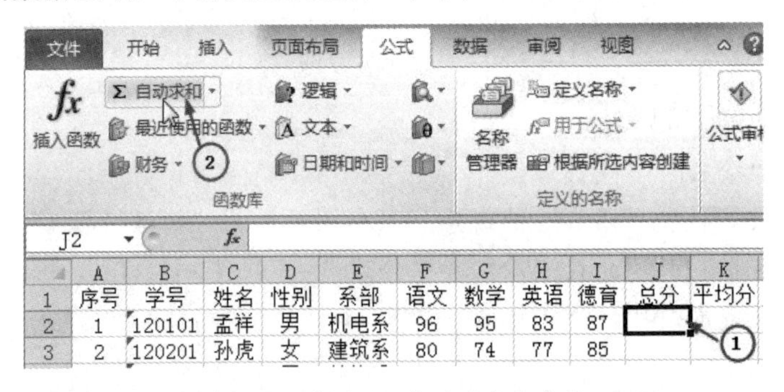

图 3-84　选用“Σ 自动求和”命令

=SUM(F2:I2)

C	D	E	F	G	H	I	J	K	L
姓名	性别	系部	语文	数学	英语	德育	总分	平均分	求和区域
孟祥	男	机电系	96	95	83	87	=SUM(F2:I2)		
孙虎	女	建筑系	80	74	77	85	SUM(number1, [number2], ...)		
王丹	男	数控系	78	90	68	75			

图 3-85　SUM 函数

(2) 确定求和的单元格区域后，按 Enter 键确认，得到计算结果，用自动填充功能实现该列其他数据的填充。

步骤 4　计算“平均分”。

(1) 选中单元格“K2”，单击“公式”选项卡中“函数库”组中“Σ 自动求和”按钮的下拉按钮，选择“平均值”命令，在“K2”单元格中出现“=AVERAGE(F2:J2)”，函数括号中的“F2:J2”黑色底纹显示的是默认的求和区域，如图 3-86 所示。但“总分”不需要参与求平均，需重新选择数据区域，选定单元格区域“F2:I2”，如图 3-87 所示。

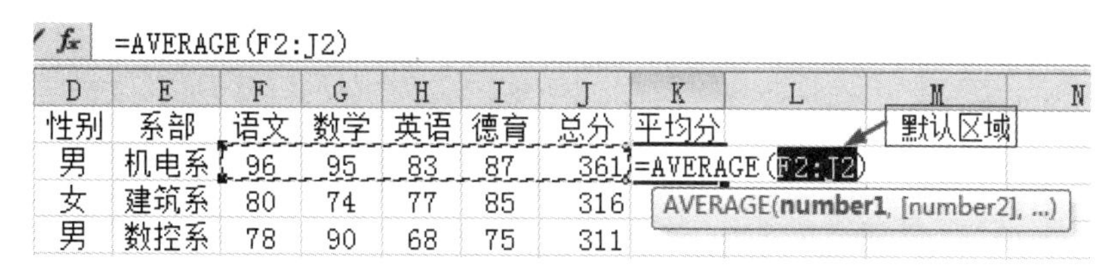

图 3-86　“AVERAGE 函数”默认的计算区域

=AVERAGE(F2:I2)

D	E	F	G	H	I	J	K	L	M	N
性别	系部	语文	数学	英语	德育	总分	平均分		新选区域	
男	机电系	96	95	83	87	361	=AVERAGE(F2:I2)			
女	建筑系	80	74	77	85	316	AVERAGE(number1, [number2], ...)			
男	数控系	78	90	68	75	311				

图 3-87　选定计算数据区域

(2) 确定求平均值的单元格区域后，按 Enter 键确认，得到计算结果，用自动填充功能实现该列其他数据的填充。选中该列数据，在选区上单击鼠标右键，选择“设置单元格格式”命令，在“设置单元格格式”对话框“数字”选项卡的“分类”下拉框中选择“数值”，“小数位数”设置为“0”，如图 3-88 所示。

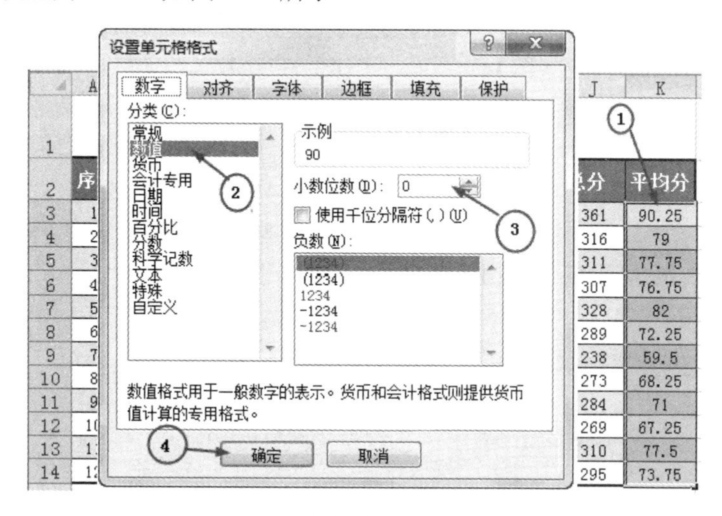

图 3-88　设置“平均分”小数位数为“0”

步骤 5　计算各学科的“平均分”“最高分”和“最低分”。

用“函数”方法计算各学科的“平均分”“最高分”和“最低分”，方法与步骤 4 类似，不再赘述，请读者自己分析解决。完成数据计算后，读者可参考图 3-77，对工作表进行格式化。

步骤 6　插入新工作表。

在当前工作簿的“成绩计算”工作表后插入一个新工作表，并将其改名为“分数段图表”。

步骤 7　输入数据。

在“分数段图表”的 A1 单元格中输入“平均分分数段百分比”，并合并 A1:C1 单元格；在 A2、B2、C2 中分别输入“分数段”“人数”“百分比”，在 A3、A4、A5、A6、A7 单元格中分别输入“90 分以上”“80～89”“70～79”“60～69”“60 分以下”，如图 3-89 所示。

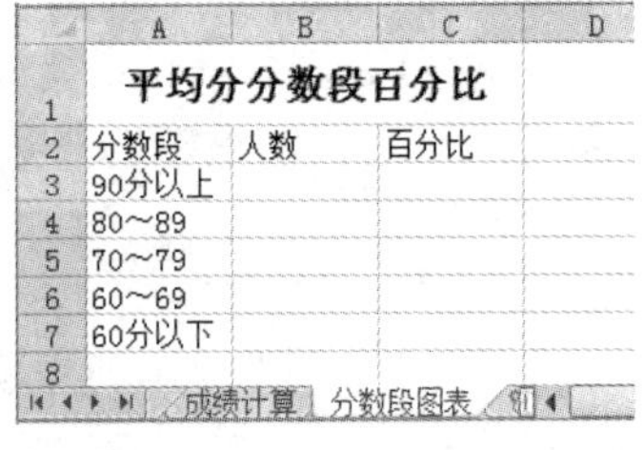

	A	B	C
1	平均分分数段百分比		
2	分数段	人数	百分比
3	90分以上		
4	80～89		
5	70～79		
6	60～69		
7	60分以下		

图 3-89　编辑“分数段图表”

步骤 8　用 COUNTIF 函数计算 90 分以上的人数。

(1) 选定单元格“B3”，单击“插入函数”铵钮，弹出“插入函数”对话框，在对话框的“或选择类别”列表框中选择“统计”(或“全部”)，在“选择函数”列表框中选择“COUNTIF”，最后单击“确定”按钮，如图 3-90 所示。

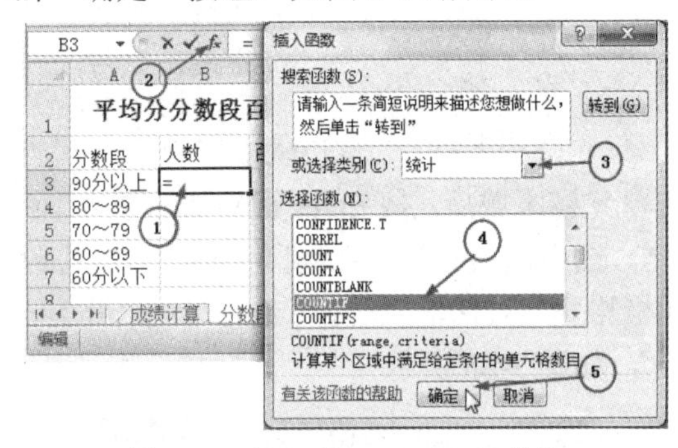

图 3-90　插入“COUNTIF 函数”

(2) 弹出“函数参数”对话框，单击“Range”文本框后的按钮，将“函数参数”对话框收缩，仅保留“显示选区范围”文本框。

(3) 单击“成绩计算”工作表标签，选定“J3:J14”单元格区域，在“函数参数”对话框的文本框中显示“成绩计算!K3:K14”，再单击文本框后的按钮，将“函数参数”对话框展开，在“Criteria”(条件)文本框中输入“>=90”，最后单击“确定”按钮，则在“分数段图表”工作表的“B3”单元格显示计算结果，如图 3-91～图 3-93 所示。

=COUNTIF(成绩计算!K3:K14)

函数参数　成绩计算!K3:K14

序号	学号	姓名	性别	系部	语文	数学	英语	德育	总分	平均分
1	120101	孟祥	男	机电系	96	95	83	87	361	90
2	120201	孙虎	女	建筑系	80	74	77	85	316	79
3	120301	王丹	男	数控系	78	90	68	75	311	78
4	120401	高兴	男	商贸系	85	64	80	78	307	77
5	120501	王超	女	交通系	92	87	69	80	328	82
6	120601	李芳	女	信息系	87	65	61	76	289	72
7	120102	罗健	女	机电系	54	48	57	79	238	60
8	120202	赵炎	男	建筑系	60	54	76	83	273	68
9	120302	马虎	女	数控系	83	44	71	86	284	71
10	12040[illegible]	华林	女	商贸系	57	60	62	90	269	67
11	12050[illegible]	陈娟	男	交通系	76	70	80	84	310	78
12	120602	王森	女	信息系	72	62	69	92	295	74
				均分	76.7	67.8	71.1	82.9		

成绩计算　分数段图表

图 3-91　选择需计算的数据区域

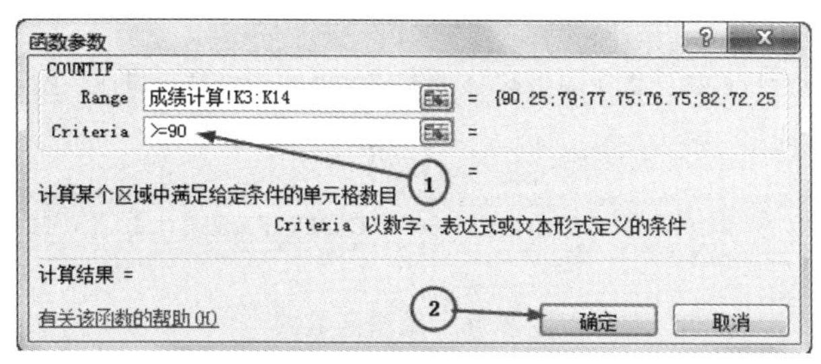

图 3-92　确定计数的条件

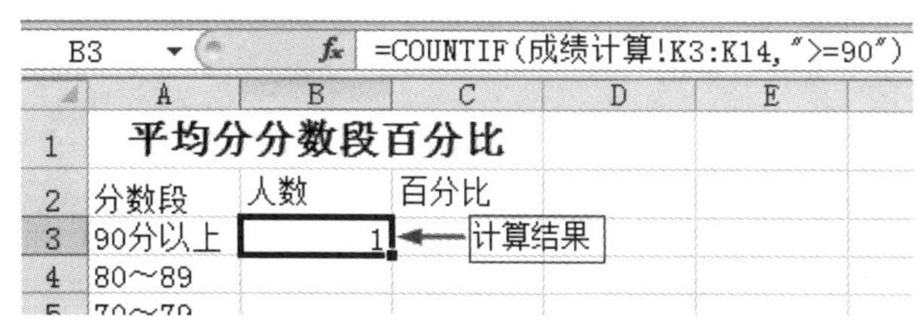

图 3-93　在“B3”中计算出 90 分以上人数

步骤 9　用复制函数方法计算“80～89”分数段的人数。

(1) 选中“B3”单元格，在该单元格插入的函数式出现在编辑栏中，选中编辑栏中的函数式，按“Ctrl+C”组合键，然后再按 Esc 键(若不按 Esc 键，直接单击其他单元格，则会改变“B3”单元格中的函数式)，如图 3-94 所示。

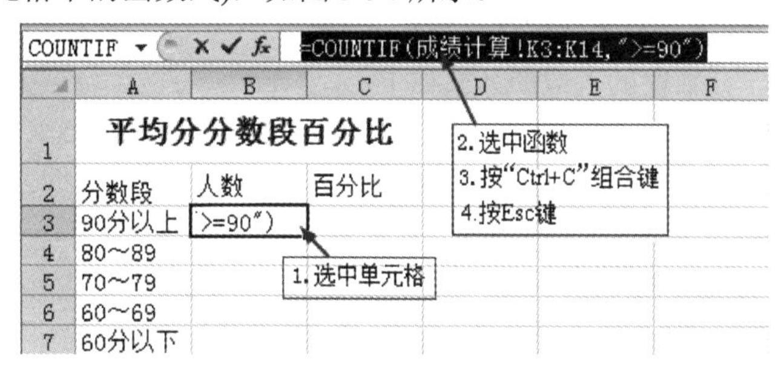

图 3-94　复制函数

(2) 双击“B3”单元格，再按两次“Ctrl+V”组合键，将“B3”单元格的函数式连续两次粘贴在“B4”单元格中，如图 3-95 所示。

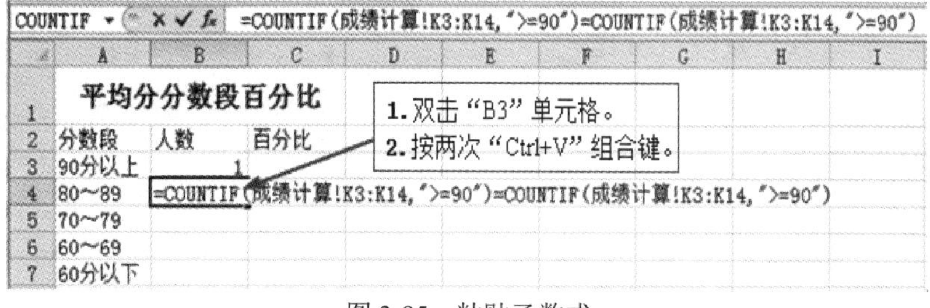

图 3-95　粘贴函数式

(3) 在编辑栏中，对粘贴的函数式进行编辑，改为“=COUNTIF(成绩计算!K3:K14, ">=80")-COUNTIF(成绩计算!K3:K14, ">=90")”，再按 Enter 键确认，则在“B4”单元格中显示计算结果，如图 3-96 和图 3-97 所示。

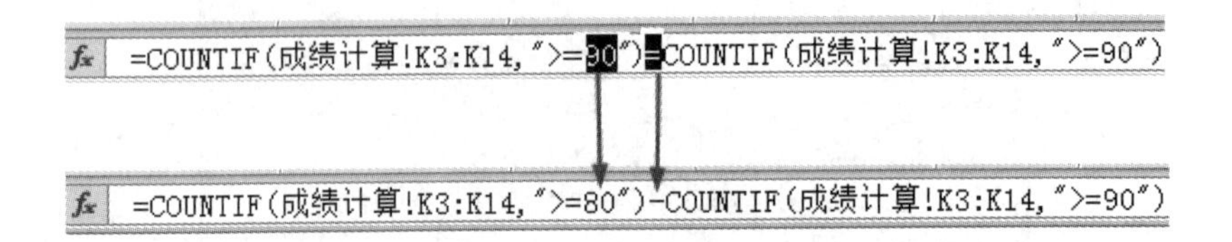

图 3-96　编辑函数式

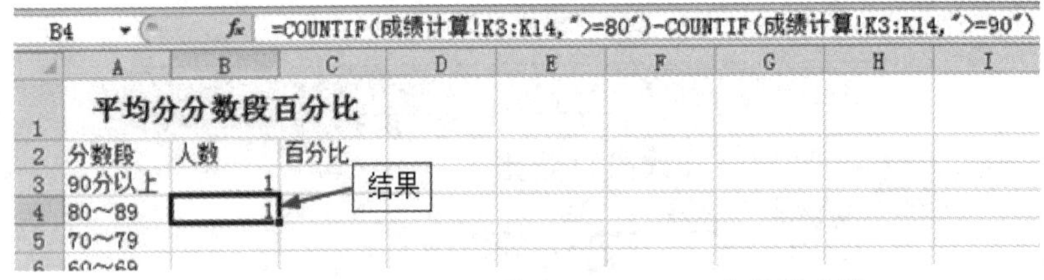

图 3-97　在“B4”中计算出“80～89”分数段人数

注：“80～90”分数段的人数＝80 分以上的人数－90 分以上的人数。

步骤 10　用复制函数的方法计算“70～79”分数段的人数。

将“B4”单元格的公式复制到“B5”单元格中，再对公式进行如下编辑：

=COUNTIF(成绩计算!K3:K14，">=70")-COUNTIF(成绩计算!K3:K14，">=80")

步骤 11　计算“60～69”和“60 分以下”分数段的人数。

参考步骤 10 的操作，对函数式进行编辑。

计算“60～69”分数段的人数的公式如下：

=COUNTIF(成绩计算!K3:K14，">=60")-COUNTIF(成绩计算!K3:K14，">=70")

计算“60 分以下”分数段的人数的公式如下：

=COUNTIF(成绩计算!K3:K14，"<60")

最后的计算结果如图 3-98 所示。

步骤 12　计算“百分比”。

选中“C3”单元格，在该单元格中输入公式：=B3/SUM(B$3:B$7)，按 Enter 键确认，得到计算结果，用自动填充功能实现该列其他数据的填充，如图 3-99 和图 3-100 所示。

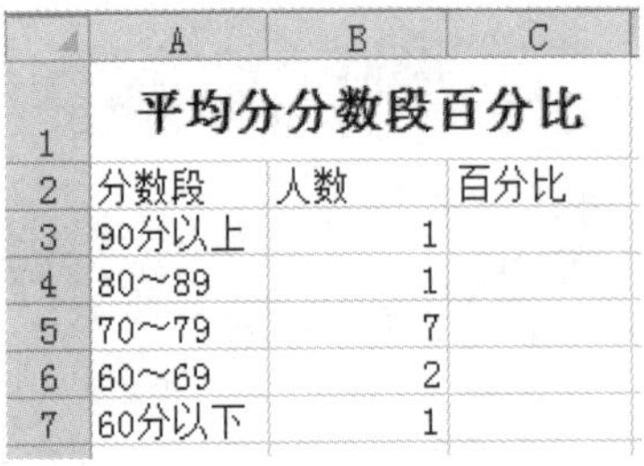

	A	B	C
1	平均分分数段百分比		
2	分数段	人数	百分比
3	90分以上	1	
4	80～89	1	
5	70～79	7	
6	60～69	2	
7	60分以下	1	

图 3-98　各分数段人数计算结果

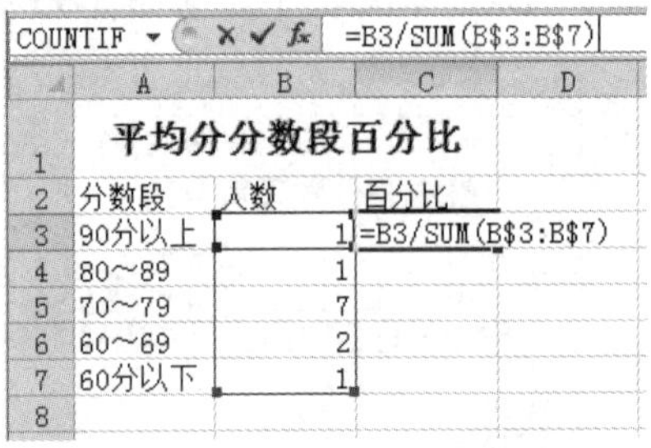

COUNTIF　=B3/SUM(B$3:B$7)

	A	B	C	D
1	平均分分数段百分比			
2	分数段	人数	百分比	
3	90分以上	1	=B3/SUM(B$3:B$7)	
4	80～89	1		
5	70～79	7		
6	60～69	2		
7	60分以下	1		
8				

图 3-99　在单元格中编辑计算公式

步骤 13　设置“百分比”列数据格式。

选中“C3:C7”单元格区域，在选定的区域上单击右键，弹出快捷菜单，选择“设置单元格格式”命令，在出现的“设置单元格格式”对话框“数字”选项卡的“分类”列表框中选择“百分比”，设置小数位数为“1”，最后单击“确定”按钮，如图 3-101 所示。

图 3-100　“自动填充”分数段人数所占百分比

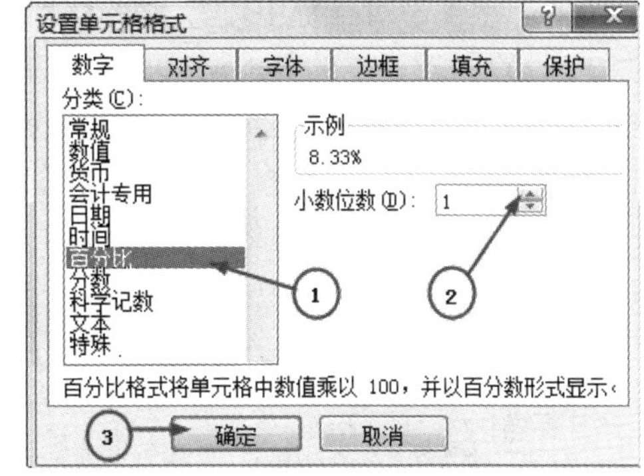

图 3-101　设置“百分比”列数据格式

步骤 14　插入“图表”。

选中“分数段”和“百分比”两列数据(即“A2:A7”和“C2:C7”单元格区域)，再单击“插入”选项卡“图表”组中的“饼图”按钮，选择“二维饼图”中第一个饼图类型，则会在当前工作表中创建一个饼图，如图 3-102 和图 3-103 所示。

图 3-102　选择“插入图形”命令

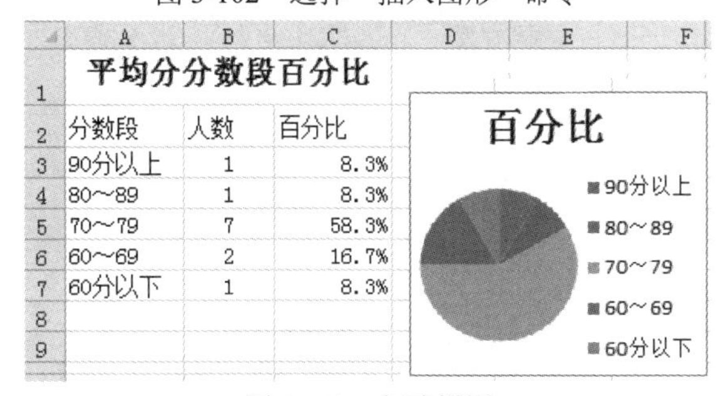

图 3-103　创建饼图

步骤 15　设置图表格式。

(1) 编辑图表的标题。

① 编辑文字：双击图表的标题，或单击鼠标右键，选择快捷菜单中的“编辑文字”命令，进入编辑状态，将标题文字改为“平均分”分数段百分比，如图 3-104 所示。

② 设置字的大小：在“标题”处单击鼠标右键，选择快捷菜单中的“字体”命令，在显示的“字体”对话框中设置字体的大小为 14 磅。

③ 设置图表标题的其他格式：在“标题”处单击鼠标右键，选择快捷菜单中的“设置图表标题格式”命令，显示“设置图表标题格式”对话框，在左栏列表框中选择“填充”，在右侧“填充”选项中选择“纯色填充”，“颜色”选择“红色”，此外，还可设置“边框颜色”“边框样式”等，如图 3-105 所示。

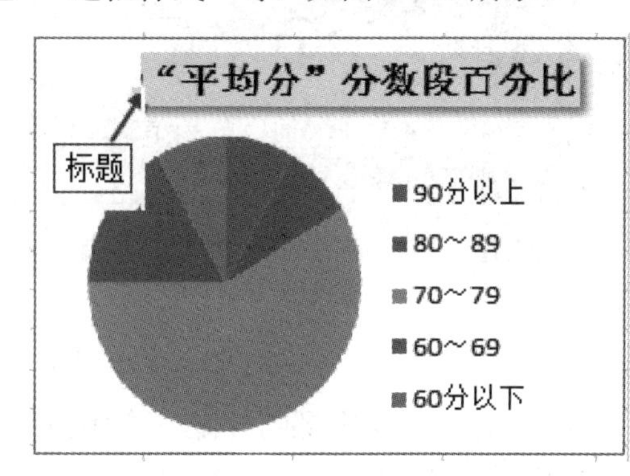

图 3-104　标题设置效果图

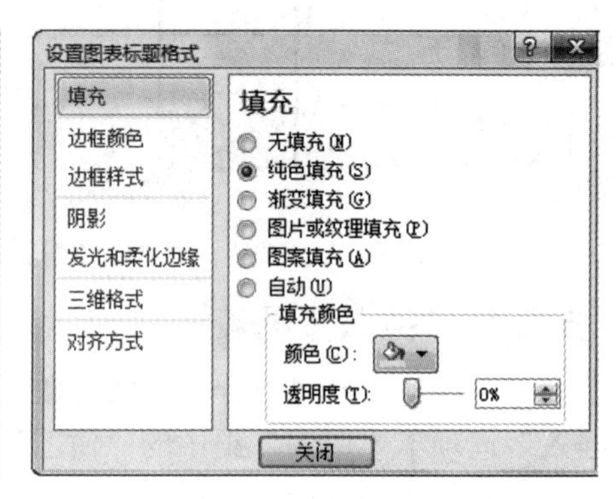

图 3-105　“设置图表标题格式”对话框

注：如果不需要显示标题，则单击“图表工具”下“布局”选项卡“标签”组中的“图表标题”的下拉按钮，选择“无”命令。

(2) 编辑“‘系列百分比’图表区”。

① 添加及设置“数据标签”：在图表上单击右键，选择快捷菜单中的“添加数据标签”命令，则在图表上显示数据。若要设置“数据标签”的格式，则先选中“数据标签”，单击鼠标右键，在弹出的“字体”菜单中设置字体，或选择“设置数据标签格式”命令来设置“数据标签”的其他格式，如图 3-106 所示。

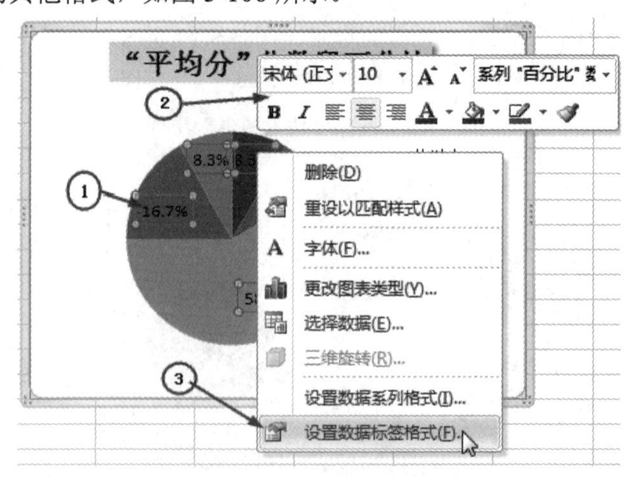

图 3-106　设置“数据标签”格式命令

② 更改图表类型：单击“图表工具”下的“设计”选项卡中“类型”组中的“更改图表类型”，或在图表上单击右键，选择“更改系列图表类型”命令，都会显示“更改图表类型”对话框，选择用户所需的图表类型，如图 3-107 所示。

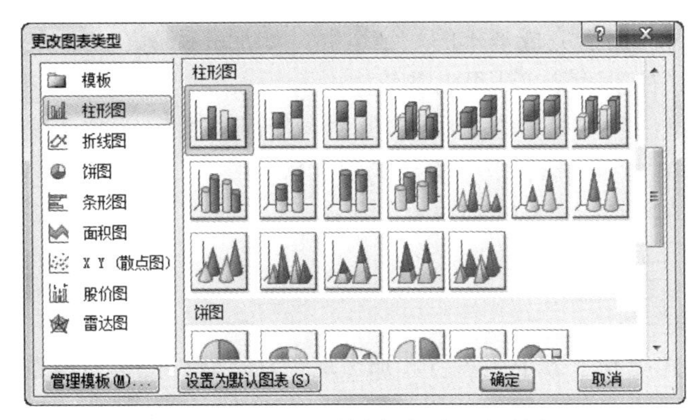

图 3-107　“更改图表类型”对话框

(3) 编辑“图例”。

单击“图表工具”中“布局”选项卡“标签”组中“图例”的下拉按钮，可选择图例的位置。如果不需要显示图例，则选择“无”命令。

注：应用“格式”工具编辑图表的内容。在“图表工具”的“格式”选项卡“当前所选内容”组中的下拉列表框中选择准备编辑的内容，再单击“设置所选内容格式”按钮，则显示相应的对话框，供用户编辑，如图 3-108 所示。

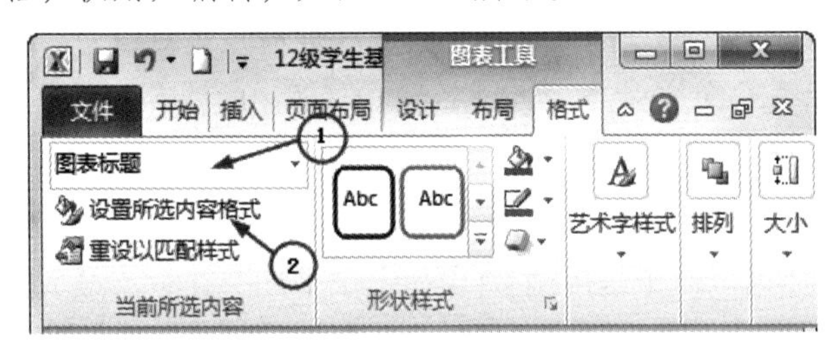

图 3-108　选定格式并编辑内容

任务回顾

本任务中，通过制作“成绩计算”和“分数段图表”，学习了在 Excel 中应用公式和函数进行数据计算、单元格的引用、数据格式化以及图表的制作和编辑，完成了对原始数据的初步处理。

❖ 知识拓展 1：公式与函数

1. 公式

1) 公式的定义和组成

公式是对 Excel 工作表中的数据进行计算和操作的等式。公式由前导符号(=)、常量、单元格引用、区域名称、函数、括号及相应的运算符组成。

2) 公式中的运算符

Microsoft Excel 包含四种类型的运算符：算术运算符、比较运算符、文本运算符和引用运算符。引用运算符在此就不做介绍了。

(1) 算术运算符：用于完成基本的数学运算，如加(+)、减(－)、乘(*)、除(/)、百分号(%)或乘方(^)等运算符。运算的结果为数值型。

(2) 文本运算符：用于实现文本的连接运算，使用连接符(&)加入或连接一个或多个文本字符串以产生一串字符。运算的结果仍为文本型。

(3) 比较运算符：用于实现比较运算，如＝、＞、＜、＞＝、＜＝、＜＞。运算结果为逻辑值(TRUE 或 FALSE)。

3) 运算符的优先级

如果一个表达式用到了多个运算符，那么这个表达式中的运算将按一定的顺序进行，这种顺序称为运算的优先级。运算的优先级为：^(乘方)→－(负号)→%(百分比)→*、/(乘或除)→+、－(加或减)→&(文本连接)→＝、＞、＜、＞＝、＜＝、＜＞(比较)。

2．函数

1) 函数的含义及格式

函数一般是由函数名、小括号和参数组成的，其格式如下：

函数名(参数)

函数名一般是英文单词或缩写，参数即参与该函数运算的单元格、区域、数值或表达式，参数一般会是单元格名称、区域名称、具体的数值或运算符号。若不连续的区域参加运算，则用半角逗号“,”分隔开多个区域名称。例如，函数 SUM(E2:H2)表示 E2:H2 区域中的数据参加求和运算。

2) 插入函数

(1) 常用函数的插入。对于常用函数(求和、求平均、计数、最大值及最小值)的插入，先选中需要插入函数的单元格，再单击“开始”选项卡“编辑”组中的“Σ 自动求和”Σ 自动求和 下拉按钮，选择需要的函数进行计算。

(2) 其他函数的插入。

方法一：选中需要插入函数的单元格，再单击“编辑栏”前的“插入函数”按钮 fx，出现“插入函数”对话框，在“或选择类别”列表框中选择函数的类别，在“选择函数”列表框中选择所需的函数，单击“确定”按钮，如图 3-109 所示，会弹出“函数参数”对话框，再根据实际情况完成对话框的设置即可。

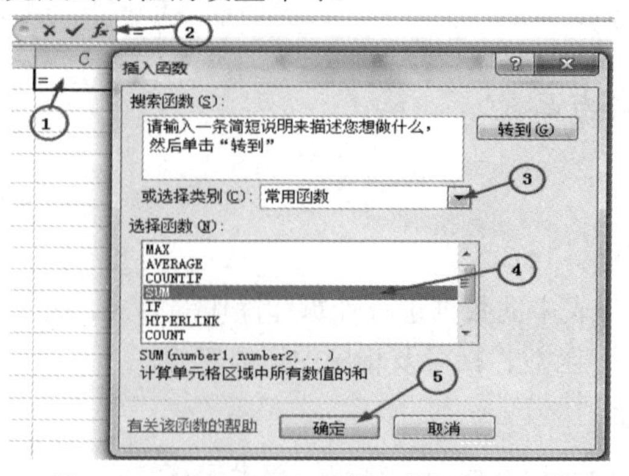

图 3-109　单击“插入函数”按钮插入函数

方法二：选中需要插入函数的单元格，单击“公式”选项卡“函数库”组中的“插入函数”按钮；或单击“开始”选项卡“编辑”组中的“Σ自动求和” Σ 自动求和 ▾ 下拉按钮，再选择“其他函数”按钮，然后依次完成对话框的设置，如图3-110所示。

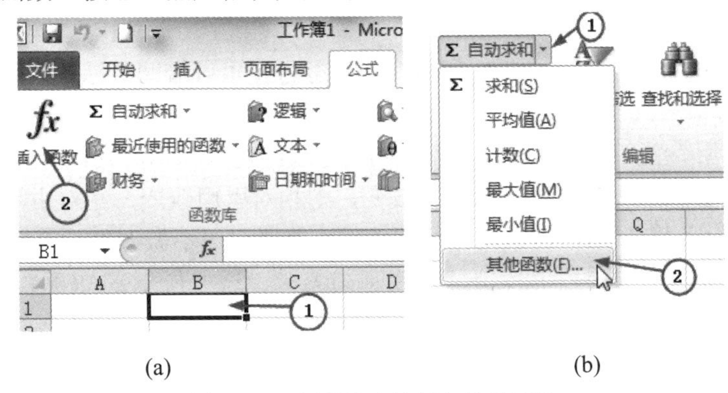

(a)　　(b)

图3-110　用菜单方法插入其他函数

3) 常用函数

(1) 求和函数SUM：返回参数区域中所有数值之和。

语法如下：

SUM(number1，number2，…)

其中，number1，number2等为1～255个需要求和的参数区域。

(2) 平均值函数AVERAGE：返回参数区域中所有数值的平均值(算术平均值)。

(3) 计数函数COUNT：返回参数区域中包含数字的单元格的个数。

(4) 最大值函数MAX：返回参数区域中最大的单元格数值。

(5) 最小值函数MIN：返回参数区域中最小的单元格数值。

3. 单元格引用

在构造公式和函数时，会引用单元格的名称，这表示取该名称所在的单元格内的数据来参加计算。当被引用的单元格中的数据变化时，公式和函数的结果会自动发生相应的变化。

1) 引用本工作表和其他工作表的区域

(1) 若要引用本工作表的某个区域，则可直接使用区域的名称或为该区域定义的名称，如E2:H2。如果将区域E2:H2命名为“CJ”，则函数SUM(E2:H2)也可写成SUM(CJ)。

(2) 若要引用同一个工作簿中其他工作表的单元格，则使用格式“工作表名!区域名”，如“成绩计算!E2:H2”。

(3) 若要引用其他工作簿中某个工作表中的区域，则使用格式“[工作簿名]工作表名!区域名”，如“[成绩表.xlsx] 成绩计算!E2:H2”。一般情况下，Excel会自动将区域变为绝对引用。

2) 相对引用、绝对引用和混合引用

(1) 相对引用。相对单元格引用(如E2:H2)，是基于包含公式(函数)和单元格引用相对位置的引用。如果公式(函数)所在单元格的位置改变，则引用也随之改变。

例如，用“自动填充”功能填充总分列的数据时，公式(函数)自动调整引用单元格的名称。在“I2”中，函数式是“＝SUM(E2:H2)”；在“I3”中，函数式是“＝SUM(E3:H3)”。

默认情况下，在一个工作簿中进行单元格的引用时会自动设置为相对引用。

(2) 绝对引用。绝对单元格引用(如$E$2)总是引用指定位置的单元格。即使公式(函数)所在单元格的位置改变，绝对引用也会保持不变。即使复制多行或多列公式(函数)，绝对引用也不做改变。

绝对单元格的录入可依次录入$、列标、$、行号；也可借助鼠标录入相对地址，再分别在列标和行号前输入“$”。

(3) 混合引用。混合引用具有绝对列和相对行或绝对行和相对列，如“$A1”或“A$1”形式。如果公式(函数)所在单元格的位置改变，则相对引用改变，绝对引用不变。若复制多行或多列公式(函数)，则相对引用自动调整，而绝对引用不做调整。

注：在相对引用、绝对引用和混合引用间切换时，选中包含公式(函数)的单元格，在编辑栏中选择要更改的引用，按F4键切换状态。

❖ 知识拓展2：图表

1．图表的组成

图表主要由图表标题、坐标轴、数据系列、图例、绘图区、图表区等元素组成。但并不是每个图表必须包含所有的元素，如饼图就不含坐标轴。下面以柱形图为例介绍图表的组成，如图3-111所示。

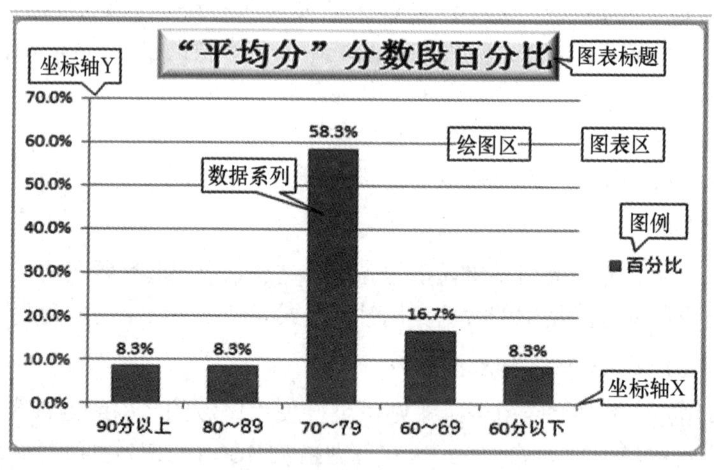

图3-111　图表的主要组成元素

2．常见的图表类型

(1) 柱形图：反映一段时间内数据的变化或者不同项目之间的对比，是最常见的图表之一。

子图表类型包括簇状柱形图、堆积柱形图、百分比堆积柱形图、三维簇状柱形图、三维堆积柱形图、三维百分比堆积柱形图、三维柱形图等。

(2) 折线图：按照相同的间隔显示数据的趋势。

子图表类型包括折线图、堆积折线图、百分比堆积折线图、数据点折线图、堆积数据点折线图、百分比堆积数据点折线图、三维折线图等。

(3) 饼图：显示组成数据系列的项目在项目总和中所占的比例，通常只显示一个数据系列。

子图表类型包括饼图、三维饼图、复合饼图、分离型饼图、分离型三维饼图和复合条饼图。

(4) 条形图：也是显示各个项目之间的对比，与柱形图不同的是其分类轴设置在纵轴上，而柱形图则设置在横轴上。

子图表类型包括簇状条形图、堆积条形图、百分比堆积条形图、三维簇状条形图、三维堆积条形图、三维百分比堆积条形图等。

(5) 面积图：显示数值随时间或类别的变化趋势。

子图表类型包括面积图、堆积面积图、百分比堆积面积图、三维面积图、三维堆积面积图和三维百分比堆积面积图。

(6) XY 散点图：显示若干个数据系列中各个数值之间的关系，或者将两组数据绘制为 XY 坐标的一个系列。

子图表类型包括散点图、平滑线散点图、无数据点平滑线散点图、折线散点图和无数据点折线散点图。

(7) 股价图：通常用于显示股票价格及其变化的情况，也可以用于科学数据(如表示温度的变化)。

子图表类型包括盘高—盘低—收盘图、开盘—盘高—盘低—收盘图、成交量—盘高—盘低—收盘图和成交量—开盘—盘高—盘低—收盘图。

(8) 曲面图：在连续曲面上跨两维显示数据的变化趋势。

子图表类型包括三维曲面图、三维曲面图(框架图)、曲面图(俯视)和曲面图(俯视框架图)。

(9) 圆环图：与饼图一样，也显示部分和整体之间的关系，但是圆环图可包含多个数据系列。

子图表类型包括圆环图和分离型圆环图。

(10) 气泡图：是一种 XY 散点图，以 3 个数值为一组对数据进行比较。气泡的大小表示 3 个变量的值。

子图表类型包括气泡图和三维气泡图。

(11) 雷达图：显示数值相对于中心点的变化情况。

子图表类型包括雷达图、数据点雷达图和填充雷达图。

3. 嵌入式图表和独立式图表之间的转换

Excel 2010 默认创建的图为嵌入式图表。用户可以根据需要将嵌入式图表改为独立式图表(一个单独的图表工作表)的形式保存起来，还可将独立式图表恢复为嵌入式图表。

1) 嵌入式图表转为独立式图表

选中图表，单击“图表工具”中“设计”选项卡“位置”组中的“移动图表”按钮，显示“移动图表”对话框，单击“新工作表”前的单选按钮，如果不想用默认的新工作表名“Chart1”，则输入新名字“图表-百分比”，最后单击“确定”按钮，即可将嵌入式图表转换成独立式图表，如图 3-112 和图 3-113 所示。

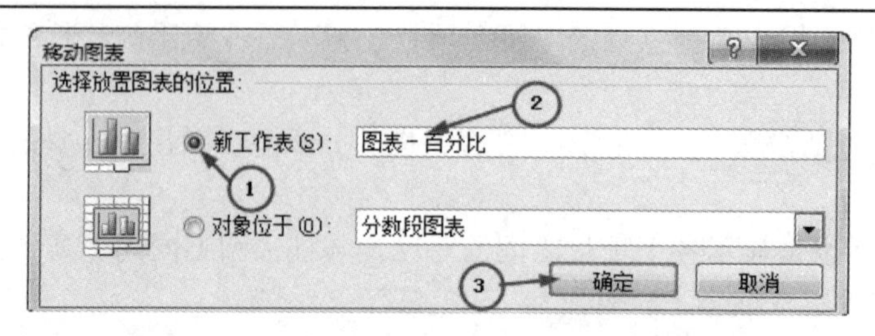

图 3-112　“移动图表”对话框——转为独立式图表

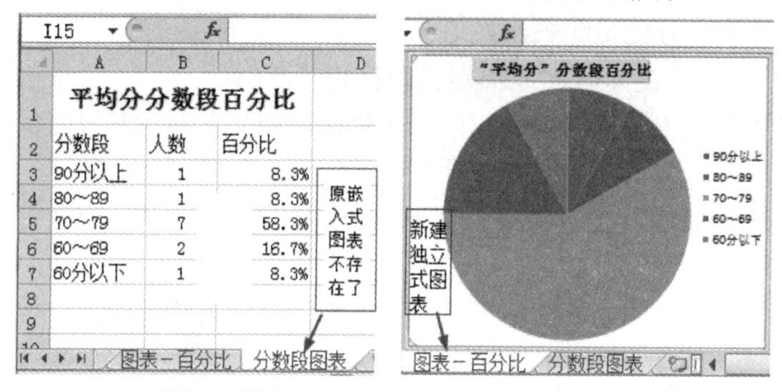

(a) 原嵌入式图表　　　　(b) 新建的独立式图表

图 3-113　由嵌入式图表转为独立式图表

2) 独立式图表转为嵌入式图表

选中“图表-百分比”工作表，单击“图表工具”中“设计”选项卡“位置”组中的“移动图表”按钮，显示“移动图表”对话框，单击“对象位于”前的单选按钮，再单击后面的下拉列表框按钮，选择“分数段图表”工作表，最后单击“确定”按钮，即可将独立式图表转为嵌入式图表，且原独立式图表“图表-百分比”在工作表标签栏中消失，如图 3-114 和图 3-115 所示。

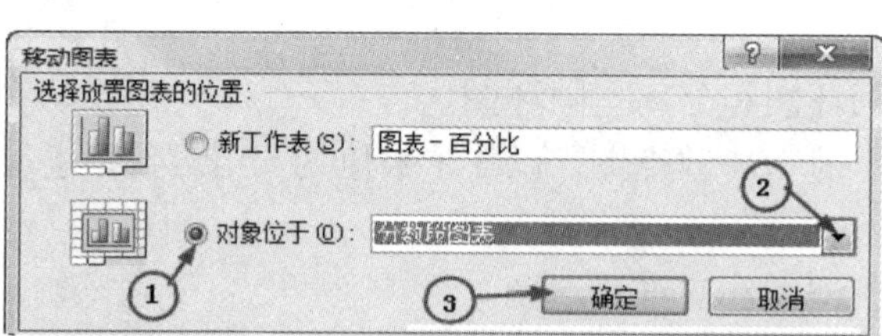

图 3-114　“移动图表”对话框——转为嵌入式图表

平均分分数段百分比		
分数段	人数	百分比
90分以上	1	8.3%
80～89	1	8.3%
70～79	7	58.3%
60～69	2	16.7%
60分以下	1	8.3%

“平均分”分数段百分比

8.3% 8.3% 8.3% 16.7% 58.3%

90分以上 80～89 70～79 60～69 60分以下

原始数据　格式化表　成绩计算　分数段图表

图 3-115　由独立式图表转为嵌入式图表

(1) 复制“工资表格式化”工作表，并命名为“工资计算”工作表，利用公式或函数计算出每个职工应发工资及单位平均应发工资、最高工资和最低工资，如图 3-116 所示。

	A	B	C	D	E	F	G	H	I
1	工　资　表								
2	工号	姓名	部门	职务	基本工资	奖金	津贴	应扣款	应发工资
3	001	陈士明	生产部	职员	1200	600	60	14	1874
4	002	高丽广	技术部	职员	1500	800	100	10	2410
5	003	李有伟	销售部	职员	1200	1000	120	12	2332
6	004	王金明	人事部	职员	1300	800	60	14	2174
7	005	钱春光	生产部	部门主管	1800	800	180	15	2795
8	006	方小军	技术部	部门主管	2300	840	200	20	3360
9	007	李三友	销售部	部门主管	2000	1050	220	24	3294
10	008	赵红花	人事部	部门主管	2000	1000	200	23	3223
11	009	李良好	生产部	职员	1300	500	60	17	1877
12	010	孙建军	技术部	职员	1400	750	80	4	2234
13	011	王前进	销售部	职员	1300	900	100	16	2316
14			平均						2535.364
15			最高工资						3360
16			最低工资						1874

工资表格式化　工资计算　Sheet3

图 3-116　“工资计算”工作表的效果图

(2) 利用“工资计算”工作表中的“姓名”和“应发工资”两列数据制作独立式图表，如图 3-117 所示。

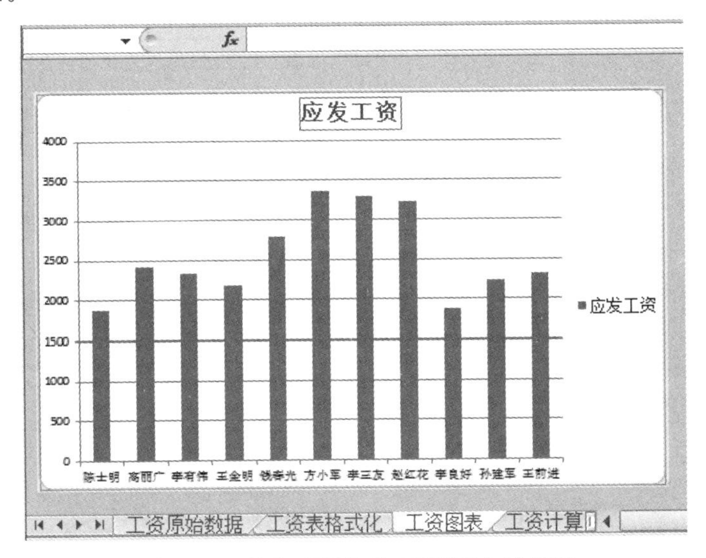

图 3-117　独立式图表“工资图表”效果图

任务 4　分析成绩数据

Excel 不仅具有数据处理功能，还具有强大的数据分析功能，如排序、自动筛选、高级筛选、分类汇总，以及使用数据透视表来查看和筛选等功能。在本任务中，主要对成绩进行分析，成完以下任务：

(1) 排序：按学生各学科的“总分”，由高到低进行排名。效果图如图 3-118 所示。

	A	B	C	D	E	F	G	H	I	J	K
1	按总分成绩排名										
2	序号	学号	姓名	性别	系部	语文	数学	英语	德育	总分	名次
3	1	120101	孟祥	男	机电系	96	95	83	87	361	1
4	2	120201	孙虎	女	建筑系	80	74	77	85	316	3
5	3	120301	王丹	男	数控系	78	90	68	75	311	4
6	4	120401	高兴	男	商贸系	85	64	80	78	307	6
7	5	120501	王超	女	交通系	92	87	69	80	328	2
8	6	120601	李芳	女	信息系	87	65	61	76	289	8
9	7	120102	罗健	女	机电系	54	48	57	79	238	12
10	8	120202	赵炎	男	建筑系	60	54	76	83	273	10
11	9	120302	马虎	女	数控系	83	44	71	86	284	9
12	10	120402	华林	女	商贸系	57	60	62	90	269	11
13	11	120502	陈娟	男	交通系	76	70	80	84	310	5
14	12	120602	王森	女	信息系	72	62	69	92	295	7

格式化表　成绩计算　分数段图表　成绩排名

图 3-118　“成绩排名”效果图

(2) 自动筛选：自动筛选了“机电系”和“交通系”中“语文”大于或等于 90 分以上的学生成绩记录。效果图如图 3-119 所示。

K18　*fx*

	A	B	C	D	E	F	G	H	I
1	序	学号	姓	性	系部	语文	数学	英语	德育
2	1	120101	孟祥	男	机电系	96	95	83	87
6	5	120501	王超	女	交通系	92	87	69	80
14									
15									

多关键字排序　自动筛选　高级筛选　分类汇总

图 3-119　“自动筛选”效果图

(3) 高级筛选：高级筛选出“语文”或“数学”或“英语”或“德育”不及格的学生成绩记录。效果图如图 3-120 所示。

	A	B	C	D	E	F	G	H	I
1	语文	数学	英语	德育					
2	<60								
3		<60							
4			<60						
5				<60					
6	有不及格科目的学生成绩								
7	序号	学号	姓名	性别	系部	语文	数学	英语	德育
8	7	120102	罗健	女	机电系	54	48	57	79
9	8	120202	赵炎	男	建筑系	60	54	76	83
10	9	120302	马虎	女	数控系	83	44	71	86
11	10	120402	华林	女	商贸系	57	60	62	90
12									

多关键字排序　自动筛选　高级筛选

图 3-120　“高级筛选”效果图

(4) 分类汇总：按“系部”分类汇总各学科的平均分。效果图如图 3-121 所示。

(5) 数据透视表：查看各“系部”女同学的“语文”平均分。效果图如图 3-122 所示。

	A	B	C	D	E	F	G	H	I
1	序号	学号	姓名	性别	系部	语文	数学	英语	德育
4					机电系 平均值	75	71.5	70	83
7					建筑系 平均值	70	64	76.5	84
10					交通系 平均值	84	78.5	74.5	82
13					商贸系 平均值	71	62	71	84
16					数控系 平均值	80.5	67	69.5	80.5
19					信息系 平均值	79.5	63.5	65	84
20					总计平均值	76.67	67.75	71.08	82.92
21									

自动筛选 高级筛选 分类汇总 数据透视表

图3-121 “分类汇总”效果图

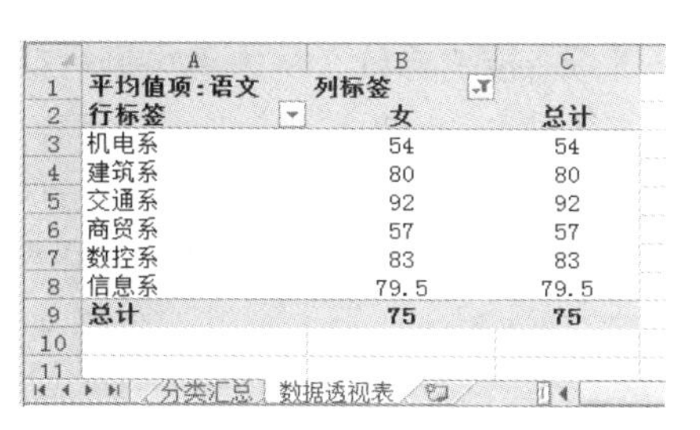

	A	B	C
1	平均值项:语文	列标签	
2	行标签	女	总计
3	机电系	54	54
4	建筑系	80	80
5	交通系	92	92
6	商贸系	57	57
7	数控系	83	83
8	信息系	79.5	79.5
9	总计	75	75
10			

分类汇总 数据透视表

图3-122 “数据透视表”效果图

任务分解

(1) 排序：以一个关键字排序，以多个关键字排序，使用函数RANK.EQ排名次；

(2) 筛选：自动筛选和高级筛选的启用和条件构造；

(3) 分类汇总：按分类字段进行汇总；

(4) 数据透视表：制作和运用数据透视表。

实施过程

步骤1 创建“成绩排名”工作表，并实现成绩按“总分”从高到低排名次。

1. 创建“成绩排名”工作表

插入新建工作表，并命名为“成绩排名”，并将“成绩计算”工作表中的数据复制到该工作表中，将标题改为“按总分成绩排名”，将“平均分”列数据删除，并将该列标题改为“名次”，如图3-123所示。

	A	B	C	D	E	F	G	H	I	J	K
1	按总分成绩排名										
2	序号	学号	姓名	性别	系部	语文	数学	英语	德育	总分	名次
3	1	120101	孟祥	男	机电系	96	95	83	87	361	
4	2	120201	孙虎	女	建筑系	80	74	77	85	316	
5	3	120301	王丹	男	数控系	78	90	68	75	311	
6	4	120401	高兴	男	商贸系	85	64	80	78	307	
7	5	120501	王超	女	交通系	92	87	69	80	328	
8	6	120601	李芳	女	信息系	87	65	61	76	289	
9	7	120102	罗健	女	机电系	54	48	57	79	238	
10	8	120202	赵炎	男	建筑系	60	54	76	83	273	
11	9	120302	马虎	女	数控系	83	44	71	86	284	
12	10	120402	华林	女	商贸系	57	60	62	90	269	
13	11	120502	陈娟	男	交通系	76	70	80	84	310	
14	12	120602	王森	女	信息系	72	62	69	92	295	
15											

格式化表 成绩计算 分数段图表 成绩排名

图3-123 新建“成绩排名”工作表

2. 按“总分”从大到小进行排名

方法一：用“排序”方法实现排名。

(1) 用鼠标激活“总分”列的任意单元格，单击“数据”选项卡“排序和筛选”组中的“降序”按钮，得到按“总分”从高到低顺序排列的数据，再用自动填充功能，在“名次”列填入“1、2、3…”，如图 3-124 所示。

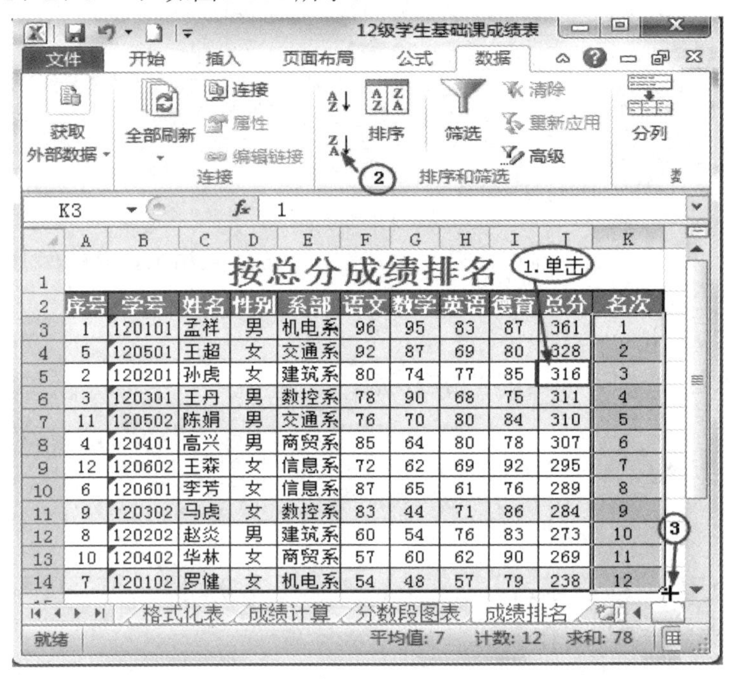

序号	学号	姓名	性别	系部	语文	数学	英语	德育	总分	名次
1	120101	孟祥	男	机电系	96	95	83	87	361	1
5	120501	王超	女	交通系	92	87	69	80	328	2
2	120201	孙虎	女	建筑系	80	74	77	85	316	3
3	120301	王丹	男	数控系	78	90	68	75	311	4
11	120502	陈娟	男	交通系	76	70	80	84	310	5
4	120401	高兴	男	商贸系	85	64	80	78	307	6
12	120602	王森	女	信息系	72	62	69	92	295	7
6	120601	李芳	女	信息系	87	65	61	76	289	8
9	120302	马虎	女	数控系	83	44	71	86	284	9
8	120202	赵炎	男	建筑系	60	54	76	83	273	10
10	120402	华林	女	商贸系	57	60	62	90	269	11
7	120102	罗健	女	机电系	54	48	57	79	238	12

图 3-124　按“总分”由高到低排序

(2) 用鼠标激活“序号”列的任意单元格(如 A6)后，单击“数据”选项卡中“排序和筛选”组中的“升序”按钮，即可使原来杂乱的“序号”重新按从小到大顺序排列了，如图 3-125 所示。

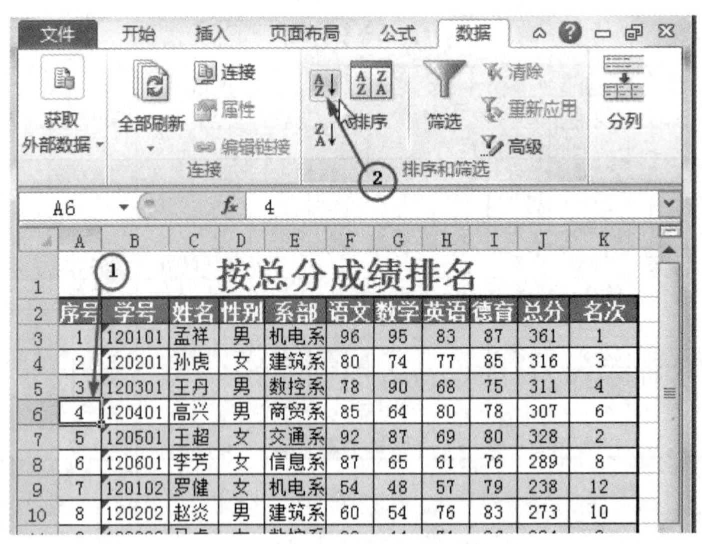

序号	学号	姓名	性别	系部	语文	数学	英语	德育	总分	名次
1	120101	孟祥	男	机电系	96	95	83	87	361	1
2	120201	孙虎	女	建筑系	80	74	77	85	316	3
3	120301	王丹	男	数控系	78	90	68	75	311	4
4	120401	高兴	男	商贸系	85	64	80	78	307	6
5	120501	王超	女	交通系	92	87	69	80	328	2
6	120601	李芳	女	信息系	87	65	61	76	289	8
7	120102	罗健	女	机电系	54	48	57	79	238	12
8	120202	赵炎	男	建筑系	60	54	76	83	273	10

图 3-125　“总分”从高到低排名次后使序号重新排列的操作

方法二：用“函数”方法实现排名。

(1) 选中“K3”单元格，单击“公式”选项卡“函数库”组中“其他函数”的下拉按钮，选择“统计”命令列表中的“RANK.EQ 函数”，显示“函数参数”对话框，在“Number”处选择单元格“J3”，在“Ref”中选择区域“J3:J14”，并按 F4 键将区域修改为绝对引用“$J$3:$J$14”，单击“确定”按钮，得到该区域中第一个同学的名次结果，如图 3-126 和图 3-127 所示。

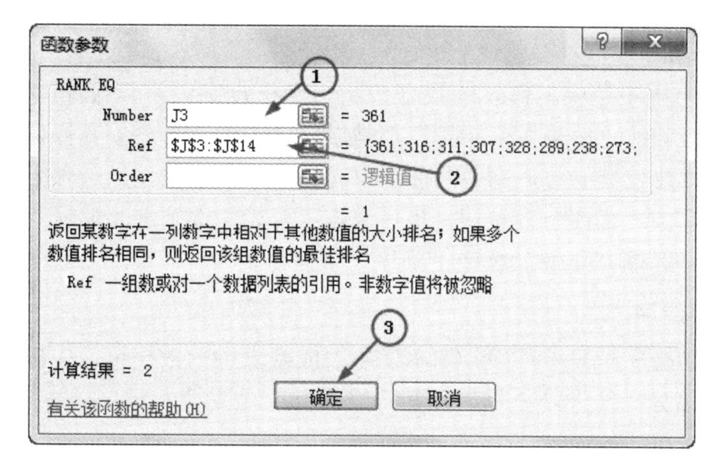

图 3-126　设置 RANK.EQ 函数参数

K3　　=RANK.EQ(J3,$J$3:$J$14)

按总分成绩排名

序号	学号	姓名	性别	系部	语文	数学	英语	德育	总分	名次
1	120101	孟祥	男	机电系	96	95	83	87	361	1
2	120201	孙虎	女	建筑系	80	74	77	85	316	
3	120301	王丹	男	数控系	78	90	68	75	311	
4	120401	高兴	男	商贸系	85	64	80	78	307	
5	120501	王超	女	交通系	92	87	69	80	328	
6	120601	李芳	女	信息系	87	65	61	76	289	
7	120102	罗健	女	机电系	54	48	57	79	238	
8	120202	赵焱	男	建筑系	60	54	76	83	273	
9	120302	马虎	女	数控系	83	44	71	86	284	
10	120402	华林	女	商贸系	57	60	62	90	269	
11	120502	陈娟	男	交通系	76	70	80	84	310	
12	120602	王森	女	信息系	72	62	69	92	295	

格式化表　成绩计算　分数段图表　成绩排名

图 3-127　计算出“序号”为 1 的学生的“总分”名次

(2) 用自动填充功能，完成“名次”列数据的填充。效果与图 3-125 相同。

注： RANK.EQ 函数用于返回某个数字在一列数字中相对于其他数值的大小排名。如果多个值排名相同，则返回该组数值的最佳排名。

语法如下：

RANK.EQ(Number，Ref，[Order])

Number：需要找到排位的数字。

Ref：数字列表数组或对数字列表的引用。Ref 中的非数值型值将被忽略。

Order：为一数字，指示排位的方式。如果为 0 或忽略，则降序；如果非零值，则升序。

❖ 知识拓展：排序

排序是将数据区域按照指定某列(关键字)的升序(从小到大递增)或降序(从大到小递减)为依据，重新排列数据行的顺序。Excel 的排序操作有以一个关键字排序和以多个关键字排序两种。

1. 以一个关键字排序

以一个关键字排序是将工作表的数据按照一个指定字段重新排序。如本任务中的按“总分”降序排序和按“序号”升序排序都是以一个关键字排序。其操作方法如下：

用鼠标激活排序依据的数据列中的任意单元格，单击“数据”选项卡“排序和筛选”组中的“升序”或“降序”按钮，也可单击“开始”选项卡“编辑”组中“排序和筛选”的下拉按钮，选择“升序”或“降序”命令。

2. 以多个关键字排序

以多个关键字排序是多重排序。如本任务中成绩表中的数据可以先按“系部”排序，同一系部的按“总分”从大到小排序，其中“系部”是主要关键字，“总分”是次要关键字。其操作方法如下：

将鼠标定位于数据区域内任意单元格，单击“数据”选项卡“排序和筛选”组中的“排序”按钮，显示“排序”对话框，在对话框中设置主要关键字和次要关键字，最后单击“确定”按钮，即可完成按多个关键字排序，如图 3-128 和图 3-129 所示。

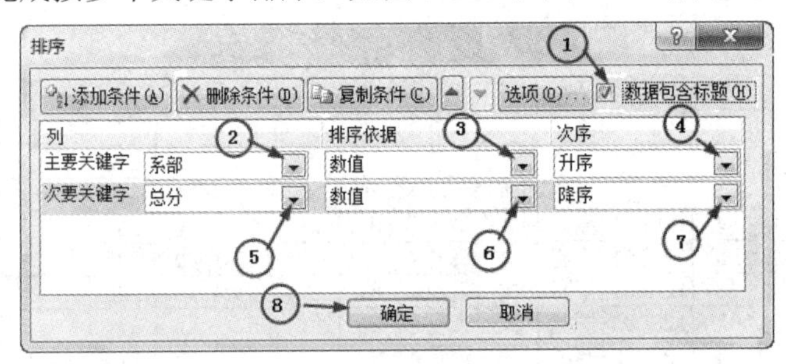

图 3-128　设置多个关键字排序对话框

主关键字　次关键字

	A	B	C	D	E	F	G	H	I	J
1	序号	学号	姓名	性别	系部	语文	数学	英语	德育	总分
2	1	120101	孟祥	男	机电系	96	95	83	87	361
3	7	120102	罗健	女	机电系	54	48	57	79	238
4	2	120201	孙虎	女	建筑系	80	74	77	85	316
5	8	120202	赵炎	男	建筑系	60	54	76	83	273
6	5	120501	王超	女	交通系	92	87	69	80	328
7	11	120502	陈娟	男	交通系	76	70	80	84	310
8	4	120401	高兴	男	商贸系	85	64	80	78	307
9	10	120402	华林	女	商贸系	57	60	62	90	269
10	3	120301	王丹	男	数控系	78	90	68	75	311
11	9	120302	马虎	女	数控系	83	44	71	86	284
12	12	120602	王森	女	信息系	72	62	69	92	295
13	6	120601	李芳	女	信息系	87	65	61	76	289

分数段图表　成绩排名　多关键字排序

图 3-129　按多个关键字排序的效果图

注：

① 有多个排序关键字时，先按主要关键字的指定顺序排序。若这个关键字没有相同的值，则后面的关键字都不起作用；若这个关键字有相同的值，则以次要关键字的指定顺序排序；若主要和次要关键字都相同，则以再次要关键字的指定顺序排序。

② “排序”对话框中“☑ 数据包含标题(H)”的作用：如果勾选此项，则关键字的下拉列表框将以数据区域的第一行作为选项列出；如果不勾选此项，则没有标题行，在选择关键字时，只能看到“列 A”“列 B”……这样的选项，不利于选择关键字，如图 3-130 所示。

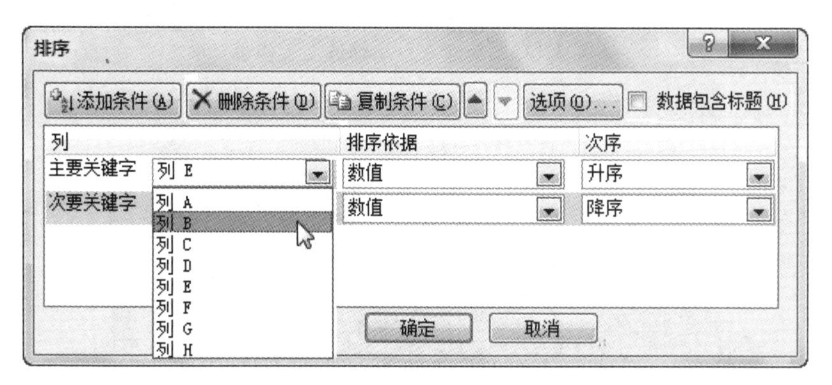

图 3-130 无标题行的关键字下拉列表

3. 排关键字的顺序

常用的排序有按文本(升序或降序)、数字(升序或降序)以及日期和时间(升序或降序)进行排序。还可以按自定义序列(如大、中和小)或格式(包括单元格颜色、字体颜色或图标集)进行排序。下面重点介绍常用关键字类型的顺序。

(1) 数字：以 0、1、2、3……的自然数顺序为升序，反之为降序。

(2) 日期：先发生的日期小于其后的日期。日期是特殊的数字。

(3) 文本：单字以拼音的递增顺序为升序。多个字的词，先以第一个字的拼音排序，如果第一个字相同，再以第二字排序，以此类推。

(4) 优先级：由低到高为无字符、空格、数字、文本字符。

步骤 2 创建“自动筛选”工作表，并筛选出“机电系”和“建筑系”中“语文”为 90 分以上(包括 90 分)的同学。

(1) 创建“自动筛选”工作表。插入新建工作表，命名为“自动筛选”，并将 “成绩计算”工作表中的数据复制到该工作表中，如图 3-131 所示。

(2) 执行“自动筛选”命令。将鼠标定位于数据区域内任意单元格，单击“数据”选项卡“排序和筛选”组中的“筛选”按钮，启用自动筛选，在数据区域的列标题处出现可设置筛选条件的按钮▼，如图 3-132 所示。

	A	B	C	D	E	F	G	H	I
1	序号	学号	姓名	性别	系部	语文	数学	英语	德育
2	1	120101	孟祥	男	机电系	96	95	83	87
3	2	120201	孙虎	女	建筑系	80	74	77	85
4	3	120301	王丹	男	数控系	78	90	68	75
5	4	120401	高兴	男	商贸系	85	64	80	78
6	5	120501	王超	女	交通系	92	87	69	80
7	6	120601	李芳	女	信息系	87	65	61	76
8	7	120102	罗健	女	机电系	54	48	57	79
9	8	120202	赵炎	男	建筑系	60	54	76	83
10	9	120302	马虎	女	数控系	83	44	71	86
11	10	120402	华林	女	商贸系	57	60	62	90
12	11	120502	陈娟	男	交通系	76	70	80	84
13	12	120602	王森	女	信息系	72	62	69	92

成绩排名　多关键字排序　自动筛选

图 3-131　新建“自动筛选”工作表

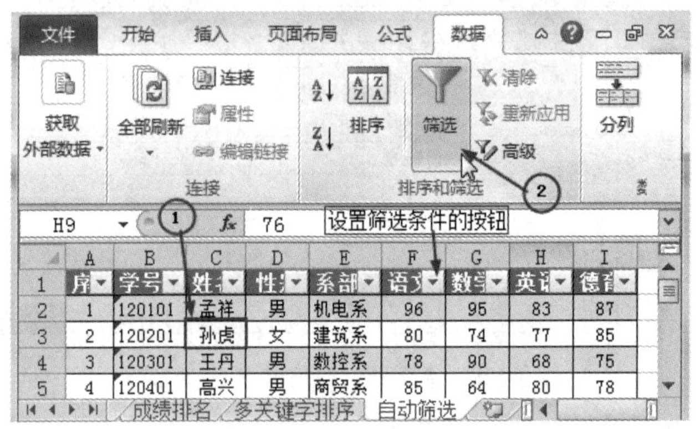

图 3-132　执行“自动筛选”命令

注：启动自动筛选还可用其他两种方法：

① 单击“开始”选项卡“编辑”组中的“排序和筛选”下拉按钮，选择“筛选”命令。

② 按组合键“Ctrl+Shift+L”。

(3) 设置筛选条件。单击“系部”标题后的按钮，打开列表筛选器，勾选“机电系”和“建筑系”，单击“确定”按钮。再单击“语文”标题后的按钮，在显示的列表筛选器中选择“数字筛选”中的“大于或等于”命令，出现“自定义自动筛选方式”对话框，在“显示行”的“语文”栏中的值域栏中输入“90”，单击“确定”按钮，实现自动筛选，如图 3-133～图 3-136 所示。

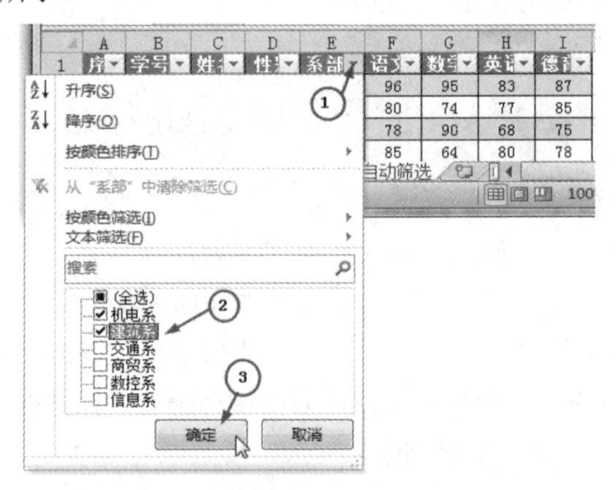

图 3-133　在列表筛选器中设置“系部”筛选条件

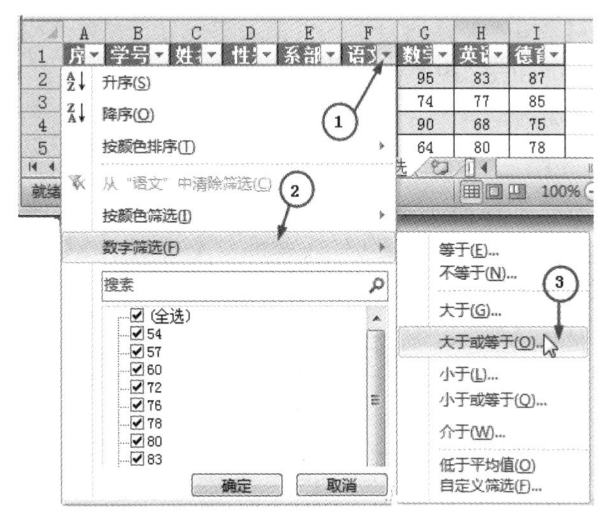

图 3-134　在筛选器中选择设置筛选"语文"条件的命令

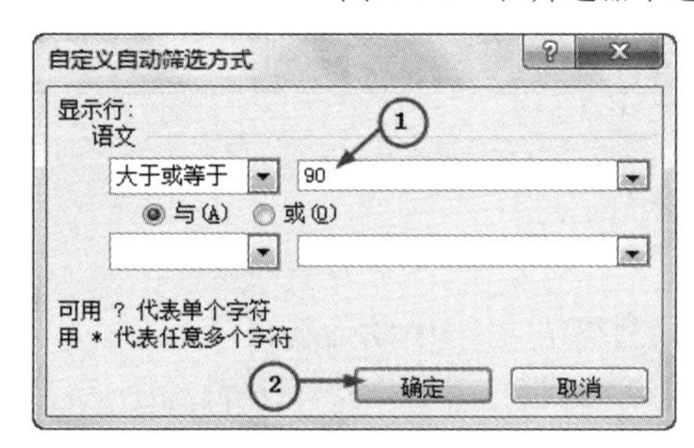

图 3-135　"自定义自动筛选方式"对话框

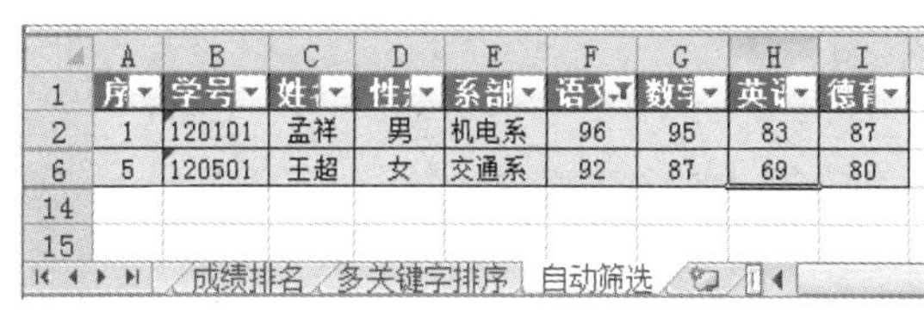

图 3-136　"自动筛选"结果

注：自动筛选可以将满足筛选条件的行保留，将其余行隐藏，以便查看满足条件的数据。筛选完成后，保留的数据行的行号会变成蓝色。

步骤 3　创建"高级筛选"工作表，筛选出"语文""数学""英语"和"德育"4 门课中有不及格科目的学生成绩单。

(1) 插入新工作表，命名为"高级筛选"。

(2) 在"高级筛选"工作表中创建高级筛选的条件，如图 3-137 所示。

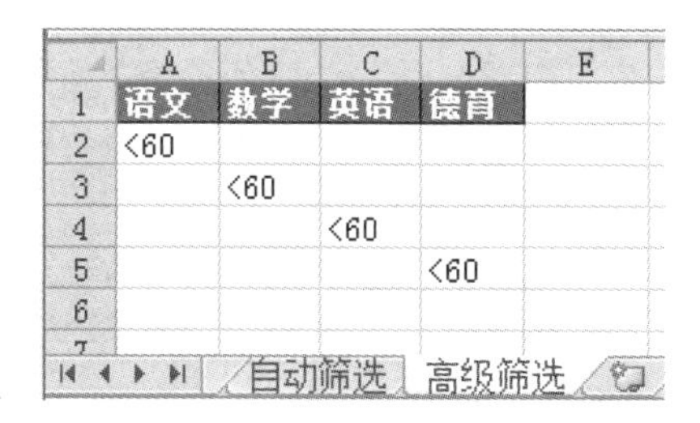

图 3-137　高级筛选的条件

(3) 合并 A6:I6 单元格区域，输入"有不及格科目的学生成绩"，并设置字体大小为 14 磅，加粗显示。

(4) 执行"高级筛选"命令，并完成参数设置。

单击中"数据"选项卡中"排序和筛选"组中的"高级"按钮，显示"高级筛选"对话框。在"方式"中选择"将筛选结果复制到其他位置"；在"列表区域"中选择"成绩计算"工作表中的"A2:I14"单元格区域，则文本框中会显示"成绩计算!$A$2:$I$14"；在"条件区域"中选择"高级筛选"工作表中的"A1:D5"单元格区域，则在文本框中会显示"高级筛选!$A$1:$D$5"；在"复制到"中选择"高级筛选"工作表中的"A7"单元格，单击"确定”按钮，则 4 门学科中有不及格科目的学生记录都会显示在以“A7”为起始单元格的单元格区域内，如图 3-138 和图 139 所示。

注：将结果复制到其他位置时，由于不知道结果会有多少行，因此通常选择数据的起始单元格，即结果区域最左上角的单元格，结果数据会自动向下向右排列。

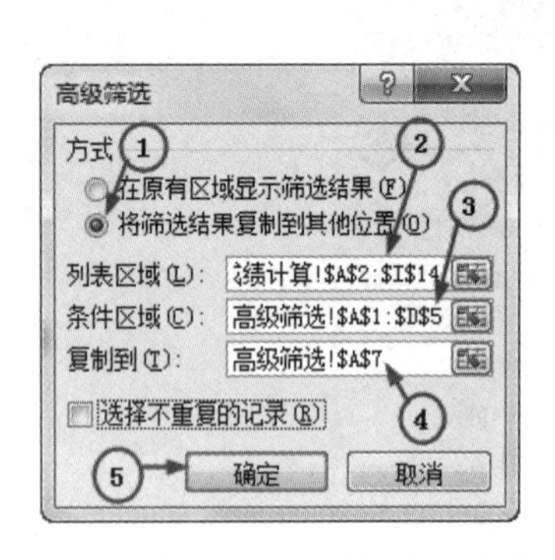

图 3-138　设置“高级筛选”参数

	A	B	C	D	E	F	G	H	I
1	语文	数学	英语	德育					
2	<60								
3		<60							
4			<60						
5				<60					
6	有不及格科目的学生成绩								
7	序号	学号	姓名	性别	系部	语文	数学	英语	德育
8	7	120102	罗健	女	机电系	54	48	57	79
9	8	120202	赵炎	男	建筑系	60	54	76	83
10	9	120302	马虎	女	数控系	83	44	71	86
11	10	120402	华林	女	商贸系	57	60	62	90
12									

多关键字排序　自动筛选　高级筛选

图 3-139　“高级筛选”结果

❖ **知识拓展：筛选**

1. 通配符

通配符是特殊的键盘字符，主要有星号(*)和问号(?)，用来模糊筛选记录。

* (星号)：可以代替 0 个或多个字符。例如，李*可代替李四、李一石等。

? (问号)：可以代替一个字符。例如，A? 可代替 AB、AC、AD 等。

例如，筛选出“学号”以“1201”开头的学生成绩记录的操作步骤如下：

新建“高级筛选－2”工作表，并复制“成绩计算”中的数据，在“B15”单元格中输入“学号”，在“B16”单元格中输入“1201*”。单击“数据”选项卡“排序和筛选”组中的“高级”按钮![高级]，显示“高级筛选”对话框，在“方式”中选择“在原有区域显示筛选结果”，“列表区域”选择“$A$1:$I$13”，“条件区域”选择“$B$15:$B$16”，单击“确定”按钮，即可筛选出以“1201”开头的学生成绩记录，如图 3-140 和图 3-141 所示。

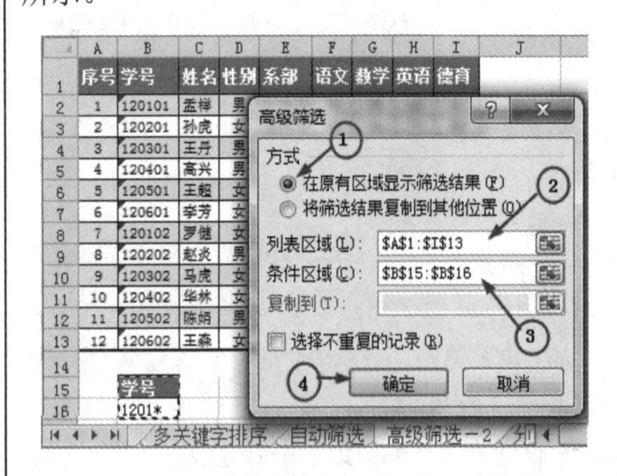

图 3-140　设置条件含通配符的高级筛选

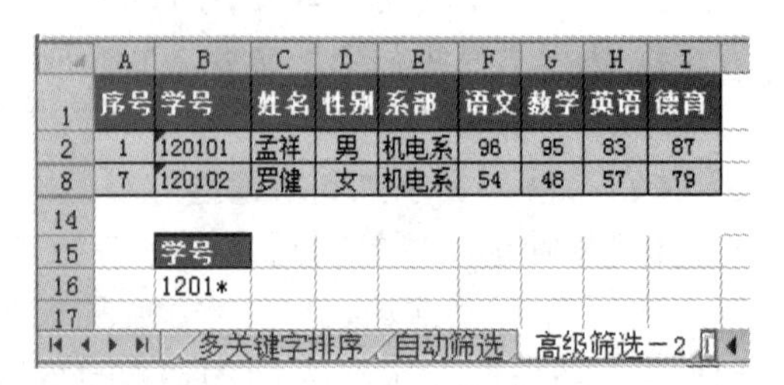

	A	B	C	D	E	F	G	H	I
1	序号	学号	姓名	性别	系部	语文	数学	英语	德育
2	1	120101	孟祥	男	机电系	96	95	83	87
8	7	120102	罗健	女	机电系	54	48	57	79
14									
15		学号							
16		1201*							
17									

多关键字排序　自动筛选　高级筛选－2

图 3-141　筛选出以“1201”开头的学生成绩记录

2. 高级筛选的条件

高级筛选需要在原始数据区域之外的单元格区域中输入筛选条件，条件必须包含所在列的列标题和条件表达式。输入条件时，若两个(多个)条件写在同一行，则表示两(多)个条件同时满足，即为“与”的关系；若写在不同行，则表示两(多)个条件满足任意一个，即“或”的关系，如图3-142所示。

	A	B	C	D
1	语文	数学	英语	德育
2	<60			
3		<60		
4			<60	
5				<60

(a) 高级筛选“或”条件形式

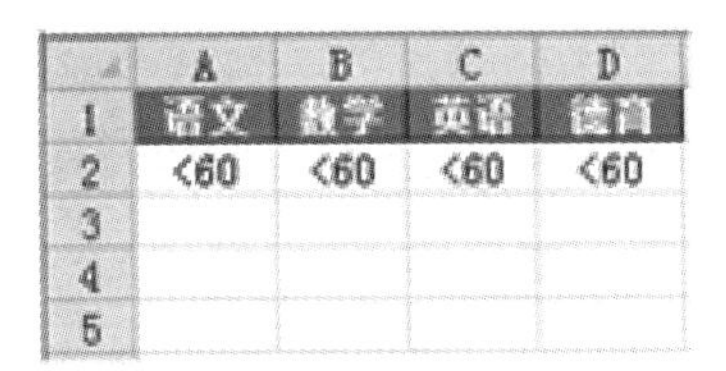

	A	B	C	D
1	语文	数学	英语	德育
2	<60	<60	<60	<60
3				
4				
5				

(b)　高级筛选“或”条件形式

图3-142　高级筛选多个关系的表示

注：图3-142(a)表示“语文<60”或“数学<60”或“英语<60”或“德育<60”，即只要有一门不及格，则满足筛选条件。图3-142(b)表示“语文<60”且“数学<60”且“英语<60”且“德育<60”，即4门科目都不及格，则满足筛选条件。

3. 取消筛选

(1) 取消自动筛选：单击“数据”选项卡“排序和筛选”组中的“清除”按钮，清除某列的筛选效果，此时数据全部显示，但标题处还有按钮存在。再次单击“筛选”按钮，则停用整个工作表的自动筛选，恢复原始数据的状态，如图3-143和图3-144所示。

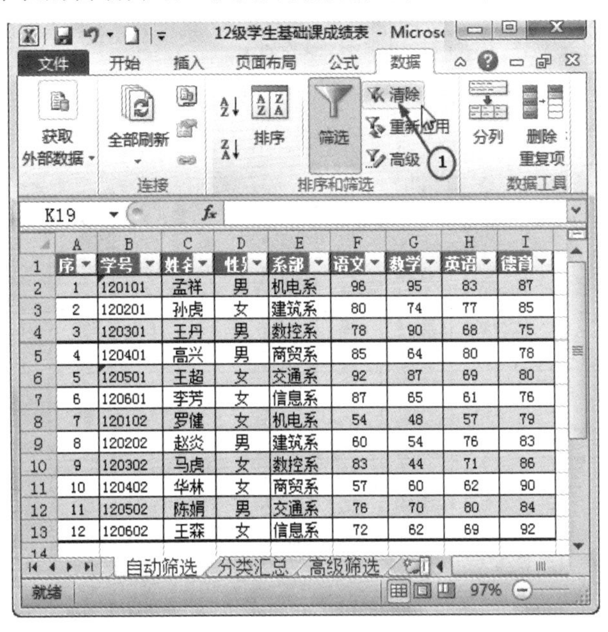

	A	B	C	D	E	F	G	H	I
1	序	学号	姓名	性别	系部	语文	数学	英语	德育
2	1	120101	孟祥	男	机电系	96	95	83	87
3	2	120201	孙虎	女	建筑系	80	74	77	85
4	3	120301	王丹	男	数控系	78	90	68	75
5	4	120401	高兴	男	商贸系	85	64	80	78
6	5	120501	王超	女	交通系	92	87	69	80
7	6	120601	李芳	女	信息系	87	65	61	76
8	7	120102	罗健	女	机电系	54	48	57	79
9	8	120202	赵炎	男	建筑系	60	54	76	83
10	9	120302	马虎	女	数控系	83	44	71	86
11	10	120402	华林	女	商贸系	57	60	62	90
12	11	120502	陈娟	男	交通系	76	70	80	84
13	12	120602	王森	女	信息系	72	62	69	92
14									

图3-143　清除筛选效果

(2) 取消高级筛选：若筛选结果在原有数据区域显示，则可单击“数据”选项卡“排序和筛选”工作组中的“清除”按钮恢复原数据；若筛选结果复制到了其他位置，则直接将结果区域全部删除即可。

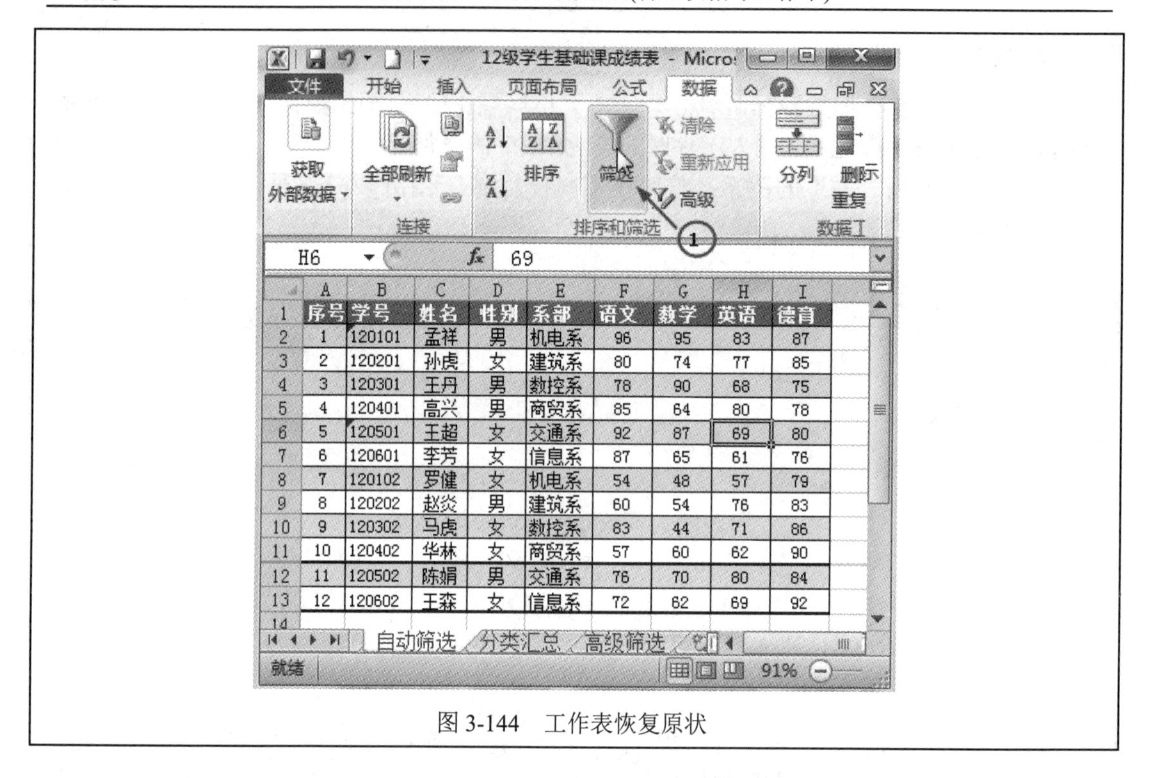

	A	B	C	D	E	F	G	H	I
1	序号	学号	姓名	性别	系部	语文	数学	英语	德育
2	1	120101	孟祥	男	机电系	96	95	83	87
3	2	120201	孙虎	女	建筑系	80	74	77	85
4	3	120301	王丹	男	数控系	78	90	68	75
5	4	120401	高兴	男	商贸系	85	64	80	78
6	5	120501	王超	女	交通系	92	87	69	80
7	6	120601	李芳	女	信息系	87	65	61	76
8	7	120102	罗健	女	机电系	54	48	57	79
9	8	120202	赵炎	男	建筑系	60	54	76	83
10	9	120302	马虎	女	数控系	83	44	71	86
11	10	120402	华林	女	商贸系	57	60	62	90
12	11	120502	陈娟	男	交通系	76	70	80	84
13	12	120602	王森	女	信息系	72	62	69	92

图 3-144　工作表恢复原状

步骤 4　按“系部”进行分类汇总，查看各系部的“语文”“数学”“英语”和“德育”4 门学科的平均分。

(1) 创建“分类汇总”工作表。插入新建工作表，命名为“分类汇总”，并将“成绩计算”工作表中的数据复制到该工作表中，如图 3-145 所示。

	A	B	C	D	E	F	G	H	I
1	序号	学号	姓名	性别	系部	语文	数学	英语	德育
2	1	120101	孟祥	男	机电系	96	95	83	87
3	2	120201	孙虎	女	建筑系	80	74	77	85
4	3	120301	王丹	男	数控系	78	90	68	75
5	4	120401	高兴	男	商贸系	85	64	80	78
6	5	120501	王超	女	交通系	92	87	69	80
7	6	120601	李芳	女	信息系	87	65	61	76
8	7	120102	罗健	女	机电系	54	48	57	79
9	8	120202	赵炎	男	建筑系	60	54	76	83
10	9	120302	马虎	女	数控系	83	44	71	86
11	10	120402	华林	女	商贸系	57	60	62	90
12	11	120502	陈娟	男	交通系	76	70	80	84
13	12	120602	王森	女	信息系	72	62	69	92
14									

高级筛选－2　分类汇总

图 3-145　新建“分类汇总”工作表

(2) 按“系部”排序。将光标定位到“系部”列数据的任一单元格，单击“数据”选项卡“排序和筛选”组中的“升序”按钮，则工作表中的数据按“系部”排序，相同系部的行汇聚到一起，如图 3-146 所示。

	A	B	C	D	E	F	G	H	I
1	序号	学号	姓名	性别	系部	语文	数学	英语	德育
2	1	120101	孟祥	男	机电系	96	95	83	87
3	7	120102	罗健	女	机电系	54	48	57	79
4	2	120201	孙虎	女	建筑系	80	74	77	85
5	8	120202	赵炎	男	建筑系	60	54	76	83
6	5	120501	王超	女	交通系	92	87	69	80
7	11	120502	陈娟	男	交通系	76	70	80	84
8	4	120401	高兴	男	商贸系	85	64	80	78
9	10	120402	华林	女	商贸系	57	60	62	90
10	3	120301	王丹	男	数控系	78	90	68	75
11	9	120302	马虎	女	数控系	83	44	71	86
12	6	120601	李芳	女	信息系	87	65	61	76
13	12	120602	王森	女	信息系	72	62	69	92
14									

高级筛选－2　分类汇总

图3-146　数据按“系部”排序

注：进行分类汇总前，必须先按汇总字段排序。初学者容易忽略此步，应多加注意！

(3) 执行“分类汇总”命令。单击“数据”选项卡“分级显示”组中的“分类汇总”按钮，显示“分类汇总”对话框，在“分类字段”下拉列表中选择“系部”，在“汇总方式”下拉列表中选择“平均值”，在“选定汇总项”列表框中选中“语文”“数学”“英语”和“德育”，单击“确定”按钮，完成按“系部”分类汇总各学科的平均值，分别如图3-147和图3-148所示。

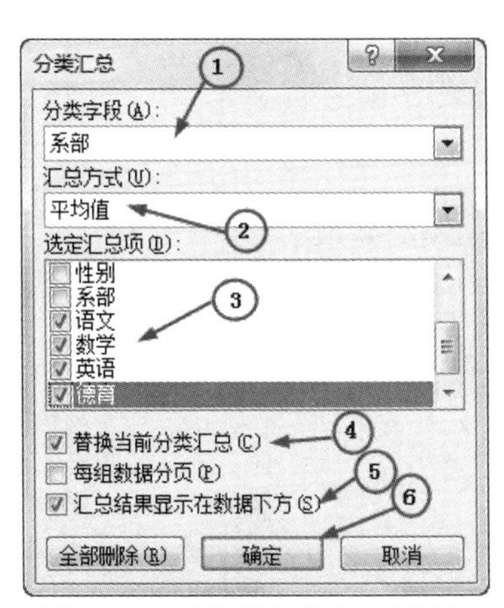

图3-147　“分类汇总”对话框

	A	B	C	D	E	F	G	H	I
1	序号	学号	姓名	性别	系部	语文	数学	英语	德育
2	1	120101	孟祥	男	机电系	96	95	83	87
3	7	120102	罗健	女	机电系	54	48	57	79
4					**机电系 平均值**	75	71.5	70	83
5	2	120201	孙虎	女	建筑系	80	74	77	85
6	8	120202	赵炎	男	建筑系	60	54	76	83
7					**建筑系 平均值**	70	64	76.5	84
8	5	120501	王超	女	交通系	92	87	69	80
9	11	120502	陈娟	男	交通系	76	70	80	84
10					**交通系 平均值**	84	78.5	74.5	82
11	4	120401	高兴	男	商贸系	85	64	80	78
12	10	120402	华林	女	商贸系	57	60	62	90
13					**商贸系 平均值**	71	62	71	84
14	3	120301	王丹	男	数控系	78	90	68	75
15	9	120302	马虎	女	数控系	83	44	71	86
16					**数控系 平均值**	80.5	67	69.5	80.5
17	6	120601	李芳	女	信息系	87	65	61	76
18	12	120602	王森	女	信息系	72	62	69	92
19					**信息系 平均值**	79.5	63.5	65	84
20					**总计平均值**	76.67	67.75	71.08	82.92
21									

高级筛选－2　分类汇总

图3-148　分类汇总结果

(4) 查看二级汇总的数据。单击查看分类汇总层次的按钮1 2 3中的2，只查看二级汇总的数据，如图3-148所示。

注：得到分类汇总的结果后，Excel将分级显示列表、小计和合计，以便显示和隐藏明细数据行。工作表左上角会出现一个三级的分级显示符号，单击1 2 3按钮中的1、2、3可以分别查看一级汇总情况、二级汇总情况和三级明细情况，也可以通过单击+和−按钮来收拢或展开各级明细数据。

步骤 5　查看各“系部”女同学的“语文”成绩平均分。

(1) 新建工作表，并命名为“数据透视表”。再选中“A1”单元格，单击“插入”选项卡“表格”组中的“数据透视表”按钮，如图 3-149 所示。

(2) 设置“创建数据透视表”参数。在“创建数据透视表”对话框的“请选择要分析的数据”中选择“选择一个表或区域”；在“表/区域”后的文本框中选择“成绩计算”工作表中的“A2:K14”单元格区域，文本框中会显示“成绩计算!$A$2:$K$14”；在“选择放置数据透视表的位置”中选择“现有工作表”；在“位置”中选择“数据视视表”工作表的“A1”单元格，文本框中会显示“数据透视表!$A$1”，最后单击“确定”按钮，如图 3-150 所示。

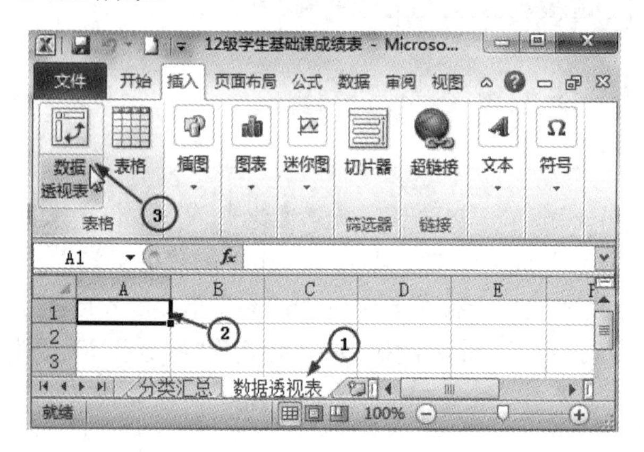

图 3-149　选择“数据透视表”命令

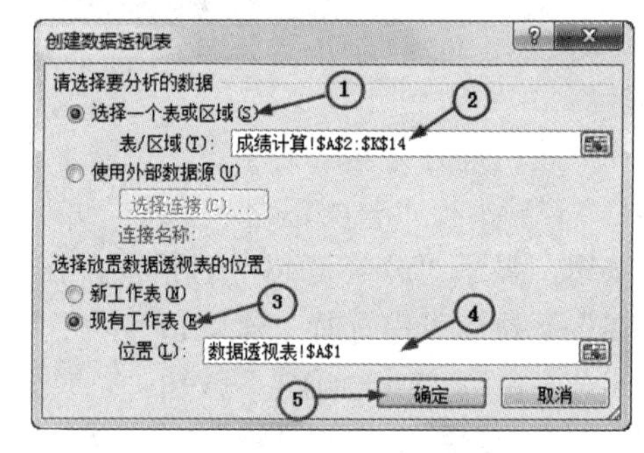

图 3-150　“创建数据透视表”对话框

(3) 在“数据透视表”工作表中插入一个数据透视表，如图 3-151 所示。

图 3-151　插入数据透视表

(4) 向数据透视表中添加字段。在右侧的“数据透视表字段列表”对话框的“选择要添加到报表的字段”列表框中分别将“系部”字段拖动到“行标签”的列表框中，“性别”字段拖动到“列标签”的列表框中，“语文”字段拖动到“Σ数值”的列表框中，如图 3-152 所示。

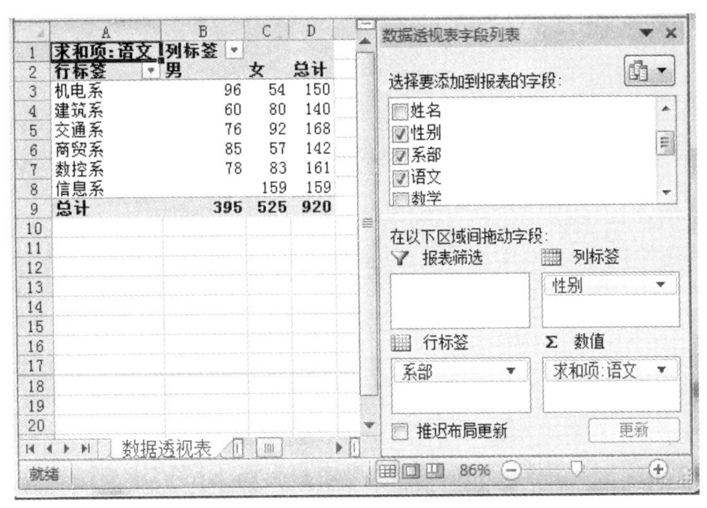

图 3-152　添加字段到数据透视表

(5) 更改汇总方式，将“求和项：语文”改为“平均值项：语文”。单击“求和项：语文”，从弹出的快捷菜单中选择“值字段设置”命令，显示“值字段设置”对话框，在“值汇总方式”选项卡“计算类型”列表框中选择“平均值”，单击“确定”按钮，得到所需的数据透视表，如图 3-153～图 3-155 所示。

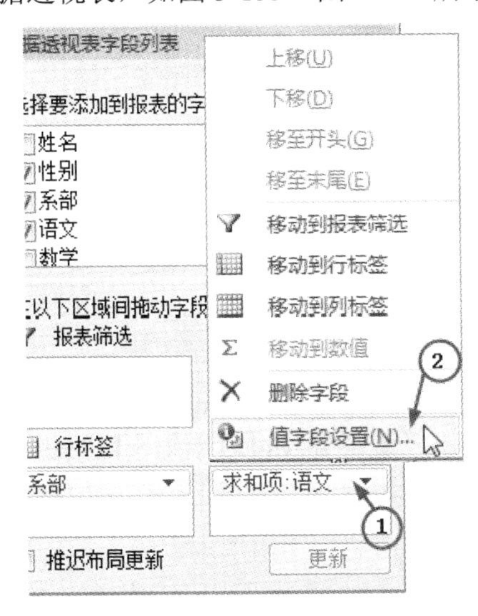

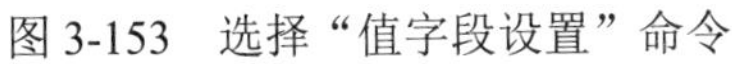
图 3-153　选择“值字段设置”命令

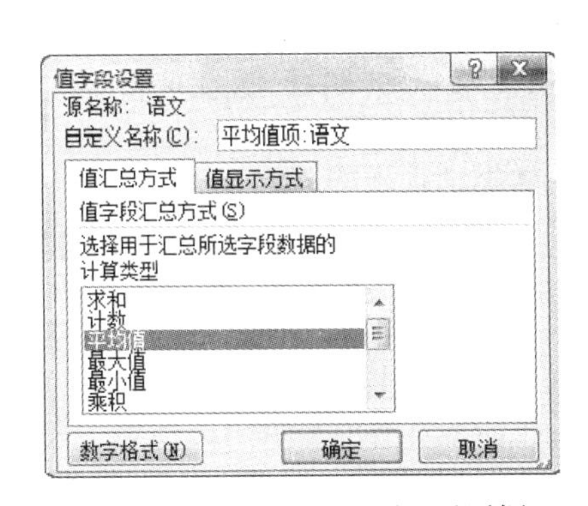

图 3-154　“值字段设置”对话框

(6) 设置报表的筛选条件，仅显示各系部女同学的“语文”平均成绩。单击“列标签”右侧的下拉按钮，在筛选器中取消“男”选项，单击“确定”按钮，得到各系部女同学“语文”平均分的数据透视表，如图 3-156 和图 3-157 所示。

图 3-155　设置行、列和汇总方式后的数据透视表

图 3-156　设置报表的筛选条件

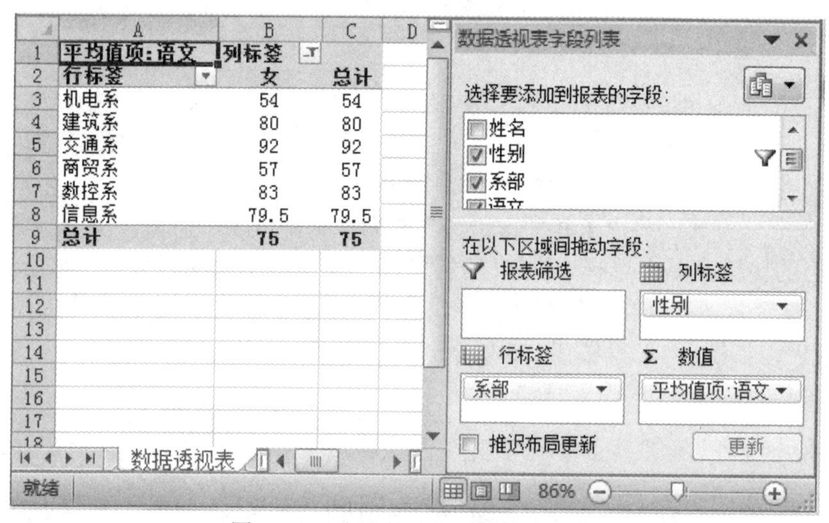

图 3-157　完成筛选后的数据透视表

❖ **知识拓展：数据透视表**

1. 数据透视表的概念

数据透视表是交互式报表，可以方便地排列和汇总复杂数据，并可进一步查看详细信息。它可以将原表中某列的不同值作为查看的行或列，在行和列的交叉处体现另外一个列的数据汇总情况。

2. 数据透视表的优点

数据透视表综合了数据排序、筛选和分类汇总等数据处理工具的优点，并具有上述工具无法比拟的灵活性，用它可以完成绝大多数日常的数据计算和分析工作。

3. 数据透视表的使用过程中需要注意的操作

(1) 选择要分析的表或区域：既可以使用本工作簿中的表或区域，也可以使用外部数据源(其他文件)的数据。

(2) 选择放置数据透视表的位置：既可以生成一张新工作表，并从该工作表的“A1”单元格开始处放置生成的数据透视表，也可以选择在现有工作表的某单元格开始的位置来放置数据透视表。

(3) 设置数据透视表的字段布局：选择要添加到报表的字段，并在行标签、列标签、数值的列表框中拖动字段来修改字段的布局。

(4) 修改数值汇总方式：一般数值自动默认的汇总方式为求和，文本默认为计数，若需修改，则可单击“数值”处的字段按钮，从弹出的快捷菜单中选择“值字段设置”命令，打开“值字段设置”对话框，在其中进行选择或修改。

(5) 对数据透视表的结果进行筛选：对于设置完成的数据透视表，还可以单击行标签或列标签后的下拉按钮，打开筛选器进行筛选设置。

4. 插入数据透视图

数据透视图是另一种数据表现形式，与数据透视表不同的地方在于它可以选择适当的图形、多种色彩来描述数据的特性。

如用数据透视图查看各系部女同学的“语文”平均成绩的操作方法与创建数据透视表基本一致，仅有如下区别：

(1) 选择命令不同。单击“插入”选项卡“表格”组中的下拉按钮，选择“数据透视图”命令，如图 3-158 所示。

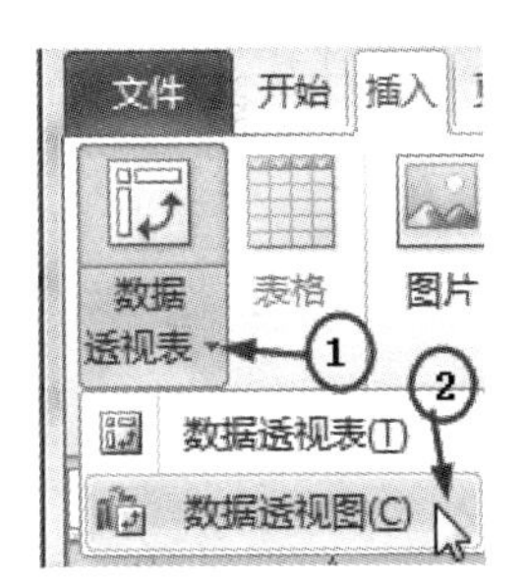

图 3-158　选择“数据透视图”命令

(2)“数据透视表字段列表”有区别。此处无行标签和列标签，取而代之的分别为轴字段(分类)和图例字段。在“轴字段(分类)”的列表框中拖入“系部”字段，在“图例字段”的列表框中拖入“性别”字段，如图 3-159 所示。

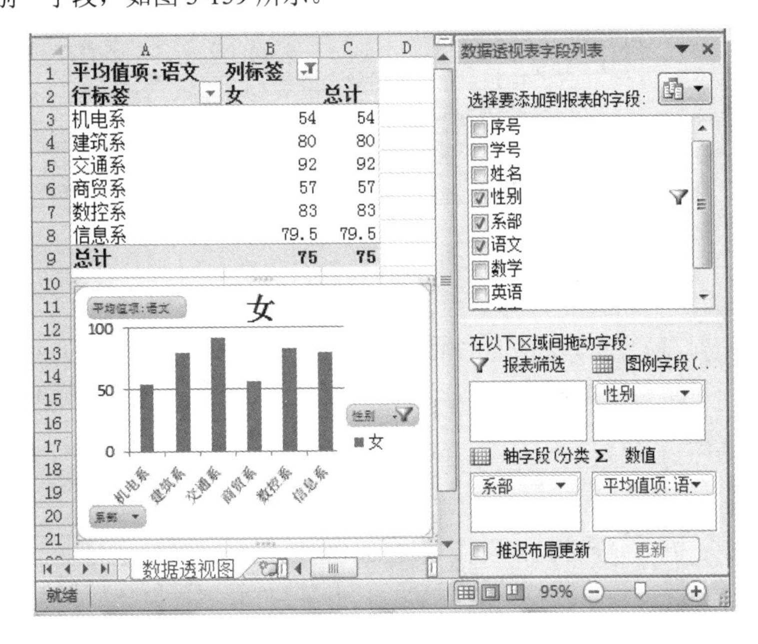

图 3-159　数据透视图

任务回顾

本任务中，通过实现按“总分”由高到低进行排名，自动筛选了“机电系”和“建筑系”中“语文”大于或等于 90 分以上的学生成绩记录；高级筛选出“语文”或“数学”或“英语”或“德育”有不及格科目的学生成绩记录；按“系部”分类汇总各学科的平均分；查看各“系部”女同学的“语文”平均分。通过学习本任务，读者掌握和理解了运用“数据”“插入”等功能选项卡中的各命令进行多种数据处理和分析的方法。

实战训练

(1) 打开“工资表”工作簿，将“工资计算”工作表分别复制为“工资排序”“自动筛选”“高级筛选”和“分类汇总”工作表。

(2) 在“工资排序”工作表中按“应发工资”升序排列。效果如图 3-160 所示。

工 资 排 序

	A	B	C	D	E	F	G	H	I
2	工号	姓名	部门	职务	基本工资	奖金	津贴	应扣款	应发工资
3	001	陈士明	生产部	职员	1200	600	60	14	1874
4	009	李良好	生产部	职员	1300	500	60	17	1877
5	004	王金明	人事部	职员	1300	800	60	14	2174
6	010	孙建军	技术部	职员	1400	750	80	4	2234
7	011	王前进	销售部	职员	1300	900	100	16	2316
8	003	李有伟	销售部	职员	1200	1000	120	12	2332
9	002	高丽广	技术部	职员	1500	800	100	10	2410
10	005	钱春光	生产部	部门主管	1800	800	180	15	2795
11	008	赵红花	人事部	部门主管	2000	1000	200	23	3223
12	007	李三友	销售部	部门主管	2000	1050	220	24	3294
13	006	方小军	技术部	部门主管	2300	840	200	20	3360

工资表格式化 / 工资计算 / 工资图表 / 工资排序 / Shee

图 3-160　“工资排序”效果图

(3) 自动筛选：在“自动筛选”工作表中筛选出“人事部”和“技术部”中“基本工资”大于或等于 2000 或“基本工资”小于 1500 的工资记录。效果如图 3-161 所示。

	B	C	D	E	F	G	H	I
1	姓名	部门	职务	基本工	奖	津	应扣	应发工
5	王金明	人事部	职员	1300	800	60	14	2174
7	方小军	技术部	部门主管	2300	840	200	20	3360
9	赵红花	人事部	部门主管	2000	1000	200	23	3223
11	孙建军	技术部	职员	1400	750	80	4	2234

工资计算 / 工资图表 / 工资排序 / 自动筛选

图 3-161　“自动筛选”工资效果图

(4) 高级筛选：在“高级筛选”工作表中的原有区域查看“基本工资”大于1800且“奖金”大于或等于800的工资记录。效果如图3-162所示。

	A	B	C	D	E	F	G	H	I
1	工号	姓名	部门	职务	基本工资	奖金	津贴	应扣款	应发工资
7	006	方小军	技术部	部门主管	2300	840	200	20	3360
8	007	李三友	销售部	部门主管	2000	1050	220	24	3294
9	008	赵红花	人事部	部门主管	2000	1000	200	23	3223
13									
14					基本工资	奖金			
15					>1800	>=800			
16									

工资图表　工资排序　自动筛选　高级筛选　Sheet3

图3-162　“高级筛选”工资效果图

(5) 分类汇总：在“分类汇总”工作表中查看各“职务”的“基本工资”“奖金”“津贴”“应扣款”和“应发工资”的平均值。效果如图3-163所示。

	A	B	C	D	E	F	G	H	I
1	工号	姓名	部门	职务	基本工资	奖金	津贴	应扣款	应发工资
6				部门主管 平均值	2025	922.5	200	20.5	3168
14				职员 平均值	1314.2857	764.29	82.86	12.4286	2173.8571
15				总计平均值	1572.7273	821.82	125.5	15.3636	2535.3636
16									
17									
18									

工资图表　工资排序　自动筛选　高级筛选　分类汇总

图3-163　工资“分类汇总”效果图

(6) 数据透视表：应用“工资计算”工作表中“A2:I13”单元格区域的数据新建“数据透视表”工作表，查看不同“部门”的“部门主管”的平均“基本工资”。效果如图3-164所示。

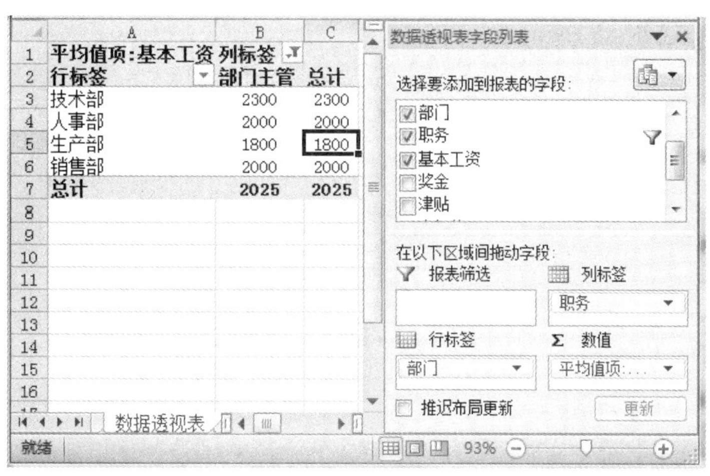

	A	B	C
1	平均值项:基本工资	列标签	
2	行标签	部门主管	总计
3	技术部	2300	2300
4	人事部	2000	2000
5	生产部	1800	1800
6	销售部	2000	2000
7	总计	2025	2025

图3-164　各“部门”主管的平均基本工资“数据透视表”

(7) 数据透视图：应用“工资计算”工作表中“A2:I13”单元格区域的数据，新建“数据透视图”工作表，查看不同“部门”的“部门主管”的平均“基本工资”。效果如图3-165所示。

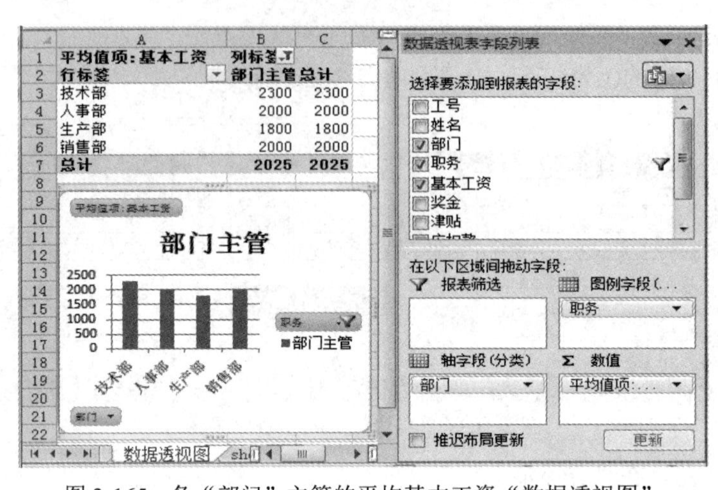

图 3-165　各“部门”主管的平均基本工资“数据透视图”

技能项目 4

演示文稿与媒体展示

PowerPoint 是制作公司简介、会议报告、产品说明、培训计划、教学课件等演示文稿的首选软件，深受广大用户的青睐。PowerPoint 2010 使演示文稿的编写、丰富、传递变得更加方便。本技能项目将通过制作“职业生涯规划书”、丰富“职业生涯规划书”演示文稿、制作多媒体教学课件 3 项任务来介绍 PowerPoint 2010 演示文稿的制作方法。

任务 1　制作“职业生涯规划书”

职业生涯规划是结合时代特点，根据自己的职业倾向，确定最佳的职业奋斗目标，并为实现这一目标做出行之有效的安排。在校的中、高职学生及大学生都需要通过制定“职业生涯规划书”来深层次地了解自己并确立自己的职业目标、人生目标。

PowerPoint 2010 不仅能通过文字、图片、表格、图表、音频、视频、动画等多媒体形式清晰、完美地表现制作者的构思和创意，而且还锻炼了演讲者本身的口头表达能力。

现以制作“职业生涯规划书”为任务，用 PowerPoint 2010 来实现该任务。任务完成后的效果如图 4-1 所示。

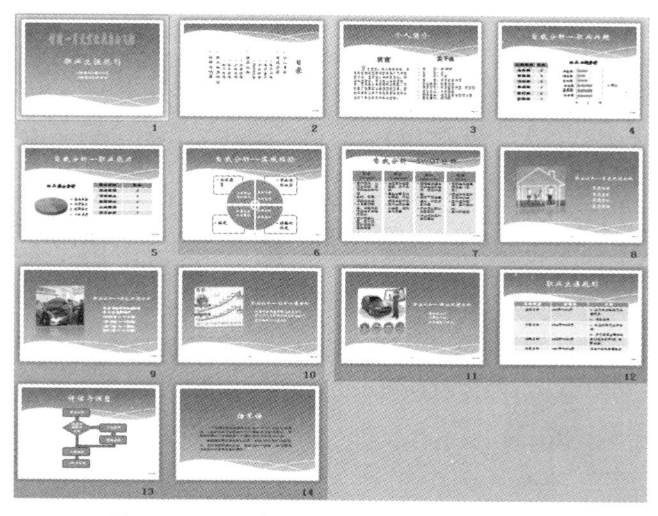

图 4-1　“职业生涯规划书”演示文稿效果图

任务分解

(1) 创建空白演示文稿或通过模板创建演示文稿并保存；
(2) 应用幻灯片主题、版式来统一演示文稿的风格；
(3) 幻灯片的创建、添加、移动等编辑操作；
(4) 使用图片、SmartArt 图形、表格来增强演示文稿的感染力；
(5) 为幻灯片添加备注、幻灯片编号、页脚、制作日期。

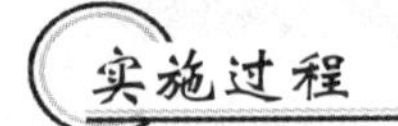

实施过程

步骤 1　创建空白演示文稿。

启动 PowerPoint 2010，执行“文件”→“新建”命令，直接点选“空白演示文稿”，在右侧窗格中单击“创建”按钮，如图 4-2 所示。

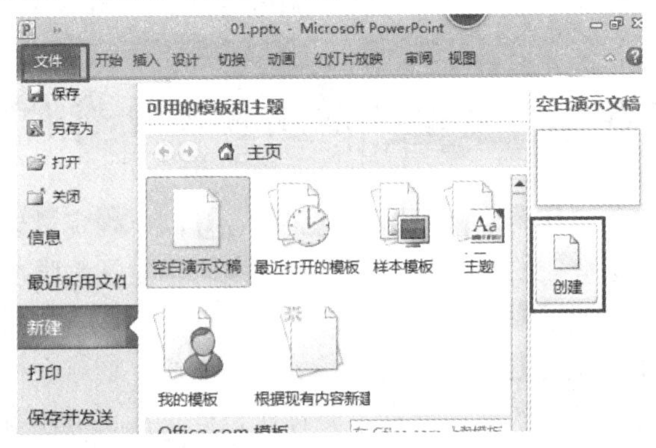

图 4-2　创建空白演示文稿

注：若通过模板创建，则在执行“文件”→“新建”命令后，直接选择 Office.com 模板窗格中的任一项目，再单击“创建”按钮即可，如图 4-3 所示。

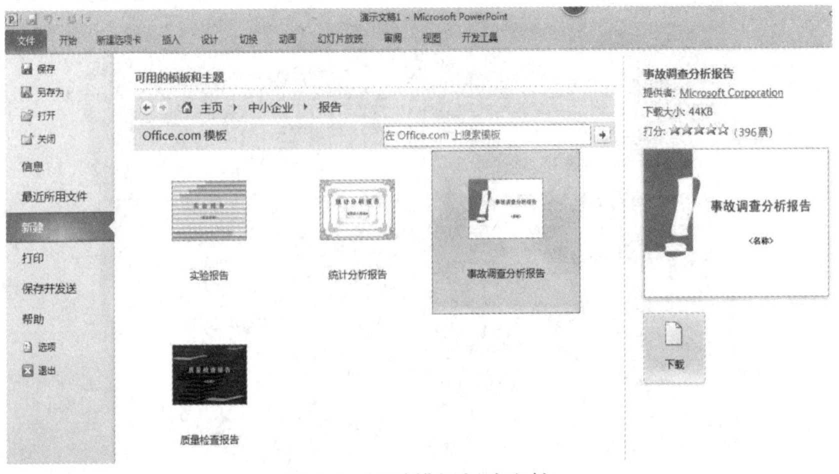

图 4-3　通过模板创建文档

步骤 2　保存演示文稿。

单击“文件”→“保存”命令，打开“另存为”对话框。将演示文稿以“职业生涯规划书”为名保存在桌面上，保存类型为“PowerPoint 演示文稿”，最后单击“保存”按钮。

注：也可以使用其自动保存功能。方法是单击“文件”→“选项”命令，打开“PowerPoint 选项”对话框，在左侧的列表中选择“保存”选项后进行设置，如图 4-4 所示。

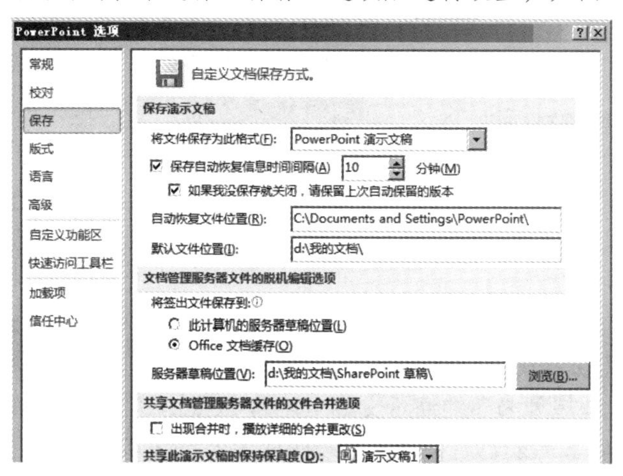

图 4-4　“PowerPoint 选项”对话框

步骤 3　添加(插入)幻灯片。

单击“开始/幻灯片”组中的“新建”按钮，即可插入一张空白幻灯片。在“职业生涯规划书”的演示文稿中，共需创建 14 张幻灯片。

步骤 4　应用幻灯片主题。

(1) 单击“设计/主题”组中的“其他”按钮，打开“主题”下拉菜单，如图 4-5 所示。

(2) 在“内置”列表中选择“波形”主题后，所选主题将应用于所有幻灯片中，效果如图 4-6 所示。

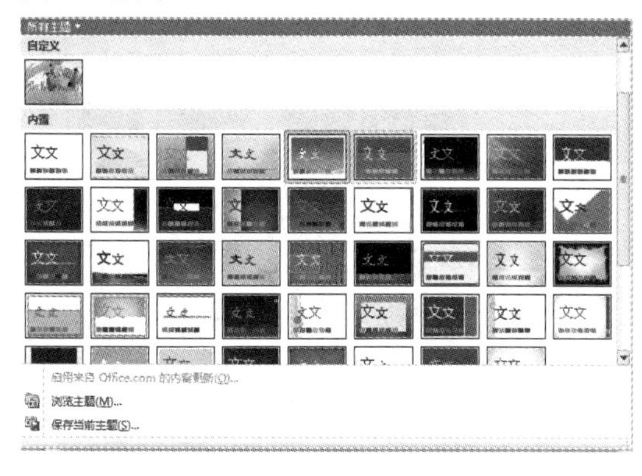

图 4-5　“主题”下拉菜单

图 4-6　应用“波形”主题

步骤 5　应用幻灯片版式。

PowerPoint 2010 包含 12 种内置的标准版式，部分版式如图 4-7 所示。在 PowerPoint 中打开空白文稿时，将会显示名为“标题幻灯片”的默认版式，如图 4-8 所示。

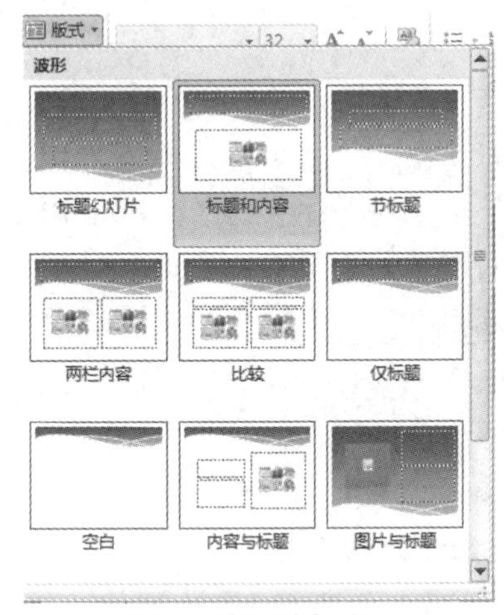

图 4-7　内置的版式

图 4-8　“标题幻灯片”默认版式

(1) 选择要设置版式的幻灯片，在“开始/幻灯片”组中单击“版式”下拉按钮，在其下拉列表中选择所需的版式。

(2) 在“职业生涯规划书”的演示文稿中，第 2 张幻灯片的版式为“垂直排列标题与文本”版式。第 3、4、5 张幻灯片的版式为“两栏内容”版式。第 6 张幻灯片的版式为“标题和内容”版式。第 7 张幻灯片的版式为“空白”版式。第 8、9、10、11 张幻灯片的版式为“标题与图片”版式。第 12、13 张幻灯片的版式为“内容与标题”版式。最后一张幻灯片的版式与第一张的相同。

注：演示文稿应用主题后，可以通过更改主题的颜色、字体或者向其添加效果来更改主题的外观。

在“设计/主题”组中单击“颜色”下拉按钮，在下拉列表中选择所需的颜色，如图 4-9 所示；单击“字体”下拉按钮，在下拉列表中选择所需要的字体，如图 4-10 所示；单击“效果”下拉按钮，在下拉列表中选择所需要的效果，如图 4-11 所示。

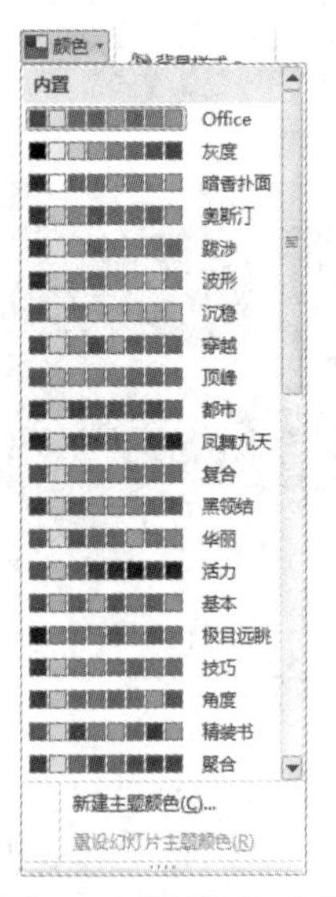

图 4-9　“颜色”列表

图 4-10　“字体”列表

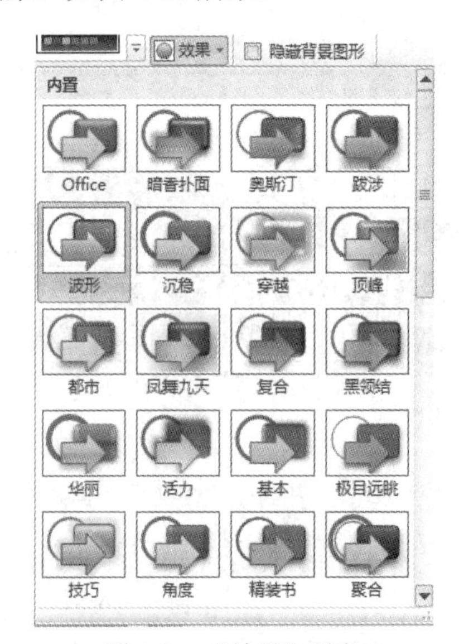

图 4-11　“效果”列表

❖ 知识拓展

在 PowerPoint 2010 中，向幻灯片添加背景是添加一个背景样式。背景样式是来自当前文档“主题”中主题颜色和背景亮度的背景填充变体。如果希望只更改演示文稿的背景，则应选择其他背景样式。

(1) 添加背景样式：单击要向其添加背景样式的幻灯片，在“设计/背景”组中单击“背景样式”下拉按钮。将指针置于某个背景样式缩略图上时，可以预览该背景样式对幻灯片的影响，如图 4-12 所示。

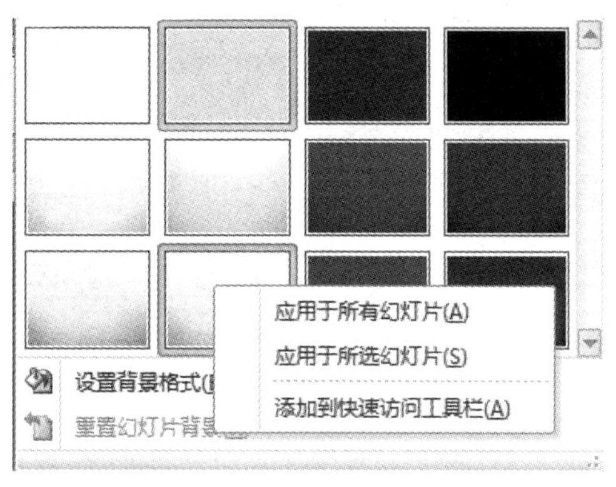

图 4-12　添加背景样式

(2) 设置背景格式，如图 4-13 所示。

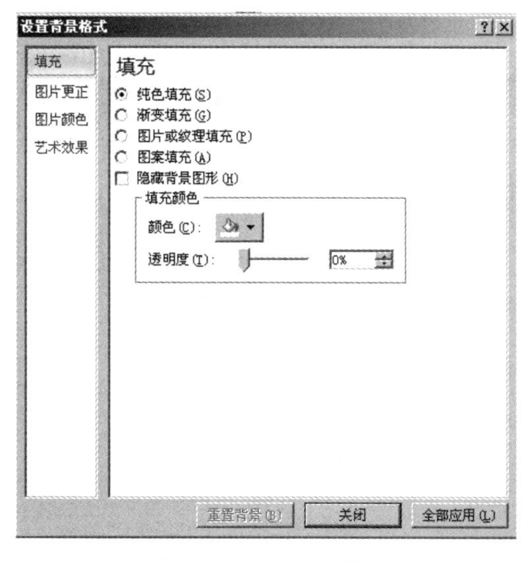

图 4-13　设置背景格式

步骤 6　制作封面幻灯片。

在默认情况下，演示文稿的第 1 张幻灯片的版式为“标题幻灯片”版式。

(1) 在“单击此处添加标题”占位符中输入培训讲义的标题“职业生涯规划”。

(2) 在副标题占位符中输入“江苏省徐州技师学院 汽车工程系×××”。

(3) 插入艺术字“创建一片天空让我自由飞翔”。

① 单击“插入/文本”组中的“艺术字”按钮，选择“艺术字”样式列表第 6 行、第 4 列的“填充-酸橙色，强调文字颜色 4，外部阴影-强调文字颜色 4，软边缘棱台”。

② 输入艺术字文本“创建一片天空让我自由飞翔”。

③ 将插入的艺术字移到标题上方，如图 4-14 所示。

图 4-14　第 1 张幻灯片效果图

步骤 7　制作目录幻灯片，即第 2 张幻灯片。

(1) 选中第 2 张幻灯片。分别在标题和文本占位符中输入如图 4-15 所示的标题目录的内容。

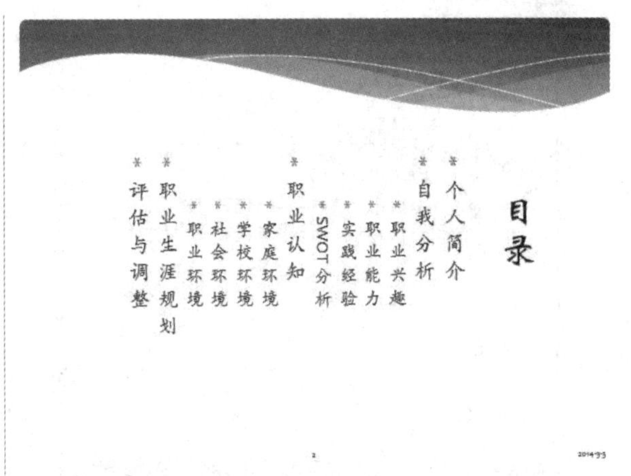

图 4-15　第 2 张幻灯片效果图

(2) 选中二级目录文字，在“开始/段落”组中单击“增大缩进级别”按钮。

步骤 8　制作第 3 张幻灯片。

(1) 选中第 3 张幻灯片。分别在标题、两栏文本占位符中输入文本。

(2) 选择需要编辑的文字，在“开始/字体”组中单击“字体”“字号”“字体颜色”按钮，对相应字体进行设置，设置后的效果如图 4-16 所示。

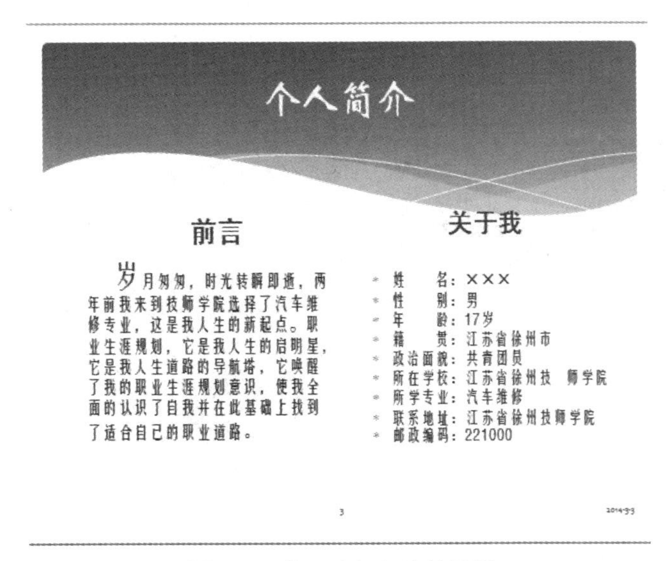

图4-16　第3张幻灯片效果图

步骤9　制作第4、5张幻灯片。

(1) 选中第4张幻灯片。在标题占位符中输入“自我分析——职业兴趣”。

(2) 在左边内容图标组中单击“插入表格”图标，打开如图4-17所示的“插入表格”对话框，于“列数”和“行数”文本框中分别输入2和7，生成一个7行2列的表格(该表格的样式与颜色同幻灯片的主题一致)。

插入表格
列数(C)：2
行数(R)：7
确定　取消

图4-17　“插入表格”对话框

(3) 在新插入的表格中输入相应内容，输入后的结果如图4-18所示。

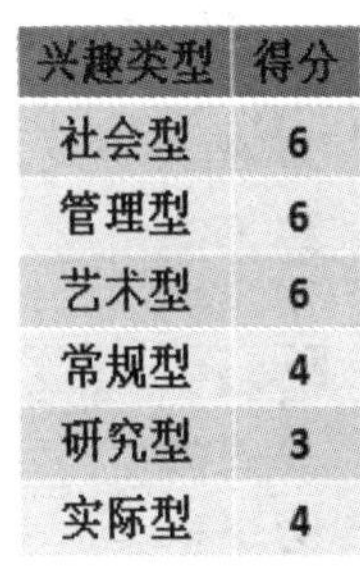

兴趣类型	得分
社会型	6
管理型	6
艺术型	6
常规型	4
研究型	3
实际型	4

图4-18　表格内容

(4) 在右边内容图标组中单击“插入图表”图标，打开“插入图表”对话框，先在左侧的列表框中选择“条形图”，再从右侧的列表中选择“簇状水平圆柱图”，如图4-19所示。

(5) 单击“确定”按钮，出现系统预设的图表及Excel数据表。编辑表中的数据，编辑后关闭Excel数据表，如图4-20所示。

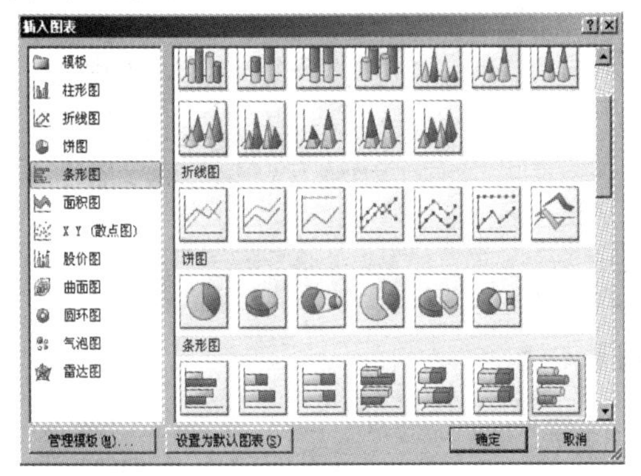

图4-19　“插入图表”对话框

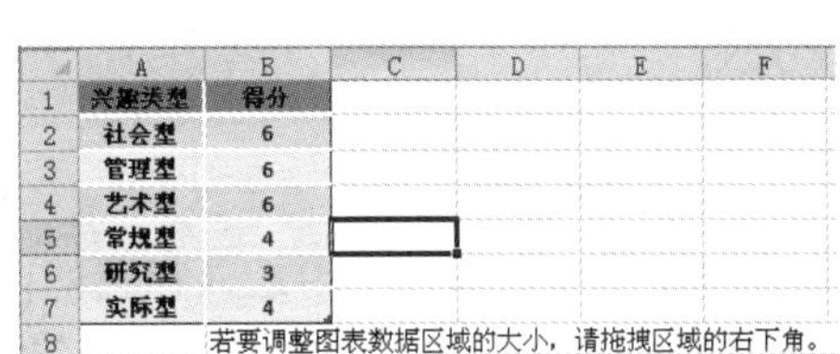

	A	B	C	D	E	F
1	兴趣类型	得分				
2	社会型	6				
3	管理型	6				
4	艺术型	6				
5	常规型	4				
6	研究型	3				
7	实际型	4				
8		若要调整图表数据区域的大小，请拖拽区域的右下角。				

图4-20　编辑表中的数据

(6) 将图表标题修改为“职业兴趣分析”，如图 4-21 所示。

(7) 第 5 张幻灯片的制作方法同第 4 张幻灯片，制作完的效果如图 4-22 所示。

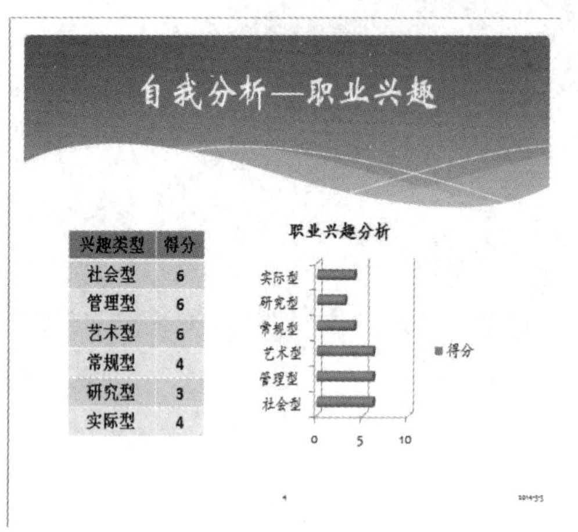

图 4-21　第 4 张幻灯片效果图

图 4-22　第 5 张幻灯片效果图

步骤 10　制作第 6、7 张幻灯片。

(1) 选择第 6 张幻灯片。在标题占位符中输入“自我分析——实践经验”。

(2) 在内容图标组中单击“插入 SmartArt 图形”图标，在打开的 “选择 SmartArt 图形”对话框中，从左侧的列表框中选择“循环”，从中间的列表中选择“循环矩阵”图形。单击“确定”按钮插入一个“循环矩阵”图形，如图 4-23 所示。

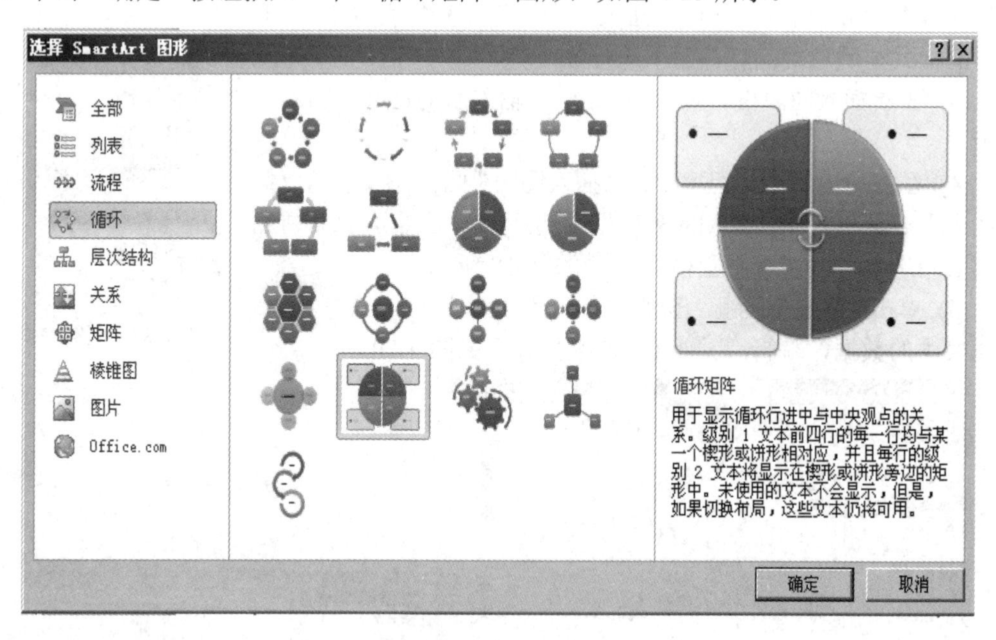

图 4-23　“选择 SmartArt 图形”对话框

(3) 在“循环矩阵”图中录入相应的内容，如图 4-24 所示。

(4) 第 7 张幻灯片的制作方法同第 6 张幻灯片，制作完的效果如图 4-25 所示。

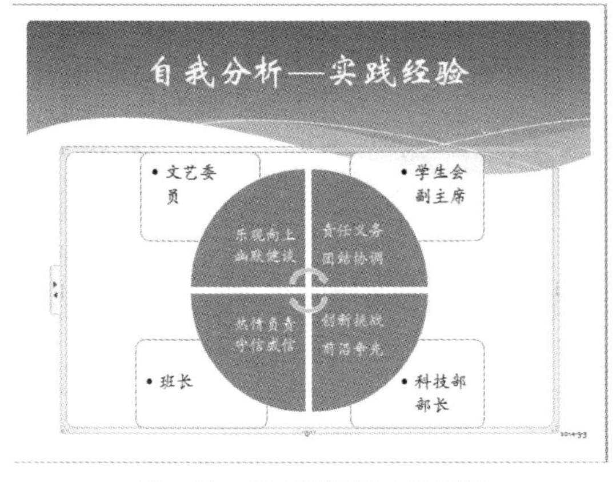

图 4-24　第 6 张幻灯片效果图

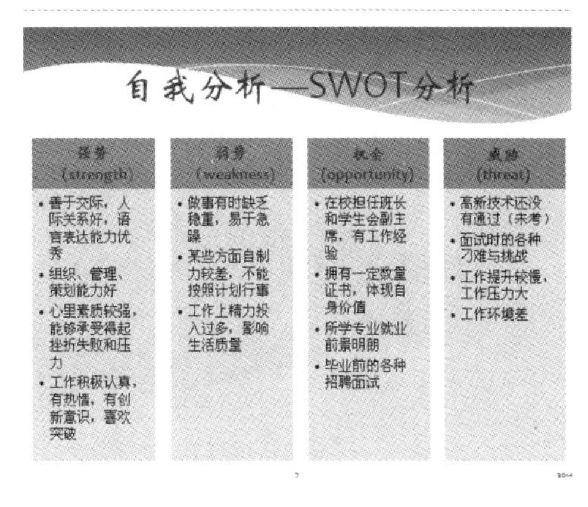

图 4-25　第 7 张幻灯片效果图

步骤 11　制作第 8、9、10、11 张幻灯片。

(1) 选择第 8 张幻灯片。在标题占位符中输入“职业认知——家庭环境分析”标题和相应的文字内容。

(2) 在图片图标组中单击“插入图片”图标，在弹出的对话框中找到图片所在位置并选择要插入的图片，单击“确定”按钮，如图 4-26 所示(图片文件作为素材，要提前准备好)。

(3) 调整图片的大小：用鼠标右键单击插入的图片，从快捷菜单中选择“设置图片格式”命令，打开“设置图片格式”对话框。在对话框左侧的列表中选择“大小”，在右侧的“缩放比例”栏中选中“锁定纵横比”复选框，将图片高度调整为“140%”，宽度随之变为“140%”，如图 4-27 所示。

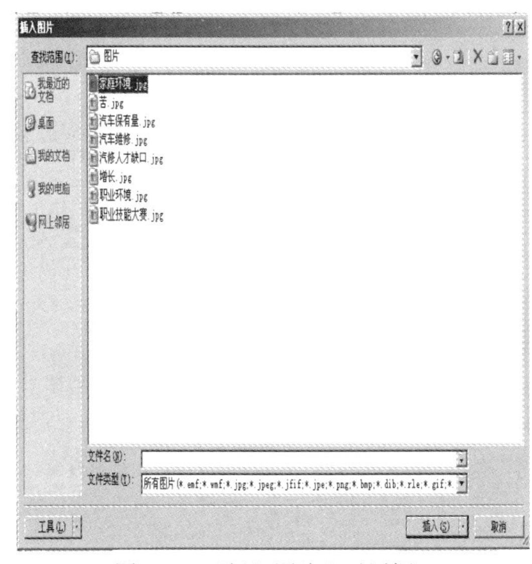

图 4-26　“插入图片”对话框

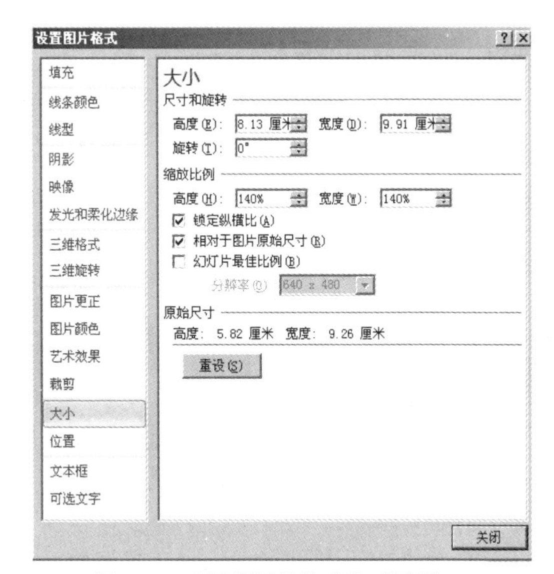

图 4-27　“设置图片格式”对话框

(4) 第 8、9、10、11 张幻灯片制作完的效果图如图 4-28 所示。

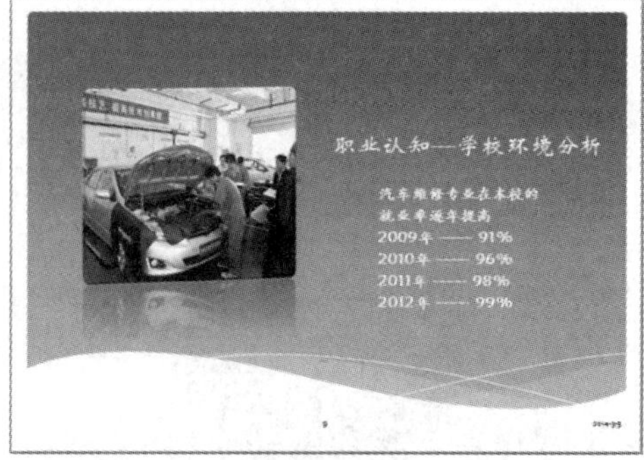

图 4-28　第 8～11 张幻灯片效果图

步骤 12　制作第 13 张幻灯片。

(1) 在“开始/幻灯片”组中单击“新建幻灯片”按钮，插入一张“标题与内容”版式的空白幻灯片。在标题占位符中输入“评估与调整”。

(2) 制作流程图。

① 在“插入/插图”组中，单击“形状”按钮，打开如图 4-29 所示的形状列表。

② 选择“流程图：可选过程”形状，拖动鼠标在幻灯片上画出 1 个矩形框。

③ 按住 Ctrl 键并拖动鼠标，复制出其余 4 个矩形框。

④ 选择“流程图：决策”形状，拖动鼠标在幻灯片上画出 1 个菱形。

⑤ 在矩形框中单击鼠标右键，从弹出的快捷菜单中选择“添加文字”命令，依次输入如图 4-30 所示的内容，菱形框文字也如此添加。

⑥ 添加流程图中的箭头，适当调整后放置在流程图相应位置，效果如图 4-30 所示。

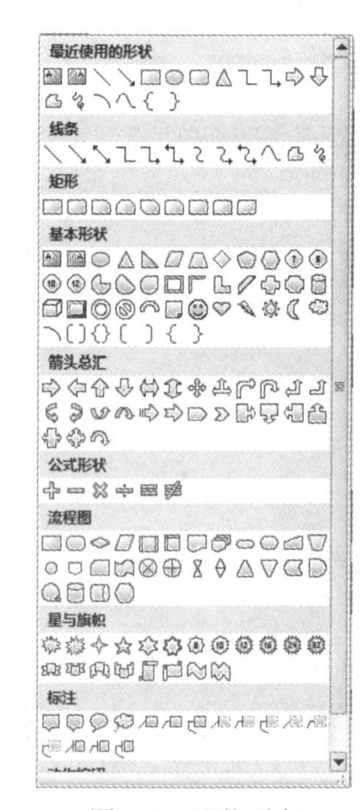

图 4-29　形状列表

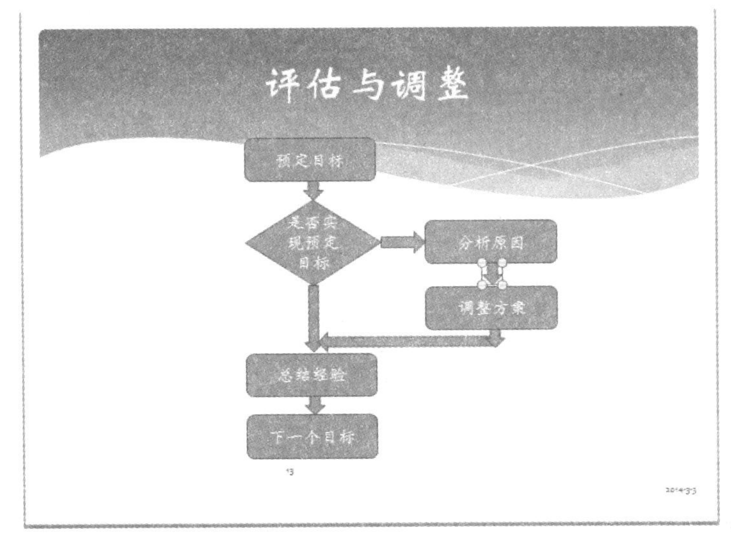

图 4-30　流程图效果图

步骤 13　制作第 12、14 张幻灯片。

(1) 第 12 张幻灯片的具体做法同第 4 张幻灯片中表格的做法，效果如图 4-31 所示。

(2) 最后 1 张幻灯片即第 14 张幻灯片应用“标题幻灯片”版式，效果如图 4-32 所示。

图 4-31　第 12 张幻灯片效果图

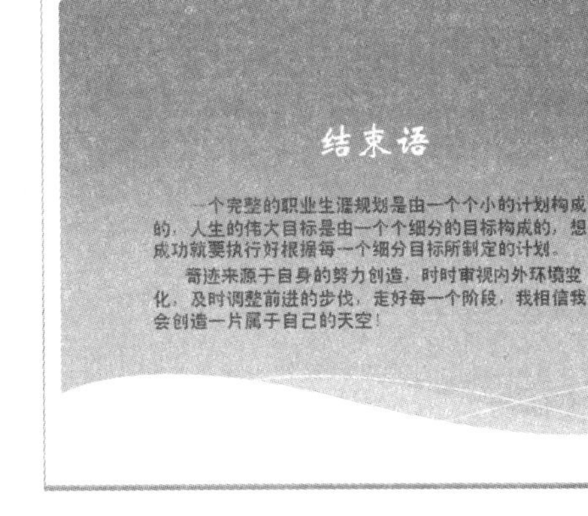

图 4-32　最后一张幻灯片效果图

步骤 14　为幻灯片添加备注、幻灯片编号、页脚、制作日期。

1. 为封面幻灯片添加备注

(1) 在幻灯片的普通视图下，将光标定位于第 1 张幻灯片的“备注”窗格中。

(2) 输入备注文字“职业生涯规划的具体内容如文字、图片素材由学生自备，可上网搜索下载需要的素材文件”，如图 4-33 所示。

2. 添加幻灯片编号、页脚、制作日期

(1) 在“插入/文本”组中单击“页眉和页脚”按钮，弹出“页眉和页脚”对话框，如图 4-34 所示。

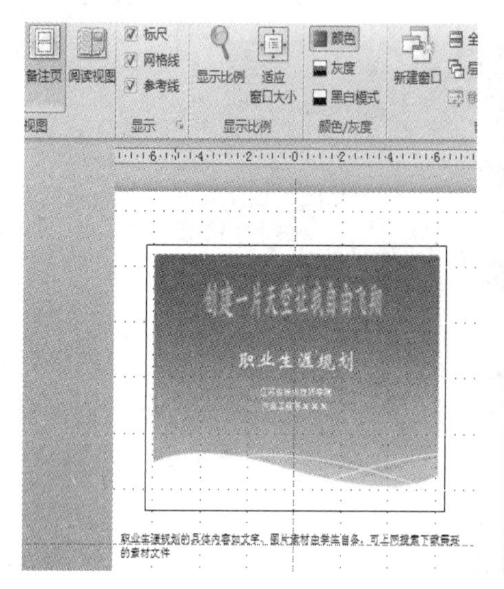

图 4-33　“备注页”视图

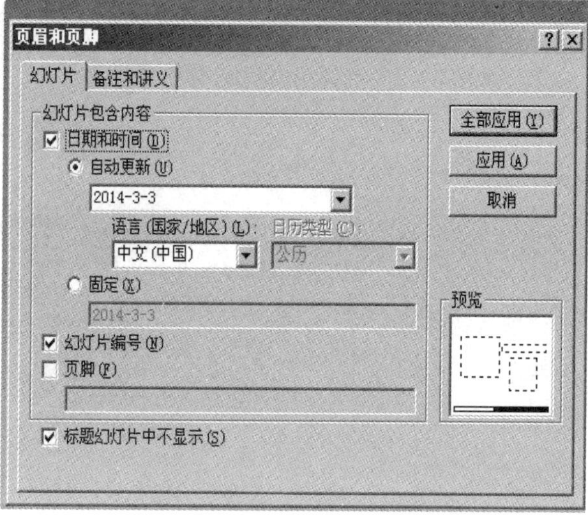

图 4-34　“页眉和页脚”对话框

(2) 在“幻灯片”选项卡中的“日期和时间”“幻灯片编号”“标题幻灯片中不显示”复选框前打勾，单击“全部应用”按钮。

❖ 知识拓展

1. PowerPoint 的设计、制作原则

(1) PowerPoint 的设计原则：是否给观众留下清晰、深刻的印象。

(2) PowerPoint 的制作原则：重点突出、简单明了、形象直观、颜色协调、少字多图。

(3) PowerPoint 的制作黄金法则：

① Magic Seven 原则(7±2=5～9)：每张幻灯片传达 5 个概念效果最好，7 个概念正好符合人们的接受程度，超过 9 个概念则会让人感觉负担重。标题最好只有 5～9 个字，最好不要用标点符号，括号也尽量少用。

② KISS (Keep It Simple and Stupid)原则：表胜于文，图胜于表。同时，图表不要加文字解释。

③ 10/20/30 法则：演示文件不超过 10 页，演讲时间不超过 20 分钟，演示使用的字体不小于 30 点(30 point)。

2. 新建中的新内容

PowerPoint 新建中可以给 PowerPoint 生成不同的内容，在样本模板中有一些现成的相册可以直接运用，如图 4-35 所示。

3. 保存格式的新突破

PowerPoint 2010 以上版本可以将 PowerPoint 保存为 PDF 和视频格式，保存视频格式可以兼容内容的视频和音频，但不包括 flash，如图 4-36～图 4-38 所示。

图 4-35　新建相册样本模板

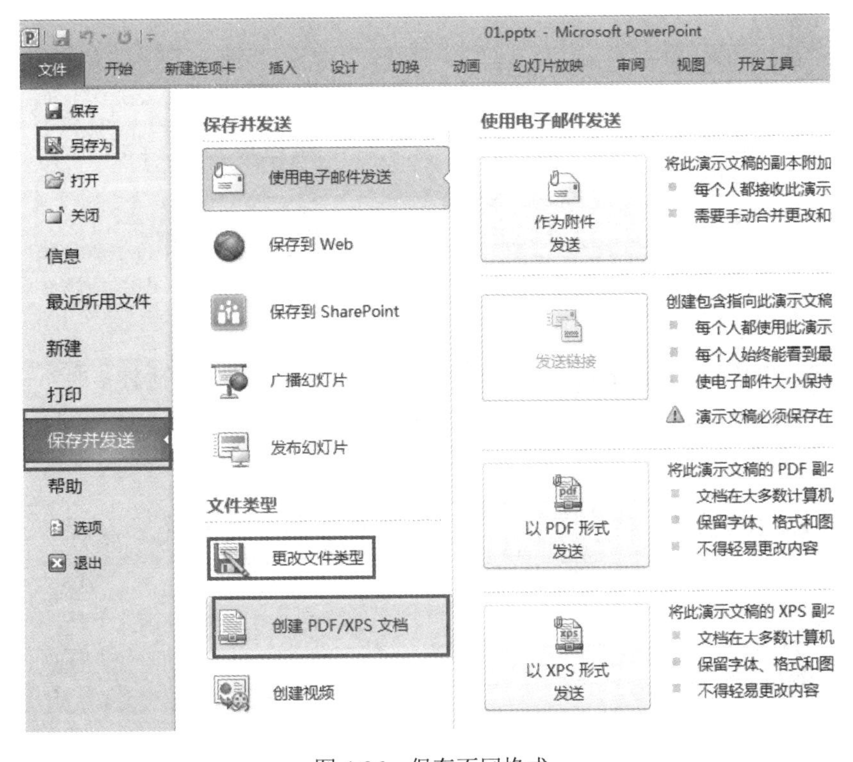

图 4-36　保存不同格式

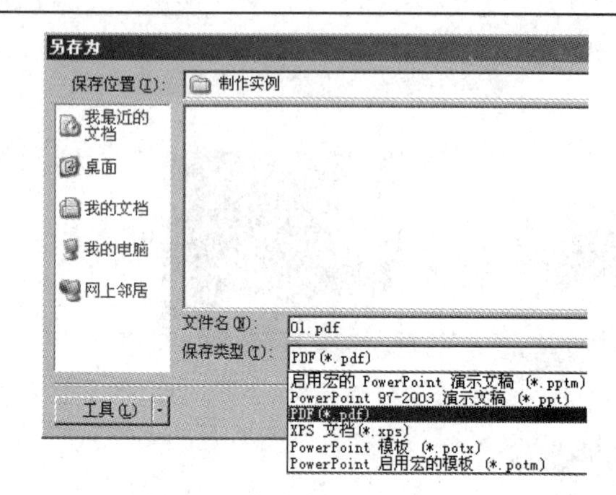

图 4-37　保存为 PDF 格式

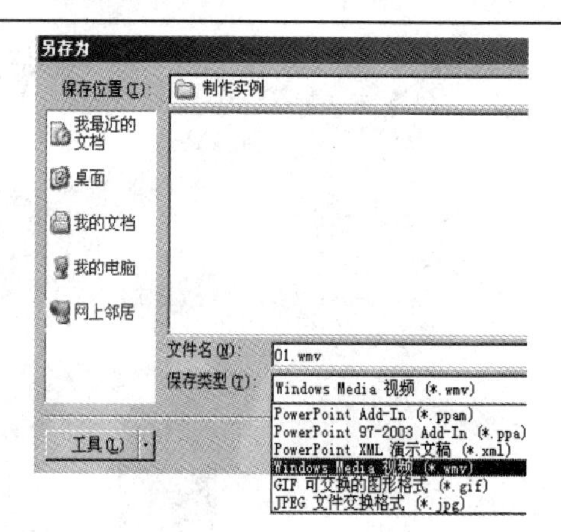

图 4-38　保存为视频格式

4. 新增“节”内容

PowerPoint 也可以逻辑管理，在 PowerPoint 2010 以上版本中新增了“节”功能，可以按照自己的需要分段，如图 4-39 和图 4-40 所示。

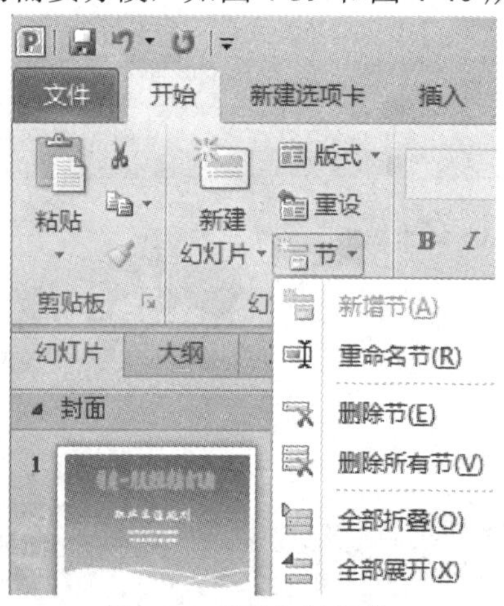

图 4-39　“节”的操作

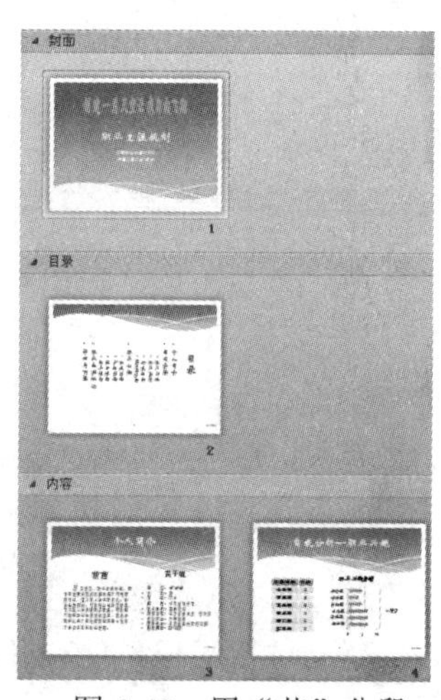

图 4-40　用“节”分段

5. 增加“窗格”功能

PowerPoint 2010 以上版本新增了“窗格”功能，当页面中内容比较多时，窗格让页面变得更简单。PowerPoint 中不仅有“选择窗格”，还有“动画窗格”，如图 4-41～图 4-44 所示。

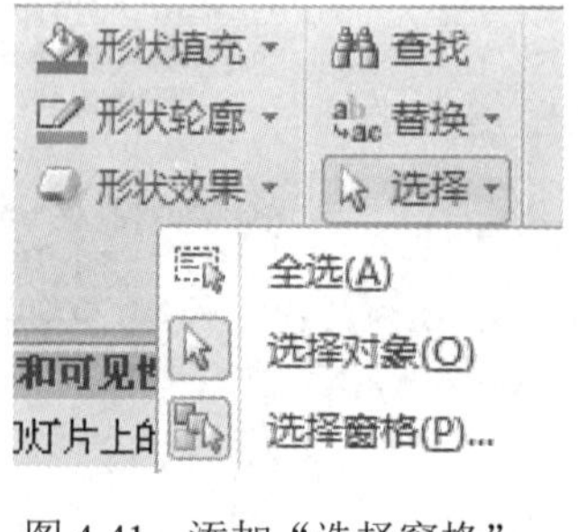

图 4-41　添加“选择窗格”

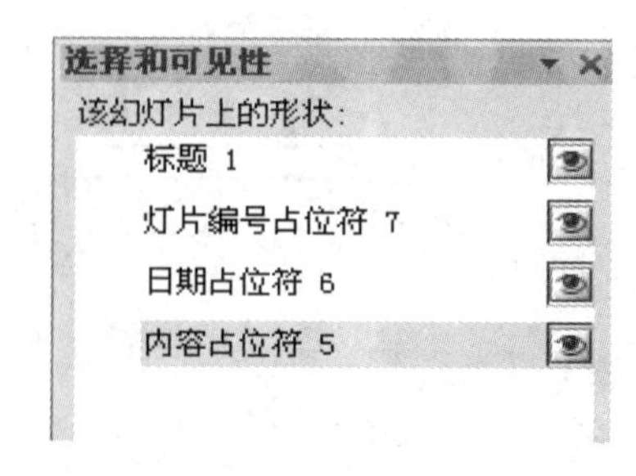

图 4-42　“选择和可见性”窗格

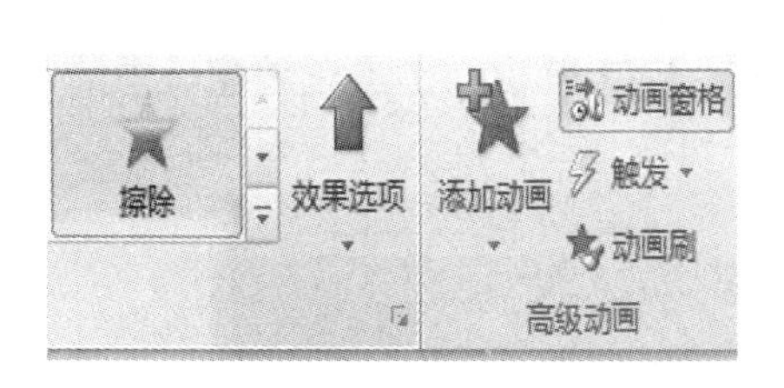

图 4-43　添加“动画窗格”

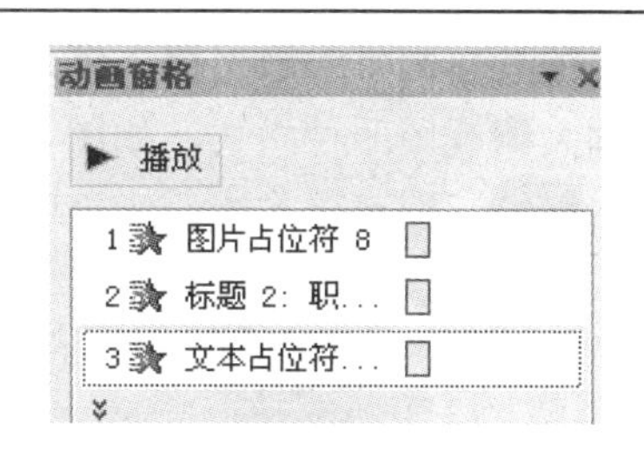

图 4-44　动画窗格

6. 运用参考线对齐图形

参考线在 PowerPoint 中可以快速对齐页面上的图像、图形、文字块等元素，使得版面统一美观。

(1) 单击“视图/显示”组中的网格线单选框。屏幕上显示十字参考线，可以随意拖动以调整好参考线的位置。

(2) 将要对齐的对象拖到参考线附近，它们就会自动吸附到参考线上并对齐。

7. 幻灯片的编辑操作

1) 复制幻灯片

(1) 在普通视图中包含“大纲”和“幻灯片”选项卡的窗格上单击“幻灯片”选项卡。

(2) 用鼠标右键单击要复制的幻灯片，然后单击“复制幻灯片”命令，即可在选择的幻灯片之后插入一张幻灯片副本。

2) 重新排列幻灯片的顺序

(1) 在普通视图中包含“大纲”和“幻灯片”选项卡的窗格上，先单击“幻灯片”选项卡，再单击要移动的幻灯片，然后将其拖动到所需的位置。

(2) 若要选择多个幻灯片，则先单击某个要移动的幻灯片，按住 Ctrl 键并单击要移动的其他每个幻灯片，然后将其拖到所需的位置。

3) 删除幻灯片

在普通视图中包含“大纲”和“幻灯片”选项卡的窗格上单击“幻灯片”选项卡。用鼠标右键单击要删除的幻灯片，然后单击“删除幻灯片”命令。

8. PowerPoint 2010 的视图方式

PowerPoint 2010 提供 4 种演示文稿视图：普通视图、幻灯片浏览、备注页、阅读视图，3 种母版视图：幻灯片母版、讲义母版、备注母版，共 7 种视图方式，如图 4-45 所示。每种视图都有特定的工作界面和操作方法，在编辑文稿时，用户可根据需要选择不同的视图更便捷地编辑或浏览文稿。

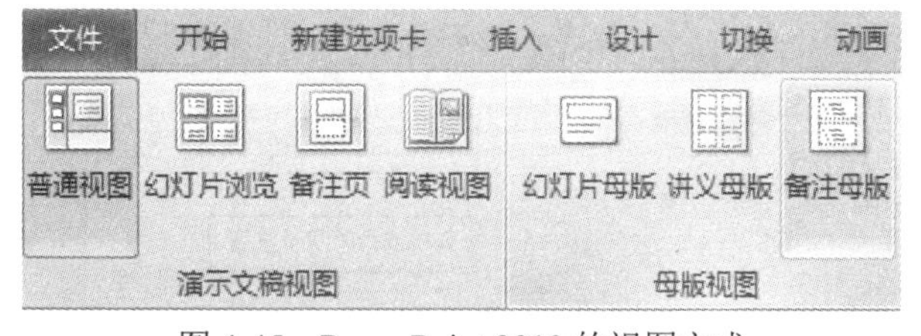

图 4-45　PowerPoint 2010 的视图方式

普通视图具有同时编辑文稿大纲、幻灯片和备注页的功能。普通视图的工作界面有幻灯片视图和大纲视图两种模式，如图 4-46 和图 4-47 所示。单击左边窗口中的“幻灯片”或“大纲”标签，即可以在这两种视图间进行切换。

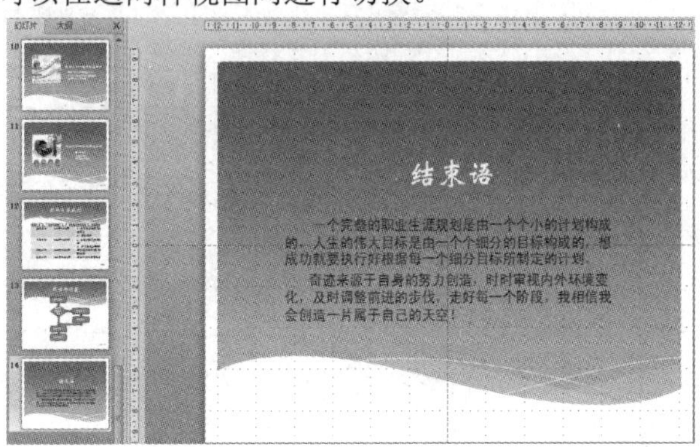

图 4-46　普通视图——幻灯片

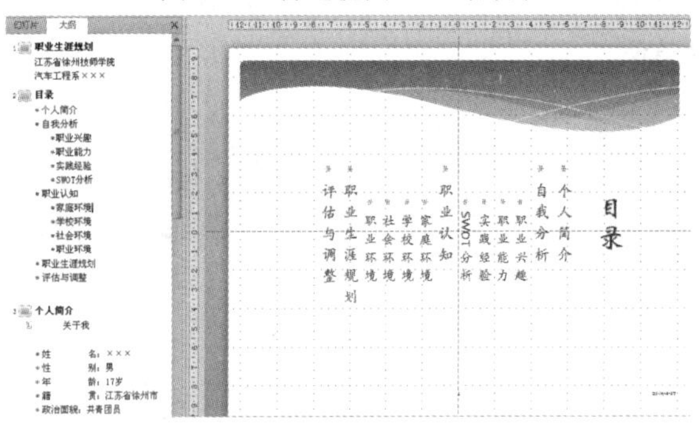

图 4-47　普通视图——大纲

1. PowerPoint 的制作步骤

PowerPoint 的制作步骤如图 4-48 所示。

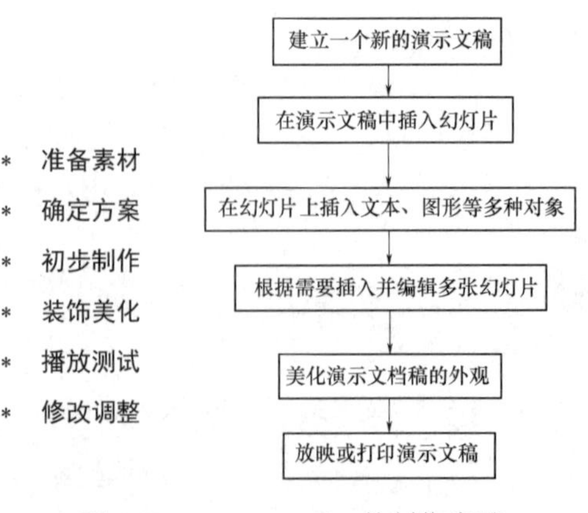

图 4-48　PowerPoint 的制作步骤

2. PowerPoint 2010 的窗口

PowerPoint 的主界面窗口中包含标题栏、快捷访问工具栏、功能选项卡、功能区、幻灯片窗格、缩略图窗格、备注窗格、视图切换按钮、状态栏等组成部分，如图 4-49 所示。

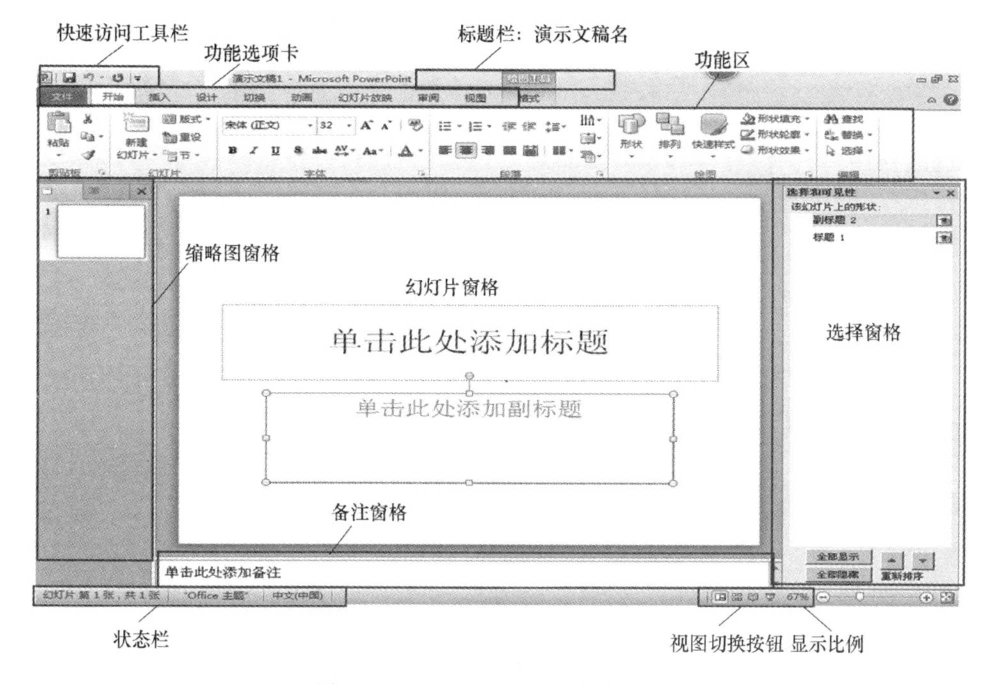

图 4-49　PowerPoint 2010 的窗口界面

(1) 缩略图窗格：显示每个完整大小幻灯片的缩略图版本。可在此窗格中添加、移动或删除幻灯片。

(2) 幻灯片窗格：用于编辑和显示幻灯片的内容，可以在其中键入文本或插入图片、图表和其他对象(对象：表、图表、图形、符号或其他形式的信息)。

(3) 备注窗格：可以键入关于当前幻灯片的备注。该窗格可以在播入演示文稿时查看“演示者”视图中的备注。

(4) 选择窗格：在 PowerPoint 中，选择窗格在“开始”→“选择”→“选择窗格”中，虽然不太起眼，但其妙用很多，它可以快速重命名 PowerPoint 组成元素名称，方便对单个对象进行各种效果设置，如调整元素显示层次、调整动画效果，方便多层次动画设置，炫出更多的动画效果。

其他功能窗口的操作方法在后面结合具体实例的练习中讲解。这里只是做简介，读者可以尝试着操作，以便加深印象。

(1) 按图 4-50 所示的基本样稿完成工作总结汇报的制作。

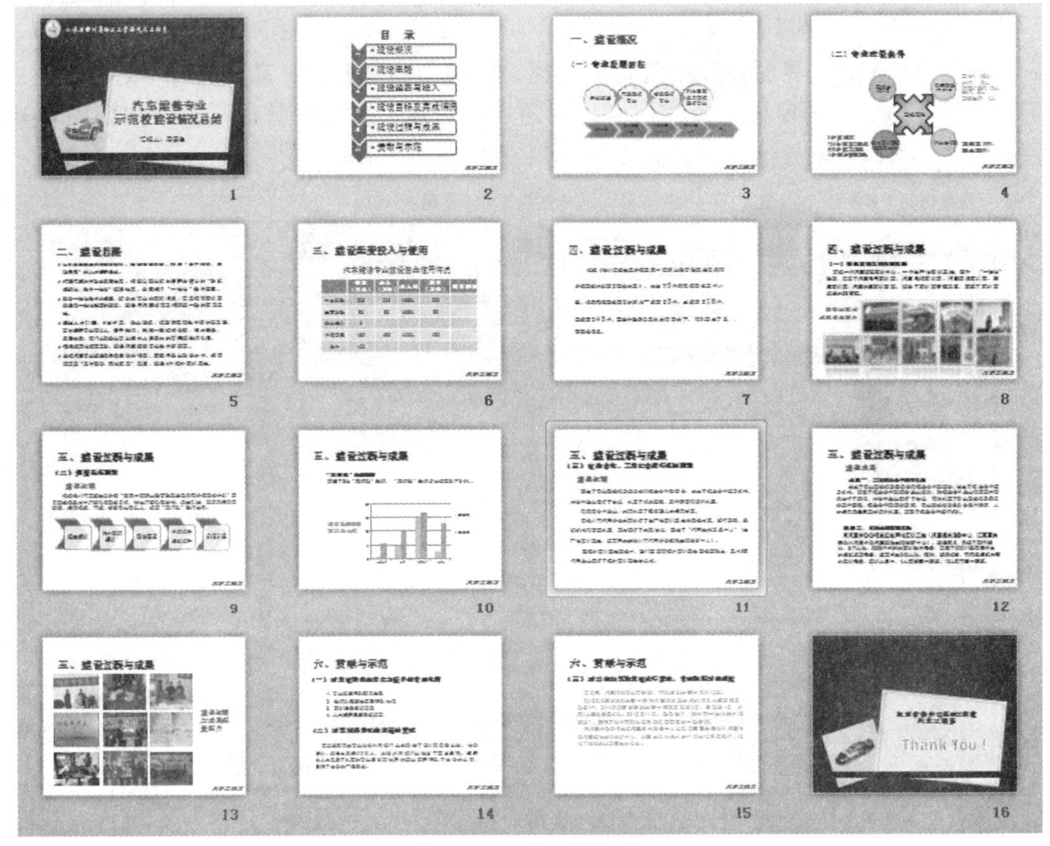

图 4-50　工作总结汇报

总结汇报的制作提示及要点：

① 用色传统一些。商务蓝、中国红、简洁灰、和平绿是中国大众色，也是汇报时比较容易接受的颜色。

② 背景简洁一些。因工作汇报 PowerPoint 的内容较复杂，所以背景一般是由色块、线条以及简单点缀图案组成，如果能够加入一些工作元素(企业 LOGO、企业建筑、活动图片)就更好了。放置内容的空间应尽可能开阔。

③ 框架清晰一些。工作汇报或总结一般由目录、前言背景、实施情况、成果展示、成绩不足、未来规划等几部分组成。

④ 图表丰富一些。丰富的图表不仅避免了传统 PowerPoint 的呆板，也彰显专业性和严肃性，数据的比对更加清晰。

⑤ 图片多样一些。“眼见为实”是人的普遍心理，图片的大量应用会大大增加业绩的说服力。

(2) 制作有特色的个人求职简历。

制作要求：

① 包含自己的基本信息：姓名、性别、年龄、民族、籍贯、政治面貌、学历、地址、联系方式、自我评价、学习经历、实践经历、荣誉和成就及本人对这份工作的简要理解。

② 封面的制作一般要简洁，可以在封面上出现个人信息，方便用人单位查阅。封面的风格要符合应聘公司的文化和背景，也要凸显自己的个性和风格。

任务 2　丰富“职业生涯规划书”演示文稿

在任务 1 中，我们一起完成了“职业生涯规划书”演示文稿的基本设计制作工作，为了使演示文稿更加美观及富有感染力，我们将使用 PowerPoint 2010 提供的幻灯片的修饰功能对演示文稿外观及各项内容等做进一步的修饰，如为演示文稿添加动画、音频、视频等元素，并且设置适宜的放映方式，为演示文稿的播放做好充分的准备。修饰后的演示文稿效果如图 4-51 所示。

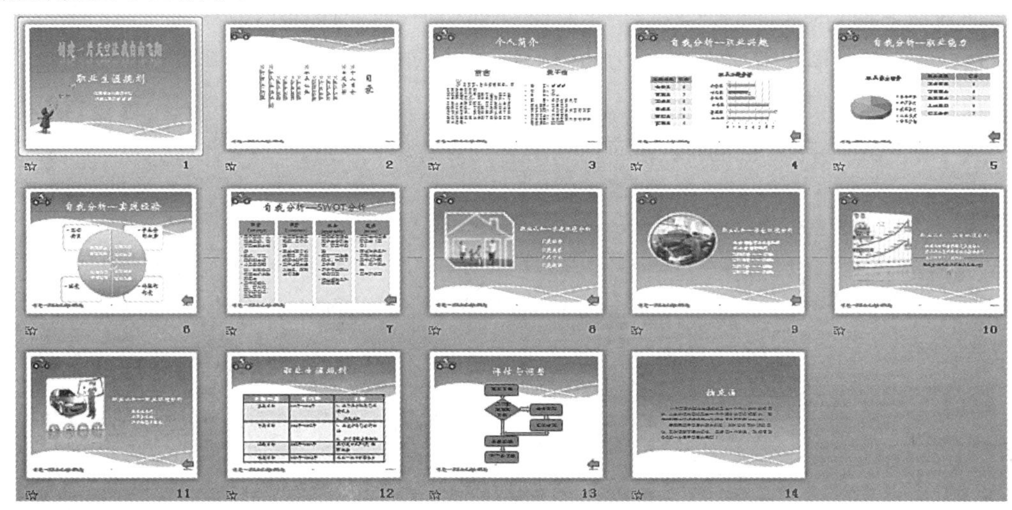

图 4-51　修饰后的“职业生涯规划书”演示文稿效果图

任务分解

(1) 打开、查阅已有的 PowerPoint 演示文稿；
(2) 修改幻灯片母版；
(3) 格式化幻灯片的各项内容；
(4) 设置幻灯片适宜的动画效果；
(5) 幻灯片插入音频、视频等文件的方式；
(6) 设置幻灯片的切换方式、放映方式。

步骤 1　打开任务 1 制作的“职业生涯规划书”演示文稿。

步骤 2　编辑幻灯片母版。

注：

幻灯片母版的概念：从字面上来理解，“母”有孕育的意思，即在母版中插入了一张图片，则所有的幻灯片都会含有母版中的这张图片。

幻灯片母版是存储关于模板信息的设计模板的一个元素，这些模板信息包括字形、占位符大小、位置、背景设计和配色方案。PowerPoint 2010 演示文稿中的每一个关键组件都拥有一个母版，如幻灯片、备注和讲义。母版是一类特殊的幻灯片，幻灯片母版控制了某些文本特征，如字体、字号、字型和文本的颜色，还控制了背景色和某些特殊效果，如阴影和项目符号样式。包含在母版中的图形及文字将会出现在每一张幻灯片及备注中。所以，如果在一个演示文稿中使用幻灯片母版的功能，就可以做到整个演示文稿格式统一，可以减少工作量，提高工作效率。

幻灯片母版样式：在 PowerPoint 中有幻灯片母版、讲义母版、备注母版 3 种母版。幻灯片母版包含标题样式和文本样式。

(1) 单击“视图/母版视图”组中的“幻灯片母板”按钮。

(2) 单击“编辑主题”组中的“颜色”按钮，打开“主题颜色”列表，选择列表中的“波形”颜色组，将选定的颜色组应用到所有幻灯片中，如图 4-52 所示。

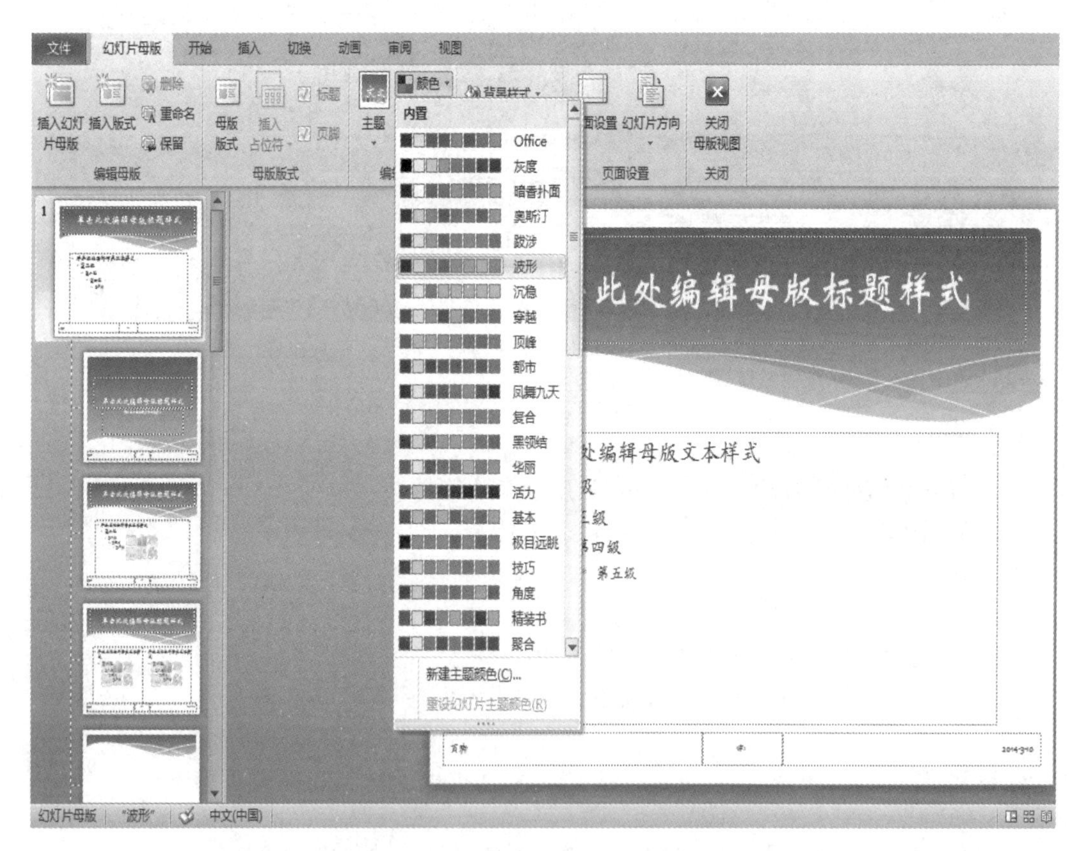

图 4-52　幻灯片母版视图中主题颜色

(3) 在幻灯片母版页脚处添加文字。在母版页脚位置处输入文字“创建一片天空 让我自由飞翔”，设置文字颜色为绿色，字号为 16，如图 4-53 所示。

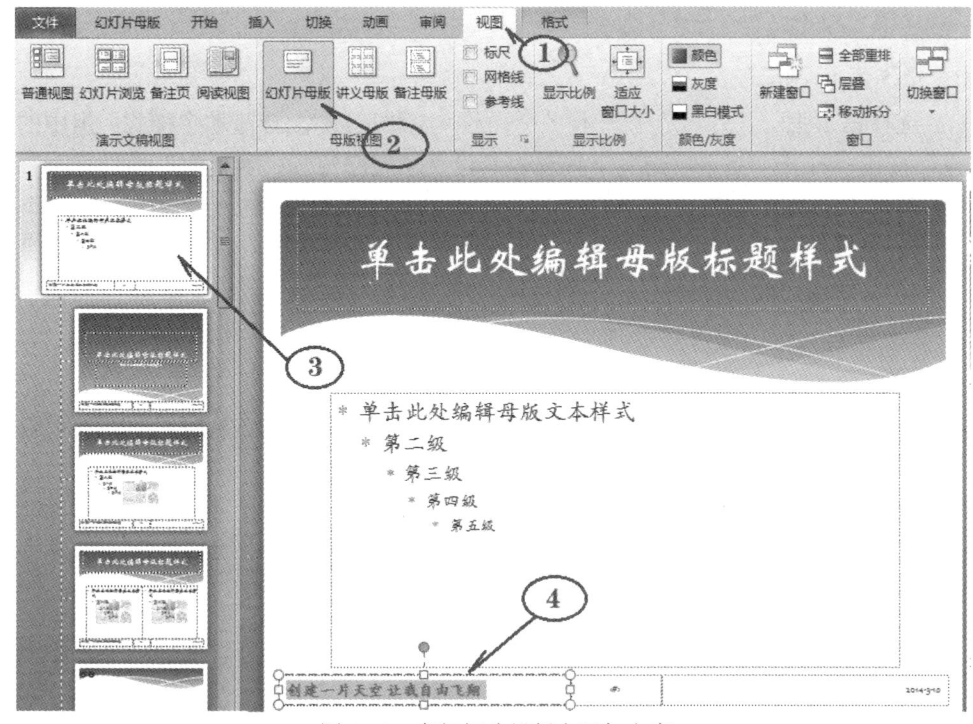

图 4-53　在幻灯片母版上添加文字

(4) 在幻灯片母版左上角添加剪贴画作为 LOGO。插入剪贴画，调整位置大小，如图 4-54 所示。

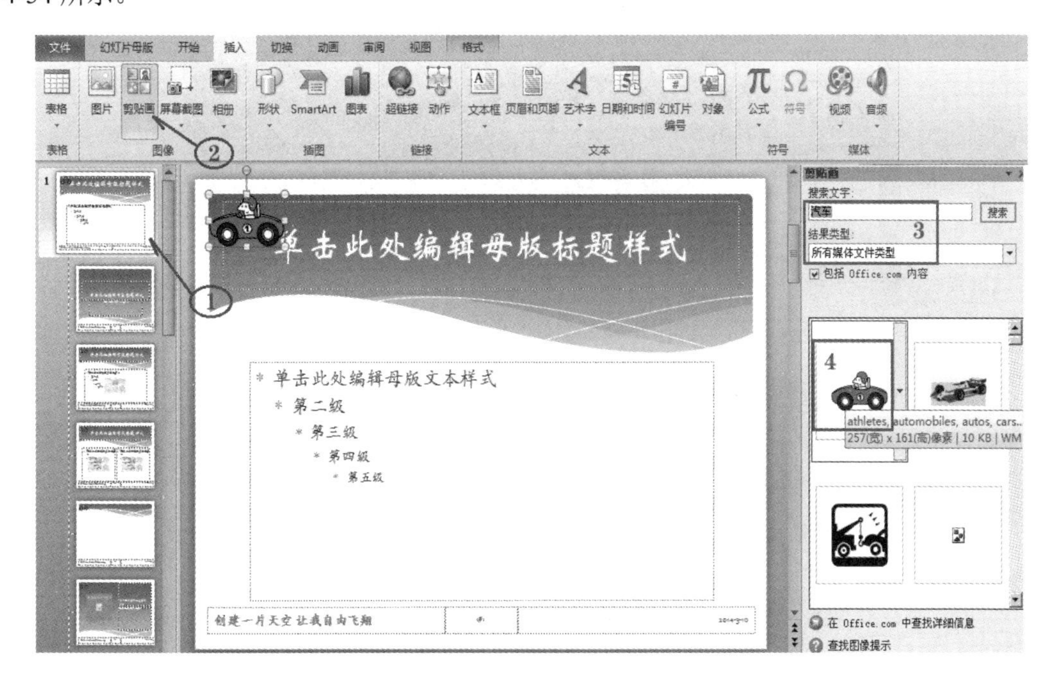

图 4-54　在幻灯片母版上添加图片

(5) 关闭幻灯片母版。

步骤 3　修饰幻灯片的内容。

1. 修改艺术字格式

(1) 选择第 1 张幻灯片，选中艺术字。单击“绘图工具/格式/艺术字样式”组中的“文本填充”按钮，打开“文本填充”下拉列表，设置填充颜色为“黄色”。

(2) 单击“绘图工具/格式/艺术字样式”组中的“文本轮廓”按钮，打开“文本轮廓”下拉列表，设置填充颜色为“浅绿色”。单击“文本效果”按钮，选择“映像”→“映像变体”→“全映像，8pt 偏移时”。

2. 添加图片并修改图片样式

(1) 选择第 1 张幻灯片。插入已准备好的图片，选中图片。

(2) 单击“图片工具格式/调整”组中的“删除背景”按钮。调整并标记保留区域(单击“标记保留”按钮，分别选中两只鸟)。

(3) 单击“保留更改”按钮，操作见图 4-55。第 1 张幻灯片修饰后的效果如图 4-56 所示。

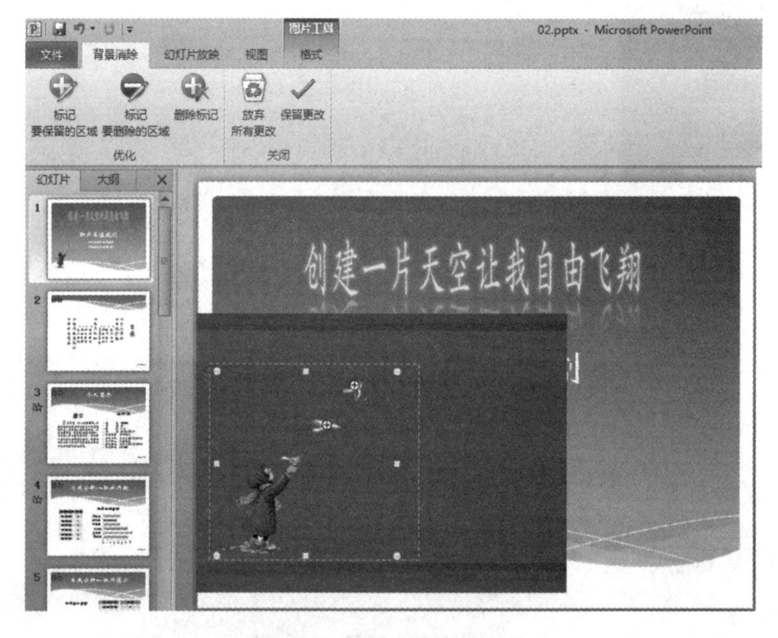

图 4-55　图片“删除背景”

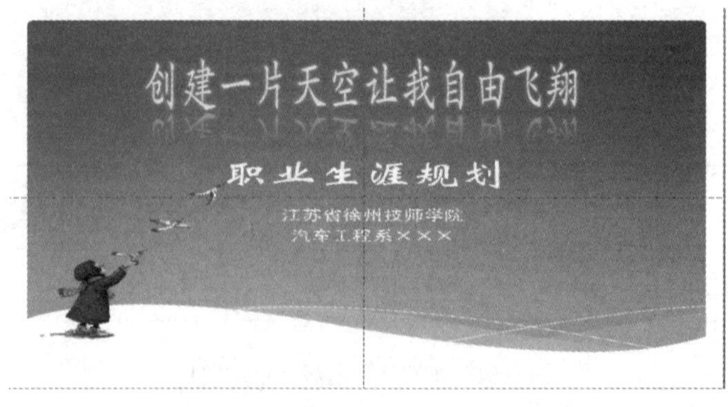

图 4-56　修饰后的第 1 张幻灯片

3. 修饰第 2 张幻灯片的内容

(1) 选择第 2 张幻灯片，选中文本框。单击“开始/段落”组中的“项目符号与编号”按钮，在弹出的“项目符号和编号”对话框中选择“自定义”样式，在“符号”对话框“字体”列表中选择“Webdings”，在下面的图形中选择“”符号。

(2) 单击“确定”按钮。操作如图 4-57 所示。

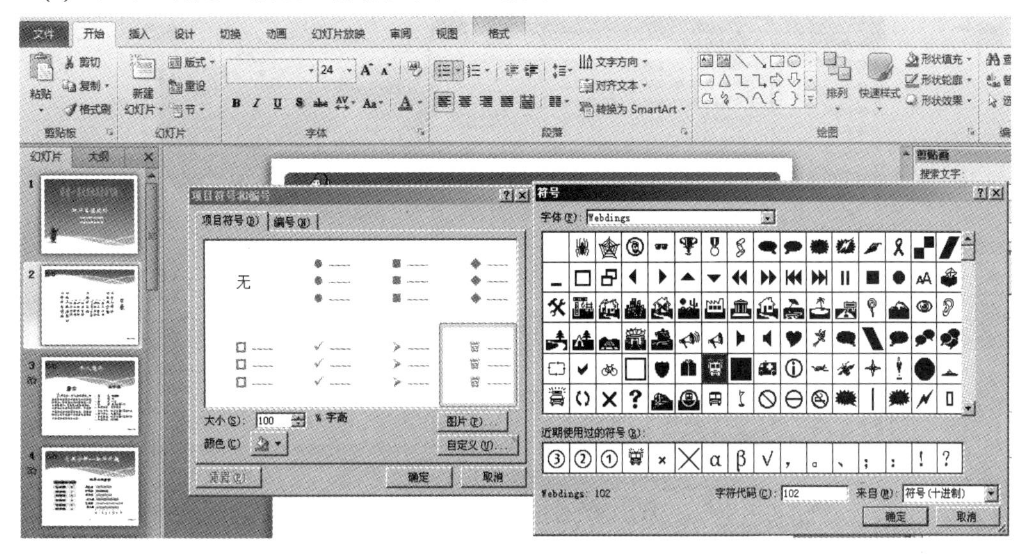

图 4-57　修改项目符号

4. 修饰第 4 张幻灯片的内容

(1) 设置“数据系列格式”。

① 选择第 4 张幻灯片，选中图表。仅选中“研究型”系列的柱子(在该柱子上单击两次)。

② 在“设置数据点格式”对话框左框中选择“填充”，右框中选择“纯色填充”，颜色为紫色。

③ 最长的“管理型”系列柱子也按此步骤设置。设置过程及效果见图 4-58。

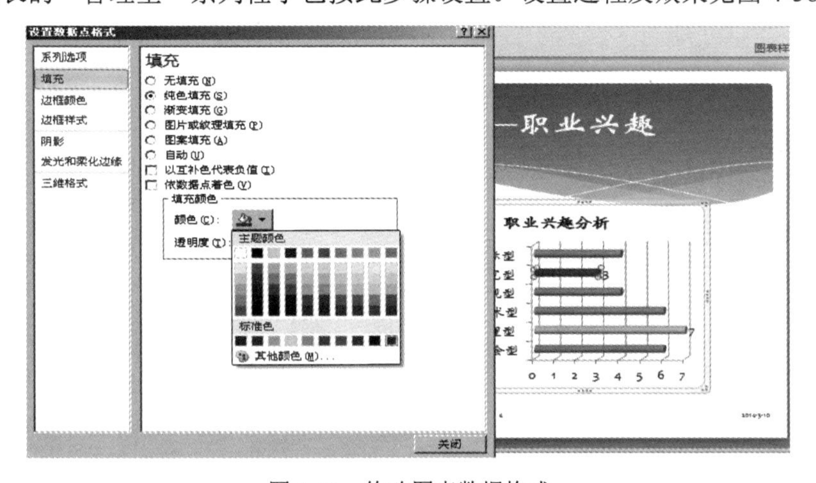

图 4-58　修改图表数据格式

(2) 设置“坐标轴格式”。

① 选择第 4 张幻灯片，选中图表。选中“水平(值)轴”(在水平轴上单击或单击鼠标右键选择“设置坐标轴格式”)。

② 在“设置坐标轴格式”对话框左框中选择“坐标轴选项”，右框中“主要刻度单位”选择固定值 1.0，最后单击“关闭”按钮，如图 4-59 所示。

图 4-59　修改图表坐标轴格式

5. 修饰第 6 张幻灯片的内容

(1) 选择第 6 张幻灯片，单击选中“循环矩阵”图。单击“SmartArt 工具/设计/SmartArt 样式”组中的“更改颜色”按钮，打开“颜色”列表，如图 4-60 所示。选择“彩色”中的“彩色范围—强调文字颜色 5 至 6”。

(2) 单击“SmartArt 工具/设计/SmartArt 样式”组中的“其他”按钮，打开“SmartArt 样式”列表。选择“三维”中的“嵌入”样式，如图 4-61 所示。

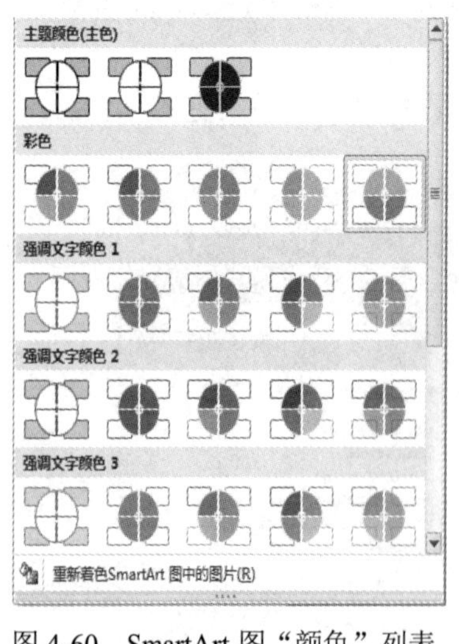

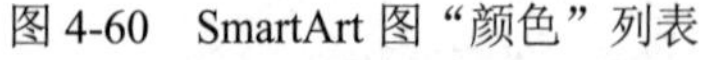

图 4-60　SmartArt 图“颜色”列表

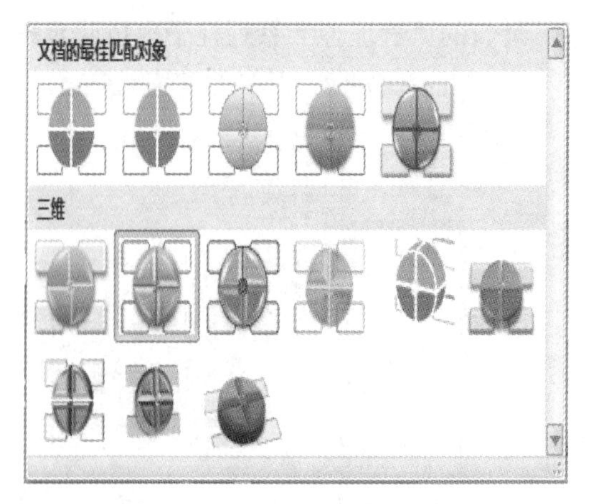

图 4-61　“SmartArt 样式”列表

(3) 分别选中“循环矩阵”图 1/4 圆中的文字，设置字体格式为黑体、加粗、19 磅，修饰后的效果图参看图 4-1 中第 6 张幻灯片。

6. 修饰第 8～11 张幻灯片的内容

(1) 选择第 8 张幻灯片，单击选中所插图片。单击“图片工具/格式/图片样式”组中的“其他”按钮，打开“图片样式”列表。选择“裁剪对角线 白色”，如图 4-62 所示。

(2) 第 9 张幻灯片选择“金属椭圆”样式。

(3) 第 10 张幻灯片选择“映像右透视”样式。

(4) 选择第 11 张幻灯片，单击“图片工具/格式/调整”组中的“艺术效果”按钮，打开“艺术效果选项”列表，选择“铅笔素描”样式，如图 4-63 所示。

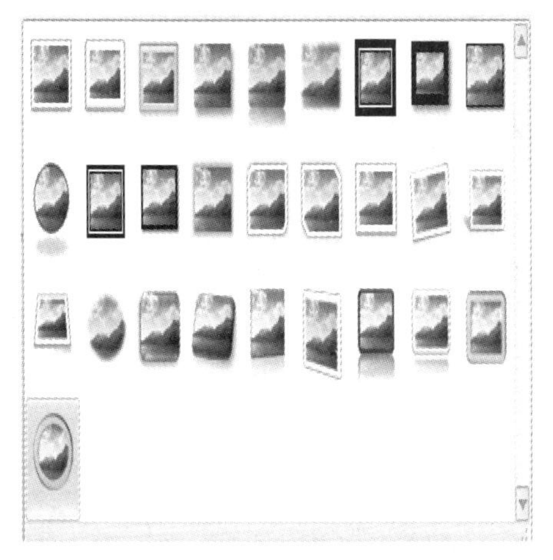

图 4-62　“图片样式”列表

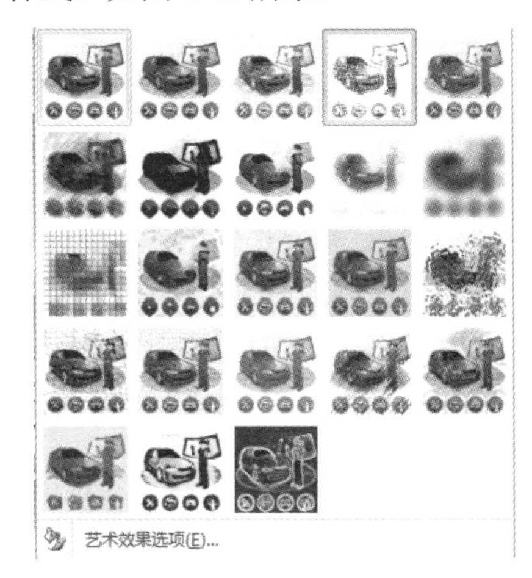

图 4-63　“艺术效果选项”列表

7. 修饰第 12 张幻灯片的内容

(1) 选择第 12 张幻灯片，选择整个表格。单击“表格工具/设计表格样式”组中的“其他”按钮，打开“表格样式”列表。选择“中度样式 2-强调 6”，如图 4-64 所示。

(2) 单击“边框”下拉按钮，从“边框”下拉列表中选择“所有框线”，为表格添加框线。

(3) 选中表格中第一行的文字，将其设置为华文楷体、24 磅、加粗、居中对齐。修饰后的表格如图 4-65 所示。

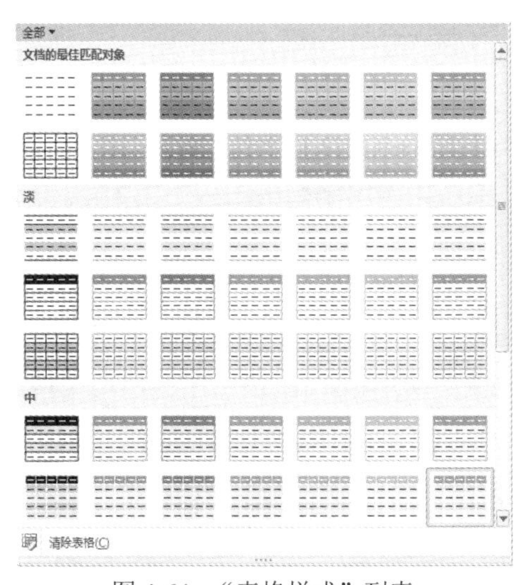

图 4-64　“表格样式”列表

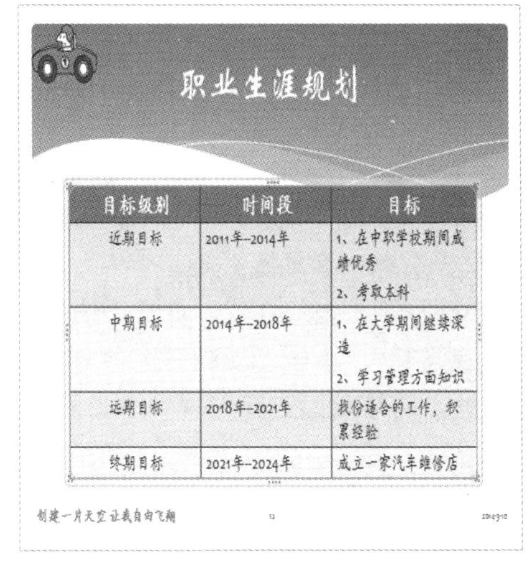

图 4-65　修饰后的第 12 张幻灯片

8. 修饰第 13 张幻灯片

(1) 设置形状格式。

① 选择第 13 张幻灯片，单击“开始/编辑”组中的“选择窗格”按钮，如图 4-66 所示。

② 在“选择窗格”中选中所有的“流程图：可选过程”(按住 Ctrl 键，依次选中)。

③ 单击“绘图工具/格式/形状格式”组中的“形状填充”按钮，打开“形状填充”下拉菜单，将形状颜色填充为“浅蓝色”。

④ 在“选择窗格”中选中所有的“箭头”，将箭头填充为“黄色”。

⑤ 在“选择窗格”中选中所有的形状，单击“绘图工具/格式/形状格式”组中的“形状轮廓”按钮，打开“形状轮廓”下拉菜单，将形状轮廓填充为“深蓝，文字 2”，并设置轮廓粗细为 2.25 磅。

(2) 组合图形。在“选择窗格”中选中所有的形状，单击鼠标右键，从快捷菜单中选择“组合”中的“组合”命令，将选中的图形组合成一个图形。

(3) 设置图形中文字的格式为宋体、18 磅、加粗、黑色。修饰后的第 13 张幻灯片如图 4-67 所示。

图 4-66　选择窗格

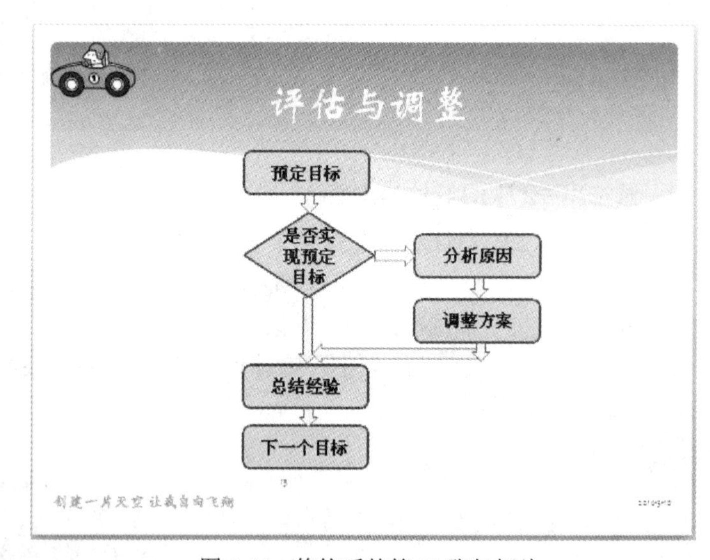

图 4-67　修饰后的第 13 张幻灯片

步骤 4　设置幻灯片的动画效果。

(1) 设置艺术字动画效果。

① 选择第 1 张幻灯片，打开“选择窗格”，在“选择窗格”中选中艺术字“创建一片天空让我飞翔”，单击“动画”选项卡，显示如图 4-68 所示的“动画”功能组，单击“形状”按钮，将该动画方案应用到选中的艺术字中。

图 4-68　“动画”功能组

② 单击“动画/动画”组中的“效果选项”按钮，打开如图 4-69 所示的“效果选项”列表，从列表中选择形状为“菱形”。

(2) 设置标题文本的动画效果。

① 选择标题文本“职业生涯规划”，单击“动画/动画”组中的“其他”按钮，打开如图 4-70 所示的“动画样式”列表。单击选中“进入”中的“随机线条”效果。

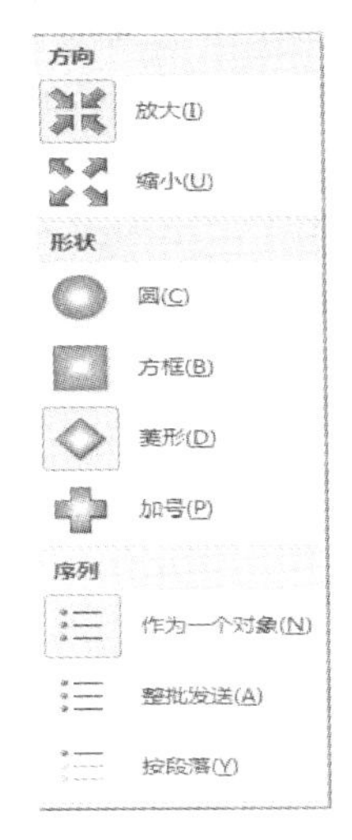

图 4-69　“效果选项”列表

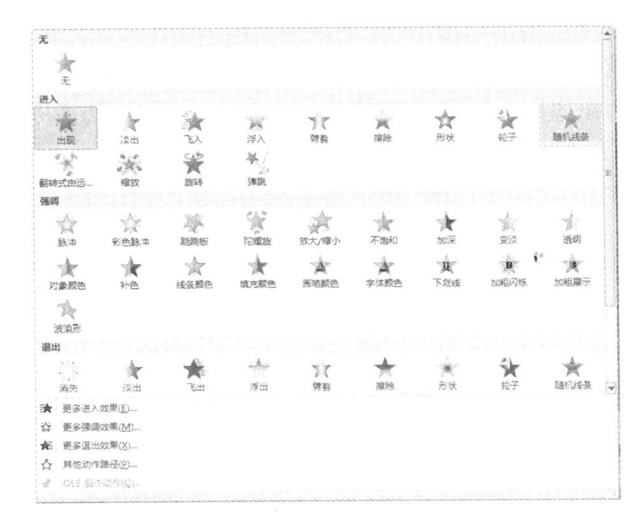

图 4-70　“动画样式”列表

② 单击“动画/动画”组中的“效果选项”按钮，打开“效果选项”列表，从列表中选择方向为“垂直”。设置“动画/计时”组中的持续时间为 2 秒(即中速)。

❖ 知识拓展

1. 关于新增的切换和改进的动画

PowerPoint 2010 提供了全新的动态幻灯片切换和动画效果，看起来与在电视上看到的画面相似，可以轻松访问、预览、应用、自定义和替换动画，还可以使用新增动画刷轻松地将动画从一个对象复制到另一个对象，如图 4-71 和图 4-72 所示。

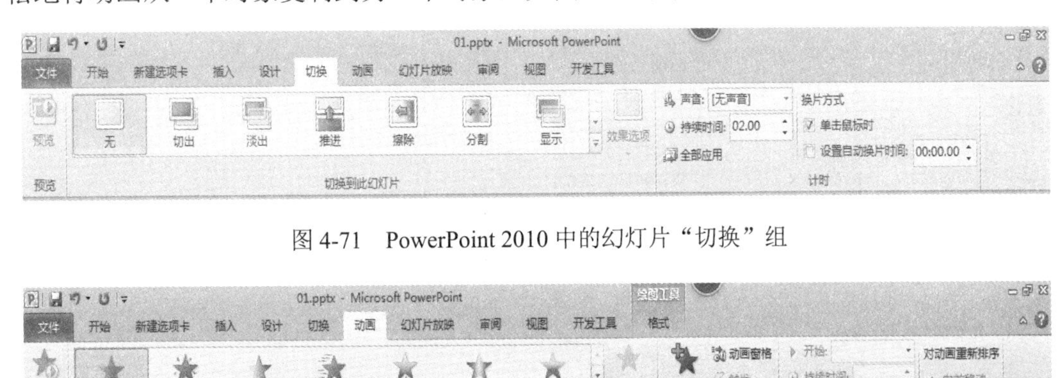

图 4-71　PowerPoint 2010 中的幻灯片“切换”组

图 4-72　Power Point 2010 中的幻灯片“动画”组

2. 动画的设置

PowerPoint 提供有对象进入、强调及退出的动画效果，另外还可设置动作路径，将对象动画按设定路径进行展示。

若需设置其他进入动画效果，则单击如图 4-70 所示的“动画样式”列表中的“更多进入效果”命令，打开如图 4-73 所示的“更改进入效果”对话框。单击图 4-70 中的“更多强调效果”命令，可打开如图 4-74 所示的“更改强调效果”对话框。单击图 4-70 中的“更多退出效果”命令，可打开如图 4-75 所示的“更改退出效果”对话框。单击图 4-70 中的“其他动作路径”命令，可打开如图 4-76 所示的“更改动作路径”对话框。

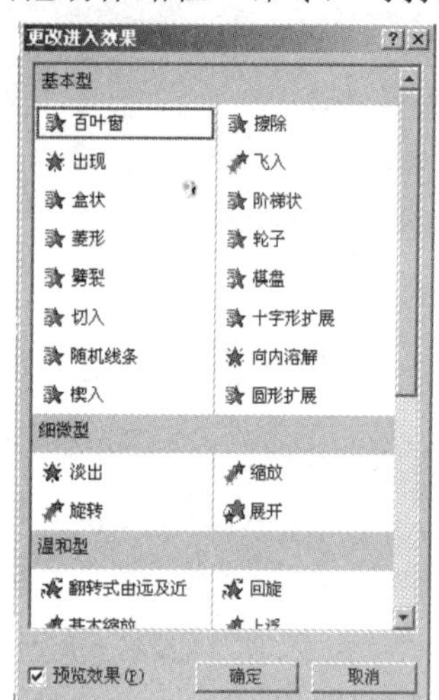

图 4-73　更改进入效果

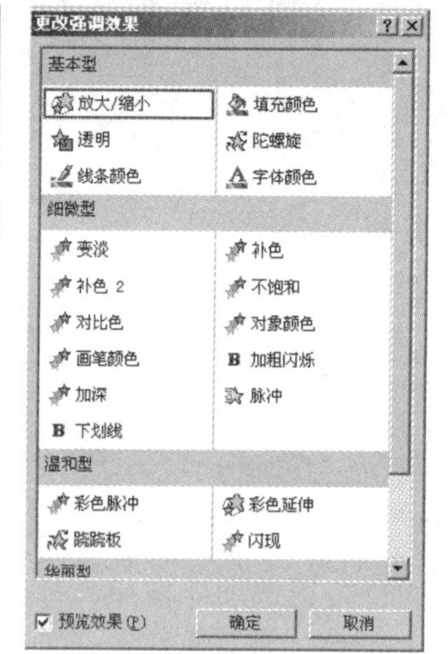

图 4-74　更改强调效果

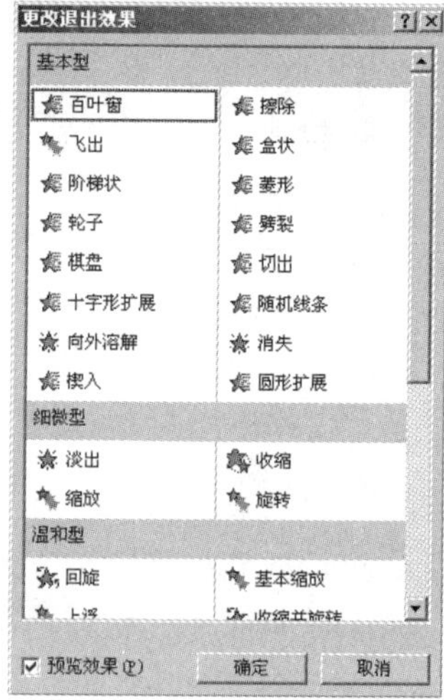

图 4-75　更改退出效果

单击“动画/高级动画”组中的“动画窗格”按钮，可打开如图 4-77 所示的“动画窗格”对话框，在动画窗格中列出了已设置的动画效果。若需预览动画设置后的效果，则可在“动画窗格”中单击“播放”按钮。

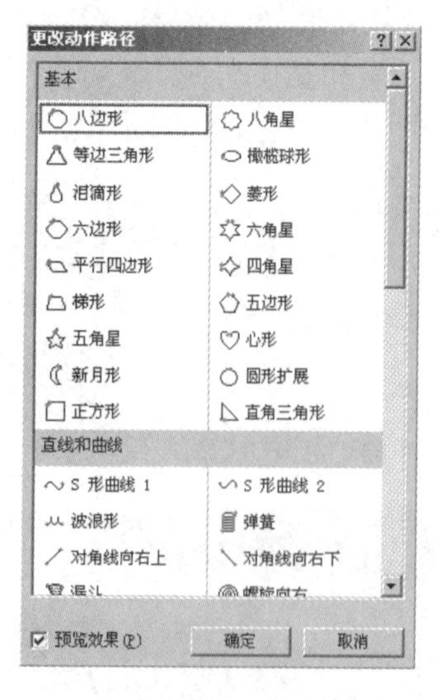

图 4-76　“更改动作路径”

图 4-77　“动画窗格”

3. 设置副标题文本的动画效果

选中幻灯片副标题，采用同样的操作方式，在“动画样式”列表中将其动画效果设置为“飞入”，方向为“自底部”，持续时间为 0.5 秒。

4. 设置第 3 张幻灯片的动画效果

(1) 将标题设置为“飞入”动画效果，方向为“自左侧”，持续时间为 1 秒。

(2) 选中左侧内容占位符的动画效果。

① 将其动画效果设置为“擦除”。

② 单击“动画/动画”组中的“效果选项”按钮，打开“效果选项”列表，设置方向为“自左侧”，序列为“按段落”。

③ 在动画窗格中选择“岁月匆匆”下拉菜单中的“效果选项”，在弹出的“擦除”对话框中设置效果选项卡的方向为“自左侧”，增强声音为“打字机”，动画播放后为“不变暗”，动画文本为“按字母”，字母之间延迟百分比为“10”，如图 4-78 所示。

④ 用“动画刷”将左侧内容占位符的动画效果应用到右边内容占位符上，如果要把动画效果应用到多个对象上，只要双击“动画刷”按钮即可连续刷多次了，如图 4-79 所示。

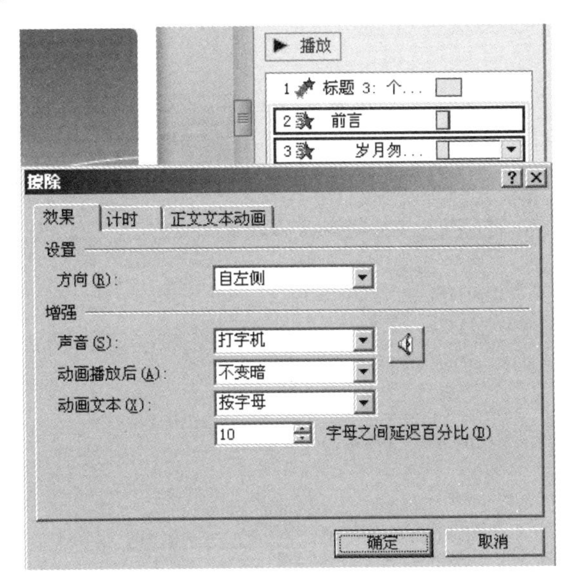

图 4-78　“擦除”效果对话框

图 4-79　应用“动画刷”

5. 设置第 4 张幻灯片的动画效果

(1) 选择第 4 张幻灯片，选中图表，将图表的动画设置为“擦除”，设置动画开始方式为“单击时”，持续时间为 1 秒。

(2) 单击“动画/动画”组中的“效果选项”按钮，打开 “效果”选项列表，设置方向为“自左侧”，序列为“按系列中的元素”，如图 4-80 所示，第 4 张幻灯片设置动画完成后的效果如图 4-81 所示。

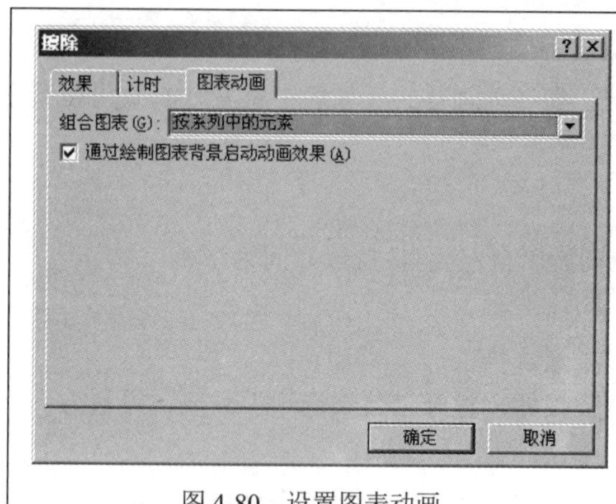

图 4-80　设置图表动画

图 4-81　第 4 张幻灯片设置动画完成后的效果

步骤 5　插入音频文件。

(1) 选择第 10 张幻灯片，插入横排文本框，输入文字“魏志勇-现代企业的职业性格.mp3”，将光标插入点放置于该文字后，选择“插入/媒体”组中的“音频”下拉按钮，从下拉列表中选择“文件中的音频”，打开“插入音频”对话框。

(2) 选择准备好的音频文件，将选中的音频文件插入到幻灯片中。

(3) 播放音频设置。

在“动画窗格”中选中音频对象。在该音频的下拉菜单中选择“效果选项”，打开“播放音频”对话框依次设置其中的 3 个选项卡，分别如图 4-82～图 4-85 所示。设置完成后的幻灯片效果如图 4-86 所示。

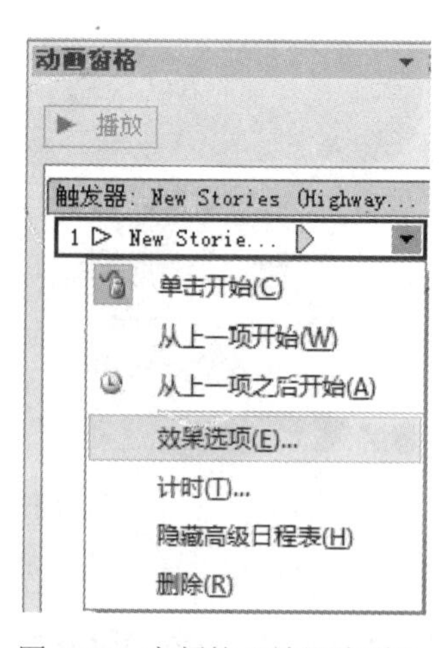

图 4-82　音频的“效果选项”

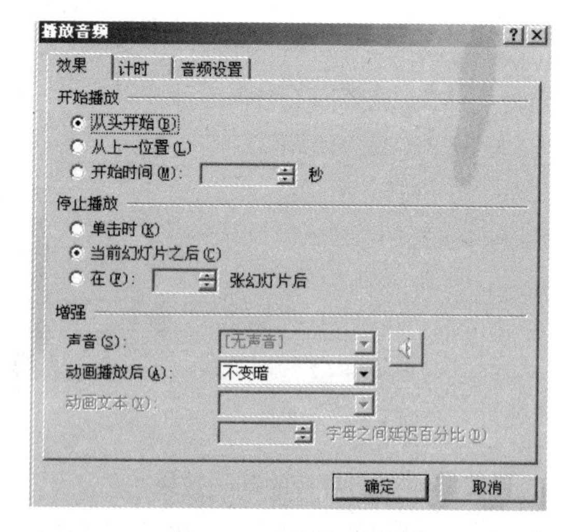

图 4-83　“效果”选项卡

步骤 6　设置幻灯片的超链接。

1. 将第 2 张幻灯片中的内容设置超链接到相应的幻灯片

(1) 设置“职业兴趣”链接。

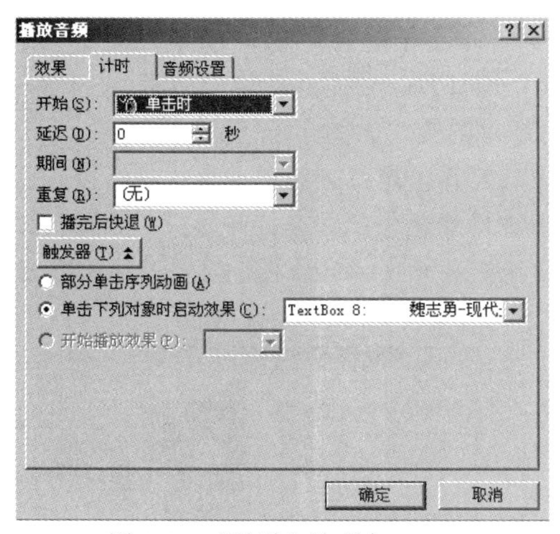

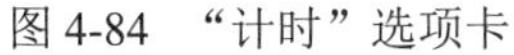
图 4-84　“计时”选项卡

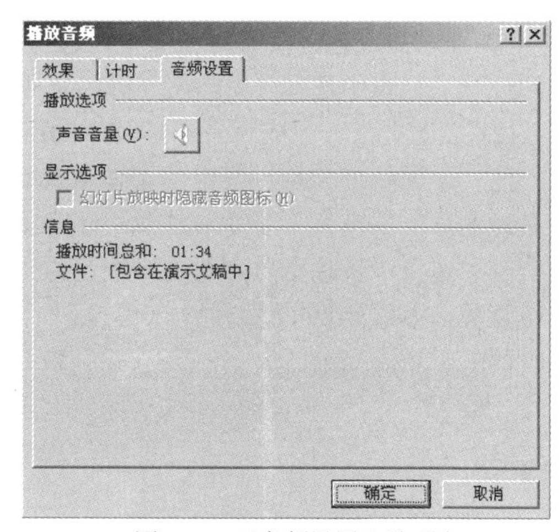

图 4-85　“音频设置”选项卡

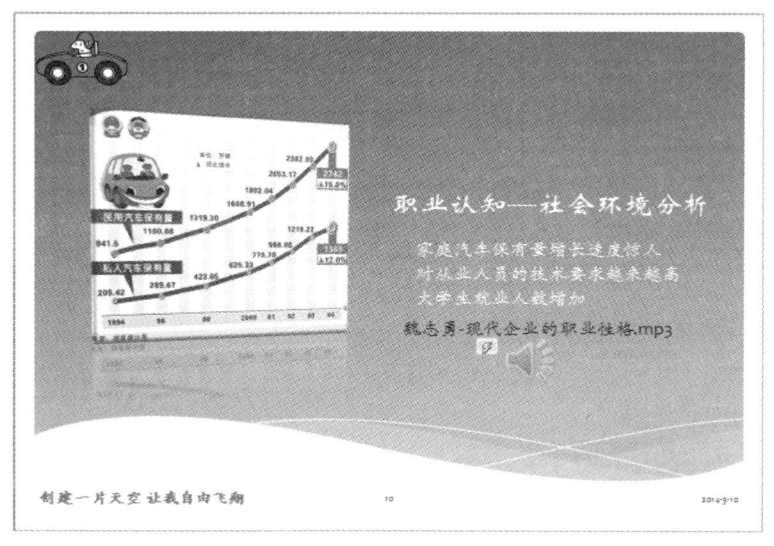

图 4-86　第 10 张幻灯片效果图

① 选择第 2 张幻灯片，选中文字“职业兴趣”，单击“插入/链接”组的“超链接”按钮，打开如图 4-87 所示的“插入超链接”对话框。

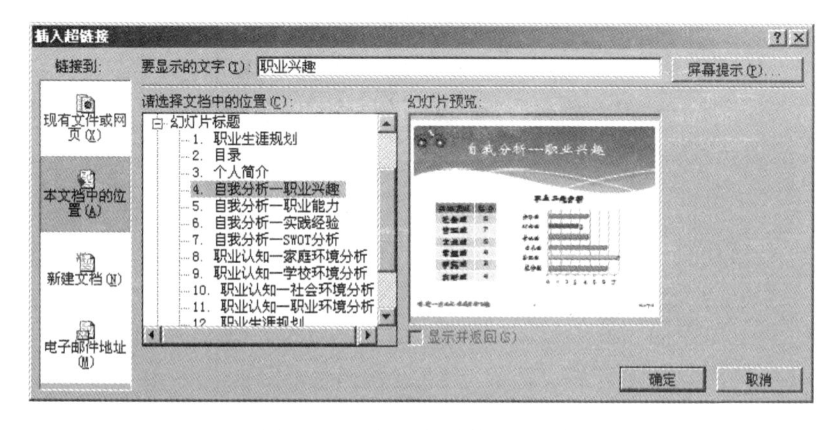

图 4-87　“插入超链接”对话框

② 在“插入超链接”对话框中，选择链接到“本文档中的位置”，再从“请选择文档中的位置”列表中选择“4.自我分析—职业兴趣”幻灯片，单击“确定”按钮。

(2) 以此类推，完成目录幻灯片中的所有幻灯片链接，如图 4-88 所示。

注：设置超链接后，文本的字体颜色将变为幻灯片主题颜色组中对应的超链接颜色，如果对此颜色不满意，则可单击“设计/主题”组中的颜色按钮，在打开的“主题颜色”下拉列表中选择“新建主题颜色”命令，打开“新建主题颜色”对话框，对超链接颜色进行重新设置，如图 4-89 所示。

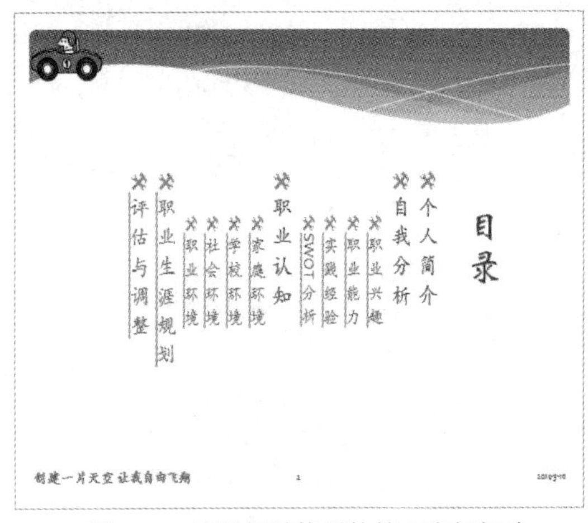

图 4-88　设置超链接后的第 2 张幻灯片

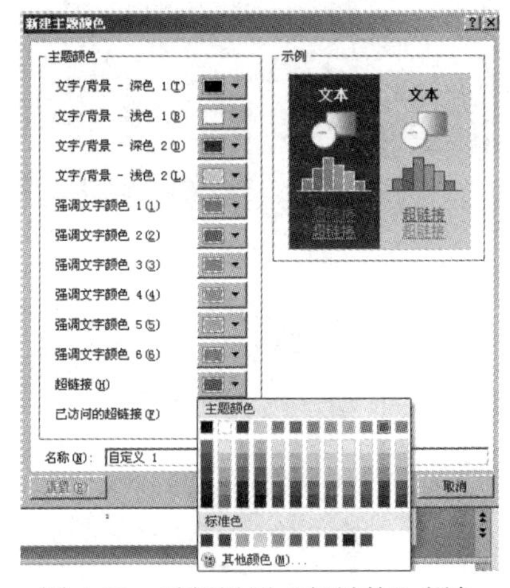

图 4-89　重新设置“超链接”颜色

2. 为演示文稿设置动作按钮

为了使演示过的幻灯片能跳转返回到第 2 张幻灯片，可为这些幻灯片添加相应的动作按钮，实现幻灯片的跳转。

(1) 设置第 4 张幻灯片的命令按钮。

① 选择第 4 张幻灯片，在幻灯片的右下角插入形状“左箭头”。

② 选中“左箭头”，单击“插入/链接”组中的“动作”按钮，打开如图 4-90 所示的“动作设置”对话框。

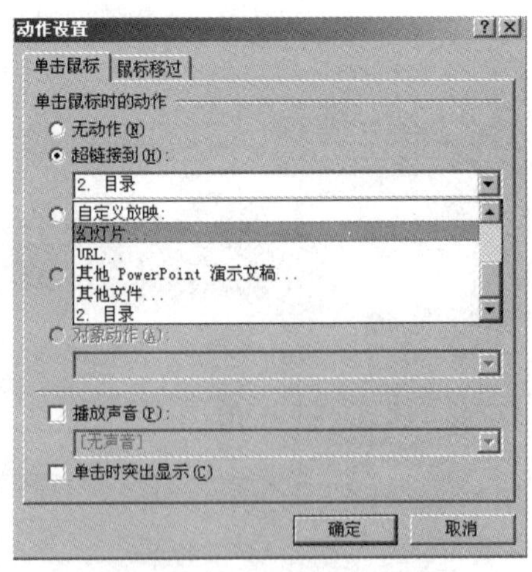

图 4-90　“动作设置”对话框

③ 单击选择对话框的“超链接到”单选按钮，从下拉列表中选择“幻灯片...”，打开“超链接到幻灯片”对话框，从“幻灯片标题”列表中选择到第 2 张幻灯片“2.目录”，如图 4-91 所示。单击“确定”按钮，返回“动作设置”对话框。最后单击“确定”按钮，完成设置。

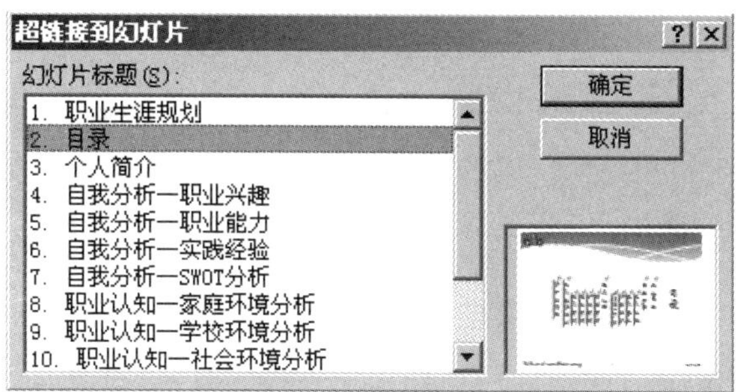

图 4-91　“超链接到幻灯片”对话框

(2) 选定做好动作的“左箭头”形状，将该形状分别复制到第 5～11 张幻灯片，在放映时，单击此按钮就能返回到第 2 张目录幻灯片。添加动作按钮后的第 13 张幻灯片如图 4-92 所示。

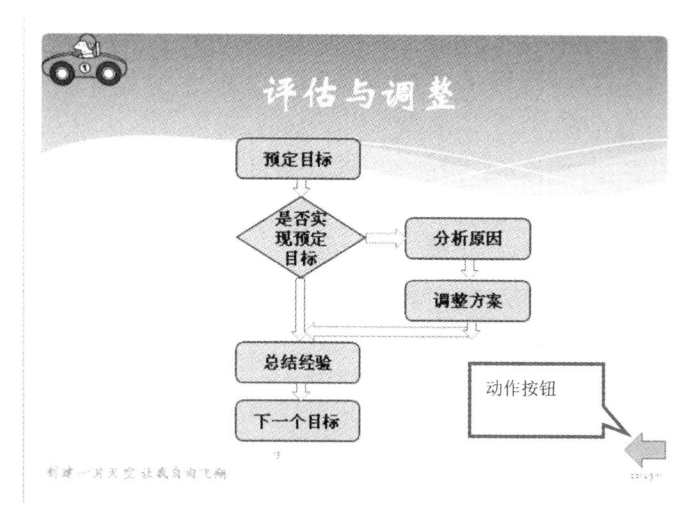

图 4-92　添加动作按钮后的第 13 张幻灯片

注： 使用适宜的动作按钮能更方便地完成演示文稿的放映工作。除了能链接到当前演示文稿的幻灯片外，动作设置还可用于链接到其他演示文稿、运行程序、运行宏等动作。

步骤 7　设置幻灯片切换方式。

(1) 单击“切换”选项卡，显示如图 4-93 所示的“切换”功能区。

图 4-93　“切换”功能区

(2) 在“切换到此幻灯片”列表中选择“随机线条”效果，在“切换/计时”功能组中设置持续时间为 1.5 秒，换片方式为“单击鼠标时”。

(3) 单击“切换/计时”中的“全部应用”按钮，可将幻灯片切换效果应用到每一张幻灯片中。

注： PowerPoint 2010 增加了绚丽的3D切换，让PowerPoint在切换方面更加大气、国际化，如图4-94所示。

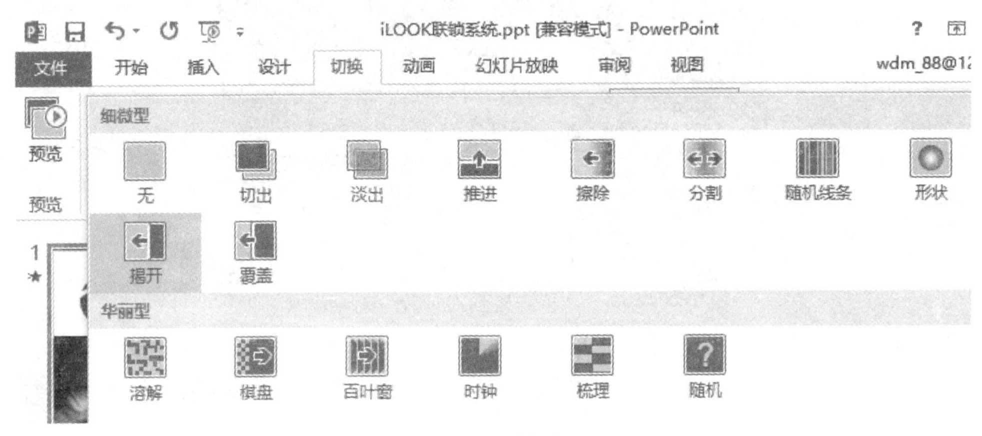

图 4-94　切换效果

步骤 8　设置幻灯片放映方式。

(1) 单击“幻灯片放映/设置”组中的“设置幻灯片放映”按钮，在弹出的“设置放映方式”对话框中进行各项设置：放映类型为“演讲者放映(全屏幕)”，绘图笔颜色为默认的“红色”，激光笔颜色为“蓝色”，放映全部幻灯片，换片方式为“手动”，如图4-95所示。

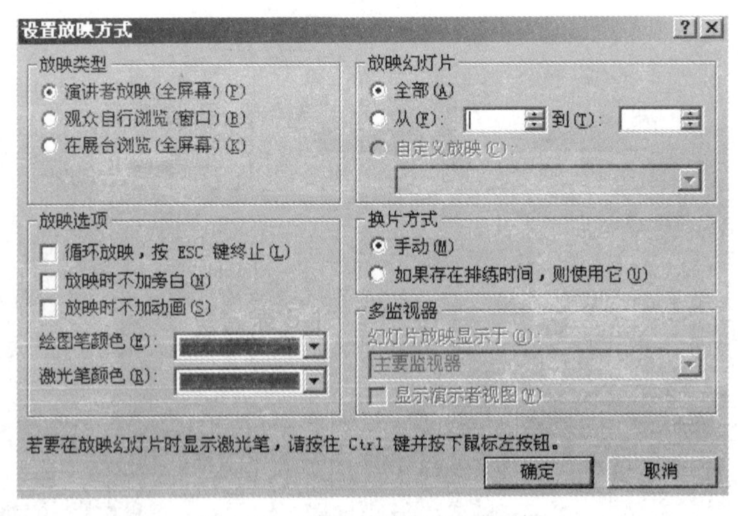

图 4-95　“设置放映方式”对话框

(2) 播放幻灯片。单击“幻灯片放映/开始放映幻灯片”组中的“从头开始”按钮，可观看幻灯片的播放。按照前面的放映设置，单击鼠标进行各幻灯片的切换。

注： 单击演示文稿窗口右下角的“幻灯片放映”视图按钮，或按下键盘上的F5功能键，也可播放。

步骤 9　保存演示文稿。

单击快速访问工具栏上的按钮，保存美化和修饰后的演示文稿。

❖ 知识拓展

1. 图形的编辑

PowerPoint 2010 对图形的处理比起 2003 来说是一个很大的飞跃，以前用 2003 时要专门去找其他的图形处理软件，但现在不用了，2010 自带的图形处理功能非常强大。下面拓展介绍这方面的知识。

(1) 屏幕截图。

① 单击“插入/屏幕截图”组中的“屏幕截图”按钮，弹出如图 4-96 所示的对话框。

② 在“可用 视窗”中可选择插入不同的窗口屏幕，也可单击“屏幕剪辑”，只插入某块区域，如图 4-96 所示。

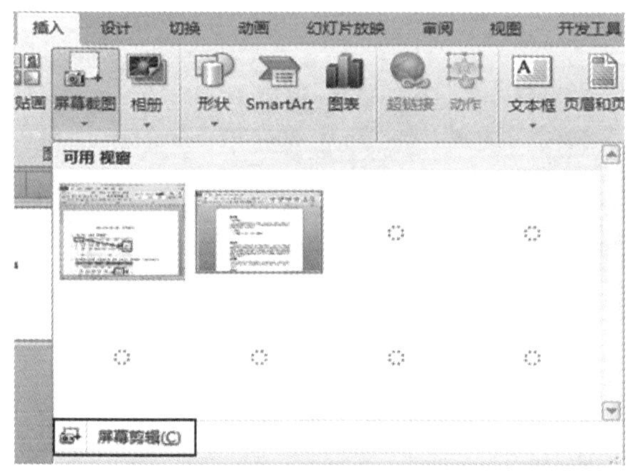

图 4-96　屏幕截图

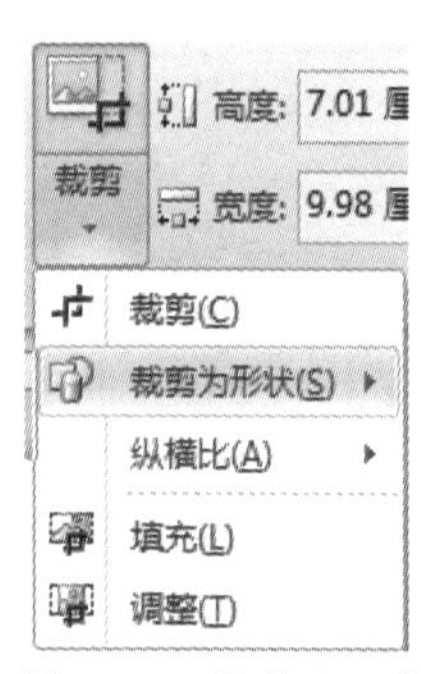

图 4-97　裁剪为形状

(2) 剪裁成多种几何形状。

选中要进行剪裁的图片，在“图片工具格式/裁剪”下拉菜单中选择“裁剪为形状”，如图 4-97 所示，并从相应形状中选取。剪裁后的效果如图 4-98 所示。

(a) 原图

(b) 裁剪为心形

(c) 裁剪为椭圆形

图 4-98　裁剪为形状样例

(3) 去除图片的背景。在第 1 张幻灯片的制作中已介绍过，此处不再讲解。

(4) 复杂剪裁。PowerPoint 2013 引入了形状联合、形状组合、形状交点、形状剪除这 4 个功能命令对形与形之间的更复杂关系进行剪裁，有了“组合形状”，也可以快速建立自己的任意图形。注意：PowerPoint 自定义工具栏里并没有“组合形状”这项，需要自行设置方可显示。设置步骤如下：

打开“PowerPoint 选项”对话框，在左侧列表框中找到这几个命令，然后在右侧列表中创建新的选项卡，如图 4-99 所示。单击“添加”按钮，将命令添加到指定的选项卡中，如图 4-100 所示为在开发工具组中添加的“形状工具”。

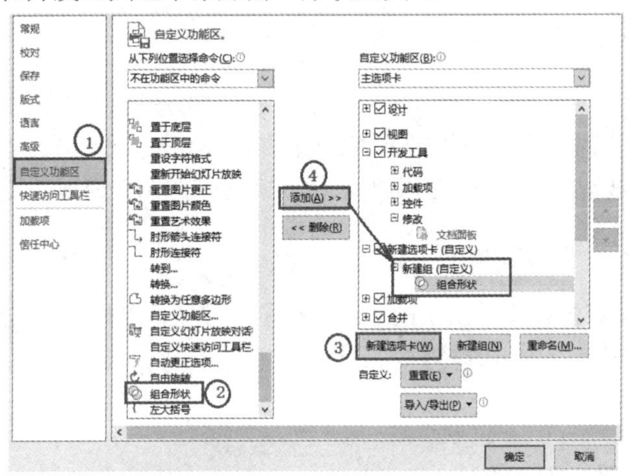

图 4-99　自定义“形状工具”组

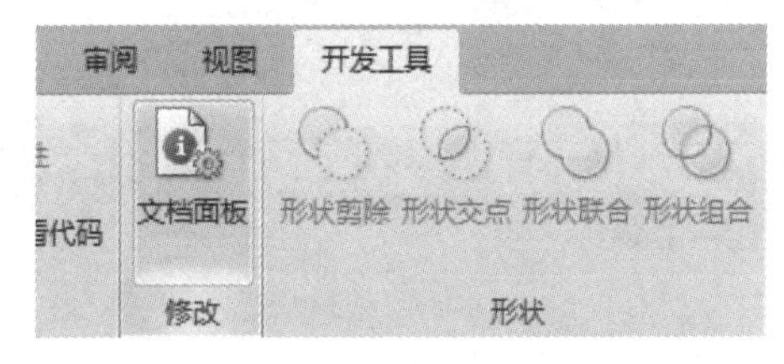

图 4-100　“形状工具”组

下面来完成相应图形的制作。首先制作两个方形和圆形形状，叠放在一起，先选择方形，再选择圆形，圆形在上，如图 4-101 所示。

在“开发工具/形状”组中选择相应的形状剪除、形状交点、形状联合、形状组合按钮，制作出如图 4-102 所示的 4 种效果形状。

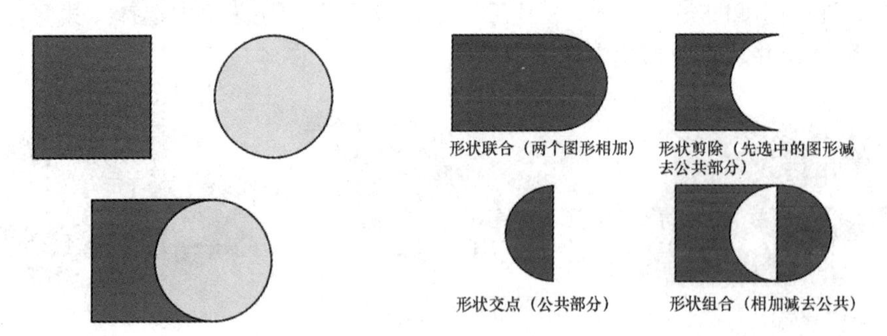

图 4-101　制作的矩形和圆形形状　　　　图 4-102　形状效果

(5) 重叠图形，层次清楚。输入文本，再画一个装饰图形，然后将文本拖放到装饰图形上，这时文本就看不到了，这就是对象层次的问题，先输入的文本被后画的图形盖住了，处理方法很简单，右击图形对象，选择“置于底层”命令就可以了，处理后的效果如图 4-103 所示。

图 4-103　图形层叠

(6) 运用组合键“Ctrl+D”实现图形图像的快速排列。

① 选择要复制的形状或图片，按下组合键“Ctrl+D”。效果如图 4-104(a)所示。

② 一次性拖动复制后的形状到所需位置，如图 4-104(b)所示。

③ 再次按下组合键“Ctrl+D”，如图 4-104(c)所示。

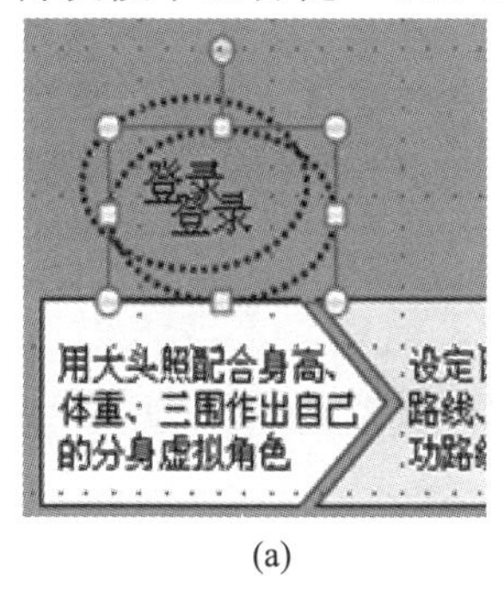

(a)

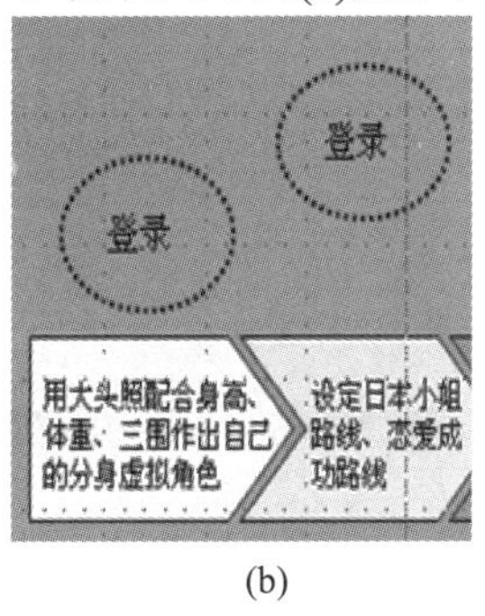

(b)

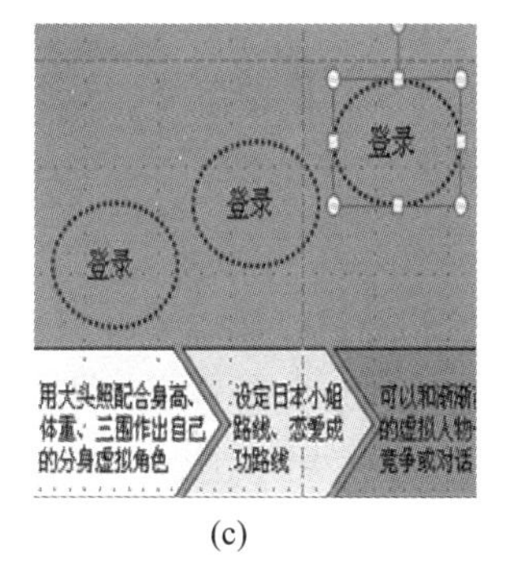

(c)

图 4-104　Ctrl+D 键妙用

2. 图表的使用技巧

正确选择图表类型并使用一些视觉效果会强化数据的表现。

(1) 饼图：用于显示比例，将瓜分块的数目限定在 4～6 块，用角色或碎化的方式突出最主要的块，如图 4-105 所示。

(2) 柱状图：用来显示一段时间内数目的改动状况，需要提示的数据可配合形状强化效果。柱子的填充也可通过图片增强效果，如图 4-106 所示。

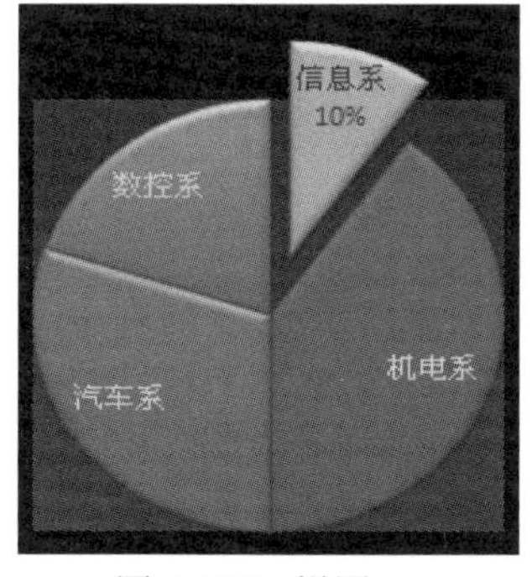

图 4-105　饼图

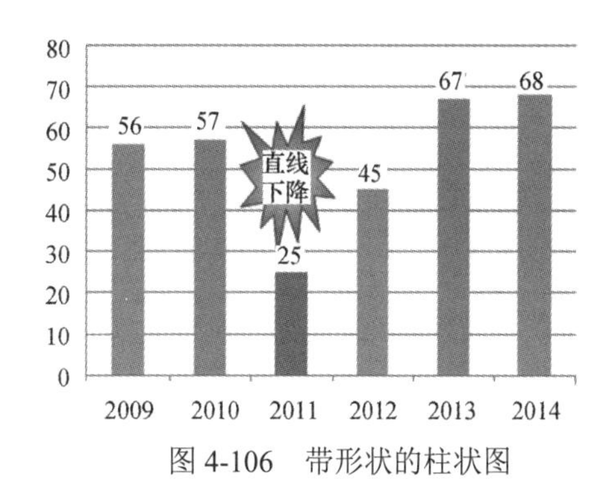

图 4-106　带形状的柱状图

柱子用图片填充的步骤如下：

① 先生成柱状图，如图 4-107 所示，选择“反对”柱子，在“图表工具/格式”组中选择“形状填充”下拉菜单中的“图片”选项，在弹出的“插入图片”对话框中输入“怒脸”文件所在的位置，单击“确定”。

② 在所选柱子处单击右键，选择“数据点格式”，在“数据点格式”的对话框中选“填充”系列选项，选择“层叠并缩放 5 单位/图片”，如图 4-108 所示。

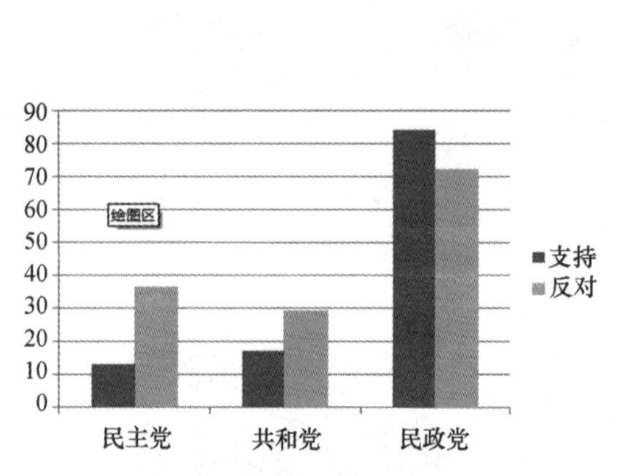

图 4-107　柱状图　　　　图 4-108　“数据点格式”对话框

③ 插入形状“笑脸”并复制。

④ 选择“支持”柱子，按组合键“Ctrl+V”粘贴笑脸，设置“层叠并缩放 5 单位/图片”，美化后的效果如图 4-109 所示。

(3) 曲线图：用来表明趋势。图 4-110 所示的这幅简单的曲线图表明销售在逐年增长，且增长趋势良好。

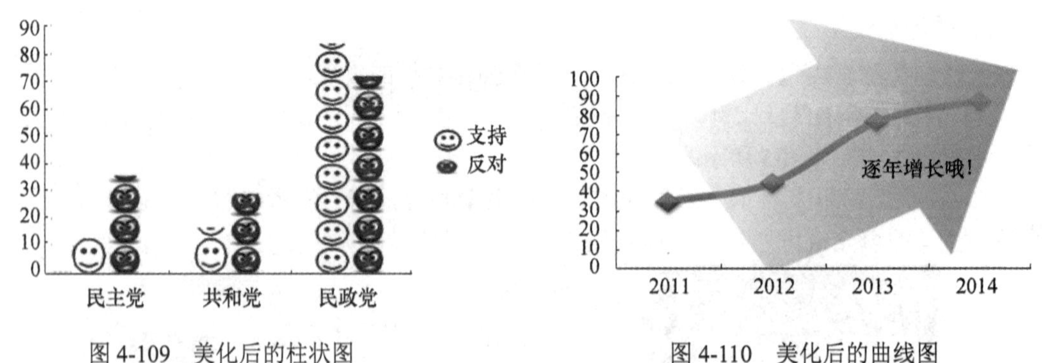

图 4-109　美化后的柱状图　　　　图 4-110　美化后的曲线图

3. 电子相册的制作

电子相册可以记录过去美好的瞬间，实现光影的变换、图片与音乐的完美结合，达到美化生活的效果。

(1) 创建相册。在 PowerPoint 2010 中，向演示文稿批量导入一组图片需执行“插入/图像”组中“相册”下拉菜单中的“新建相册”命令。在“相册”对话框中插入准备好的照片集、设置相册的版式、选择适宜的主题、调整照片的次序及照片的显示效果等，设置完成后单击“创建”按钮。设置如图 4-111 所示。

图 4-111　“相册”对话框

(2) 编辑相册。

① 在第 1 张幻灯片的标题占位符上输入相册的名称，在副标题占位符上输入创建人。

② 加上封底页。

③ 设置幻灯片的切换效果为“旋转”、每隔“2 秒”换片、“应用于所有幻灯片”。

④ 插入背景音乐并设置音乐效果。

在第 1 张幻灯片上单击“插入/媒体”组中“音频”下拉菜单中文件中的音频，选取准备好的音频文件。

选中已插入的音频图标，单击“音频工具/播放”，设置淡入、淡出的时间为 1 秒，自动(A)开始，循环播放、直到停止，放映时隐藏，如图 4-112 所示。

图 4-112　“音频工具/播放”工具栏设置

制作好的相册如图 4-113 所示。

图 4-113　“上海世博会”相册

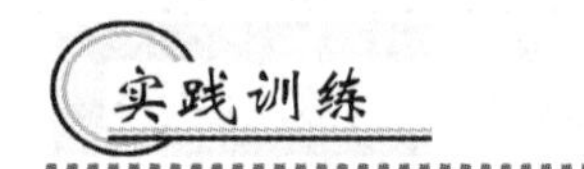

综合运用超链接、母版、自选图形图表、自定义动画等知识来制作幻灯片，应满足如下要求：

(1) 以“中国动漫产业分析”为主题，利用母版效果使除首页幻灯片外的其他每张幻灯片上都出现相同的文本“动漫”。

(2) 对每一页幻灯片设置不同的切换效果。

(3) 对“动漫产业链”进行分析并添加自选图形，并采用不同动画效果。

(4) 在“消费者问卷分析”页中添加图表。

(5) 当单击目录幻灯片时，能跳转到相应的幻灯片页。

(6) 文件名为“中国动漫产业分析.pptx”，保存到“D:\综合实训”文件夹中。

任务 3　制作多媒体教学课件

PowerPoint 也是教师制作多媒体课时经常使用的工具之一，教师不需要掌握高深的编程技巧就能够依据教学内容快速、直观地制作各类演示型的课件。本次任务就是选择汽车专业课程中的一个学习单元内容来制作“发动机基本工作原理”的课堂教学课件。制作完的效果如图 4-114 所示。

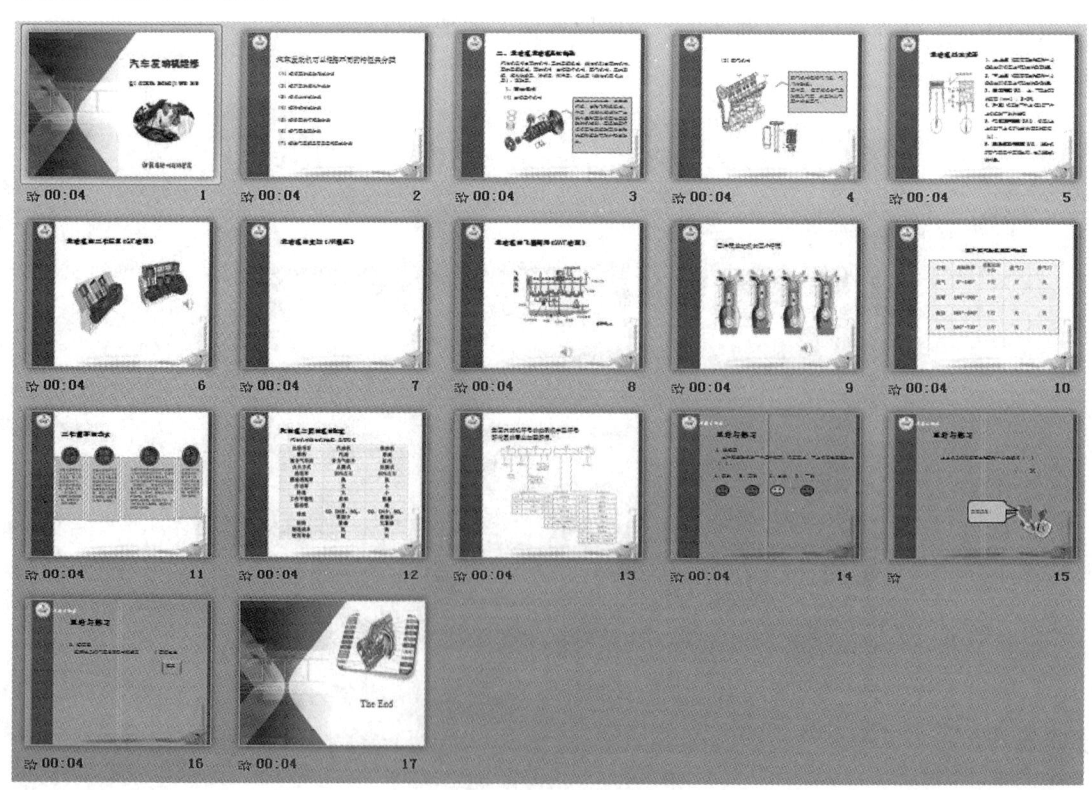

图 4-114　“发动机基本工作原理”课件演示文稿效果图

任务分解

(1) 课件的创建与编辑，母版的选择与制作；
(2) 在课件中插入文本、图形图片、音频、动画、视频教学媒体素材；
(3) 设置课件的动画效果；
(4) 课件实现测验题的交互性设置；
(5) 课件的打包与发行。

实施过程

步骤 1　创建课件演示文稿。创建方法同任务 1。

步骤 2　课件母版的选择与制作。

可以从网上下载所需的模板，直接在模板里编辑，或仅复制该模板中的母版到新建的课件演示文稿中。

步骤 3　添加 GIF 动画(第 6 张幻灯片)。

和插入图片一样，单击“插入/图像”组中的“图片”按钮，在弹出的“插入图片”对话框中选择准备好的 GIF 素材文件所在的文件夹路径，单击“确定”按钮即可。

步骤 4　插入 AVI 视频文件(第 7 张幻灯片)。

(1) 单击“插入/媒体”组中的“视频”下拉菜单，选取“文件中的视频”，如图 4-115 所示。

图 4-115　插入视频

(2) 在“插入视频”的对话框中选择准备好的视频素材文件所在的文件夹路径，单击“确定”按钮。

(3) 修饰视频。单击“视频工具/播放”选项，在“编辑”组中设置淡化持续时间，淡入 2 秒，淡出 2 秒，音量适宜，在“视频选项”组中设置开始为单击时，全屏播放，如图 4-116 所示。

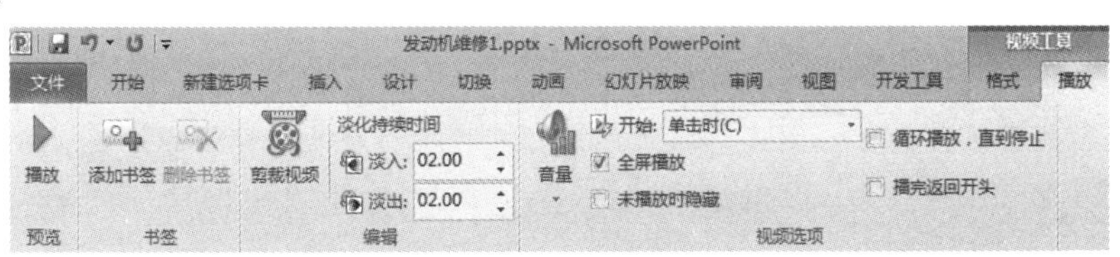

图 4-116　视频工具

(4) 对视频进行剪辑。单击“剪裁视频”按钮，弹出“剪裁视频”对话框，按要求(内容时间控制)对视频剪裁，如图 4-117 所示。

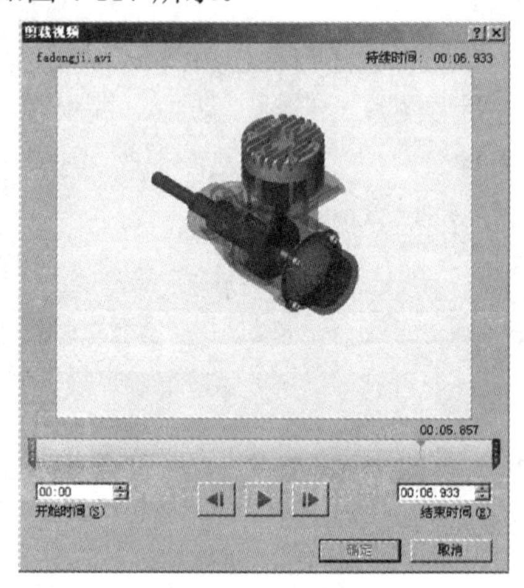

图 4-117　剪裁视频

步骤 5　插入 Flash 动画(第 8 张幻灯片)。

(1) 首先检查 PowerPoint 2010 工具栏中有没有“开发工具”，如图 4-118 所示，如果有，请省略下一步，如果没有，请继续下一步。

图 4-118　“开发工具”

(2) 单击“文件/选项”，调出“PowerPoint 选项”对话框。在该对话框中选择“自定义功能区”，在右面自定义功能区先选择主选项卡，勾选下面的“开发工具”选项，按确认返回，操作分别如图 4-119 和图 4-120 所示。

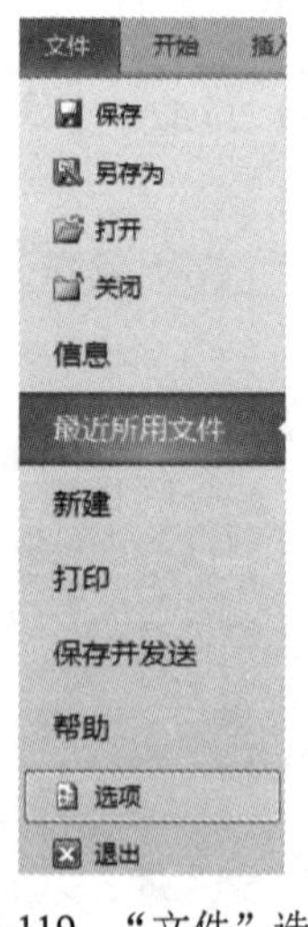

图 4-119　“文件”选项

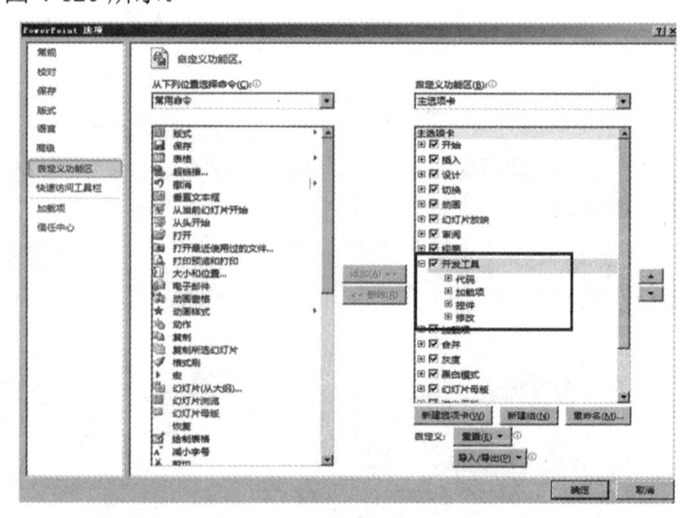

图 4-120　勾选“开发工具”

(3) 在“开发工具/控件”组中选择“其他控件”按钮，调出“其他控件”对话框，分别如图 4-121 和图 4-122 所示。

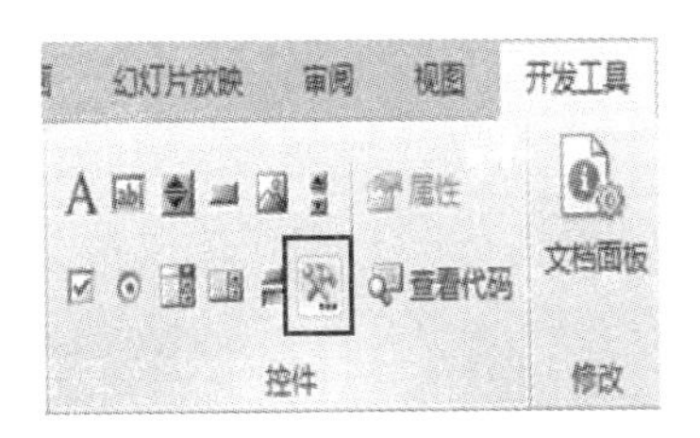

图 4-121　“其他控件”按钮

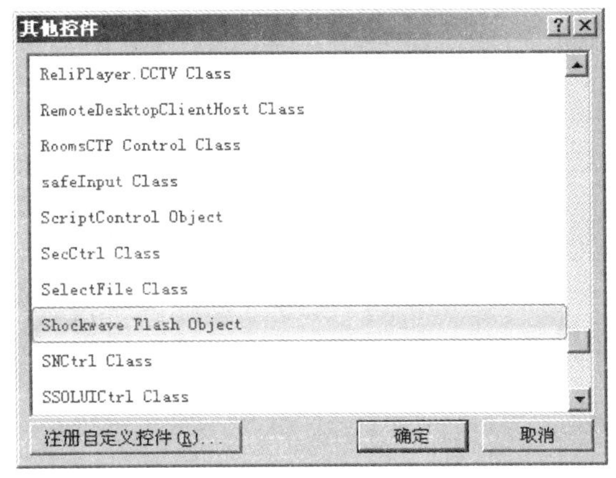

图 4-122　“其他控件”对话框

(4) 在“其他控件”对话框中选择“Shockwave Flash Object”对象，按“确定”按钮返回，此时鼠标变成十字，在需要的位置拖出想要的大小(以后可以调)，此时的控件是空白的，如图 4-123 所示。

注：按 S 键可快速定位到以 S 开头的对象名。

(5) 在控件上右击“属性”，调出“属性”对话框，在“Movie”项中填上 Flash 文件的文件名。请注意，文件名要包括后缀名，填写完成后关闭返回，如图 4-124 所示。

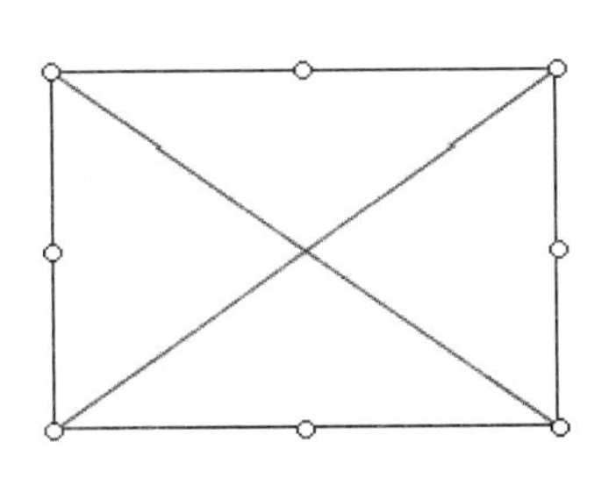

图 4-123　插入空白控件

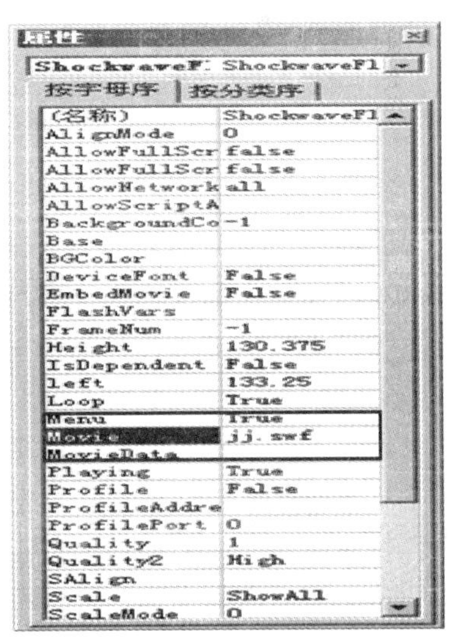

图 4-124　“属性”对话框

(6) 此时就能看到控件的预览图了。到这里，插入 Flash 就完成了，可以随便调整控件的大小和位置。效果如图 4-125 所示。

说明：以下操作是利用 PowerPoint 2010 交互功能制作测验题。

利用 PowerPoint 2010 的交互功能，可以在课件中增加一些测验题，如选择题、判断题、填空题等。课件在学习者做了测验题后，还能够及时给出相应的反馈信息，以利于学习者巩固所学的知识。

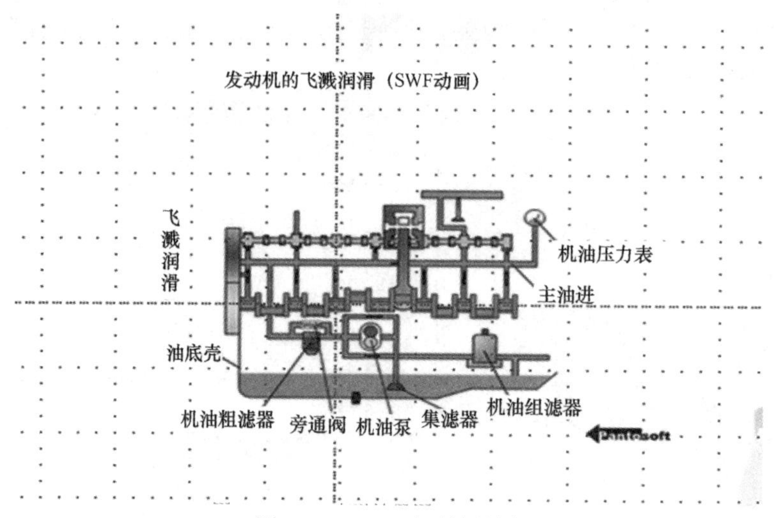

图 4-125　swf 动画效果图

步骤 6　选择题的制作(第 14 张幻灯片)如图 4-126 所示。

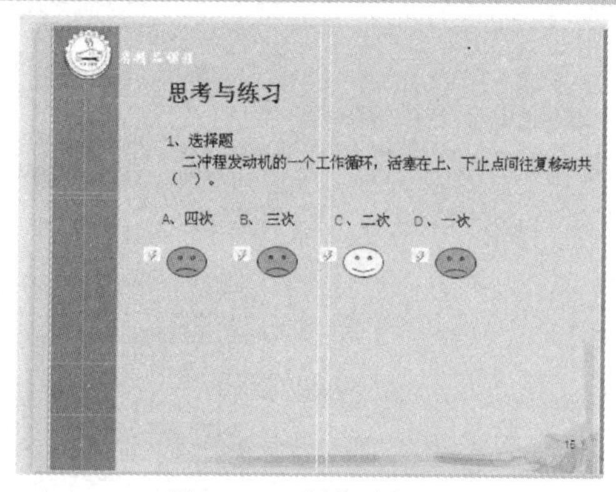

图 4-126　制作选择题

所制作的选择题要达到这样的效果：当用户单击正确答案 C 时，出现笑脸表情图案；当用户单击错误答案 A、B 和 D 时，出现苦脸表情图案。操作步骤如下：

(1) 在幻灯片中利用“插入/文本”组中的“文本框”命令按钮，分别插入选择题题目和 4 个选择答案。注意，这里 4 个选择答案分别用 4 个文本框来插入，以形成 4 个不同的对象。然后在 4 个选择答案下方再分别插入 4 个表情图案，正确答案 C 的下方插入的是笑脸表情图案，错误答案 A、B、D 的下方插入的是苦脸表情图案。

(2) 选中笑脸表情图案，选择“动画/动画”组，给笑脸表情图案添加“随机线条”的动画效果。按照同样的方法，依次给其他 3 个苦脸表情图案添加随机线条进入的动画效果，如图 4-127 所示。

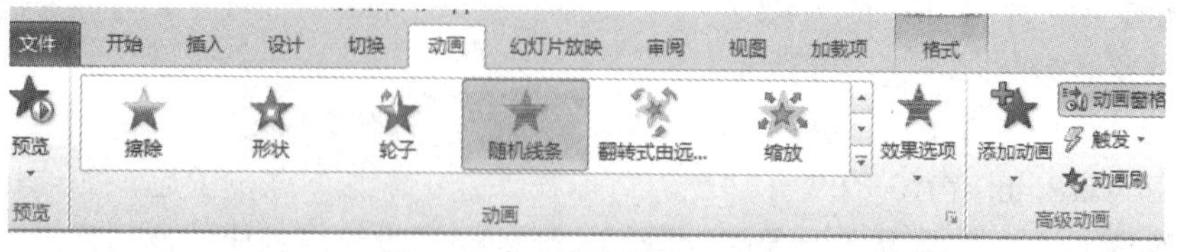

图 4-127　“随机线条”动画

(3) 在“高级动画”组中单击“触发”选项右侧的三角形按钮，在弹出的下拉菜单中选择“单击”命令，在下拉选项框中选择“矩形 4：C、二次”，然后单击“确定”按钮，即设定了笑脸表情图案的触发对象为答案 C。

按照同样的方法，依次将其他苦脸表情图案的触发对象设定为答案 A、B、D，则在播放该幻灯片时，每单击一个选择答案时，就会显示相应的表情图案。

步骤 7　判断题的制作(第 15 张幻灯片)。

课件的反馈信息除了表情图案这种形式之外，也可以采用文字反馈信息。当学习者选择了正确或错误答案时，显示不同的文字反馈信息内容，如图 4-128 所示。

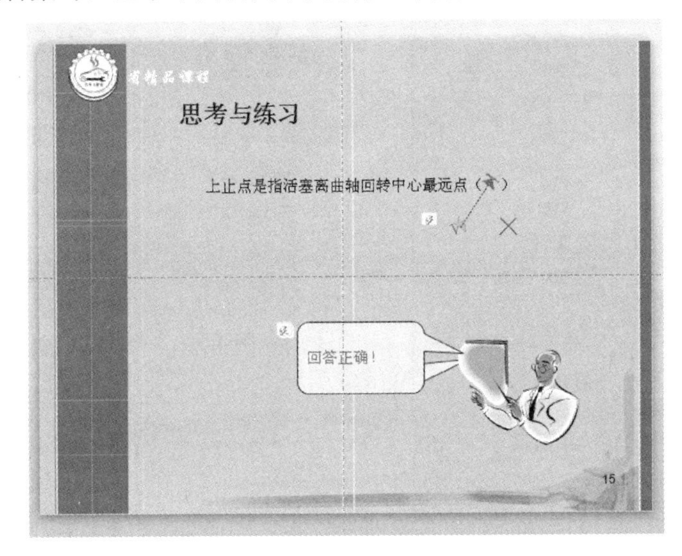

图 4-128　制作判断题

为避免学习者选择了不同答案后，不同的文字反馈信息内容相互重叠，应设置文字反馈信息在显示一段时间后自动消失，另外，最后要将正确的答案用路径动画移动到括号内。操作步骤如下：

(1) 在幻灯片中分别插入判断题题目和两个对错选择答案，两个答案必须是不同的对象。在下方插入剪贴画和两个圆角矩形标注形状，每个标注形状分别输入“回答正确”和“回答错误”，两个标注形状叠加。

(2) 分别给两个圆角矩形标注添加“擦除”的动画效果。再分别给两个圆角矩形标注添加“消失”的动画效果。设置触发对象分别为“√”“×”文本框，动画设置分别如图 4-129 和图 4-130 所示。

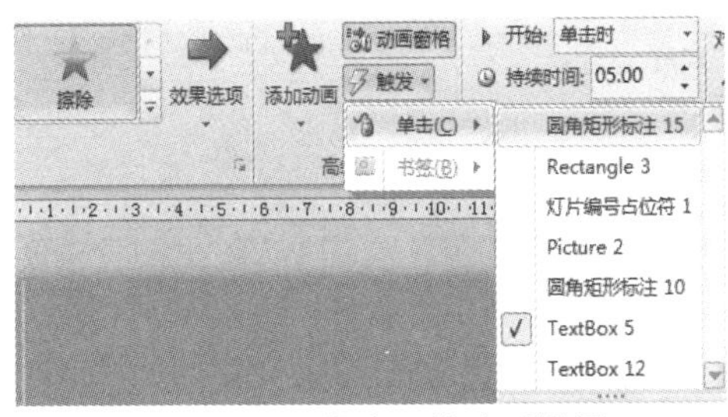

图 4-129　“擦除”的动画设置

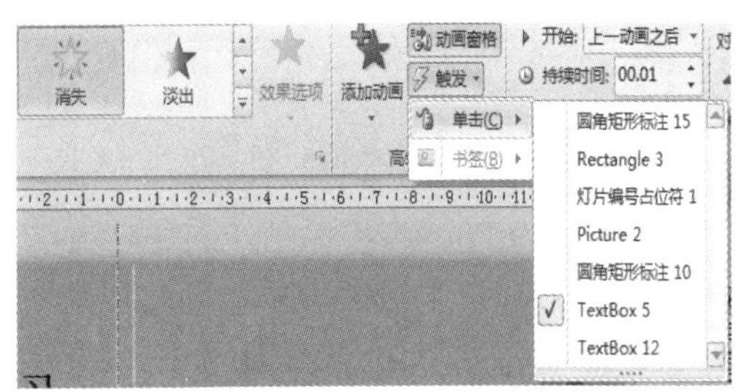

图 4-130　“消失”的动画设置

设置“√”的路径动画：

(1) 选择“√”文本框，单击“添加动画”下拉框中的“其他动作路径”，弹出“添加动作路径”对话框，选择“直线和曲线”中的“对角线向右上”效果，分别如图 4-131～图 4-133 所示。

(2) 拖动路径线段的终点(带红色箭头的一端)至括号内，并设置动画开始为“与上一动画同时”，如图 4-134 所示。

图 4-131　“添加动作路径”对话框

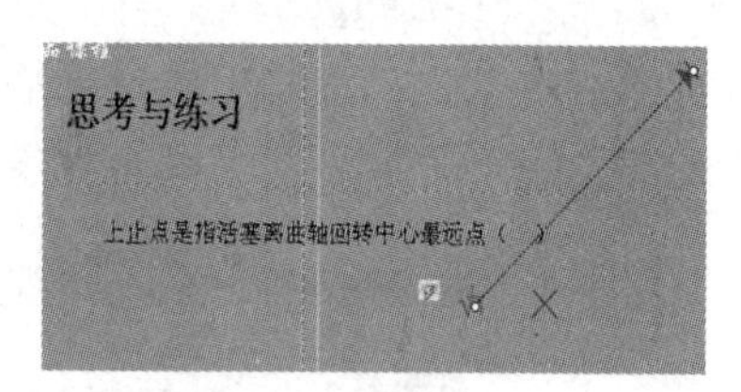

图 4-132　动作路径

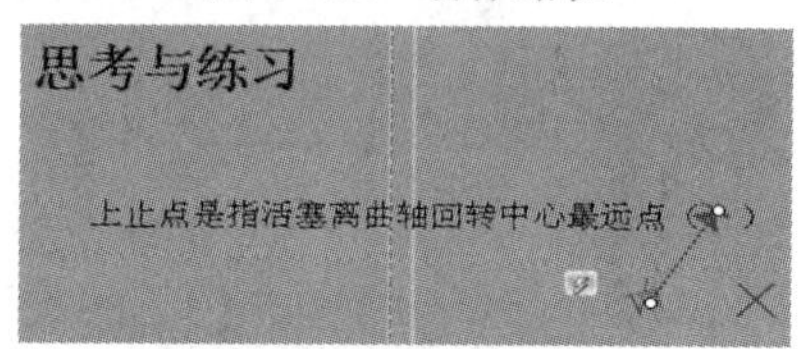

图 4-133　修改后的动作路径

图 4-134　动作路径计时设置

(3) 在动画窗格中用重新排序按钮调整各个动画对象的次序，如图 4-135 所示。

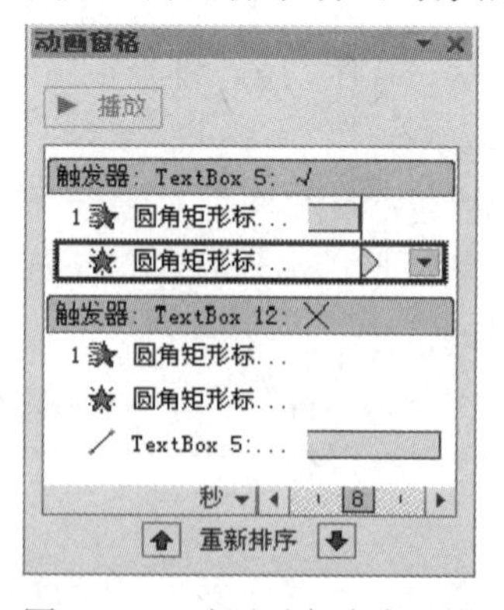

图 4-135　动画对象次序设置

步骤 8　填空题的制作。

虽然 PowerPoint 2010 制作的课件无法实现真正的填空题操作，但是也可以通过显示正确答案的方式让学习者了解正确的填空内容。

(1) 在幻灯片中插入填空题题目，在应填空的位置上插入相应的答案文字，如图 4-136 所示。

(2) 在幻灯片中制作一个“答案”按钮图标，方法是：在“插入/插图”组“形状”下拉框“基本形状”中选择一个“棱台”图案，绘制在填空题的右下侧，然后在该棱台图案上插入文本框，输入“答案”文字，如图 4-136 所示。

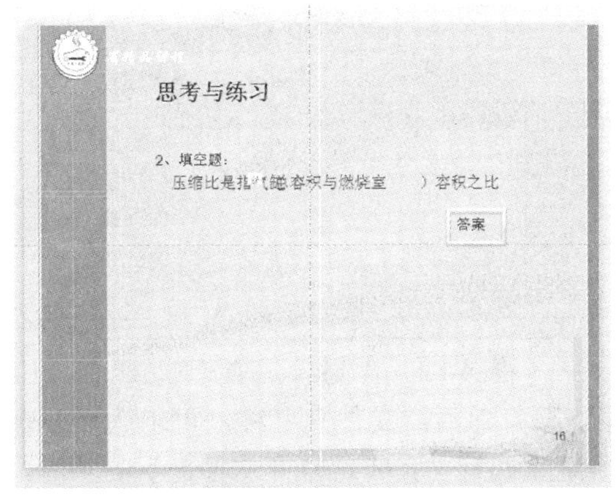

图 4-136　制作填空题

(3) 设置填空题答案文本框的渐变进入动画效果，然后将该文本框进入动画效果的触发对象设定为“答案”按钮的“棱台”图案。在播放该幻灯片时，用户单击“答案”按钮后，就会在填空括号中显示出正确的填空答案。

步骤 9　课件的打包发行。

演示文稿制作完成后，往往不是在同一台计算机上放映，如果仅仅将制作好的课件复制到另一台计算机上，而该机又未安装 PowerPoint 应用程序，或者课件中使用的链接文件或 TrueType 字体在该机上不存在，则无法保证课件的正常播放。因此，一般在制作演示文稿的计算机上将文件打包成安装文件，然后在播放课件的计算机上另行安装。

(1) 选择最左侧的“文件”按钮，在下拉菜单中选择“保存并发送”，在右侧窗口选择“将演示文稿打包成 CD”，单击最右侧按钮“打包成 CD”，如图 4-137 所示。

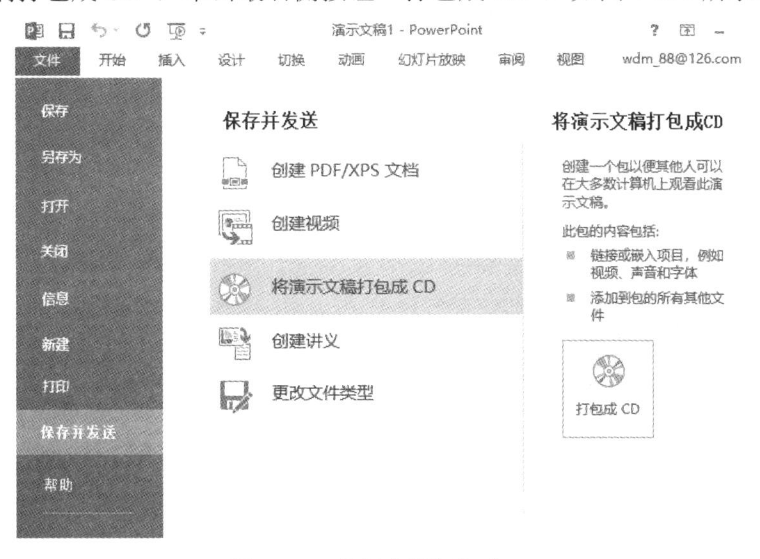

图 4-137　演示文稿打包成 CD

(2) 在弹出的“打包成 CD”窗口中，可以选择添加更多的 PowerPoint 文档一起打包，也可以删除不要打包的 PowerPoint 文档。单击“复制到文件夹”按钮，如图 4-138 所示。

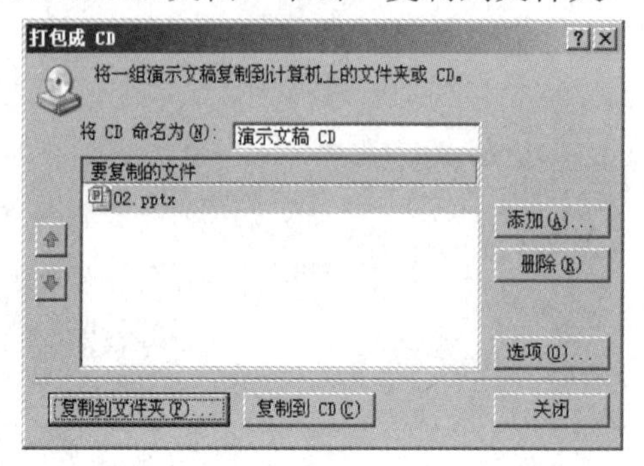

图 4-138　“打包成 CD”对话框

(3) 选择路径及演示文稿打包后的文件夹名称，可以选择你想要存放的位置路径，也可以保存在默认路径，系统默认有“完成后打开文件夹”的功能，不需要时可以取消前面的钩，如图 4-139 所示。单击“选项”，然后在“包含这些文件”下执行以下一项或两项操作，为了确保包中包括与演示文稿相链接的文件，请选中“链接的文件”复选框。与演示文稿相链接的文件可以包括图表、声音文件、电影剪辑及其他内容的 Microsoft Office Excel 工作表。若要使用嵌入的 TrueType 字体，请选中“嵌入的 TrueType 字体”复选框。操作过程如图 4-140 所示。

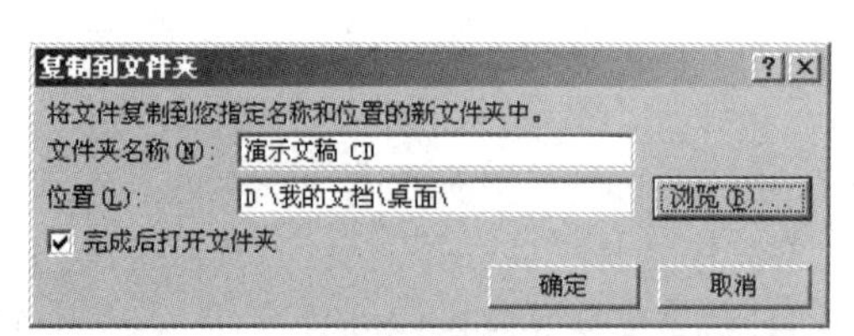

图 4-139　“复制到文件夹”对话框

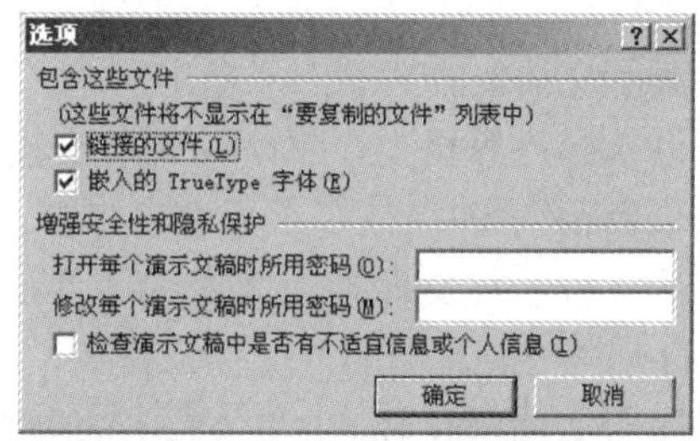

图 4-140　“选项”对话框

(4) 单击“确定”按钮后，系统会自动运行打包复制到文件夹程序，在完成之后自动弹出打包好的 PowerPoint 文件夹，其中会看到一个 AUTORUN.INF 自动运行文件，打包好的文档再进行光盘刻录成 CD 就可以拿到没有 PowerPoint 的计算机或者与 PowerPoint 版本不兼容的计算机上播放了，如图 4-141 所示。

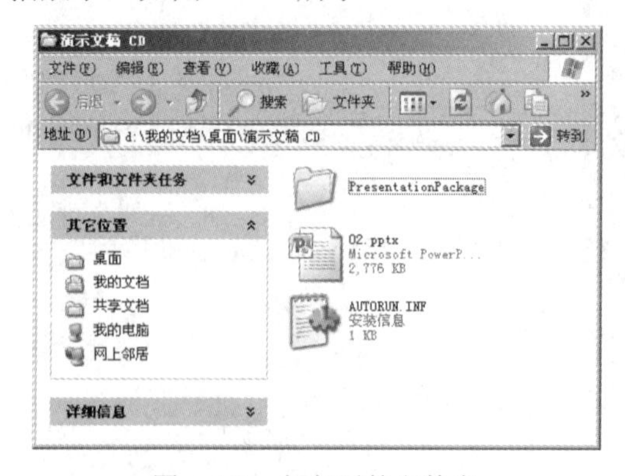

图 4-141　打包后的文件夹

知识回顾

1. 多媒体课件制作时应注意的几个问题

(1) 文字内容要简洁、突出重点，以提纲式为主。

(2) 讲课内容要随着教学进程逐步引入。

(3) 抽象难以描述的教学难点可用图片、视频、Flash 动画来突破。

(4) 课件要有良好的交互性。

(5) 课件页面要简洁，信息量要大。

2. 课件的制作流程

(1) 准备好和课件内容匹配的多媒体素材。

(2) 创建新的演示文稿，选择演示文稿的设计模板和版式。

(3) 在幻灯片上添加各种类型的媒体素材。

(4) 设置对象的动画效果和动作等。

(5) 设置幻灯片的切换和放映方式。

(6) 对完成的课件进行打包。

实践训练

(1) 学生可结合自己的兴趣或所学专业，选择一门学科中的一个课题，辅助老师完成教学课件的制作，也可利用 PowerPoint 的 VB 功能，创建交互式自学型的问题课件。

(2) 制作演讲比赛或其他比赛的流程课件，能利用动画效果完成比赛倒计时的功能。

技能项目 5

数据管理与分析处理

应用学生信息管理系统，可以做到对学生自然信息、成绩信息等的规范管理、科学统计和快速的查询，既方便学校管理部门的管理，又方便学生及时查询个人成绩信息，从而提高学生管理工作的效率。本项目实例属于小型学生管理系统，能实现对学生信息的录入、查询、修改、删除等功能。

任务 1　创建“学生信息管理”数据库

徐州技师学院负责学生管理工作的王老师想建立一套“学生管理”系统，以便科学、便捷地管理学生自然信息、成绩信息及参加各类技能比赛获奖情况等。他在对学生管理需求充分了解后，准备创建全院学生数据库，以便能随时查询学生相关信息，同时也能方便地更新修改信息。

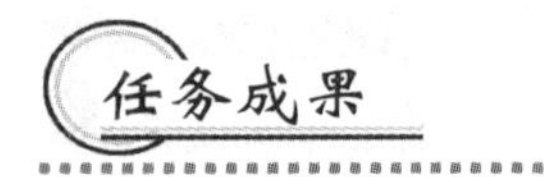

在数据库中创建 5 个数据表：学生表、系部表、课程表、成绩表、获奖表。各表的结构及参考数据如表 5-1～表 5-5 所列。

表 5-1　学　生　表

表名称	学 生 表			
表结构	字段名称	数据类型	宽　度	备　注
	学号	文本	8	主键
	姓名	文本	4	
	性别	文本	1	有效性规则：只能输入“男”或“女”
	出生日期	日期/时间	长日期	输入掩码：
	系部代码	文本	2	索引：有(有重复)
	备注	备注	备注	

续表

<table>
<tr><td>表名称</td><td colspan="6">学 生 表</td></tr>
<tr><td rowspan="8">参考
数据</td><td>学号</td><td>姓名</td><td>性别</td><td>出生日期</td><td>系部代码</td><td>备注</td></tr>
<tr><td>12010101</td><td>李小林</td><td>男</td><td>1997 年 8 月 4 日</td><td>01</td><td></td></tr>
<tr><td>12010102</td><td>王子明</td><td>男</td><td>1996 年 9 月 1 日</td><td>01</td><td>团员</td></tr>
<tr><td>12020101</td><td>朱元元</td><td>女</td><td>1997 年 7 月 15 日</td><td>01</td><td>班长</td></tr>
<tr><td>12020102</td><td>高山</td><td>男</td><td>1997 年 4 月 20 日</td><td>02</td><td>团员</td></tr>
<tr><td>12030101</td><td>林一风</td><td>女</td><td>1998 年 5 月 2 日</td><td>02</td><td></td></tr>
<tr><td>12030102</td><td>高源</td><td>男</td><td>1997 年 5 月 10 日</td><td>02</td><td></td></tr>
<tr><td>12040101</td><td>张山</td><td>男</td><td>1998 年 5 月 20 日</td><td>01</td><td>团员</td></tr>
</table>

表 5-2　系　部　表

<table>
<tr><td>表名称</td><td colspan="4">系 部 表</td></tr>
<tr><td rowspan="3">表结构</td><td>字段名称</td><td>数据类型</td><td>宽度</td><td>备注</td></tr>
<tr><td>系部代码</td><td>文本</td><td>2</td><td>主键</td></tr>
<tr><td>系部名称</td><td>文本</td><td>10</td><td></td></tr>
<tr><td rowspan="7">参考
数据</td><td colspan="2">系部代码</td><td colspan="2">系部名称</td></tr>
<tr><td colspan="2">01</td><td colspan="2">机电工程系</td></tr>
<tr><td colspan="2">02</td><td colspan="2">建筑工程系</td></tr>
<tr><td colspan="2">03</td><td colspan="2">数控工程系</td></tr>
<tr><td colspan="2">04</td><td colspan="2">汽车工程系</td></tr>
<tr><td colspan="2">05</td><td colspan="2">商贸服务系</td></tr>
<tr><td colspan="2">06</td><td colspan="2">信息工程系</td></tr>
</table>

表 5-3　课　程　表

<table>
<tr><td>表名称</td><td colspan="4">课 程 表</td></tr>
<tr><td rowspan="3">表
结
构</td><td>字段名称</td><td>数据类型</td><td>宽度</td><td>备注</td></tr>
<tr><td>系部代码</td><td>文本</td><td>4</td><td>主键</td></tr>
<tr><td>系部名称</td><td>文本</td><td>10</td><td></td></tr>
<tr><td rowspan="8">参考
数据</td><td colspan="2">系部代码</td><td colspan="2">系部名称</td></tr>
<tr><td colspan="2">0001</td><td colspan="2">机电工程系</td></tr>
<tr><td colspan="2">0002</td><td colspan="2">建筑工程系</td></tr>
<tr><td colspan="2">0003</td><td colspan="2">数控工程系</td></tr>
<tr><td colspan="2">0004</td><td colspan="2">汽车工程系</td></tr>
<tr><td colspan="2">0005</td><td colspan="2">商贸服务系</td></tr>
<tr><td colspan="2">0006</td><td colspan="2">信息工程系</td></tr>
<tr><td colspan="2">0007</td><td colspan="2">CAD</td></tr>
</table>

表 5-4　成　绩　表

<table>
<tr><td>表名称</td><td colspan="4">成 绩 表</td></tr>
<tr><td rowspan="4">表结构</td><td>字段名称</td><td>数据类型</td><td>宽　度</td><td>备　注</td></tr>
<tr><td>学号</td><td>文本</td><td>8</td><td>索引：有(有重复)</td></tr>
<tr><td>课程代码</td><td>文本</td><td>4</td><td>索引：有(有重复)</td></tr>
<tr><td>成绩</td><td>数字</td><td>整型</td><td></td></tr>
</table>

续表

表名称	成 绩 表		
	学号	课程代码	成绩
参考数据	12010101	0001	84
	12010101	0002	92
	12010101	0003	82
	12020101	0001	75
	12020101	0002	87
	12020101	0003	83
	12030101	0001	83
	12030101	0002	85
	12030101	0003	77
	12010102	0001	55
	12010102	0002	57
	12010101	0004	58
	12010101	0005	59
	12010102	0003	61
	12010102	0004	54
	12030101	0004	57
	12030101	0005	53
	12010102	0005	84
	12020101	0004	76

表 5-5　获　奖　表

表名称	获 奖 表			
表结构	字段名称	数据类型	宽度	备　注
	学号	文本	8	索引：有(有重复)
	学期	文本	1	
	获奖级别	文本	10	
	金额	数字	长整型	
参考数据	学号	学期	获奖级别	金额
	12010101	1	省级二等奖	1000
	12010101	1	国家级三等奖	3000
	12020101	2	校级二等奖	500
	12020101	1	校级二等奖	500
	12030101	2	校级二等奖	500
	12030101	1	省级二等奖	1000
	12020101	2	国家级二等奖	5000

5 个数据表间的关系图如图 5-1 所示。

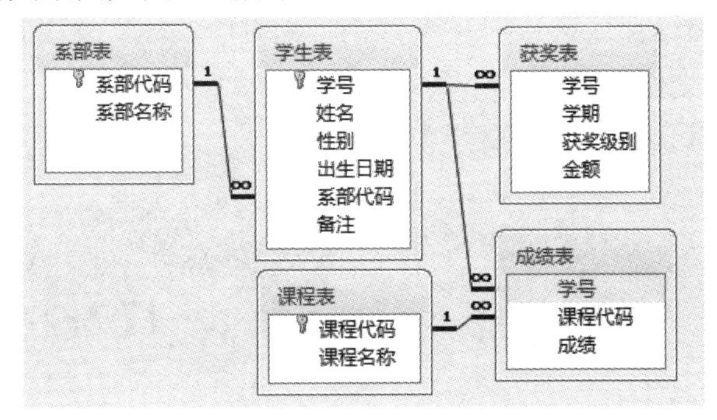

图 5-1　数据表间的关系图

(1) 创建数据库；
(2) 管理数据表：创建数据表，删除数据表，复制数据表，数据表重命名；
(3) 修改数据表的结构：添加字段，删除字段，修改字段；
(4) 创建数据表的关联。

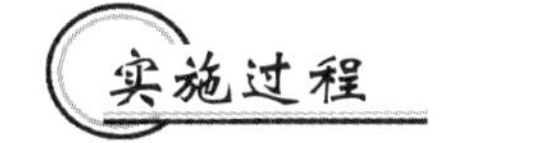

步骤 1　启动 Access 应用程序。

在桌面上双击“Access 2010”快捷图标，或选择“开始/所有程序/Microsoft Office/Microsoft Access 2010”命令启动。

步骤 2　创建数据库。

(1) 在打开的 Access 窗口中，单击“文件”选项卡下的“新建”，并在展开的窗口中选择“空数据库”选项，再单击“文件名”文本框右侧的“浏览到某个位置来存放数据库”按钮，如图 5-2 所示。

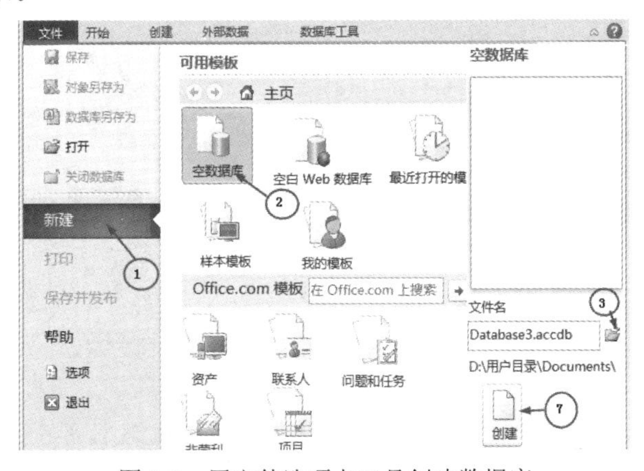

图 5-2　用文件选项卡工具创建数据库

(2) 在打开的“文件新建数据库”对话框中设置好文件的保存位置和文件名，最后单击“确定”按钮，如图 5-3 所示。

(3) 在返回的“文件”选项卡中，单击右侧的“创建”按钮，程序将自动切换到 Access 2010 的工作界面窗口，并在其中自动创建了一个表对象，表名为“表 1”，如图 5-4 所示。

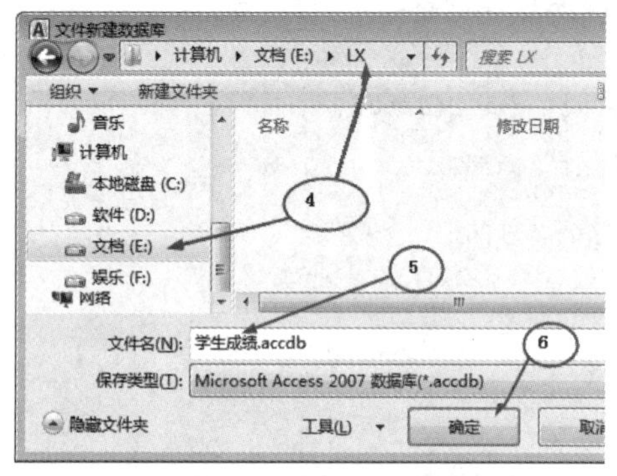

图 5-3　设置文件位置文件名

图 5-4　自动创建空数据表“表 1”

步骤 3　创建“学生表”。

在数据表视图中，单击“创建”选项卡，在“表格”组中单击“表”按钮，创建一个新的空表，如图 5-5 所示。

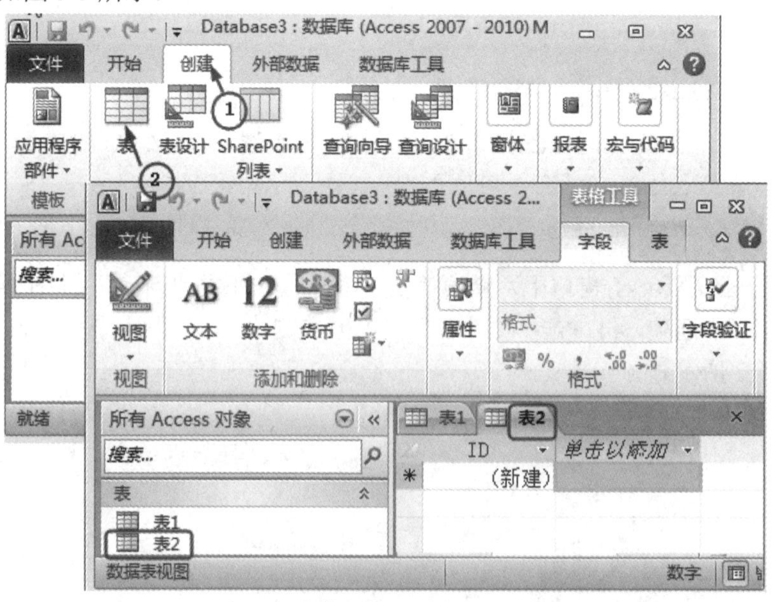

图 5-5　在数据表视图中创建新表

注：① Access 2010 在新建数据库文件后，会自动创建一个表对象。这里是在数据表视图中新建的表。

② 创建数据表有两种常用的方法：一是用数据表视图表创建表，二是用设计视图创建表。下一个“成绩表”将用设计视图创建表的方法创建表。

步骤 4　添加字段、设置字段属性。

激活“表格工具/字段”选项卡来添加字段、设置字段的数据类型和属性，具体操作步骤如下：

(1) 先选中 ID 字段，单击“属性”组中的“名称和标题”按钮，在出现的“输入字段属性”对话框中，在名称的文本框中输入“学号”，并单击“确定”按钮，如图 5-6 所示。

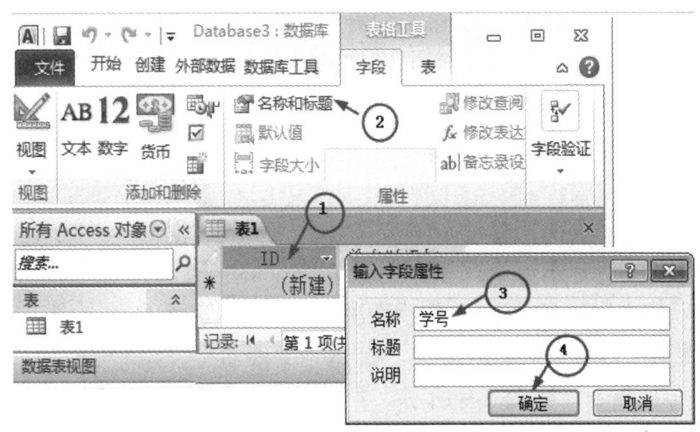

图 5-6　设置字段“名称和标题”属性

注：新建的数据表中会自动出现“ID”字段。如果表中需要该字段，则可直接在其后添加其他字段。在本例的“学生表”中，是以学号为主键，没有使用 ID 字段，故将系统自动出现的 ID 字段进行了更改。

(2) 设置“学号”字段的大小属性。单击“格式”组中“数据类型”右侧的下拉按钮，选择“文本”，然后在“属性”组“字段大小”文本框中输入“8”，如图 5-7 所示。

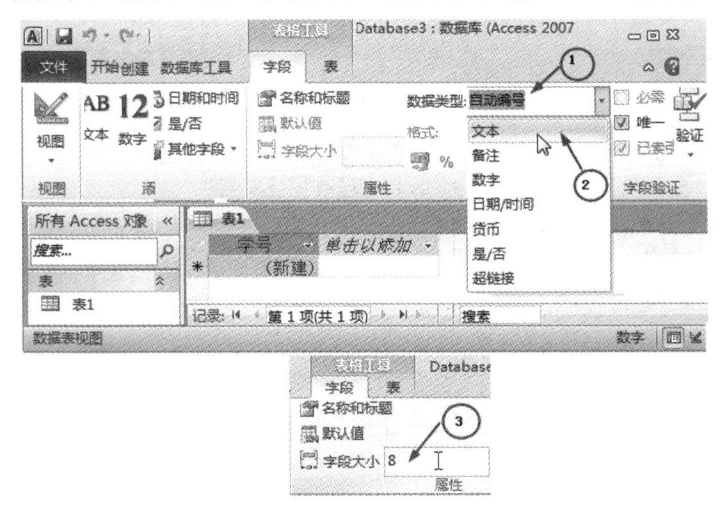

图 5-7　设置字段“数据类型”和“字段大小”属性

(3) 添加“姓名”字段。单击表格中的“单击以添加”按钮，在弹出的对话框中选择“文本”选项，则会在“学号”字段右侧添加默认名称为“字段 1”的字段，此字段为文本类型的字段(也可以单击“添加和删除”组中的“文本”按钮来添加字段)，如图 5-8 所示。

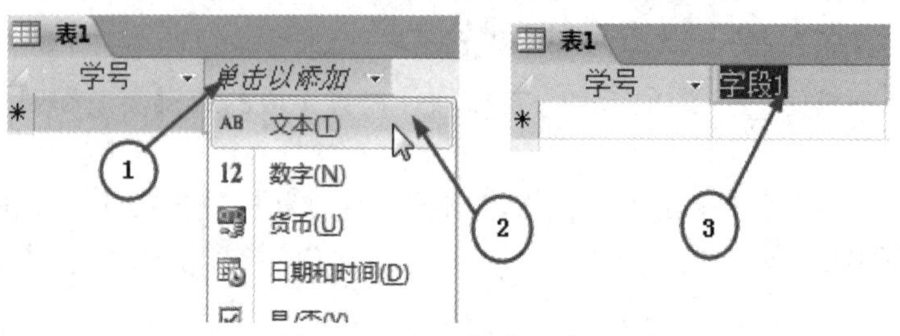

图 5-8　添加“姓名”字段

(4) 设置“姓名”字段的属性。选中“字段 1”字段，单击“属性”组中的“名称和标题”按钮，弹出“输入字段属性”对话框，在打开的对话框中分别在名称和标题后文本框中输入“姓名”，单击“确定”按钮。在“属性”组的“字段大小”文本框中输入“8”以设置字段的大小属性。

(5) 添加“性别”字段及其属性。单击“姓名”字段后面的“单击以添加”下拉按钮，选择“文本”，程序自动新建一个“文本”数据类型的字段，并将字段名称设置为可编辑状态，直接删除默认名称，输入新名称“性别”。设置其字段的大小为“1”。

(6) 设置“性别”字段的有效性规则。单击“字段验证”组中的“验证”，并在其下单击“字段验证规则”命令，如图 5-9 所示。

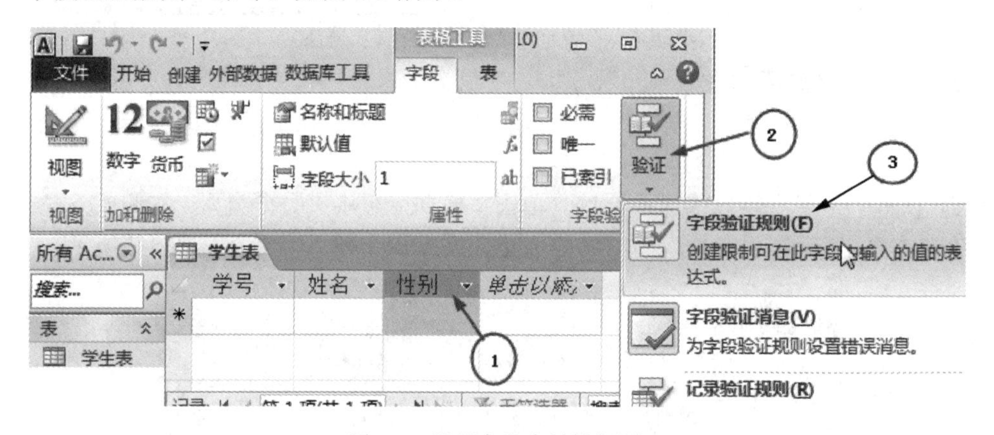

图 5-9　设置字段有效性规则

在打开的“表达式生成器”对话框中输入："男" Or "女"。

注：“女”和“男”两个字要用半角的引号引起来。运算符“Or”可直接输入也可通过选择(单击“操作符/逻辑”，双击“Or”)获得，如图 5-10 所示。

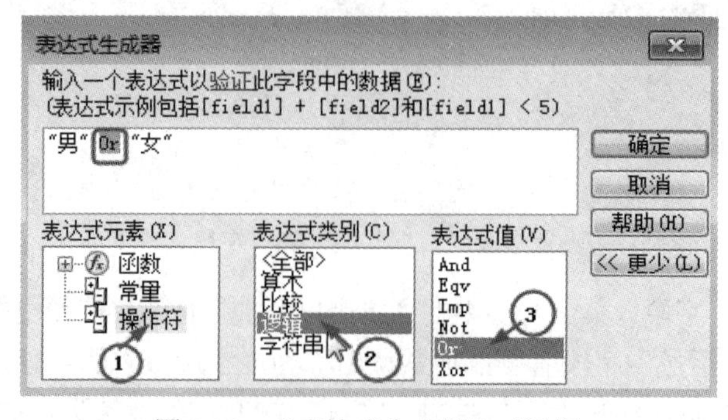

图 5-10　“表达式生成器”对话框

(7) 添加“出生日期”字段。任选用步骤(3)或(5)中的一种方法，添加“出生日期”字段。

注： 如果用步骤(3)的方法，则单击“添加和删除”组中的“日期和时间”按钮；如果用步骤(5)的方法，则选择下拉选项中的“日期和时间”选项，设置名称和标题后，单击“格式”组中“格式”右侧的下拉按钮，选择“长日期”，设置日期格式。

(8) 添加其他字段。重复步骤(3)、(4)或(5)、(6)添加“系部代码”和“备注”字段，并设置其属性，其中“系部代码”字段需设置索引属性，单击“字段验证”组中的“已索引”选项，即可完成设置。

步骤5　保存数据表。

在系统自动给定的表名“表1”上，单击鼠标右键，选择“保存”命令，出现“另存为”对话框，输入表的名称“学生表”，单击“确定”按钮，如图5-11所示。

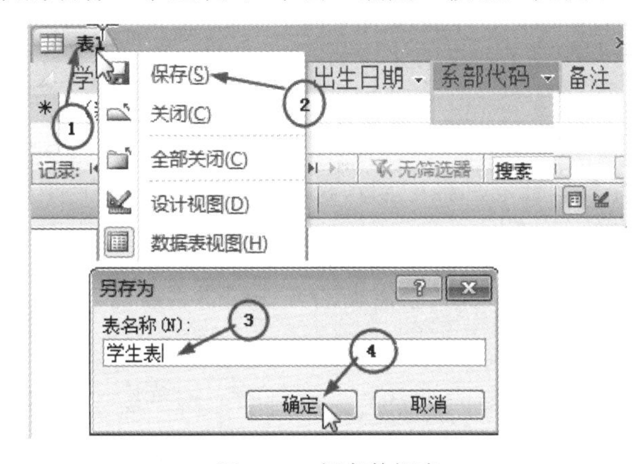

图5-11　保存数据表

步骤6　创建“系部表”。

(1) 创建空表。单击“创建”选项卡，在“表格”组中单击“表设计”按钮，则在设计视图中新建一个空表“表1”，如图5-12所示。

(2) 在设计视图的字段名称中输入“系部代码”，数据类型选择“文本”，输入字段大小为“2”，如图5-13所示。

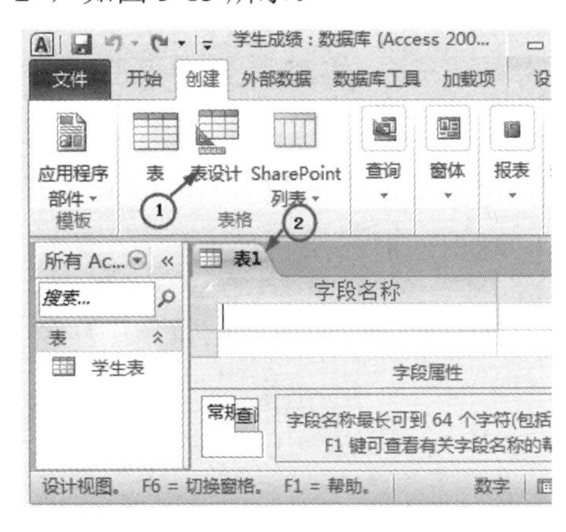

图5-12　用设计视图创建新表

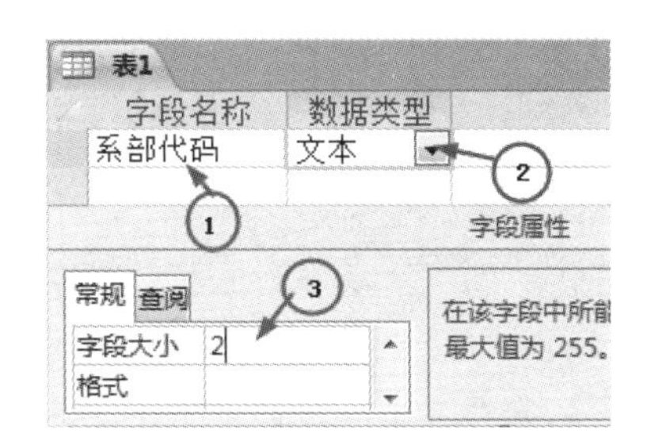

图5-13　设置字段属性

(3) 选中“系部代码”字段所在的行，单击“设计”选项卡中的“主键”按钮，将该字段设置为主键，如图 5-14 所示。

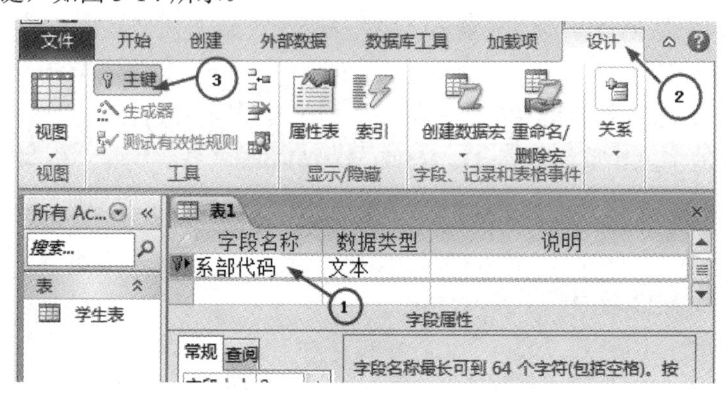

图 5-14　设置字段“主键”属性

(4) 在“系部代码”字段下一行的字段名称栏中输入“系部名称”，数据类型选择“文本”，输入字段大小为“10”。

(5) 保存数据表。单击“文件”选项卡中的“保存”命令，当数据表为新创建的表时，会出现“另存为”对话框，在对话框中输入表的名称“系部表”，单击“确定”按钮。

步骤 7　创建其他表。

任选通过数据表视图或设计视图创建表的方法创建“系部表”“课程表”“获奖表”。

步骤 8　建立表间关系。

单击“数据库工具”选项卡，在“关系”组中单击“关系”，打开 “关系”窗口，并激活“关系工具 设计”选项卡。单击“显示表”按钮，在打开的“显示表”对话框的“表”选项卡中按“Shift”键，选择所有表，最后单击“添加”按钮，如图 5-15 和图 5-16 所示。

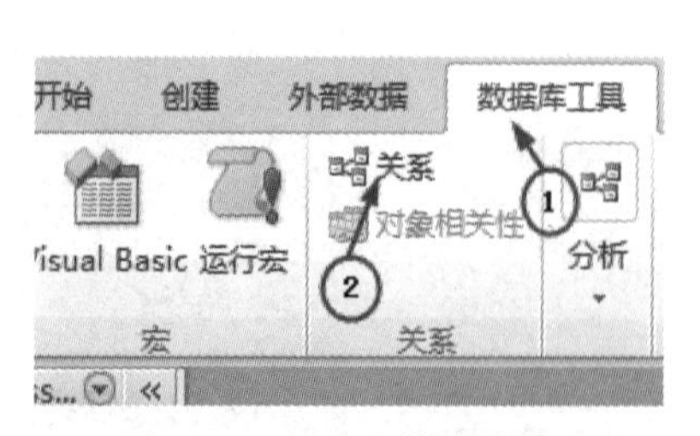

图 5-15　创建表关系步骤 1

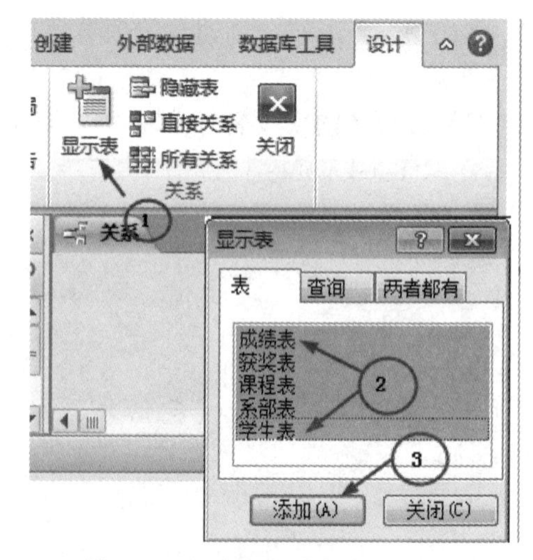

图 5-16　创建表关系步骤 2 添加表

(1) 单击“关闭”按钮，关闭“显示表”对话框，返回“关系”窗口，添加的数据表显示在窗口中，如图 5-17 所示。

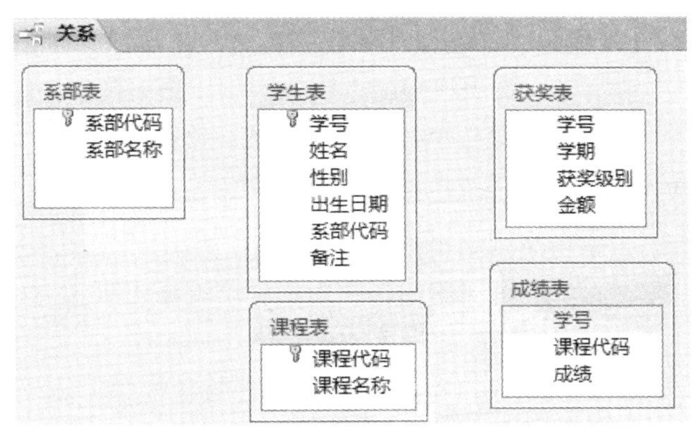

图 5-17　要添加关系的数据表

(2) 创建“学生表”与“成绩表”关系。在“关系”窗口中，选中“学生表”中的主键“学号”字段，按住鼠标左键不动，拖动鼠标到“成绩表”中的外键“学号”字段上，释放左键，即出现“编辑关系”对话框，选中“实施参照完整性”复选框，单击“创建”按钮即可创建“学生表”与“成绩表”之间的关系，如图 5-18 所示。结果如图 5-19 所示。

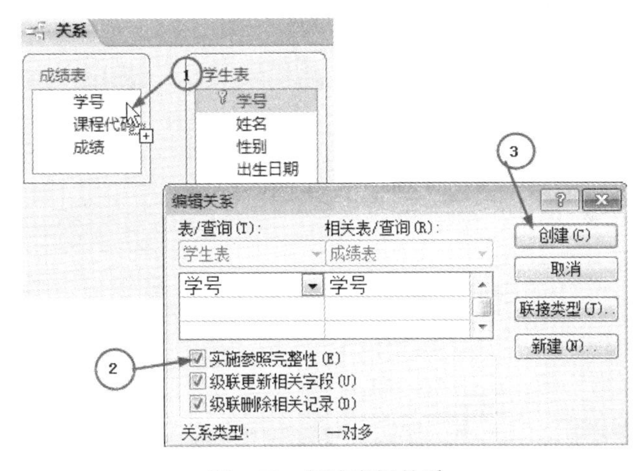

图 5-18　创建表间关系

(3) 用与步骤(2)相同的方法，创建其他表之间的关系。完成后各表之间的关系如图 5-20 所示。

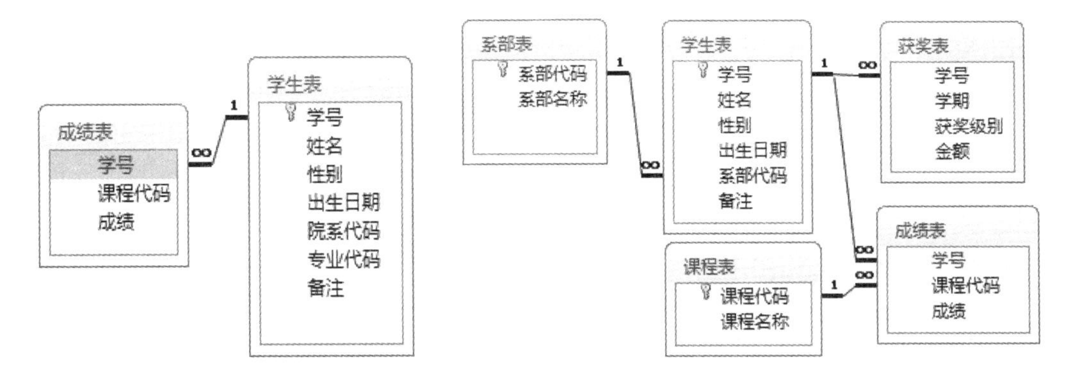

图 5-19　“学生表”与“成绩表”之间的关系　　图 5-20　各数据表之间的关系

步骤 9　在数据表中输入数据。

在“数据表视图”模式下，在表格中输入记录数据，当一条记录输完后，按 Enter 键，光标将会自动转到下一条记录的第一个数据输入位置。具体过程略。

步骤 10　数据表格式化。

数据表视图中的数据是按照默认设置进行显示的，用户可以根据需要对数据格式进行设置，如设置数据的字体格式、单元格的行高和列宽、表样式、显示和隐藏字段以及冻结和解冻字段等。

(1) 设置字体格式。在 Access 中，数据表中字体默认为“宋体，11，黑色”，对齐方式为：“数字”类型和“日期”类型数据右对齐，“文本”类型数据左对齐。用户可以根据需要对此重新设置。以“学生表”为例，双击“学生表”，单击“开始”选项卡“文本格式”组中的“字体”下拉按钮选择需要的字体，单击“字号”下拉按钮选择需要设置的字号，单击“字体颜色”下拉按钮选择需要的颜色。单击“系别代码”字段名，选中需要设置对齐方式的字段，单击“居中对齐”按钮，如图 5-21 所示。

图 5-21　设置学生表的字体格式

(2) 设置单元格的行高与列宽。将光标移动到表的行或者列标签的交界处，待光标变为双向箭头时，按住鼠标左键拖动即可调整行高或列宽，分别如图 5-22(a)、(b)所示。

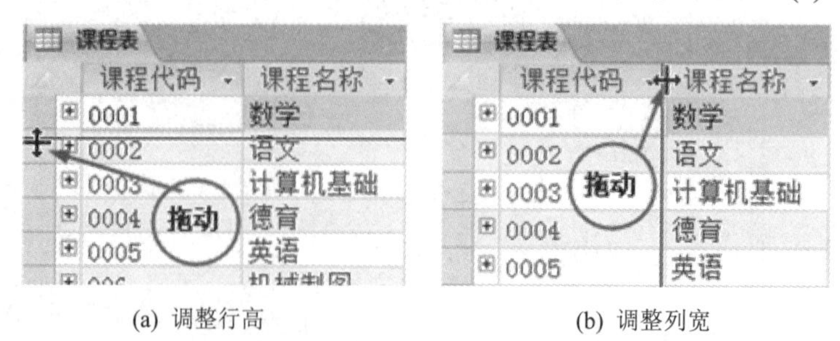

(a) 调整行高　　　　(b) 调整列宽

图 5-22　用鼠标调整行高和列宽

注：也可用对话框调整行高和列宽。

① 选中字段的名称，单击鼠标右键，选中弹出对话框中的“字段宽度”选项，则弹出“列宽”对话框，在“列宽”文本框中输入列宽值“15”，然后单击“确定”按钮，如图 5-23 和图 5-24 所示。

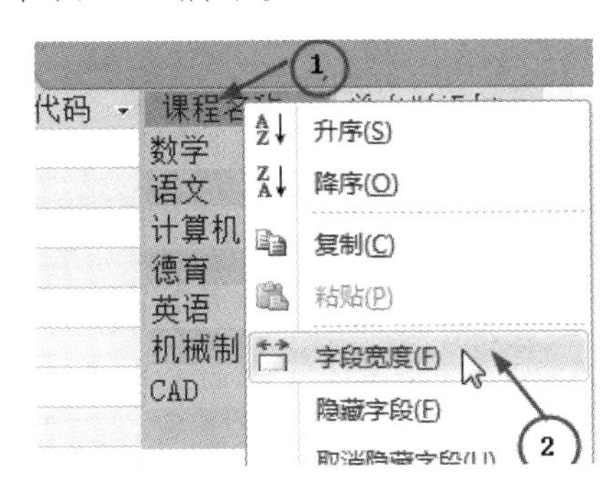

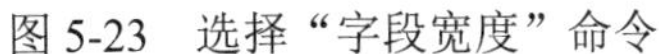

图 5-23　选择“字段宽度”命令

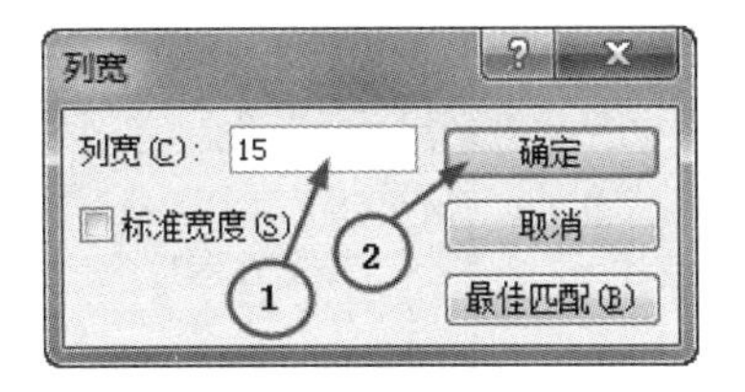

图 5-24　“列宽”对话框

② 调整行宽：选定任意一行，在该行上单击鼠标右键，选择“行高”命令，在弹出的“行高”对话框中的文本框内输入行高值“16”，然后单击“确定”按钮，如图 5-25 和图 5-26 所示。

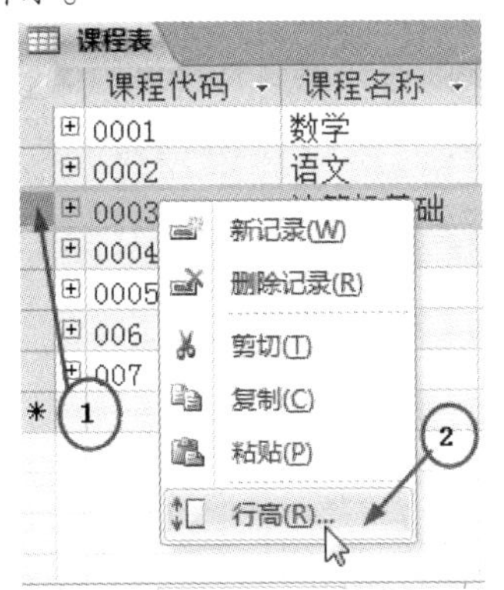

图 5-25　选择“行高”命令

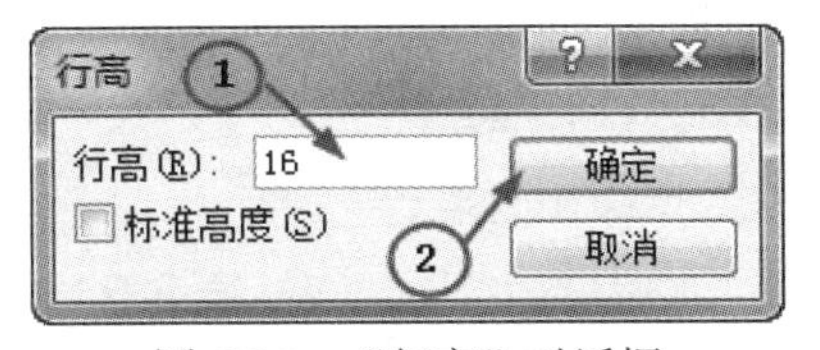

图 5-26　“行高”对话框

(3) 设置网格的属性。数据表中网格线默认为“交叉”模式，为了便于阅读，可以设为“横线”模式，此时只显示横线。单击“开始”选项卡“文本格式”组中的“网格线”按钮，选择“网格线：横向”命令，如图 5-27 所示。

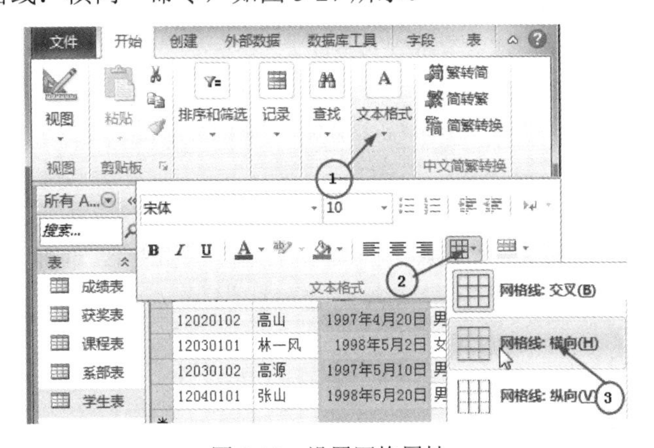

图 5-27　设置网格属性

(4) 设置可选行颜色。设置可选行颜色可以更大程度上区分相邻记录。单击“开始”选项卡“文本格式”组中“可选行颜色”按钮右侧的下拉按钮，在弹出的颜色选择器中选择一种颜色，如图 5-28 所示。

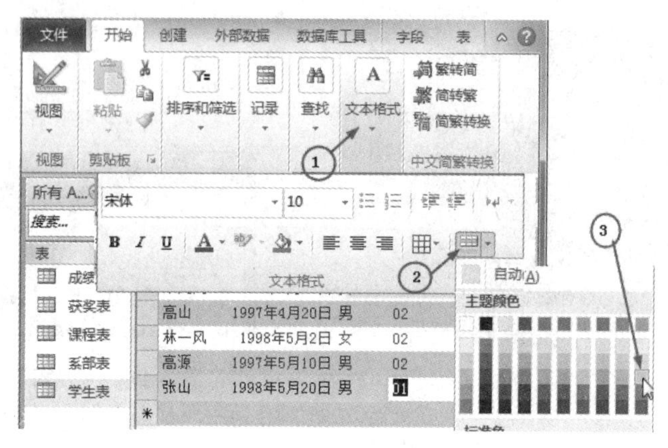

图 5-28　设置可选行颜色

步骤 11　修改数据。

当录入人员发现数据录入有误时，单击有错误数据的单元格，直接进行编辑。当需要对数据进行批量修改时，可使用“更新查询”功能实现，“更新查询”将在下一个任务中详细讲解。

❖ 知识拓展

1. 字段的数据类型

字段的数据类型见表 5-6。

表 5-6　字段的数据类型

数据类型	作　用	大　小
文本	用来存储字母、数字字符，用于文本或不用于计算的数字，如电话号码、姓名等。以文本形式存储的数字值可以更加符合逻辑地进行排序和筛选，但很难用于计算中	0～255 个字符，默认长度为 255 个字符
备注	用来存储字母、数字字符(长度超过 255 个字符)或使用格式文本格式的文本。备注、冗长的说明和使用文本格式(如加粗或倾斜)的段落比较适合使用“备注”字段，如个人说明等	最多 1 GB 字符或 2 GB 字符存储空间(每个字符 2 个字节)，可在一个控件中显示 65 535 个字符
数字	用来存储由数字(0～9)、小数点、正负号组成的、可进行算术计算的数字，如成绩、年龄等。用于存储除货币值(货币值应使用货币数据类型)之外的用于计算的数字	1、2、4 或 8 个字节，用于同步复制 ID 时为 16 个字节
日期	用于存储日期/时间值，如出生日期、入学日期等。注意，每个存储值均同时包括日期组件和时间组件	8 个字节

续表

数据类型	作　　用	大　小
货币	用于存储货币值(货币)数据，如单价等。数字前将显示“￥”符号	8 个字节
自动编号	在添加记录时，Access 自动插入一个唯一的顺序号，自动生成，可用作主键的唯一值。注意，“自动编号”字段的值可按顺序或指定的增量增加，也可随机分配	4 个字节，用于同步复制 ID 时为 16 个字节
是/否	是布尔值 (yes/no)，可以使用以下 3 种格式之一：Yes/No、True/False 或 On/Off，用于存储是/否类型的值，如团员、住宿等	1 位(8 位 =1 字节)
OLE 对象	OLE 对象或其他二进制数据。用于存储其他 Microsoft Windows 程序中的 OLE 对象，如电子表格、文本、图片或声音等	最大为 1 GB
超链接	超链接。用于存储超链接以提供通过单击 URL(统一资源定位器)对网页进行访问或通过单击 UNC(通用命名约定)格式的名称对文件进行访问。还可以链接到存储在数据库中的 Access 对象	最多 1 GB 字符或 2 GB 字符存储空间(每个字符 2 个字节)，可在一个控件中显示 65 535 个字符
查阅向导	实际上不是一个数据类型，而是用于启动查阅向导。以便可以创建一个使用组合框查阅另一个表、查询或值列表中的值的字段	基于表或查询：绑定列的大小。基于值：用于存储值的文本字段的大小

2. 常用数据类型的设置

1) 文本类型

文本数据类型指的是用于文本或文本与数字的组合，例如地址；或者用于不需要计算的数字，例如学号、电话号码等。文本类型最多存储 255 个字符。“字段大小”属性控制可以输入的最多字符数。

2) 数字类型

(1) 字段大小。数字类型可以设置成字节、整型、长整型、单精度型、双精度型、同步复制 ID、小数等类型，见表 5-7。在 Access 中通常默认为“双精度型”数字类型。

表 5-7　数字类型的设置

字段大小的设置类型	范　　围	小数位	存储大小/字节
字节	0～255	无	1
整型	−32 768 或 32 768	无	2
长整型	−2 147 483 648 或 2 147 483 647	无	4
双精度型	−1.797 × 10 308～1.797 × 10 308	15	8
单精度型	−3.4 × 1035～3.4 × 1035	7	4
同步复制 ID	N/A	N/A	16
小数	1～28 精度	5	8

(2) 数据格式。对于数字或货币型的数据，程序内置了 7 种预定义的格式，分别是常规数字、货币、欧元、固定、标准、百分比和科学记数，通过在格式属性对应的下拉列表框中选择项即可约束输入数据的显示状态，见表 5-8。

表 5-8　数 据 格 式

格式	显 示 状 态
常规	在存储时没有明确进行其他格式设置的数字
货币	Windows 区域设置中指定的货币符号和格式
欧元	对数值数据应用欧元符号(€)
固定	使用两个小数位，但不使用千位数分隔符。如果字段中的值包含 2 个以上的小数位，则 Access 2010 会对该数字进行四舍五入
标准	使用千位数分隔符和两个小数位。如果字段中的值包含 2 个以上的小数位，则 Access 2010 会将该数字四舍五入为两个小数位
百分比	以百分比的形式显示数字，使用两个小数位和一个尾随百分号。如果基础值包含 4 个以上的小数位，则 Access 2010 会对该值进行四舍五入
科学记数	用于使用科学记数法来显示数字

3) 日期时间类型

在 Access 中，程序已经提供了 7 种预定义的日期时间格式，如常规日期、长日期、中日期、短日期、长时间、中时间和短时间格式，如图 5-29 所示。

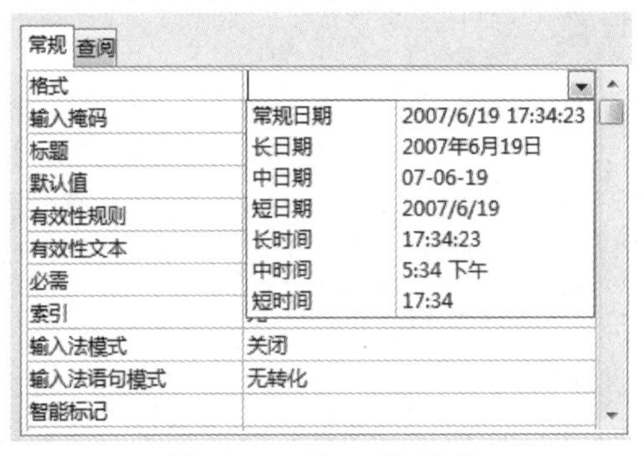

图 5-29　时间日期类型

3. 标题

标题是字段的别名，在浏览表中数据时，Access 系统会自动将字段标题作为表的数据显示标题。一般情况下，开发者在引用字段名称时，希望它长度短些，而当用户浏览数据时，又希望能清晰明了字段的含义，这时就要用到标题的属性。如果没有为表的字段指定标题属性，则显示时就以字段名本身作为数据表视图中的列标题。

4. 编辑数据表结构

1) 添加字段

添加字段与创建表时添加字段的方法相同，可以单击数据表视图中“单击以添加”按钮来添加字段，也可以在设计视图的表格中添加。

2) 删除字段

方法一：在数据表视图中的字段名称上单击鼠标右键，在弹出的快捷菜单中选择“删除字段”命令。

方法二：在设计视图中，在字段名称上单击鼠标右键，在弹出的快捷菜单中选择“删除行”命令。

说明：删除表中的字段后，这些字段中的数据也会被永久删除。

3) 更改字段名称

方法一：在数据表视图中，选中需要更改的字段，单击“属性”组中的“名称和标题”按钮，则出现“输入字段属性”对话框，即可进行字段名称的更改。

方法二：在设计视图中，单击要更改的字段名称，即进入编辑状态，可直接进行更改。

4) 更改数据类型

方法一：在数据表视图中，选中需要更改的字段，单击“格式”组中“数据类型”右侧的下拉按钮，选择需要的数据类型。

方法二：在设计视图中，单击需要更改的字段所在行中“数据类型”右侧的下拉按钮，选择需要的数据类型。

5. 数据表中的编辑操作

用户除了可以设置数据表中数据的字体、单元格的行高和列宽等外，还可以根据需要调整字段的顺序、显示和隐藏字段及冻结和解冻字段等。

1) 调整字段顺序

表中字段顺序的调整，可在数据视图或设计视图中进行，两者方法类似。下面以将“学生表”的“出生日期”字段移动到“性别”字段之前为例：在“出生日期”字段名上按住鼠标左键，这时在“出生日期”字段前出现一条黑色粗竖线，再拖动鼠标，移到“性别”字段上，此时“性别”字段前出现一条黑色粗竖线，释放鼠标左键，即可将“出生日期”字段移到“性别”字段之前，如图 5-30 所示。

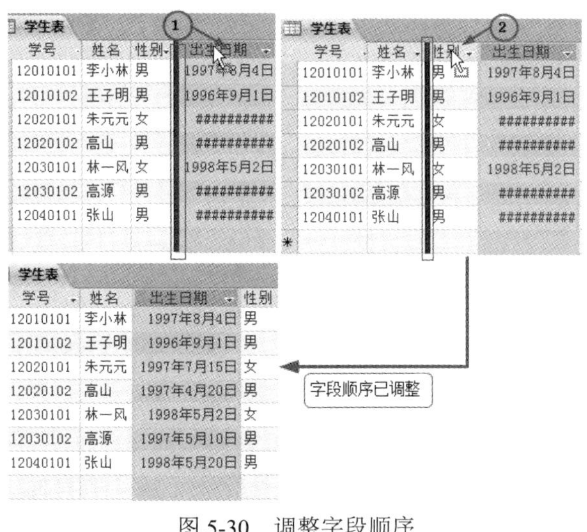

图 5-30　调整字段顺序

2) 显示和隐藏字段

当数据表中的字段较多不方便查看时，可以将当前不需要查看的字段进行隐藏，从而方便查看表中其他字段的数据。需要查看隐藏字段时，再将其显示出来即可。

在任意一字段名称上单击鼠标右键，选择“取消隐藏字段”命令，弹出“取消隐藏列”对话框，在对话框中，选择字段名称前的复选框，表示显示该字段，取消某个字段前的复选框，则可以隐藏该字段，如图 5-31 和图 5-32 所示。

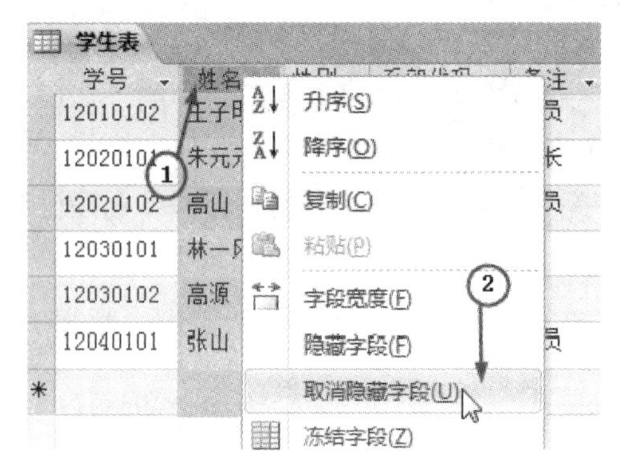

图 5-31　选择“取消隐藏字段”

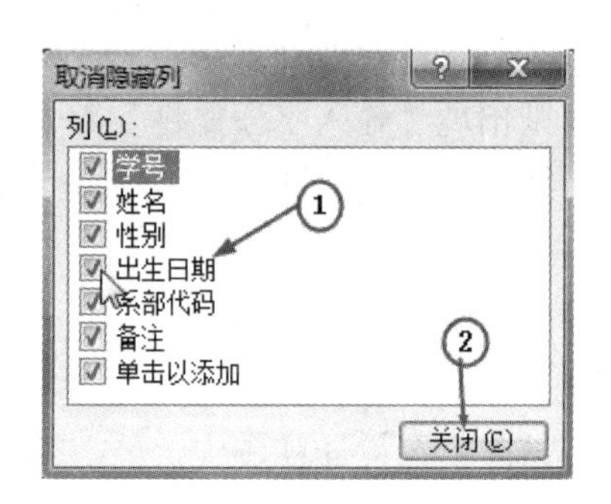

图 5-32　“取消隐藏列”对话框

3) 冻结和解冻字段

当表中的字段较多而使得所有的字段不能够完全显示时，在查看表中的记录时，就需要拖动水平滚动条来查看记录的所有字段。这时如果需要某个字段一直显示，就可以冻结该字段，当不需要冻结该字段时，可以解冻字段。以冻结和解冻“学生表”中“姓名”字段为例：

(1) 冻结字段：先选定“姓名”字段，单击鼠标右键，选择“冻结字段”命令，则完成“姓名”字段的冻结，这时单击数据表底部的横向滚动按钮移动记录，被冻结的字段始终处于表的最右端，其余字段可水平移动，如图 5-33 所示。

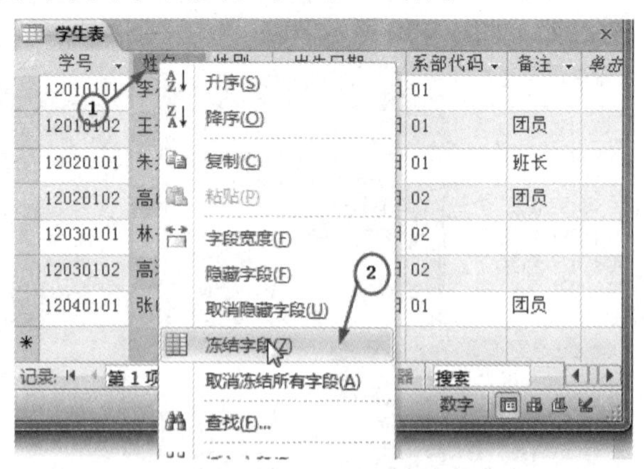

图 5-33　选择“冻结字段”命令

(2) 解冻字段：在任意字段名称上单击鼠标右键，选择“取消冻结所有字段”命令，即可解冻字段，再单击数据表底部的横向滚动按钮移动记录，所有的字段都将改变位置，如图 5-34 所示。

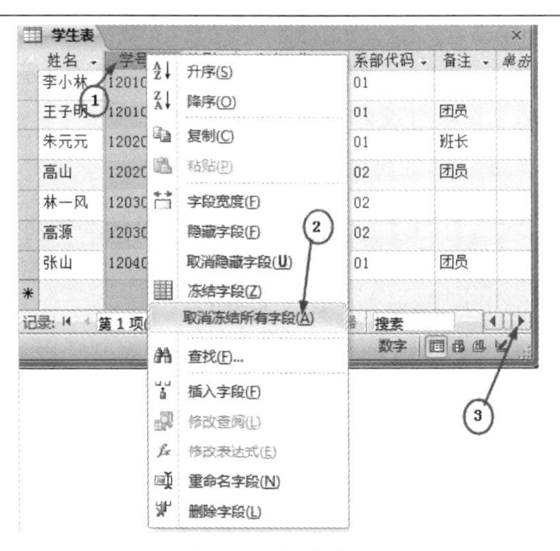

图5-34　解冻字段

6. 主键

主键是主关键字的简称，一个数据表只能有一个主键。主键包含唯一标识表中存储的每条记录的一个或多个字段。通常，有一个唯一的标识号(例如 ID 号、序列号或代码)来充当主键。例如，“学生表”中每个学生都有一个唯一的标识“学号”，“学号”字段是“学生表”的主键。在某些情况下，也会使用两个或多个字段一起作为表的主键。主键具有以下几个特征：唯一标识每一行、从不为空或 Null、所包含的值几乎不改变(理想情况下永不改变)。

有关主键的操作主要有以下几种：

1) 添加“自动编号”主键

在数据表视图中创建新表时，Access 自动创建主键，并且为它指定“自动编号”数据类型。如果需要重新创建，则操作步骤如下：

(1) 打开要修改的数据库。

(2) 在导航窗格中，鼠标右键单击要向其添加主键的表，然后在快捷菜单上单击“设计视图”。

(3) 在表设计网格中找到第一个可用的空行。

(4) 在“字段名称”字段中键入名称，如 ID。

(5) 在“数据类型”字段中，单击下拉箭头并单击“自动编号”。

(6) 在“字段属性”的“新值”中，单击“递增”对主键使用递增数值，或者单击“随机”使用随机数。

注：保存一个新表而不设置主键时，Access 会提示创建一个主键。如果选择“是”，则 Access 会创建一个使用“自动编号”数据类型的 ID 字段，为每条记录提供一个唯一值。如果表中已有一个“自动编号”字段，则 Access 会将该字段用作主键。

2) 设置主键

要使主键正常工作，该字段必须唯一标识每一行，决不包含空值或 Null 值。具体操作如下：

(1) 打开要修改的数据库。

(2) 在导航窗格中，鼠标右键单击要设置主键的表，然后在快捷菜单上单击“设计视图”。

(3) 选择要用作主键的一个或多个字段。若要选择一个字段，则单击所需字段的行选择器；若要选择多个字段，则可按住 Ctrl 键，然后单击每个字段的行选择器。

(4) 在“设计”选项卡上的“工具”组中单击“主键”，如图 5-35 所示。主键指示器添加到您指定为主键的一个或多个字段的左侧。

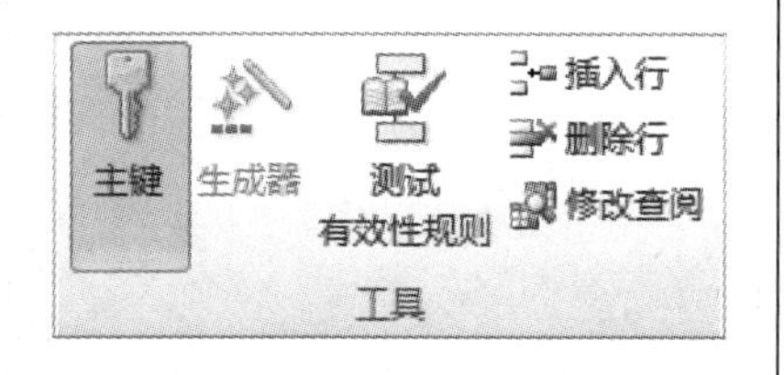

图 5-35　“主键”命令按钮

3) 删除主键

删除主键时，原来作为主键的一个或多个字段将不再作为标识记录的主要方式。删除主键只会从这些字段中删除主键指定，而不会删除表中的一个或多个字段，但会删除为该主键创建的索引。

注：在删除主键之前，必须确保它没有参与任何表关系。如果尝试删除的主键是一个或多个关系的一部分，则 Access 会警告必须先删除这些关系。

删除主键的操作步骤如下：

(1) 打开要修改的数据库。

(2) 单击当前主键的行选择器。如果该主键只包含一个字段，则单击该字段的行选择器；如果该主键包含多个字段，则单击该主键中任何字段的行选择器。

(3) 在“设计”选项卡上的“工具”组中单击“主键”，则以前被指定为主键的一个或多个字段中的键指示器被删除。

4) 更改主键

(1) 删除现有的主键。

(2) 设置新的主键。

7. 表间关系

关系是两个表之间的逻辑连接，用于指定表共有的字段。在数据库中通常存放多个数据表，每个表存储有关不同主题的数据，但数据库中的表通常存储有相互关联的主题的数据。例如，学生成绩数据库包含：

• 学生表：列出学生学号、姓名、性别等信息。
• 成绩表：列出学生学号、课程代号、成绩信息。
• 课程表：列出课程代号及课程名称信息。

“学生表”中的“学号”字段是“学生表”的主键；“成绩表”也有一个“学号”字段，其中每个成绩记录都有一个对应于“学生表”的记录，“成绩表”中的“学号”字段是“学生表”的外键；“学生表”和“成绩表”通过“学号”字段建立关系。同样，“课程表”和“成绩表”通过“课程代码”字段建立关系。

1) 使用关系的优点

按相关表分隔数据具有以下优点：

(1) 一致性。因为每项数据只在一个表中记录一次，所以可减少出现模棱两可或不一致情况的可能性。

(2) 提高效率。只在一个位置记录数据意味着使用的磁盘空间会减少。另外，与较大的表相比，较小的表往往能更快地提供数据。如果不对单独的主题使用单独的表，则会向表中引入空值(不存在数据)和冗余，这两者都会浪费空间，而且会影响性能。

(3) 易于理解。如果按表正确分隔主题，则数据库的设计更易于理解。

2) 关系的类型

在数据库中，表的关系主要有一对一、一对多和多对多3种。

(1) 一对一关系：在一对一关系中，第一个表中的每条记录在第二个表中只有一个匹配记录，而第二个表中的每条记录在第一个表中也只有一个匹配记录。这种关系并不常见，因为多数以此方式相关的信息都存储在一个表中。可以使用一对一关系将一个表分成许多字段，或出于安全原因隔离表中的部分数据，或存储仅应用于主表的子集的信息。标识此类关系时，这两个表必须共享一个公共字段。

(2) 一对多关系：一对多关系是指第一张表中的每条记录在第二张表中有多条匹配记录。一个学生会选多门课，每门课都有一个对应的成绩数据，通过“学生表”的“学号”主键字段和“成绩表”的“学号”外键字段创建的关系即为一对多的关系。

(3) 多对多关系：在多对多关系中，第一张表的每条记录与第二张表的多条记录对应，同样第二张表的每条记录与第一张表的多条记录对应。多对多的关系也可看作是两个表相互的一对多关系。

要表示多对多关系，需创建第三个表，该表通常称为连接表，它将多对多关系划分为两个一对多关系。

3) 编辑关系

打开“关系”窗口，选择创建的关系之间的连接线并右击鼠标，在弹出的快捷菜单中选择“编辑关系”命令，打开“编辑关系”对话框，即可编辑关系，如图5-36所示。

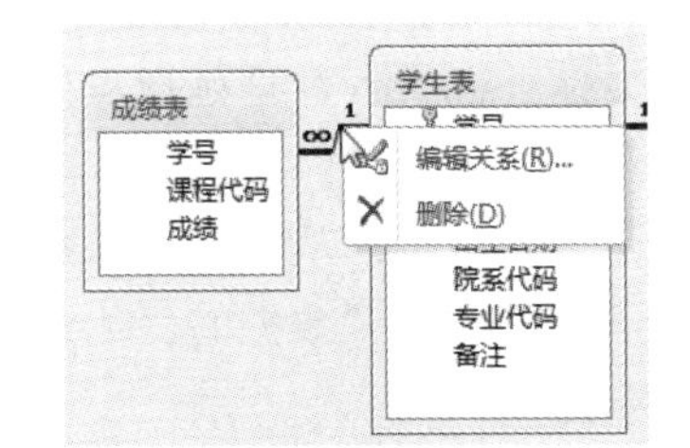

图5-36 选择“编辑关系”命令

4) 删除关系

删除关系具体操作步骤如下：

(1) 如果参与表关系的表处于打开状态，则关闭它们。不能删除打开的表之间的表关系。

(2) 单击“数据库工具”选项卡“关系”组中的“关系”按钮。

(3) 如果参与表关系中的表不可见，则可单击“设计”选项卡“关系”组中的“显示表”按钮，然后在“显示表”对话框中选择要添加的表，单击“添加”，然后单击“关闭”按钮即可。

(4) 单击要删除的表关系的表之间的连线(当选中该行时，该线变粗)，然后按 Delete 键。最后单击关系窗口。

8. 有效性规则

有效性规则(Validation Rule)属性用于指定对输入到记录、字段或控件中的数据的要求。

当输入的数据违反了有效性规则的设置时，可以使用有效性文本(Validation Text)属性指定将显示给用户的提示消息。

1) 向表字段或记录添加验证规则

表达式非常适用于在向数据库中输入数据时对数据进行验证。在表中，可以创建两种验证：字段验证规则和记录验证规则，前者可防止用户在单个字段中输入无效数据，后者可防止用户创建不满足所输入条件的记录。这两种验证规则都是使用表达式创建的。例如，“学生表”中的“性别”字段，只能输入“男”或“女”；“成绩表”中的“成绩”字段不会为负数，可以在“成绩”字段中使用“>=0”表达式作为字段验证规则来实现此目的。

2) 输入验证规则

通过以下步骤来输入字段验证规则或记录验证规则：

(1) 在数据表视图中打开要修改的表。

(2) 选择要更改的字段。

(3) 单击“常规”选项卡“有效性规则”后面的按钮，会显示表达式生成器。

(4) 在表达式生成器对话框中键入所需的条件。例如，对于要求所有值都大于或等于零的字段验证规则，可键入“>=0”。

(5) 输入验证消息，单击“常规”选项卡上的“有效性文本”框，键入希望在数据与验证规则不匹配时显示的消息，如“成绩不能为负数！”。使用自定义验证消息，能清晰提示在数据与验证规则不匹配时显示的常规消息。

9. 导入与导出数据

在对 Access 数据库的数据进行管理时，有时需要用到其他格式文件，如 Excel 数据、HTML 数据、文本文件数据等，这时就需要对数据进行导入或导出。

导入数据 Access 数据库所需数据有两个不同的概念：从外部导入数据及从外部链入数据。从外部导入数据是指从外部获取数据后形成自己数据库中的数据表对象，并与外部数据源断绝连接，当导入操作成功后，即使外部数据源的数据发生了变化，也不会再影响已经导入的数据；从外部链入数据是指在自己的数据中形成一个链接表对象，链入的数据将随着外部数据源数据的变化而变化。何时该应用何种获取外部数据的方式，需根据实际应用来定。

下面分别用导入 Excel 数据及链入 HTML 数据实例来介绍导入数据的应用。

1) 从其他 Access 数据库导入数据

在对数据库进行管理时，如新建一个数据库，有些所需的数据表在其他数据库中已经存在，此时可以通过导入方式将其他数据库的数据表导入到当前数据库中。本例中，在“学生成绩.accdb”数据库中导入另一数据库“成绩.mdb”中的“成绩表”。具体操作过程如下。

(1) 单击“外部数据”选项卡“导入并链接”组中的“Access”按钮，在弹出的“获取外部数据”对话框中单击“浏览”按钮，选择要导入的源数据库，再单击“确定”按钮，如图 5-37 所示。

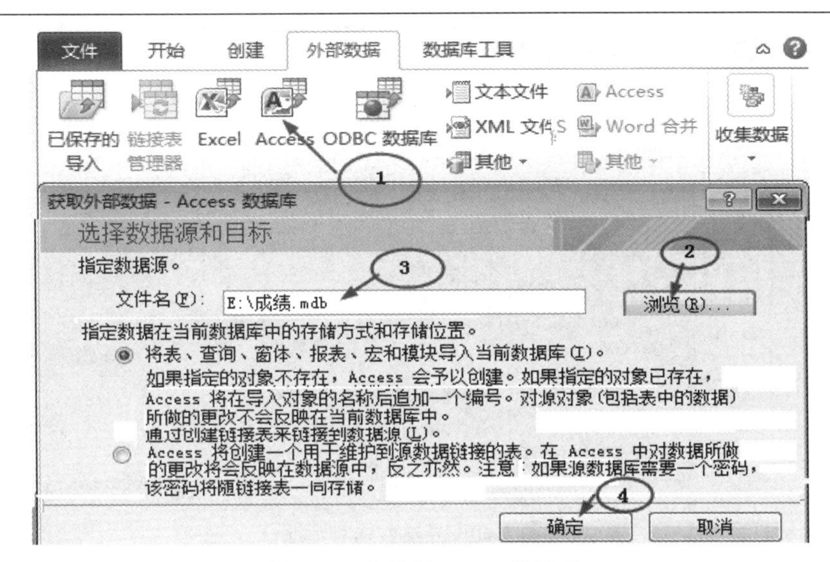

图 5-37　选择源 Access 数据库

(2) 在弹出的“导入对象”对话框中，选择要导入的数据表“成绩表”，再单击“确定”按钮，如图 5-38 所示。

(3) 在“保存导入步骤”对话框中，若以后需重复应用导入工作，则可将导入步骤保存，以备再用；若不需应用，则可单击“关闭”按钮，在导航窗格中可看到已导入的“成绩表”，如图 5-39 所示。

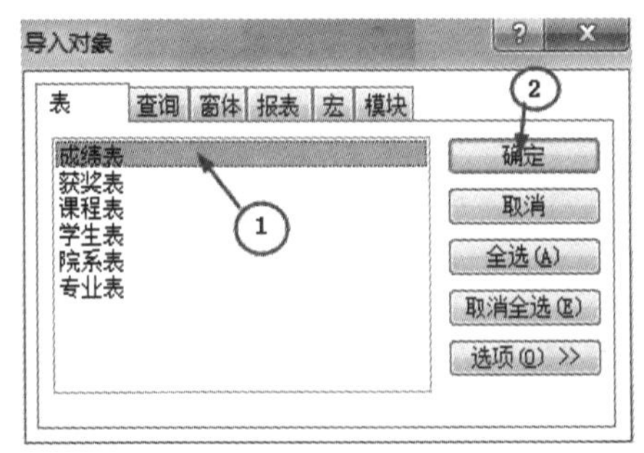

图 5-38　选择要导入的数据表

图 5-39　“保存导入步骤”对话框

2) 将数据导出为 Excel 文件

如果需要将数据库中的数据表导出给用户查看或处理，则可以将数据导出为 Excel 文件。下面以导出“学生成绩”数据库的“成绩表”为例。具体操作过程如下：

(1) 选中要导出的数据表“成绩表”，再单击“外部数据”选项卡“导出”组的“Excel”按钮，在弹出的“导出-Excel 电子表格”对话框中，单击“文件名”后面的“浏览”按钮，指定要导出的目标文件名“成绩表.xlsx”，然后确定文件格式，再单击“确定”按钮，如图 5-40 所示。

(2) 在弹出的“保存导出步骤”对话框中，单击“关闭”按钮，再打开 E 盘，即可看到导出的“成绩表.xlsx”文件。

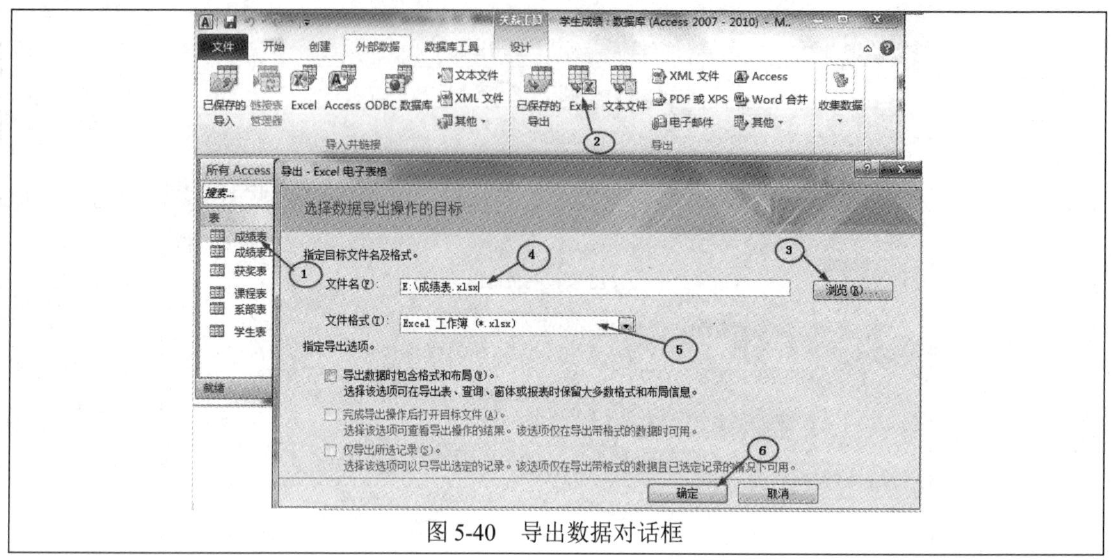

图 5-40　导出数据对话框

在任务 1 中，提供了对数据库及数据表的一些基本操作，其内容包括：创建数据库；在数据视图和设计视图中创建数据表的方法；添加字段及设置字段的属性；使用主键及索引字段建立表之间的关系；在创建的空表中添加数据，并设置数据的格式。任务 1 的工作主要是为以后的查询提供数据源。

实战训练

(1) 复制“学生表”，并命名为“学生表-1”。

(2) 在“学生表-1”中，设置字段“学号”为主键。

(3) 在“学生表-1”中，增加“联系方式”字段，数据类型为“字符”，字段大小为 15。

(4) 在“成绩表”中，增加记录，学号为 12030101，课程代码为“0001”，成绩为“92”。

任务 2　设置各类查询的方式

用户可以使用查询快速查找到所需的信息，并且可以对查找的信息进行一系列的操作。Access 中提供了多种类型的查询，包括简单查询、交叉表查询、操作查询、参数查询和 SQL 查询。

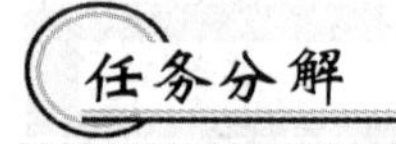

本项目重点介绍数据库的简单查询及操作查询，并通过以下 7 个子任务的操作来完成各种查询方式要求的设置。

子任务 1　选择查询：创建含有学号、姓名、课程名称的成绩查询。

子任务 2　条件查询：在子任务 1 的基础上，实现成绩某范围内的查询，并要求按降序排列。

子任务 3　汇总查询设计：实现两门及两门以上学科不及格的学生信息查询。

子任务 4　更新查询：实现对所有学生的“计算机基础”课程成绩加 5 分的更改操作。

子任务 5　删除查询：删除学号为“12030101”学生的所有记录。

子任务 6　生成表查询：把在第 1 学期获“国家级”奖的学生情况保存成数据表。

子任务 7　追加查询：将第 2 学期获“国家级”奖励的学生记录添加到“国家级奖励表”中，与第 1 学期获“国家级”奖励的学生信息一并保存。

任务考点

(1) 利用查询设计器设计插入、删除、修改记录及统计查询 SQL 语句；

(2) 实现各种形式的查询：选择查询、更新查询、删除查询、追加查询、生成表查询。

子任务 1　选 择 查 询

选择查询是最常见的查询类型，它是从一个或多个表中检索数据，并且允许带一些限制条件查询所需要的数据。例如，分管教学的领导想了解学生的成绩情况，就需要实现选择成绩的查询操作，由此需要创建含有学号、姓名、课程名称的成绩查询。

任务解析

实现上述要求的查询，分别需要从“学生表”输出学号、姓名字段，从“课程表”输出“课程名称”字段，从“成绩表”输出“成绩”字段。查询操作后结果如图 5-41 所示。

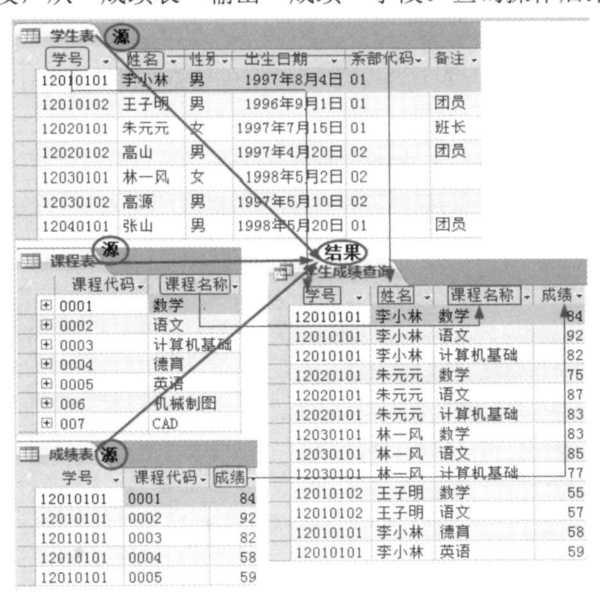

学生表

学号	姓名	性别	出生日期	系部代码	备注
12010101	李小林	男	1997年8月4日	01	
12010102	王子明	男	1996年9月1日	01	团员
12020101	朱元元	女	1997年7月15日	01	班长
12020102	高山	男	1997年4月20日	02	团员
12030101	林一风	女	1998年5月2日	02	
12030102	高源	男	1997年5月10日	02	
12040101	张山	男	1998年5月20日	01	团员

课程表

课程代码	课程名称
0001	数学
0002	语文
0003	计算机基础
0004	德育
0005	英语
006	机械制图
007	CAD

成绩表

学号	课程代码	成绩
12010101	0001	84
12010101	0002	92
12010101	0003	82
12010101	0004	58
12010101	0005	59

学生成绩查询

学号	姓名	课程名称	成绩
12010101	李小林	数学	84
12010101	李小林	语文	92
12010101	李小林	计算机基础	82
12020101	朱元元	数学	75
12020101	朱元元	语文	87
12020101	朱元元	计算机基础	83
12030101	林一风	数学	83
12030101	林一风	语文	85
12030101	林一风	计算机基础	77
12010102	王子明	数学	55
12010102	王子明	语文	57
12010101	李小林	德育	58
12010101	李小林	英语	59

图 5-41　选择查询结果

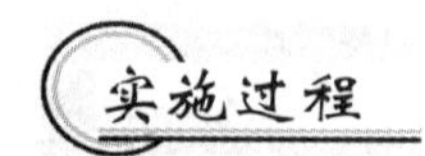

(1) 将“学生表”“课程表”和“成绩表”之间建立连接。因为查询的数据源来自“学生表”“课程表”和“成绩表”3 个表，所以在创建查询之前，需将 3 个表之间建立正确的连接(表之间连接的创建在任务 1 中有详细讲解，此处不再赘述)，结果如图 5-42 所示。

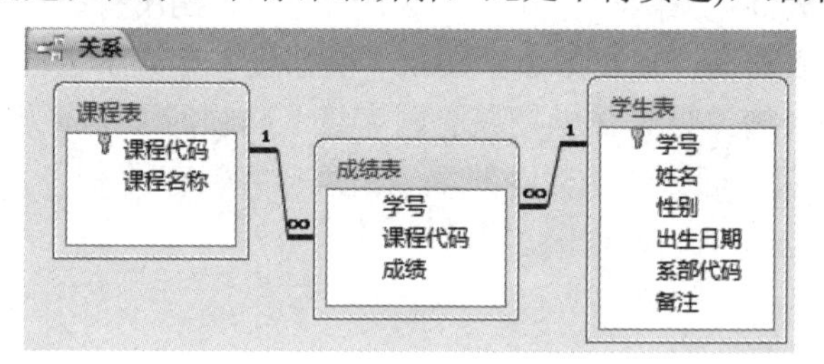

图 5-42　“学生表”“课程表”和“成绩表”之间的关系

(2) 创建查询(这里使用“查询向导”创建)。

打开“学生成绩”数据库，单击“创建”选项卡中的“查询向导”按钮，如图 5-43 所示。

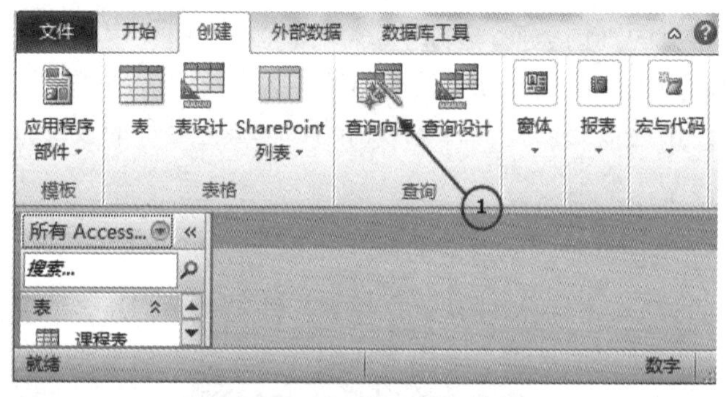

图 5-43　“查询向导”按钮

(3) 在打开的“新建查询”对话框中选择“简单查询向导”选项，单击“确定”按钮，如图 5-44 所示。

(4) 在“表/查询”下拉列表中选择“表：学生表”选项，在“可用字段”列表框中选择“学号”字段，然后单击加入按钮[>]，“学号”字段将会移至“选定字段”列表框中，如图 5-45 所示。

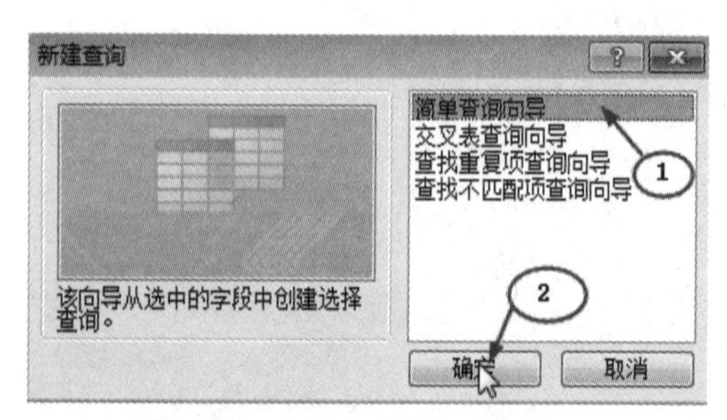

图 5-44　“新建查询”对话框

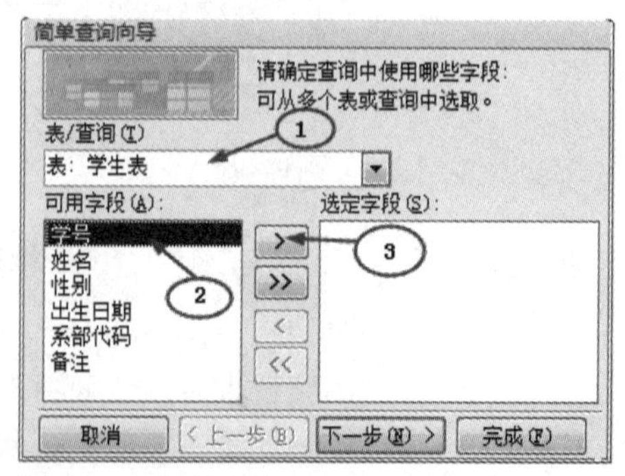

图 5-45　“简单查询向导”之选定字段对话框

(5) 重复步骤(4)，依次将“学生表”中的“姓名”字段，“课程表”中的“课程名称”字段和“成绩表”中的“成绩”字段移至“选定字段”列表框中。最后单击“下一步”按钮，如图 5-46 所示。

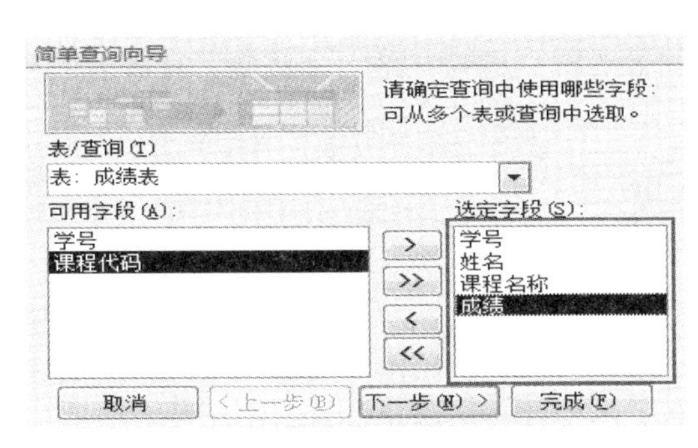

图 5-46　“简单查询向导”之选定字段效果图

(6) 在出现的“简单查询向导”对话框中选择“明细(显示每个记录的每个字段)”选项(汇总的结果可以按“明细”显示，也可以按“汇总”显示，两者可任选)，再单击“下一步”按钮，如图 5-47 所示。

(7) 在“请为查询指定标题”的选项下输入查询的名称为“学生成绩查询”。如果想直接查看查询结果，则需选择“打开查询查看信息”选项。最后单击“完成”按钮，如图 5-48 所示。

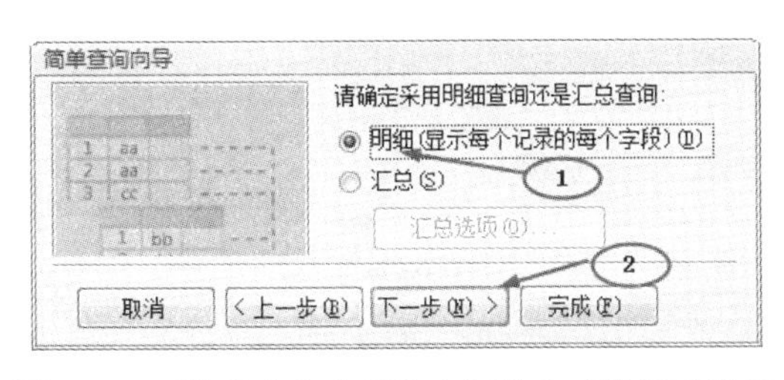

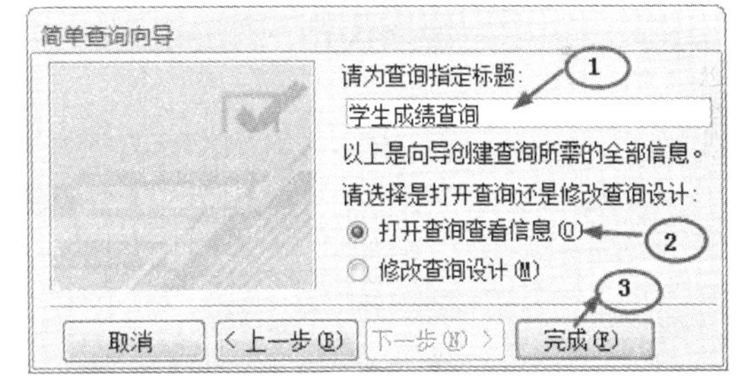

图 5-47　“简单查询向导”之汇总方式选择对话框　　图 5-48　“简单查询向导”之指定查询标题对话框

(8) 完成上述操作后，查询结果会在数据表视图中显示出来，如图 5-49 所示。

学号	姓名	课程名称	成绩
12010101	李小林	数学	84
12010101	李小林	语文	92
12010101	李小林	计算机基础	82
12020101	朱元元	数学	75
12020101	朱元元	语文	87
12020101	朱元元	计算机基础	83
12030101	林一风	数学	83
12030101	林一风	计算机基础	77
12010102	王子明	数学	55
12010102	王子明	语文	57
12010102	王子明	德育	54

所有 Access... 表：成绩表、获奖表、课程表、系部表；查询：学生成绩查询
记录: 第 1 项(共 19 项)　无筛选器　搜索
数据表视图　数字

图 5-49　查询结果

子任务 2　条 件 查 询

分管教学的领导想了解学生成绩为良(成绩大于等于 70 且小于 80)的学生成绩情况，他需要知道有哪些学生的哪些科目成绩在这一分数段，且成绩按从高分到低分排序。

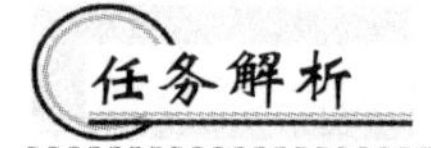

要实现上述要求的查询方式，需要从“学生表”输出学号、姓名字段，从“课程表”输出“课程名称”字段，从“成绩表”输出“成绩”字段，且成绩按降序排序，同时对输出的成绩加条件进行限制。查询操作后结果如图 5-50 所示。

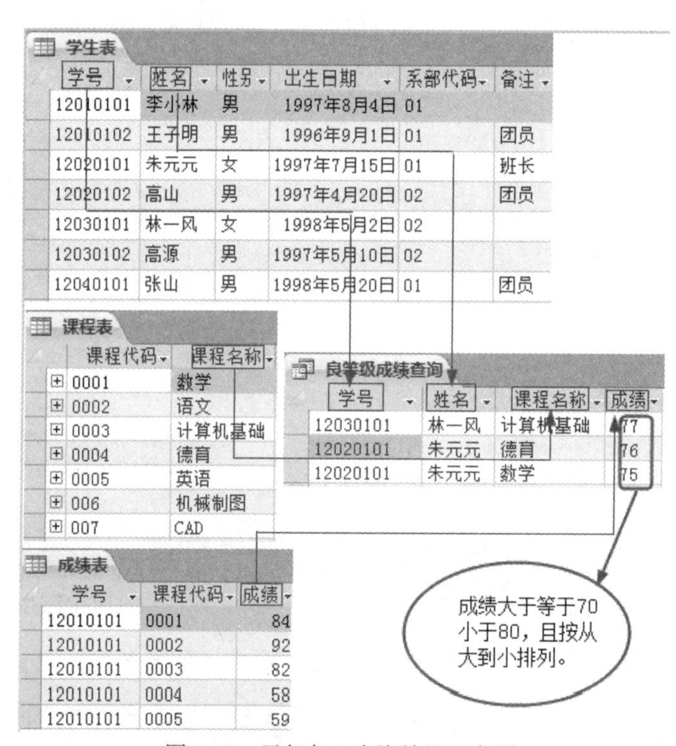

图 5-50　子任务 2 查询结果示意图

这里使用“查询设计”创建查询。

(1) 打开“学生成绩”数据库，单击“创建”选项卡中的“查询设计”按钮。在打开的“显示表”对话框中，选择所需的表(3 个表之间应建立连接)，单击“添加”按钮。最后单击“关闭”按钮，如图 5-51 所示。

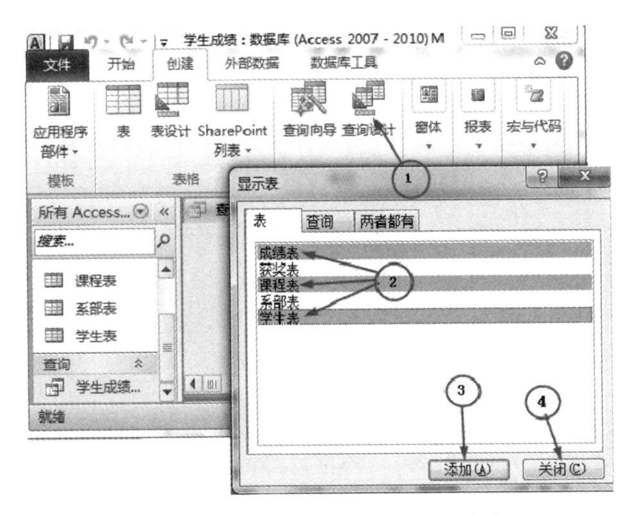

图 5-51　选用“查询设计”创建查询

(2) 将所需字段添加到查询中。选择“学生表”中的“学号”字段，将其拖动到下方的表格“字段”行中，或者双击“学生表”中的“学号”字段，也可将“学号”字段填充到下方的表格“字段”行中，如图 5-52 所示。

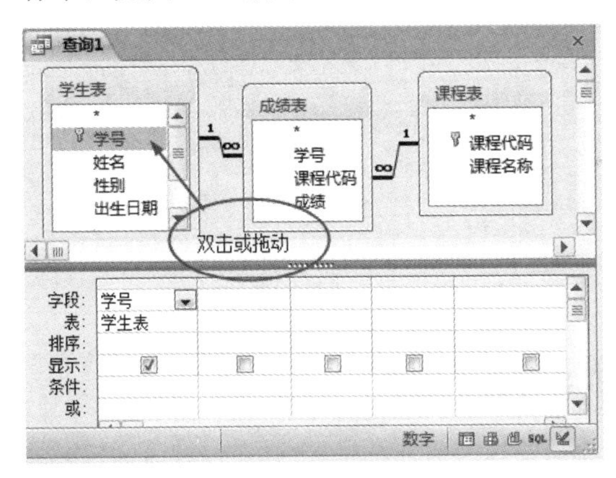

图 5-52　查询设计视图

(3) 重复步骤(2)，将“学生表”中的“姓名”字段、“课程表”中的“课程名称”字段和“成绩表”中的“成绩”字段拖到下方的表格中，效果如图 5-53 所示。

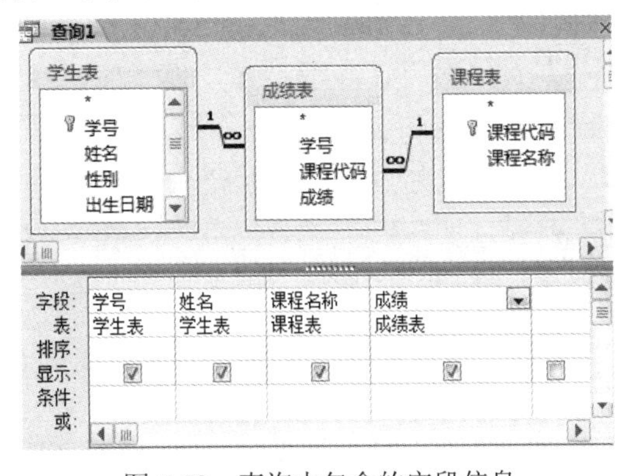

图 5-53　查询中包含的字段信息

(4) 单击“成绩”字段“条件”行单元格，在此单元格中输入“>=70 And <80”逻辑表达式。

注：

完成逻辑表达式的设定除上述方法外，也可用“生成器”生成。方法如下：单击“设计”选项卡中的“生成器”按钮，在出现的“表达式生成器”对话框中单击“表达式元素”框中的“操作符”选项，在“表达式类别”框中单击“比较”选项，双击“表达式值”框中的“>=”运算符，则“>=”运算符出现在“表达式编辑框”中。再输入数字“70”，然后在“表达式值”框中分别双击“And”和“<”运算符，最后录入数字“80”，在表达式编辑框中会出现“>=70 And <80”逻辑表达式。再单击“确定”按钮，返回查询设计视图，表达式出现在所选中的单元格中，如图 5-54～图 5-56 所示。

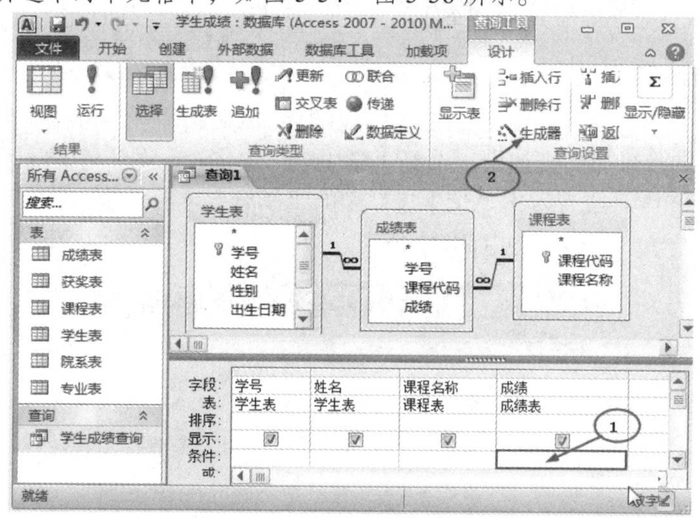

图 5-54　选择“生成器”命令

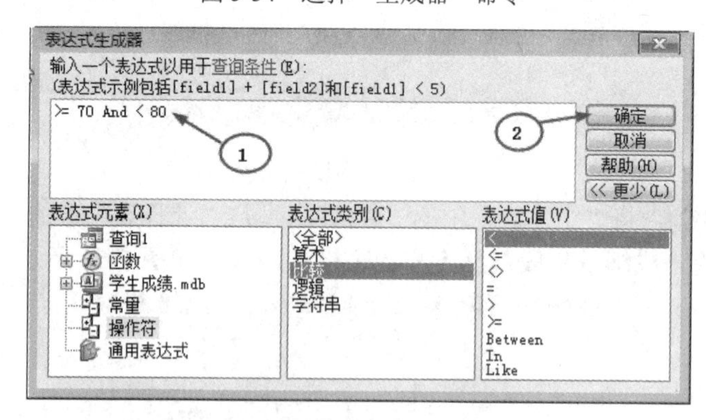

图 5-55　“表达式生成器”对话框

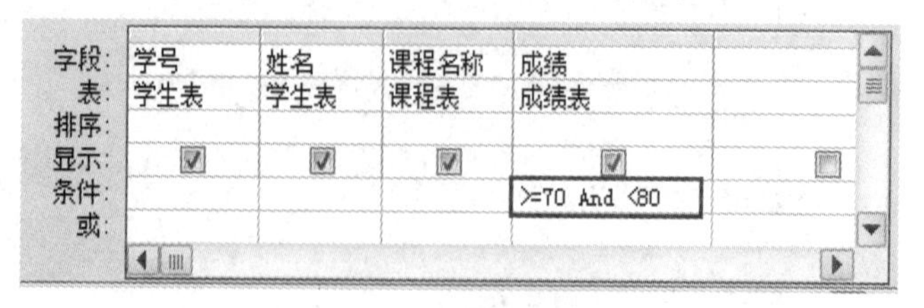

图 5-56　逻辑表达式

(5) 单击“成绩”字段下“排序”行所对应单元格右侧的下拉按钮，选择“降序”，如图 5-57 所示。

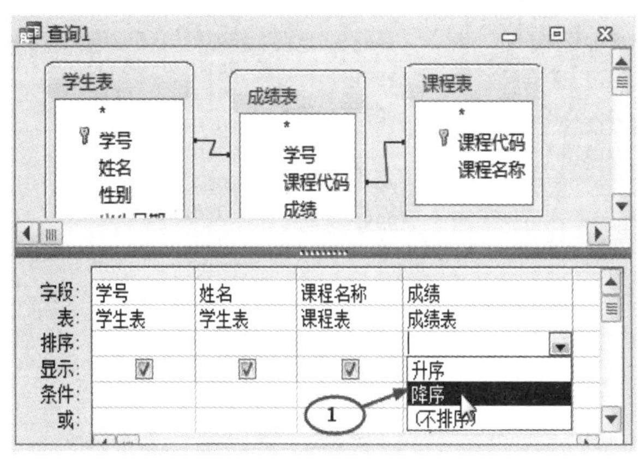

图 5-57　选择查询结果排序方式

(6) 按“Ctrl+S”组合键保存查询，在打开的“另存为”对话框中输入“良等级学生成绩查询”，然后单击“确定”按钮确定操作，如图 5-58 所示。

(7) 关闭查询设计视图，双击查询名称“良等级成绩查询”，即可查看查询结果，如图 5-59 所示。

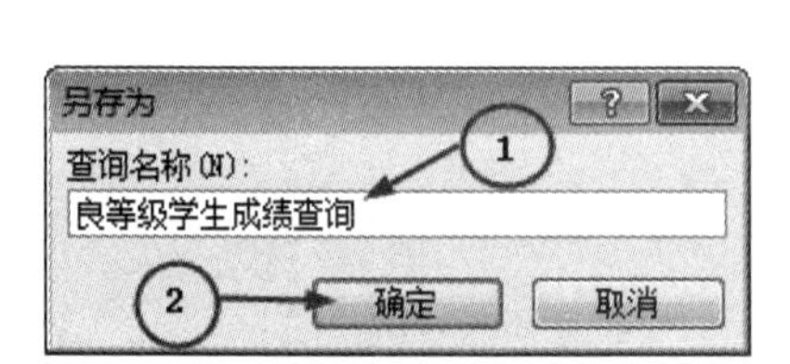

图 5-58　保存查询对话框

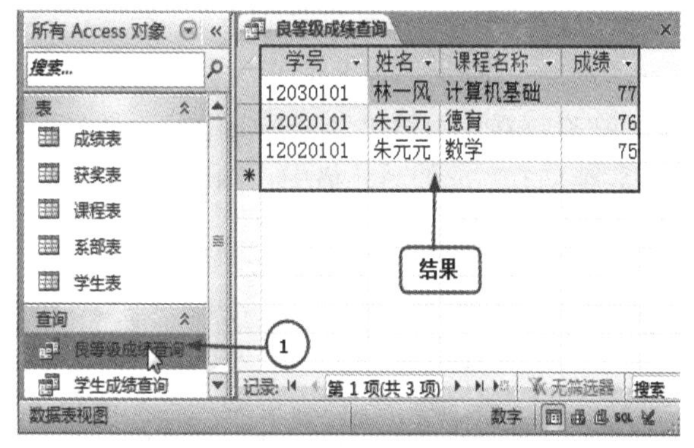

图 5-59　查看查询结果

子任务 3　汇总查询设计

使用选择查询对记录进行分组，并对记录作总计、计数、平均以及其他类型统计运算，如教学管理人员想查看有两门学科以上(包括两门学科)不及格学生的名单。

要实现上述查询，需要从“学生表”输出学号、姓名字段，从“成绩表”输出“成绩”字段，对查询的结果按学号和姓名分组统计，用计数方法统计出成绩不及格门数大于或等于 2 的记录。查询后的输出结果如图 5-60 所示。

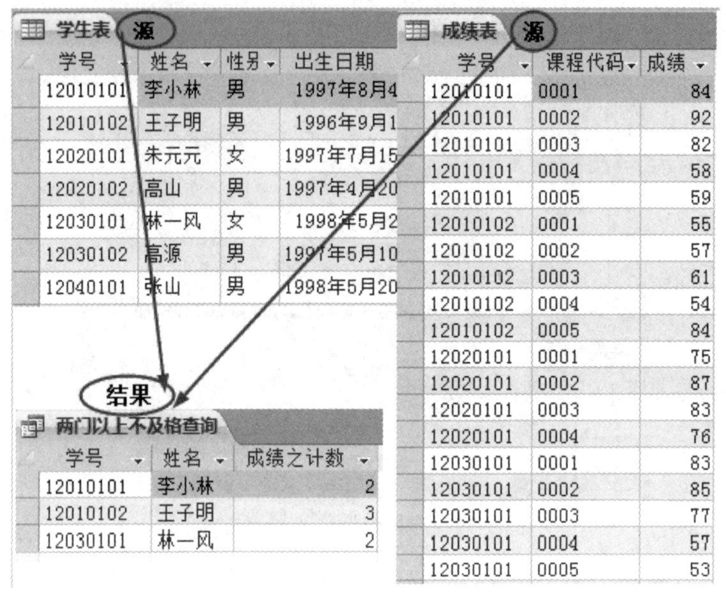

学号	姓名	性别	出生日期
12010101	李小林	男	1997年8月4
12010102	王子明	男	1996年9月1
12020101	朱元元	女	1997年7月15
12020102	高山	男	1997年4月20
12030101	林一风	女	1998年5月2
12030102	高源	男	1997年5月10
12040101	张山	男	1998年5月20

学号	课程代码	成绩
12010101	0001	84
12010101	0002	92
12010101	0003	82
12010101	0004	58
12010101	0005	59
12010102	0001	55
12010102	0002	57
12010102	0003	61
12010102	0004	54
12010102	0005	84
12020101	0001	75
12020101	0002	87
12020101	0003	83
12020101	0004	76
12030101	0001	83
12030101	0002	85
12030101	0003	77
12030101	0004	57
12030101	0005	53

学号	姓名	成绩之计数
12010101	李小林	2
12010102	王子明	3
12030101	林一风	2

图 5-60　子任务 3 查询结果示意图

实施过程

(1) 单击“创建”选项卡中“查询”组中的“查询设计”按钮，添加“学生表”和“成绩表”，在查询视图中将“学生表”中的“学号”与“姓名”字段和“成绩表”中的“成绩”字段拖动到对应的单元格中，如图 5-61 所示。

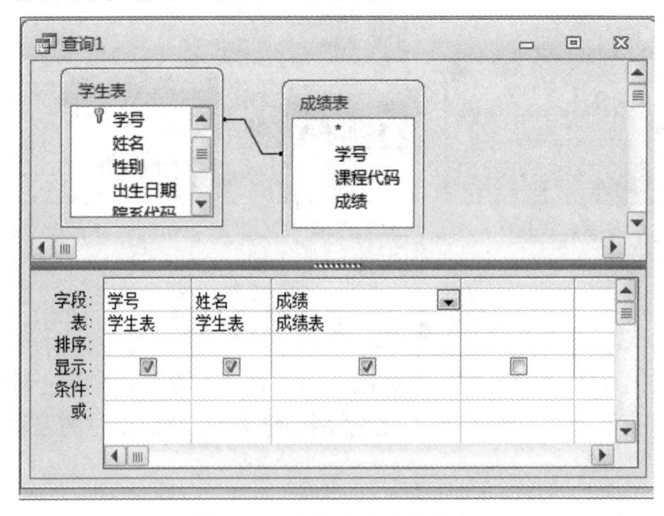

图 5-61　查询包含字段信息

(2) 将“成绩表”中的“成绩”字段拖动到下面表格中“成绩”字段的右侧，此时在表格中出现两个“成绩”字段(一个字段作为汇总计数条件，另一个用于计数汇总使用)，再将左侧的“成绩”字段名改为“不及格门数：成绩”，其中“:”必须是半角符号，如图 5-62 所示。

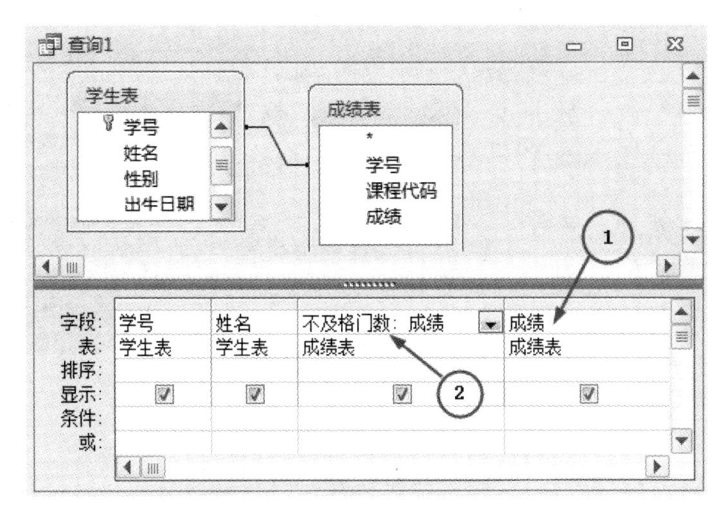

图 5-62　准备汇总字段和条件字段

(3) 单击“设计”选项卡中的“Σ汇总”按钮，查询设计视图的表格中则出现“总计”行，且每个字段对应的该行单元格中显示“Group By”；单击“不及格门数:成绩”字段下的“Group By”后面的按钮，选择“计数”项，在“条件”行中录入“>=2”；单击“成绩”字段下的“Group By”后面的按钮，选择“Where”项，在“条件”行中录入“<60”(表示查询成绩低于 60 的记录)；单击“设计”选项卡中的“！运行”按钮。即可查看汇总结果，如图 5-63 和图 5-64 所示。

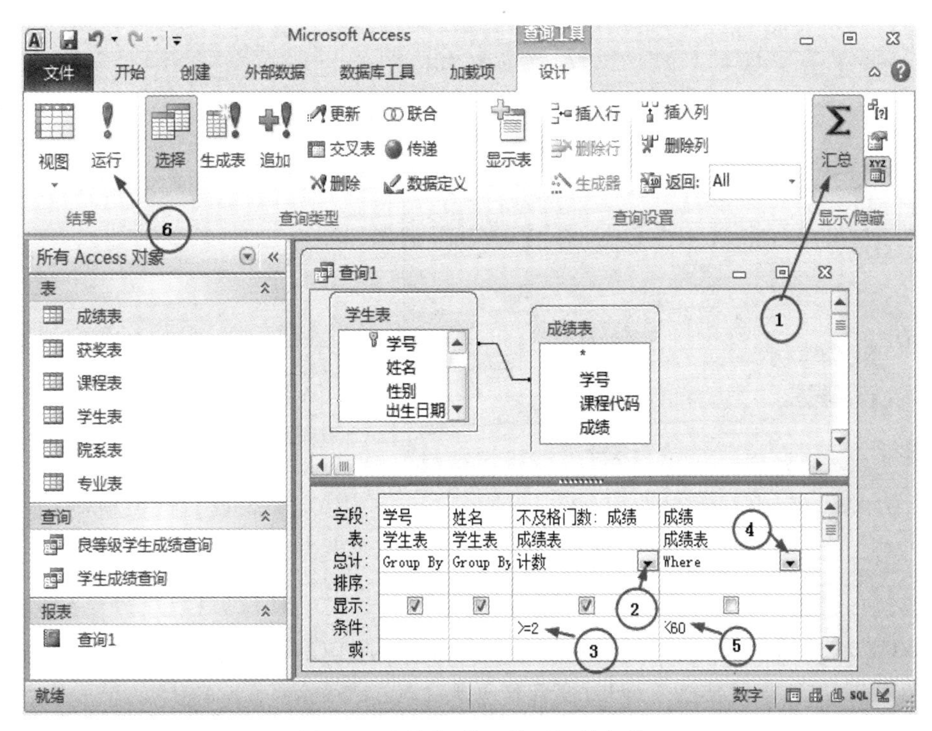

图 5-63　设置汇总运算及汇总条件

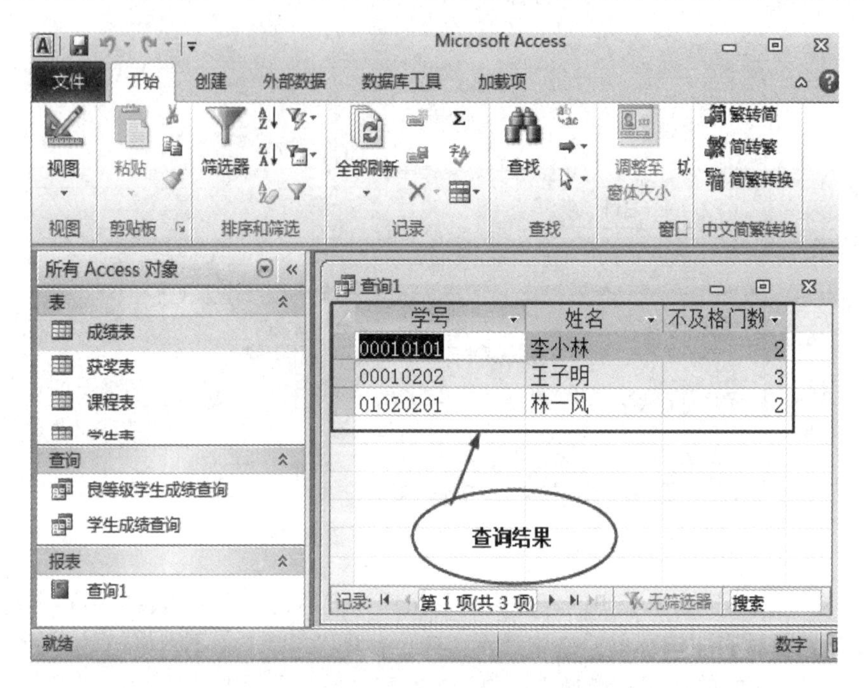

图 5-64　查看汇总结果

(4) 保存查询结果。单击查询结果窗口右上角的“关闭”按钮，再单击弹出对话框中的“是”按钮，如图 5-65 所示。

注：对于首次保存的查询，会出现“另存为”对话框，在查询名称栏中录入“两门以上不及格查询”，然后单击“确定”按钮，如图 5-66 所示。

图 5-65　保存查询提示对话框

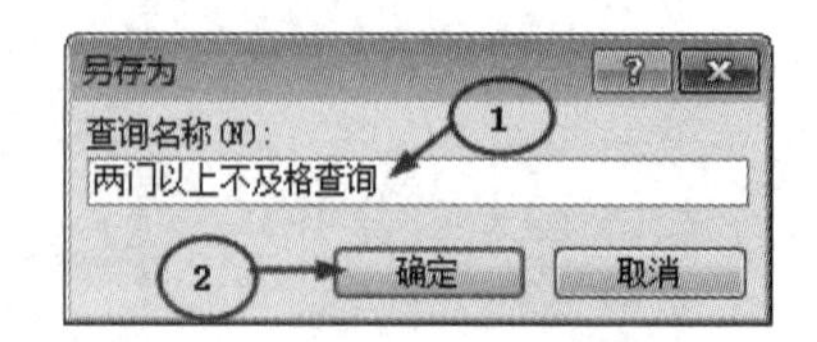

图 5-66　保存查询对话框

子任务 4　更 新 查 询

如果需要对数据表中的某些数据进行有规律的成批更新替换操作，就可以使用更新查询来实现。因“计算机基础”课程(课程代号为“0003”)考试难度较大，经研究决定，为所有学生的“计算机基础”课程成绩统一增加 5 分，如图 5-67 所示。

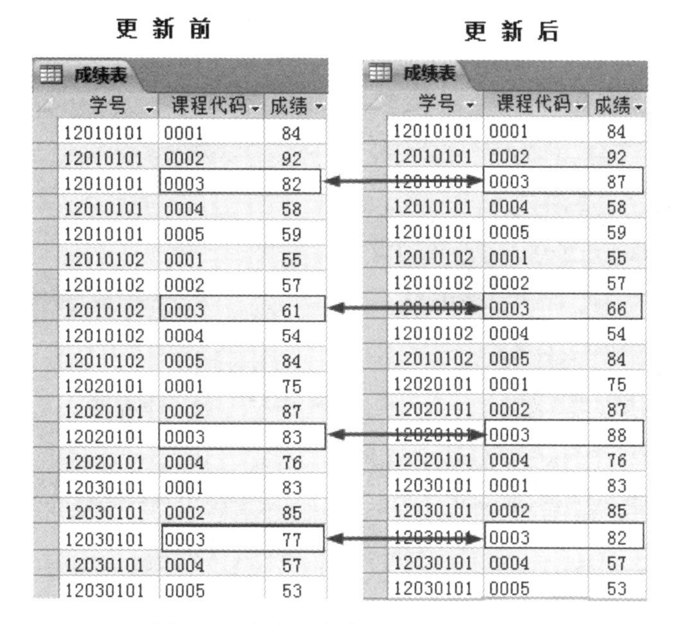

更 新 前

成绩表

学号	课程代码	成绩
12010101	0001	84
12010101	0002	92
12010101	0003	82
12010101	0004	58
12010101	0005	59
12010102	0001	55
12010102	0002	57
12010102	0003	61
12010102	0004	54
12010102	0005	84
12020101	0001	75
12020101	0002	87
12020101	0003	83
12020101	0004	76
12030101	0001	83
12030101	0002	85
12030101	0003	77
12030101	0004	57
12030101	0005	53

更 新 后

成绩表

学号	课程代码	成绩
12010101	0001	84
12010101	0002	92
12010101	0003	87
12010101	0004	58
12010101	0005	59
12010102	0001	55
12010102	0002	57
12010102	0003	66
12010102	0004	54
12010102	0005	84
12020101	0001	75
12020101	0002	87
12020101	0003	88
12020101	0004	76
12030101	0001	83
12030101	0002	85
12030101	0003	82
12030101	0004	57
12030101	0005	53

图 5-67　执行子任务 4 前后效果比较

实施过程

(1) 单击“创建”选项卡“查询”组中的“查询设计”按钮，以添加“成绩表”。在查询视图中，将“成绩表”的“成绩”和“课程代码”字段拖动到相应的单元格，如图 5-68 所示。

图 5-68　选择更新查询需要的字段

(2) 单击“设计”选项卡中的“更新”按钮。在查询视图表格中会出现“更新到”行，如图 5-69 所示；在“成绩”字段下面的“更新到”行中录入“[成绩表]！[成绩]+5”逻辑表达式，如图 5-70 所示。

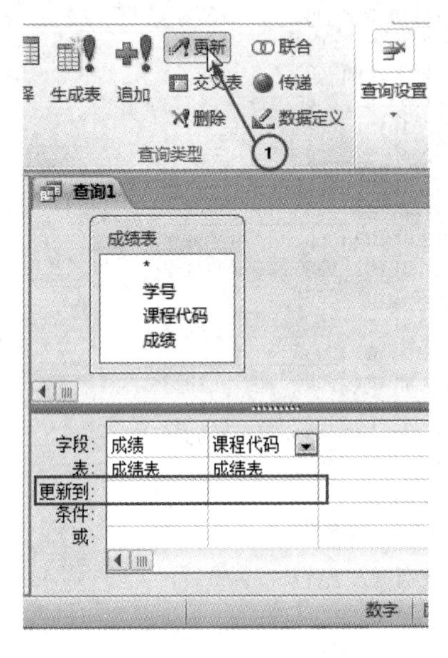

图 5-69　选择“更新”命令后效果

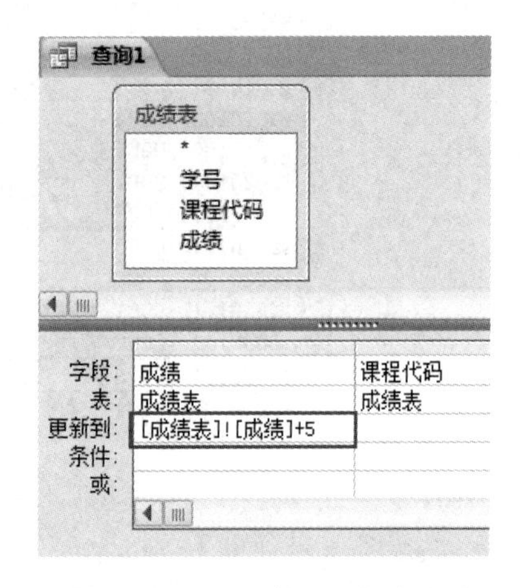

图 5-70　更新数据逻辑表达式

注：

此表达式除可按上面方法直接输入外，还可用“生成器”录入。方法如下：单击工具栏中的“生成器”按钮，在弹出的对话框中双击数据库的名称“学生成绩.accdb”；双击“表”，然后单击“成绩表”，双击“成绩”字段，在表达式的编辑区域会出现“[成绩表]![成绩]”，再依次录入“+”和“5”，最后单击“确定”按钮即可，如图 5-71 所示。

(3) 在“课程代码”字段下面的“条件”行对应的单元格中录入：="00003"，如图 5-72 所示。

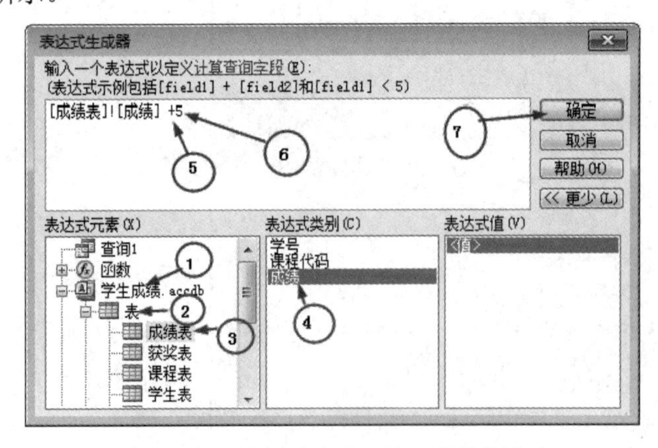

图 5-71　用表达式生成器输入逻辑表达式

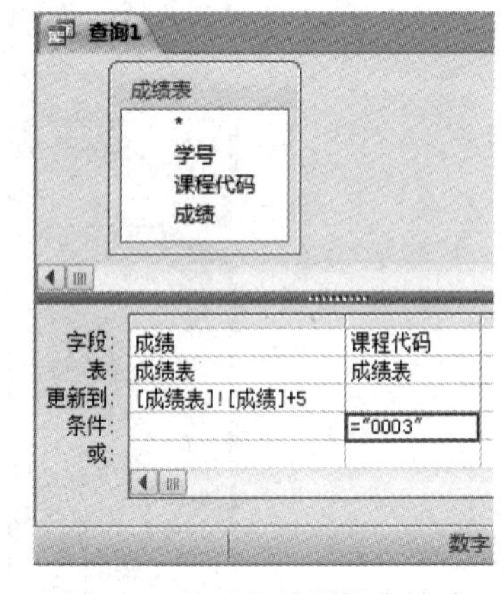

图 5-72　更新条件逻辑表达式

(4) 单击“设计”选项卡“结果”组中的“运行”按钮，在出现的提示准备更新的对话框中，单击“是”按钮，即可完成数据更新，如图 5-73 所示。

(5) 保存查询，查询名为“更新成绩查询”。再打开“成绩表”，查看更新后的结果。请读者在图 5-67 中将更新前后的数据进行对比。

图 5-73　执行更新查询

子任务 5　删 除 查 询

当需要从数据库的某一个数据表中有规律地成批删除一些记录时，可以使用删除查询来满足这个需求。如，学号为“12030101”的学生退学了，需要将“成绩表”中所有学号为“12030101”的成绩记录删除。

任务解析

应用删除查询操作对“成绩表”中所有学号为“12030101”的记录进行删除。结果如图 5-74 所示。

删 除 前

成绩表

学号	课程代码	成绩
12010101	0001	84
12010101	0002	92
12010101	0003	92
12010101	0004	58
12010101	0005	59
12010102	0001	55
12010102	0002	57
12010102	0003	71
12010102	0004	54
12010102	0005	84
12020101	0001	75
12020101	0002	87
12020101	0003	93
12020101	0004	76
12030101	0001	83
12030101	0002	85
12030101	0003	87
12030101	0004	57
12030101	0005	53

删 除 后

成绩表

学号	课程代码	成绩
12010101	0001	84
12010101	0002	92
12010101	0003	92
12010101	0004	58
12010101	0005	59
12010102	0001	55
12010102	0002	57
12010102	0003	71
12010102	0004	54
12010102	0005	84
12020101	0001	75
12020101	0002	87
12020101	0003	93
12020101	0004	76

数据已删除

图 5-74　执行删除查询前后效果比较

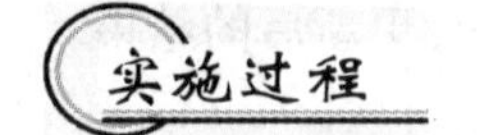

(1) 单击“创建”选项卡下“查询”组中的“查询设计”按钮，再添加“成绩表”。在查询视图中将“学号”字段拖动到相应的单元格中，如图 5-75 所示。

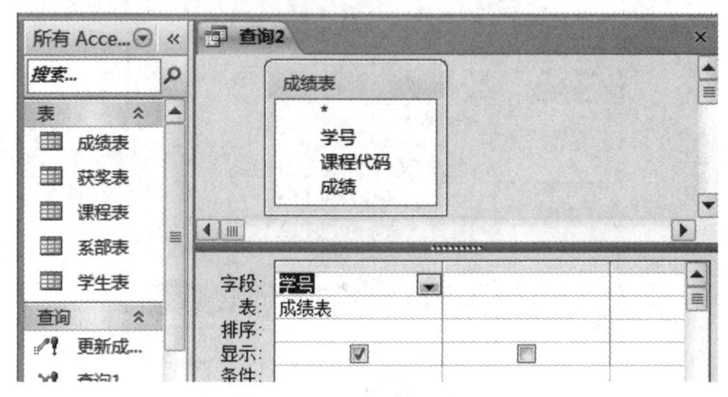

图 5-75　选择查询删除条件字段

(2) 单击“设计”选项卡“查询类型”组中的“删除”按钮，则在查询视图表格中会出现“删除”行。在“成绩”字段下面的 “条件”行中录入：="12030101"，再单击“设计”选项卡中的“！运行”按钮，如图 5-76 所示。

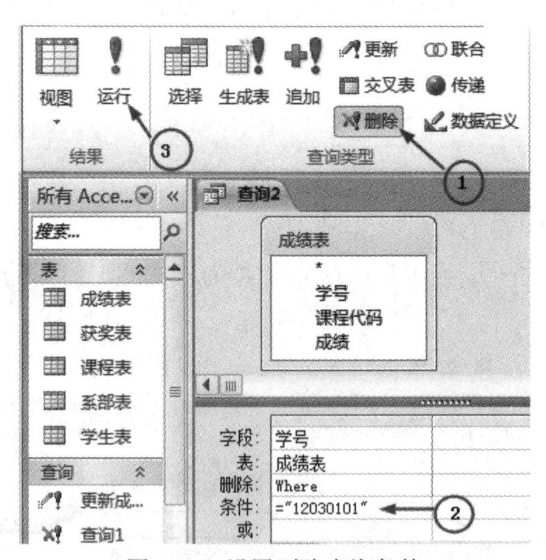

图 5-76　设置删除查询条件

(3) 在出现的提示准备删除行的对话框中，单击“是”按钮，即可完成记录的批量删除，如图 5-77 所示。

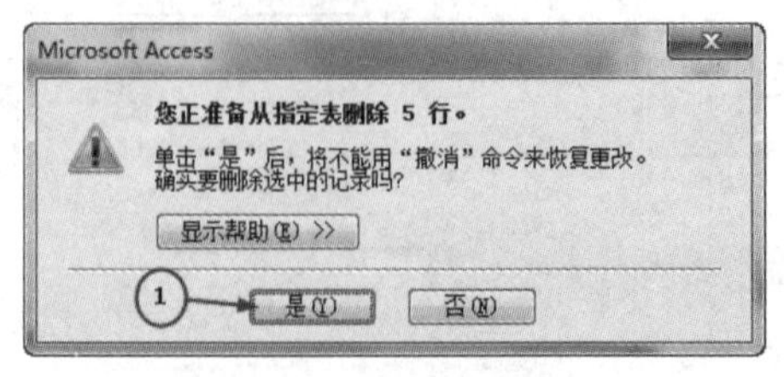

图 5-77　删除记录确认

(4) 保存查询，查询名为“删除查询”。打开“成绩表”，查看删除后的结果。请读者参看图 5-74 进行对比。

子任务 6　生成表查询

查询只是一个操作的集合，其运行的结果是一个动态数据集。当查询运行结束时，该动态数据集不会被保存，如果希望查询所形成的动态数据集能够被固定保存下来，就需要使用生成表查询。现想把现有数据表中在第 1 学期获“国家级”奖的学生情况保存成数据表，且表中包含学号、姓名、学期和获奖级别信息。

要实现上述目的，事实上就相当于创建基于“学生表”和“获奖表”的查询，查询包含学号、姓名、学期和获奖级别信息。最后将所查询的结果生成一个数据表：“国家级奖励表”。创建的新表如图 5-78 所示。

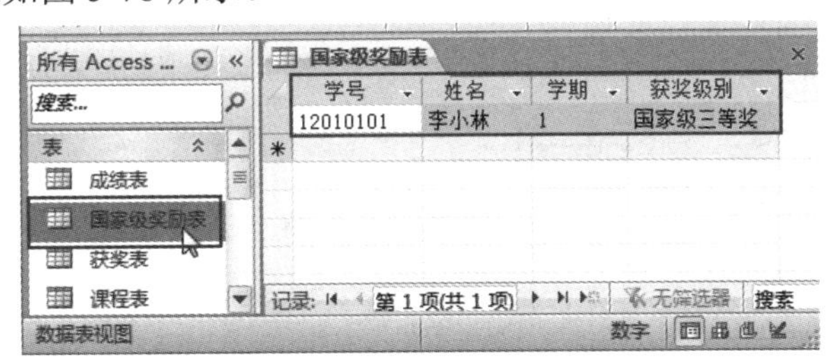

图 5-78　执行子任务 6 的查询结果示意图

(1) 单击“创建”选项卡“查询”组中的“查询设计”按钮，再添加“学生表”和“获奖表”。在查询视图中，将“学生表”的“学号”“姓名”和“获奖表”的“学期”和“获奖级别”字段拖动到相应的单元格，并在“学期”字段下的条件行中录入：="1"，在“获奖级别”字段下的条件行中录入：Like“国家*”，如图 5-79 所示。

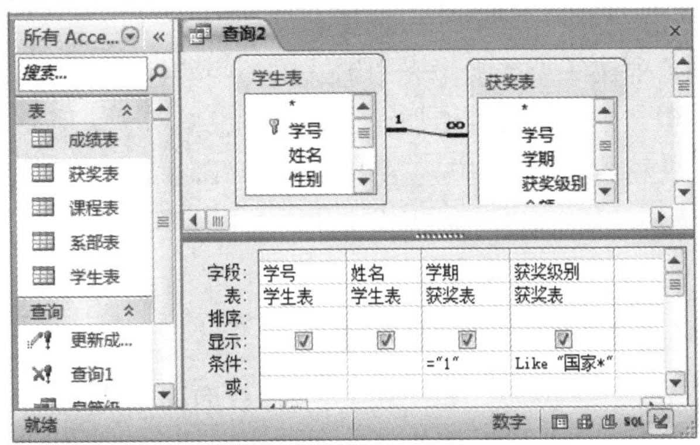

图 5-79　查询所包含的字段信息

(2) 单击“设计”选项卡“查询类型”组中的“生成表”按钮，则弹出“生成表”对话框。在“表名称”栏后面录入生成新数据表的名称：“国家级奖励表”。若此表仍然想存放在当前数据库中，则可以选择“当前数据库”，然后单击“确定”按钮，如图 5-80 所示。

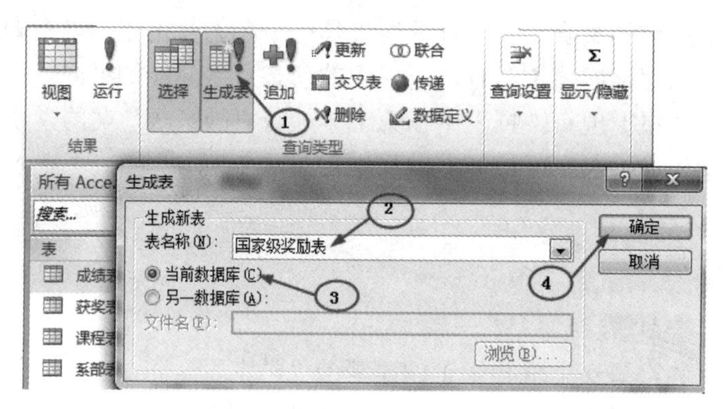

图 5-80　执行“生成表”命令

(3) 单击“设计”选项卡中的“！运行”按钮，则弹出“您正准备向新表粘贴 1 行”提示框，单击“是”按钮，如图 5-81 所示。

图 5-81　运行查询

(4) 在表导航窗格中显示新生成数据表“国家级奖励表”，双击表名称，则会在工作区中显示表中数据，如图 5-78 所示。

子任务 7　追 加 查 询

如果需要从数据库的某一个或多个表中筛选出一些数据，并将这些筛选出来的数据追加到另外一个数据表中，则必须使用追加查询。如，想将第 2 学期获“国家级奖励”的学生记录添加到“国家级奖励表”中，并与第 1 学期获“国家级奖励”的学生信息一并保存。

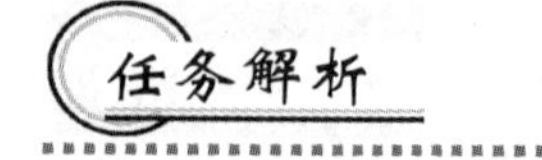

此操作实质上是基于“学生表”和“获奖表”，查询第 2 学期获“国家级”奖的学生记录。将有“学号、姓名、学期和获奖级别”信息的查询结果，追加到“国家级奖励表”中。最终结果如图 5-82 所示。

追 加 前　　　　　　　　**追 加 后**

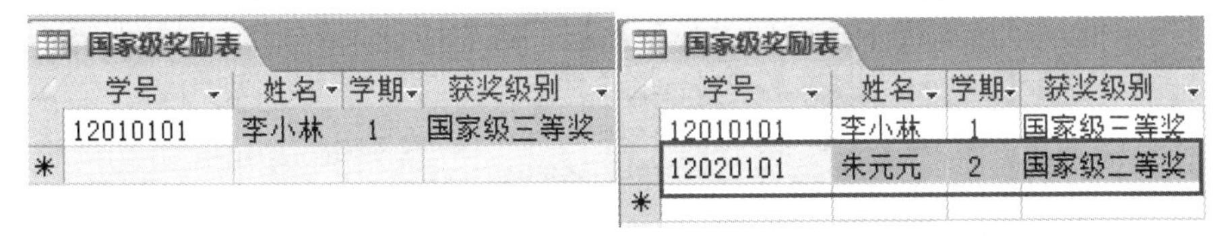

国家级奖励表（追加前）

学号	姓名	学期	获奖级别
12010101	李小林	1	国家级三等奖

国家级奖励表（追加后）

学号	姓名	学期	获奖级别
12010101	李小林	1	国家级三等奖
12020101	朱元元	2	国家级二等奖

图 5-82　执行子任务 7 前后效果比较图

(1) 单击“创建”选项卡“查询”组中的“查询设计”按钮，再添加“学生表”和“获奖表”。在查询视图中，将“学生表”的“学号”“姓名”和“获奖表”的“学期”和“获奖级别”字段拖动到相应的单元格，并在“学期”字段下的条件行中录入：="2"，在“获奖级别”字段下的条件行中录入：Like"国家*"，如图 5-83 所示。

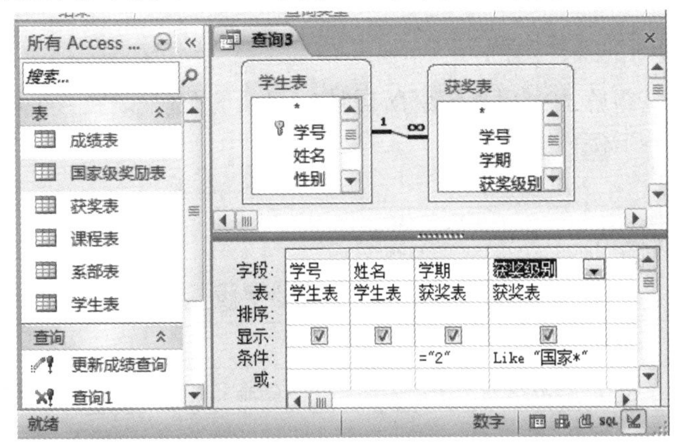

图 5-83　查询包含的字段及条件

(2) 单击“设计”选项卡中“查询类型”下的“追加”按钮，弹出“追加”对话框。单击表名称后的下拉按钮，在列表框中选择要追加记录的数据表“国家级奖励表”。若想此表仍然存在前数据库，则可以选择“当前数据库”，最后单击“确定”按钮，如图 5-84 所示。

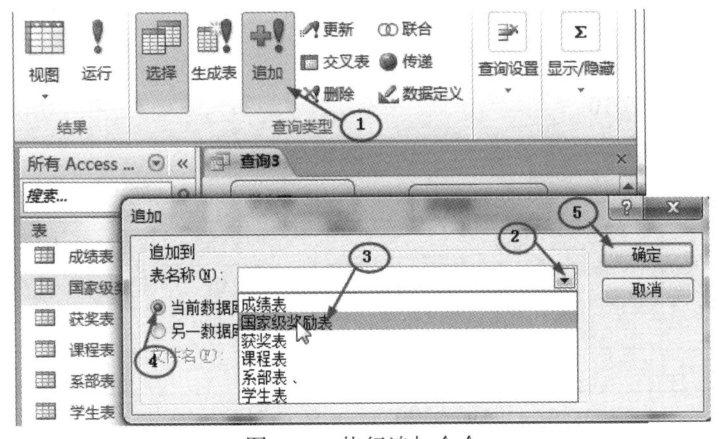

图 5-84　执行追加命令

(3) 单击“设计”选项卡下“结果”组中的“！运行”按钮，弹出“您正准备追加 1 行”信息提示框。单击该提示框中的“是”按钮，则完成记录的追加，如图 5-85 所示。

图 5-85　运行追加查询

(4) 打开“国家级奖励表”，在工作区窗口会显示追加的数据，如图 5-82 所示。

❖ 知识拓展

1. 查询设计视图的条件示例

条件是查询或高级筛选中用来识别所需特定记录的限制条件。下面提供在查询中常用的限制记录数的条件示例。

1) 字符型字段

字符型字段见表 5-9。

表 5-9　字符型字段

运算	表达式	结　　果
排除不匹配	NOT "计算机系"	对于“院系名称”字段，非计算机系的记录
	NOT "张*"	对于“姓名”字段，不是姓张的记录
全部匹配	="计算机"	对于“院系名称”字段，是计算机系的记录
部分匹配	Like "张*"	对于“姓名”字段，所有姓张的记录
	Right([学号], 2) = "02"	对于“学号”字段，其 ID 值以 02 结尾的记录
	Len([课程名称]) > Val(5)	对于“课程名称”字段，其名称超过 5 个字符的记录

2) 数值型字段

数值型字段见表 5-10。

表 5-10　数值型字段

运算	表达式	结　　果
大于	>60	对于“成绩”字段，大于 60 分的记录
小于	<60	对于“成绩”字段，小于 60 分的记录
大于等于	>=60	对于“成绩”字段，大于等于 60 分的记录
小于等于	<=60	对于“成绩”字段，小于等于 60 分的记录
介于…与…之间	Between 60　And　100 (>=60 and <=100)	对于“成绩”字段，介于 60 分到 100 分的记录，包括 60 分和 100 分

3) 日期型字段

日期型字段见表 5-11。

表 5-11　日期型字段

运算	表达式	结　果
大于	>1980-1-1	对于"出生日期"字段，1980 年 1 月 1 日以后出生的记录，不含 1980 年 1 月 1 日
小于	<1980-1-1	对于"出生日期"字段，1980 年 1 月 1 日之前出生的记录，不含 1980 年 1 月 1 日
大于等于	>=1980-1-1	对于"出生日期"字段，1980 年 1 月 1 日以后出生的记录，含 1980 年 1 月 1 日
小于等于	<=1980-1-1	对于"出生日期"字段，1980 年 1 月 1 日之前出生的记录，含 1980 年 1 月 1 日
介于…与…之间	Between 1980-1-1 and 1980-12-31 (>=1980-1-1 and <=1980-12-31)	对于"出生日期"字段，介于 1980 年 1 月 1 日与 1980 年 12 月 31 日之间出生的记录，包含 1980 年 1 月 1 日和 1980 年 12 月 31 日
计算年份	Year([出生日期]) = 1980	对于"出生日期"字段，为 1980 年出生的记录

4) 空和零长度字符串

空和零长度字符串见表 5-12。

表 5-12　空和零长度字符串

运算	表达式	结　果
空	Is Null	对于"发货地区"字段，客户的"发货地区"字段为 Null 空的订单
非空	Is Not Null	对于"发货地区"字段，客户的"发货地区"字段包含值的订单
零长度字符	" "	对于"传真"字段，显示没有传真机的客户的订单，用"传真"字段中的零长度字符串值而不是 Null(空)值来表明

2. 结构化查询语言

结构化查询语言(Structure Query Language，SQL)概念的建立起始于 1974 年。SQL 语言的主要功能就是同各种数据库建立联系，进行沟通。按照 ANSI(美国国家标准协会)的规定，SQL 被作为关系型数据库管理系统的标准语言。SQL 语句可以用来执行各种各样的操作，例如更新数据库中的数据、从数据库中提取数据等。

1) SLECT 语句

查询是数据库中最常用的操作，实现查询的 SQL 语句为 SELECT 语句，其完整的语法结构为：

```
SELECT[ALL|DISTINCT|DISTINCTROW|TOP]
```

```
{*|talbe.*|[table.]field1[AS alias1][，[table.]field2[AS alias2][，…]]}
FROM table expression[，…][IN external database]
[WHERE…]
[GROUP BY…]
[HAVING…]
[ORDER BY…]
[WITH OWNERACCESS OPTION]
```

2) SELECT 语法说明

用中括号“[]”括起来的部分表示是可选的，用大括号“{}”括起来的部分表示必须从中选择其中的一个。

(1) ALL、DISTINCT、DISTINCTROW、TOP 谓词。

- ALL：返回满足 SQL 语句条件的所有记录。如果没有指明这个谓词，则默认为 ALL。
- DISTINCT：如果有多个记录的选择字段的数据相同，则只返回一个。
- DISTINCTROW：如果有重复的记录，则只返回一个。
- TOP：显示查询头尾若干记录。也可返回记录的百分比，这时要用 TOP N PERCENT 子句(其中 N 表示百分比)。

(2) FROM 子句。FROM 子句指定了 SELECT 语句中字段的来源。FROM 子句后面包含一个或多个表达式(由逗号分开)，其中的表达式可为单一表名称、已保存的查询或由 INNER JOIN、LEFT JOIN 或 RIGHT JOIN 得到的复合结果。如果表或查询存储在外部数据库，则在 IN 子句之后指明其完整路径。

(3) 用 AS 子句为字段取别名。如果想为返回的列取一个新的标题，或者经过对字段的计算或总结之后，产生了一个新的值，希望把它放到一个新的列里显示，则可用 AS 保留。

例：

```
SELECT 学生表.学号，学生表.姓名，Count(成绩表.成绩) AS 不及格门数
FROM 学生表 INNER JOIN 成绩表 ON 学生表.学号 = 成绩表.学号
WHERE (((成绩表.成绩)<60))
GROUP BY 学生表.学号，学生表.姓名
HAVING (((Count(成绩表.成绩))>=2));
```

(4) WHERE 子句指定查询条件。

比较运算符：=、>、<、>=、<=、<>、!>、!<。

范围：BETWEEN …AND…、NOT BETWEEN …AND…。

列表：IN、NOT IN。

模式匹配：LIKE。

LIKE 运算符里使用的通配符，通配符的含义如下：

？：任何一个单一的字符。

*：任意长度的字符。

#：0～9 之间的单一数字。

[字符列表]：在字符列表里的任一值。

[！字符列表]：不在字符列表里的任一值。

-：指定字符范围，两边的值分别为其上、下限。

(5) ORDER BY 子句。ORDER 子句按一个或多个(最多 16 个)字段排序查询结果，可以是升序(ASC)，也可以是降序(DESC)，缺省是升序。若 ORDER 子句中定义了多个字段，则按照字段的先后顺序排序。

(6) GROUP BY 和 HAVING 子句。在 SQL 的语法里，GROUP BY 和 HAVING 子句用来对数据进行汇总。GROUP BY 子句指明了按照哪几个字段来分组，而将记录分组后，用 HAVING 子句过滤这些记录。

3) 功能查询

所谓功能查询，实际上是一种操作查询，它可以对数据库进行快速高效的操作。它以选择查询为目的，挑选出符合条件的数据，再对数据进行批处理。功能查询包括更新查询、删除查询、追加查询和生成表查询。

(1) 更新查询。UPDATE 子句可以同时更改一个或多个表中的数据，也可以同时更改多个字段。更新查询语法：

```
UPDATE 表名
SET 新值
WHERE 条件
```

(2) 删除查询。DELETE 子句可以使用户删除大量的过时的或冗余的数。

注：删除查询的对象是整个记录。

DELETE 子句的语法：

```
DELETE [表名.*]
FROM 来源表
WHERE 条件
```

(3) 追加查询。INSERT 子句可以将一个或一组记录追加到一个或多个表的尾部；INTO 子句指定接收新记录的表；VALUES 关键字指定新记录所包含的数据值。

INSERT 子句的语法：

```
INSETR INTO 目的表或查询(字段 1，字段 2，…)
VALUES (数值 1，数值 2，…)
```

(4) 生成表查询。可以一次性地把所有满足条件的记录复制到一张新表中。通常制作记录的备份或副本可作为报表的基础。

SELECT INTO 子句用来创建生成表查询语法：

```
SELECT 字段 1，字段 2，…
INTO 新表[IN 外部数据库]
FROM 来源数据库
WHERE 条件
```

在 Access 中，所有的查询都有一个 SQL 视图，建立查询的操作实质上是生成 SQL 语句的过程。在查询设计视图中所做的任何修改都会导致对应 SQL 语句的变化。同样，也可以通过在 SQL 视图中修改 SQL 语句来改变查询设计视图中的参数设置。

4) SQL 语句实例

(1) 用 SQL 语句实现本项目任务 2 中“子任务 1”的查询，其方法如下：

① 单击“创建”选项卡“查询”组中的“查询设计”按钮，弹出“显示表”对话框，单击右上角的“×”关闭“显示表”对话框，如图 5-86 所示。

图 5-86　选择查询设计命令

② 单击“设计”选项卡中“结果”组中的“SQL 视图”按钮，如图 5-87 所示。在“查询 1”编辑区输入 SQL 语句，如图 5-88 所示。

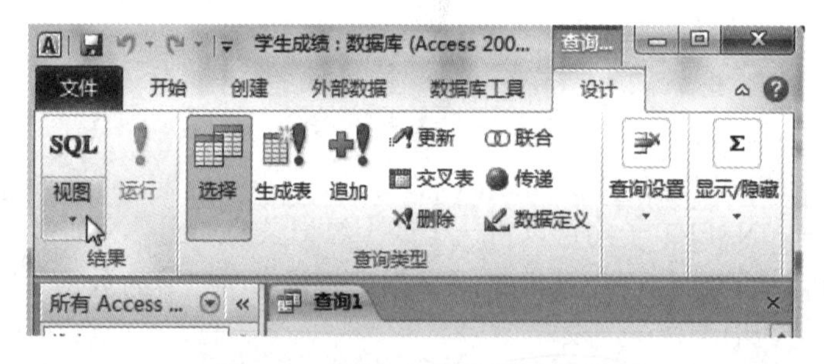

图 5-87　选择“SQL 视图”命令

图 5-88　子任务 1 的 SQL 语句

注：

SQL 语句：

SELECT 学生表.学号，学生表.姓名，课程表.课程名称，成绩表.成绩

```
FROM 学生表 INNER JOIN (课程表 INNER JOIN 成绩表 ON 课程表.[课程代码] = 成绩表.[课程代码]) ON 学生表.[学号] = 成绩表.[学号];
```

③ 单击“设计”选项卡“结果”组中的“运行”按钮，则完成查询功能。

④ 保存查询，查询名为“学生成绩查询-1”。

(2) 若用 SQL 语句实现本项目任务 2 中的“子任务 2”，则所需要的 SQL 语句如下：

```
SELECT 学生表.学号，学生表.姓名，课程表.课程名称，成绩表.成绩
FROM 学生表 INNER JOIN (课程表 INNER JOIN 成绩表 ON 课程表.课程代码 = 成绩表.课程代码) ON 学生表.学号 = 成绩表.学号
WHERE (((成绩表.成绩)>=70 And (成绩表.成绩)<80))
ORDER BY 成绩表.成绩 DESC;
```

(3) 若用 SQL 语句实现本项目任务 2 中的“子任务 3”，则所需要的 SQL 语句如下：

```
SELECT 学生表.学号，学生表.姓名，Count(成绩表.成绩) AS 成绩之计数
FROM 学生表 INNER JOIN 成绩表 ON 学生表.学号 = 成绩表.学号
WHERE (((成绩表.成绩)<60))
GROUP BY 学生表.学号，学生表.姓名
HAVING (((Count(成绩表.成绩))>=2));
```

(4) 若用 SQL 语句实现本项目任务 2 中的“子任务 4”，则所需要的 SQL 语句如下：

```
UPDATE 成绩表 SET 成绩表.成绩 =[成绩表]![成绩]+5
WHERE (((成绩表.课程代码)="0003"));
```

(5) 若用 SQL 语句实现本项目任务 2 中的“子任务 5”，则所需要的 SQL 语句如下：

```
DELETE 成绩表.学号 AS 表达式 1，[成绩表].[学号]
FROM 成绩表
WHERE ((([成绩表 1].[学号])="12030101"));
```

(6) 若用 SQL 语句实现本项目任务 2 中的“子任务 6”，则所需要的 SQL 语句如下：

```
SELECT 学生表.学号，学生表.姓名，获奖表.学期，获奖表.获奖级别 INTO 国家级奖励表
FROM 学生表 INNER JOIN 获奖表 ON 学生表.学号 = 获奖表.学号
WHERE (((获奖表.学期)="1") AND ((获奖表.获奖级别) Like "国家"));
```

(7) 若用 SQL 语句实现本项目任务 2 中的“子任务 7”，则所需要的 SQL 语句如下：

```
INSERT INTO 国家级奖励表(学号，姓名，学期，获奖级别)
SELECT 学生表.学号，学生表.姓名，获奖表.学期，获奖表.获奖级别
FROM 学生表 INNER JOIN 获奖表 ON 学生表.学号 = 获奖表.学号
WHERE (((获奖表.学期)="2") AND ((获奖表.获奖级别) Like "国家"));
```

任务回顾

通过 7 个子任务对查询的创建和设置进行了详细的讲解，其内容包含：选择查询、更新查询、删除查询、追加查询和生成表查询。其中，选择查询通过子任务 1、2、3，从易到难，分析了从简单查询到复杂查询的实现。查询是在数据库中应用最多的功能，请读者学习时可参考各子任务，对各种查询熟练掌握。

实战训练

(1) 基于“学生表”，查询姓“张”的学生记录，要求输出全部字段，查询结果保存为“张姓学生查询”。

(2) 基于“学生表”，查询 1997-01-01 以后出生的学生记录，要求输出学号、姓名、出生日期字段，查询结果保存为“按出生日期查询”。

(3) 基于“系部表”“学生表”，查询所有“信息工程系”女学生名单，要求输出学号、姓名、性别、系部名称，查询结果保存为“信息工程系女生查询”。

(4) 在“成绩表”中，为所有成绩增加 8 分。

(5) 在“成绩表”中，删除所有学号为“12010101”的成绩记录。

(6) 基于“系部表”“学生表”，查询所有党员学生名单，要求输出学号、姓名、性别、系部名称，并生成新数据表“党员表”。

技能项目 6

图形图表与绘制分析

Visio 是 Microsoft 公司推出的新一代办公绘图、商业图表绘制软件，具有操作简单、功能强大、可视化等优点，可以帮助用户制作出富含信息且富有吸引力、具有专业外观的图表、图形及模型，能非常方便地将用户的思想、设计理念与最终产品演变成形象化的图像加以传递。它可以通过使用数据透视关系图帮助用户快速查看、汇总、分析与研究图中数据，也可以将图表中的数据与 Office 其他组件进行整合，让文档信息变得更加丰富，克服文字描述与技术上的障碍，更易于理解与传播，所以深受用户喜爱，现已广泛应用于软件设计、办公自动化、项目管理、广告、企业管理、建筑、电子、通信等众多领域。

本项目将通过 3 个任务的实践制作，全面了解 Visio 2010 的用法与用途，掌握具体的操作方法与制作技巧。

任务 1　制作“课件编程”流程图

在做软件编程(课件制作就是一个编程的过程)时，一般先要对软件的运行流程做一个合理的布局与规划，并划分出不同的功能模块。再根据不同的模块作出其编程流程图，以便编程人员按照规划的流程进行编程。

现以“铁路信号故障处理课件”中某子模块的功能，作出其流程图为任务，实践如何用 Visio 2010 图形软件来实现。最终成果形式如图 6-1 所示。

任务分解

(1) 认识 Visio 2010 窗口界面，并利用模板创建绘图文档；

(2) 添加形状、连接线及其格式的更改；

(3) 添加文本及其格式的编辑；

(4) 插入容器、标注；

(5) 页面属性设置，添加背景页及页的重命名；

(6) 文档的保存、打印。

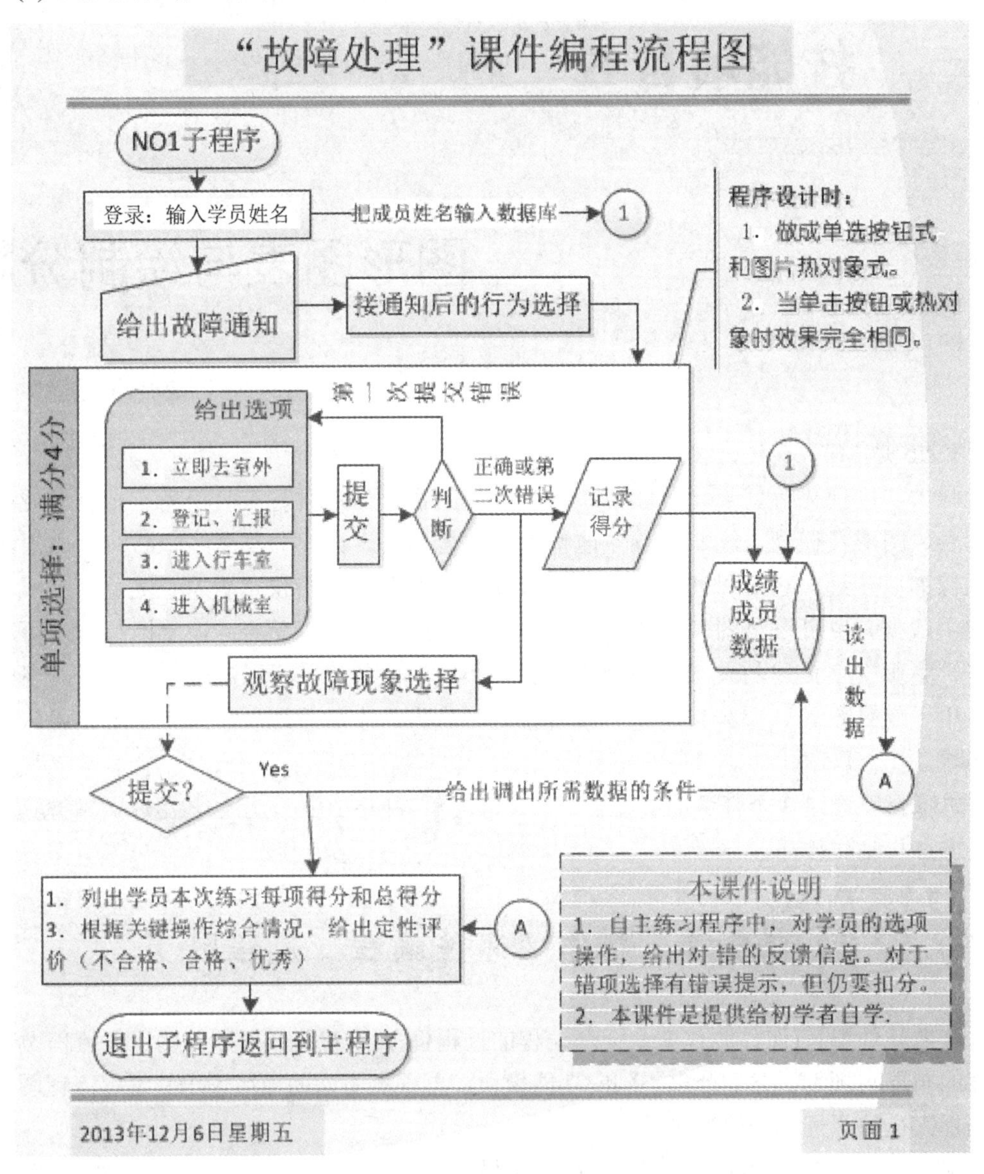

图 6-1　课件编程流程图(部分)

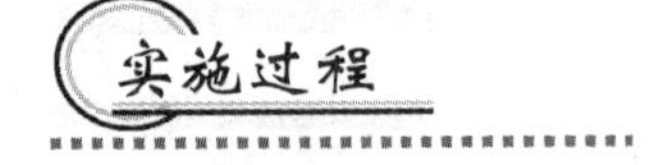

步骤 1　利用模板创建绘图文档。

启动 Visio 2010，执行“文件/新建”，在“模板类别”窗口中点选“流程图/基本流程图”，在右侧窗格中单击“创建”按钮(或直接双击“基本流程图”图标)。创建过程如图 6-2 所示。

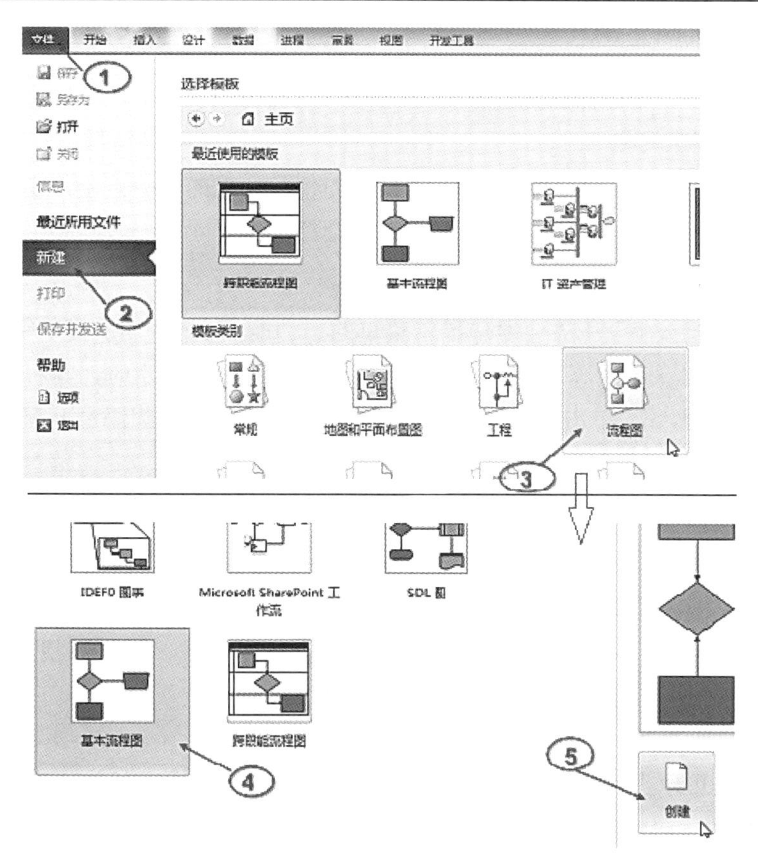

图 6-2　通过模板创建绘图文档

创建完成后的程序窗口如图 6-3 所示。

图 6-3　新建文档后 Visio 2010 程序窗口

❖ 知识拓展：认识 Visio 2010 的工作窗口

1. 自定义快捷工具栏

可单击下拉按钮，在弹出的菜单中选择添加相应功能的快捷按钮，或改变其显示的位置。右击对应的按钮，可以选择是否删除在快捷栏上的显示。

2. 菜单功能区

通常当单击某菜单后，下方会对应显示菜单的子功能，每个子功能模块下方有其名称，如字体、段落、工具、形状等。对于子功能多的模块不能完全显示时，其右下方有个可以打开对话窗口的按钮，单击后能弹出详细设置的对话框。如果想隐藏此窗口，则可以单击其上方的“隐藏/显示”按钮。

3. 形状窗口

当用模板方式新建一个文档后，系统自动创建了对应的模具，每个模具下放置了相应的形状。此窗口由三部分构成：追加模具或形状功能区(单击“更多形状”可添加更多模具，其中的“搜索形状”，能实现在计算机中查找形状或“联机查找形状”)；打开对应形状的模具按钮(或称模具标题栏，如“基本流程图形状”)和处于下方的“形状列表窗口”。

(1) 形状：是可以直接拖至绘图页上的现成图像，它们是图表的构建基块。当将形状从模具拖至绘图页上时，原始形状仍保留在模具上。该原始形状称为主控形状，放置在绘图上的形状是该主控形状的副本，也称为实例。可以根据需要从中将同一形状的、任意数量的实例拖至绘图页上。Visio 的形状不同于其他软件中的形状，它不仅仅是简单的图像或符号，还可以为它添加数据，且有链接关系。

(2) 模具：是特定形状的集合，每个模具中的形状都有一些共同点。这些形状可以是创建特定种类图表所需的形状的集合，也可以是同一形状的几个不同的版本。例如，“基本流程图形状”模具仅包含常见的流程图形状，其他专用流程图形状位于其他模具中，如 BPMN 和 TQM 模具。用户可以通过“更多形状”按钮来添加所需要的模具。

其他功能窗口的操作方法，后面结合具体示例在练习中讲解。这里只是做个简介，读者可以尝试着操作，以便加深印象。

步骤 2　拖动形状并添加功能表述文本。

1. 拖动形状到绘图窗口

(1) 从形状窗口中拖入“开始/结束”形状到绘图窗口。

(2) 将指针移到蓝色箭头上，蓝色箭头指向第二个形状的放置位置。此时将会显示一个浮动工具栏，该工具栏包含模具顶部的一些形状。

(3) 在浮动工具栏中单击“矩形”。这样即自动添加了矩形，且两形状之间也自动加上了连接线。过程如图 6-4 所示。

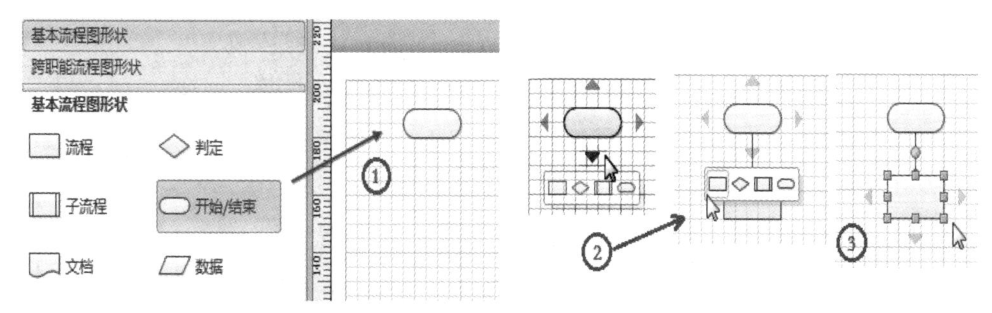

图 6-4　自动添加新形状的操作过程示意图

注：① 如果要添加的形状未出现在浮动工具栏上，则可以将所需形状从“形状”窗口拖放到蓝色箭头上，新的形状也会连接到第一个形状，就像在浮动工具栏上单击了它一样。

② 形状处于被选择状态下，可以通过 6 个调整柄改变其大小，或用旋转柄调节其方向。

2. 继续拖动其他形状到绘图窗口

(1) 拖动“自定义形状 1”到绘图窗口(如果此形状没有出现在形状窗口，则可在形状窗口上部单击“基本流程图形状”标题)。在放置形状的过程中，会出现“对齐、间距”等黄色的参照线，以便于操作(这里不要把形状放到已有形状的蓝色箭头上，即不用自动连接)。

(2) 用同样方法分别再拖一个“流程”“页面内引用”形状，放在图 6-5 所示位置(让它们分别与其形状中心对齐，拖动时依据黄色的水平参照线放置)，并适当调整大小。结果如图 6-5 所示。

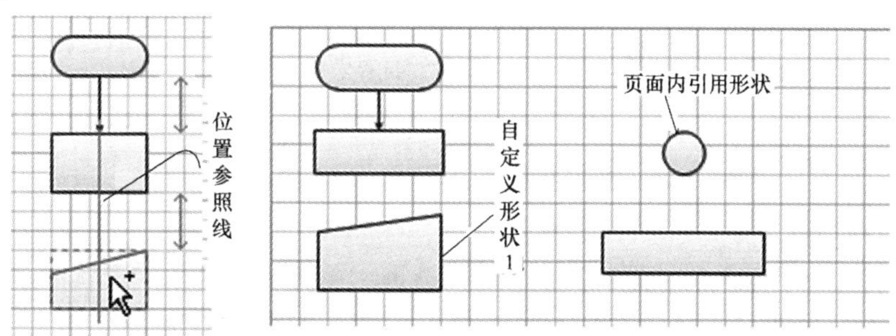

图 6-5　再添加 3 个形状后的结果参考图

3. 为形状添加文本

双击要添加文本的形状，进入文本输入状态。输入后对文本格式进行设置(文本的格式修改可有多种方法：直接在“开始”→“字体”进行更改；在右击菜单下更改；进入“文本”对话框中进行详细设置。读者不妨多试试各种操作方法)，如图 6-6 所示。

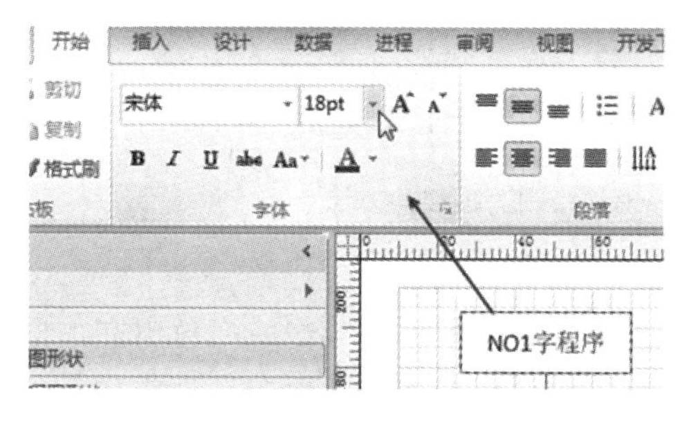

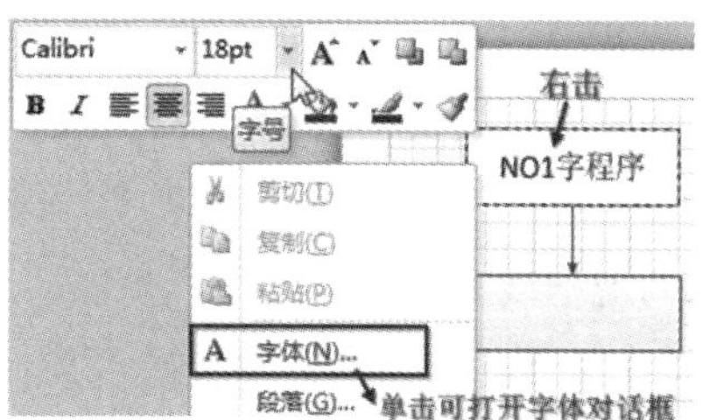

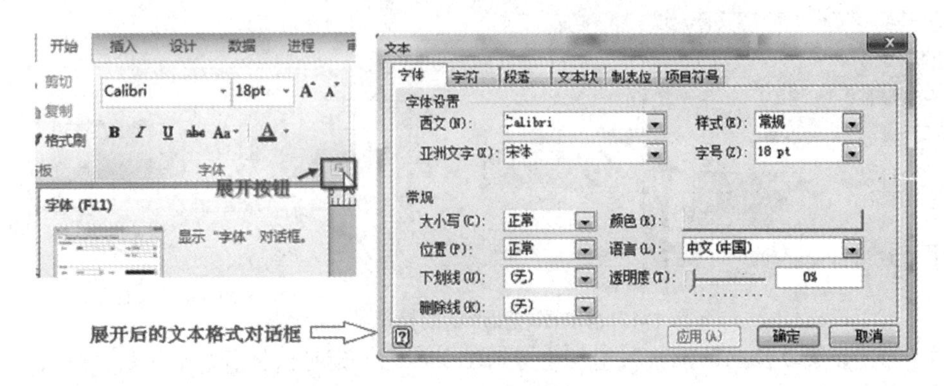

图 6-6　文本格式修改的操作方法

完成后的效果如图 6-7 所示。

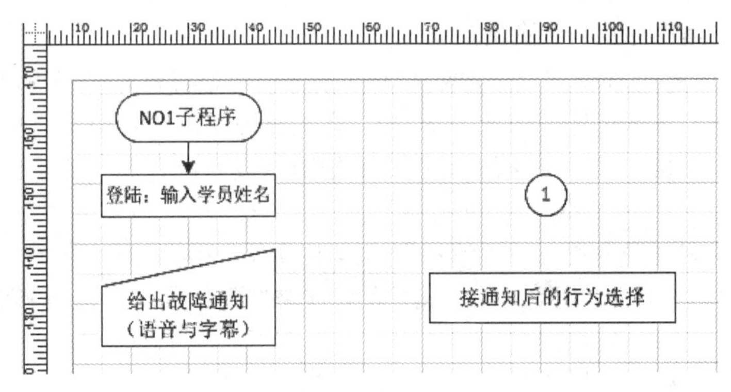

图 6-7　添加文本后的效果参考图

步骤 3　在形状之间绘制流程线，并添加注解文本。

1. 用“连接线”工具绘制流程线

在“文件”→“工具”中选择“连接线”工具，将光标移至起始形状的连接点(出现红色小方框)，按下光标移到目标图形上的连接点处(蓝色的小“×”标志处)，然后松开鼠标。用同样的方法完成其他连接。操作方法如图 6-8 所示。

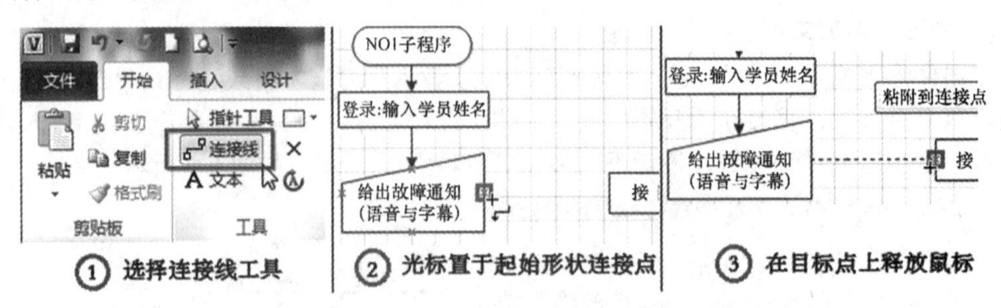

图 6-8　用“连接线”工具绘制流程线的方法

2. 为流程线添加注解文本

在“文件”→“工具”中选择“文本”工具，在绘图窗口单击或拖拉出文本框，输入所需要的内容。修改字体、大小、颜色等属性。最后在文本框外单击，完成输入。重新调整位置，放于所需要解释的流程线附近。创建过程如图 6-9 所示。

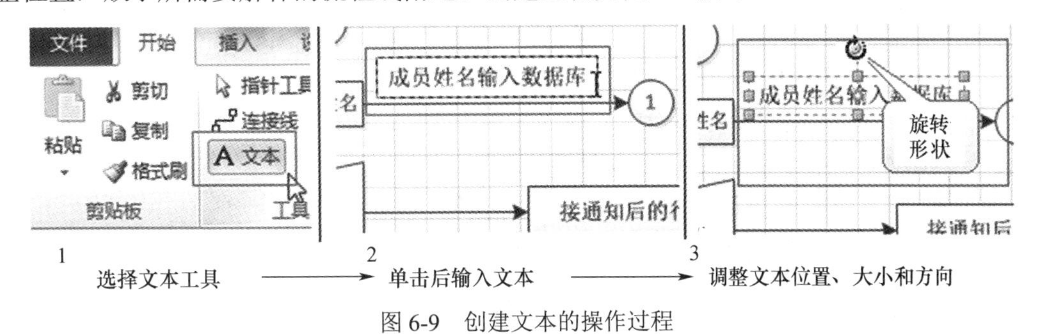

图 6-9　创建文本的操作过程

注：① 如果连接线端点在形状的连接点上，则表明连接线是吸附关系，当移动形状时，连接线也跟随移动，始终保持连接关系。利用“连接点”工具(连接线工具右边的小“×”形工具)添加或删除连接点。

② 为连接线(这里称流程线)添加注解文本，也可以在“连接线”上双击，输入的文本就直接依附在了连接线上，可以随着连接线一起移动。其操作方法如图 6-10 所示。

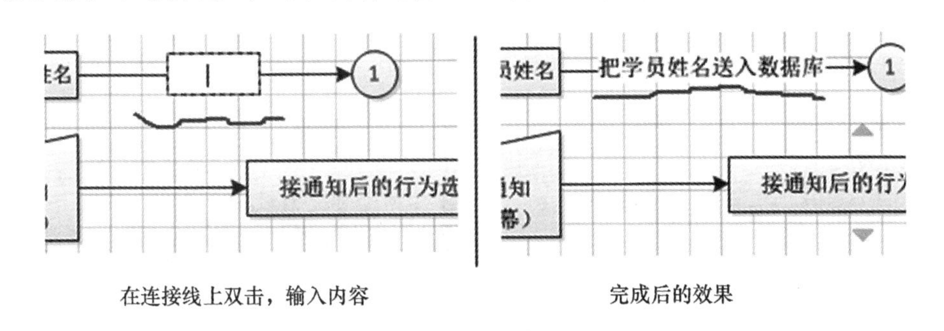

图 6-10　在连接线上添加文本的方法

③ 选中连接线后，在其上会出现调整手柄，利用这些手柄可以调节它们的位置。还可以拖动连接点，改变它的连接位置等。读者可以自己尝试操作。

步骤 3 完成后的效果图如图 6-11 所示。

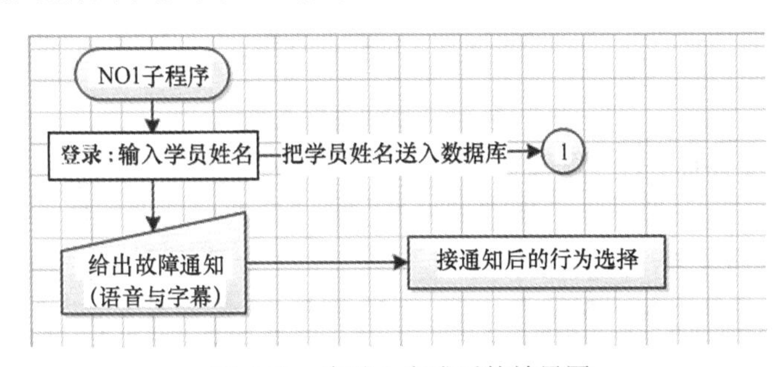

图 6-11　步骤 3 完成后的效果图

步骤 4　插入容器，并添加内容。

1. 插入容器并修改属性

(1) 在菜单“插入”→“图部分”中单击“容器”，在展开的预览窗口中选中一个样式单击(这里选择第 6 个)，如图 6-12 所示，这时绘图窗口中就添加了一个容器形状(见图 6-12)。

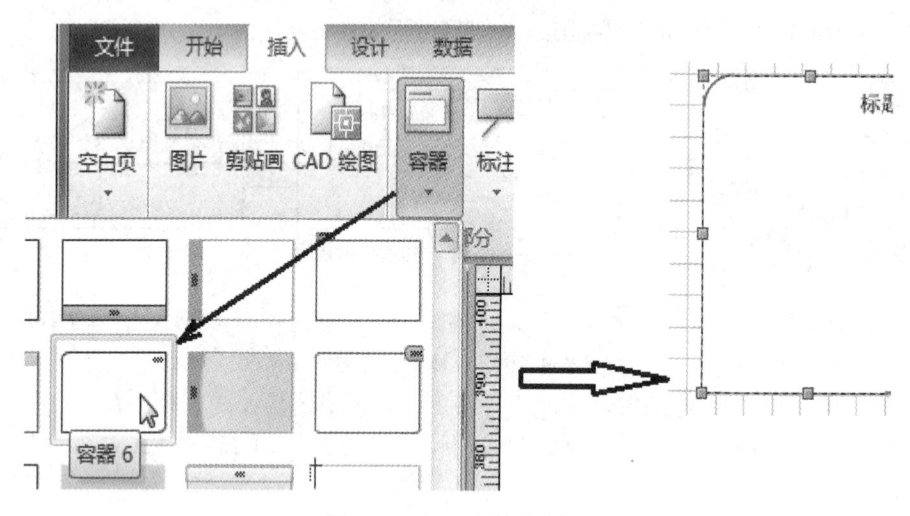

图 6-12　插入容器的方法

(2) 选中容器，在“标题”上双击，修改标题为“给出选项”；在容器形状上右击，单击“填充”；在弹出的窗口中选择一种颜色，这样就为形状改变了填充色，也可以通过“开始”→“形状”→“填充”菜单来更改填充色。操作方法如图 6-13 所示。

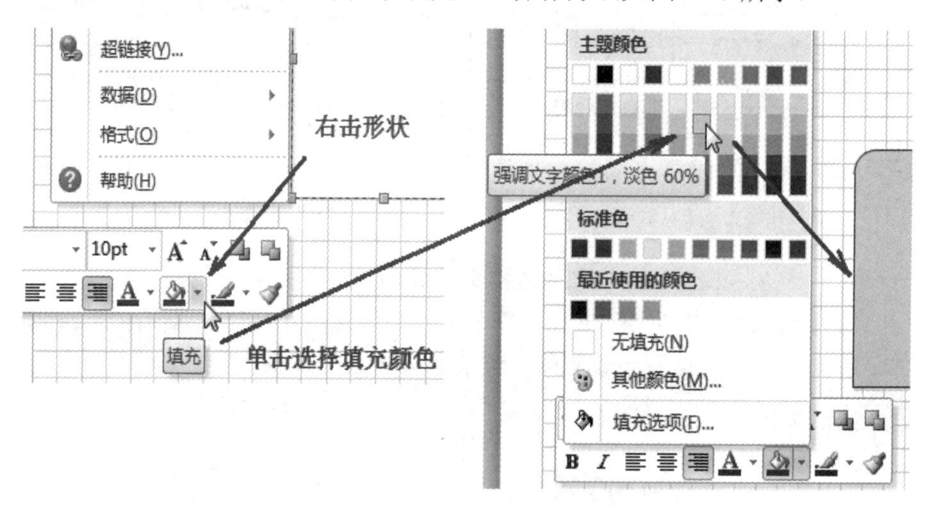

图 6-13　为形状更改背景颜色

注：① 容器，简单地说，就是由可见边框包围的形状的集合。集合内的形状与容器之间存在着特定关系。这种关系为管理其内部形状及其数据提供了极大的便利。

② 在绘图窗口中选择“容器”形状后，会自动出现“容器工具”菜单。在此菜单下可以针对容器进行各种操作，如定义大小、标题样式，更改容器样式，锁定或解除容器等。

在这个基础教程中，只是让读者对“容器”有个初步认识。

2. 在容器中添加内容

(1) 拖动一个“流程”形状到刚创建的容器内，并添加文本。为精确地调整形状的大小尺寸，可调出“大小和位置”的浮动窗口，在该窗口内对应的“宽度”“高度”内输入相应的值即可。打开窗口的方法如图 6-14 所示。

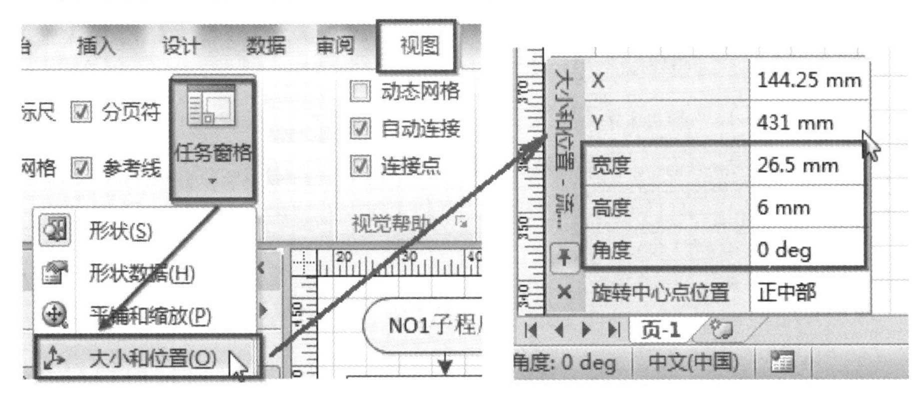

图 6-14　打开“大小和位置”浮动窗口

(2) 再复制出 3 个形状，分别更改文本内容。按住“Shift”键，点选 4 个形状(也可框选)，结果如图 6-15(a)所示。下面用“排列”菜单命令排列和对齐 4 个形状为例，操作过程如图 6-15 所示。

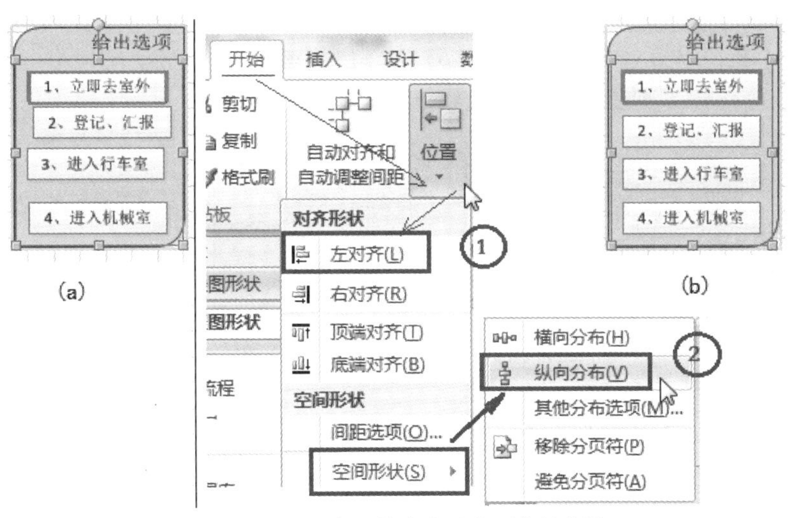

图 6-15　用对齐形状命令对齐形状的方法

① 在“开始”→“对齐形状”菜单中单击“位置”，在弹出的菜单中执行“左对齐”命令。

② 再次采用同样操作，在弹出的菜单中执行“空间形状”“纵向分布”命令。最后结果如图 6-15(b)所示。

③ 为确保容器内的形状不被改动，选中容器后可执行“容器工具/成员资格”，再单击“锁定容器”按钮即可。

步骤 5　添加新形状。

按照前述方法，为绘图文档继续添加形状，并画好连接线(此线也可用“开发工具”菜单下的“折线图”工具绘制，然后在“开始”→“形状”下定义线条样式)，结果如图 6-16 所示。

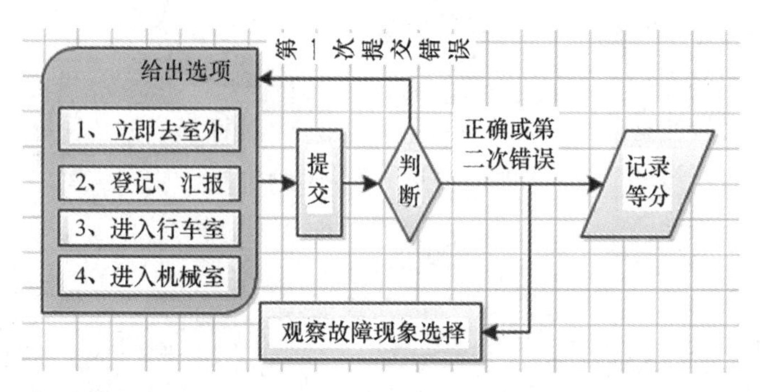

图 6-16　继续添加其他形状后的最终效果

步骤 6　选择部分形状置于新的容器中。

在绘图窗口框选中包含如图 6-16 所示的所有对象，执行“插入”→“图部分”→“容器”命令，选择一种容器样式，然后单击“确定”按钮。被选中的形状就会置入到容器中。

修改标题名称和更改填充色(操作方法同前所述)。最后的结果如图 6-17 所示。

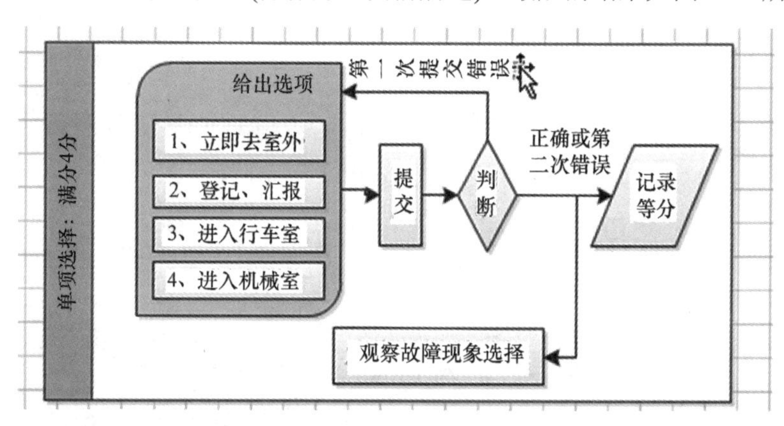

图 6-17　将选定的形状置于新的容器中

注：实际制作程序流程图时，由于编程的需要，常把某“模块”作为子程序来处理，这样就需要把这一模块内的形状放到容器里，然后把“容器”当作一个对象来处理，便于理解。

步骤 7　继续添加形状。

参照本任务最终效果图(图 6-1)，添加其他形状，并绘制好连接线。最终完成整个流程图的制作。(具体操作过程，读者可参照前面的讲述去实现。)

步骤 8　加入文本及为形状添加“标注”。

1. 为某形状(这里为容器)添加“标注”

选择需要标注的“容器”，执行“插入”→“图部分”→“标注”命令，选择一种标注格式后单击；然后输入相应的文本内容，设置好文本的格式。完成好的标注是依附在对应的形状上的，无论如何移动“标注”，其连线总是与形状相连而不会脱离开，如图 6-18 所示。

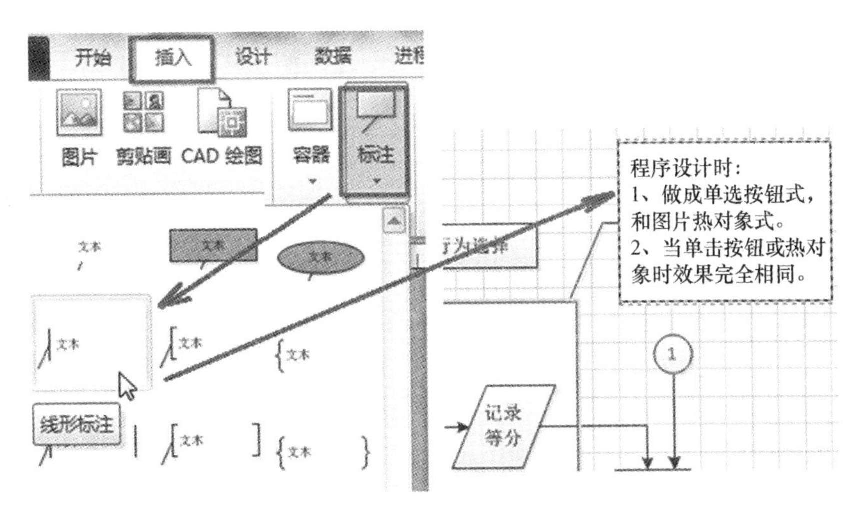

图 6-18　为形状添加“标注”的方法

2. 为流程图添加说明文本，并设置投影

(1) 执行“开始”→“工具”→“A 文本”命令，在绘图窗口添加“本课件说明”文本，然后设置好格式、文本对齐方式等。

(2) 在文本框上右击，在弹出的菜单中选择“格式”→“线条”命令，在弹出的对话框中为文本设置线条样式(线型、粗细、颜色等)，如图 6-19 和图 6-20 所示。

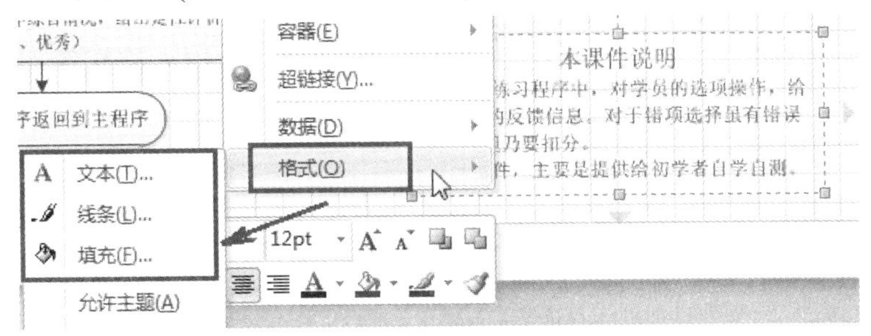

图 6-19　右击文本框进入“格式/线条”

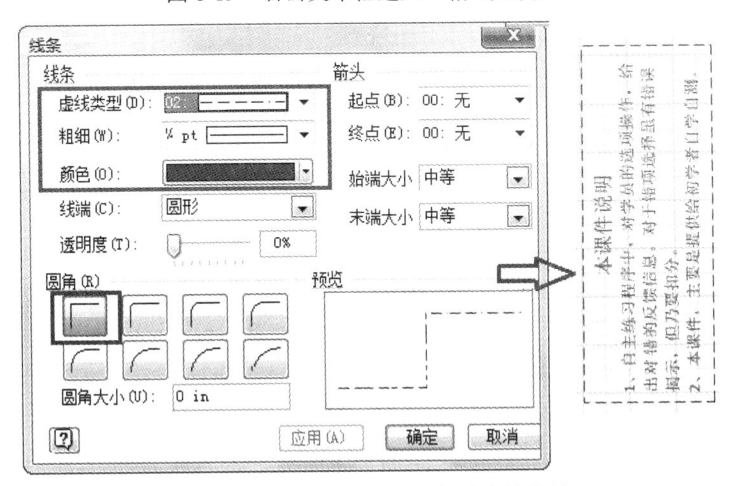

图 6-20　为文本框设置线条样式的方法

(3) 右击文本，单击“格式”→“填充”命令进入“填充”设置对话框。在其中对“颜色”“图案”“图案颜色”及“阴影”的各项进行选择、设置，过程如图 6-21 所示。

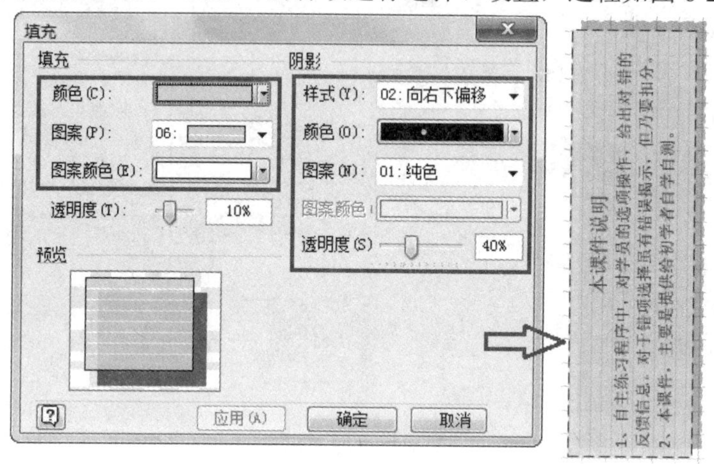

图 6-21　为文本框设置填充样式的方法

步骤 9　为绘图文件添加背景页。

1. 添加背景页

(1) 执行“开始”→“背景”→“边框和标题”命令，在样式预览窗口中选择一种风格单击，这样就为文档添加了“背景”页。

(2) 在绘图文档左下方的页操作区内，单击“背景”页，进入背景页画面，如图 6-22 所示。

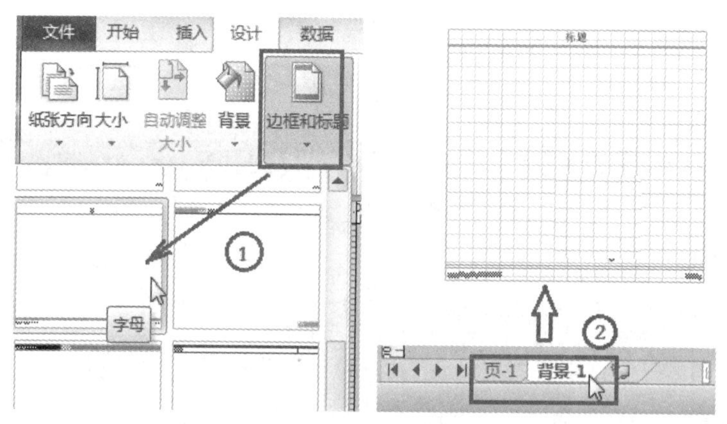

图 6-22　为文档添加背景页的方法

2. 输入标题

在背景页中，双击“标题”文本，选择“开始”→“工具”→“A 文本”工具，输入所需要的文档题目，并设置其格式，直到满意为止。

3. 设置背景图，以美化文档

为观察效果，可以切换到绘图页面(当前页名称是“页-1”名，可以对此双击，更改页名称)，执行“开始”→“背景”→“背景”命令，在样式栏中选择一种背景样式单击。

步骤 10　设置页面尺寸，保存、打印文档。

最后根据背景的情况，可适当调整图形整体位置，如果文档页面的大小不合适或不美观，则可重新定义文档图纸的尺寸。最后保存文档，或打印输出。

1. 页面尺寸与打印设置

执行“设计”→“页面设置”命令，单击 展开页面设置对话窗口。

(1) 切换到“页面尺寸”选项卡，通过“预定义的大小”来选择一种预制的页面尺寸。点选“自定义大小”后，可在下方的宽、高尺寸框中输入具体的数值，即可实现自定义的文档页面尺寸，如图 6-23 所示。

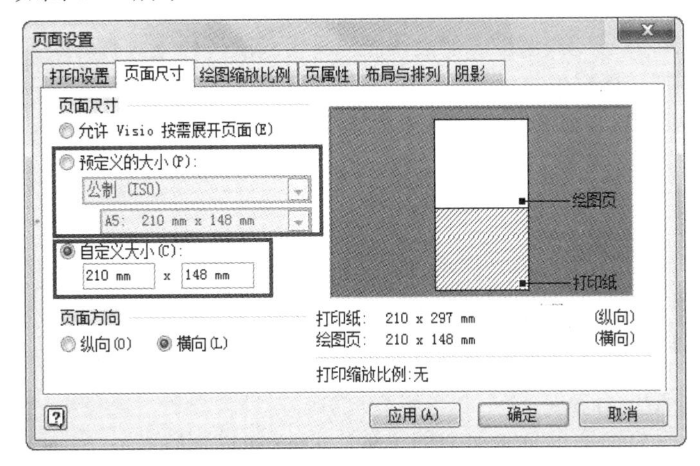

图 6-23　文档页面尺寸设置对话框

(2) 切换到“打印设置”选项卡，在这里可以设置打印机纸张的大小、纵向还是横向打印、打印缩放比例等参数。如果勾选了“网格线”，则网格线也可一同打印出来。设置对话框如图 6-24 所示。然后在“文件”菜单下选择“打印”，简单设置后就可打印出文档。

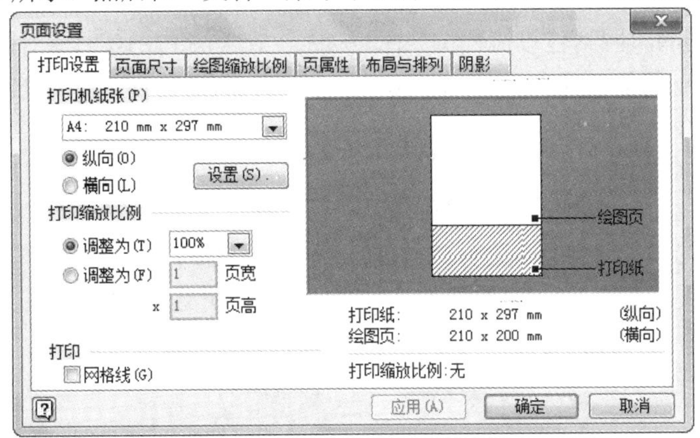

图 6-24　文档打印设置对话框

2. 将图表文档另存为图形或图像文件

执行“文件”→“另存为”命令，在“保存类型”列表中选择要使用的图形或图像格式后，单击“保存”按钮即可。Visio 2010 提供了 20 多种不同的保存格式，常用的有如下 8 种，可根据需要做选择。

(1) 可缩放的向量图形 (*.svg)；
(2) 增强型图元文件 (*.emf)；
(3) 图形交换格式 (*.gif)；
(4) JPEG 文件交换格式 (*.jpg)；
(5) 可移植网络图形 (*.png)；
(6) Tag 图像文件格式 (*.tif)；
(7) Windows 位图 (*.bmp)；
(8) Windows 图元文件 (*.wmf)。

注：

① 也可以通过右击“页标签”，然后单击“页面设置”的方式打开“页面设置”对话框。

② 若要使绘图在打印纸上居中显示，则可在“打印设置”选项卡上单击“设置”。在“小绘图”下选取“水平居中”和“垂直居中”复选框。

任务回顾

本任务主要学习了在 Visio 2010 中如何利用模板来创建绘图文档，以及文档的保存格式、页面尺寸设置及输出打印的设置方法；怎样从 Visio 的模具中添加形状，修改形状的大小、位置以及它们的样式；对文本的输入、格式修改等有较多的实践应用，以及添加标注的操作。通过实践对容器也有了很多的了解。总之，通过完成此任务，使读者对 Visio 2010 一些基本的常规的操作方法等，积累了一定的实践经验。

实战训练

(1) 按照给出的“网站建设流程图”(图 6-25)，在 Visio 2010 中模仿此样式绘制出来。(提示：这里形状的投影效果制作方法，可参照步骤 8 中对说明文本的处理方法。)

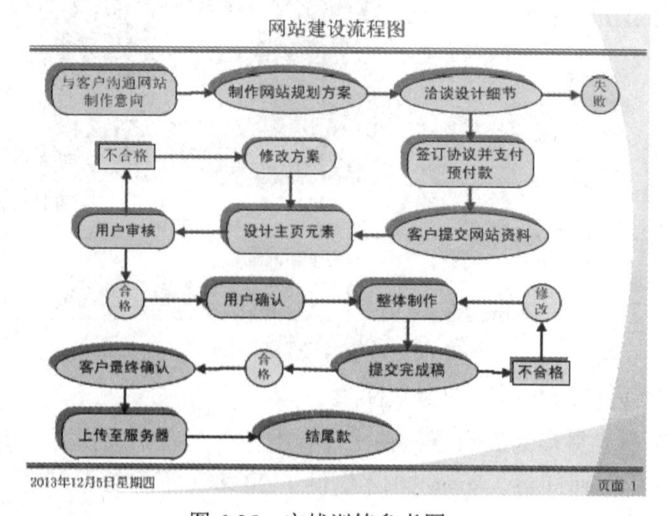

图 6-25　实战训练参考图(1)

(2) 按照给出的“售后服务流程图”(图 6-26)，在 Visio 2010 中模仿此样式绘制出来。

提示：这里“判断”框形状的圆角，可右击“形状”，在弹出的菜单中选择“格式/线条”，再在弹出的“线条”对话框中的“圆角”内，选择一种样式即可。

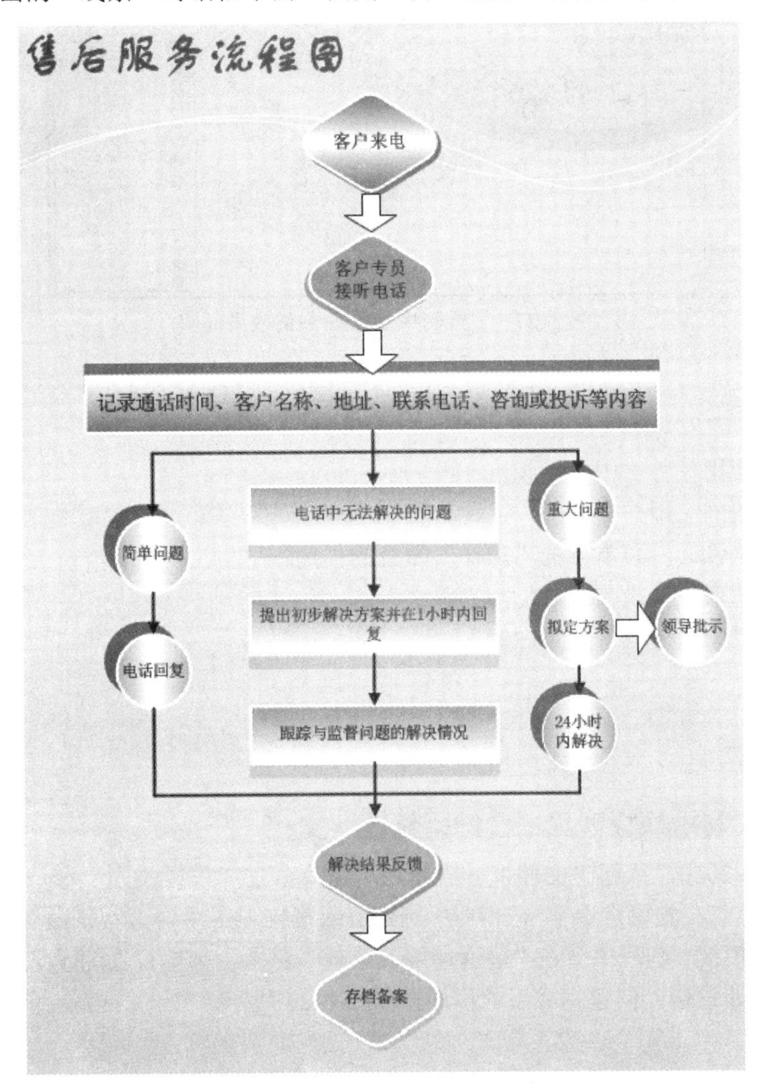

图 6-26　实战训练参考图(2)

任务 2　制作三维网络分布图

Visio 2010 为用户提供的软件模板，可为用户创建不同类型的用于记录软件系统的图表。本任务将练习使用 Visio 创建网站分布图。

三维网络分布图是以三维图表的方式显示网络内部设备分布与使用情况。通过网络分布图，可以帮助用户分析与维护已有的网络设备，最终效果样例如图 6-27 所示。

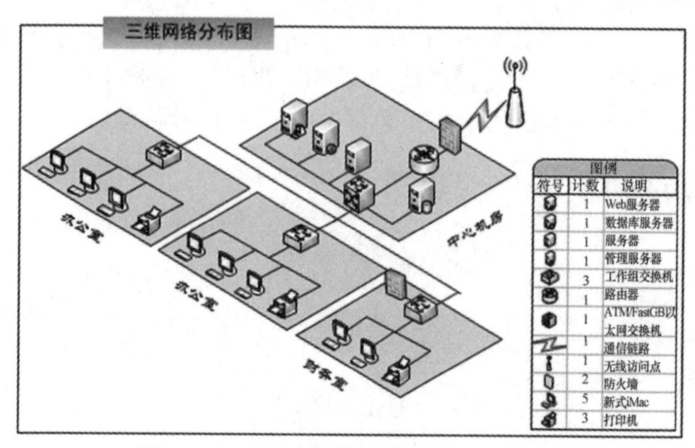

图 6-27　三维网络分布图(最终效果样例)

(1) 复习应用任务 1 中的知识点；
(2) 参考线的应用与操作；
(3) “形状设计”菜单下的“操作”命令的使用；
(4) “其他形状”模具的添加与删除；
(5) 添加“图例”与“配置图例”。

步骤 1　利用模板创建“详细网络图”文档。

启动 Visio 2010，执行“文件”→“新建”命令，在“模板类别”窗口中点选“网络/详细网络图”，在右侧窗格中单击“创建”按钮(或直接双击“详细网络图”图标。如果以前已使用过该模板，则程序会在“最近使用的模板”窗格中列出)。创建方法同任务 1 中的操作方法，此处省略。创建完成后的程序窗口如 6-28 所示。

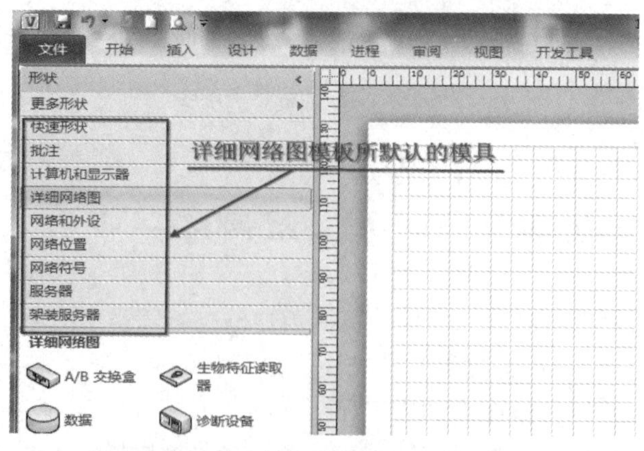

图 6-28　新建文档后的 Visio 2010 程序窗口

注：在后面的有关表述操作的过程中，如果操作方法在前面的任务中讲到或方法类似，就不再给出详细的操作示意图。以后不再做此说明。

步骤 2　借助参考线绘制平面。

1. 开启“大小和位置”浮动窗口

执行“视图”→“显示”命令，单击“任务窗格”→“大小和位置”菜单，这样在绘图窗口的左下方位置就打开了“大小和位置”的浮动窗口，如图 6-29 所示。

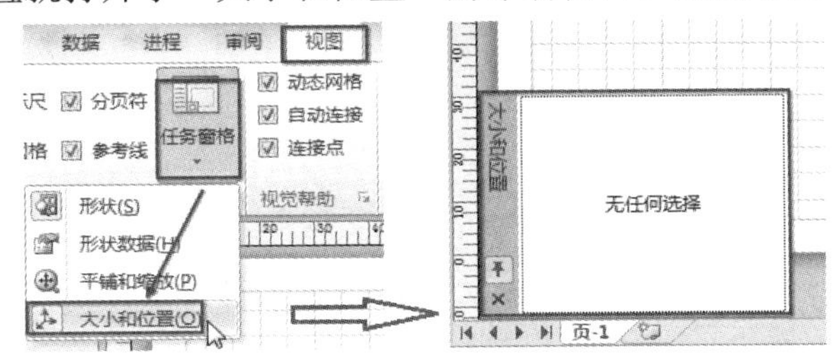

图 6-29　开启“大小和位置”窗口的方法

2. 放置参考线

(1) 在绘图窗口的左边或上边的标尺处，向窗口内拖拉出参考线(如果标尺没有出现，可在“视图”→“显示”的功能窗口勾选“参考线”项)；然后在“大小和位置”的浮动窗口中的“角度”栏输入数值 30deg；最后按回车键确认。

(2) 按住“Ctrl”键的同时，向下拖动刚创建的参考线，可复制出一条方向相同的参考线(复制的方法还有其他方式)，结果如图 6-30 所示。

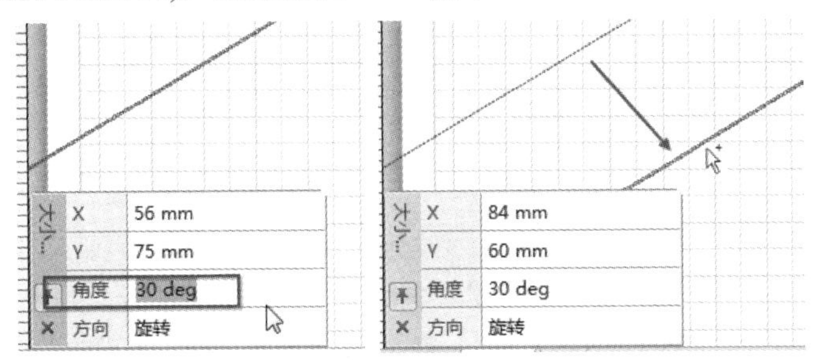

图 6-30　更改参考线角度与复制参考线方法

(3) 用上面的方法再拉出一条参考线，修改“角度”为“-30”，并复制出一条，让 4 条参考线组成一个平行四边形，结果如图 6-31(a)所示。

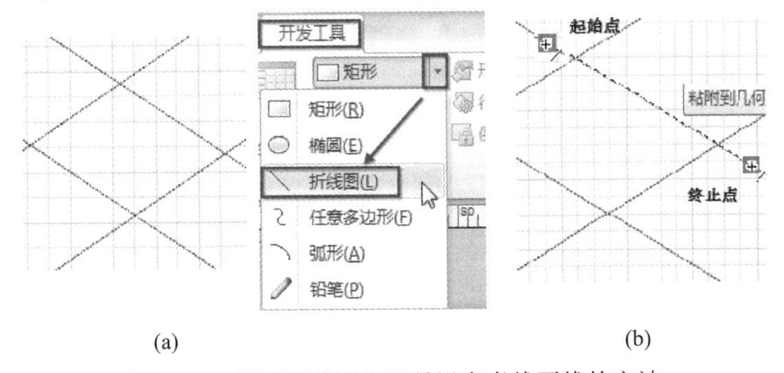

图 6-31　用“折线图”工具沿参考线画线的方法

3．绘制四边形形状

(1) 执行“开发工具”→“形状设计”命令，单击“矩形”右边的下拉按钮，选择“折线图”工具(见图 6-31)，沿参考线画直线，结果如图 6-31(b)所示。

(2) 按照上面的方法，再绘制出 3 条直线，让它们彼此相交，隐藏或删除参考线。

(3) 同时选择刚绘制出的 4 条直线，执行“开发工具”→“形状设计”→“操作”→“拆分”命令，相交的 4 条线被组成了一个平面形状，过程如图 6-32 所示。

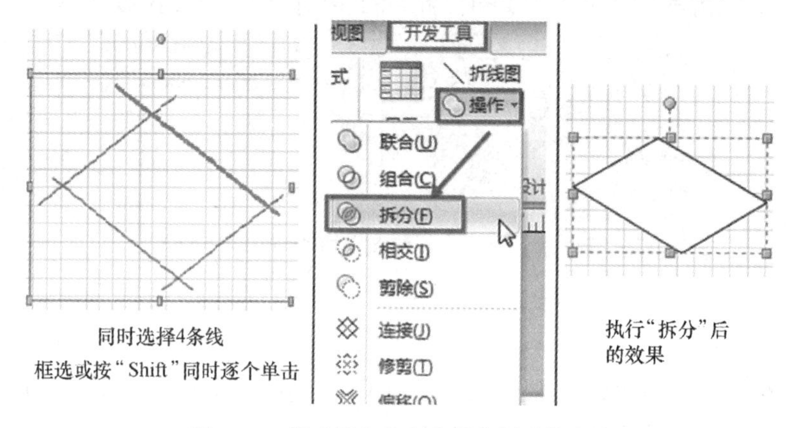

图 6-32　用“拆分”命令拆分图形的方法

4．为四边形形状更改背景色

右击四边形，在弹出的菜单中执行“格式”→“填充”命令，在弹出的“填充”对话框中，选择一种填充色，单击“确定”按钮。

步骤 3　配置中心机房设备。

1．放置“服务器”和“交换机”形状

(1) 在“形状窗口”中单击“服务器”标题切换到服务器模具，分别将服务器、管理服务器、Web 服务器、数据库服务器形状拖入到“四边形”之上，再适当调整它们的位置(可用参考线辅助对齐形状；如果图层关系不对，则可右击“形状”，在弹出的菜单中执行“置于底层”或“置于顶层”命令来调节；或者执行“开始”→“排列”→“上移一层或下移一层”命令)。

(2) 同时选择 4 个服务器，在“大小和位置”窗口内的“高度”栏内改变其数值(这里为 12 mm，这个值可以视文档尺寸而定，同时要考虑各形状的大小比例关系)，如图 6-33 所示。

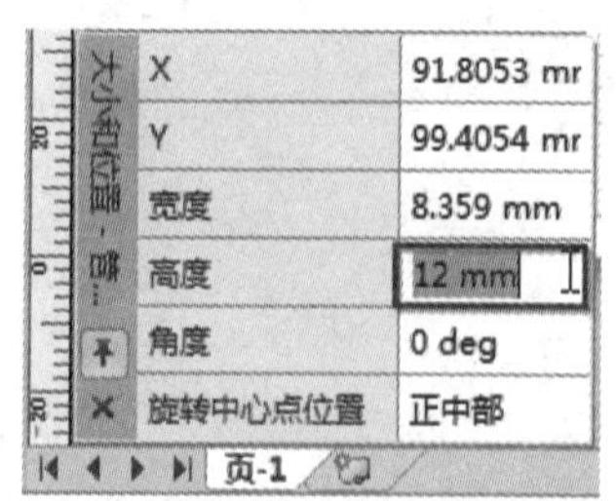

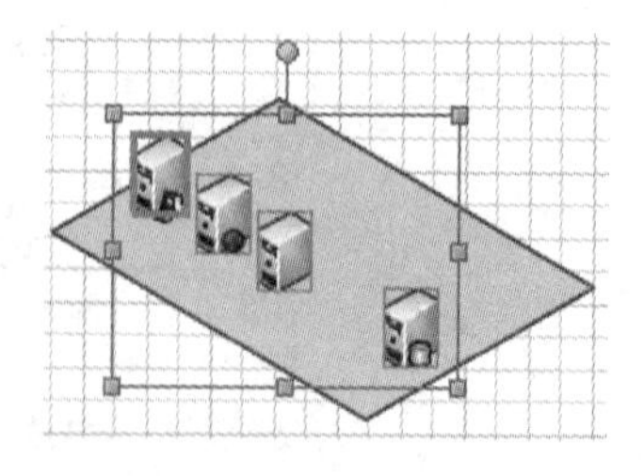

图 6-33　用参数修改形状的大小尺寸

2. 继续添加“交换机、路由器和防火墙”形状

在“形状”窗口单击“网络符号”标题，打开网络符号模具，再分别拖入“ATN/FastGB 以太网交换机”和“路由器”形状。在“网络和外设”模具中拖入“防火墙”形状，并分别修改它们的参数值大小。

步骤 4　绘制网络连接线。

(1) 为准确绘制连接线，可拖出 2 条参考线，角度分别为“30 度”和“–30 度”。选择“折线图”工具，沿参考线画两条相交直线(也可不用参考线。在画完直线后，修改其“角度”参数为 30 度或–30 度也可达到目的)。再复制出 3 条短线，分别与其他服务器相连，如图 6-34 所示。

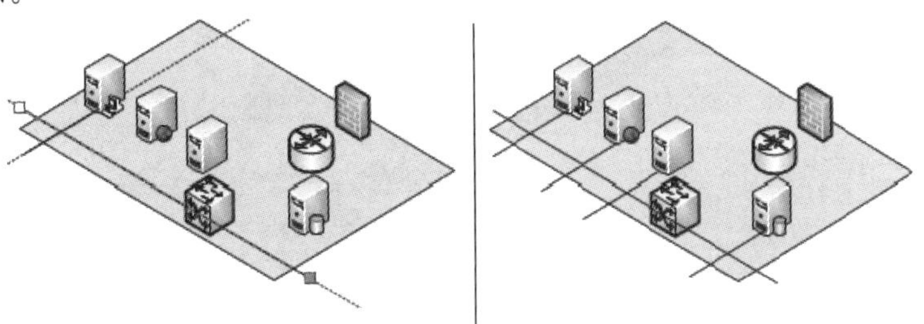

图 6-34　利用参考线辅助网络连接

(2) 选择所有的直线，执行“开发工具”→“形状设计”→“操作”→“修剪”命令，如图 6-35(a)、(b)所示。

(3) 选择多余的线段，将其删除，如图 6-35(c)所示。

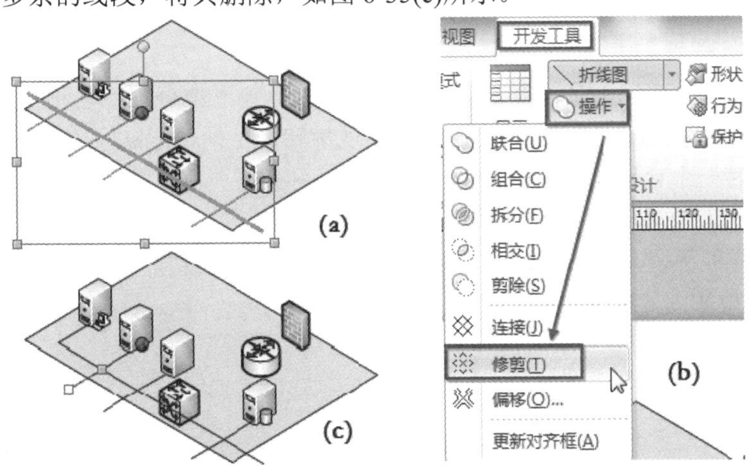

图 6-35　用修剪工具剪切相交直线

步骤 5　配置办公室和财务室的网络设备。

(1) 复制“四边形”平面形状，移动位置，并适当调整大小。

(2) 切换到“计算机和显示器”模具，分别从中拖入 3 台“新式 iMac”形状到绘图窗口；再分别从“网络和外设”和“网络符号”模具中拖出“打印机”和“工作组交换机”两个形状；将它们按摆放位置调整好，并在“大小和位置”窗口中修改尺寸大小。

(3) 用步骤 4 中所介绍的方法绘制出网络连接线。

(4) 框选刚为办公室配置的所有对象，复制粘贴，调整位置，得到下一个办公室的网络设备。这里要注意的是，这些形状不要做整体“组合”后复制，否则后面做“图例”(本任务的后面要讲到图例的概念)时，其“计数”会出现错误。

(5) 同上一步，再复制出一组设备，删除一个“新式 iMac”形状，并再拖入一个“防火墙”形状。调整好它们的位置和大小，结果如图 6-36 所示。

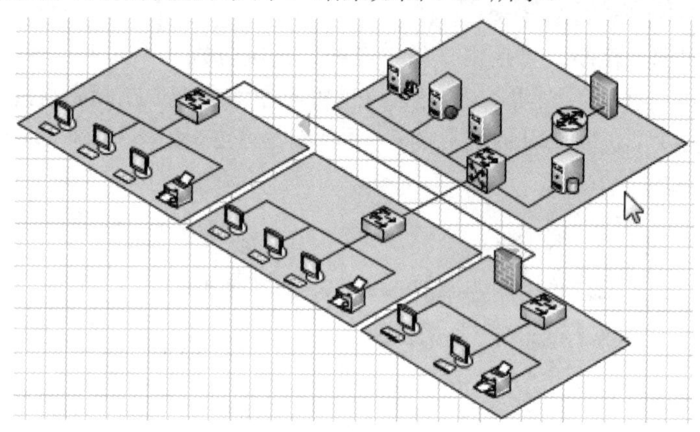

图 6-36　配置完成的室内网络设备效果图

步骤 6　添加其他设备完成外网连接。

(1) 绘制好办公室间的网络连接。方法同前。

(2) 在“网络和外设”模具中分别拖出一个“无线访问点”和“通信链路”形状到绘图窗口，调整好位置、大小。

(3) 利用“A 文本”工具，在窗口内拉出文本框，输入办公地点名称，如“办公室”，然后修改其格式。接着单击 ，文字周围出现旋转调整柄，把鼠标放在旋转柄上移动鼠标，把文本旋转一个合适的角度(当然也可在“大小和位置”窗口输入数值修改)，如图 6-37 所示。复制出一份文本，调整它们的位置。

(4) 用同样的手段，再分别输入“财务室”和“中心机房”，并调整好位置。

最后的结果如图 6-38 所示。

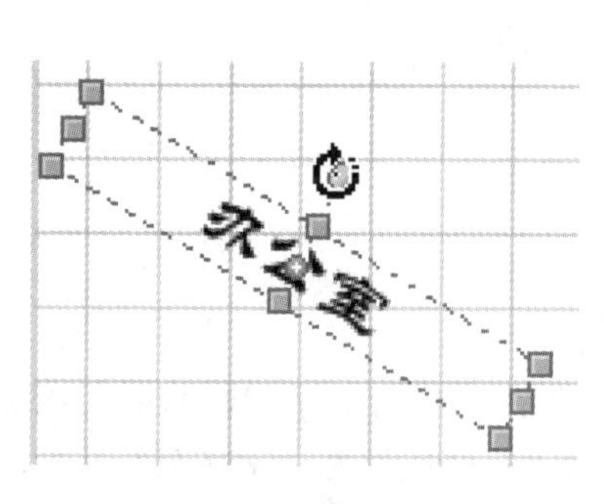

图 6-37　手动调节文本方向

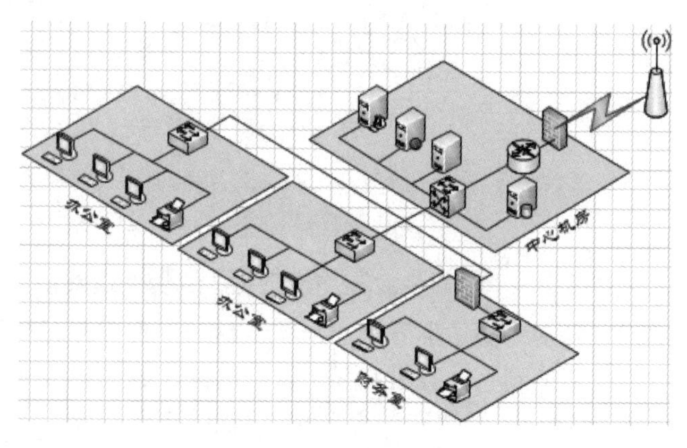

图 6-38　完成所有配置后的效果图

步骤 7　添加"图例"并配置图例。

1. 为文档创建图例

在"网络和外设"模具中拖出"图例"到绘图窗口内，这时系统会自动创建一个"图例"窗口。这里把所有不同种类的形状作为"符号"列出，所用形状的名称也在"说明"栏内详细地列出，且数量也统计在了"计数"栏中。适当调整一下其宽度和位置，结果如图 6-39 所示。

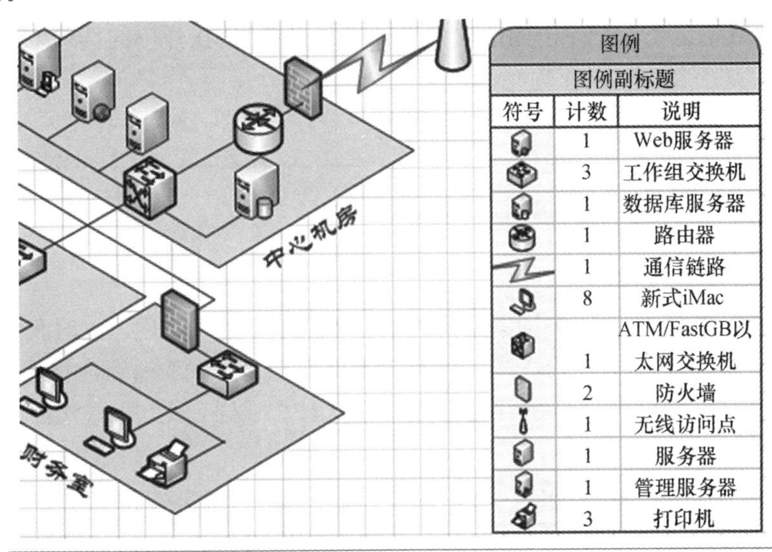

符号	计数	说明
图例		
图例副标题		
	1	Web服务器
	3	工作组交换机
	1	数据库服务器
	1	路由器
	1	通信链路
	8	新式iMac
	1	ATM/FastGB以太网交换机
	2	防火墙
	1	无线访问点
	1	服务器
	1	管理服务器
	3	打印机

图 6-39　系统自动创建的"图例"结果图

2. 配置图例

在图例上右击，在弹出的菜单中选择"配置图例"命令，打开"配置图例"对话框。在这里可以定义可见选项，调节符号在图例列表中的排列顺序(在窗口中选择一个对象，然后单击"上移"或"下移"按钮)，如图 6-40 所示。

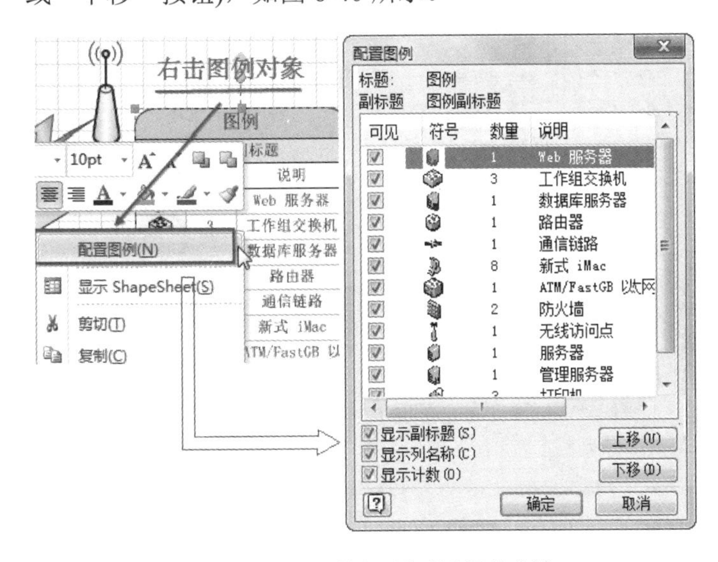

图 6-40　打开图例配置对话框的方法

读者可以按照自己的想法，选择可见显示项(这里去掉“显示副标题”的勾选)。

步骤 8　输入标题，设计背景。

(1) 为文档添加“三维网络分布图”的标题文本。设置大小、字体，调整位置。右击文本，在弹出的菜单中选择“填充”。在“填充”对话框中分别选择“颜色”“图案”和“图案颜色”，然后单击“确定”按钮。

(2) 执行“设计”→“背景”→“背景”命令，在弹出的选项中选中“实心”单击；再次执行“背景”命令，在弹出的选项中指向“背景色”，在弹出的选项中单击一种“主题颜色”。

最终结果，参看图 6-27 效果图。

❖ 知识拓展

1. 为 Visio 添加菜单项

在开始使用 Visio 时，有个别菜单可能不在“菜单”栏中出现，这时我们可以手动添加，如在菜单栏加入“开发工具”项。执行“文件”→“选项”命令，打开“Visio 选项”窗口。单击“自定义功能区”，在出现的窗口，勾选“开发工具”项，然后单击“确定”按钮，如图 6-41 所示。

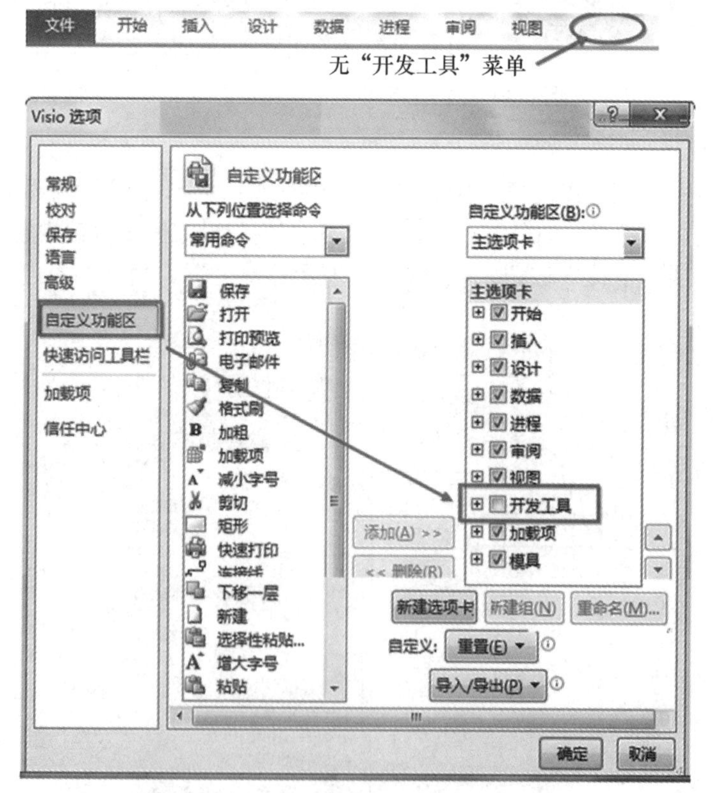

图 6-41　打开 Visio 选项设置窗口的方法

同样，如果在此取消了某项勾选，即可隐藏某菜单项。

2. 自定义功能区的位置

Visio 2010 不同于以前的窗口安排，它现在采用 Microsoft Office Fluent 界面，包含功能区。当工作时，功能区会显示出最常使用的命令，而不是将它们隐藏在菜单或工具栏下。为方便用户的个性需求，每个菜单下的功能区前后位置是可以定义的。例如，现在想把“开始”菜单下的“工具”功能区前移到“字体”功能区的前面(靠左的位置)，操作方法是：在 Visio 选项设置窗口(图 6-41)，在“自定义功能区”下的“主选项卡”下展开“开始”项，点选“工具”项，然后单击右侧的“上移”按钮，直至移到“字体”的上边即可。操作如图 6-42 所示。

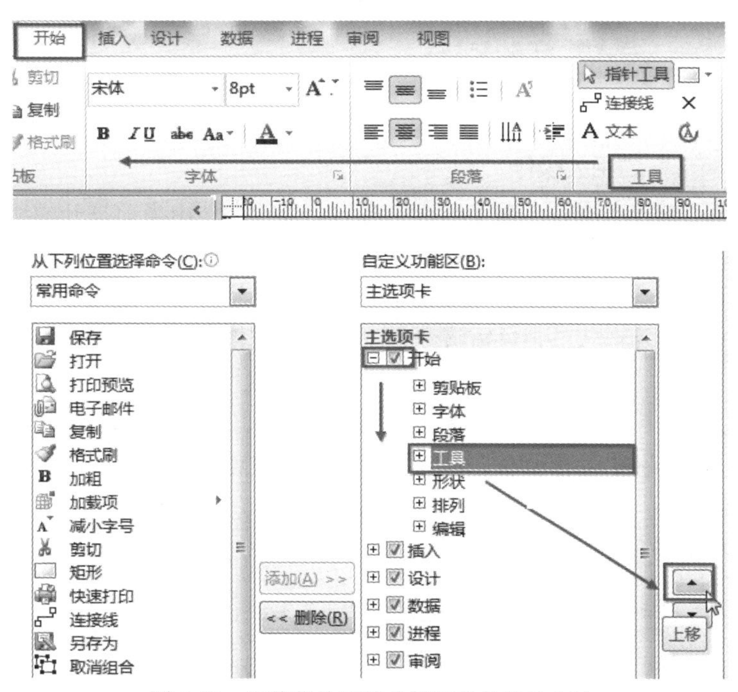

图 6-42　调整菜单下某功能区的位置的方法

Visio 2010 选项设置比较丰富，这为个性化的界面设置带来极大的方便。其选项设置方法不再讲述，读者若有兴趣可自己尝试。

3. 浮动窗口的隐藏、删除操作

Visio 2010 窗口的操作与管理非常方便，很多窗口可拖出默认区变为浮动窗口，也可设为自动隐藏，或随时关闭。现以“大小和位置”窗口为例作简单介绍。

执行“视图”→“显示”→“任务窗格”→“大小和位置”命令，打开“大小和位置”窗口，参见图 6-43。此窗口的默认位置在绘图窗口的左下方。当单击自动隐藏钮后，此窗口会自动隐藏，当光标经过它时又会自动打开。此时，按钮变为横式，当单击它后又成为显示状态。单击 可关闭窗口。当拖动此窗口时，可以将该窗口放在其他位置(不同的位置有不同的显示效果)，也可浮动在绘图窗口中，如图 6-43 所示。

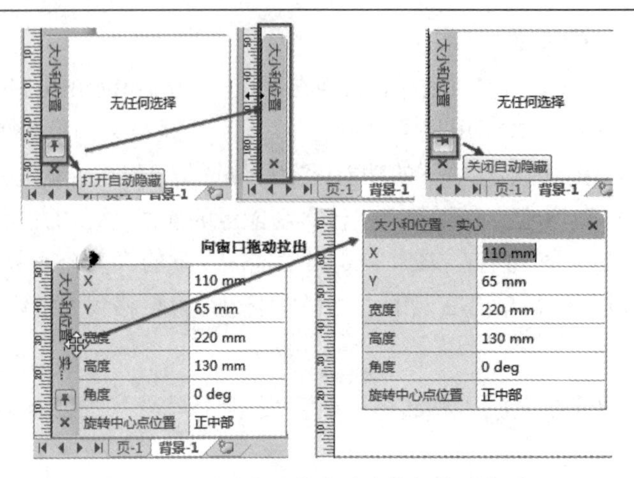

图 6-43　浮动窗口的自动隐藏与移动位置

4. 针对“模具”的相关操作

当用“模板”新建文档后，在“形状”窗口会显示文档中当前打开的所有模具，所有已打开模具的标题栏均位于该窗口的顶部。单击标题栏可查看相应模具的形状。

每个模具顶部(在浅色分割线上方)都有“快速形状”区域，在其中放置最常使用的形状。如果要添加或删除形状，则只需将所需形状拖入或拖出“快速形状”区域即可。实际上，也可以通过将形状拖放到所需的位置来重新排列模具中任意位置处形状的顺序。

如果打开了多个模具，并且每个模具都只需其中的几个形状，则可以单击“快速形状”选项卡，在一个工作区中查看所有已打开模具中的“快速形状”，这样工作起来非常方便，如图 6-44(a)所示。

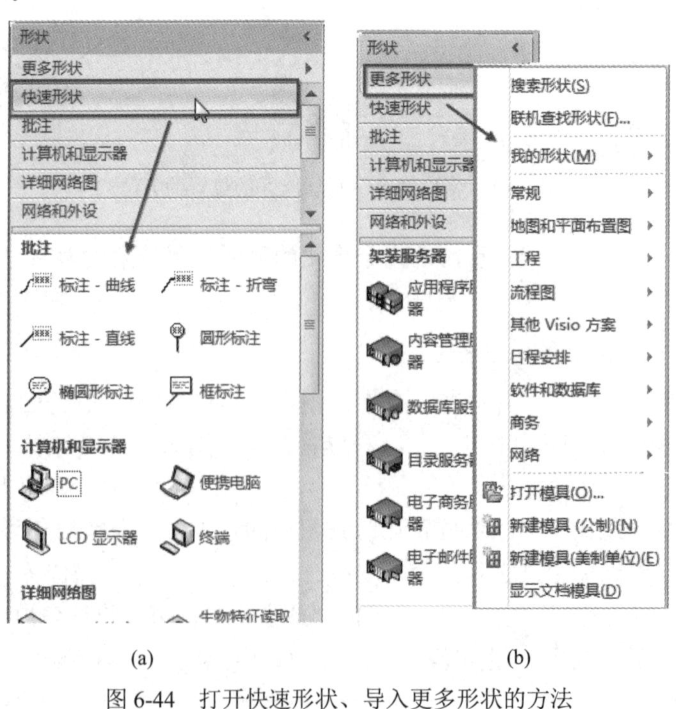

图 6-44　打开快速形状、导入更多形状的方法

(1) 查找更多形状。“更多形状”菜单在“形状”窗口最上方，单击“更多形状”弹出菜单，选择相应的菜单项就能导入新的模具。还可以“联机查找形状”，在网上下载所需要的形状，如图 6-44(b)所示。

(2) 对模具窗口、标题位置的调整。在“形状”窗口中，可以改变形状的显示方式，移动标题排列的顺序位置，以及关闭，或从原位置拖出改为浮动状态。

在模具标题上右击，在弹出的菜单中执行相关的命令，即可实现关闭、移动位置、改变形状的显示方式，如图 6-45(a)所示。

要改变标题的显示位置，也可用鼠标拖拉，当出现粗线条时松开鼠标，如图 6-45(b)所示。

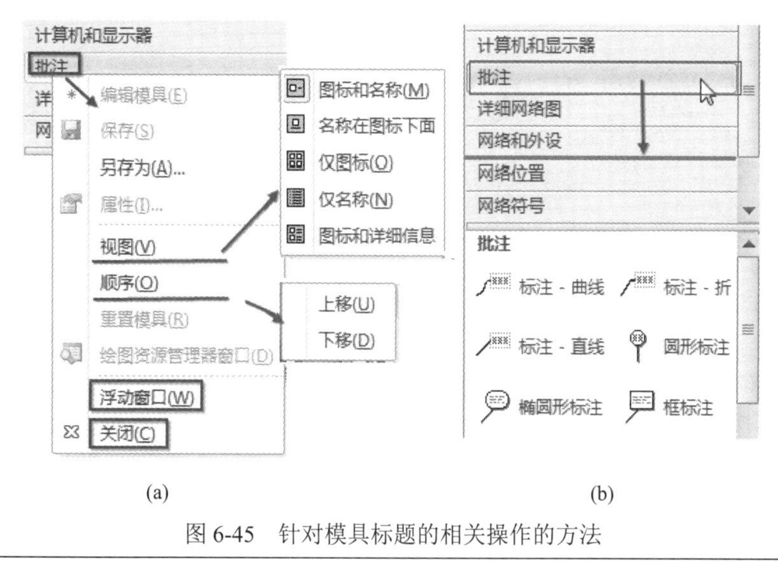

(a)　　　　(b)

图 6-45　针对模具标题的相关操作的方法

任务回顾

本任务主要学习了 Visio 2010 中如何利用绘图工具绘制形状，以及借助“形状设计”菜单下的“操作”命令制作图形的使用方法。怎样为图表文档制作“图例”，及其对它的配置。对“大小和位置”窗口的应用在任务 1 的基础上，得到更多的练习。另外在“知识拓展”部分还了解了“隐藏和关闭”浮动窗口的操作方法；如何对 Visio 2010 的选项进行设置(包括功能区的自定义调整，菜单项的添加等)以及调整“模具”在形状窗口的位置或删除、添加新模具。总之，通过完成此任务，会使读者对 Visio 2010 的使用积累更多的经验。

实战训练

(1) 按照给出的三维“网络拓扑图”(图 6-46)，在 Visio 2010 中模仿此样式绘制出来。

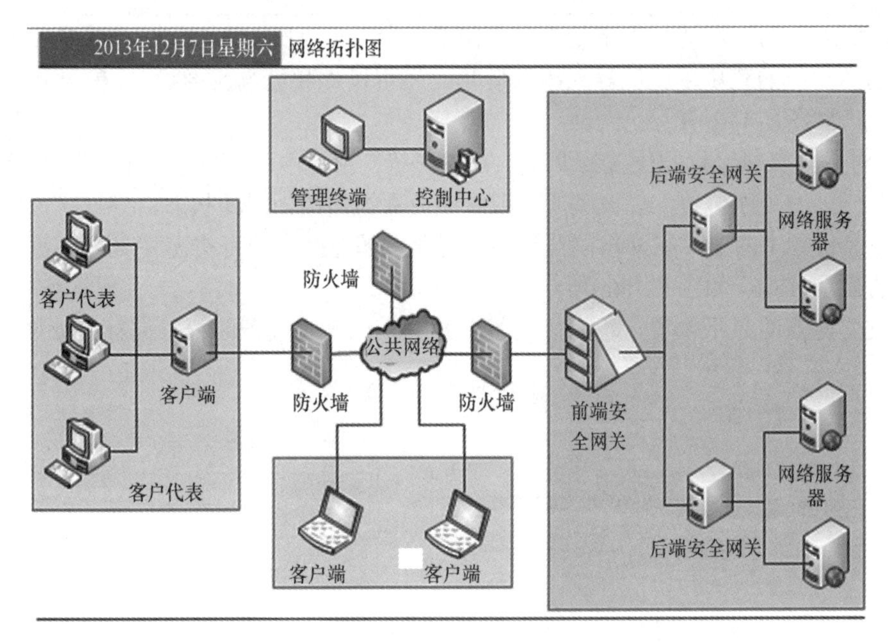

图 6-46　实战训练(1)

(2) 按照给出的“三维网络系统图”(图 6-47)，在 Visio 2010 中模仿此样式绘制出来。(提示：这里用“详细网络图”模板创建文档，再在“更多形状”→“常规”里载入“具有凸起效果的块”模具；在“更多形状”→“其他 Visio 方案”→“标注”里载入“标注”模具。除中心机房的凸起地面用绘图工具给出外，其他的凸起形状是在“凸起效果的块”中的形状通过修改填充色得到的。)

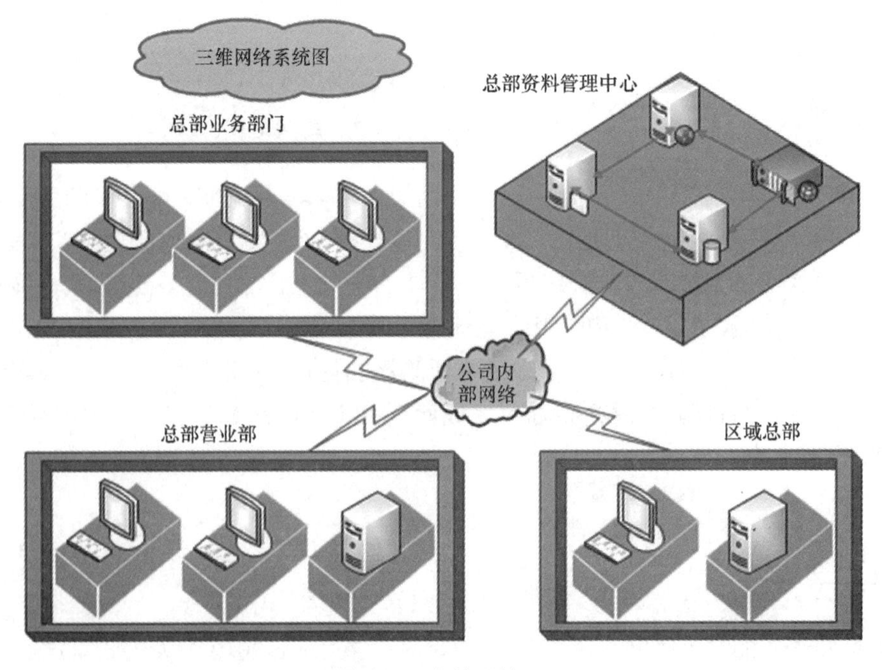

图 6-47　实战训练(2)

任务 3　绘制家居装修平面图

Visio 2010 提供的“地图和平面布置图”模板，为用户提供了丰富的用于创建各平面布置图的形状，给绘制此类图表提供了极为有效的创作条件。本任务将练习使用 Visio 绘制家居装修平面图。

在本任务中，将使用“家居规划”模板，以及利用该模板各模具中的形状对家居进行整体的设计。在设计时，首先要考虑要求什么类型的居室、房屋结构、房间分配，以及所要求家具样式等，以合理摆放布局，同时要考虑到实用性与舒适性。最终效果样例如图 6-48 所示。

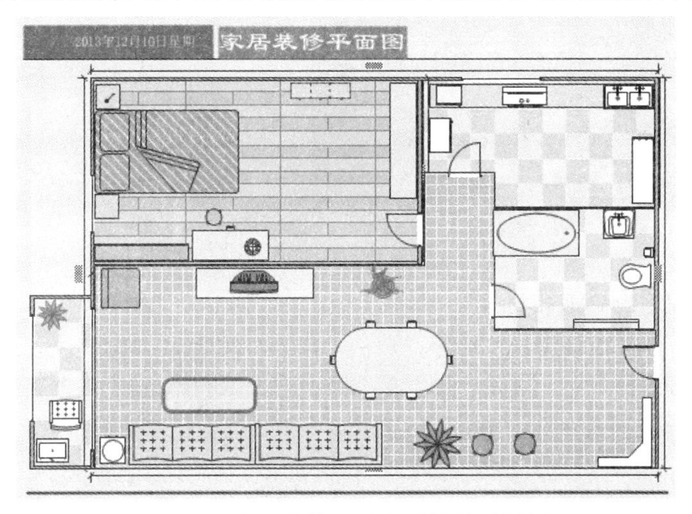

图 6-48　家居装修平面图(最终效果样例)

任务分解

(1) 复习应用任务 1、2 中的知识点；

(2) 制作墙壁，在墙壁上放置门窗；

(3) 用绘图工具绘制形状；

(4) 制作填充图以及填充图案；

(5) 利用“更多形状”追加模具或搜索模具；

(6) 形状属性的锁定与解锁。

步骤 1　利用模板创建“家居规划”设计文档。

1. 新建文档

启动 Visio 2010，执行“文件”→“新建”命令，在“模板类别”窗口中点选“地图和平面布置图”→“家居规划”命令，在右侧窗格中单击“创建”按钮(或直接双击“家居规划”图标)。创建完成后的程序窗口如图 6-49 所示。

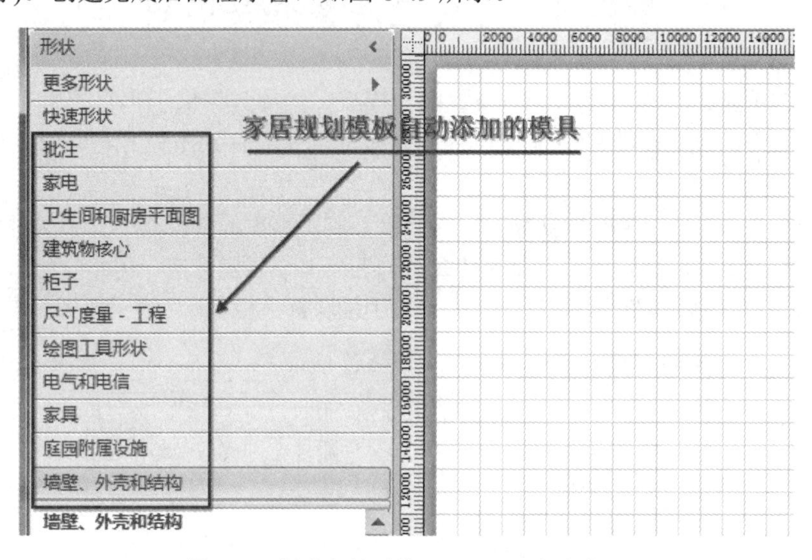

图 6-49　新建文档后的 Visio 2010 程序窗口

2. 定义页面(绘图缩放比例)

执行“设计”→“页面设计”命令，单击“启动”按钮弹出“页面设置”对话框。激活“绘图缩放比例”选项卡，选择“预定义缩放比例”下的“公制”，点开“比例”选项，选择一个适合的比例值(这里选 1∶100)。最后单击“确定”按钮退出对话框，如图 6-50 所示。

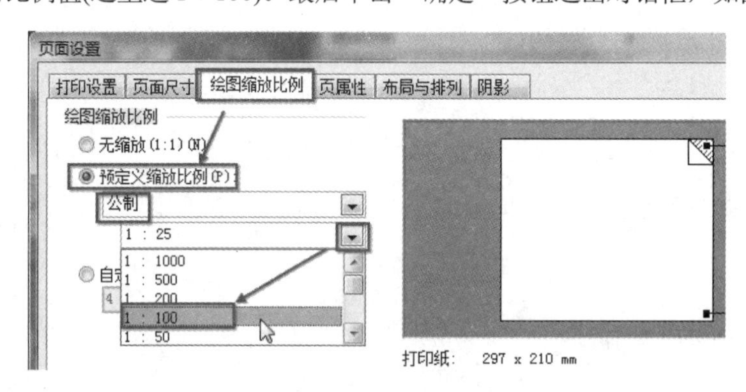

图 6-50　设置绘图缩放比例的方法

步骤 2　制作墙壁。

(1) 在“墙壁、外壳和结构”模具中，向绘图窗口拖入“空间”形状，依据住房大小调整其尺寸与位置，再拖入一个“空间”形状放在刚才形状的左上角(依据卧室大小调整尺寸)。选择刚才创建的两个“空间”形状。

(2) 执行“开发工具”→“形状设置”→“操作”菜单下的“组合”命令，接着(不要取消选择)执行“计划/计划”→“转换为背景墙”，弹出“转换为墙壁”对话框。

(3) 在“转换为墙壁”对话框中选择“外墙”项，并在“设置”项上勾选“添加尺寸”，最后单击“确定”按钮，如图 6-51 所示。

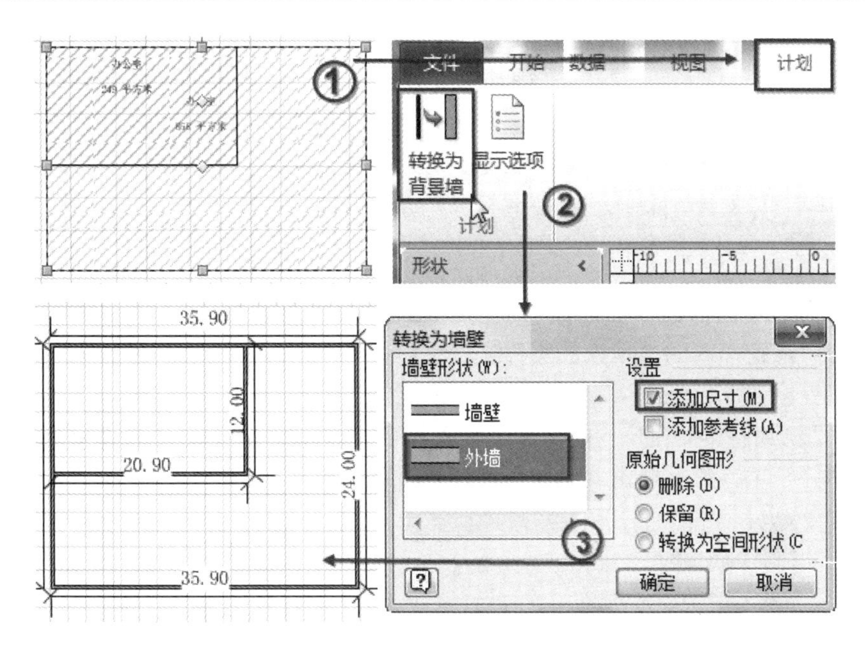

图 6-51　制作外墙的操作方法

步骤 3　制作隔间墙和阳台。

(1) 在“墙壁、外壳和结构”模具中，向绘图窗口拖入几个“墙壁”形状，组成房内厨房和卫生间的“隔墙”。

(2) 拖入 3 个“外墙”形状组成阳台，如图 6-52(a)所示。

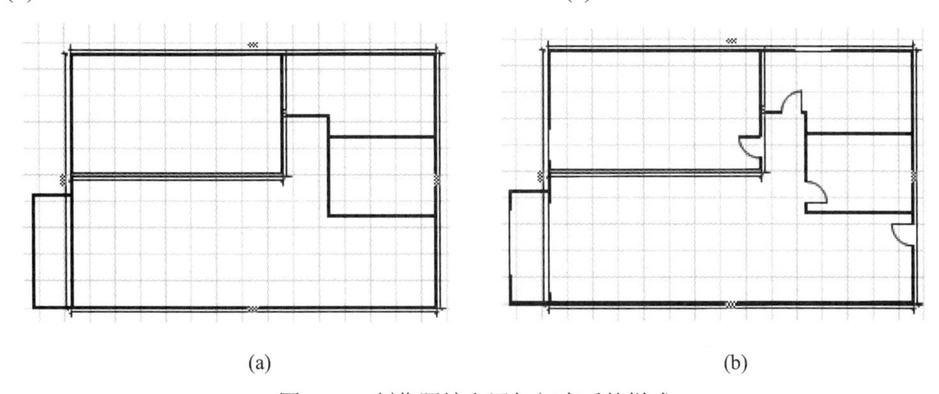

(a)　　(b)

图 6-52　制作隔墙和添加门窗后的样式

注：拖入“墙壁(或外墙)”形状后，可拖拉两端的调整柄调节方向、长度。当墙在拖动中与其他墙相遇时出现红色的方形标志，表明已正确连接。

步骤 4　添加门和窗户。

(1) 在“墙壁、外壳和结构”模具中，向需要设门的墙上放置“门”形状。

(2) 在“墙壁、外壳和结构”模具中，向需要设窗户的墙上放置“窗户”形状，在阳台的外墙上放入“门式窗”形状，调整好它们的大小与位置。最终效果如图 6-52(b)所示。

注：当“门”或“窗户”被拖到某墙上时会出现粗红色的方形标志，表明已成功吸附。拖拉两端红色方块调整门的宽度。如果门的开启方向不对，则可将鼠标放在红色圆形调整柄上拖拉，这样可改变门的开启方向，将鼠标放在黄色的菱形手柄上拖拉可改变门的开启角度。若要精确调节大小，则可在“大小和位置”窗口内输入具体的参数值。

步骤 5　为客厅制作地板效果。

1. 制作地板图案

(1) 点开菜单“开发工具”，在“显示”→“隐藏”功能区勾选“绘图资源管理器”，打开此窗口；在窗口内的“填充图案”文件上右击，单击弹出的“新建图案”命令，弹出“新建图案”窗口。

(2) 在“新建图案”窗口内的名称中输入“客厅地砖”，并确定已选“填充图案”项和“行为”的第一项，最后单击“确定”按钮。过程如图 6-53 所示。

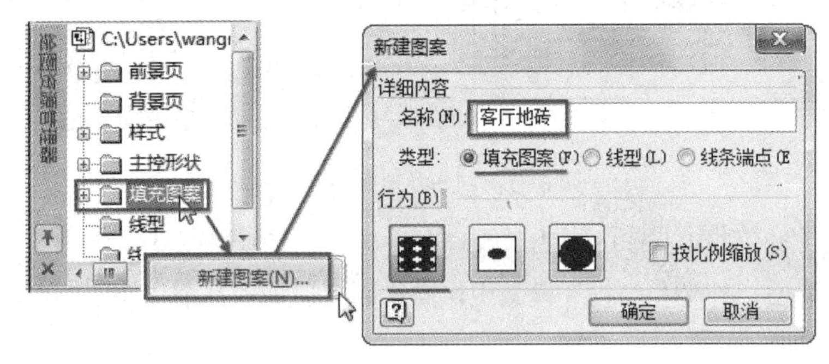

图 6-53　创建客厅地砖填充图案文件

(3) 在“绘图资源管理器”窗口内右击新创建的“客厅地砖”，在弹出的菜单中选择“编辑图案形状”命令。此时绘图窗口打开一个新页面。

(4) 在新页面中用绘图矩形工具绘出一个填充图案(为矩形设置填充样式：选择颜色、图案、图案颜色)。注意图案的大小比例，以决定将来在你的文档图表中的显示是否合适。

(5) 关闭此文件窗口，此时系统弹出“保存”对话框。单击“确定”按钮后，回到绘图窗口。

操作过程如图 6-54 所示。

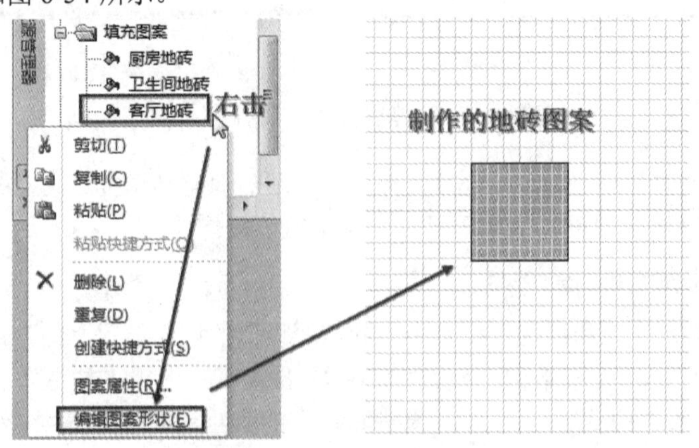

图 6-54　制作客厅地砖的方法

2. 为客厅铺设地砖

(1) 在“形状”窗格中单击“更多形状”，在弹出的菜单中选择“常规/基本形状”，为文档添加“基本形状”模具。

(2) 在基本形状模具中，分别拖入 3 个“矩形”形状，用它们拼出客厅地面的外形。

(3) 在每个矩形上右击，在弹出的菜单中选择“置于底层”命令(让它们置于墙之下)。

(4) 同时选中 3 个矩形形状，执行“开发工具”→“形状设计”→“操作”→“联合”命令，如图 6-55 所示。

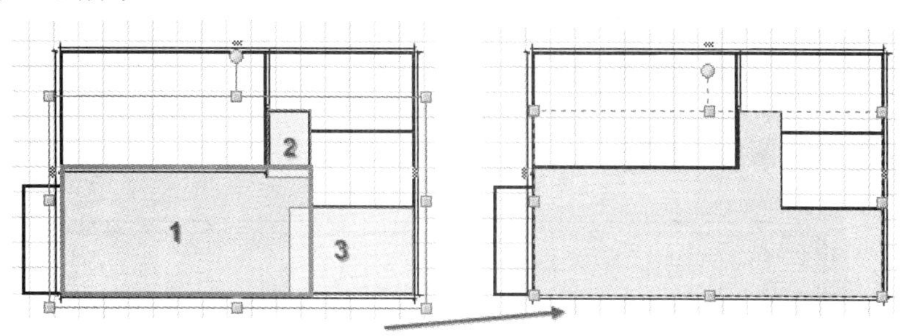

图 6-55　用操作命令联合成客厅形状

(5) 保持联合后的形状在选择状态，执行“开始”→“形状”→“填充”→“填充”选项打开“填充”设置窗口(也可右击，选择“格式”→“填充”命令)，将“图案”选择为“客厅地砖”。可在“预览”窗口看到所选图案的填充效果，最后单击“确定”，如图 6-56 所示。

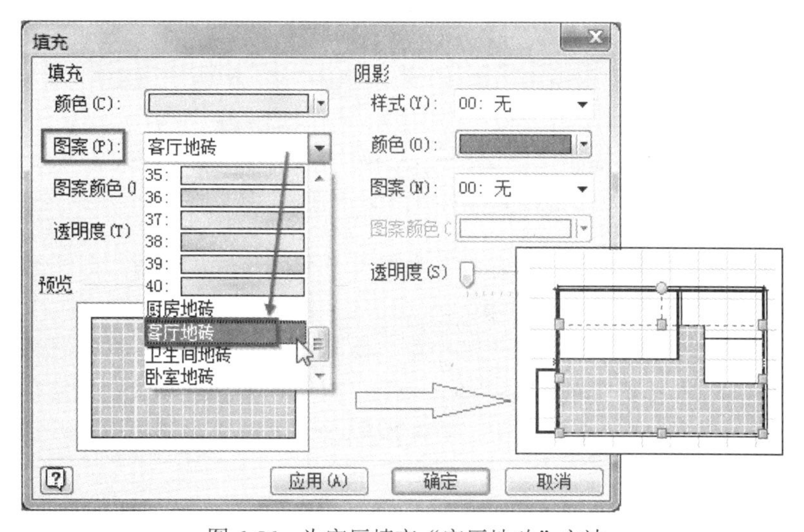

图 6-56　为客厅填充“客厅地砖”方法

步骤 6　分别为卧室、厨房和卫生间制作地板。

按照步骤 5 的方法，分别为卧室、厨房和卫生间制作地砖图案，再分别为它们制作“地面”形状，然后分别把制作的地砖图案为它们填充好。所制作的各地砖填充图案效果如图 6-57 所示。

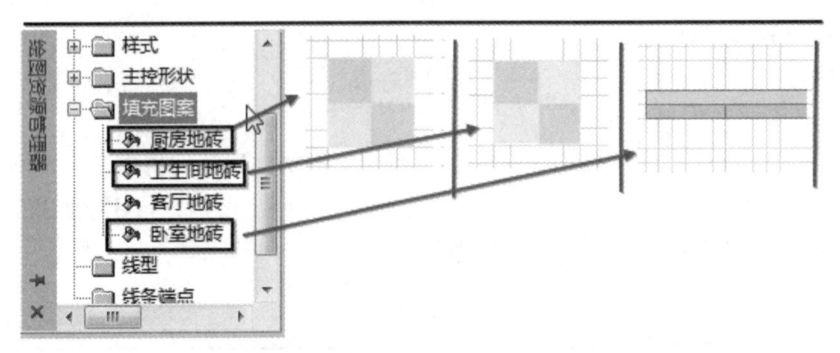

图 6-57　制作的各地砖填充图案效果

最后的填充效果图如图 6-58 所示。

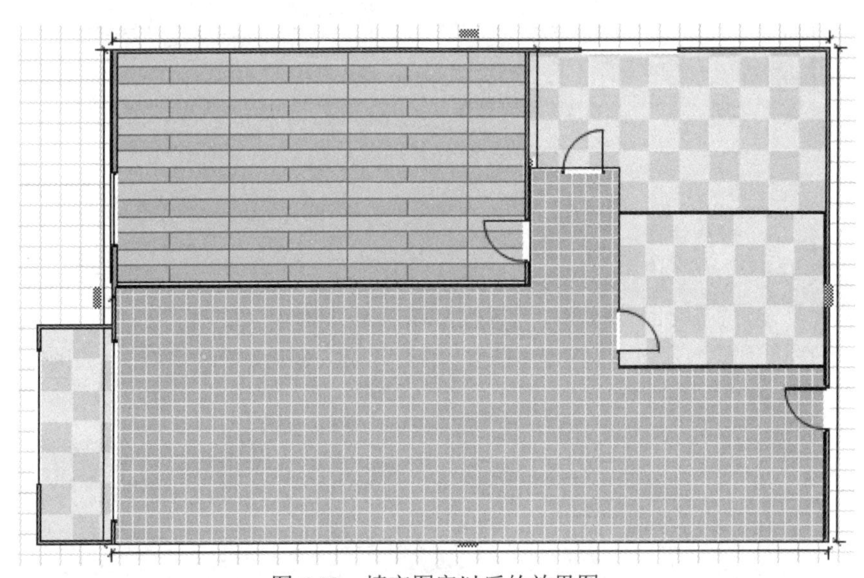

图 6-58　填充图案以后的效果图

注：① 如果自己绘制的作为填充的图案是由多个图形所构成的，则注意一定要将它们设为一个组，否则填充时会出现错误。

② 填充后如果比例效果不合适，则可在“绘图资源管理器”窗口的“填充图案”下双击对应的地砖名称，重新进入绘制图案的页面，对原图案进行缩放；关闭窗口(当提示保存时要单击“保存”)；回到绘图窗口后观察效果(当填充图案更新后，形状的填充效果也会自动更新)。

步骤 7　为卧室添加家电、家具。

(1) 在形状窗口内切换到“家具”模具，向卧室内拖入“可调床”形状。调整其大小、方向和位置，并对其“填充”格式进行设置。如果发现调整柄为灰色，则表明形状的某些属性被保护性锁定了。此时选择该形状，执行“开发工具”→“形状设计”→“保护”命令，在打开的“保护”对话框中取消被保护的选项。同样，如果想使已设计的形状防止误操作，则可以对其某些属性进行锁定。操作方法如图 6-59 所示。

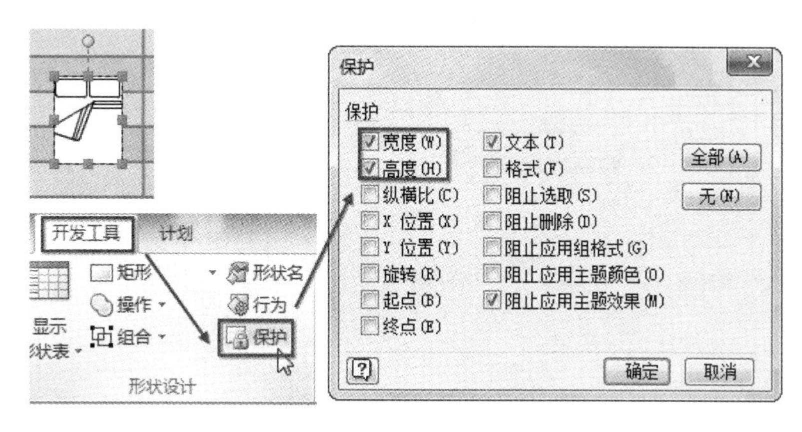

图 6-59　形状属性的保护与解锁操作

(2) 继续向卧室内拖入“床头柜、书桌、书柜、衣橱和三联梳妆台”等形状，并调整颜色、大小和位置。

(3) 添加床头灯或桌灯。在“家电”模具中，没有找到“桌灯”形状。这时需要把“灯”的形状添加到“形状”窗口中，但一时可能很难找到加载的位置，这时就可使用“搜索”功能。如果形状窗口内没有“搜索”栏，则可单击“更多形状”，选择“搜索形状”，此时在“形状”窗口的最上方出现了“搜索”栏，输入“灯”，单击搜索按钮，程序就调出了“灯”相关的形状，如图 6-60 所示。

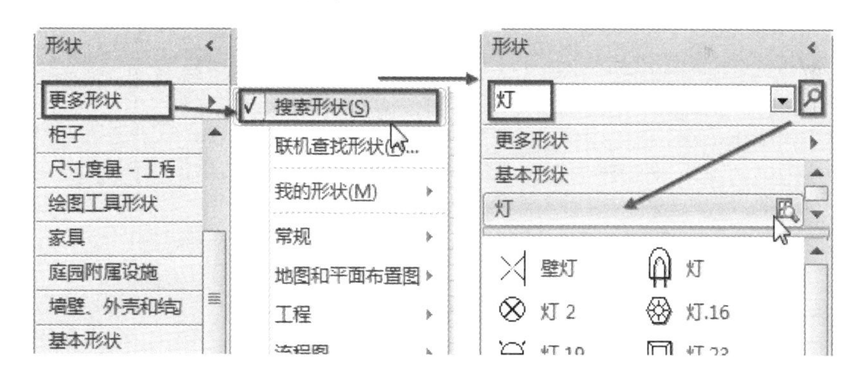

图 6-60　利用搜索载入形状的方法

步骤 8　在客厅添加家具、家电。

1. 添加家具

将“形状”窗口切换到“家具”模具。在此把客厅所需要的家具形状(沙发、长沙发椅、柜子、椭圆形餐桌等)分别拖入，调整其大小、位置，更改它们的线条、颜色、填充等样式。右击“形状”，在弹出的菜单中选择“格式”→“线条、填充”分别进入调整即可，操作方法与上述相似。

下面以添加的“矩形桌”为例介绍操作过程，读者根据自己的喜好修改其他形状。

在家具模具中拖入“矩形桌”形状并调整其大小。下面讲述修改它的格式。

(1) 在其上右击，选择“格式”→“线条”进入“线条”设置对话框，如图 6-61 所示。在对话框中分别修改线端、圆角的属性，最后单击“确定”按钮。

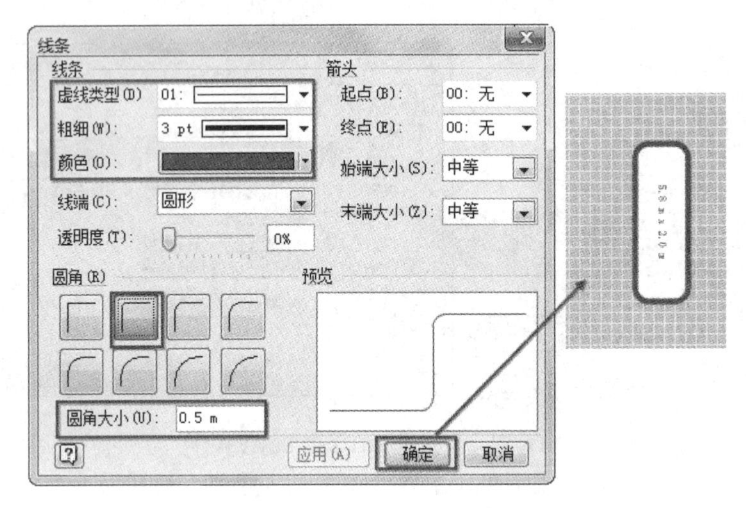

图 6-61　设计形状线型的操作的方法

(2) 采用同样的方法进入“填充”设置对话框，如图 6-62 所示。在对话框中分别修改填充颜色及透明度的值(让其有玻璃的效果)，最后单击“确定”按钮。

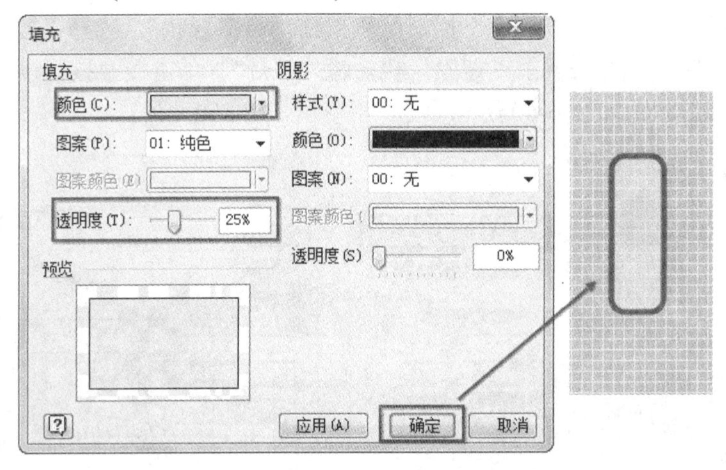

图 6-62　设置形状填充方式的操作方法

(3) 在默认状态下，某些形状内有标注尺寸的文本，如果感觉有损美观，则可选择中间的黄色菱形将其拖出形状外面，或双击后清空文本内容。

2. 添加家电和花等形状(如饮水机、电视机等)

操作过程略，读者自己完成。

步骤 9　为厨房添加家具、炉灶、水池、冰箱、电磁炉等形状。

步骤 10　为卫生间添加抽水马桶、浴缸、沐浴间、台面水池等形状。

步骤 11　为阳台添加盆、躺椅等形状。

步骤 12　为室内添加一些装饰类的形状，如小型植物、室内植物等。

步骤 13　最后为文档设置背景，制作标题等。

最终效果图参看图 6-48。

实战训练

按照给出的三维“办公室平面设计图”(图 6-63)，在 Visio 2010 中模仿此样式绘制出来。

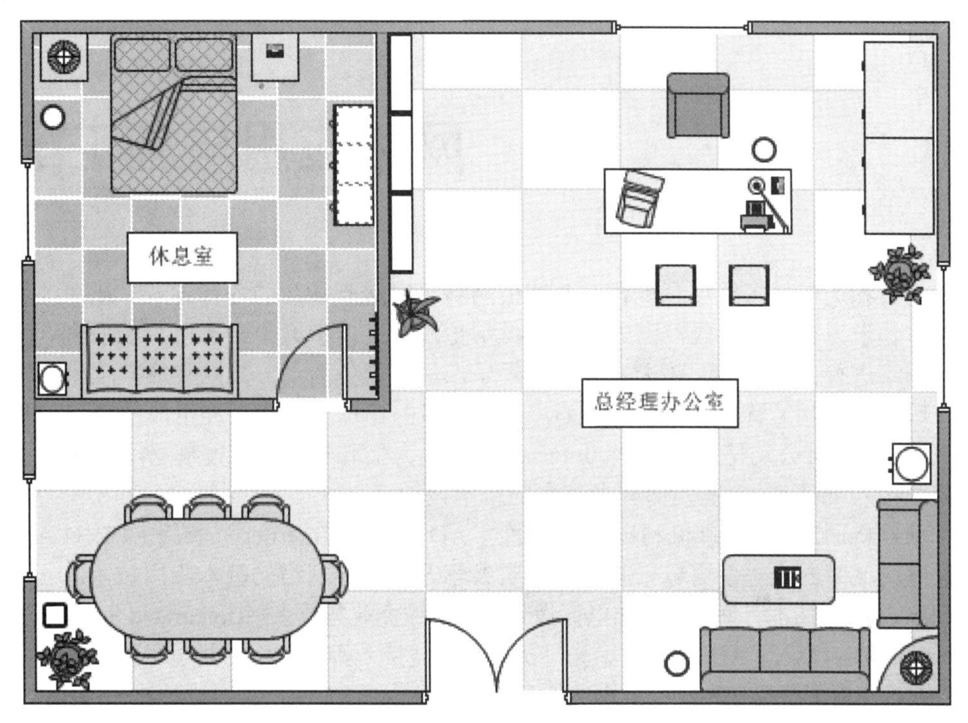

图 6-63　“办公室平面设计图”参考图

技能项目 7

网络应用与施工配置

计算机和通信技术发展到现在，计算机网络已渗透到社会的各行各业，正在改变着传统的工作、学习和生活方式，已成为人们日常生活和工作学习中必不可少的内容。人们可以通过网络进行信息查询、聊天、购物、娱乐，从事商务活动，共同完成某项事务等各种任务。国际互联网又称因特网(Internet)，是由众多的计算机网络互连组成的全世界最大的计算机网，是一种公用信息的载体。Internet 已成为人们和社会生存发展必不可少的基础设施，因此接入 Internet 也是人们应当掌握的基本技能。

本项目将通过任务“单机利用电话线通过 ADSL 接入 Internet”“利用 FTTx+LAN 技术建立家庭局域网”及“使用电子邮件”来实践学习计算机网络的基本应用技术。

Internet 接入技术有许多种，如电话拨号接入、综合业务数字网(Integrated Services Digital Network，ISDN)接入、ADSL 接入、光纤接入、专线接入等。我们主要学习利用 ADSL 宽带拨号接入、家庭无线局域网的建立两方面的内容。

任务 1　单机利用电话线通过 ADSL 接入 Internet

ADSL(Asymmetric Digital Subscriber Line)称为非对称数字用户线路。所谓非对称是指因为上行(从用户到电信服务提供商的方向，如上传动作)和下行(从电信服务提供商到用户的方向，如下载动作)带宽不对称，即上行和下行的速率不相同，它采用频分复用技术把普通的电话线分成了电话、上行和下行 3 个相对独立的信道，从而避免了相互之间的干扰。即使边打电话边上网，也不会发生上网速率和通话质量下降的情况。

本任务的最终目的就是通过普通的电话线利用 ADSL 技术把个人计算机接入 Internet，以达到能上网享受网络中无穷无尽的资源的目的，并同时不影响电话的使用。这种技术目前还在广泛使用，虽然在技术上与光纤、无线接入相比较为落后，但通过这个任务的实践，能使读者更深入地理解网络技术。

任务分解

(1) 了解 ADSL 宽带接入技术；

(2) 掌握 ADSL Modem 的安装方法；

(3) 掌握宽带连接的设置方法。

硬件需求：装有 Windows 7 操作系统的 PC 1 台、电话线路 3 条、ADSL Modem 1 台、语音分离器 1 个、网线(双绞线)1 根。

拓扑结构：首先，单机要想接入 Internet，需到当地电信或联通、移动等互联网服务提供商(ISP)的相关部门，申请上网账号和密码。申请时互联网服务提供商一般会提供 ADSL Modem 和语音分离器及相应电话线，然后按图 7-1 所示拓扑结构把相关设备连接起来。

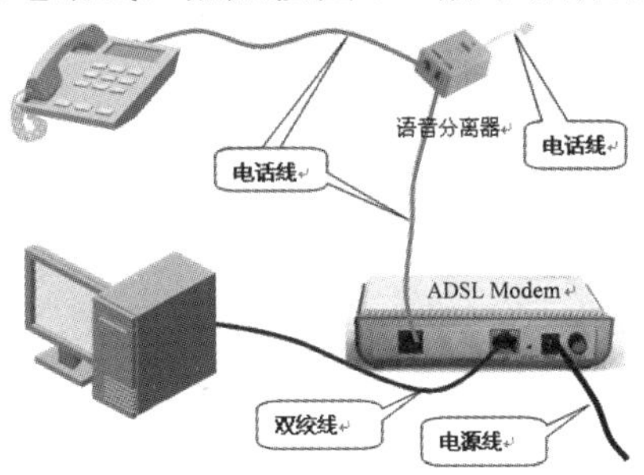

图 7-1　ADSL 连接拓扑图

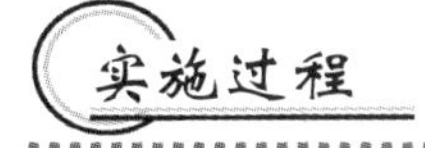

步骤 1　硬件安装与连接。

按照图 7-1 所示的拓扑结构，把硬件设备正确地连接好。具体的连接过程与关键点及其注意事项如下：

(1) 语音分离器的 Line 端口连接电话外线，Phone 端口连接电话机，Modem 端口连接 ADSL Modem 的 DSL 端口。

(2) 用直通双绞线连接 ADSL Modem 的 Ethernet 端口和计算机网卡。

(3) 打开 ADSL Modem 电源，如果 ADSL Modem 上的 LAN-Link 指示绿灯亮，则表明 ADSL Modem 与计算机硬件连接成功。

步骤 2　建立虚拟拨号连接。

(1) 右击桌面上的“网络”图标，从弹出的快捷菜单中单击“属性”菜单项，打开“网络和共享中心”窗口，如图 7-2 所示。

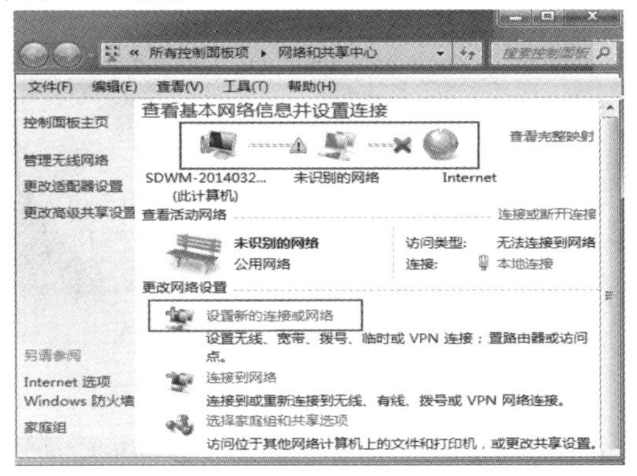

图 7-2　“网络和共享中心”窗口

(2) 在该窗口中，单击“设置新的连接或网络”选项，打开“设置连接或网络”对话框，如图 7-3 所示。选择“连接到 Internet”后，单击“下一步”按钮，打开“连接到 Internet”方式选择窗口，如图 7-4 所示。

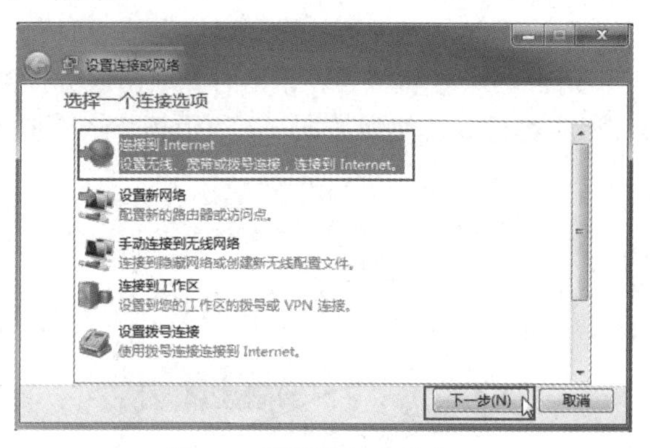

图 7-3　网络设置选项窗口

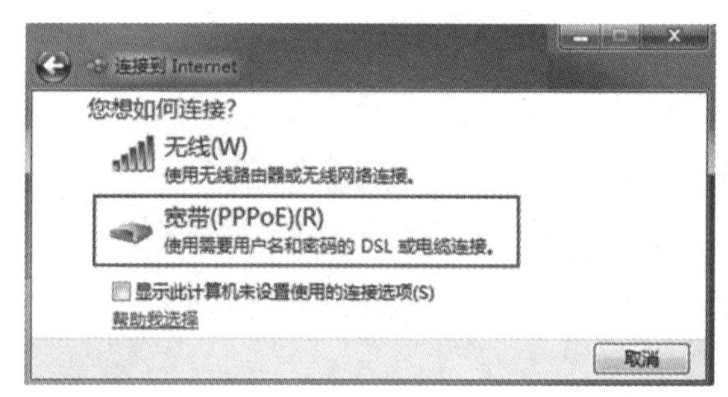

图 7-4　“连接到 Internet”方式选择窗口

(3) 单击“宽带(PPPoE)(R)”选项，弹出“连接到 Internet” 键入信息对话框，如图 7-5 所示。

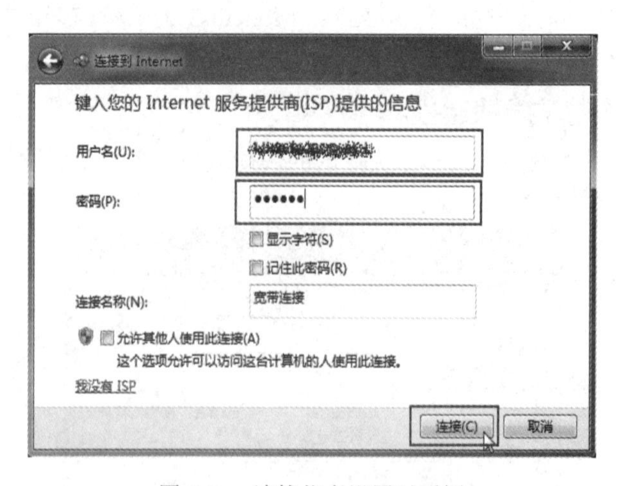

图 7-5　连接信息设置对话框

(4) 在对应的文本框内键入从互联网服务提供商(ISP)申请到的网络账号(用户名)和密码。完成后单击“连接”按钮，系统会弹出“连接到 Internet”窗口 ，提示“正在连接到宽带连接...”。连接成功后将自动弹出“您已连接到 Internet”提示窗口，如图 7-6 所示。

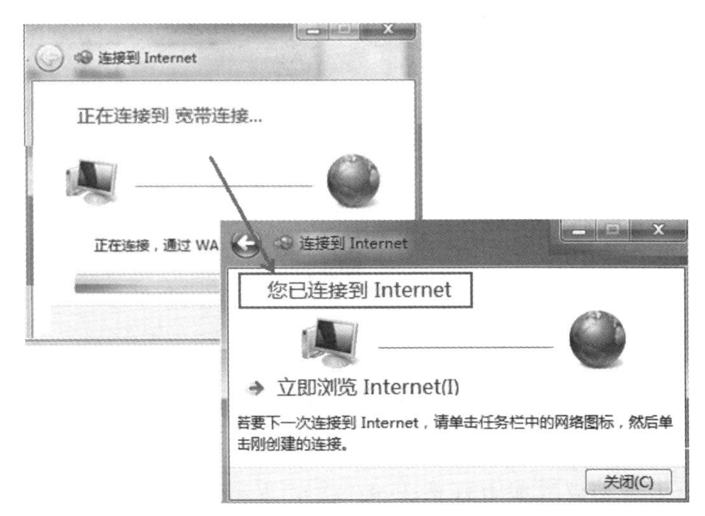

图 7-6　连接到 Internet 完成提示框

(5) 单击“关闭”按钮后，再查看“网络和共享中心”窗口，即可看到网络连接到 Internet 窗口中的“×”消失了。至此，网络连接完成，已可正常上网，如图 7-7 所示。

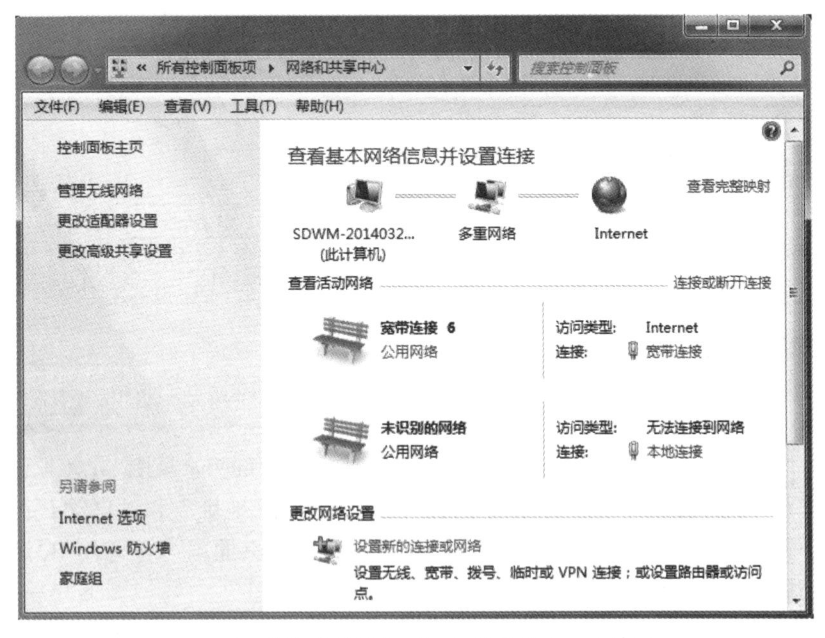

图 7-7　连接成功后的“网络和共享中心”窗口

步骤 3　为计算机分配动态 IP 地址。

(1) 在 Windows 7 桌面上，用鼠标右击“网络”图标，选择“属性”菜单项，打开“网络和共享中心”窗口，如图 7-7 所示。

(2) 单击“网络和共享中心”窗口左边的“更改适配器设置”选项，则进入“网络连接”显示窗口，如图 7-8 所示。

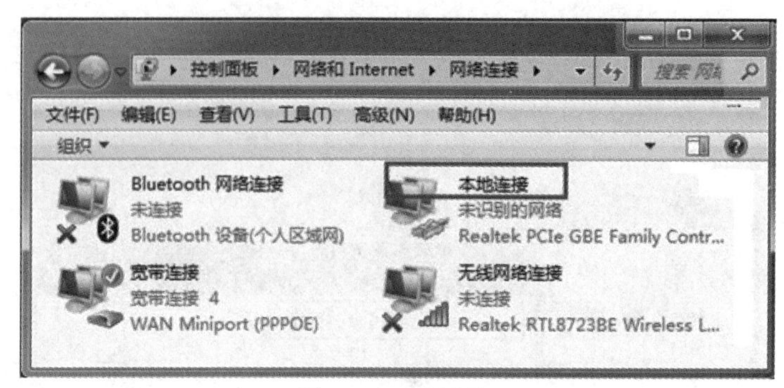

图 7-8　网络连接

(3) 在窗口中鼠标右键单击“本地连接”，在弹出的快捷菜单中选择“属性”，打开“本地连接 属性”对话框，如图 7-9 所示。

(4) 选择“Internet 协议版本 4(TCP/IPv4)”后，单击“属性”按钮，打开 TCP/IPv4 属性对话框，如图 7-10 所示。

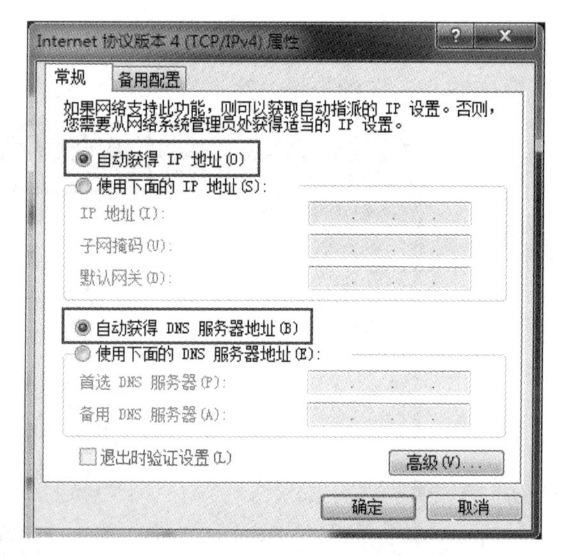

图 7-9　“本地连接属性”对话框

图 7-10　Internet 属性：IP 地址设置窗口

(5) 在 TCP/IPv4 属性对话框中分别选择“自动获得 IP 地址”和“自动获得 DNS 服务器地址”选项，然后单击“确定”按钮。关闭该窗口返回桌面即可正常用 IE 浏览网页了。

注：在计算机网络中，多台计算机要进行相互通信，彼此之间就要遵守一定的通信规则和约定，这种为计算机网络中多台计算机进行数据交换而建立的规则、标准或约定的集合，我们称为网络协议。TCP/IP 协议是目前国际互联网上使用的核心协议，IP 是 TCP/IP 协议族中的网络层协议。目前 IP 协议的版本号有 IPv4 和 IPv6 两个版本，两种版本有许多不同，而最大的不同是 IP 地址的容量不同，目前使用最多的还是 IPv4。

① IPv4 地址由 32 位的二进制数组成，最多有 232 个 IPv4 地址。每 8 位为 1 段，共分为 4 段，也就是 4 个字节，段间用“.”分隔。为了使 IP 地址更易于阅读，通常用十进制数表示，如 213.12.221.3。这种表示法被称为“点分十进制”法。

② IPv6 的地址有 128 位长度，共有地址数为 2128 个，这样大的地址空间，基本解决了 IPv4 地址不足的问题，IPv6 不再像 IPv4 那样采用“点分十进制”表示法，而是将地址

每 16 位划分为一段，每段转换为一个 4 位十六进制数，共分为 8 段，段与段之间用冒号分隔。这种表示方法称为“冒号十六进制记法”。

例如：FEDC:BA98:5475:686E:0000:1108:09E4:2345。

本任务通过对“单机利用电话线通过 ADSL 接入 Internet”的实践操作，使读者可以掌握利用 ADSL 和电话线上网的基本操作；掌握相应的硬件连接方法、软件配置过程；通过学习本任务还了解了计算机网络、网络设备、IP 地址及 IP 地址的设置的相关知识，为我们使用 Internet 准备了必要的知识积累。

实战训练

某小区有位老人，听说网上内容丰富多彩，能给老人带来许多乐趣，能更充分地了解外面的精彩世界，于是老人购置了一台计算机，想利用家庭的电话线实施上网。请你帮助该老人完成这个心愿，绘制出硬件连接图，写出大概的实现步骤。

任务 2　利用 FTTx+LAN 技术建立家庭局域网

FTTx+LAN 技术利用光纤加超五类网络线的方式实现宽带接入方案，实现千兆光纤到小区(大楼)中心交换机，中心交换机和楼道交换机以百兆光纤或五类网络线相连，楼道内采用综合布线网线进入家庭或办公室，形成小区或大楼宽带，用户上网速率可达 10 Mb/s。目前，ISP 网络服务商提供的这种上网方式发展非常快，逐渐替代了利用电话线通过 ADSL 上网的方式，因此这种接入 Internet 的方式是我们需要掌握的重点知识内容之一。

现在一般家庭或办公室都有两台或两台以上的计算机，如果想所有计算都能上网，就要解决多台计算机上网的问题。目前比较合适的方法就是组建家庭或办公室局域网。

任务分解

(1) 了解局域网相关技术；

(2) 掌握通过宽带路由器共享上网的配置方法。

硬件设备：装有 Windows 7 操作系统的 PC 2 台，其中 1 台带无线网卡；无线宽带路由器 1 台；网线若干。

拓扑结构：同任务 1 的单机联网一样，首先需到当地电信或联通、移动等互联网服务提供商(ISP)申请上网账号和密码。硬件连接可参看图 7-11。

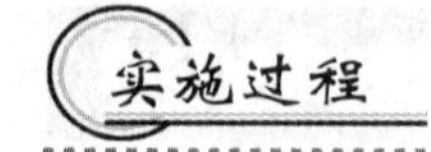

步骤 1　硬件连接。

按照上面的拓扑结构，把相关设备连接好，并保证连接正确，如图 7-11 所示。连接时注意事项如下：

(1) 将进入家庭的网线连接到宽带路由器的 WAN 端口。

(2) 用双绞线将 PC1 计算机连接到宽带路由器的 LAN 端口(4 个中的任 1 个)。

(3) 笔记本电脑通过无线网卡接入无线路由器，不需要网线连接。

(4) 通过电源线把路由器接入电源。

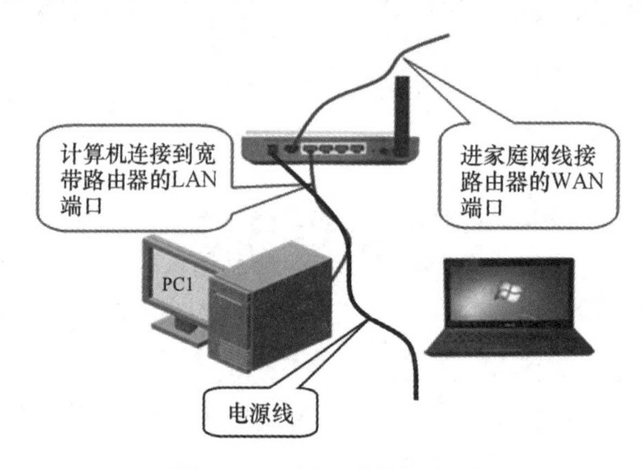

图 7-11　局域网连接示意图

(5) 打开宽带路由器的电源，如果 LAN-Link 指示灯亮，则表明宽带路由器连接成功；如果宽带路由器相应的 LAN 端口指示灯亮，则表明计算机与宽带路由器连接成功。

步骤 2　配置宽带路由器。

(1) 初次配置路由器时必须有一台计算机和路由器通过网线相连，这样才能进入路由器中配置其相应参数，所以，我们首先在已与路由器连接好的计算机(这里假设 PC1 已与路由器通过网线相连了)上的 IE 地址栏中输入 192.168.1.1，打开路由器登录对话框，如图 7-12 所示。

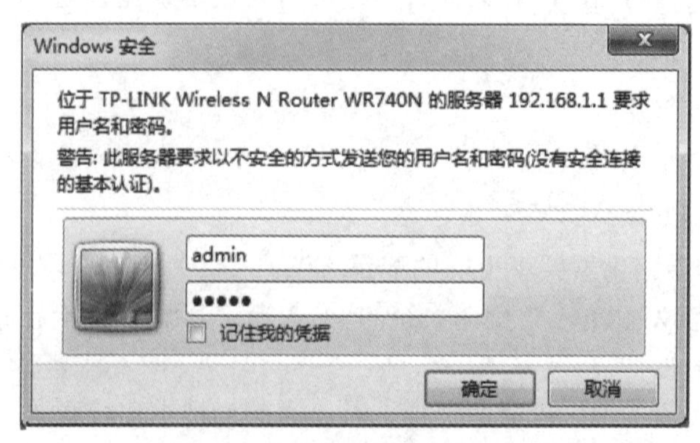

图 7-12　路由器登录对话框

注： 一般路由器出厂时的默认管理地址均为 192.168.1.1，默认用户名和默认口令皆为：admin。如果在使用过程中，用户已设置了自己的用户名和口令，则按住“Reset”键 5 秒以上，路由器即可恢复到出厂默认值。也有部分路由器的默认管理地址是 192.168.0.1，默认口令不是 admin，要根据具体的生产厂家而定，要查看购置路由器时随机的说明书。

(2) 输入用户名为 admin，密码为 admin(此处以 TP-LINK 路由器为例，如果是其他厂家的路由器，以说明书为准)，单击“确定”按钮，打开路由器配置窗口，如图 7-13 所示。

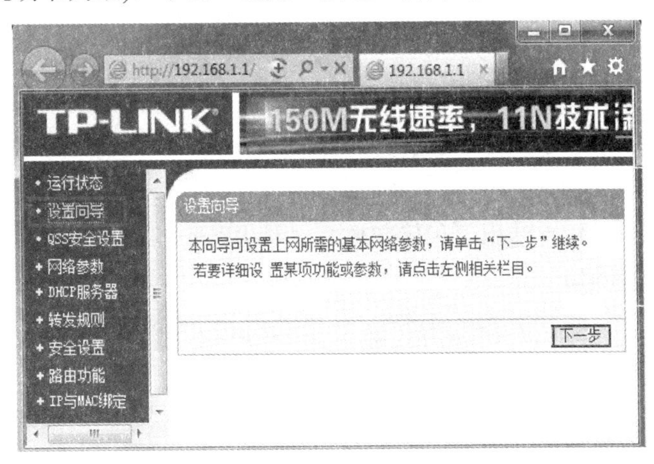

图 7-13　路由器配置窗口

(3) 选择窗口左边的“设置向导”选项，单击“下一步”，打开设置“上网方式”对话框。选择“PPoE(ADSL 虚拟拨号)”后单击“下一步”，打开输入“上网账号”对话框，如图 7-14 所示。

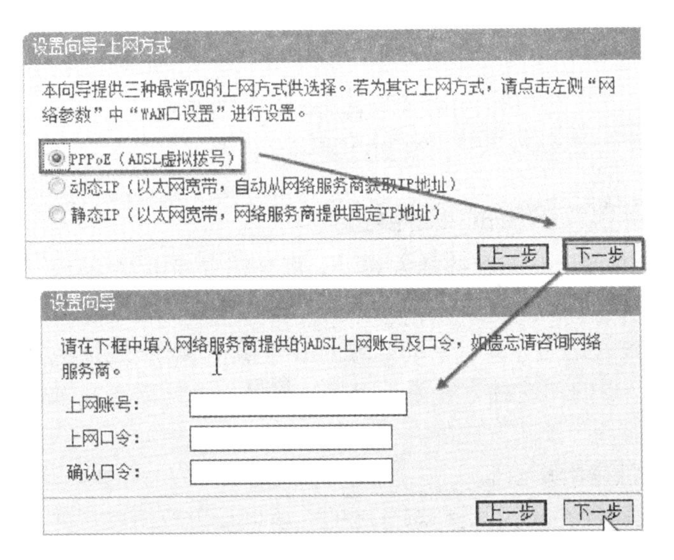

图 7-14　上网账号输入窗口

(4) 在对应的文本框中输入在 ISP 网络服务商申请的上网账号和密码(上网口令)后，单击“下一步”按钮，打开无线设置对话框，如图 7-15 所示。

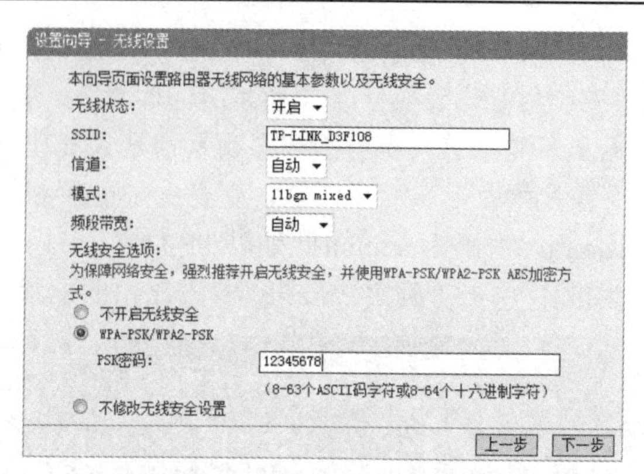

图 7-15　无线设置对话框

(5) 在 PSK 密码文本框中输入无线连接密码后，单击“下一步”，在打开的设置完成窗口中单击“重启”按钮，弹出“你确定要重启路由器吗？”询问对话框，单击“确定”按钮，弹出重新启动窗口，如图 7-16 所示。

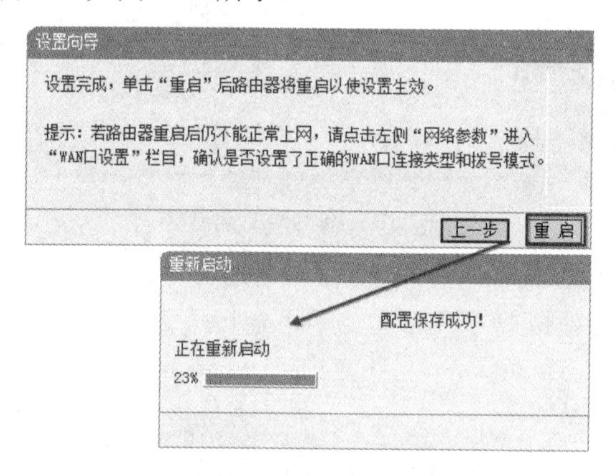

图 7-16　路由器重启提示信息窗口

重启结束后，关闭该窗口，返回桌面，宽带路由器就配置好了。

步骤 3　配置各计算机的 IP 地址。

配置计算机的 IP 地址有两种选择方式：一种是配置静态 IP 地址，另一种是配置动态 IP 地址。

(1) 静态 IP 地址就是为计算机手动配置的 IP 地址，其 IP 地址是固定的，每次启动计算机其 IP 地址是不变的。这种方式便于查找计算机，方便获取共享资源。另外，要把该计算机配置成服务器，必须配置成静态 IP 地址。

(2) 动态 IP 地址是由路由器或服务器随机分配给计算机的 IP 地址，启动计算机时，可自动获取。计算机默认情况下是动态分配的，所以设置较简单，并且能节省 IP 地址。

方式一：各计算机配置为动态分配 IP 及 DNS 地址。各计算机配置为动态 IP 地址与任务 1 中的“设置计算机为动态分配 IP 地址”完全相同。

方式二：各计算机配置为静态 IP 地址。一般宽带路由器配置好后是自动启动动态主机配置协议(Dynamic Host Configuration Protocol，DHCP)服务的，这时可把各计算机的 IP 地址设置为静态分配方式。

具体的操作过程如下：

(1) 与任务 1 中的步骤 3 相同，打开如图 7-10 所示的 TCP/IPv4 属性对话框，选择“使用下面的 IP 地址”和“使用下面的 DNS 服务器地址”，如图 7-17 所示。

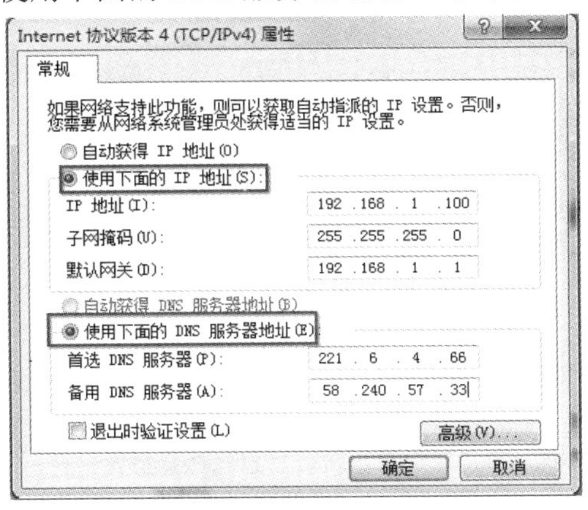

图 7-17　设置静态 IP 地址

(2) 所设置的 IP 地址为 192.168.1.2～192.168.1.254 中的任一个，子网掩码为 255.255.255.0，默认网关为 192.168.1.1。注意，各客户机的 IP 地址要互不相同。所设置的“首选 DNS 服务器”和“备用 DNS 服务器”可从下个步骤“查看网络详细信息”中获得。

步骤 4　查看网络详细信息。

(1) 右击桌面上的“网络”图标，从弹出的快捷菜单中单击“属性”菜单项，打开“网络和共享中心”窗口(也可右击桌面右下角的状态栏上的图标，从快捷菜单中选择“打开网络和共享中心”打开)，如图 7-7 所示。

(2) 在“网络和共享中心”窗口中单击“本地连接”，打开“本地连接 状态”对话框。单击“详细信息”按钮，弹出“网络连接详细信息”窗口，可查看当前计算机分配的 IP 地址和 DNS 地址等相关信息，如图 7-18 所示。

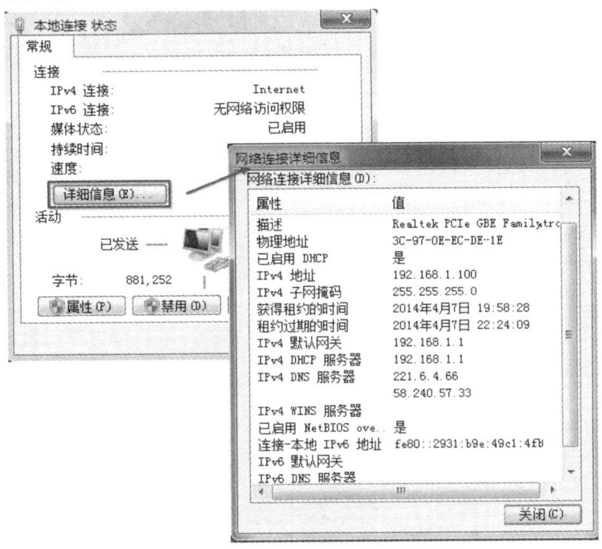

图 7-18　本地连接详细信息框

步骤 5　配置计算机无线接入。

计算机通过无线网卡利用无线路由器接入 Internet 是目前比较常见的上网方式。它有两种方式可实现：一是在计算机上配置无线连接；二是在路由器上配置无线 MAC 地址过滤。

在计算机上配置无线连接的操作步骤如下：

(1) 单击桌面右下角的连接无线网络状态图标(见图 7-19)，打开无线设备选择窗口(因此时还没有接入网络，窗口状态为不可用的情况)，如图 7-20 所示。

图 7-19　无线网络状态图标

图 7-20　无线路由器的选择、连接设置

(2) 选择所要连接的无线路由器类型(本例为 TP-LINK_D3F108)，单击弹出的“连接”按钮。接着在打开的“连接到网络”对话框中键入网络安全密钥，最后单击“确定”按钮，完成连接，如图 7-21 所示。

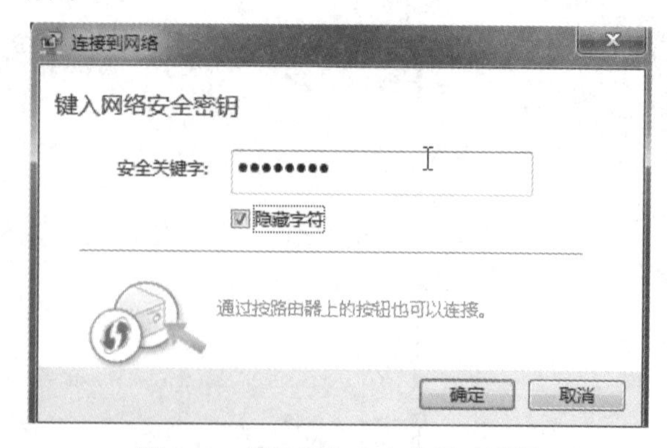

图 7-21　键入网络安全密钥对话框

连接成功后，无线网络图标变成可用状态，此时就可用 IE 浏览网页了。

步骤 6　配置路由器的无线 MAC 地址过滤。

无线 MAC 地址过滤是用来实现允许或是拒绝计算机或其他终端设备与路由器进行无线连接的，一般如果我们不想让别人蹭网，只允许局域网内几个人的计算机或手机连接到该局域网，就设置无线 MAC 过滤。操作步骤如下：

(1) 配置某台计算机的无线 MAC 地址过滤，事先必须有一台计算机通过网线或无线已经和无线路由器相连并能通信，如图 7-11 中的 PC1，在该计算机的 IE 地址栏中输入 192.168.1.1，打开“登录路由器”对话框。如图 7-12 所示，输入用户名和登录口令，单击“确定”按钮，打开配置路由器窗口，单击窗口左边的“无线设置”，在展开的选项中单击“无线 MAC 地址过滤”，打开“无线网络 MAC 地址过滤设置”窗口，如图 7-22 所示。

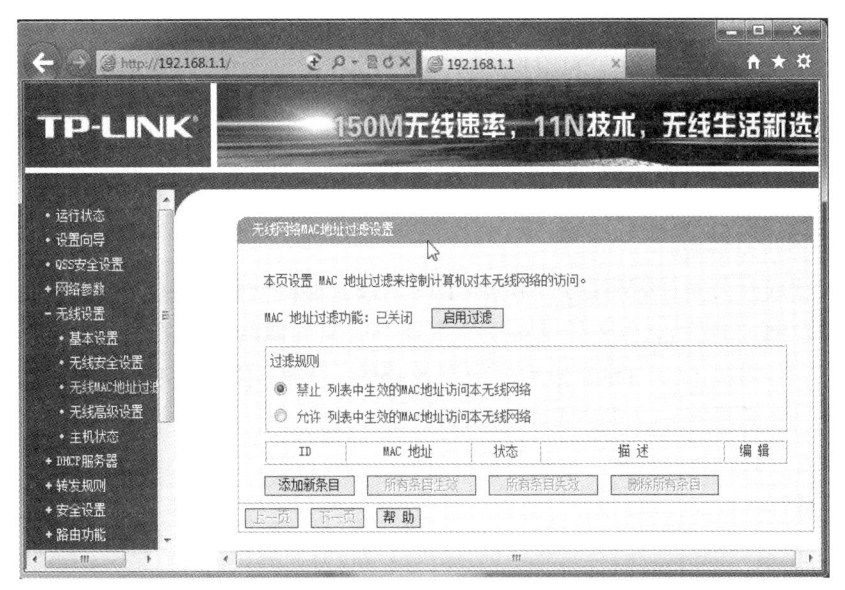

图 7-22　设置 MAC 地址过滤

(2) 单击“启用过滤”，开启 MAC 地址过滤功能；单击“添加新条目”，打开“添加过滤条目”对话框，如图 7-23 所示。

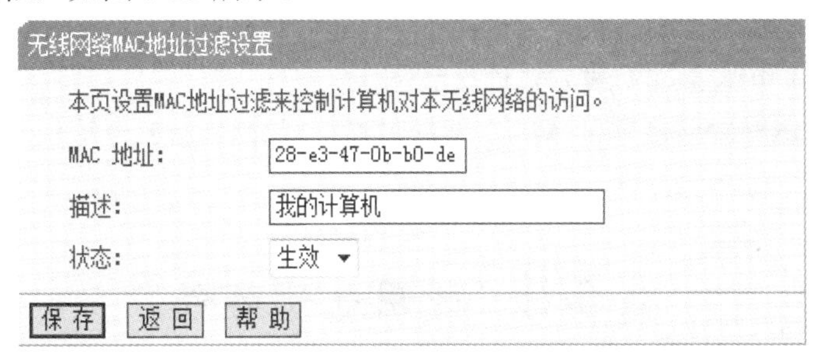

图 7-23　添加过滤条目对话框

(3) 在“MAC 地址：”文本框中输入要添加的计算机 MAC 地址或手机 MAC 地址，在“描述：”文本框中输入设备的描述语言。单击“保存”按钮后返回设置 MAC 地址过滤窗口，如图 7-24 所示。

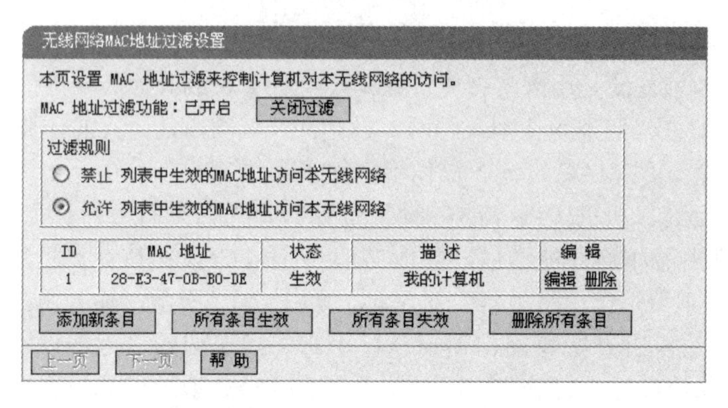

图 7-24　返回设置 MAC 地址过滤窗口

(4) 点选中“过滤规则”下的“允许”选项后，即关闭了配置路由器窗口，这样我们的无线网络就只属于所设定的用户可以用了，并且所添加的计算机可以直接通过浏览器上网。

目前家庭或办公室计算机通过局域网上网是最普遍的一种上网方式，在这一任务中较详细地练习了通过 FTTx+LAN 技术实现家庭或办公室局域网的相关设置，包括硬件连接、路由器配置、计算机 IP 及 DNS 地址的配置及查看、无线网络的 MAC 地址过滤设置等基本操作，这也是本项目应当重点掌握的知识。

某家庭有 4 台电脑：2 台台式电脑，2 台笔记本电脑(带无线网卡)，准备组建一个家庭局域网，要求 4 台电脑都能正常上网。根据下面的具体要求完成任务，并绘制连接图。具体要求：

(1) 2 台台式电脑用有线方式连接到网上。

(2) 2 台笔记本电脑通过无线方式连接到网上。

(3) 配置本局域网中路由器的 MAC 地址过滤，只允许这 2 台笔记本电脑通过无线网络上网。

任务 3　使用电子邮件

随着 Internet 的普及，使用电子邮件已成为人们日常工作和生活中传递信息的重要方式之一。通过电子邮件可收发电子文本信息，也可以收发多媒体资料。因此电子邮件的使用是我们应当掌握的重点内容之一。下面就学习使用电子邮件常用的基本功能。

任务分解

(1) 了解电子邮件的特点、作用和形式；
(2) 申请免费电子邮箱的操作方法；
(3) 利用免费电子邮箱收、发电子邮件，传送文件。

任务解析

电子邮件(Electronic Mail，简称 E-mail，标志：@，也被大家昵称为“伊妹儿”)又称为电子信箱、电子邮政，它是一种用电子手段提供信息交换的通信方式，是 Internet 应用最广的服务。通过网络的电子邮件系统，用户可以用非常快的速度与 Internet 上的计算机进行电子邮件业务，如相互收发电子信件、传送文件等，而不需要额外支付费用，这是目前应用非常广泛的一种通信方式。

利用电子邮件进行通信，首先必须得申请电子邮箱。目前网上为用户提供了很多免费电子邮箱申请平台，比如国内常见的 QQ 邮箱、163 邮箱、126 邮箱、搜狐邮箱、新浪邮箱等。下面是在网易 126 免费邮箱中的申请邮箱操作，并用申请的邮箱发送电子邮件的实现过程。

实施过程

步骤 1　申请免费邮箱。

(1) 双击桌面上的 IE 浏览器图标，打开 IE 浏览器，在地址栏输入 www.126.com，打开 126 邮箱登录、注册页面。单击“注册”按钮进入“免费邮箱注册信息输入窗口”，如图 7-25 所示。

图 7-25　邮箱登录、注册窗口

(2) 在注册信息输入窗口选择“注册字母邮箱”，打开 126 免费邮箱的注册界面。按窗口中的提示输入相应的注册信息，最后单击“立即注册”，如图 7-26 所示。

图 7-26　126 免费邮箱注册信息输入窗口

(3) 系统进行注册信息处理，并弹出“您的注册信息正在处理中...”提示信息对话框，如图 7-27 所示。

图 7-27　注册信息验证、处理提示信息对话框

(4) 在“验证码”文本框中输入正确的验证码，然后单击“提交”按钮，稍后会弹出注册成功页面，如图 7-28 所示。

图 7-28　注册成功页面

至此 126 邮箱注册成功，可关闭该页面，也可单击“进入邮箱”按钮，立即进入 126 免费邮箱界面。

步骤 2　发送普通电子邮件。

(1) 双击桌面上的 IE 浏览器图标，打开 IE 浏览器，在地址栏输入“www.126.com”，进入登录网易 126 邮箱的主页，根据页面提示输入注册的邮箱用户名，如“wzq126mail”和密码(见图 7-29)后，单击“登录”按钮。

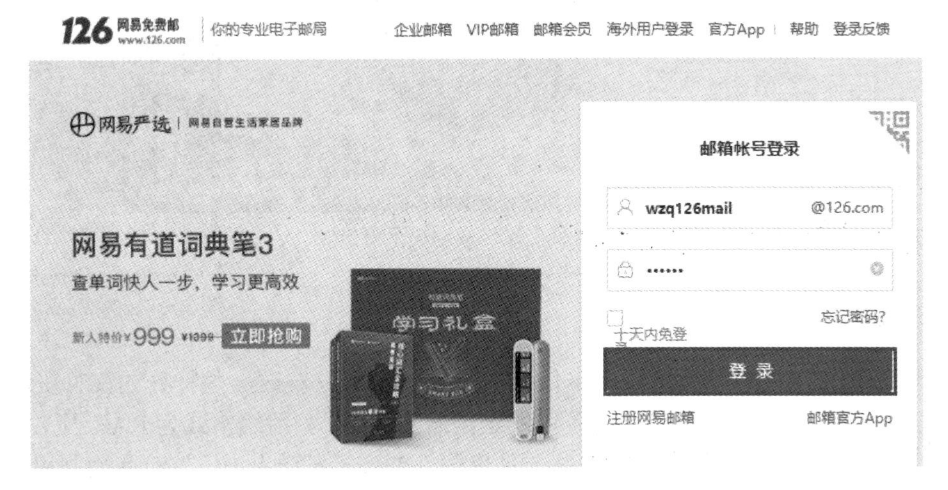

图 7-29　邮箱登录、注册

(2) 在打开的“126 网易免费邮箱”的页面，单击“写信”按钮，开启建立邮件对话框，如图 7-30 所示。

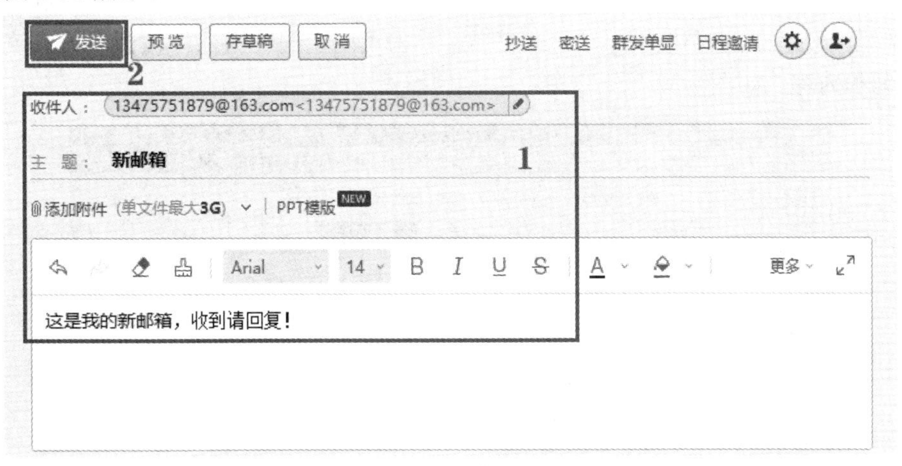

图 7-30　建立普通邮件

(3) 在“收件人”文本框中输入收件人的邮箱地址。如果要输入多个地址，则各地址之间可用分号间隔；在“主题”文本框中输入主题，如“新邮箱”(主题实质上相当于邮件的标题或中心内容提要等)；在内容文本框中写入要发送的邮件内容，如“这是我的新邮箱，收到请回复!”；最后单击“发送”按钮，开始发送邮件。

(4) 如果发送成功，则弹出如图 7-31 所示的“发送成功”提示信息窗口。

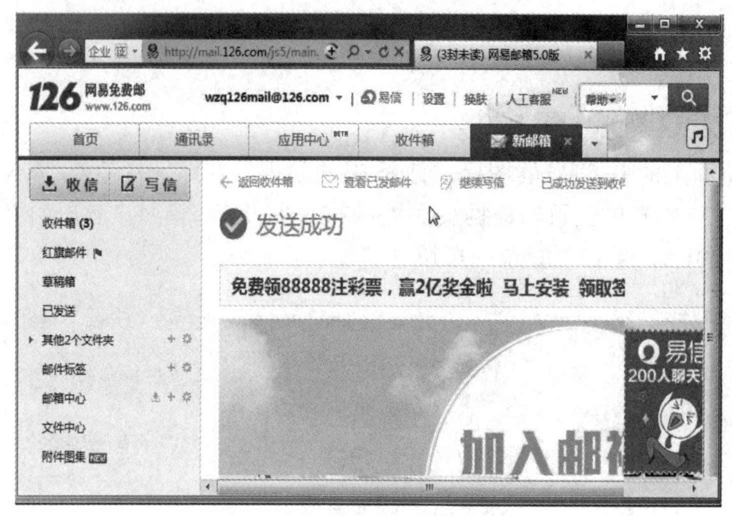

图 7-31　发送成功提示窗口

❖ 知识拓展

利用邮箱发送信息，除发送基本信息内容外，还可以发送一些特殊的文件资料，如Office 文档、图片、歌曲文件等，还可以发送压缩的文件，如后缀格式为.RAR 及.ZIP 的文件等。我们在发送邮件时，可以将这些文件以附件的形式发送出去，这给我们利用邮箱发送文件带来了很大方便。下面实践发送和接收带附件的邮件的方法。

1. 发送带附件的邮件

向邮箱为“wzq126mail@126.com”的用户发送一封带附件(Word 电子文档)的电子邮件。

(1) 当成功登录到已注册的 126 邮箱后，单击页面上的“写信”按钮，正确填写收件人、主题和内容，如图 7-32 所示。

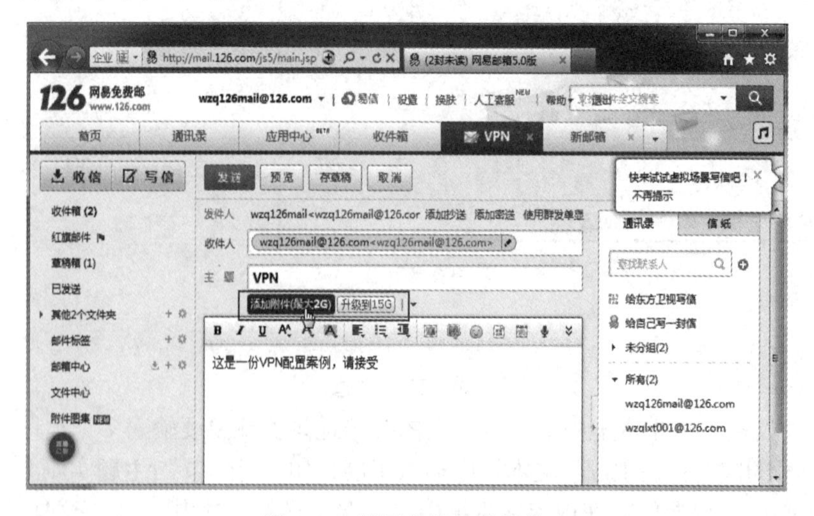

图 7-32　撰写带附件的邮件

(2) 单击如图 7-32 所示的“添加附件”按钮，打开“选择要上载的文件”对话框，找到要上传的文件，如“F:\VPN.doc”，如图 7-33 所示。

图 7-33　选择要上传的文件

(3) 单击“打开”按钮，返回如图 7-34 所示的界面。

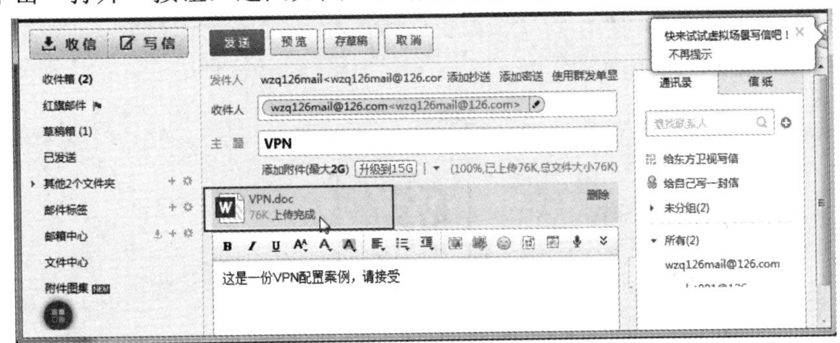

图 7-34　添加附件的操作方法

(4) 最后单击“发送”按钮，完成带附件邮件的发送。

2. 接收带附件的邮件

接收邮箱地址为“wzqlxt001@126.com”，用户发送地址为“wzq126mail”的一封带附件(Word 电子文档)的电子邮件。

(1) 双击桌面上的 IE 浏览器图标，打开 IE 浏览器，在地址栏输入 www.126.com，登录网易 126 邮箱的主页。输入接收邮件的邮箱地址，如(wzqlxt001@126.com)的用户名和密码。进入该邮箱页面，单击“收信”，打开如图 7-35 所示接收邮件页面。

图 7-35　邮件接收页面

(2) 单击要接收的邮件，即打开邮件内容页面，如图 7-36 所示为查看邮件内容页面。

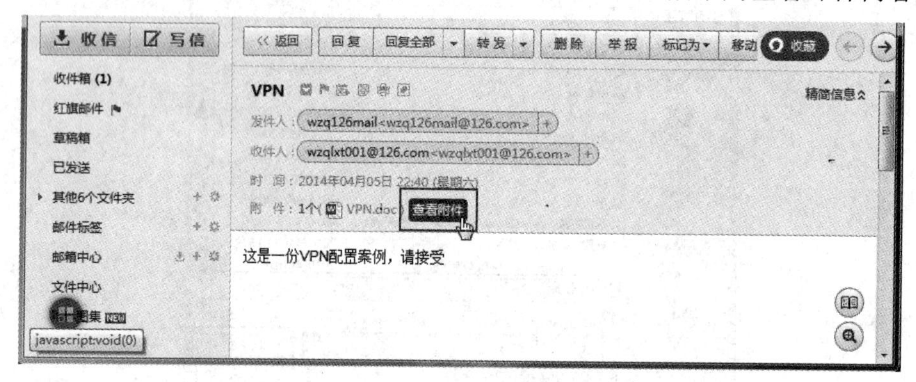

图 7-36　查看邮件内容页面

(3) 单击“查看附件”，打开如图 7-37 所示的附件页面。选择要下载的附件，即可打开或下载该附件。

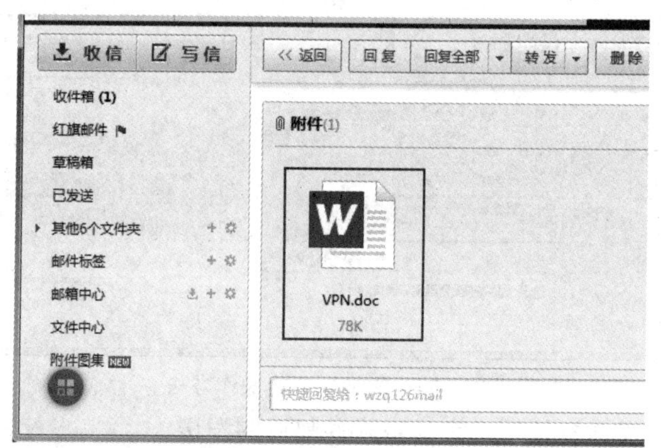

图 7-37　查看附件的页面

任务回顾

本任务我们经过具体的操作，体验了通过 IE 浏览器申请免费的电子邮箱、普通电子邮件的发送以及发送和接收带附件的邮件的过程。

实战训练

(1) 用本任务所学知识申请一个自己的 126 邮箱。

(2) 通过所申请的邮箱把你所喜爱的运动项目告知对方。

(3) 通过所申请的邮箱把你喜爱的一幅图片发送给对方。如果要同时发送给多位同学，那么该如何发送？

技能项目 8

邮件收发与信息管理

Outlook 是 Microsoft Office 套装软件的组件之一，它对 Windows 自带的 Outlook Express 的功能进行了扩充。它并不是电子邮箱的提供者，但可以收、发、写电子邮件，还可以管理联系人信息、记日记、安排日程、分配任务等。在本项目中，通过 4 个任务的应用实践，使读者能全面掌握 Outlook 的应用方法。在工作和生活中合理应用 Outlook，可为我们带来效率与便利。

任务 1　创建电子邮件

写信是一种很古老的信息传递方式。远在古代，人们就通过书信向远方的亲人传递着思念之情，但书信的传递速度太慢。随着科技的发展，互联网为人们带来了真正的变革，如果我们想把自己的成果与同学、老师分享，是不是也可以尝试使用电子邮件来传送这些作品呢？现以“ZZXX123456a 邮箱”发送主题为“春季研讨会”的电子邮件为任务，完成邮件的发送。最终完成后的邮件如图 8-1 所示。

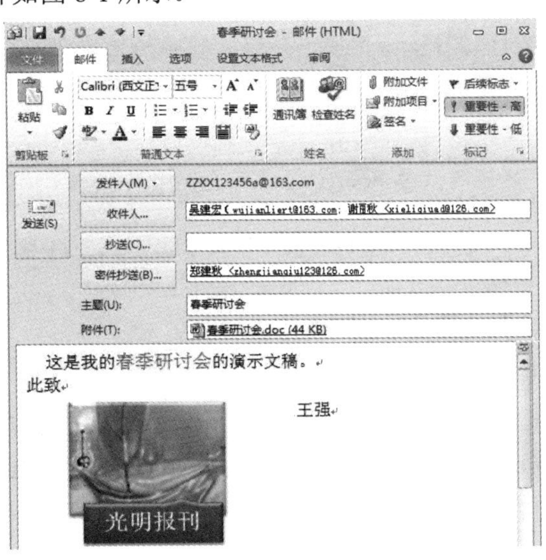

图 8-1　电子邮件的创建

(1) 认识并了解 Outlook 的使用；
(2) 添加账户信息；
(3) 创建新电子邮件，设置邮件的重要性级别、密件的使用；
(4) 邮件中字体的设置及图形的添加；
(5) 邮件的回执设置。

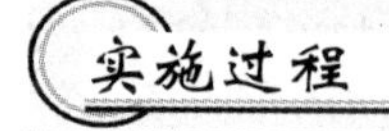

步骤 1　打开 Outlook 邮箱。

启动 Outlook 2010，打开后的邮箱窗口如图 8-2 所示。

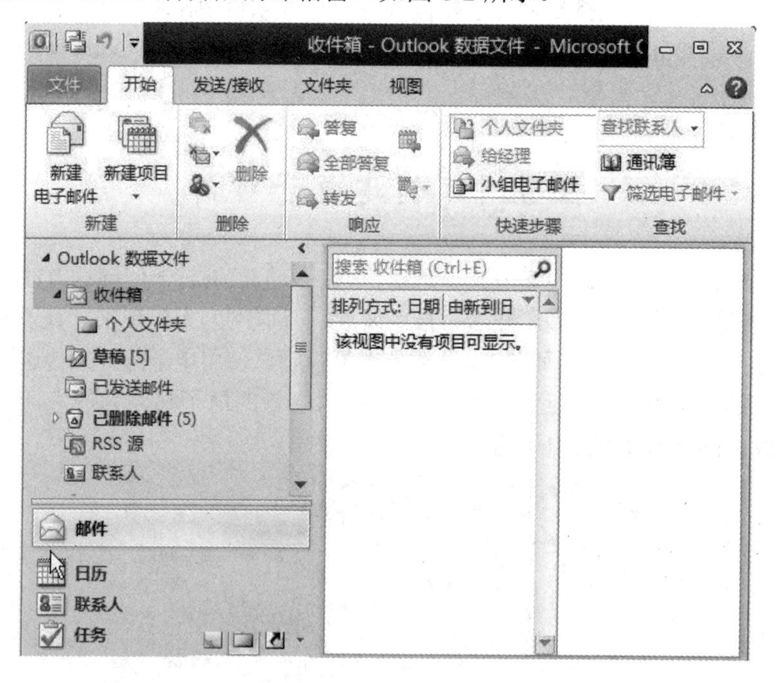

图 8-2　电子邮箱窗口

步骤 2　添加账户信息。

(1) 单击“文件”菜单，依次选择“信息/添加账户”。

(2) 在弹出的对话框中选择“电子邮件账户”后，按页面提示填写账户信息：“您的姓名:”，如 zzxx123456a(自己的电子邮件账户名)以及“电子邮件地址:”，如 zzxx123456a@163.com(自己的邮箱地址)；然后两次正确输入邮箱的账户密码。输入完成后单击“下一步”，如图 8-3 所示。

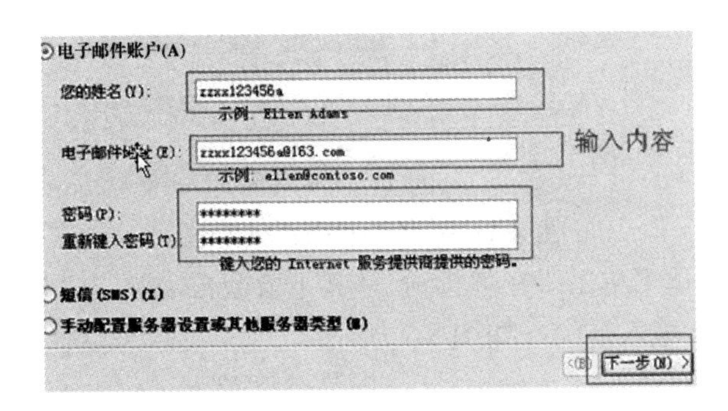

图 8-3　输入邮箱账户信息

(3) 等待账户信息的配置，配置完成后弹出完成提示信息窗口。然后单击“完成”按钮，完成账户的添加。

步骤 3　创建新电子邮件。

(1) 在“文件”菜单下选择“新建项目”，并在其下拉列表中单击“电子邮件”选项，如图 8-4 所示。

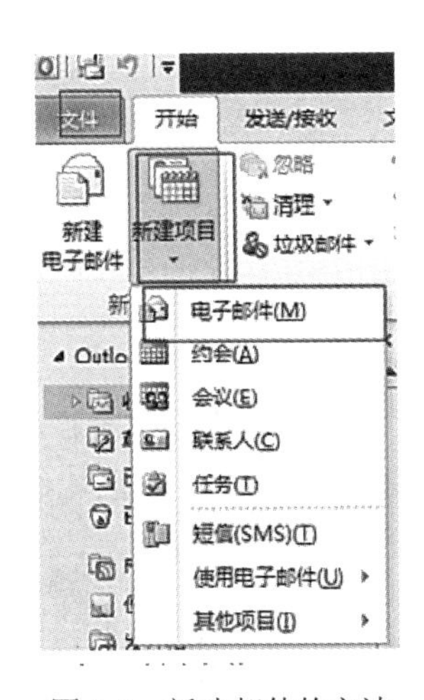

图 8-4　新建邮件的方法

(2) 在弹出的电子邮件窗口内的“主题”文本框中输入“春季研讨会”，在“收件人”处输入“吴建宏、谢丽秋”。(实际的收件人名是以其邮箱地址来接收的。相关的内容可参看技能项目 7 的任务 3 使用电子邮件部分。

(3) 在下方空白区域输入邮件内容，如“这是我的春季研讨会的演示文稿。此致 王强”。

(4) 选中“春季研讨会”文本后，鼠标右键选择“字体”选项，在弹出的窗口中选择“绿色，字体加粗，三号”。其他文字字体选择“四号”。完成后的效果如图 8-5 所示。

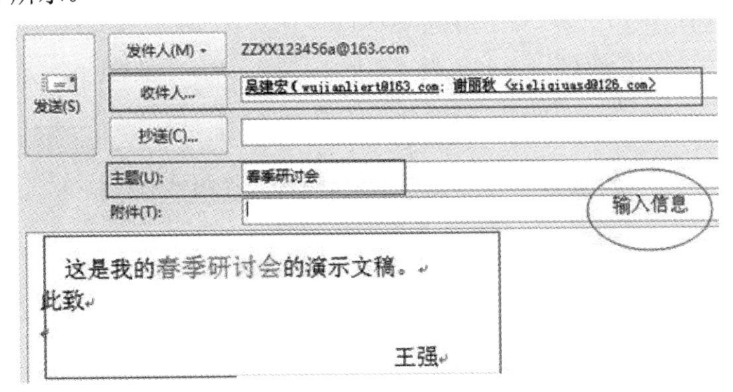

图 8-5　书写电子邮件

步骤 4　设置邮件重要性，添加附件和密件抄送。

(1) 在“邮件”选项卡中“标记”组内单击“ ”扩展按钮，弹出“属性”对话框，“重要性:”点选“高”，“敏感度:”点选“普通”，如图 8-6 所示。

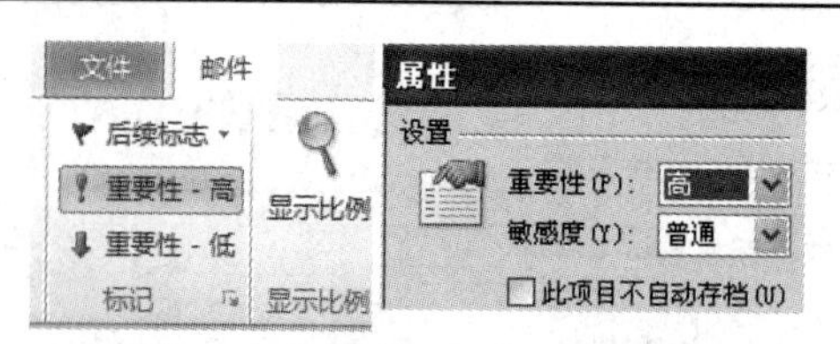

图 8-6　邮件重要性的设置方法

(2) 在“选项”菜单下单击“密件抄送”，其下方会自动弹出“密件抄送”栏，此时将收件人姓名“郑建秋”填入框中，如图 8-7 所示。

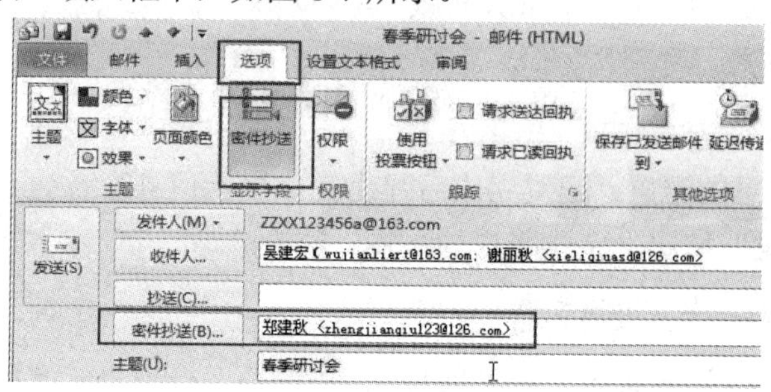

图 8-7　添加密件抄送

注：

“密件抄送”的目的是不想让其他收件人看到此信息。如本例：将邮件附件发送给“郑建秋”，但又不想让其他人员看到信息，于是可将收件人“郑建秋”的邮箱地址放至“密件抄送”栏中。

(3) 添加附件文件。在“邮件”选项卡下的“添加”组中单击“添加文件”按钮，打开文件窗口，选择要添加的文件。完成后在“附件”所对应的文本框内会显示出所添加文件的名称和类型。

步骤 5　为邮件添加图片。

(1) 在“插入”选项卡下单击“图片”按钮，在弹出的“插入图片”对话框中选择要插入的图片文件名，单击“插入”按钮，如图 8-8 所示。

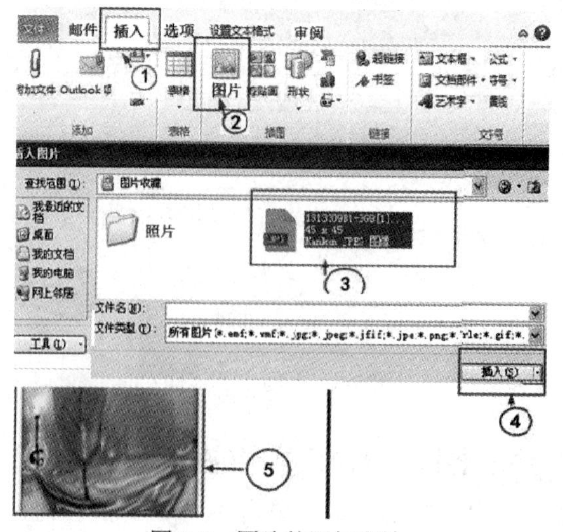

图 8-8　图片的添加方法

(2) 双击已插入的图片，打开“SmartArt 工具”。在“SmartArt 样式”中“文档的最佳匹配对象”中选择“强烈效果”，在图片下蓝色方框中输入“光明报刊”，如图 8-9 所示。

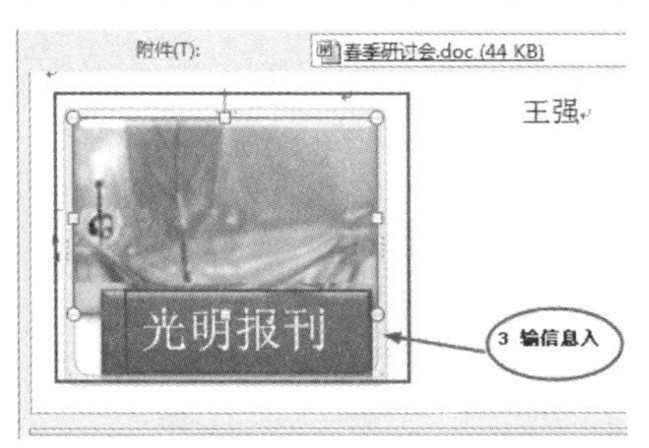

图 8-9　字体、边框设置的添加

步骤 6　设置邮件的回执。

在“邮件”选项卡下的“标记”组中单击“ ”扩展按钮，在弹出的“属性”对话框中选择“请在送达此邮件后给出‘送达’回执”和“请在阅读此邮件后给出‘已读’回执”，如图 8-10 所示。

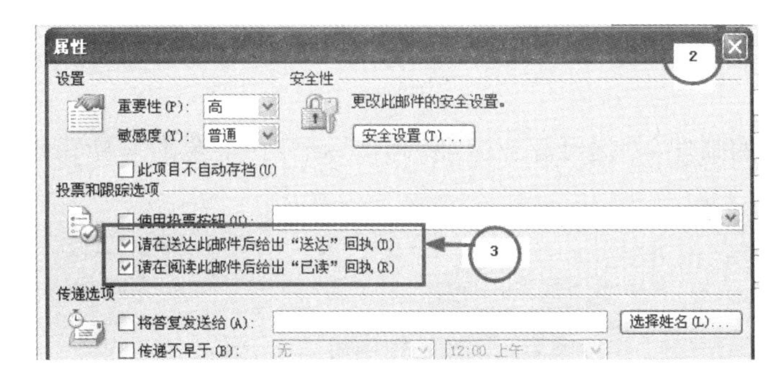

图 8-10　邮件回执的设置

步骤 7　发送邮件。

在文本框中输入邮件的内容，完成后，单击“收件人”右侧的“发送”按钮，即可发送电子邮件。

任务回顾

本任务中，我们主要学习了在 Outlook 2010 中如何创建电子邮件账户信息，以及创建新邮件、设置邮件的重要性、邮件的回执以及答复等内容。总之，通过完成此任务，可使读者对 Outlook 2010 邮件创建的一些常规的操作方法等积累一定的实践经验。

实战训练

(1) 在 Outlook 中建立一个新账户，显示名为“王平”，电子邮件地址为 wangping@163.com。

(2) 使用 Outlook 软件，答复李强的邮件，抄送至张明，将邮件标记为“需后续工作”，收件人标记为“仅供参考”。主要内容效果如图 8-11 所示。

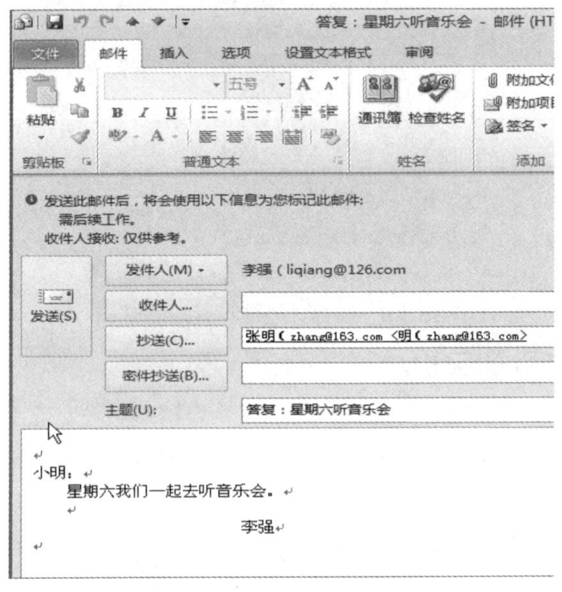

图 8-11　邮件答复

(3) 答复张园的邮件，抄送至赵亚冰，将邮件标记为“请全部答复”，重要性设置为“高”(见图 8-12)。

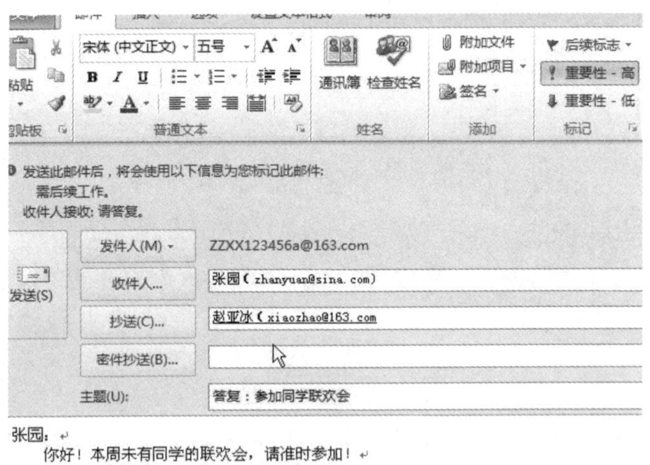

图 8-12　邮件重要性的设置

任务 2　日历的使用

Outlook 2010 的一个很实用的功能是日程、日历的管理。我们可以用 Outlook 的日程管理功能记录我们待办的工作、会议及约会等；使用日历可以创建约会、组织会议、安排任务等。现以 Outlook 日历任务，实践如何用 Outlook 来实现约会、组织会议、安排任务。

最终效果形式如图 8-13 所示。

图 8-13　日历中约会、任务、会议的设置

(1) 创建日历的方法；
(2) 选择日历按天、周、月的排列；
(3) 插入约会、创建会议、添加任务；
(4) 邮件的保存。

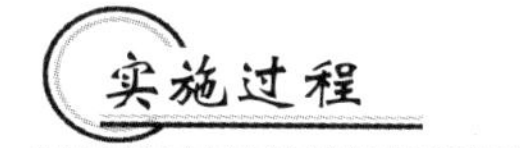

步骤 1　创建日历界面。

启动 Outlook 2010 后，在“开始”窗口左下方单击“日历”选项，弹出当天日历窗口界面，如图 8-14 所示。

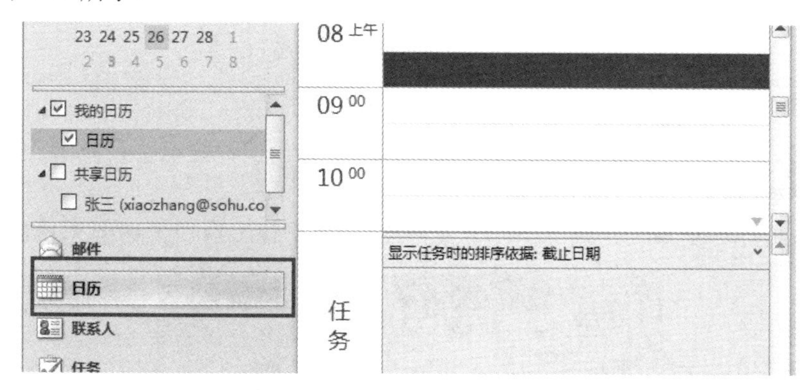

图 8-14　创建日历的方法

注：默认的日历排列是以“天”为显示内容，显示的时间为早上 8:00 到下午 5:00。

步骤 2　创建新闻发布会约会。

约会是在日历中计划的活动。可以计划约会，按天、周或月查看约会和设置约会的提醒，也可将约会的时间指定为忙、闲、暂定或外出，还可以指定其他人看到该日历中的约会状况。

(1) 用鼠标左键单击以选中日历中的 8:30 至 9:30 区域(使之变成蓝色)，然后在该区域内单击鼠标右键，选择快捷菜单中的“新建约会”，即可打开约会设置窗口。此时，可看到开始时间和结束时间均已选定，如图 8-15 所示。

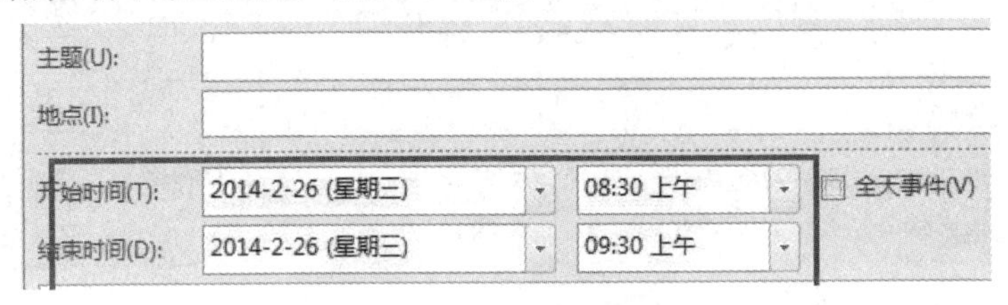

图 8-15　打开的约会设置窗口

(2) 在“主题”栏内输入会议名称“新闻发布会”，在“地点”栏内输入开会地点“第五会议室”(如果以前曾经输入过相同或类似的会议地点，可以打开“地点”框右侧的下拉列表从中选择)，然后在窗口的下方输入列席会议需要注意的事项，例如“请携带笔记本和签字笔”，如图 8-16 所示。

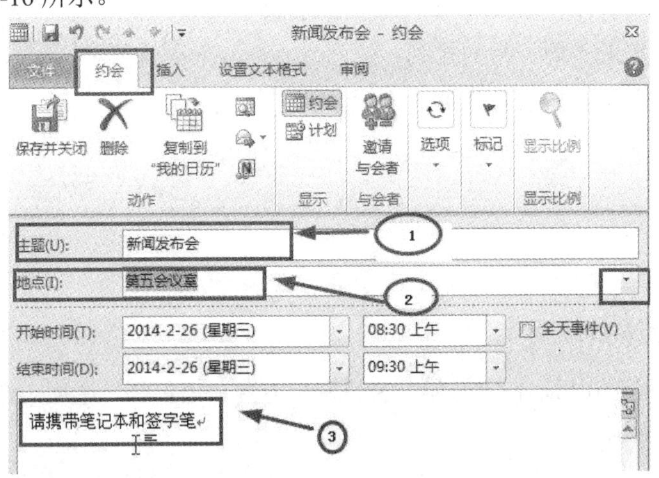

图 8-16　输入约会内容后的窗口

步骤 3　创建新产品分析会议。

会议是邀请人员参加或为其预定资源的约会，可以创建并发送会议要求。创建会议时，需要标识要邀请的人员和要预定的资源，并选出会议时间。

(1) 在“开始”菜单下单击“新建会议”，打开“会议”窗口，如图 8-17 所示。

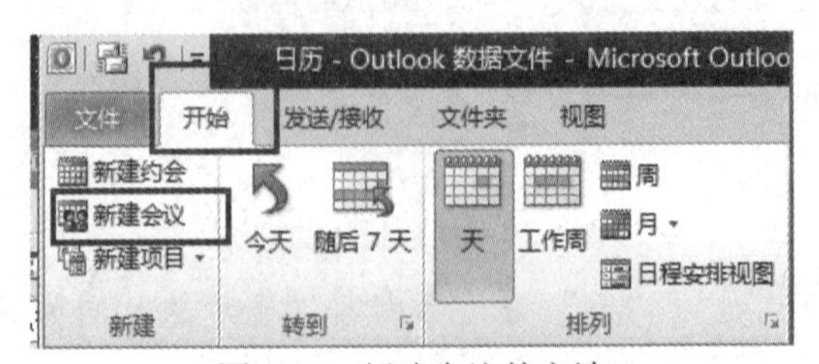

图 8-17　新建会议的方法

(2) 在“会议”窗口的“收件人”栏内输入会议邀请人的地址，在“主题”栏内输入会议名称“新产品分析”，在“地点”栏内输入开会地点“第一会议室”(如果以前曾经输入过相同或类似的会议地点，则可以打开“地点”框右侧的下拉列表从中选择)，然后在窗口的下方输入列席会议需要注意的事项，最后发送会议邀请。输入会议信息后的窗口如图 8-18 所示。

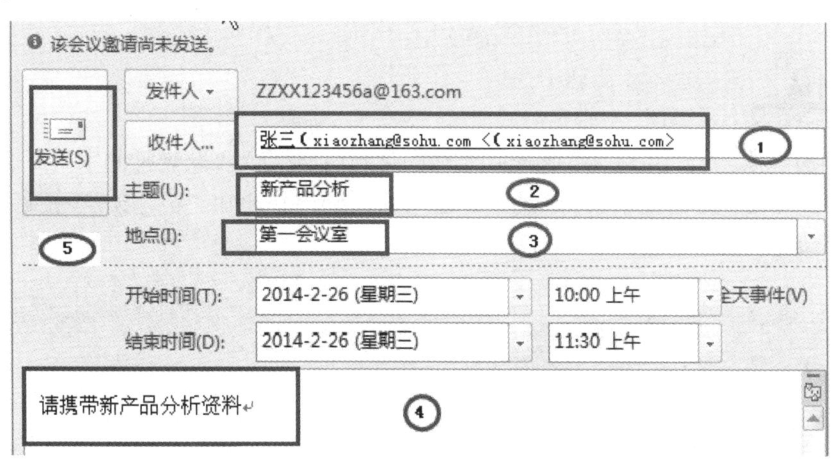

图 8-18　完成会议信息的窗口

注：如果这是一个全天的事件，则勾选“全天事件”复选框。勾选“全天事件”复选框后，前面所设定的开始时间和结束时间将变成灰色，如图 8-19 所示。

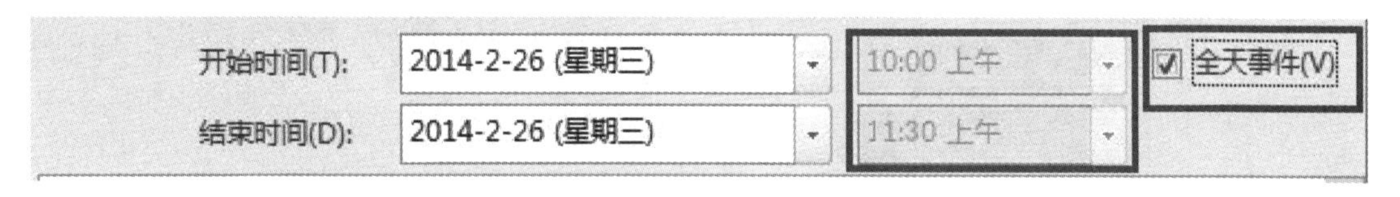

图 8-19　勾选“全天事件”后的窗口情况

步骤 4　添加期末考试任务。

(1) 通常，一个事件会发生一次并可以持续一天或几天。在“开始”菜单下单击“新建项目”选项，在其下拉列表中选择“任务”选项，以打开任务窗口，如图 8-20 所示。

注：打开“任务”窗口也可使用快捷键“Ctrl+Shift+K”来新建任务。

(2) 在“主题”栏内输入名称“期末考试”，在日期中选择开始日期和截止日期，其状态可选择“未开始”“进行中”“已完成”“正在等待其他人”“已推迟”等，优先级中选择“高”，完成百分比根据状态中的内容来决定。最后单击“发送”按钮，发送至收件人处。

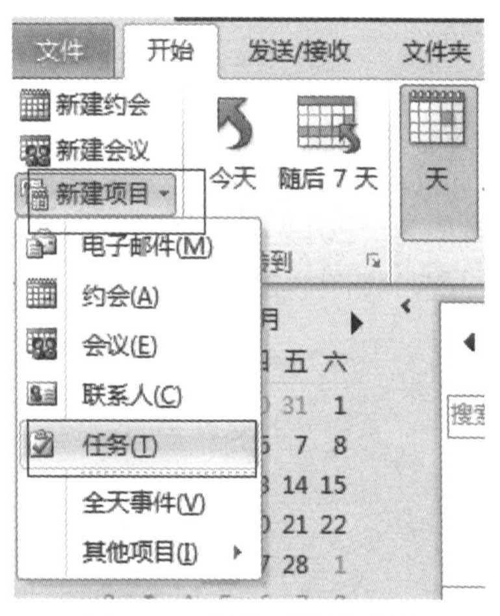

图 8-20　创建任务的方法

步骤 5　保存日历。

执行“文件/保存并关闭”命令。

本任务中，我们主要实践了在 Outlook 2010 中使用日历，以及在日历中如何创建约会，并在日历中对会议、任务进行添加的操作过程，它们的操作方法基本相同。通过完成此任务，我们可对 Outlook 2010 一些基本的、常规的操作方法积累更多的实践经验。

(1) 添加一次约会，主题为“耿佳欣老师的生日”；地点为“耿老师的家”，时间为“2008 年 9 月 18 日”，20:00 开始，21:00 结束，以年为周期，并通知“吴建宏”“王启辉”，提前一天提醒，如图 8-21 所示。

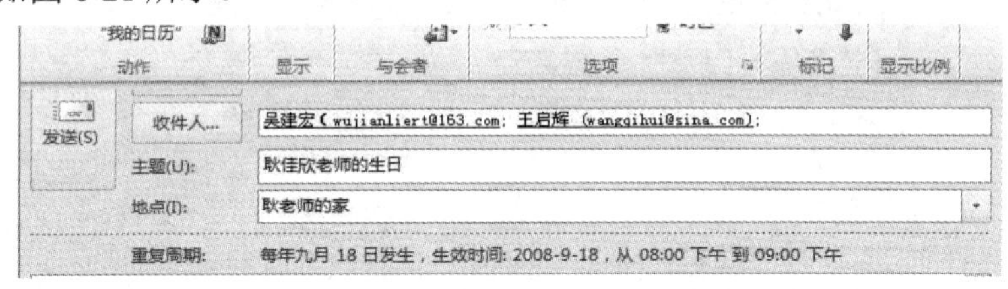

图 8-21　创建的生日约会内容

(2) 利用主题为“参加考试”的邮件定制一次约会，地点为“多媒体教室”，时间为“2013 年 8 月 20 日”，8:30 开始，11:00 结束，提前两天提醒，如图 8-22 所示。

图 8-22　创建考试约会后的窗口

(3) 安排一次会议，主题为“关于南洋小区物业管理费的收缴”，地点为“三楼会议室”，时间为“2013 年 9 月 1 日”，14:30 开始，17:00 结束，并通知李晓必须参加，提前 1 小时提醒，如图 8-23 所示。

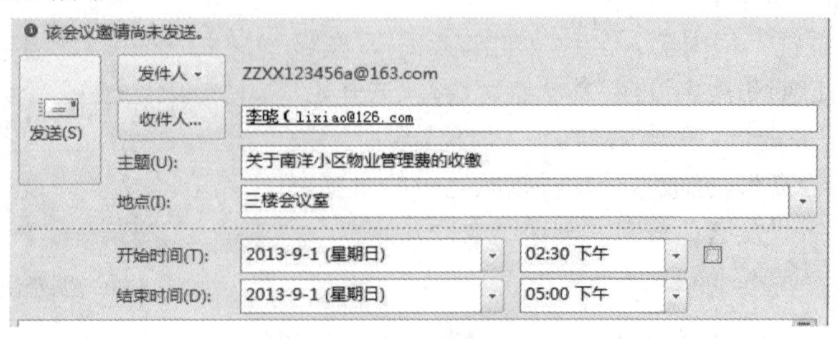

图 8-23　安排会议任务后的窗口

任务 3　创建通讯簿

通讯簿是我们最常用到的功能之一，可能我们每个人都有自己的通讯簿，不论是手写的还是电子版的。

现以 Outlook 通讯簿为任务，实践创建联系人和添加新联系人的设置。完成后的任务如图 8-24 所示。

图 8-24　创建联系人后的“联系人”窗口

(1) 创建通讯簿；
(2) 手动输入新建联系人，手动从邮件中添加联系人；
(3) 新建联系人组；
(4) 邮件的保存。

步骤 1　启动 Outlook。

在“开始”菜单组下的左下方单击“联系人”选项，打开联系人窗口，如图 8-25 所示。

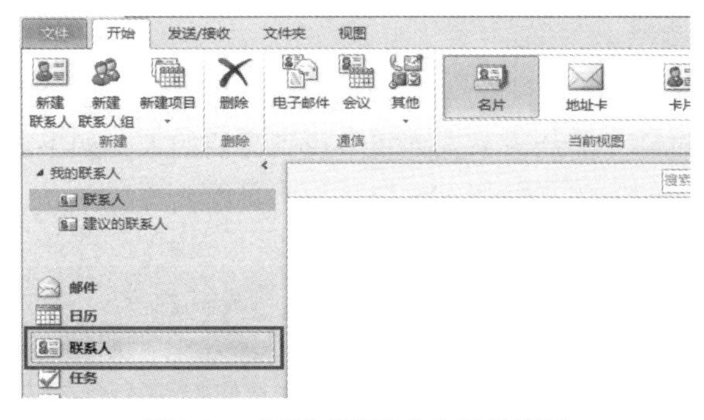

图 8-25　打开“联系人”后的窗口

步骤 2　创建新联系人。

Outlook 2010 中，各个联系人还可显示为一张电子名片。添加到联系人的所有信息都会自动应用到对应的电子名片，反之亦然。

(1) 在“开始”选项卡下选择“新建联系人”按钮，如图 8-26 所示。

(2) 在打开的联系人窗口中输入该联系人的姓名，输入希望包含的有关该联系人的其他信息，如图 8-27 所示。

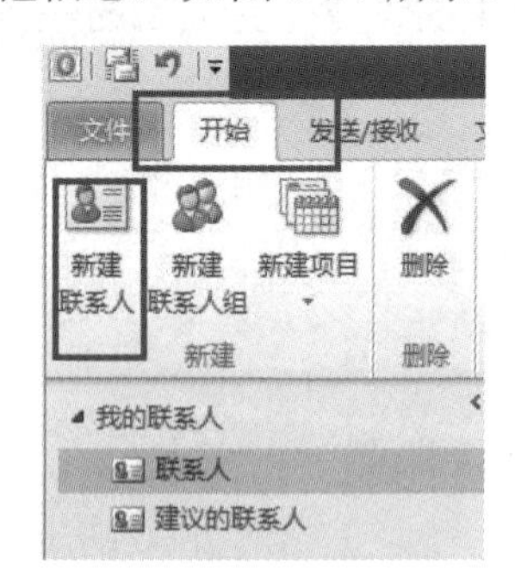

图 8-26　新建联系人的方法

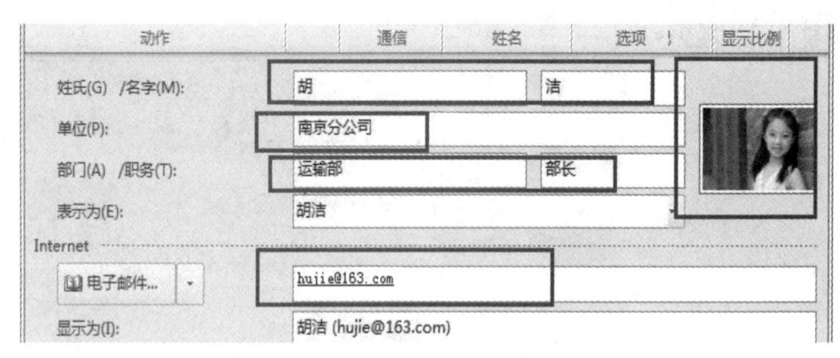

图 8-27　添加联系人

(3) 联系人的信息输入完成后，单击“保存并关闭”按钮。这时在主界面窗口可以看到窗口中刚增加的一个联系人“胡洁”，如图 8-28 所示。

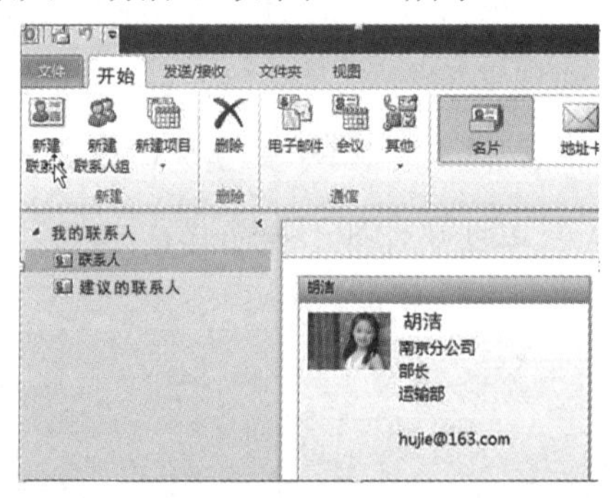

图 8-28　添加联系人后的“联系人”窗口

这样，以后若要给胡洁写信，则只要双击该联系人，就会弹出“新邮件”窗口，胡洁的名字会自动添加到“收件人”一栏。这样一来，我们也就不用再去记住联系人的邮件地址，只要点击联系人的名字即可给他发信了。

步骤 3　新建联系人组。

Outlook 中，随着联系人数量的增多，亲朋好友、同事、客户的信息混杂在一起，每次发邮件都要用很长时间才能从联系人列表中找到需要的人。如果能对联系人分类管理，则查找联系人就比较方便，建立联系人组就是为此目的。

(1) 在 Outlook 中“开始”菜单下单击“新建联系人组”，打开“添加组”窗口。

(2) 在“名称”文本框中输入联系人的类别，例如“同学”，输入后单击“添加成员”下拉按钮，从“来自 Outlook 联系人”“从通讯簿”“新建电子邮件联系人”三项中选择“从通讯簿”项，从中选中“张晓”后，单击“成员”，然后单击“确定”按钮即可。完成后的界面如图 8-29 所示。

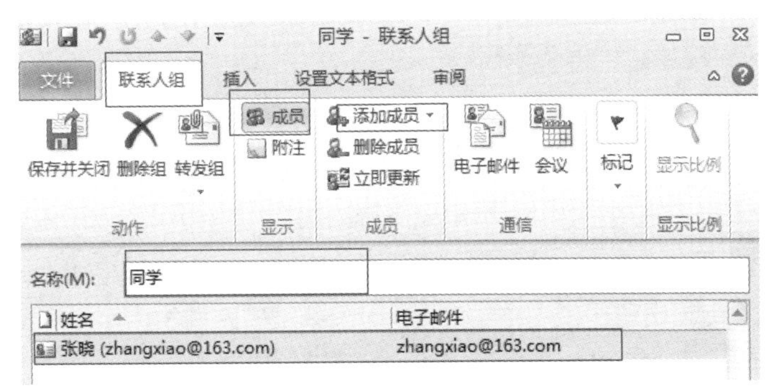

图 8-29　组成员添加后的界面

完成添加后再打开联系人窗口，就能看到新建的联系人组名。用同样的方法建立其他类别的联系人组，建好后，在窗格中又会多出几个新建的分类组。

步骤 4　保存联系人。

单击窗口左上角的“保存并关闭”按钮，保存联系人。

❖ **知识拓展**

从收到的邮件中添加联系人。首先打开要添加到联系人中的姓名对应的邮件，右击要成为联系人的发件人的姓名，然后选择快捷菜单“移动”选项中的“联系人”，如图 8-30 所示；然后在联系人窗口中输入希望包含的有关该联系人的信息；填写完成后，在“联系人”选项卡中单击“保存并关闭”按钮。

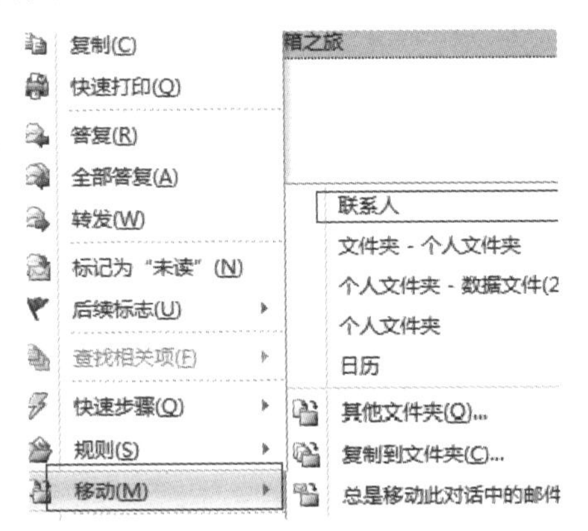

图 8-30　从收到的邮件中添加联系人

填写好完整信息后，将会在联系人窗口中显示出来。

任务回顾

本任务中，我们主要进行了在 Outlook 2010 中使用通讯簿的相关操作：在通讯簿中创建新的联系人、添加联系人组。这种操作的目的是方便日后邮件对象(联系人)的组织和管理。

(1) 将“王启辉”的相关信息添加到联系人列表中(见图 8-31)。

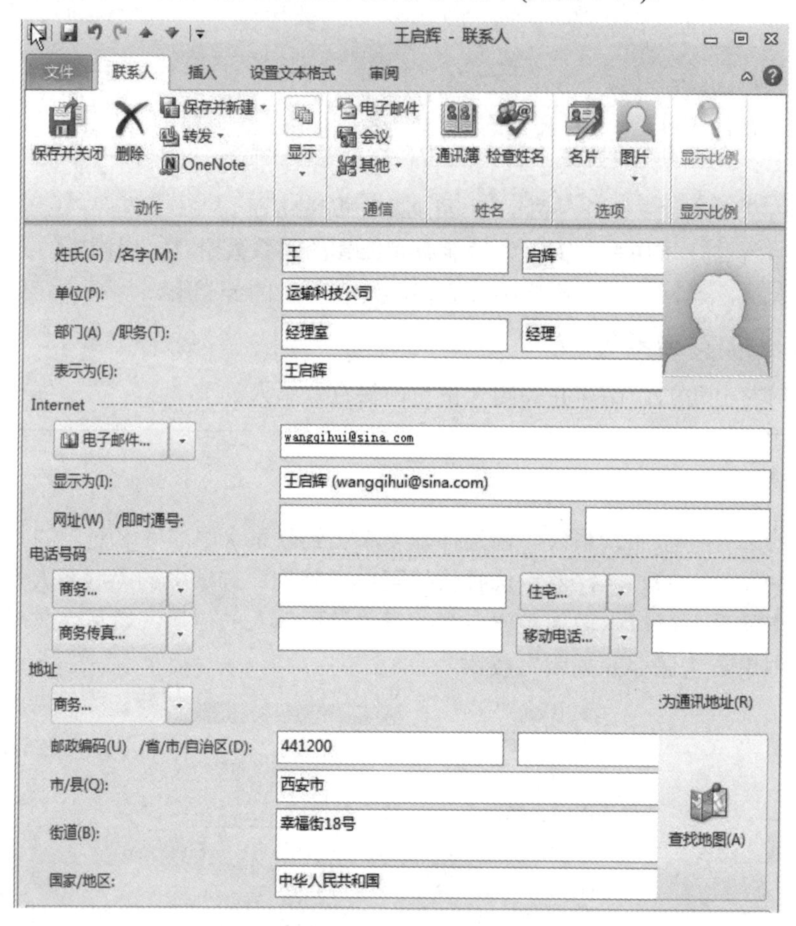

图 8-31　新建联系人

(2) 创建新的联系人组(见图 8-32)，组名为“朋友”，将联系人“王启辉”“刘玉梅”添加到“朋友”组中。

图 8-32　创建联系人组

任务 4　数据的保存

使用 Outlook 2010 时，需要在一个用于保存电子邮件、日历、任务和其他项目的位置存储，以在自己的计算机上保留数据。在 Outlook 通讯簿里有许多联系人、很多朋友，想备份或导入通讯簿，首先要将其导出到文件“通讯簿备份.csv”中作为模板使用，然后将批量的邮件地址复制到 3 个地方：“姓”“电子邮件地址”和“电子邮件显示名称”。

现以将“QQ 通讯簿”中的联系人导入 Outlook 中进行保存为任务来完成数据的保存。完成后的效果如图 8-33 所示。

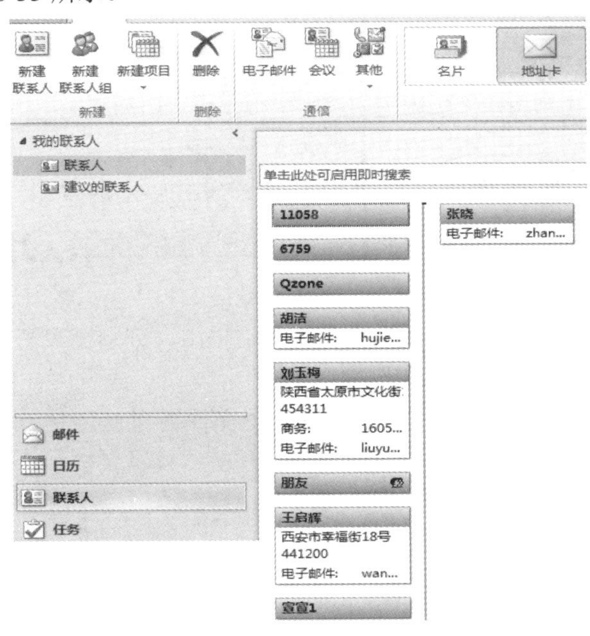

图 8-33　QQ 通讯簿添加的联系人

任务分解

(1) 创建.pst 文件；

(2) 将.pst 文件导入 Outlook；

(3) 将项目导出到.pst 文件。

实施过程

步骤 1　创建.pst 文件。

(1) 启动 Outlook 2010，在“开始”菜单下方单击“新建项目”，在下拉按钮中选择“其他项目”/“Outlook 数据文件”，弹出“创建或打开 Outlook 数据文件”窗口。输入文件名，如“个人文件夹.pst”，并选择保存位置后单击“确定”按钮，如图 8-34 所示。

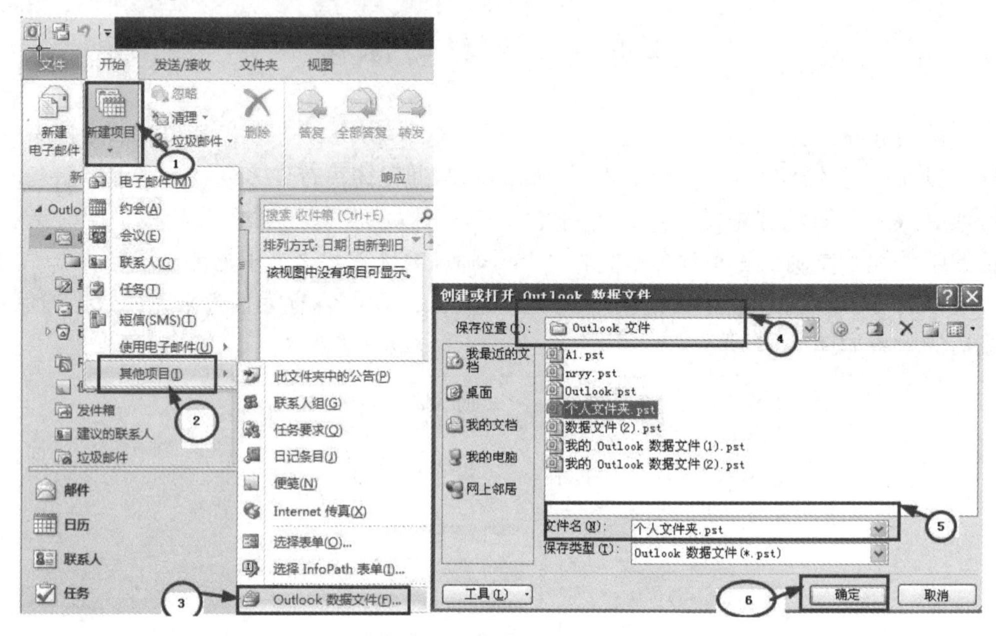

图 8-34　Outlook 数据文件

(2) 在打开的“创建 Outlook 数据文件”对话框中，分别在“密码”和“验证密码”文本框中输入密码，最后单击“确定”按钮。

(3) 该数据文件所关联的文件夹名会出现在“文件夹列表”中。

步骤 2　将.pst 文件导入 Outlook。

(1) 要将.pst 文件导入到 Outlook 中，可在“文件”菜单下选择“打开”中的“导入”选项，如图 8-35 所示。

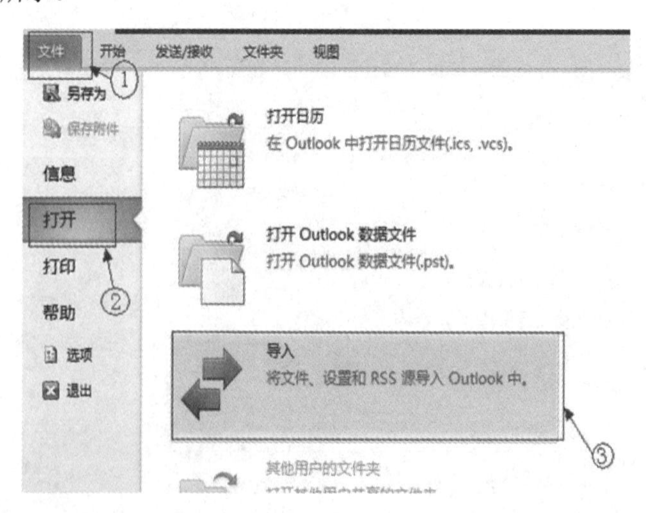

图 8-35　打开导入窗口的方法

(2) 在打开的“导入和导出向导”对话框中，在“请选择要执行的操作”选项框中选择“从另一程序或文件导入”选项，再单击“下一步”按钮，如图 8-36 所示。

(3) 在“从下面位置选择要导入的文件类型”选项框中选择“Microsoft Excel 97-2003”选项，然后单击“下一步”按钮，如图 8-37 所示。

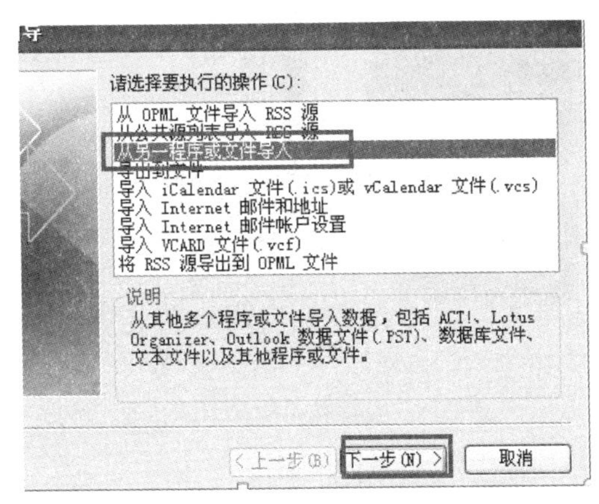

图 8-36　“导入和导出向导”对话框

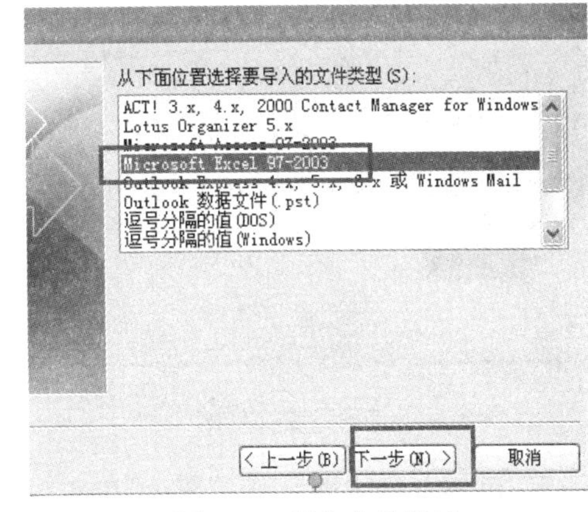

图 8-37　导入文件窗口

(4) 在“导入文件”文本框中，输入想要导入的路径及文件名(也可单击后面的“浏览”按钮进行选择)，再单击“下一步”按钮，如图 8-38 所示。

(5) 选定要导入的文件夹(如“联系人”)后单击“下一步”按钮，如图 8-39 所示。

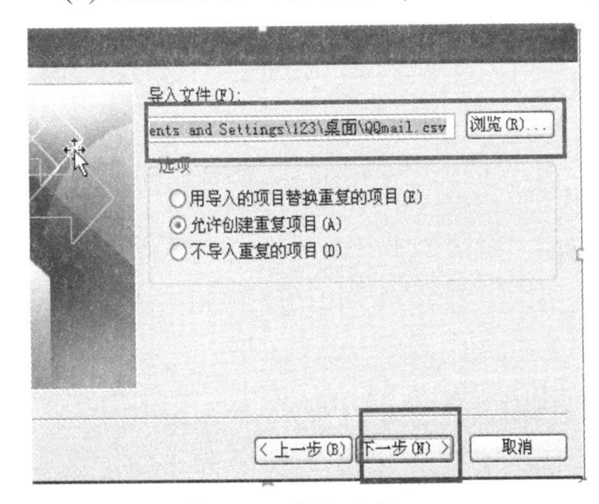

图 8-38　导入文件

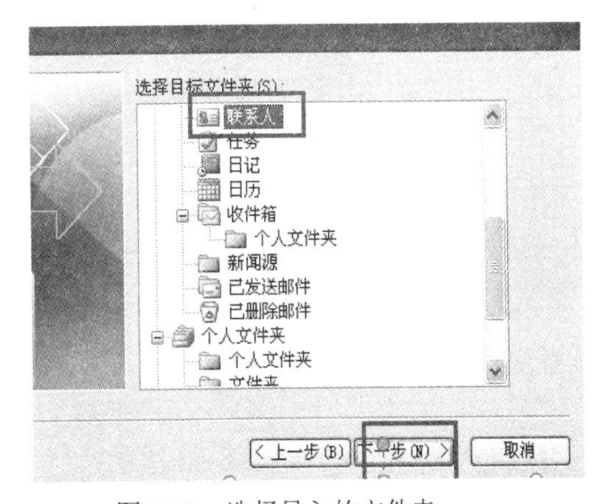

图 8-39　选择导入的文件夹

(6) 勾选“将‘联系人’导入下列文件夹：联系人”，单击“完成”按钮，即完成了联系人信息文件的导入。

步骤 3　将项目导出到.pst 文件。

(1) 如果想要将 Outlook 中的联系人保存至计算机中，需在“文件”菜单下选择“打开”中的“导入”选项。

(2) 在打开的“导入和导出向导”对话框中，在“请选择要执行的操作”选项框中，选择“导出到文件”选项，单击“下一步”按钮。

(3) 在打开的“创建文件的类型”选项框中，选择“Microsoft Excel 97-2003”选项，然后单击“下一步”按钮，如图 8-40 所示。

(4) 选定要导出的文件夹(如“联系人”)后单击“下一步”按钮，如图 8-41 所示。

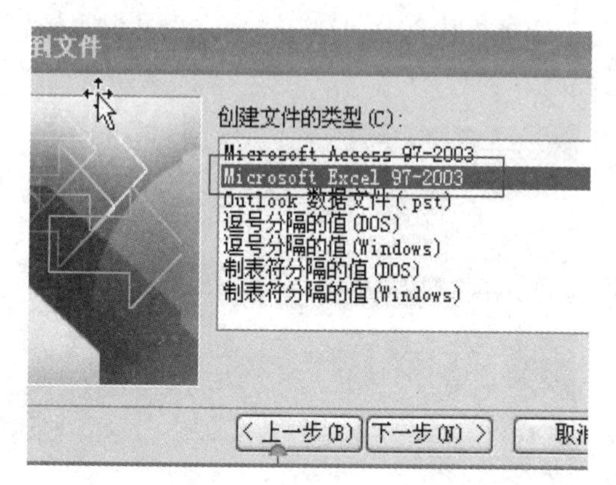

图 8-40 选择创建文件的类型

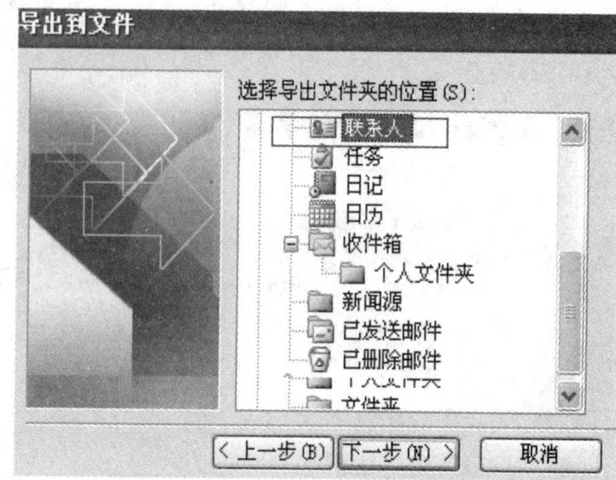

图 8-41 选择导出文件夹的位置

(5) 选择要导出的文件位置(可单击后面的“浏览”按钮进行选择)，单击“下一步”按钮。

(6) 在弹出的“导出到文件”窗口中勾选“从下列文件夹中导出‘联系人’：联系人”后单击“完成”按钮，如图 8-42 所示。

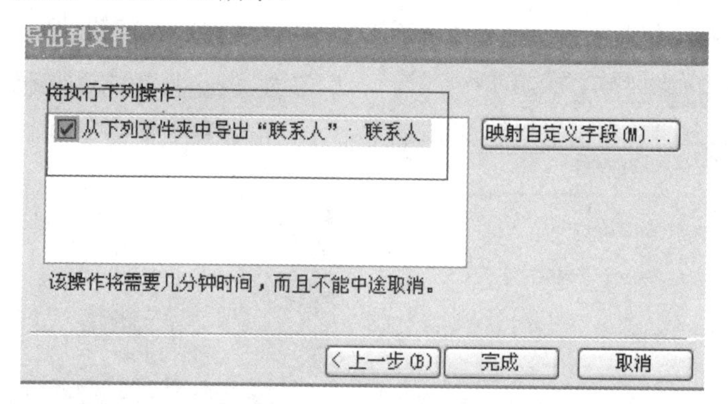

图 8-42 导出文件的选择

操作完成后的效果如图 8-43 所示。

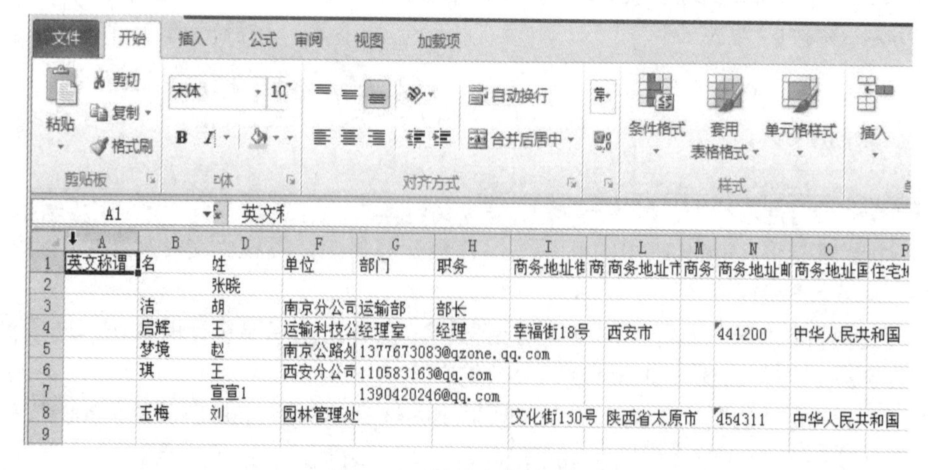

图 8-43 导出文件的结果

任务回顾

本任务中，我们主要完成了在 Outlook 2010 中将数据进行保存，在 Outlook 中创建新的.pst 文件，再将.pst 文件导入 Outlook 以及将项目导出到.pst 文件中。总之，通过完成该任务，可对 Outlook 2010 中数据的导入和导出等操作有充分的认识。

实战训练

(1) 创建 ABC.pst 文件(见图 8-44)。

(2) 将 A1.pst 文件导出到 D 盘下，文件名为 backup.pst(见图 8-45)。

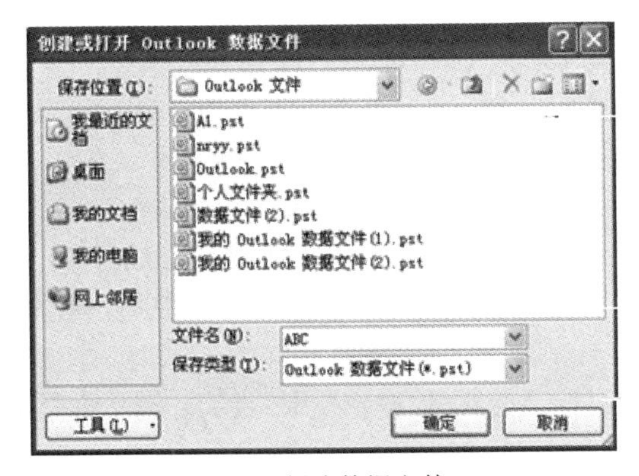

图 8-44　创建数据文件

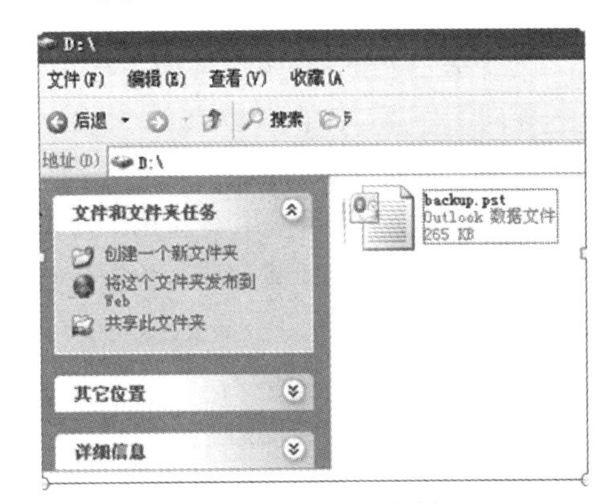

图 8-45　导出文件

(3) 将 Excel 表格中的 QQ 信息导入到 Outlook 联系人中(见图 8-46)。

	A	B	C	D	E	F
1	姓名	First Name	电子邮件	E-mail Address	手机	Home Phor
2	春风化雨	春风化雨	7673083@qzone.qq.com	7673083@qzone.qq.com	18530000000	
3	旭日东升	旭日东升	10583163@qq.com	10583163@qq.com	15023300000	
4	朵彩	朵彩	865919269@qq.com	865919269@qq.com	19566324120	
5	漫步云端	漫步云端	90420246@qq.com	90420246@qq.com	13625550000	

图 8-46　Excel 表格中的 QQ 信息

参 考 文 献

[1] 国家职业技能鉴定专家委员会计算机专业委员会. 办公软件应用(Windows 平台)Office 2007 应试指南(高级操作员级). 北京：北京希望电子出版社，2013.
[2] 赖利君. 计算机应用基础。北京：北京交通大学出版社，2013.
[3] 郭外萍，陈承欢. 办公软件应用案例教程. 北京：人民邮电出版社，2011.
[4] 李义官. 中文版 Windows 7. 南京：东南大学出版社，2010.
[5] 杨继萍. 电脑办公与应用(Windows 7+Office 2010). 北京：清华大学出版社，2013.
[6] 潘玉亮. Windows 7 使用详解. 北京：化学工业出版社，2010.
[7] 黄海军. Office 高级技术应用与实践. 北京：清华大学出版社，2012.
[8] 导向工作室. Office 2010 办公自动化培训教程. 北京：人民邮电出版社，2014.
[9] 郑小玲，赵丹亚. Excel 数据处理与分析应用教程. 北京：人民邮电出版社，2010.
[10] 蔡越江. 数据库技术及应用. 北京：中国铁道出版社，2011.
[11] 何宁，黄文斌，熊建强. 数据库技术应用教程. 北京：机械工业出版社，2007.
[12] 启典文化，何先军. Access 2010 数据库应用从入门到精通. 北京：中国铁道出版社，2013.
[13] 李禹生，廖明. 高职高专双证教育规划教材：Access 数据库技术. 北京：清华大学出版社，北京交通大学出版社，2006.
[14] 杨继萍，吴华. Visio 2010 图形设计标准教程. 北京：清华大学出版社，2012.
[15] 满昌勇. 计算机网络基础. 北京：清华大学出版社，2010.
[16] 谢希仁. 计算机网络基础. 大连：大连理工大学出版社，2004.

高职高专公共基础课系列教材

计算机办公软件应用基础

上机指导工作单

主　编　付　良　许梅瑛

副主编　王德铭　胡苏梅

参　编　林　琳　叶　梅　王作启

　　　　王东黎　张　玲

西安电子科技大学出版社

目　录

技能项目 1

操作系统与资源管理

任务 1　操作系统的应用

一、目的

(1) 掌握操作系统的基本操作。

(2) 掌握操作系统的设置与优化。

二、内容

(1) 启动资源管理器。

(2) 在 C 盘根目录下创建以自己姓名命名的文件夹。

(3) 在语言栏中添加“微软拼音”→“简捷 2010”输入法。

(4) 为“附件”菜单中的“截图工具”创建桌面快捷方式。

(5) 在控制面板中将桌面背景更改为“Windows 桌面背景”下“建筑”类中的第四张图片。

(6) 在控制面板中设置隐藏桌面上所有的图标。

三、步骤

(1) 启动资源管理器。启动操作系统后，依次单击“开始”→“所有程序”→“附件”→“Windows 资源管理器”选项。

(2) 在 C 盘根目录下创建以自己姓名命名的文件夹。在资源管理器左侧窗格中选择“本地磁盘(C:)”，在右侧窗格的空白位置右击鼠标，执行“新建”→“文件夹”命令。

(3) 在语言栏中添加“微软拼音→简捷 2010”输入法。依次单击“开始”→“控制面板”→“时钟、语言和区域”→“更改键盘或其他输入法”→“更改键盘”选项。

(4) 为“附件”菜单中的“截图工具”创建桌面快捷方式。依次单击“开始→所有程序→附件”选项，再右击“截图工具”，选择快捷菜单下的“发送到”→“桌面快捷方式”选项。

(5) 在控制面板中将桌面背景更改为“Windows 桌面背景”下“建筑”类中的第四张图片，依次单击“开始”→“控制面板”→“外观和个性化”→“更改桌面背景”选项。

(6) 在控制面板中设置隐藏桌面上所有的图标。在桌面空白处右击，依次点选快捷菜单中的“查看”→“隐藏”选项。

任务2　文件和文件夹的操作

一、目的

(1) 掌握文件和文件夹的创建、移动、复制和删除。

(2) 掌握创建快捷方式的方法。

二、内容

(1) 在 D 盘根目录建立如图 1-1 所示的文件夹树。

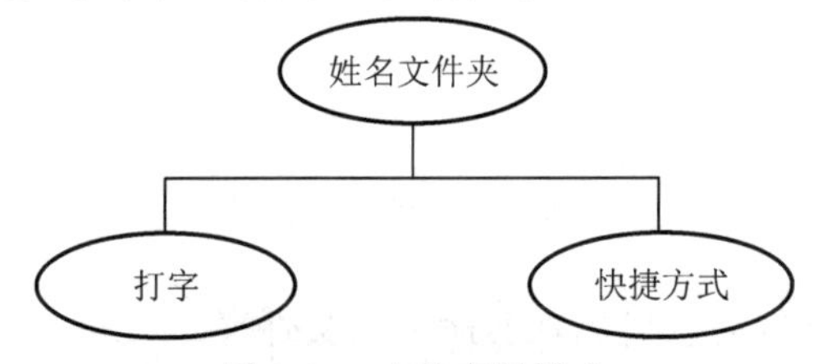

图 1-1　文件夹树样式

(2) 在“打字”文件夹中创建一个名为“汉字”的文本文件，输入图 1-2 中的内容。

Kaspersky 则表示，安全师已经发现有 5 种方法可以绕过 UAC，这样黑客将
会发现更多的安全漏洞。↵

图 1-2　汉字文本文件

(3) 在“快捷方式”文件夹中创建一个名为“CHKD”的文本文件，文件内容如图 1-3 所示。

A a B b C c D d E e F f G g H h I i J j K k L l M m N n

AaBbCcDdEe

图 1-3　英文文本文件

(4) 将“CHKD”的文本文件移动到“打字”文件夹中，并将其重命名为“英文录入”。

三、步骤

(1) 在 D 盘根目录建立如图 1-1 所示的文件夹树。

① 双击“计算机”窗口中的“本地磁盘(D:)”图标，打开 D 盘。

② 创建以自己姓名命名的文件夹，并打开该文件夹。

③ 创建“打字”和“快捷方式”文件夹。

(2) 在“打字”文件夹中创建一个名为“汉字”的文本文件，输入图 1-2 中的文本内容。

① 双击“打字”文件夹。

② 在空白处右击鼠标，在打开的快捷菜单中选择“新建”选项，创建一个名为“汉字”的文本文件。

③ 双击打开“汉字”文件，输入图 1-2 中的内容并保存。

(3) 在“快捷方式”文件夹中创建一个名为“CHKD”的文本文件，文件内容如图 1-3 所示。

① 双击“快捷方式”文件夹。

② 在空白处右击鼠标，在打开的快捷菜单中选择“新建”选项，创建一个名为“CHKD”的文本文件。

③ 双击打开“CHKD”文件，输入图 1-3 中的文本内容并保存。

(4) 将“CHKD”的文本文件移动到“打字”文件夹，并将其重命名为“英文录入”。

① 选定要移动的 “CHKD”文件，依次点选“编辑→剪切”命令，再选定“打字”文件夹，最后再选择“粘贴”命令即可。

② 将“CHKD”文件重命名为“英文录入”。

任务 3　控制面板属性的设置

一、目的

(1) 掌握维护和优化系统的方法。

(2) 掌握设置控制面板属性的方法。

二、内容

(1) 磁盘碎片整理。将 C 盘进行整理并截屏为图片文件，文件名为 1.bmp。

(2) 自定义任务栏。

(3) 查找文件。在 C 盘查找所有以“A”字打头的文件，并截屏为图片文件 3.bmp。

(4) 更改图标：

① 将“我的文档”图标改变截屏为图片文件(4_1.bmp)。

② 更改桌面图标的大小 (4_2.bmp)。

③ 不显示桌面图标(4_3.bmp)。

(5) 辅助功能选项。打开程序和功能选项，将对话框保存成图片文件(5.bmp)。

(6) 设置桌面背景。

(7) 设置刷新频率。设置刷新频率为 60 Hz，并将之截屏为图片文件(7.bmp)。

三、步骤

1. 磁盘碎片整理

将 C 盘进行整理并截屏为图片文件，文件名为 1.bmp。

(1) 依次单击“开始”→“所有程序”→“附件”→“系统工具”→“磁盘清理”选项，在打开的对话框中选择 C 盘，如图 1-4 所示。

(2) 在“驱动器”列表中，选择要清理的硬盘驱动器 C 盘，然后单击“确定”按钮，开始对 C 盘进行磁盘清理，如图 1-4 所示。

(3) 磁盘扫描完成后，选择要删除的文件，单击“确定”按钮，如图 1-4 所示。

(4) 系统处理完会弹出“确实要永久删除这些文件吗？”对话框，单击“删除文件”即可，如图 1-4 所示。

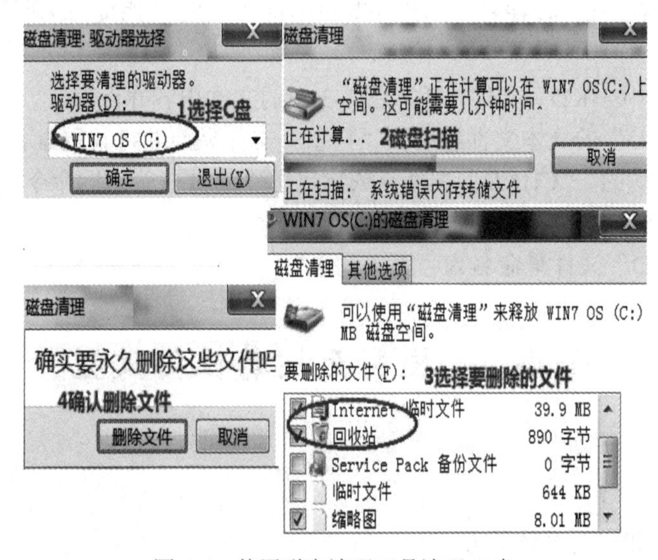

图 1-4　使用磁盘清理工具清理 C 盘

2. 自定义任务栏

(1) 自定义任务栏，将任务栏设置为“总是隐藏”，并截屏为图片文件(2_1.bmp)。将鼠标移动到任务栏空白处右击，依次单击“属性”→“任务栏”→“自动隐藏任务栏”→“确定”→“截图”选项。

(2) 在任务栏中设置“桌面”任务栏，并将之截屏为图片文件(2_2.bmp)。再将鼠标移到任务栏空白处右击，依次单击“工具栏”→“桌面”→“截图”选项。

(3) 在任务栏中新建“我的文档”工具栏，并将之截屏为图片文件(2_3.bmp)。再将鼠标移到任务栏空白处右击，依次单击“工具栏”→“新建工具栏”→“设置我的文档工具栏”→“截图”选项。

3. 查找文件

在 C 盘查找所有以“A”字打头的文件，并截屏为图片文件 3.bmp。

(1) 双击“计算机”，在打开的窗口中双击打开 C 盘。

(2) 在右上角的搜索框输入“A*.*”，等待搜索结果显示即可，如图 1-5 所示。

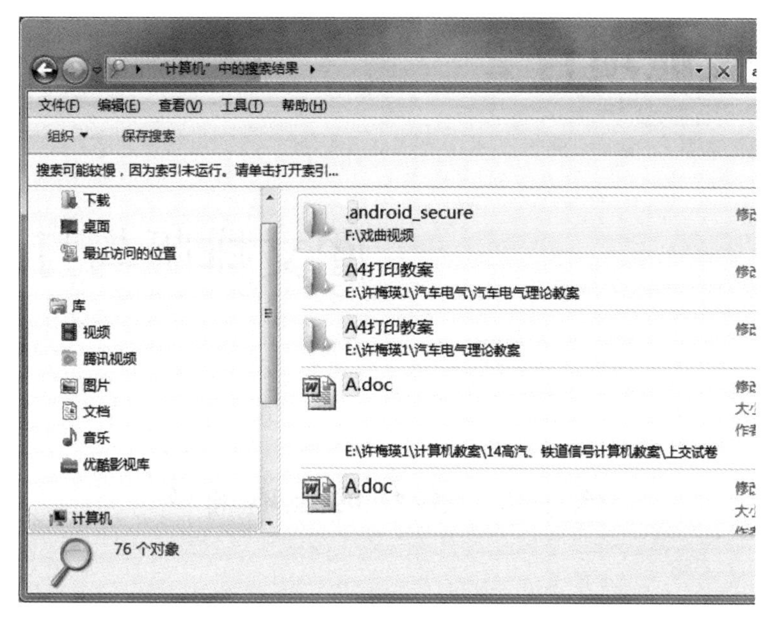

图 1-5 在 C 盘搜索文件

4. 更改图标

(1) 将“我的文档”图标改变截屏为图片文件(4_1.bmp)。在桌面空白处右击鼠标，依次单击“个性化”→“更改桌面图标”→“截图”选项。

(2) 更改桌面图标的大小 (4_2.bmp)。在桌面空白处右击鼠标，依次单击“查看”→“设置大图标”→“截图”选项。

(3) 不显示桌面图标(4_3.bmp)。在桌面空白处右击鼠标，依次单击“显示桌面图标(去除√) ”→“截图”选项。

5. 辅助功能选项

打开程序和功能选项，将对话框保存成图片文件(5.bmp)。依次单击“开始”→“控制面板”→“程序和功能”→“设置”→“确定”→“截图”选项。

6. 设置桌面背景

(1) 依次单击“我的电脑”→“共享文档”→“共享图像”→“示例图片”，选择一张图片作为桌面背景，设置位置居中(6.jpg)。

(2) 在桌面空白处右击鼠标，依次单击“个性化”→“桌面背景”→“设置”→“确定”→“截图”选项。

7. 设置刷新频率

设置刷新频率为 60 Hz，并将截图设置为图片文件(7.jpg)。在桌面空白处右击鼠标，依次单击“屏幕分辨”→“高级设置”→“监视器”→“设置”→“确定”→“截图”选项。

技能项目 2

图文排版与打印输出

任务 1　文档的基本编辑

一、目的

(1) 掌握文档基本格式的设置。
(2) 练习中文版式的各种操作。

二、内容

在桌面上建立名为“自己的姓名.doc”文件。

1. 输入内容

输入图 2-1 所示的文本内容。

> 一个问题可以改变自己的人生
> 你是否曾经夜不成眠？或许不曾经有过。然而，曾经有人在失眠的夜晚改变了自己的人生。上床后，他久久无法入睡，因为他有一笔债即将到期，以当时的经济状况根本找不到处理的方法。这时，他问了自己一个问题，完全改变了自己的想法，也因此引导他走上安心、满足的灿烂人生。那天，他问了自己这样的问题，“为什么别人可以做到，而我还清债务却好像比登天还难？”于是，那天晚上，他对自己心里作了仔细的分析。终于他了解到，其实，活在世上的每一个人都是平等的，在漫漫长夜中，他不断将自己身边的成功者与自己加以比较，经由比较后发现，无论在任何情况，那些成功人士并不曾拥有自己所不具备的——唯一的差异在于有无“我做得到！”的意识。
> 在曙光为云朵绣上金黄色以前，他已经在意识中掌握了人生的黄金秘诀。失眠的次日清晨，每每都是疲惫的身躯以迎接第二天的来临，然而，那天清晨，他就像是迎接圣诞节早晨的孩子那样充满力量，朝气蓬勃。那位男士的后续情况如何？一年后，他收入丰厚，住在自己设计、建设的房舍内，每逢假日，就和家人一同前往欧洲旅行。

图 2-1　文本内容

2. 字体、段落格式的排版

(1) 将页面设置为A4纸张，上下左右边距各2厘米，纵向，设置行间距为2倍行距。

(2) 将标题设置为居中显示，仿宋、二号字，文字加“填充-红色，强调文字颜色 2，轮廓，强调文字颜色 2”的文字效果。

(3) 一、二段的首行缩进2个字符，字体为楷体，四号字。

(4) 第一段的第一个字设为首字下沉 2 行，黑体，紫色，强调文字 4，淡色 40%，距正文 0.5 厘米。

(5) 全文中出现的“问题”替换成标准红色、小三、加粗的“问题”。

(6) 第一段中出现的“我做得到!”设置为标准红色、三号、加粗、加着重号，字符间距加宽 2 磅。

(7) 第二段中“黄金秘诀”加注拼音(对齐方式 1-2-1，隶书，12 磅)。

(8) 第二段的行间距设置为 38 磅。

(9) 给第二段中的“圣诞节”设置为加圈文字，圈形分别为圆形、三角形、菱形，不改变字的大小(增大圈号)。

(10) 将文中“收入丰厚”设置为标准蓝色，位置提升 8 磅并缩放为 90%。

(11) 设置文档背景为画布纹理。

(12) 插入页眉，内容为“练习一”，页脚为页码。

(13) 设置艺术型页面边框，采用苹果图案。

三、字体、段落格式的排版步骤

(1) 将页面设置为 A4 纸张，上、下、左、右边距各 2 厘米，纵向，设置行间距为 2 倍行距。

① 选中“页面布局”菜单，打开“页面设置”对话框，分别设置纸张大小和上、下、左、右边距。

② 选中“开始”菜单，打开“段落”对话框，选中“缩进和间距”选项卡，在“行距”文本框中选中“2 倍行距”。

(2) 将标题设置为居中显示，仿宋、二号字，文字加“填充-红色，强调文字颜色 2，轮廓，强调文字颜色 2”的文字效果。选中标题，选中“开始”菜单，分别设置字体、字号和文字效果。

(3) 一、二段的首行缩进 2 个字符，字体为楷体，四号字。

① 选中第一、二段内容，选中“开始”菜单，打开“段落”对话框。

② 选中“缩进和间距”选项卡，在“特殊格式”文本框中选中“首行缩进”进行设置。

(4) 第一段的第一个字设为首字下沉 2 行，黑体，紫色，强调文字 4，淡色 40%，距正文 0.5 厘米。

① 把光标放在第一段中的任意位置，选中“插入”菜单中“首字下沉”命令，打开“首字下沉”对话框。

② 设置字体，下沉 2 行，距正文 0.5 厘米。

③ 选中首字下沉的“你”字，选中“开始”菜单，设置文字效果“渐变填充-紫色，强调文字颜色 4，映像”。

(5) 全文中出现的“问题”替换成标准红色、小三、加粗的“问题”。

① 选中“开始”菜单中的“替换”命令，打开“替换”对话框，选中“替换”选项卡。

② 在“查找内容”文本框中输入“问题”，在“替换为”文本框中输入“问题”。

③ 选中“替换为”文本框中的“问题”二字，打开“更多”按钮中的“格式”按钮，设置“红色、小三、加粗”的格式。

④ 选择“全部替换”。

(6) 第一段中出现的“我做得到!”设置为标准红色、三号、加粗、加着重号，字符间距加宽 2 磅。

① 选中“我做得到!”四个字，打开“开始”菜单中“字体”对话框，选中“字体”选项卡，设置红色、三号、加粗、加着重号。

② 选中“高级”选项卡中的“间距”文本框，设置加宽 2 磅。

(7) 第二段中“黄金秘诀”加注拼音(对齐方式 1-2-1，隶书，12 磅)。选中“黄金秘诀”四个字，选择“开始”菜单中的“拼音指南”命令进行设置。

(8) 第二段的行间距设置为 38 磅。

① 选中第二段的内容，选择“开始”菜单中的“段落”命令，打开“段落”对话框。

② 选择“行距”文本框进行设置。

(9) 将第二段中的“圣诞节”设置为加圈文字，圈形分别为圆形、三角形、菱形，不改变字的大小(增大圈号)。分别选中“圣诞节”三个字，选择“开始”菜单中的“带圈字符”命令，分别按要求进行设置。

(10) 将文中“收入丰厚”设置为标准蓝色，位置提升 8 磅并缩放为 90%。

① 选中“收入丰厚”，选择“开始”菜单中的“字体”命令，打开“字体”对话框。

② 选择“高级”选项卡，在“位置”和“缩放”文本框中按要求进行设置。

(11) 设置文档背景为画布纹理。

① 选择“页面布局”命令中的“页面颜色”选项卡，选择“填充效果”，打开“填充效果”对话框。

② 选择“纹理”选项卡，按要求进行设置。

(12) 插入页眉，内容为“练习一”，页脚为页码。选择“插入”菜单中的“页眉”命令，按要求进行设置。

(13) 设置艺术型页面边框，采用苹果图案。

① 选择“页面布局”中的“页面边框”命令，打开“页面边框”对话框。

② 选择“艺术型”中的“苹果”图案。

最终的效果如图 2-2 所示。

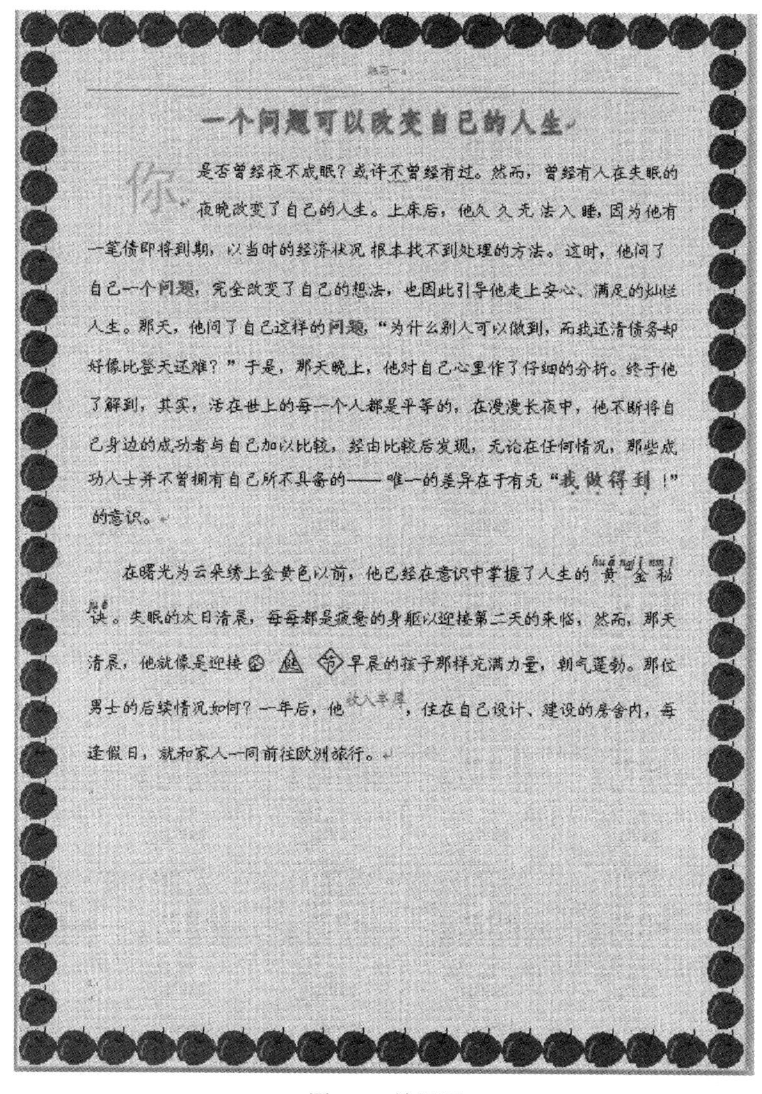
练习一

一个问题可以改变自己的人生

你是否曾经夜不成眠？或许不曾经有过。然而，曾经有人在失眠的夜晚改变了自己的人生。上床后，他久久无法入睡，因为他有一笔债即将到期，以当时的经济状况根本找不到处理的方法。这时，他问了自己一个问题，完全改变了自己的想法，也因此引导他走上安心、满足的灿烂人生。那天，他问了自己这样的问题，“为什么别人可以做到，而我还清债务却好像比登天还难？”于是，那天晚上，他对自己心里作了仔细的分析。终于他了解到，其实，活在世上的每一个人都是平等的，在漫漫长夜中，他不断将自己身边的成功者与自己加以比较，经由比较后发现，无论在任何情况，那些成功人士并不曾拥有自己所不具备的——唯一的差异在于有无“我做得到！”的意识。

在曙光为云朵绣上金黄色以前，他已经在意识中掌握了人生的黄金秘诀。失眠的次日清晨，每每都是疲惫的身躯以迎接第二天的来临，然而，那天清晨，他就像是迎接全健的早晨的孩子那样充满力量，朝气蓬勃。那位男士的后续情况如何？一年后，他收入丰厚，住在自己设计、建设的房舍内，每逢假日，就和家人一同前往欧洲旅行。

图 2-2　效果图

任务 2　剪贴画的简单练习

一、目的

(1) 掌握图片的各种操作及属性设置。

(2) 练习剪贴画的裁剪、编辑、组合等操作。

二、内容

(1) 将原图 2-3(剪贴画)转换为目标图 2-4。

图 2-3　原图

图 2-4　目标图

① 在“插入”菜单中，选择“剪贴画”菜单项，打开“剪贴画”任务窗格，单击“搜索”按钮，选择如图 2-3 所示剪贴画。

② 选中该图片，在“格式”工具栏中选择“自动换行”菜单项，选择“四周型”或“紧密型”的环绕方式。

③ 选中图片，在“格式”工具栏中选择“裁剪”菜单项，按图 2-4 所示进行裁剪。

④ 选中图片，在“格式”工具栏中选择“图片边框”菜单项，按图示进行设置。

⑤ 选中图片，在“格式”工具栏中选择“旋转”菜单项，选择“水平翻转”命令。

(2) 将原图 2-5 转换为目标图 2-6。

图 2-5　原图

图 2-6　目标图

① 在“插入”菜单中，选择“剪贴画”菜单项，打开“剪贴画”任务窗格，单击“搜索”按钮，选择如图 2-5 所示的剪贴画。

② 选中该图片，单击鼠标右键，打开快捷菜单，选择“编辑图片”命令。

③ 用鼠标选择如图 2-6 所示目标图所需的图片，再进行组合、修饰等操作。

(3) 将原图 2-7 转换为目标图 2-8。

图 2-7　原图

图 2-8　目标图

(1) 在“插入”菜单中选择“剪贴画”菜单项，打开“剪贴画”任务窗格，单击“搜索”按钮，选择如图 2-7 所示的剪贴画。

(2) 选中该图片，单击鼠标右键，打开快捷菜单，选择“编辑图片”命令。

(3) 用鼠标选择目标图所不需要的图片，进行删除。

(4) 拖动鼠标，从左上角拖到右下角，单击鼠标右键，选择“组合”命令。

(5) 重复以上操作，再进行翻转、组合等操作。

任务3　图 形 练 习

一、目的

(1) 掌握在 Word 中插入图形的操作。

(2) 掌握图形的各种编辑操作。

二、内容

1. 绘制图形

利用工具按钮绘制如图 2-9 所示的基本图形。

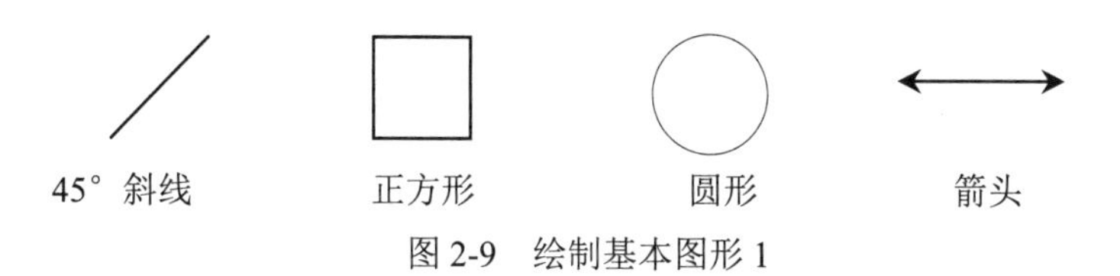

图 2-9　绘制基本图形 1

2. 插入图形并添加文字

插入如图 2-10 所示的图形，并添加文字。

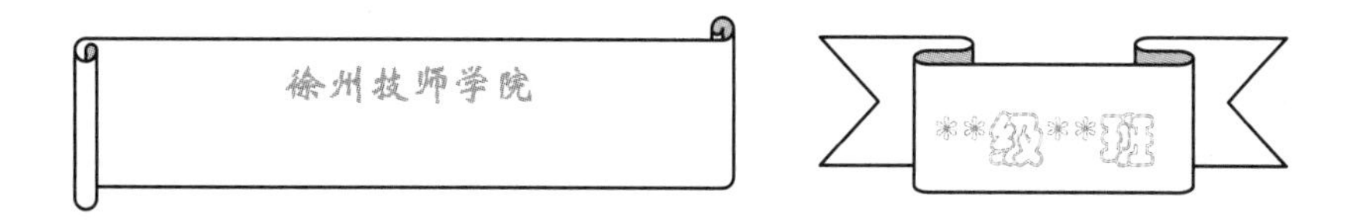

图 2-10　绘制基本图形 2

3. 插入月牙图形

(1) 设置填充色为浅蓝色，线条色设置第四行虚线、橙色，强调文字颜色 6，深色 25%。

(2) 在月牙周围插入两个星星图形，并设置形状样式为第五行第七列。

(3) 调整月亮的形状，使月牙变细。

(4) 将图形组合翻转 180°，并进行缩放、移动操作。

4. 制作如图 2-11 所示的图形

练习叠放设置，比较效果。

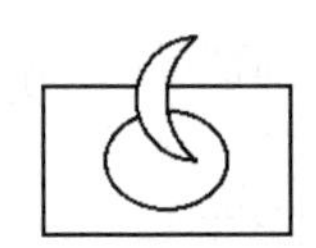

月牙形顶层

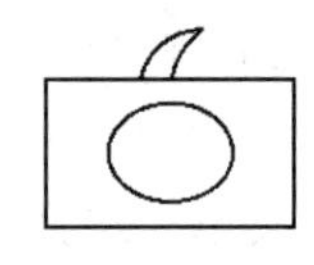

月牙形底层

月牙形上移一层

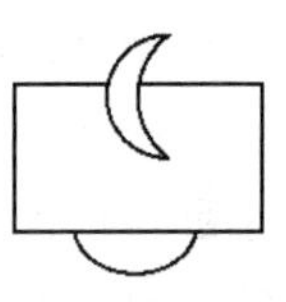

圆形下移一层

图 2-11　练习叠放效果图

5. 制作如图 2-12 所示的流程图

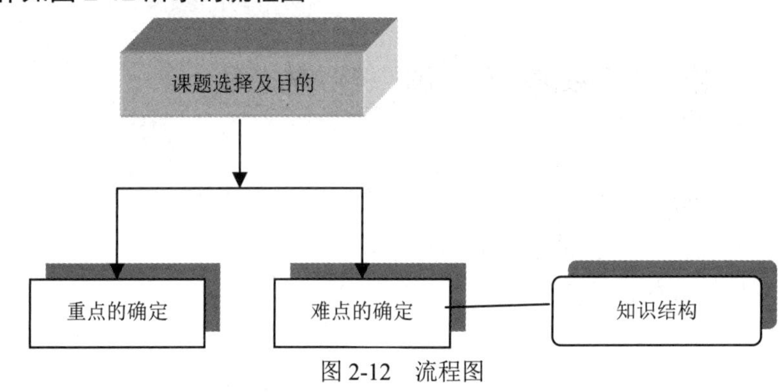

图 2-12　流程图

制作流程图要求：

(1) 外形美观，内容完整。

(2) 图形内文字均为“小四”。

(3) 第一个图形设为“三维样式 1”，其余图形设为“阴影样式 2”。

(4) 后三个图形线条色为“蓝色”，字号为 1.5 磅。

(5) 组合图形。

三、步骤

1. 利用工具按钮绘制基本图形

(1) 在“插入”菜单中，选择“形状”菜单项，打开“形状”子菜单。

(2) 分别选中图 2-9 所需形状，按住 Shift 键，画出图 2-9 所示形状。

2. 插入图形并添加文字

(1) 在“插入”菜单中，选择“形状”菜单项，打开“形状”子菜单。

(2) 在“星与旗帜”菜单项中分别选中图 2-10 所需形状，并画出图示形状。

(3) 分别选中图形，单击鼠标右键，打开快捷菜单，选择“添加文字”功能项，输入所需文字。

(4) 选中文字，分别设置格式。

3. 插入月牙图形

(1) 在“插入”菜单中，选择“形状”菜单项，打开“形状”子菜单。

(2) 在“基本形状”菜单项中选中月牙形状，画出月牙。

(3) 选中月牙图形，在“格式”菜单中分别选择“形状填充”“形状轮廓”和“形状样式”进行设置。

(4) 重复以上操作，插入“星星”。

(5) 在“格式”菜单中设置所需操作，并进行翻转、缩放等操作。

4. 制作图形，练习叠放设置，比较效果

(1) 在“插入”菜单中，选择“形状”菜单项，打开“形状”子菜单。

(2) 在“基本形状”菜单项中分别选中月牙、椭圆和矩形形状，按图 2-10 所示放在一起。

(3) 选中月牙图形，在“格式”菜单中分别选择“上移一层”“下移一层”和“置于顶层和底层”进行设置。

(4) 分别对椭圆和矩形重复以上操作。

5. 制作流程图，将文件命名为“流程图”

(1) 在“插入”菜单中，选择“形状”菜单项，打开“形状”子菜单。

(2) 在“基本形状”菜单项中选中矩形形状，画出如图 2-11 所示的四个矩形。

(3) 选中每个矩形，单击鼠标右键，打开快捷菜单，选择“添加文字”，分别输入文字。

(4) 在“格式”菜单中分别进行效果操作。

任务4　图文混排综合练习

一、目的

掌握图片的编辑和属性设置。

二、内容

根据图 2-13 所给素材制作目标图 2-14，要求布局合理，整体美观大方。

图 2-13　示例图片　　图 2-14　目标图

三、步骤

(1) 选中所给素材图片，单击鼠标右键，选择“编辑图片”，把目标图不需要的云彩移出并删除，然后再把原图组合。

技巧提示：先删除白色的云彩。

(2) 插入艺术字“技能节竞赛”，艺术字样式为第二行第二个，楷体，填充色为蓝到粉色的垂直过渡，“汽车工程系加油！”字体为华为行楷，填充色为白色到橙色，强调文字颜色6，淡色60%的水平渐变。

(3) 把飘带设置为置于底层，再进行组合。

(4) 选择“插入”菜单中的“形状”，插入椭圆，并设置轮廓和颜色。

(5) 插入艺术字“江苏省徐州技师学院”，并设置形状，再调整形状和椭圆相吻合。

任务5　文档表格的创建与设置

一、目的

(1) 掌握创建表格的方法。

(2) 掌握表格的基本操作和格式设置。

二、内容

(1) 创建一个3行7列的表格，并为新创建的表格自动套用“中等深浅网格1-强调文字4”的表格样式。

(2) 在上述表格下面创建如图2-15所示的表格。

一月份各车间产品合格情况

车间		总产品数（件）	不合格产品(件)		合格率（%）
第一车间		4856	12		99.75%
第四车间		5364	55		98.97%
第二车间		6235	125		97.99%
第三车间		4953	88		98.22%
第五车间		6245	42		99.32%

图2-15　一月份各车间产品合格情况表

(3) 将表格中“车间”单元格与其右侧的单元格合并为一个单元格；将“第四车间”一行移至“第五车间”一行的上方，删除“不合格产品(件)”列右侧的空列，将表格各行与各列平均分布。

(4) 将表格中包含数值的单元格设置为居中对齐，为表格的第一行填充标准色中的“橙色”底纹，其他各行填充粉红色(RGB：255，153，204)底纹，将表格的外边框线设置为1.5 磅的双实线，横向网格线设置为0.5 磅的点画线，竖向网格线设置为 0.5 磅的细实线。

三、步骤

(1) 创建一个 3 行 7 列的表格，并为新创建的表格自动套用“中等深浅网格 1-强调文字 4”的表格样式。

① 将光标定位在文档开头处，依次单击“插入”→“表格”，输入行数和列数。

② 选中整个表格，打开“表格工具”中的“设计”选项卡，在“表格样式”中进行设置。

(2) 在图 2-15 所示的表下面创建以下表格。

① 将光标定位在文档开头处，依次单击“插入”→“表格”，输入行数和列数。

② 选中整个表格，打开“表格工具”中的“设计”选项卡，在“表格样式”中进行设置。

(3) 将表格中“车间”单元格与其右侧的单元格合并为一个单元格；将“第四车间”一行移至“第五车间”一行的上方，删除“不合格产品(件)”列右侧的空列，将表格各行与各列平均分布。

① 选中“车间”文本所在单元格和右边的空白单元格，在“布局”选项卡中进行“合并”。

② 选中“第四车间”所在的行，执行“剪切”操作。

③ 将光标移至“第五车间”所在行的左侧，进行“粘贴”操作。

④ 将光标移到“不合格产品”列的上面，进行“删除”操作。

(4) 将表格中包含数值的单元格设置为居中对齐，为表格的第一行填充标准色中的“橙色”底纹，其他各行填充粉红色(RGB：255，153，204)底纹，将表格的外边框线设置为1.5 磅的双实线，横向网格线设置为0.5 磅的点画线，竖向网格线设置为 0.5 磅的细实线。

① 选中表格中包含数据的单元格，利用“对齐”方式操作。

② 选中第一行，进行“底纹”设置。

③ 选中第 2～6 行，进行“底纹”设置。

④ 选中整个表格，利用“绘图边框”进行设置。

最终实验效果图如图 2-16 所示。

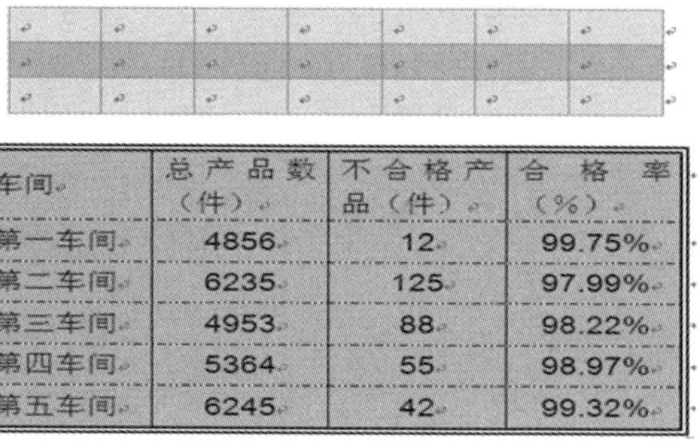

车间	总产品数（件）	不合格产品（件）	合格率（%）
第一车间	4856	12	99.75%
第二车间	6235	125	97.99%
第三车间	4953	88	98.22%
第四车间	5364	55	98.97%
第五车间	6245	42	99.32%

图 2-16　效果图

任务6　棋盘的制作

一、目的

(1) 掌握 Word 2010 中的各种编辑技能。

(2) 提高 Word 2010 的综合排版水平。

二、内容

制作如图 2-17 所示的棋盘。

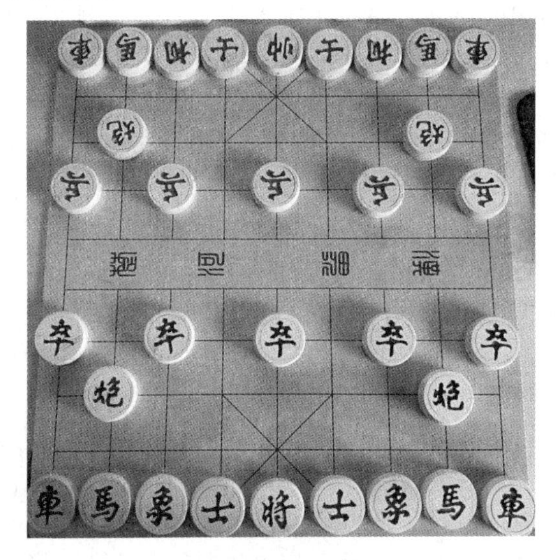

图 2-17　棋盘原图

三、步骤

1. 制作棋盘的步骤

(1) 新建一个 Word 2010 文档，另存为“象棋—学生姓名”。

(2) 设置页边距为普通；纸张方向为纵向；纸张大小为 A4。

(3) 插入一个 9 行 8 列的表格：设置行高为 2.6 厘米，列宽默认。

(4) 依次设置“页面颜色”→“其他颜色”→“标准”→“自选出相近颜色”。

(5) 设置表格边框，制作斜线表格(依次选定“表格”→“设计”→“边框”→“斜下框或斜上框线”)。

(6) 在棋盘中间输入“楚河　汉界”，并调整字体、字号，“楚河”为方正姚体，小一号，调整文字方向并简换繁，“汉界”为简换繁，用文本框实现，注意文本的填充色和边框的设置，如图 2-18 所示。

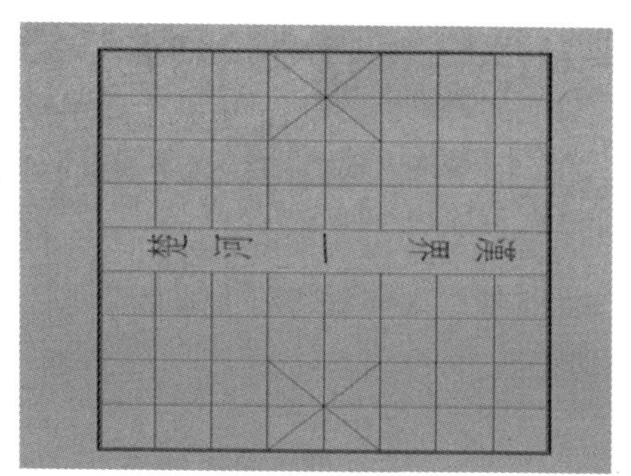

图 2-18　棋盘中的“楚河 汉界”

2. 棋子的制作步骤

(1) 绘制棋子，依次选择“插入”→“形状”→“椭圆”，按住 Shift 键画圆。

(2) 编辑棋子，修改圆的填充颜色(橙色，强调文字 6，淡色 80%)、形状轮廓和形状效果(依次选择“圆”→“格式”→“形状效果”→“棱台”→“棱纹”)；棋子大小设置为 1.3 厘米。

(3) 在棋子上输入文字，并调整其字体、字号、颜色，依次选择宋体、五号、红色、加粗、繁体。

(4) 复制粘贴做好的 15 个棋子，并分别摆放好。最终制作效果如图 2-19 所示。

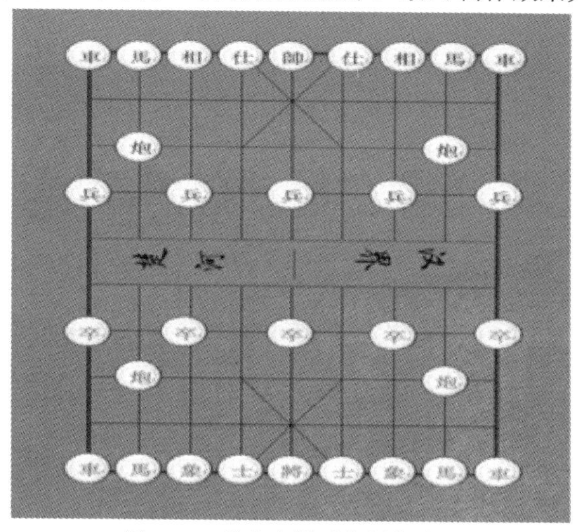

图 2-19　棋盘中棋子的制作效果

任务 7　邮件合并的使用(一)

一、目的

(1) 掌握邮件合并的使用方法。

(2) 理解并掌握邮件合并中数据源的关联操作。

(3) 掌握插入合并域操作。

二、内容

某小区进行欠费统计，现需要打印每户欠费情况的纸质通知单进行逐一通知，统计数据要求录入在 Excel 表格中，试使用邮件合并功能，完成每户“收缴通知”的制作，以备直接打印使用，如图 2-20 所示。

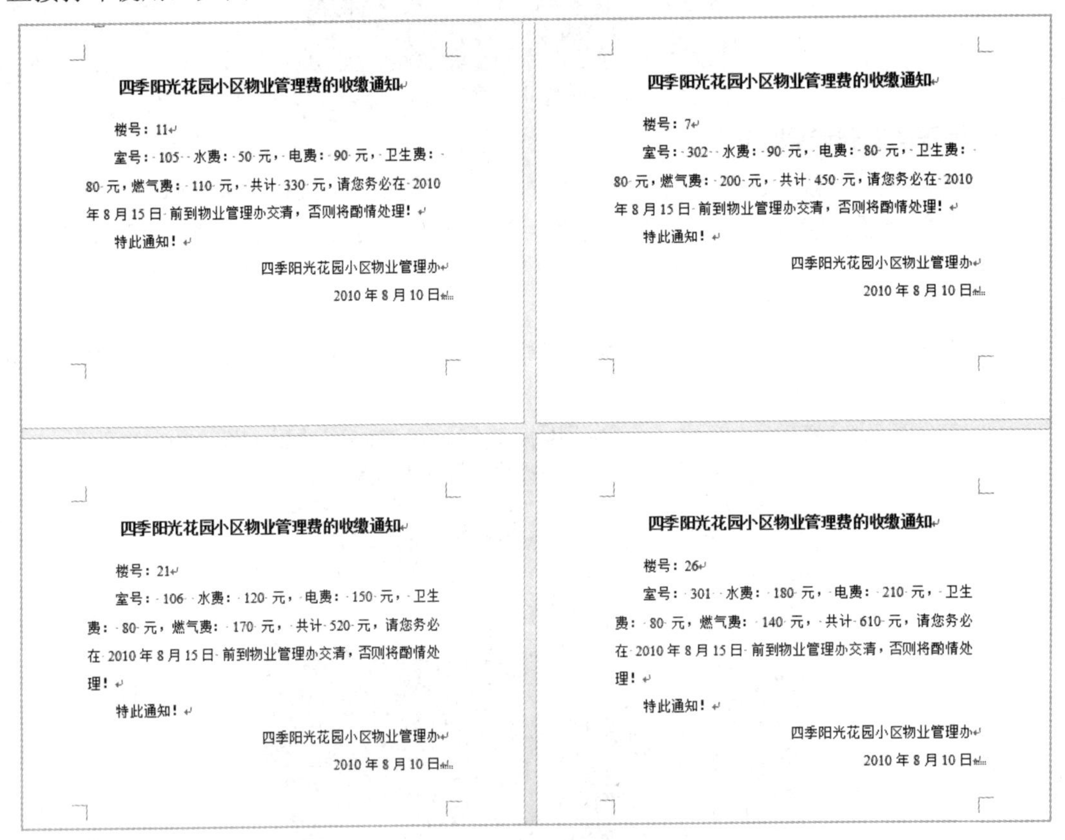

四季阳光花园小区物业管理费的收缴通知

楼号：11

室号：105 水费：50 元，电费：90 元，卫生费：80 元，燃气费：110 元，共计 330 元，请您务必在 2010 年 8 月 15 日前到物业管理办交清，否则将酌情处理！

特此通知！

四季阳光花园小区物业管理办

2010 年 8 月 10 日

四季阳光花园小区物业管理费的收缴通知

楼号：7

室号：302 水费：90 元，电费：80 元，卫生费：80 元，燃气费：200 元，共计 450 元，请您务必在 2010 年 8 月 15 日前到物业管理办交清，否则将酌情处理！

特此通知！

四季阳光花园小区物业管理办

2010 年 8 月 10 日

四季阳光花园小区物业管理费的收缴通知

楼号：21

室号：106 水费：120 元，电费：150 元，卫生费：80 元，燃气费：170 元，共计 520 元，请您务必在 2010 年 8 月 15 日前到物业管理办交清，否则将酌情处理！

特此通知！

四季阳光花园小区物业管理办

2010 年 8 月 10 日

四季阳光花园小区物业管理费的收缴通知

楼号：26

室号：301 水费：180 元，电费：210 元，卫生费：80 元，燃气费：140 元，共计 610 元，请您务必在 2010 年 8 月 15 日前到物业管理办交清，否则将酌情处理！

特此通知！

四季阳光花园小区物业管理办

2010 年 8 月 10 日

图 2-20　收缴通知

三、步骤

(1) 在 Excel 中录入收费数据，完成收费统计，并保存文件，如图 2-21 所示。

楼号	室号	水费	电费	卫生费	燃气费	共计费用
11	105	50	90	80	110	330
7	302	90	80	80	200	450
21	106	120	150	80	170	520
26	301	180	210	80	140	610

图 2-21　收费数据 Excel 表格

(2) 在 Word 中录入收缴通知的文字内容，并保存文件。

(3) 设置收缴通知的纸张大小、页边距，完成页面设置。

(4) 设置收缴通知的字体、字号、行间距、对齐等，调整页面整体效果，完成邮件合并模板制作，如图 2-22 所示。

四季阳光花园小区物业管理费的收缴通知

楼号：

室号：水费：元，电费：元，卫生费：元，燃气费：元，共计元，请您务必在前到物业管理办交清，否则将酌情处理！

特此通知！

四季阳光花园小区物业管理办

2010 年 8 月 10 日

图 2-22　收缴通知模板效果图

(5) 单击“邮件”选项卡“开始邮件合并”命令，在弹出的下拉菜单中单击“信函”。

(6) 单击“邮件”选项卡中的“选择收件人”命令，在弹出的下拉菜单中单击“使用现有列表”，并在弹出的对话框中指定步骤(1)中保存的数据文件，在弹出的对话框中选择 Excel 文件中保存数据的工作表，然后单击“确定”按钮。此时，Excel 中的数据统计表与当前模板文件完成链接，“邮件”选项卡中部分命令按钮被激活。

(7) 光标定位在模板中“楼号：”后，单击“插入合并域”命令，单击下拉菜单中的“楼号”(对应 Excel 表中的首行产生)，完成“楼号”域的合并。同理，依次插入“室号”“水费”“电费”等对应域的操作。

(8) 单击“邮件”选项卡“预览结果”命令，在插入域和具体信息两种显示状态之间进行切换，浏览对应具体数据时调整页面排版效果，删除多余空格，必要时调整行间距、对齐等设置。

(9) 单击“邮件”选项卡“完成并合并”命令，单击“编辑单个文档”，使用默认的“全部”选项，单击“确定”按钮，系统在新窗口生成新的文件，默认文件名“信函 1”，浏览检查，并保存文件。

任务 8　邮件合并的使用(二)

一、目的

(1) 掌握邮件合并的使用方法；理解并掌握邮件合并中数据源的关联操作。

(2) 掌握插入合并域操作；掌握邮件合并中数据源筛选的方法。

二、内容

某公司进行人事招聘，现需要打印纸质录用通知书，试使用邮件合并功能为录用人员

总清单中 “职位”为“经理”的所有记录批量制作“录取通知书”，生成 Word 文档，以备直接打印使用，如图 2-23 所示。

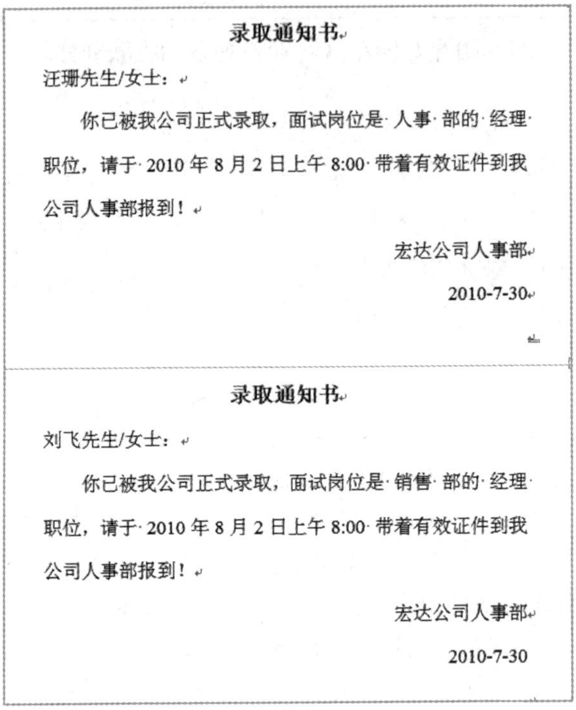

录取通知书

汪珊先生/女士：

你已被我公司正式录取，面试岗位是 人事 部的 经理 职位，请于 2010 年 8 月 2 日上午 8:00 带着有效证件到我公司人事部报到！

宏达公司人事部

2010-7-30

录取通知书

刘飞先生/女士：

你已被我公司正式录取，面试岗位是 销售 部的 经理 职位，请于 2010 年 8 月 2 日上午 8:00 带着有效证件到我公司人事部报到！

宏达公司人事部

2010-7-30

图 2-23　批量制作“录取通知书”效果

三、步骤

(1) 在 Excel 中录入录用人员的统计信息，并保存文件，如图 2-24 所示。

A	B	C	D
姓名	部门	职位	
江璐	销售	秘书	
汪珊	人事	经理	
李畅	开发	文员	
刘飞	销售	经理	
王友	开发	主管	

图 2-24　录用人员统计信息表

(2) 在 Word 中录入“录取通知书”的文字内容，保存文件。

(3) 进行纸张大小、页边距等设置，设计录取通知书的页面布局。

(4) 设置录取通知书的字体、字号、行间距、对齐等文字格式和段落格式，调整页面整体效果，完成录取通知书模板制作，如图 2-25 所示。

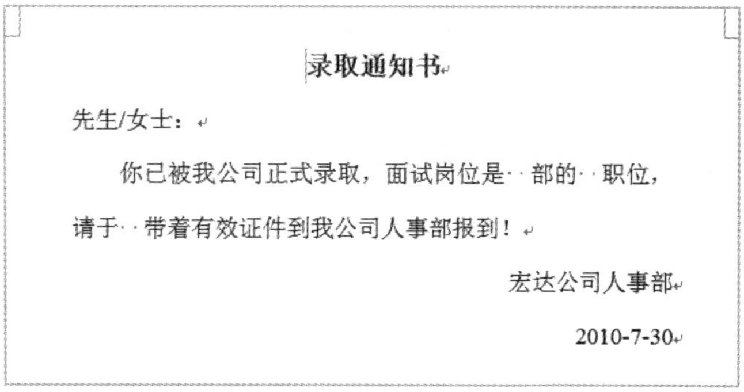

录取通知书

先生/女士：

你已被我公司正式录取，面试岗位是 部的 职位，

请于 带着有效证件到我公司人事部报到！

宏达公司人事部

2010-7-30

图 2-25　完成的录取通知书模板

(5) 单击“邮件”选项卡“开始邮件合并”命令，在弹出的下拉菜单中单击“信函”。

(6) 单击“邮件”选项卡“选择收件人”命令，在弹出的下拉菜单中单击“使用现有列表”，在弹出的对话框中指定步骤(1)中保存的数据文件，在弹出的对话框中选择 Excel 文件中保存数据的工作表，单击“确定”按钮。此时，Excel 中的数据统计与当前模板文件完成链接，“邮件”选项卡中部分命令按钮被激活。

(7) 光标定位在模板中“先生/女士：”前，选中“插入合并域”命令，单击下拉菜单中的“姓名”(对应 Excel 表中的首行产生)，完成“姓名”域的合并。同理，依次插入“部门”“职位”等对应域的操作。

(8) 单击“邮件”选项卡“编辑收件人列表”命令，在弹出的对话框中单击“筛选”，再在“域”下拉列表中选择“职位”，“比较关系”选择“等于”，“比较对象”输入“经理”，单击“确定”按钮。

(9) 单击“邮件”选项卡“预览结果”命令，在插入域和具体信息两种显示状态之间切换，浏览对应具体数据时整体页面的排版效果，删除多余空格，必要时调整行间距、对齐等设置。

(10) 单击“邮件”选项卡“完成并合并”命令，再单击“编辑单个文档”，使用默认的“全部”选项，单击“确定”按钮，系统在新窗口生成新的文件，默认文件名为“信函1”。浏览检查，保存文件。

任务9　目录的制作(一)

一、目的

(1) 掌握样式的应用操作；掌握插入页码与页码格式的操作。

(2) 掌握自动生成目录的操作。

二、内容

某机构进行鲁迅先生的作品整理，已完成文字录入部分，见素材(二维码)文件“1 原文”，现需要进行作品目录的制作(见图 2-26)，同时考虑后期排版后作品所在页码可能会变化，要求目录页码能够更新，试使用 Word 为作品插入页码，并借助样式、目录等功能进行目录排版制作，保存文件格式为 mulu1、docx。

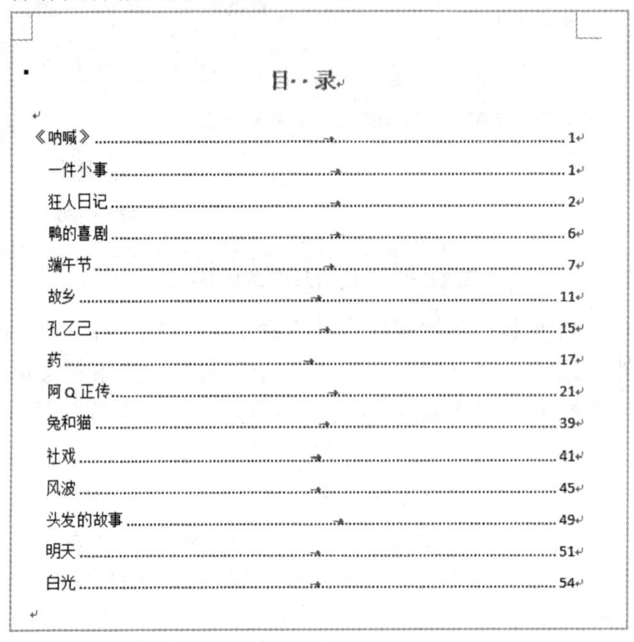
目 录

《呐喊》……1
一件小事……1
狂人日记……2
鸭的喜剧……6
端午节……7
故乡……11
孔乙己……15
药……17
阿 Q 正传……21
兔和猫……39
社戏……41
风波……45
头发的故事……49
明天……51
白光……54

图 2-26　生成的作品目录效果图

1 原文

三、步骤

(1) 打开素材文件“1 原文.docx”，内容为 55 页的鲁迅先生的作品。

(2) 单击“插入”选项卡“页码”命令，在页面底端插入页码。

(3) 单击“开始”选项卡“样式”组右下角的箭头，打开“样式”对话框。

(4) 光标单击文档第一行的任意位置，单击“样式”列表中的“标题 1”，应用系统默认的标题 1 样式。

(5) 光标单击文档第二行的任意位置，单击“样式”列表中的“标题 2”，为文章题目应用标题 2 样式。

(6) 缩小显示比例，依次为每篇文章题目应用标题 2 样式。

(7) 拖动滚动条滑块至文档开始处，单击回车插入空行，光标定位在空行处。

(8) 单击“引用”选项卡“目录”命令，再单击“自动目录 2”。

(9) 设置目录行间距等，调整整体效果。效果文件如素材所示。

效果文件

任务 10　目录的制作(二)

一、目的

(1) 掌握样式的应用操作；掌握插入页码与页码格式的操作。

(2) 掌握自动生成目录的操作；掌握目录的更新操作。

二、内容

快美图文公司为某学校进行校本教材的录入排版工作，已有部分排版的“计算机网络基础知识”(见素材文件“2 原文”)，试完成下列工作，保存文件格式为 mulu2、docx。

2 原文

(1) 使用 Word 为作品插入页码。

(2) 应用样式：章标题使用“标题 2”样式，节标题使用“标题 3”样式，补全第二章和第三章中部分样式的应用。

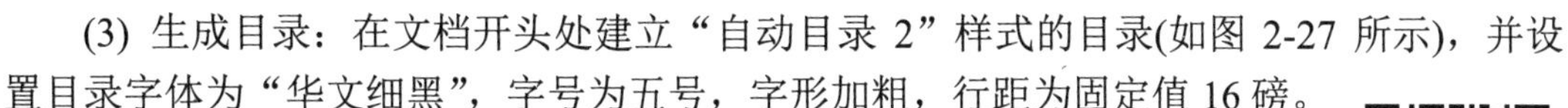

(3) 生成目录：在文档开头处建立“自动目录 2”样式的目录(如图 2-27 所示)，并设置目录字体为“华文细黑”，字号为五号，字形加粗，行距为固定值 16 磅。

(4) 调整原第六章网络操作系统简介内容为第五章，原第五章内容整体改为第六章。

效果文件

(5) 设置目录更新，对应内容调整后的顺序和页码(如图 2-28 所示)。效果文件可参见“素材”所示。

目录

计算机网络基础知识 1
第一章 计算机网络的简介 1
第一节 什么是计算机网络 1
第二节 算机网络的主要功能 1
第三节 计算机网络的特点 2
第二章 计算机网络的结构 2
第一节 网络硬件的组成 3
第二节 网络软件的组成 3
第三节 计算机网络的拓扑结构 4
第三章 计算机网络的分类 5
第一节 按覆盖范围分类 5
第二节 按传播方式分类 6
第三节 按传输介质分类 7
第四节 按传输技术分类 7
第四章 网络连接组件 8
第一节 网卡（网络适配器 NIC） 8
第二节 网络传输介质 8
第三节 网络设备 11
第五章 网络通信协议 15
第一节 IPX/SPX 及其兼容协议（网际包交换、顺序包交换） 15
第二节 NETBEUI 协议（用户扩展接口） 16
第三节 TCP/IP 协议（传输控制协议/网际协议） 16
第四节 IP 地址 16
第五节 子网掩码 17
第六节 默认网关 18
第七节 域名地址（DNS） 18
第八节 关于 IPv6 18
第六章 网络操作系统简介 18
第一节 网络操作系统概述 18
第二节 网络操作系统的功能与特性 19
第七章 局域网中常用的网络操作系统 19
第一节 UNIX 19
第二节 NetWare 20
第三节 Linux 20
第四节 Windows9X/ME/XP/NT/2000/2003 20

图 2-27 生成的教材目录

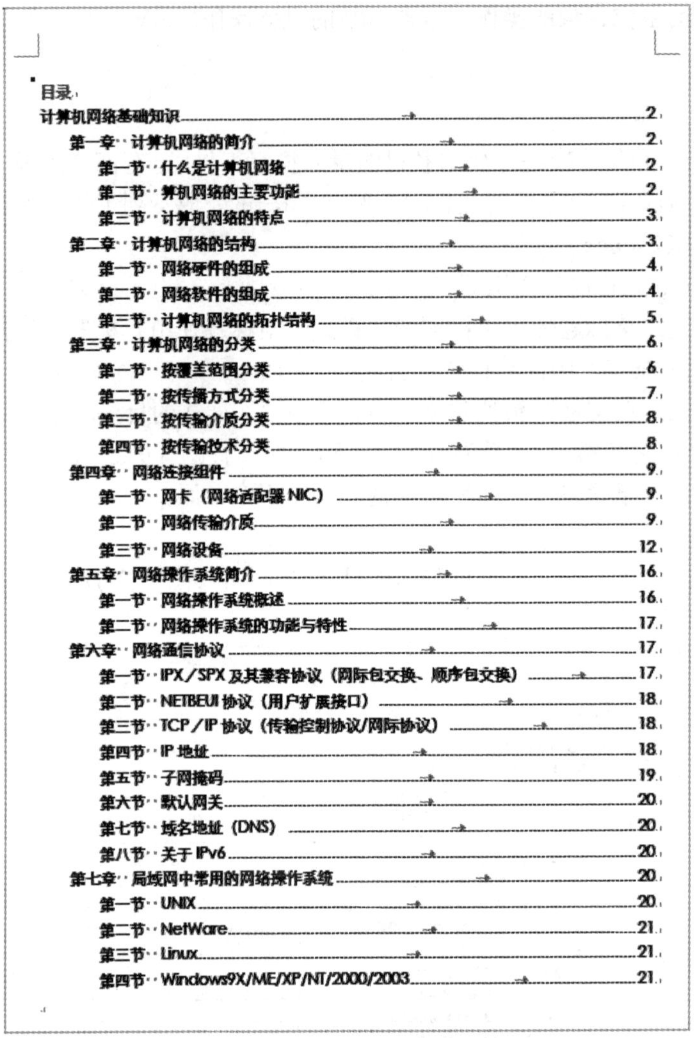

目录

计算机网络基础知识 2
　第一章 计算机网络的简介 2
　　第一节 什么是计算机网络 2
　　第二节 算机网络的主要功能 2
　　第三节 计算机网络的特点 3
　第二章 计算机网络的结构 3
　　第一节 网络硬件的组成 4
　　第二节 网络软件的组成 4
　　第三节 计算机网络的拓扑结构 5
　第三章 计算机网络的分类 6
　　第一节 按覆盖范围分类 6
　　第二节 按传播方式分类 7
　　第三节 按传输介质分类 8
　　第四节 按传输技术分类 8
　第四章 网络连接组件 9
　　第一节 网卡（网络适配器 NIC） 9
　　第二节 网络传输介质 9
　　第三节 网络设备 12
　第五章 网络操作系统简介 16
　　第一节 网络操作系统概述 16
　　第二节 网络操作系统的功能与特性 17
　第六章 网络通信协议 17
　　第一节 IPX/SPX 及其兼容协议（网际包交换、顺序包交换） 17
　　第二节 NETBEUI 协议（用户扩展接口） 18
　　第三节 TCP/IP 协议（传输控制协议/网际协议） 18
　　第四节 IP 地址 18
　　第五节 子网掩码 19
　　第六节 默认网关 20
　　第七节 域名地址（DNS） 20
　　第八节 关于 IPv6 20
　第七章 局域网中常用的网络操作系统 20
　　第一节 UNIX 20
　　第二节 NetWare 21
　　第三节 Linux 21
　　第四节 Windows9X/ME/XP/NT/2000/2003 21

图 2-28　更新后的目录效果

三、步骤

(1) 打开素材文件“2 原文.docx”，内容为 21 页的教材电子稿。

(2) 单击“插入”选项卡“页码”命令，在页面底端插入页码。

(3) 单击“开始”选项卡“样式”组右下角的箭头，打开“样式”对话框。

(4) 单击第二章标题所在行的任意位置，再单击“样式”列表中的“标题 2”，应用系统默认的“标题 2”样式。

(5) 单击第二章第一节标题所在行的任意位置，再单击“样式”列表中的“标题 3”，节标题应用“标题 3”样式。

(6) 缩小显示比例，依次为第二章、第三章中其他章标题应用“标题 2”样式，节标题应用“标题 3”样式。

(7) 拖动滚动条滑块至文档开始处，单击回车插入空行，光标定位在空行处。

(8) 单击“引用”选项卡“目录”命令，单击“自动目录 2”。

(9) 设置目录的字体、字号、字形、行间距等，调整整体效果。

(10) 移动第六章网络操作系统简介内容到第五章内容前，修改“第六章”为“第五章”，原“第五章”调整为新顺序的“第六章”。

(11) 单击“引用”选项卡“更新目录”命令，在弹出的对话框中单击“更新整个目录”，单击“确定”按钮。

技能项目 3

电子表格与数据的处理

任务 1　数据的输入及基本操作

一、目的

(1) 掌握创建、保存工作簿及工作表的方法。

(2) 掌握工作表中输入数据的方法。

(3) 掌握工作表中公式的应用。

二、内容

(1) 在 Sheet1 中从 A1 单元格开始输入如图 3-1 所示的内容。

序号	姓名	房租	用水	水费	用电	电费	总计
01001	赵平	32	10.2		35		
01002	钱明新	27	11.4		62		
01003	孙五一	41	16.3		48		
01004	李立军	46	12.5		67		
01005	周红	35	17.1		52		
01006	吴为民	28	13.2		49		
01007	郑诤	32	15.6		53		
01008	王国安	29	17.8		62		

图 3-1　房租水电使用情况表

(2) 在 A12 到 E12 单元格中输入“说明：水费 0.62 元/吨，电费 0.95 元/度。”

(3) 计算每户的水费、电费。

(4) 计算每户的总计，总计为房租、水费、电费之和。

(5) 在第 10 行相应位置统计所有人的房租和、用水和、水费和、用电和、电费和及总计和。

(6) 将工作表命名为“收费和”，颜色自拟。

(7) 在第一行上方插入一行，将 A1:H1 合并，并输入“房租水电收费表”。

(8) 设置标题为 28 号字，黑体，居中。

(9) 将所有钱数设置为红色，并添加人民币符号。

三、步骤

(1) 在 Sheet1 中从 A1 单元格开始输入图 3-1 中的内容。

① 在桌面上双击“Excel”图标，打开应用程序，从 A1 单元格开始依次输入图 3-1 中的内容。

②“序号”一列的输入方法是先输入“'” (单引号加空格)，再输入后面的内容。

(2) 在 A12 到 E12 单元格中输入内容：“说明：水费 0.62 元/吨，电费 0.95 元/度。”从 A12 单元格开始依次输入内容：“说明：水费 0.62 元/吨，电费 0.95 元/度。”。

(3) 计算每户的水费、电费。

① 选中 E2 单元格，输入“=D2*0.62”。

② 使用填充柄功能智能填充数据。选中 E2 后，将鼠标指针移动到该选区的右下角，向下拖动鼠标。

(4) 计算每户的总计，总计为房租、水费、电费之和。

① 选中 H2 单元格。

② 在 H2 单元格内输入“=C2+E2+G2”，按回车键。

③ 使用填充柄功能智能填充数据。选中 H2 后，将鼠标指针移动到该选区的右下角，向下拖动鼠标。

(5) 在第 10 行相应位置统计所有人的房租和、用水和、水费和、用电和、电费和及总计和。

① 选中 C10 单元格。

② 在 C10 单元格内输入“=C2+C3+C4+C5+C6+C7+C8+C9”，按回车键。

③ 使用填充柄功能智能填充数据。选中 C10 后，将鼠标指针移动到该选区的右下角，向右拖动鼠标。

(6) 将工作表命名为“收费和”，颜色自拟。选中 Sheet1，单击鼠标右键，打开快捷菜单，选中“工作表颜色标签”命令进行设置。

(7) 在第 1 行上方插入一行，将 A1:H1 合并，并输入“房租水电收费表”。

① 选中第 1 行，单击鼠标右键，选择“插入”命令。

② 选中 A1 到 H1 单元格。

③ 在“开始”菜单中选择“合并后居中”命令。

(8) 设置标题为 28 号字，黑体，居中。在“开始”菜单中设置。

(9) 将所有钱数设置为红色，并添加人民币符号。

① 按住“Ctrl”键，依次选中所有的钱数。

② 选择“开始”菜单中的“数字”命令，最终的效果图如图 3-2 所示。

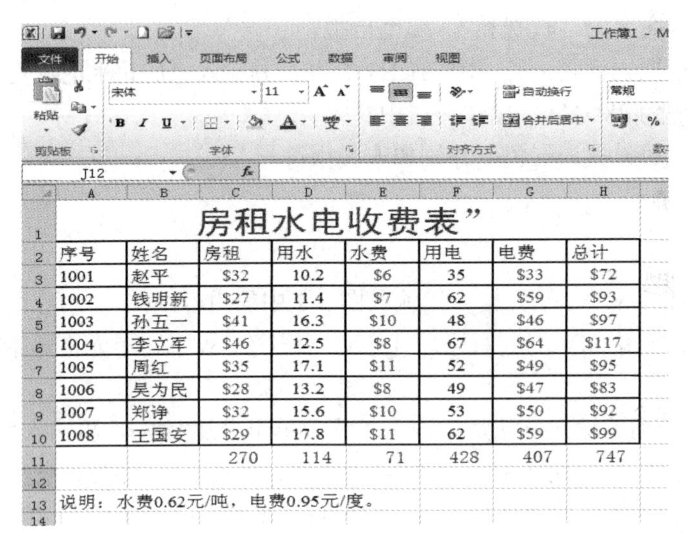

	A	B	C	D	E	F	G	H
1	房租水电收费表”							
2	序号	姓名	房租	用水	水费	用电	电费	总计
3	1001	赵平	$32	10.2	$6	35	$33	$72
4	1002	钱明新	$27	11.4	$7	62	$59	$93
5	1003	孙五一	$41	16.3	$10	48	$46	$97
6	1004	李立军	$46	12.5	$8	67	$64	$117
7	1005	周红	$35	17.1	$11	52	$49	$95
8	1006	吴为民	$28	13.2	$8	49	$47	$83
9	1007	郑诤	$32	15.6	$10	53	$50	$92
10	1008	王国安	$29	17.8	$11	62	$59	$99
11			270	114	71	428	407	747
12								
13	说明：水费0.62元/吨，电费0.95元/度。							

图 3-2　所制表的最终效果

任务 2　数据的函数及引用操作

一、目的

掌握 Excel 公式和函数的使用。

二、内容

(1) 建立如图 3-3 所示的学生成绩表。

学号	姓名	英语	高数	通信基础	网络	体育	思修	写作
01	龙怀	74	84	87	63.5	78	83	81
02	贾晶晶	94	89	90	92.5	75	83	70
03	贾瑞芳	95	94	95	98	90	85	90
04	李俊林	42	38	32	48	50	10	21
05	肖慧洁	63	75	74	86	75	76	86
06	石瑶	81	85	80	95	80	64	77
07	吴泽峰	60	65	82	72	85	76	69
08	吴磊	6	36	69	60	60	20	31
09	滕化竹	62	67	64	68	60	40	56
10	向妤	76	71	87	81	80	63	68
11	胡敏	100	83	95	92.5	80	90	84
12	冷丽金	92	84	88	85.5	75	65	71
13	唐轶	19	28	33	68	60	30	45
14	吴秋松	64	55	75	69.5	75	40	24
15	杨程	88	92	92	95	80	76	72
16	杨玲	90	85	94	90	80	84	81
17	张刘洲	66	36	90	87.5	85	61	49
18	张言华	68	43	75	61	80	42	78
19	石桃	74	75	90	82	70	83	78

图 3-3　学生成绩表

(2) 在 J2 和 K2 单元格中输入总分和平均分，运用公式计算所有同学的总分和平均分。

(3) 在 B22、B23、B24 单元格中输入平均分、最高分和最低分。在每科成绩的最下面输入公式并计算每科成绩的平均分、最高分和最低分。

(4) 将 Sheet1 改名为“成绩表”。

(5) 设置所有的字体为楷体，16 号，蓝色。

(6) 设置外部框线为红色双线，内部框线为黑色单线。

(7) 在第一行添加如图 3-4 所示标题。

14-（5）高网 1 班 2014-2015 学年第 1 学期期评成绩

学号	姓名	英语	高数	通信基础	网络	体育	思修	写作
01	龙怀	74	84	87	63.5	78	83	81

图 3-4　标题样式

(8) 将标题设置为黑体，20 号，居中。

(9) 设置“姓名”两端对齐，其他各列居中对齐。

(10) 将所有不及格的分数用红色，加粗，倾斜标注；将“学号”列设置为字符类型。

(11) 统计各科成绩的优秀、良好、及格和不及格人数。

三、步骤

(1) 建立如图 3-3 所示的学生成绩表。

(2) 在 J2 和 K2 单元格中输入总分和平均分，运用公式计算所有同学的总分和平均分。

① 分别选中 J2 和 K2 单元格，分别输入总分和平均分。

② 选中 J2 单元格，选择“插入”菜单中的“函数”命令。

③ 选择“SUM”函数，如图 3-5 所示。

④ 利用 J2 单元格的自动填充柄功能将函数功能拖动到 J20 单元格。

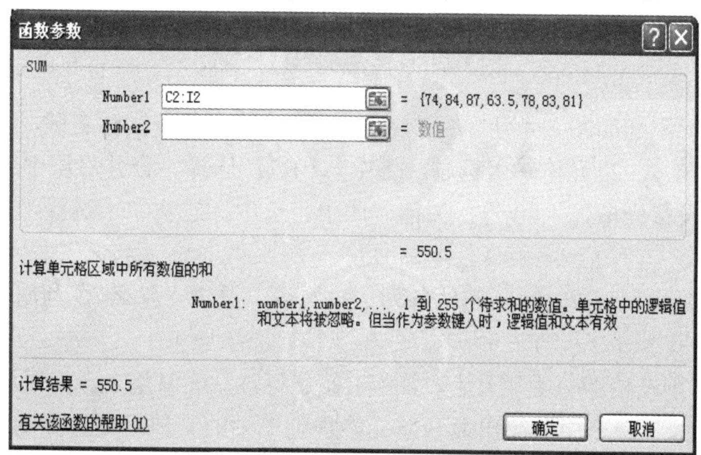

图 3-5　“函数参数”对话框

(3) 在 B22、B23、B24 单元格中输入平均分、最高分和最低分。在每科成绩的最下面输入公式并计算每科成绩的平均分、最高分和最低分。

① 分别选中 B22、B23 和 B24 单元格，再分别输入总分和平均分、最高分和最低分。

② 分别选中 B22、B23、B24 单元格，选择“插入”菜单中的“函数”命令。

③ 选择“AVERAGE”“MAX”和“MIN”函数。

(4) 将 Sheet1 改名为“成绩表”。选中 Sheet1 工作表，单击鼠标右键，打开快捷菜单，选择“重命名”命令。

(5) 设置所有的字体为楷体，16 号，蓝色。选中整个表格，在“开始”菜单中设置字体、字号和颜色。

(6) 设置外部框线为红色双线，内部框线为黑色单线。选中整个表格，单击鼠标右键，打开快捷菜单，选择“单元格格式”命令，打开对话框，单击“边框”标签，如图 3-6 所示，设置内外框线。

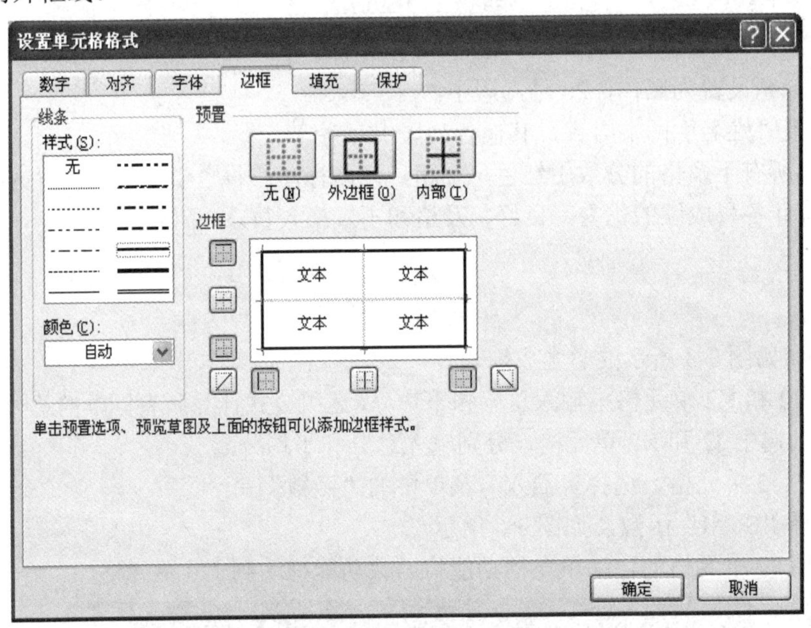

图 3-6　设置表格框线对话框

(7) 在第一行添加如图 3-4 所示标题。选中第 1 行，单击鼠标右键，选择“插入”命令，插入新行，在 A1 单元格输入标题，选中 A1:K1，选择“合并后居中”。

(8) 将标题设置为楷体，20 号，黑体，居中。选中标题文字，选择“开始”菜单中的字体及字号命令。

(9) 设置“姓名”两端对齐，其他各列居中对齐。选中“姓名”，利用“开始”菜单中的对齐命令进行设置。

(10) 将所有不及格的分数用红色、加粗、倾斜标注。选中整个数据区域，选择“开始”菜单中“条件格式”命令中“突出显示单元格规则”中的其他规则，如图 3-7 所示。

(11) 将“学号”这列设置为字符类型。选中“学号”这一列，单击鼠标右键，打开快捷菜单，选择“单元格格式”命令，打开对话框，单击“数字”标签，如图 3-8 所示。

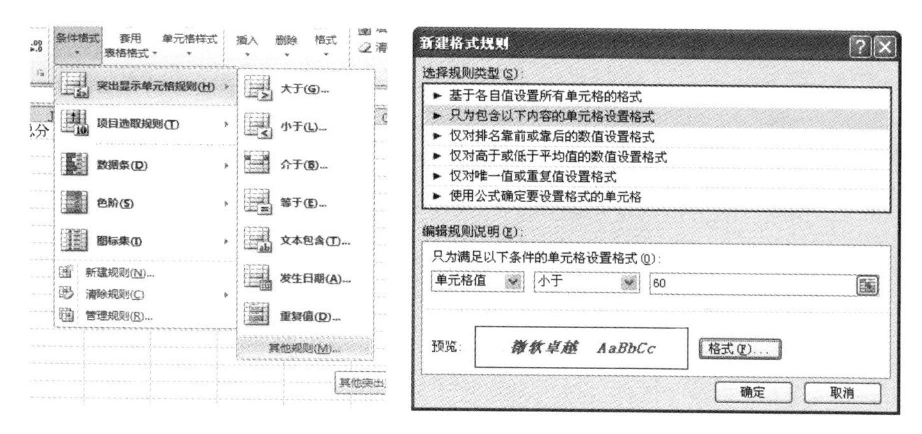

图 3-7　条件格式对话框

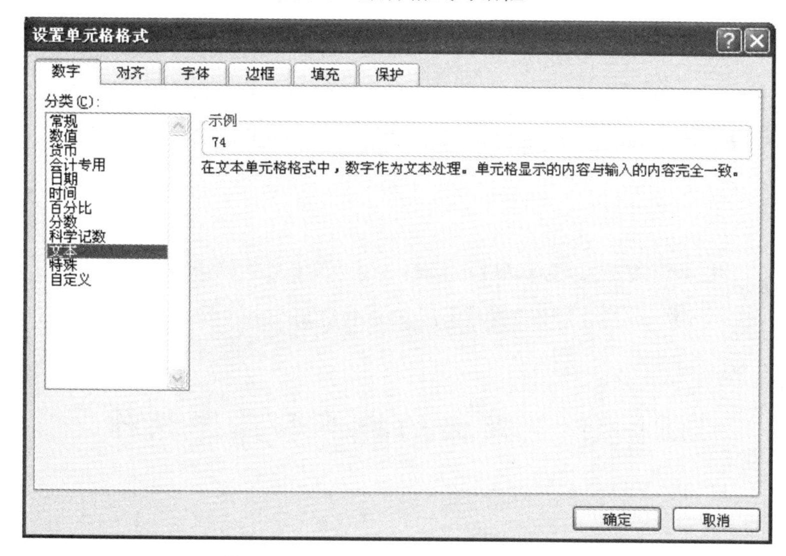

图 3-8　“设置单元格格式”对话框

(12) 统计各科成绩的优秀、良好、及格和不及格人数。

① 分别选中 B21 至 B24 单元格，并分别输入优秀、良好、及格和不及格。

② 选中 B21 单元格，选择“插入”菜单中的“函数”命令。

③ 选择“COUNTIF”函数，如图 3-9 所示。

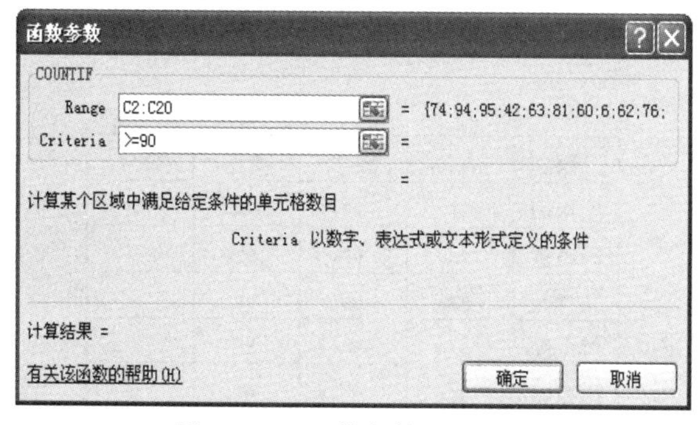

图 3-9　“函数参数”对话框

最终效果如图 3-10 所示。

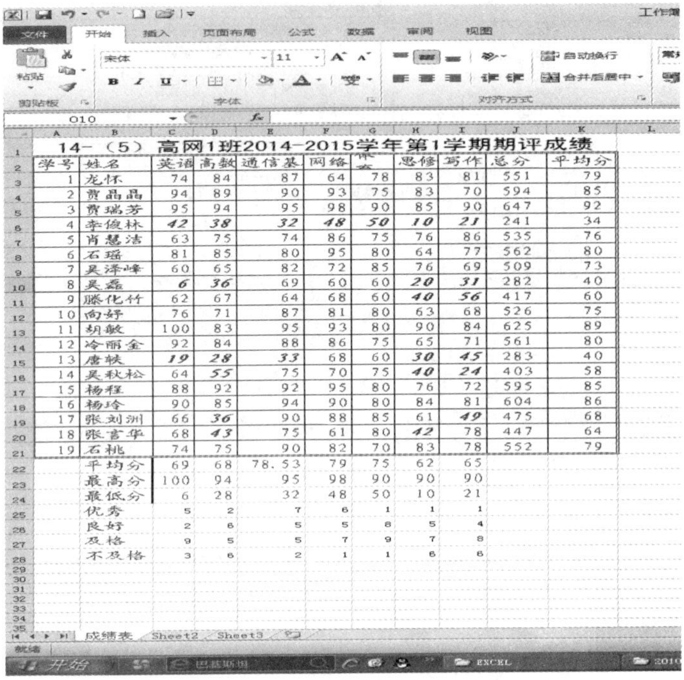

14-（5）高网1班2014-2015学年第1学期期评成绩										
学号	姓名	英语	高数	通信基	网络	[illegible]	思修	写作	总分	平均分
1	龙怀	74	84	87	64	78	83	81	551	79
2	贾晶晶	94	89	90	93	75	83	70	594	85
3	贾瑞芳	95	94	95	98	90	85	90	647	92
4	李俊林	*42*	*38*	*32*	*48*	*50*	*10*	*21*	241	34
5	肖慧洁	63	75	74	86	75	76	86	535	76
6	石瑶	81	85	80	95	80	64	77	562	80
7	吴泽峰	60	65	82	72	85	76	69	509	73
8	吴磊	*6*	*36*	69	60	60	*20*	*31*	282	40
9	滕化竹	62	67	64	68	60	*40*	*56*	417	60
10	向婷	76	71	87	81	80	63	68	526	75
11	胡敏	100	83	95	93	80	90	84	625	89
12	冷丽金	92	84	88	86	75	65	71	561	80
13	唐轶	*19*	*28*	*33*	68	60	*30*	*45*	283	40
14	吴秋松	64	*55*	75	70	75	*40*	*24*	403	58
15	杨程	88	92	92	95	80	76	72	595	85
16	杨玲	90	85	94	90	80	84	81	604	86
17	张刘洲	66	*36*	90	88	85	61	*49*	475	68
18	张言华	68	*43*	75	61	80	*42*	78	447	64
19	石桃	74	75	90	82	70	83	78	552	79
	平均分	69	68	78.53	79	75	62	65		
	最高分	100	94	95	98	90	90	90		
	最低分	6	28	32	48	50	10	21		
	优秀	5	2	7	6	1	1	1		
	良好	2	6	5	5	8	5	4		
	及格	9	5	5	7	9	7	8		
	不及格	3	6	2	1	1	6	6		

图 3-10　最终效果图

任务 3　数据的排序和筛选操作

一、目的

掌握 Excel 工作表的排序和筛选操作。

二、内容

1. 排序

(1) 在桌面上建立以自己姓名命名的文件，在 Sheet1 和 Sheet2 中输入如图 3-11 中所示的数据。

姓名	语文	数学	英语	总分
段艳丽	93	97	100	
段艳敏	94	99	97	
马学亮	89	99	98	
时　磊	87	94	98	
张伟丽	96	99	98	

图 3-11　学生情况表

(2) 将工作表 Sheet1 改名为“单关键字”，并按语文成绩由低到高排序。

(3) 将工作表 Sheet2 改名为“多关键字”，并按总分的降序排序，总分相等则按语文成绩的降序排序。

2. 筛选

(1) 将“排序”中“单关键字”的数据复制到新工作簿“筛选”的 Sheet3 中。

(2) 在“马学亮”的上面添加三行，数据内容如图 3-12 所示。

张快竹	97	86	97	
栗　雪	94	89	97	
张　洁	94	86	98	

图 3-12　添加学生数据表

(3) 将 Sheet3 中的数据分别复制到 Sheet4 至 Sheet8 中。

(4) 在 Sheet3 中筛选出“语文”成绩最低的两名同学。

(5) 在 Sheet4 中筛选出“数学”成绩大于平均分的同学。

(6) 在 Sheet5 中筛选出“英语”成绩大于或等于 98 分的同学。

(7) 在 Sheet6 中筛选出“总分”为 280 分的同学。

(8) 在 Sheet7 中筛选出所有姓张的同学。

(9) 在 Sheet8 中筛选出姓张且名字为两个字的同学。

三、步骤

1. 排序

(1) 在桌面上建立以自己姓名命名的文件，在 Sheet1 和 Sheet2 中输入图 3-11 中的数据。

(2) 将工作表 Sheet1 改名为“单关键字”，并按语文成绩由低到高排序。

① 选中 Sheet1 工作表，单击鼠标右键选择“重命名”，输入“单关键字”。

② 选中整个单元格区域，单击“数据”菜单，选择“排序”，弹出“排序”对话框，在主要关键字的下拉列表中选择“语文”，并选择“升序”，单击“确定”按钮，如图 3-13 所示。

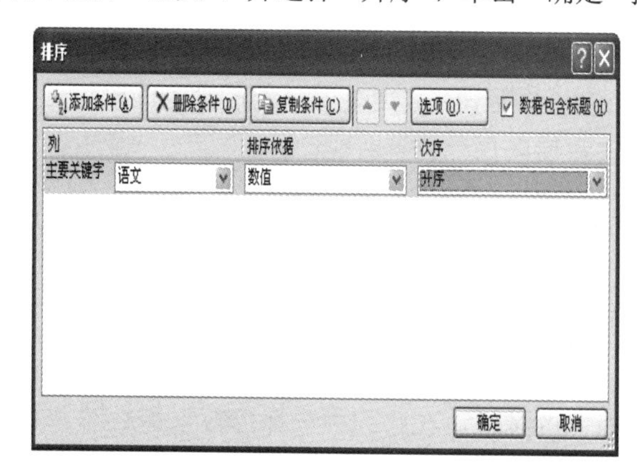

图 3-13　单关键字排序对话框

(3) 计算三科成绩的总分。

① 选中 E2 单元格，输入“=B2+C2+D2”，单击“确定”按钮。

② 利用填充柄功能进行填充。

(4) 将工作表 Sheet2 改名为“多关键字”，并按总分的降序排序，总分相等则按语文成绩的降序排序。

① 选中“Sheet2”，单击鼠标右键，打开快捷菜单，选择“重命名”命令，输入“多关键字”即可。

② 选中整个单元格区域，单击“数据”菜单，选择“排序”，弹出“排序”对话框，在主要关键字下拉列表中选择“总分”，再选择“降序”；单击“添加条件”选项卡，选择“语文”，再选择“降序”，单击“确定”按钮，如图 3-14 所示。

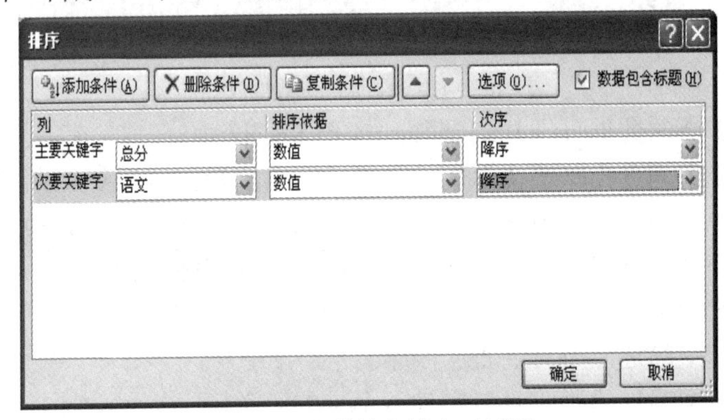

图 3-14　多关键字排序对话框

2. 筛选

(1) 将“排序”中“单关键字”的数据复制到新工作簿“筛选”的 Sheet3 中。在“马学亮”的上面添加三行，数据如图 3-12 所示。选中“马学亮”所在的行号，单击鼠标右键，插入三个空行，然后依次输入三位同学的数据内容。

(2) 将 Sheet3 中的数据复制到 Sheet4 和 Sheet8 中，利用“复制”和“粘贴”命令完成。

(3) 在 Sheet3 中筛选出“语文”成绩最低的两名同学。

① 将鼠标指针置于数据区任一位置。

② 单击“数据”→“筛选”→“自动筛选”。

③ 单击“语文”右侧的按钮，在序列中选择“数字筛选”。

(4) 在 Sheet4 中筛选出“数学”成绩高于平均成绩的同学。

① 将鼠标指针置于数据区任一位置。

② 单击“数据”→“筛选”→“自动筛选”。

③ 单击“数学”右侧的按钮，在序列中选择“数字筛选”。

(5) 在 Sheet5 中筛选出“英语”成绩大于或等于 98 分的同学。

① 将鼠标指针置于数据区任一位置。

② 单击“数据”→“筛选”→“自动筛选”。

③ 单击“英语”右侧的按钮，在序列中选择“数字筛选”。

(6) 在 Sheet6 中筛选出“总分”为 280 分的同学。

① 将鼠标指针置于数据区任一位置。
② 单击“数据”→“筛选”→“自动筛选”。
③ 单击“总分”右侧的按钮，在序列中选择“数字筛选”。
(7) 在 Sheet7 中筛选出所有姓张的同学。
① 将鼠标指针置于数据区任一位置。
② 单击“数据”→“筛选”→“自动筛选”。
③ 单击“姓名”右侧的按钮，在序列中选择“数字筛选”。
(8) 在 Sheet8 中筛选出姓张且名字为两个字的同学。
① 将鼠标指针置于数据区任一位置。
② 单击“数据”→“筛选”→“自动筛选”。
③ 单击“姓名”右侧的按钮，在序列中选择“数字筛选”。

任务4 数据的分类汇总和合并计算操作

一、目的

掌握 Excel 工作表的分类汇总和合并计算操作。

二、内容

1. 分类汇总

(1) 在桌面上建立以自己姓名命名的文件，并在 Sheet1 中输入图 3-15 中的表格内容，并复制到 Sheet2 和 Sheet3 中。

美华家电公司 99 上半年销售统计				
业务员	产品	单价	数量	销售额
吴宝	美菱冰箱	2300	80	￥ 184,000.00
吴宝	美菱冰箱	1850	100	￥ 185,000.00
吴宝	美菱冰箱	1500	60	￥ 90,000.00
吴宝	小天鹅洗衣机	1780	30	￥ 53,400.00
吴宝	小天鹅洗衣机	1900	50	￥ 95,000.00
刘小雨	美菱冰箱	2300	70	￥ 161,000.00
刘小雨	美菱冰箱	1500	40	￥ 60,000.00
刘小雨	小天鹅洗衣机	1780	60	￥ 106,800.00
刘小雨	小天鹅洗衣机	1900	90	￥ 171,000.00

图 3-15 销售统计表

(2) 在 Sheet1 中求产品的销售单价的平均值。
(3) 在 Sheet2 中求吴宝、刘小雨各种产品销售额的总和。
(4) 在 Sheet3 中求美菱冰箱、小天鹅洗衣机销售数量的总和。

2. 合并计算

(1) 在 Sheet4 和 Sheet5 两个工作表中分别输入如图 3-16 所示的两个表格，并将工作表分别改名为“A 门市”和“B 门市”。

A门市一季度产品销售情况			
产品名称	一月	二月	三月
钢材	50	45	61
沥青	5	8	6
木材	10	13	14

B门市一季度产品销售情况			
产品名称	一月	二月	三月
水泥	11	20	25
钢材	50	40	61
木材	10	10	12
玻璃	6	7	8

图 3-16　A、B 门市部第一季度销售情况表

(2) 在 Sheet6 中按种类合并得到两个门市的销售额和销售量总和，并将工作表改名为“求和”。

三、步骤

1. 分类汇总

(1) 在桌面上建立以自己姓名命名的文件，并在 Sheet1 中输入图 3-15 中的表格内容，然后复制到 Sheet2 和 Sheet3 中。

(2) 在 Sheet1 中求产品的销售单价的平均值。

① 先对产品进行排序，升序、降序都可以。

② 选择“数据”→“分类汇总”，如图 3-17 所示。

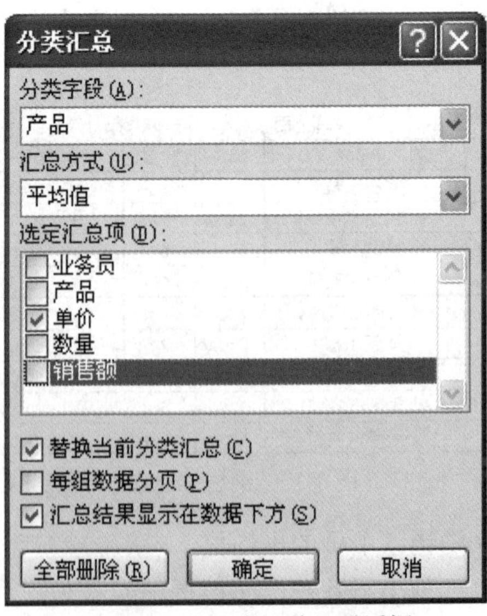

图 3-17　“分类汇总”对话框

(3) 在 Sheet2 中求吴宝、刘小雨各种产品销售额的总和。

① 先对业务员进行排序，升序、降序都可以。

② 选择“数据”→“分类汇总”，如图 3-18 所示。

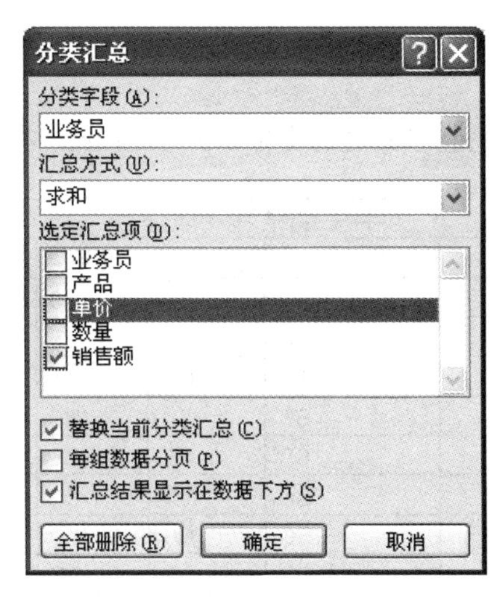

图 3-18　对业务员分类汇总对话框

(4) 在 Sheet3 中求美菱冰箱、小天鹅洗衣机销售数量的总和。

① 先对产品进行排序，升序、降序都可以。

② 选择“数据”→“分类汇总”，按照题目要求操作。

2. 合并计算

(1) 在 Sheet4 和 Sheet5 两个工作表中分别输入图 3-16 中的两个表格，并将工作表分别改名为“A 门市”和“B 门市”。

(2) 在 Sheet6 中按类合并得到两个门市的销售额之和，并将工作表改名为“求和”。

① 移动光标至 Sheet6 工作表的 A1 单元格。(注：这是重要的一步。)

② 依次选中“数据”→“合并计算”，执行如图 3-19 所示的操作。

③ 将 Sheet6 工作表重命名为“求和”。

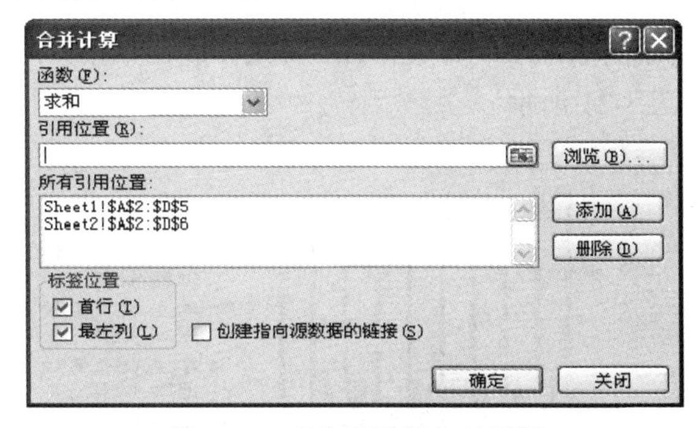

图 3-19　“合并计算”对话框

任务 5　图表的操作

一、目的

掌握 Excel 工作表设置图表的方法。

二、内容

(1) 在桌面上建立以自己姓名命名的文件，并在 Sheet1 中输入如图 3-20 所示内容。

学生成绩单数据库				
姓名	计算机	英语	数学	总分
李平	90	88	100	278
程小芸	95	95	91	281
郭建国	77	86	81	244
江祖明	65	78	85	228
姜春华	68	81	76	225
张成	86	72	89	247
黎江辉	56	66	70	192
杨丽	82	90	92	264
刘新民	75	86	80	241
黄小萍	60	64	80	204

图 3-20　学生成绩单数据库

(2) 根据以上成绩表制作柱形图。

(3) 加标题“学生成绩单数据库”，增加 X 轴和 Y 轴的分类轴标志，分别为“姓名”和“成绩”。

(4) 标题设为红色、加粗、18 号字，其余为 10 号、黑色。

(5) 清除总分数据；将数值轴刻度的最小值改为 10；交叉点改为 10；最大值改为 100。

三、步骤

(1) 在桌面上建立以自己姓名命名的文件，并在 Sheet1 中输入图 3-20 中的表格内容。

(2) 根据图 3-20 所示的成绩表制作柱形图。将光标放在数据区中的任一区域，选择“插入”→“柱形图”，如图 3-21 所示。

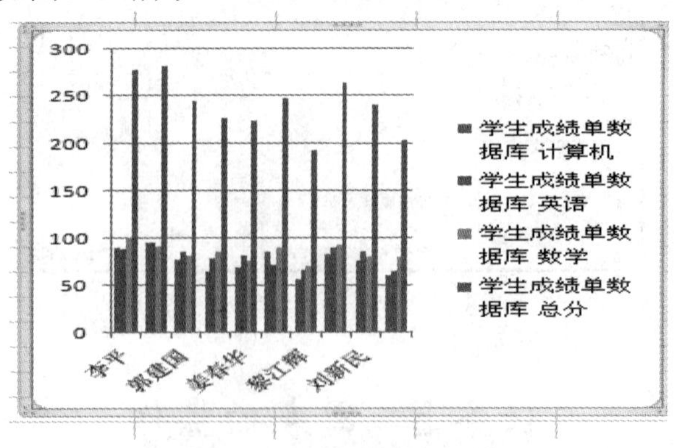

图 3-21　学生成绩单柱形图

(3) 加标题“学生成绩单数据库”，增加 X 轴和 Y 轴的分类轴标志，分别为“姓名”和“成绩”。选择“布局”→“图表标题”，然后输入相应的内容。

(4) 标题设为红色、加粗、18 号字，其余设为 10 号、黑色，利用“开始”菜单进行设置。

(5) 清除总分数据；将数值轴刻度的最小值改为 10；交叉点改为 10；最大值改为 100。

① 在图表区空白处单击鼠标右键，打开快捷菜单，选择“选择数据”，重新选择 A2:E12。

② 双击数值轴，打开“设置坐标轴格式”对话框，按图 3-22 所示进行设置。

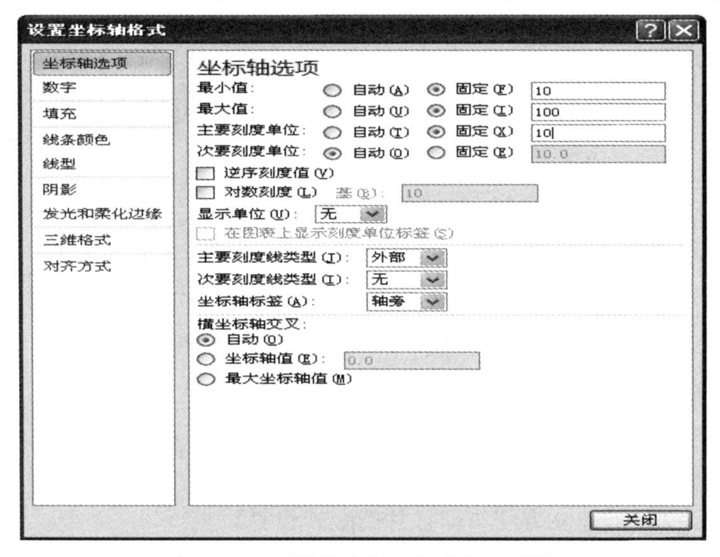

图 3-22　“设置坐标轴格式”对话框

最终完成的效果图如图 3-23 所示。

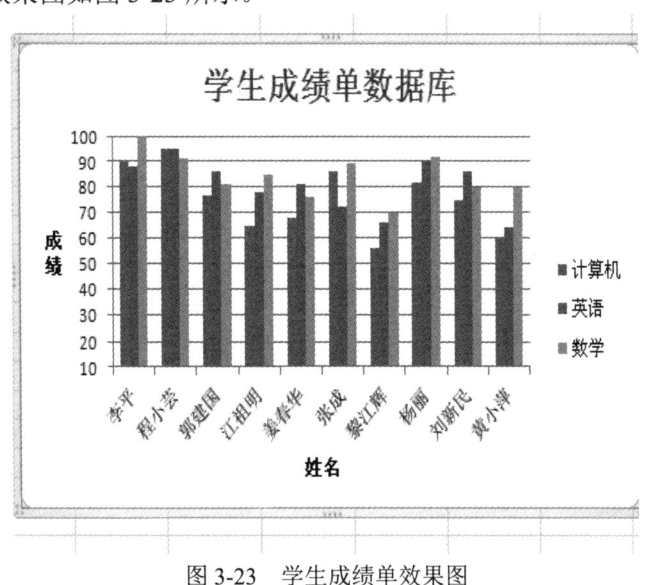

图 3-23　学生成绩单效果图

技能项目 4

演示文稿的设计与制作

任务 1　制作与基本编辑(一)

一、目的

(1) 掌握演示文稿的建立方法与幻灯片的版式设置。

(2) 熟练 PowerPoint 环境下文字的输入与修改，以及幻灯片的插入、移动等基本编辑操作。

(3) 掌握幻灯片中的文字美化、图片设置等操作。

(4) 掌握幻灯片动作按钮的设置与简单的动画效果设置。

(5) 掌握演示文稿的保存方法。

二、内容

参照目标样图，完成以下内容：

(1) 新建空白演示文稿，参照图 4-1 插入 6 张幻灯片，并完成版式设计和基本文字输入。

商品购买的知情权(2)

• 其次，要与旅行社签订合同，并有权知悉合同中所涉及的所有情况，包括旅行社所提供的服务的档次、范围、参观游览的线路、景点、日程及双方的权利义务等，对团费所包含的服务内容要心中有数。旅行社有义务向旅游消费者提供真实的服务信息，包括交通、线路、景点、购物、地接社等一切有关的信息。

3

对商品不满意有拒绝签约权

• 如果对旅行社所提供的日程、线路、景点、服务档次及价格等不满意，旅游者有权拒绝签约。旅游者支付团费后，有权要求旅行社开具发票。

4

计划行程外的项目有拒绝权

• 在旅游过程中，旅游消费者有权要求旅行社按照合同的约定提供交通、住宿、游览、导游等服务，有权拒绝参加计划行程以外的项目，是否购物、参加自费项目、支付小费等都是旅游者的自主行为。

5

旅行社如有违约行为，旅游者有要求赔偿权

• 旅行社有违约行为，旅游者有权要求赔偿。旅游者可以与旅行社就质量问题进行协商，一般情况下旅游者即可以得到赔偿；协商不成旅游者有权向旅游质量监督管理所投诉；旅游者也有权直接向法院提起民事诉讼。

6

图 4-1　6 张幻灯片内容和版式

(2) 为所有幻灯片应用资源文件夹中的设计模板“1moban.pot”。

(3) 设置第 1 张幻灯片标题“随团旅游者有哪些权利”的字体为隶书、54 号。

(4) 将图片“5 维权.jpg”插入至第 1 张幻灯片的中部，并设置其尺寸为：高度 6 cm、宽度 6 cm，如图 4-2 所示。

维权

(5) 为第 4 张幻灯片的文字“对商品不满意有拒绝签约权”设置从左侧飞入的动画效果。

(6) 在最后一张幻灯片的右下角插入一个“第一张”动作按钮，超链接指向首张幻灯片，如图 4-3 所示。

图 4-2 标题页完成效果

旅行社如有违约行为，旅游者有要求赔偿权

• 旅行社有违约行为，旅游者有权要求赔偿。旅游者可以与旅行社就质量问题进行协商，一般情况下旅游者即可以得到赔偿；协商不成旅游者有权向旅游质量监督管理所投诉；旅游者也有权直接向法院提起民事诉讼。

图 4-3 动作按钮完成效果

(7) 将上述文件进行保存，并将其命名为“旅游者权利.pptx”。

三、步骤

(1) 启动 PowerPoint，在自动新建的空白演示文稿中，默认包含标题版式的第一页，在第一页标题框中输入标题内容后，单击“回车”键，结束标题框的输入状态。

(2) 单击“开始”选项卡中“新建幻灯片”，在新插入的“标题和内容”版式的幻灯片中输入图 4-1 中第 2 张幻灯片的内容，并采用同样方法依次完成第 3 到第 6 张幻灯片的内容。

(3) 单击“设计”选项卡“主题”命令组垂直滚动条最下方的“其他”按钮，如图 4-4 所示，单击“浏览主题”打开对话框，指定外部模板文件所在位置。

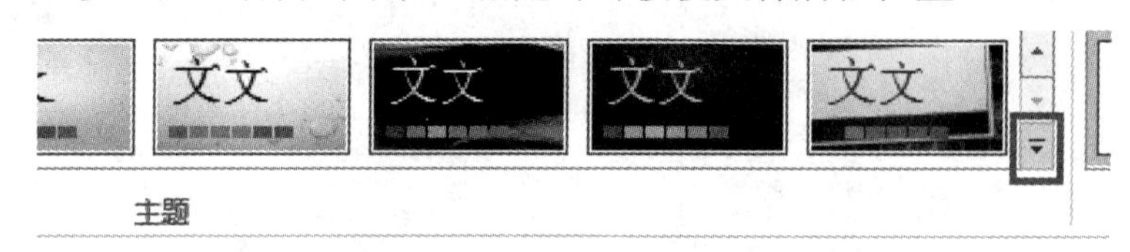

图 4-4 使用外部模板设置主题

(4) 单击第 1 张幻灯片，选中标题文字，按指定的字体、字号等设置文字样式。

(5) 单击第 1 张幻灯片，再单击“插入”选项卡的“图片”命令，在打开的“插入图片”对话框中指定图片文件的所在位置，完成图片的插入。

(6) 单击图片，再单击“格式”选项卡，修改最右侧的高度值为 6 厘米，单击“回车键”后宽度值等尺寸值自动调整为 6 厘米。

(7) 单击第 4 张幻灯片，再单击标题框，选中“动画”选项卡中的“飞入”动画，然后单击“效果选项”按钮中的“自左侧”。

(8) 单击最后一张幻灯片，单击“插入”选项卡中的“形状”命令，拖动右侧滚动条至最底部，再单击“动作按钮”组中第五个形状似小房子图样的按钮，如图 4-5 所示，在幻灯片右下角拖动鼠标，当松开鼠标时会自动弹出“操作设置”对话框，保持默认的超链接到第一张的设置，单击“确定”按钮，完成动作按钮的插入操作与动作设置操作。

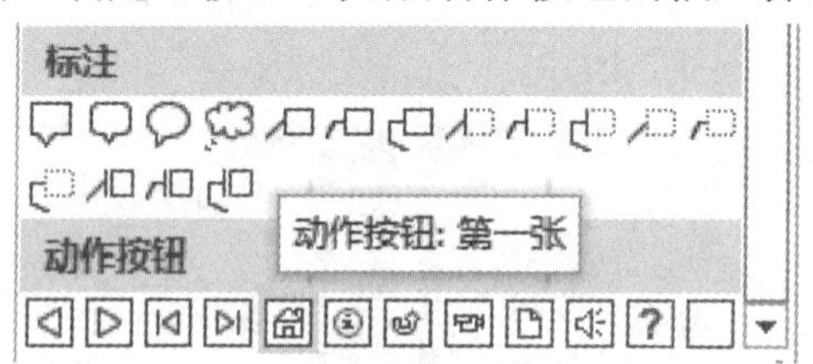

图 4-5 动作按钮

(9) 单击“保存”按钮，指定“保存位置”“保存类型”和“文件名”。

任务 2 制作与基本编辑(二)

一、目的

(1) 熟练演示文稿的建立方法与幻灯片的版式设置。

(2) 熟练 PowerPoint 环境下文字的输入与修改，以及幻灯片的基本编辑操作。

(3) 掌握幻灯片中声音的插入方法与设置。
(4) 掌握幻灯片中的超链接设置与使用。
(5) 掌握幻灯片外部模板的设置与使用。
(6) 掌握幻灯片切换的设置与使用。

二、内容

参照图 4-6 所示样图，完成以下内容。

(1) 新建空白演示文稿，参照图 4-6 插入 5 张幻灯片，并完成版式设计、基本文字输入。

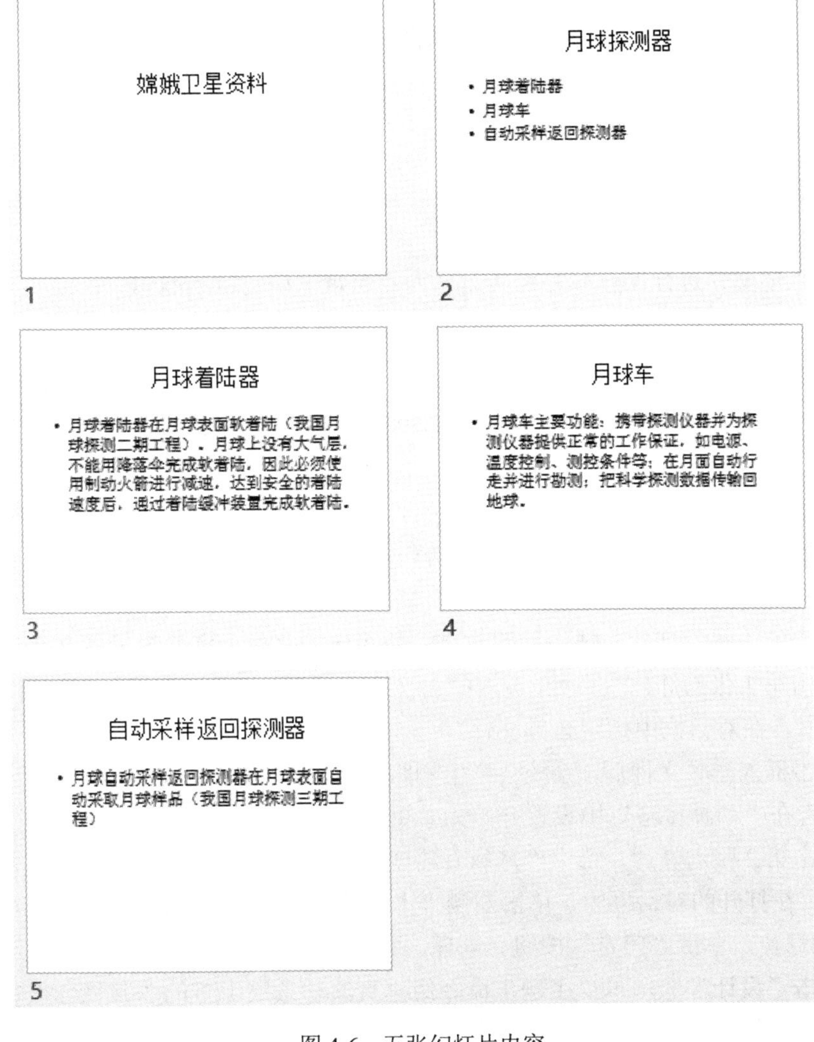

图 4-6　五张幻灯片内容

(2) 设置第 1 张幻灯片标题“嫦娥卫星资料”的字体为黑体、56 号。

(3) 将声音文件“6　Music.mid”插入到第 1 张幻灯片中，要求单击时播放声音。

6 Music

(4) 在第 2 张幻灯片中分别为目录文字“月球着陆器”“月球车”“自动采样返回探测器”创建超级链接，分别链接到第 3、4、5 张幻灯片，如图 4-7 所示。

(5) 为所有幻灯片应用资源文件夹中的设计模板“2 moban.pot”，效果如图 4-8 所示。

月球探测器

- 月球着陆器
- 月球车
- 自动采样返回探测器

图 4-7　超链接效果

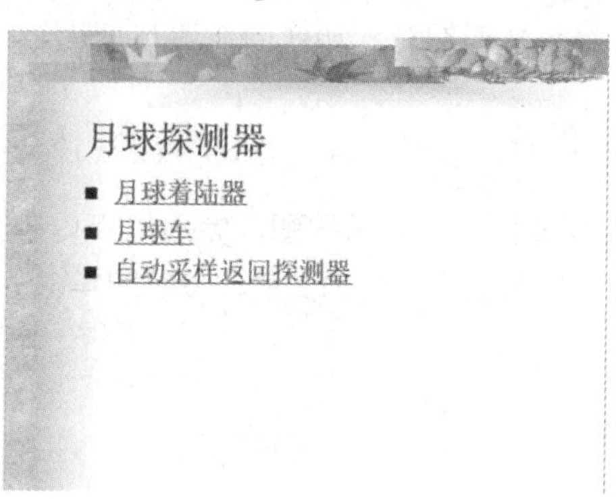

图 4-8 模板效果

(6) 设置所有幻灯片切换效果为垂直百叶窗、持续时间 1 秒、单击鼠标换页、伴有鼓掌声音。

(7) 将上述文件进行保存，并将其命名为“嫦娥卫星资料.pptx”。

三、步骤

(1) 在空白演示文稿中，第一页标题框中输入标题内容后，单击“回车”键，结束标题框的输入状态。

(2) 单击“开始”选项卡中的“新建幻灯片”，在新插入的“标题和内容”版式的幻灯片中输入图 4-6 中第 2 张幻灯片的内容。采用同样的方法依次完成第 3 到 6 张幻灯片的内容。

(3) 单击第 1 张幻灯片，选中标题文字，按指定的字体、字号等设置文字样式。

(4) 单击第 1 张幻灯片空白处，选中“插入”选项卡，单击“音频”下拉菜单中的“文件中的音频”，在对话框中指定音频文件。

(5) 单击插入音频文件后，系统会产生喇叭图标，在“播放”选项卡中设置开始为“单击时”，或者在“动画窗格”中设置开始为“单击时”。

(6) 单击第 2 张幻灯片，选中“月球着陆器”，在选中区域单击鼠标右键，再单击“插入超链接”，在打开的对话框中，单击左侧“本文档中的位置”；在中间的幻灯片列表中单击第 3 张幻灯片，单击“确定”按钮。同理，完成后面两个超链接的插入。

(7) 单击“设计”选项卡“主题”命令组垂直滚动条最下方的“其他”按钮，再单击“浏览主题”，在打开的对话框中指定外部模板文件所在位置。

(8) 单击“切换”选项卡，再单击“百叶窗”效果，将“效果选项”设置为“垂直”，调整持续时间，勾选“换片方式”中的“单击鼠标时”，在“声音”下拉菜单中选中“鼓掌”，最后单击“全部应用”按钮。

(9) 按指定文件名保存文件。

任务3 演示文稿的设置和美化(一)

一、目的

(1) 掌握演示文稿的母版设置。
(2) 掌握幻灯片中的视频的插入方法与设置。
(3) 熟练幻灯片的基本编辑、基本美化设置操作。
(4) 熟练幻灯片的切换设置。
(5) 熟练幻灯片的动画设置。
(6) 掌握幻灯片生成视频文件的方法。

二、内容

在 PowerPoint 中打开格式为 ppt3.pptx 的文件，如图 4-9 所示，然后完成后面的内容。

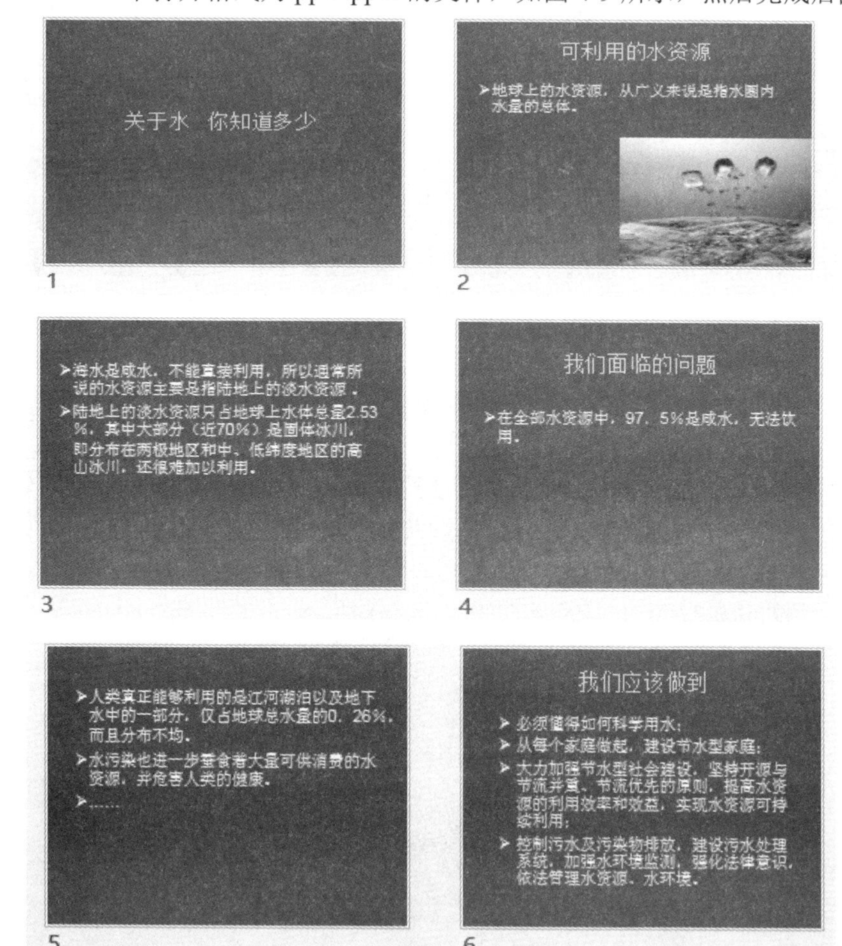

图 4-9　ppt3 的七页内容

1. 演示文稿的页面设置

(1) 如图 4-10 所示，将第 1 张幻灯片中标题的字体设置为华文行楷、72 磅、浅绿色。

(2) 按样图 4-11 所示，在幻灯片母版中为所有幻灯片添加“页脚效果”，设置字体为微软雅黑、加粗、18 磅、天蓝色(RGB：112，255，255)。

(3) 按样图 4-11 所示，在幻灯片母版中将文本占位符中段落的项目符号更改为“ ♦ ”，大小为字高的 115%，颜色为橙色。

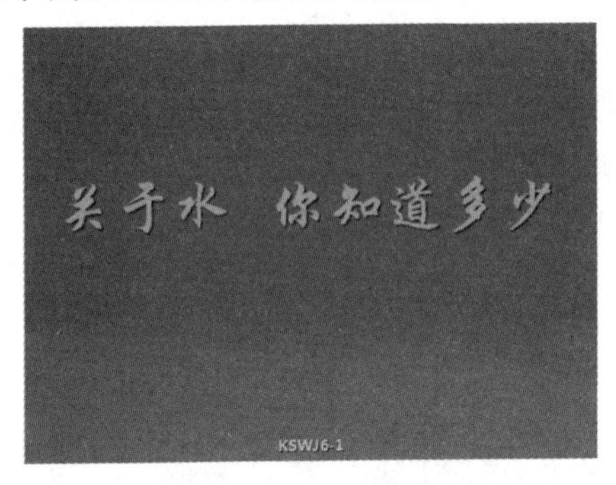

图 4-10　标题页效果

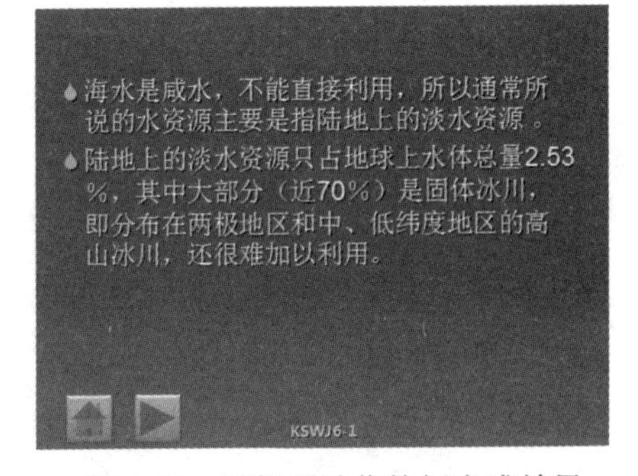

图 4-11　母版及动作按钮完成效果

2. 演示文稿的插入设置

(1) 按样图 4-11 所示，在第 3 张幻灯片中插入链接到第 1 张幻灯片和下一张幻灯片的动作按钮，并为动作按钮套用“强烈效果-冰蓝，强调颜色 3”的形状样式，高度和宽度均设置为 2 厘米。

视频 6-1

(2) 按样图 4-12 所示，在第 4 张幻灯片中插入视频文件“视频 6-1.wmv”，设置视频文件的缩放比例为 50%，视频样式为“柔化边缘椭圆”，剪裁视频的开始时间为 3 秒，结束时间为 30 秒。

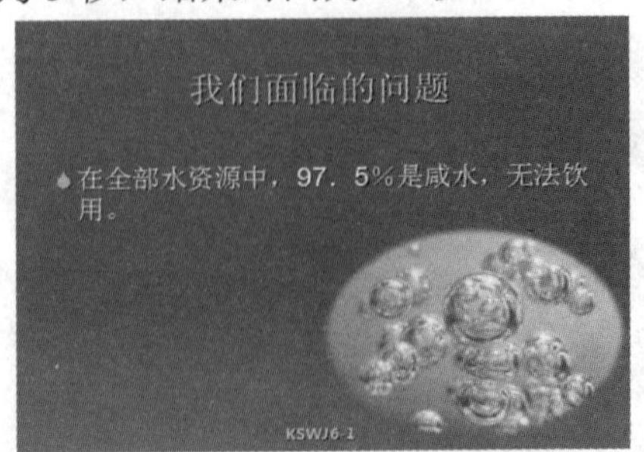

图 4-12　视频完成效果

3. 演示文稿的动画设置

(1) 设置所有幻灯片的切换方式为“闪耀”、效果为“从下方闪耀的六边形”、持续时间为2秒、“风铃”的声音、单击鼠标时换片。

(2) 将第1张幻灯片中标题文本的动画效果设置为“弹跳”、持续时间为3秒、从上一动画之后自动启动动画效果。

(3) 在幻灯片母版中，将幻灯片文本占位符中文本的动画效果设置为“浮入”，序列为“按段落”、方向为“下浮”、与上一动画同时开始。

4. 保存演示文稿

保存文件后，将演示文稿创建为全保真视频，设置放映每张幻灯片的时间为6秒，以“水.wmv”为文件名保存。

三、步骤

(1) 打开格式为ppt3.pptx的文件，选中第1张幻灯片中的标题，设置字体、字号和颜色。

(2) 单击“插入”选项卡中“页眉和页脚”命令，选中页脚，输入对应的文字内容。

(3) 单击“视图”选项卡中的“幻灯片母版”，进入母版视图后，单击左侧缩略图最上方的总母版页，选定页脚文字；在“开始”选项卡中设置字体、字形、字号；文字颜色在设置时单击“其他颜色”；在弹出的对话框中单击“自定义”选项卡后设置RGB值。设置完成后单击“幻灯片母版”选项卡中的“关闭母版视图”命令，即退出母版编辑状态。

(4) 单击“视图”选项卡中的“幻灯片母版”，单击左侧缩略图最上方的总母版页，选定含项目符号的多行，单击“开始”选项卡中“项目符号”按钮右侧的向下三角，在弹出的下拉菜单中单击“项目符号与编号”，自定义项目符号的形状、大小、颜色。设置完成后单击“幻灯片母版”选项卡中的“关闭母版视图”命令，即退出母版编辑状态。

(5) 单击第3张幻灯片，选中“插入”选项卡，单击“形状”下拉菜单中“动作按钮”组中的“第一张”按钮，拖动鼠标插入“形状”。同理，插入“下一张”按钮。

(6) 按“Shift”键的同时选中两个按钮，在“格式”选项卡“形状样式”组中，单击指定的样式，保持选定状态。“格式”选项卡最右侧可指定宽和高的值，或右击在“属性”对话框中进行设置。(注意：长宽比锁定项是否已勾选。)

(7) 单击第4张幻灯片，选中“插入”选项卡，单击“视频”按钮右侧的向下三角，在下拉菜单中单击“文件中的视频”，可在对话框中指定视频文件，再单击“确定”即可插入视频。

(8) 选中视频后，在选中区域内右击鼠标，在弹出的菜单中单击“视频属性”，在对话框中按缩放比例设置大小。或在“格式”选项卡中单击“大小”选项组右下角的箭头按钮，打开对话框进行设置。

(9) 选中视频，在“格式”选项卡中单击“视频样式”选项组右侧滚动条最下方的按钮展开视频样式列表，单击对应的视频样式。

(10) 选中视频，在“播放”选项卡中单击“剪裁视频”按钮，在打开的对话框中指定开始时间和结束时间。

(11) 单击“切换”选项卡，选定切换方式，设置对应效果选项及参数，单击“全部应用”按钮。

(12) 单击第 1 张幻灯片，再依次单击标题文本框→“动画”选项卡→动画组动画效果列表右侧滚动条最下方的按钮，在完全列表中单击对应的“弹跳”选项，在“动画”选项卡右侧设置持续时间，最后再依次单击“开始”右侧下拉列表→“上一动画之后”。

(13) 单击“视图”选项卡“幻灯片母版”，在母版中选中设置对象，再单击“动画”选项卡进行设置，完成后单击“幻灯片母版”选项卡中的“关闭母版视图”命令即退出母版编辑状态。

(14) 单击“文件”中的“保存”命令，按指定位置、文件名保存文件。

(15) 单击“文件”中的“保存并发送”命令，再单击“创建视频”选项，按题目要求设置参数及视频文件格式后单击“创建”按钮即完成。(注意：视频生成速度较慢时，对话框下方有进度条。)

任务 4　演示文稿的设置和美化(二)

一、目的

(1) 熟练幻灯片超链接设置。
(2) 熟练幻灯片中音频的插入方法与设置。
(3) 熟练幻灯片中主题、图片等设置操作。
(4) 熟练幻灯片的切换设置。
(5) 熟练幻灯片中文字、图片的动画设置。
(6) 掌握演示文稿的打包操作方法。

二、内容

在 PowerPoint 中打开 ppt4.pptx 文件，如图 4-13 所示，按如下要求进行操作。

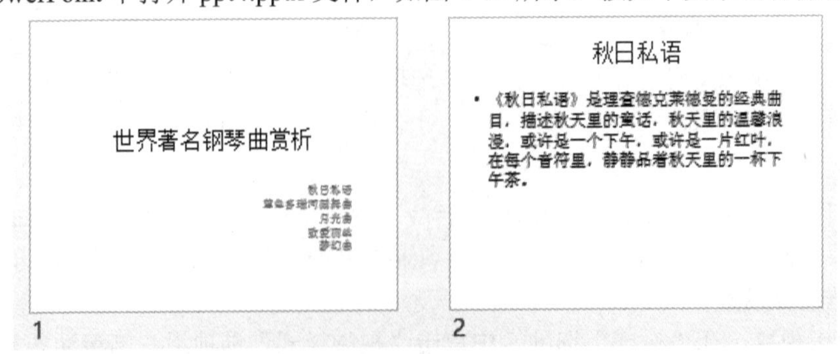

蓝色多瑙河圆舞曲

• 蓝色多瑙河圆舞曲，奥地利作曲家小约翰·施特劳斯最富盛名的圆舞曲作品，被誉为“奥地利第二国歌”，每年的维也纳新年音乐会也将该曲作为保留曲目演出。

3

月光曲

• 原名《升C小调钢琴奏鸣曲》，1801年贝多芬在经历情感波折后创作出来的钢琴奏鸣曲，德国诗人路德维希·莱尔斯塔勃听后将此曲第一乐章比作“犹如在瑞士琉森湖月光闪烁的湖面上摇荡的小舟一般”，而冠以《月光曲》之名。

4

致爱丽丝

• 《致爱丽丝》，德国音乐家贝多芬作于1810年4月27日，相传是为其学生特雷泽·马尔法蒂而作。乐曲旋律清新明快，犹如涓涓山泉在歌唱。第一个插部主题情绪更加开朗，右手快速的分解和弦式的伴奏音型使主题显得活泼流连。第二插部主题由主音的持续低音和弦连接而成，端庄典雅，形成了和主题的对比。

5

梦幻曲

• 《童年情景》之梦幻曲，完成于1838年，是舒曼所作十三首《童年情景》中的第七首。一支简短的旋律包容了人们对生活、对爱情、对幻想的追求与希冀，也表达人们对已逝去或将来到的美好的梦幻的热望与挚爱。

6

图 4-13　6 张幻灯片内容

1. 演示文稿的页面设置

(1) 如图 4-14 所示，将主题“波形”应用于所有幻灯片，并填充“样式 9”的背景样式。

(2) 如图 4-14 所示，将第 1 张幻灯片中标题的字体设置为华文彩云、66 磅、倾斜。

图 4-14　第 1 页效果

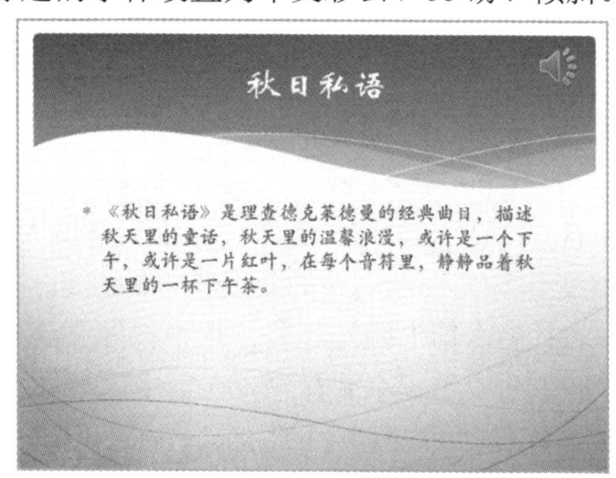

图 4-15　第 2 页效果

2. 演示文稿的插入设置

(1) 如图 4-14 所示，将第 1 张幻灯片副标题中的文本与相应的幻灯片建立超链接。

(2) 如图 4-15 所示，在第 2 张幻灯片中插入音频文件“6-2A.wma”，剪裁音频的开始时间为“01:00”，结束时间为“02:00”；设置音频文件跨幻灯片播放，且循环播放直到停止，在播放的时候隐藏图标。

6-2A

(3) 如图 4-16 所示，在第 4 张幻灯片中插入图片文件“6-2B.jpg”，设置图片大小的缩放比例为 45%，图片样式为“映像圆角矩形”。

6-2B

图 4-16　第 4 页效果

3. 演示文稿的动画设置

(1) 设置所有幻灯片的切换方式为“涟漪”、效果为“居中”、持续时间为 2 秒、声音为“风声”、换片方式为 3 秒后自动换片。

(2) 将第 1 张幻灯片中标题文本的动画效果设置为“轮子”、效果为“4 轮辐图案”、持续时间为 2.5 秒、从上一动画之后自动启动动画效果。

(3) 为第 4 张幻灯片中的图片添加“翻转式由远及近”的动画效果，持续时间为 2 秒，从上一动画之后自动启动动画效果。

4. 保存演示文稿

保存文件后，再将此演示文稿打包成 CD，以 6A 为 CD 名保存，并设置打开演示文稿的密码为“gjks6-2”。

三、步骤

(1) 打开 ppt4.pptx 文件，再依次单击“设计”选项卡→“波形”主题→“设计”选项卡“变体”列表右侧滚动条最下方的按钮→“背景样式”，最后在列表中单击“样式 9”。

(2) 单击第 1 张幻灯片，选中标题文字，设置文字格式。

(3) 选中第一个副标题，在选中区域右击鼠标，单击“插入超链接”，在打开的对话框中单击左侧“本文档中的位置”，在中间的幻灯片列表中单击链接到的目标幻灯片，再单击“确定”按钮。同理完成后面超链接的插入。

(4) 单击第 2 张幻灯片，再分别单击“插入”选项卡和“音频”下拉菜单中“文件中的音频”，在对话框中指定音频文件。

(5) 单击“播放”选项卡，设置剪裁音频及音频播放选项。

(6) 单击第 4 张幻灯片，再单击“插入”选项卡中的“图片”命令，在打开的“插入图片”对话框中指定图片文件所在的位置，即可完成图片的插入。

(7) 单击图片，再依次单击“格式”选项卡→“大小”选项组右下角的箭头按钮，打开对话框设置缩放比例，依次单击“格式”选项卡“图片样式”组右侧滚动条最下方的按钮→对应样式。

(8) 单击“切换”选项卡，选定切换方式，设置对应效果选项及参数，再单击“全部应用”按钮。

(9) 单击第 1 张幻灯片，选中标题文字，再单击“动画”选项卡，设置对应的动画效果及参数。

(10) 单击第 4 张幻灯片，选中图片，设置对应动画效果及参数。

(11) 单击“文件”中的“保存”命令，保存演示文稿文件。再依次单击“文件”→“保存并发送”→“将演示文稿打包成 CD” →“打包成 CD”，在打开的对话框中设置 CD 名；再单击“选项”按钮，在弹出的对话框中设置打开密码，然后依次单击“确定”按钮和“复制到文件夹”选项，设置路径与文件夹名，最后单击“确定”按钮。

任务 5 演示文稿的设置和美化(三)

一、目的

(1) 掌握幻灯片中 SmartArt 图形的插入及设置操作。
(2) 熟练幻灯片中主题、图片等美化操作。
(3) 熟练幻灯片中的超链接操作。
(4) 熟练幻灯片的切换设置。
(5) 掌握幻灯片中 SmartArt 图形的动画设置及动画刷的使用。
(6) 熟练演示文稿打包的操作方法。

二、内容

在 PowerPoint 中打开 ppt5.pptx 文件，如图 4-17 所示，按如下要求进行操作。

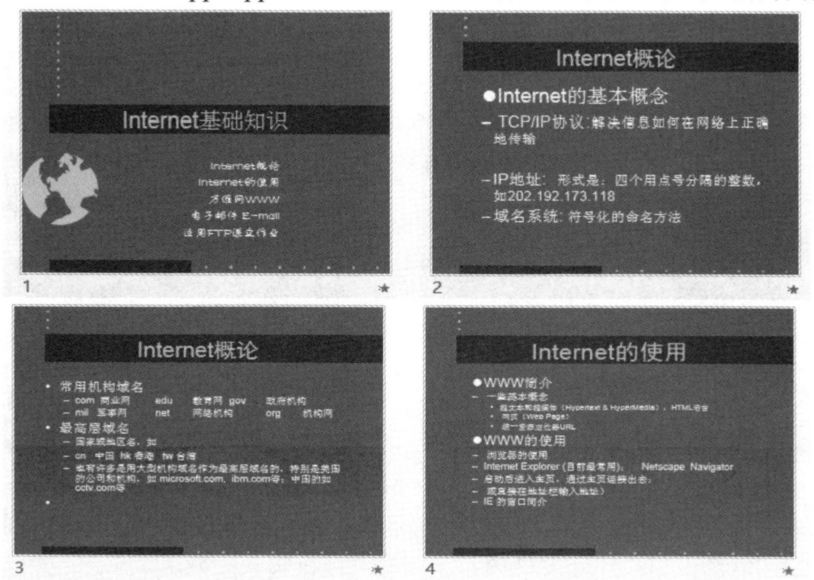

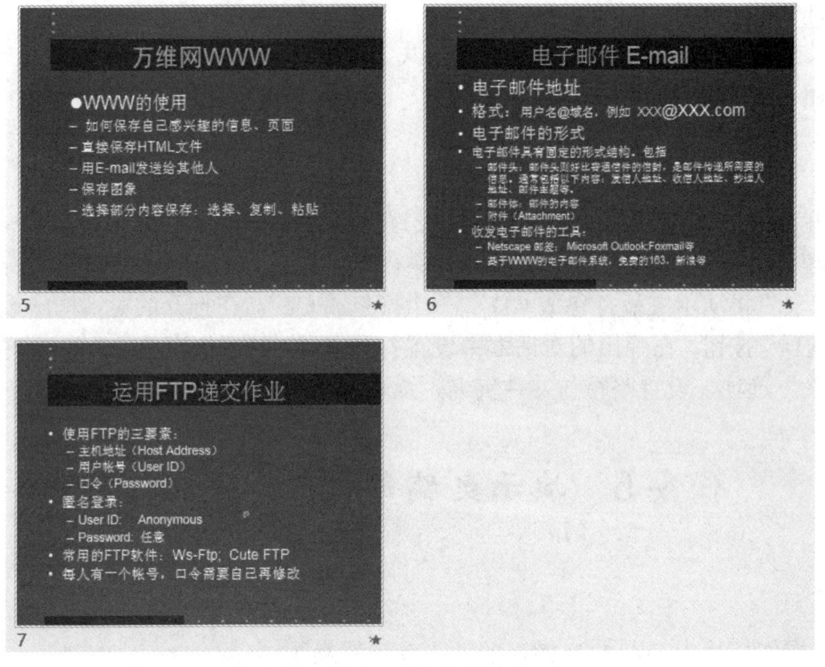

图 4-17　7 张幻灯片内容

1. 演示文稿的页面设置

(1) 按样图 4-18 所示，将主题“角度”应用于所有幻灯片，并填充“样式 10”的背景样式。

(2) 按样图 4-18 所示，将第 1 张幻灯片中标题的字体设置为隶书、50 磅、加粗。

2. 演示文稿的插入设置

(1) 按样图 4-18 所示，将第 1 张幻灯片副标题中的文本与相应的幻灯片建立超链接。

(2) 按样图 4-19 所示，在第 3 张幻灯片中插入 SmartArt 图形。图形布局为“六边形射线”循环图；设置颜色为“彩色范围—强调文字颜色 3 至 4”；外观样式为“强烈效果”；图形大小为高 8 厘米、宽 10 厘米；录入相应文字，并设置字体为楷体、16 磅、加粗、黄色。

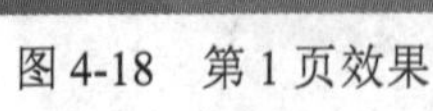

图 4-18　第 1 页效果

图 4-19　第 3 页效果

(3) 按样图 4-20 所示，在第 5 张幻灯片中插入图片文件 KSWJ6-7.jpg，设置图片大小的缩放比例为 130%，图片样式为“棱台左透视，白色”。

图 4-20　第 5 页效果

3. 演示文稿的动画设置

(1) 设置所有幻灯片的切换方式为“碎片”、效果为“粒子输出”、持续时间为 3 秒、声音为“抽气”、换片方式为单击鼠标时换片。

(2) 将第 1 张幻灯片中标题文本的动画效果设置为“浮入”、效果为“上浮”、持续时间为 2 秒、从上一动画之后延迟 0.5 秒启动动画效果。

(3) 为第 3 张幻灯片中的 SmartArt 图形和第 5 张幻灯片中的图片添加“劈裂”的动画效果，持续时间为 1.5 秒、从上一动画之后自动启动动画效果。

4. 保存演示文稿

保存文件后，再将此演示文稿打包成 CD，以 A6A 为 CD 名保存，并设置打开演示文稿的密码为“gjks6-7”。

三、步骤

(1) 打开 ppt5.pptx 文件，依次单击“设计”选项卡→对应的主题→“变体”列表右侧滚动条最下方的按钮→“背景样式”，此时可在列表中设置对应样式。

(2) 单击第一张幻灯片，选中标题文字，设置相应的文字格式。

(3) 选中第一个副标题，在选中的区域右击鼠标，单击“插入超链接”，在打开的对话框中单击左侧的“本文档中的位置”，在中间的幻灯片列表中单击链接到的目标幻灯片，再单击“确定”按钮，即完成超链接的插入。同理，完成后面超链接的插入。

(4) 单击第 3 张幻灯片，再依次单击“插入”选项卡→“插图”组中的“SmartArt” →循环图中的指定图形，插入图形完成，然后输入对应的文字。

(5) SmartArt 图形在选中状态下，单击“设计”选项卡中的“更改颜色”按钮，再单击“彩色”组中的指定颜色。

(6) SmartArt 图形在选中状态下，单击“设计”选项卡中“SmartArt 样式”组右侧滚动条最下方的按钮，在弹出的列表中，单击名称为“强烈效果”的样式。

(7) SmartArt 图形在选中状态下，单击“格式”选项卡，指定图形的大小。

(8) SmartArt 图形在选中状态下，单击“开始”选项卡，设置文字格式。

(9) 单击第 5 张幻灯片，再单击“插入”选项卡中的“图片”命令，在打开的“插入图片”对话框中指定图片文件的所在位置，完成图片的插入。

(10) 在图片选定状态下，依次单击“格式”选项卡→“大小”选项组右下角的箭头按钮，打开对话框设置缩放比例，依次单击“格式”选项卡“图片样式”组右侧滚动条最下方的按钮→对应样式。

(11) 单击“切换”选项卡，选定切换方式，设置对应效果选项及参数，再单击“全部应用”按钮。

(12) 单击第 1 张幻灯片，选中标题文字，再单击“动画”选项卡，设置对应动画效果及参数。

(13) 单击第 3 张幻灯片，选中 SmartArt 图形，设置对应动画效果及参数。

(14) SmartArt 图形动画效果设置完成后，保持图形的选中状态，单击“动画”选项卡中的“动画刷”命令，在窗口左侧缩略图区域单击第 5 张幻灯片，此时编辑区鼠标指针变为刷子形状，再单击需要设置同样动画效果的图片。

(15) 单击“文件”中的“保存”命令，保存演示文稿文件。再依次单击“文件”→“保存并发送”→“将演示文稿打包成 CD”→“打包成 CD”；在打开的对话框中设置 CD 名，单击“选项”按钮，在弹出的对话框中设置打开密码，然后单击“确定”按钮，再单击“复制到文件夹”，设置路径与文件夹名，最后单击“确定”按钮。

任务6　演示文稿的设置和美化(四)

一、目的

(1) 熟练幻灯片母版的设置。
(2) 熟练幻灯片页脚、SmartArt 图形、动作按钮的设置。
(3) 熟练幻灯片的切换设置。
(4) 熟练幻灯片的动画设置。
(5) 掌握幻灯片放映的设置。
(6) 熟练演示文稿打包的操作。

二、内容

在 PowerPoint 中打开 ppt6.pptx 文件，如图 4-21 所示，按如下要求进行操作。

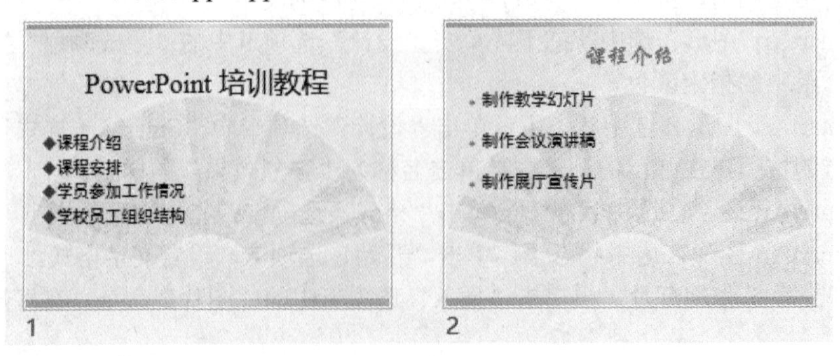

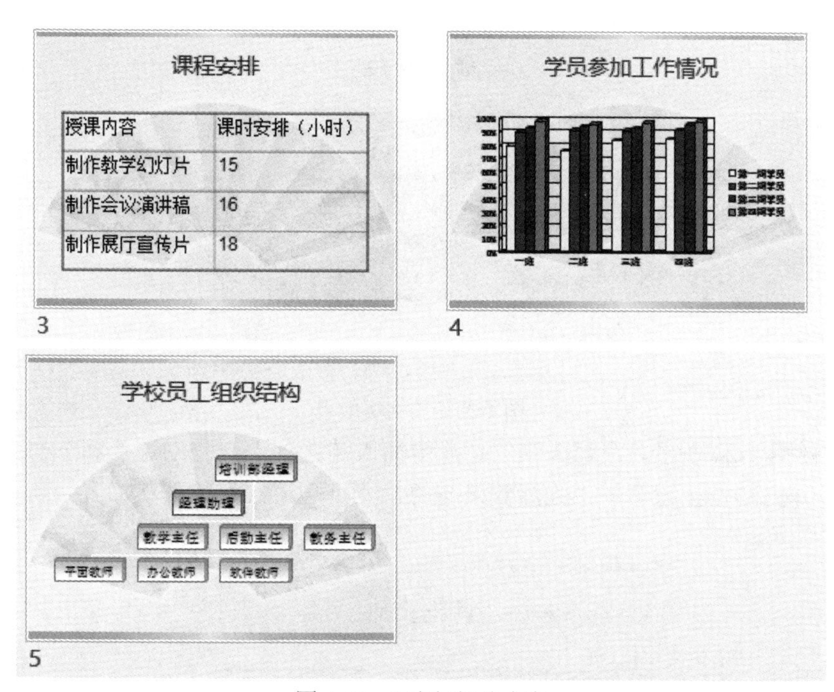

图 4-21　5 张幻灯片内容

1. 演示文稿的页面设置

(1) 按样图 4-22 所示，将第 1 张幻灯片中的标题字体设置为华文行楷、66 磅、绿色、“细微效果 蓝 - 灰，强调颜色 5”的形状样式。

(2) 按样图 4-22 所示，在幻灯片母版中为所有幻灯片添加页脚“培训教程”，并显示幻灯片编号，设置页脚和编号的字体为隶书、30 磅、蓝色，并为页脚填充“浅色 1 轮廓，彩色填充 蓝-灰，强调颜色 5”的形状样式。

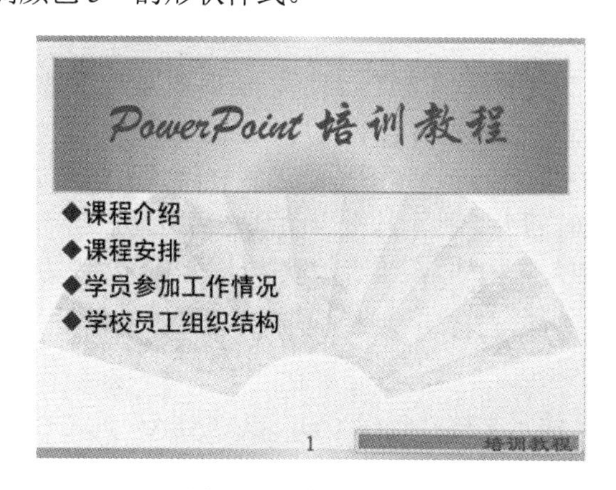

图 4-22　第 1 页效果

2. 演示文稿的插入设置

(1) 按样图 4-23 所示，将第 2 张幻灯片中插入 SmartArt 图形；图形布局为“表格列表”图；设置颜色为“彩色范围-强调文字颜色 5 至 6”；外观样式为“强烈效果”；图形大小为高 10 厘米、宽 13 厘米；录入相应文字，并设置字体为华文行楷、35 磅、紫色。

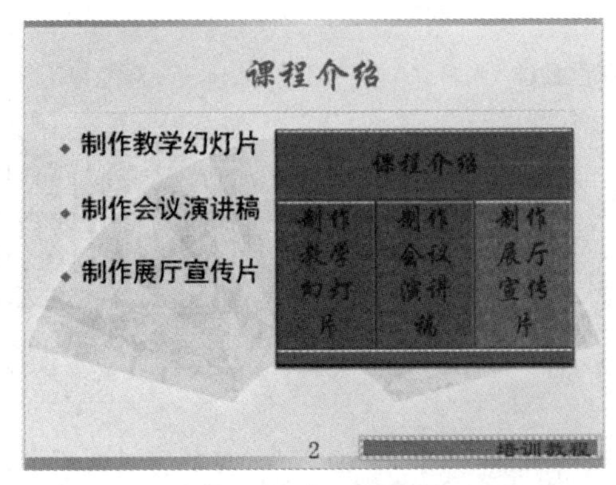

图 4-23　第 2 页效果

(2) 按样图 4-24 所示，在第 3 张幻灯片中插入链接到上一张幻灯片和下一张幻灯片的动作按钮，并为动作按钮套用“强烈效果-金色，强调颜色 6”的形状样式，高度和宽度均设置为 1.5 厘米。

课程安排

授课内容	课时安排（小时）
制作教学幻灯片	15
制作会议演讲稿	16
制作展厅宣传片	18

3　培训教程

图 4-24　第 3 页效果

3. 演示文稿的动画设置

(1) 设置所有幻灯片的切换方式为“时钟”、切换效果为“楔入”、持续时间为 2 秒、声音为“鼓掌”、换片方式为 2.5 秒后自动换片。

(2) 为第 2 张幻灯片中的 SmartArt 图形添加“旋转式由远及近”进入的动画效果，效果为“整批发送”，持续时间为 2 秒，从上一动画之后自动启动动画效果。

(3) 设置幻灯片的放映类型为“演讲者放映(全屏幕)”，放映方式为“循环放映，按 Esc 键终止”，放映内容为“全部”。

4. 保存演示文稿

保存文件后，再将此演示文稿打包成 CD，以“A6A”为 CD 名保存，并设置打开演示文稿的密码为“gjks6-8”。

三、步骤

(1) 打开 ppt6.pptx 文件，单击第 1 张幻灯片，选中标题文字，在“开始”选项卡设置文字格式，单击“格式”选项卡，设置指定的形状样式。

(2) 单击“插入”选项卡中的“页眉和页脚”命令，选中“幻灯片编号”选项和“页脚”选项，在页脚文本框中输入对应文字内容。

(3) 单击“视图”选项卡中的“幻灯片母版”，进入母版视图后，单击左侧缩略图最上方的总母版页，选定页脚文字，在“开始”选项卡中设置字体、字号、颜色，在“格式”选项卡中设置指定的形状样式，完成后单击“幻灯片母版”选项卡中的“关闭母版视图”命令，即可退出母版编辑状态。

(4) 单击第 2 张幻灯片，再依次单击“插入”选项卡中的“SmartArt”按钮→列表中的指定图形，插入图形后输入对应的文字。

(5) SmartArt 图形在选中状态下，再依次单击“设计”选项卡中的“更改颜色”按钮→“彩色”组中的指定颜色；单击“设计”选项卡中“SmartArt 样式”组右侧滚动条最下方的按钮，在弹出的列表中，单击名称为“强烈效果”的样式；SmartArt 图形在被选中状态下，单击“格式”选项卡，指定图形的大小；单击“开始”选项卡，设置文字格式。

(6) 单击第 3 张幻灯片，再依次单击“插入”选项卡→“形状”下拉菜单中“动作按钮”组中的“上一张”按钮，拖动鼠标插入对应形状。同理，插入“下一张”按钮。按“Shift”键的同时选中两个按钮，在“格式”选项卡的“形状样式”组中，单击指定的样式，保持选定状态，在“格式”选项卡最右侧指定宽和高的值，或右击在“属性”对话框中进行设置。(注意：长宽比锁定项是否已勾选。)

(7) 单击“切换”选项卡，选定切换方式，设置对应效果选项及参数，再单击“全部应用”按钮。

(8) 单击第 2 张幻灯片，选中 SmartArt 图形，再单击“动画”选项卡，设置对应动画效果及参数。

(9) 单击“放映”选项卡中的“设置幻灯片放映”命令，在弹出的对话框中，可以设置放映类型、放映方式和放映范围。

(10) 单击“文件”中的“保存”命令，保存演示文稿文件。再依次单击“文件”→“保存并发送”→“将演示文稿打包成 CD”→“打包成 CD”；在打开的对话框中设置 CD 名，单击“选项”按钮，在弹出的对话框中设置打开密码；然后依次单击“确定”按钮→“复制到文件夹”，设置路径与文件夹名，最后单击“确定”按钮。

任务 7　演示文稿的设置和美化(五)

一、目的

(1) 熟练幻灯片母版的设置。
(2) 熟练幻灯片页脚、SmartArt 图形、动作按钮的设置。
(3) 熟练幻灯片的切换设置。
(4) 熟练幻灯片的动画设置。
(5) 掌握幻灯片放映的设置。
(6) 熟练演示文稿打包的操作。

二、内容

在 PowerPoint 中打开 ppt7.pptx 文件，如图 4-25 所示，按如下要求进行操作。

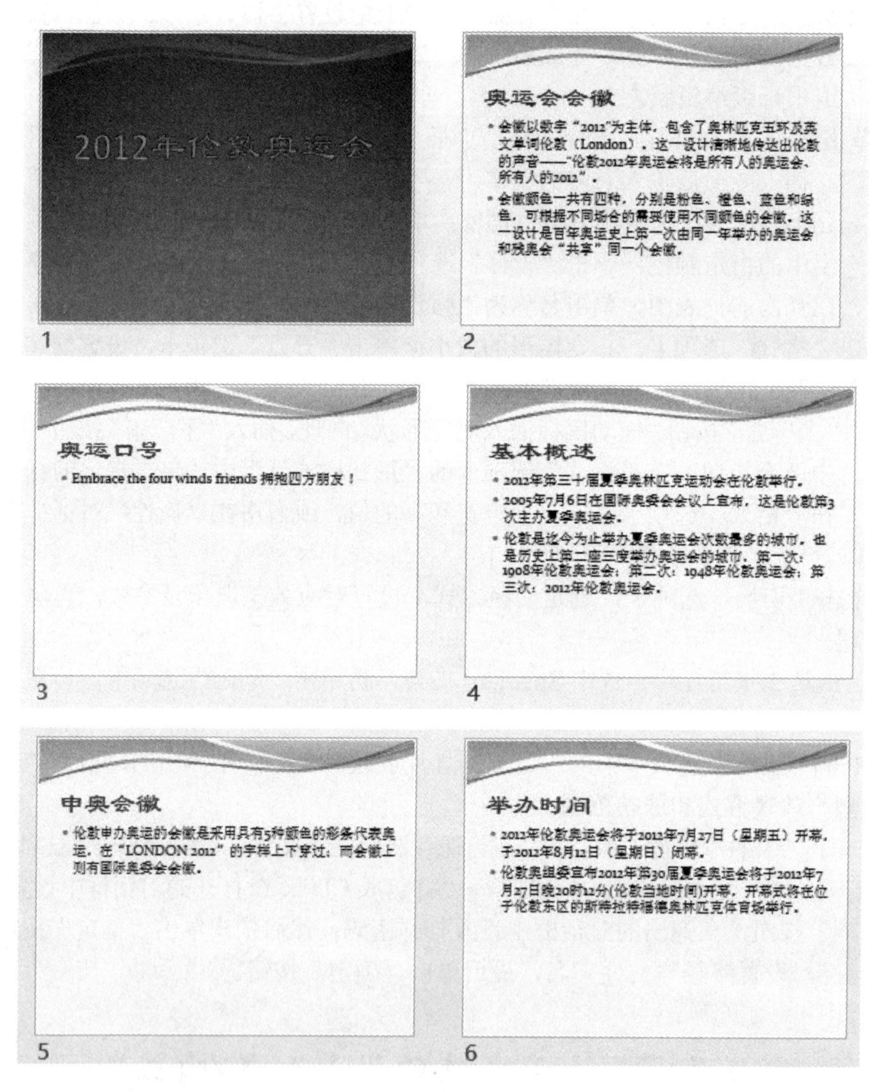

图 4-25　6 张幻灯片内容

1. 演示文稿的页面设置

(1) 按样图 4-26 所示，在幻灯片母版中将文本占位符中文本的字体设为方正姚体，段落间距为段前 12 磅、段后 6 磅，行距为固定值 35 磅。

(2) 按样图 4-26 所示，将第 2 张幻灯片的背景填充为图片“6-3A.jpg”，透明度为 50%。

6-3A

2. 演示文稿的插入设置

(1) 按样图 4-27 所示，在第 3 张幻灯片中插入 SmartArt 图形，图形布局为“连续块状流程”图，设置颜色为“彩色-强调文字颜色”，外观样式为三维中的“嵌入”；录入相应文字，并设置字体为华文隶书、36 磅、深蓝色。

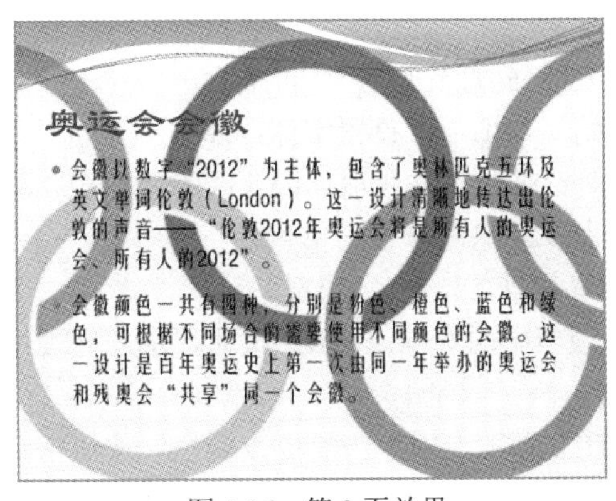

图 4-26　第 2 页效果

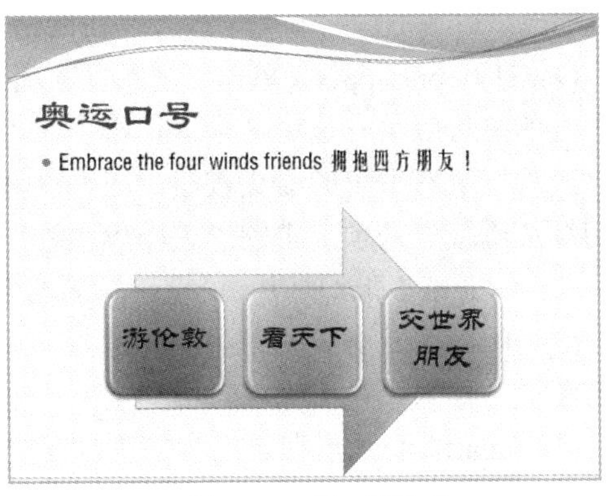

图 4-27　第 3 页效果

(2) 按样图 4-28 所示，在第 4 张幻灯片中插入链接到第一张幻灯片和最后一张幻灯片的动作按钮，并为动作按钮套用“中等效果-青绿，强调颜色 2”的形状样式，高度和宽度均设置为 2 厘米。

6-3B

(3) 按样图 4-29 所示，在第 5 张幻灯片中插入图片文件“6-3B.jpg”，设置图片大小的缩放比例为 80%，排列顺序为“置于底层”，图片样式为“棱台透视”。

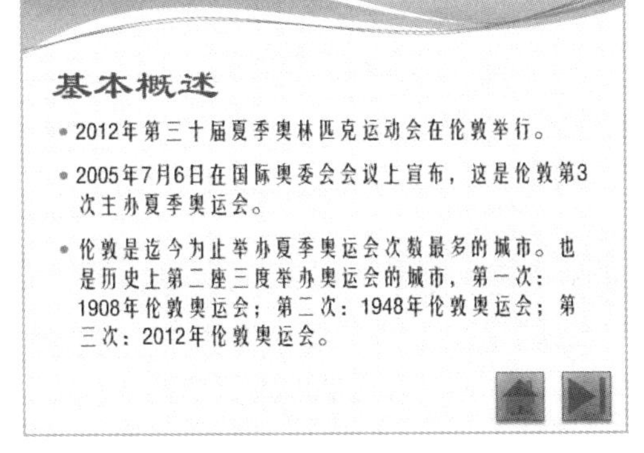

图 4-28　第 4 页效果

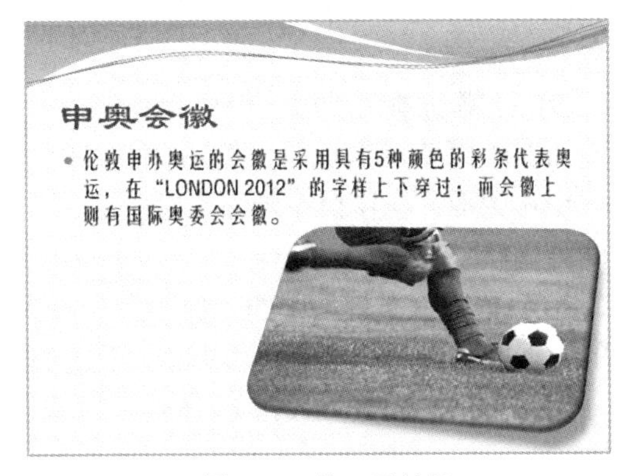

图 4-29　第 5 页效果

3. 演示文稿的动画设置

(1) 设置所有幻灯片的切换方式为“涡流”、效果为“自底部”、持续时间为 3 秒、声音为“鼓掌”、换片方式为 3 秒后自动换片。

(2) 将第 1 张幻灯片中标题文本的动画效果设置为“放大/缩小”，效果选项中方向为“两者”、数量为“较小”、持续时间为 2 秒，单击鼠标时启动动画效果。

(3) 用“动画刷”复制第 1 张幻灯片中标题文本的动画效果，并将此动画效果应用到第 3 张幻灯片中的 SmartArt 图形和第 5 张幻灯片中的图片上。

4. 保存演示文稿

保存文件后，将演示文稿创建为全保真视频文件，设置放映每张幻灯片的时间为 7 秒，以“A6A.wmv”为文件名保存。

三、步骤

(1) 打开 ppt7.pptx，单击“视图”选项卡中的“幻灯片母版”，再依次单击左侧缩略图最上方的总母版页→选中文本占位符，在“开始”选项卡中设置字体；单击“开始”选项卡“段落”组右下角的箭头按钮，在“段落”对话框中设置段前、段后间距及行距；单击“幻灯片母版”选项卡中的“关闭母版视图”命令，退出母版编辑状态。

(2) 单击第 2 张幻灯片，“设计”选项卡设置背景，以图片文件填充。

(3) 单击第 3 张幻灯片，单击“插入”选项卡中的“SmartArt”按钮，单击列表中的指定图形，插入图形后输入对应的文字。

(4) SmartArt 图形在选中状态下，在“设计”选项卡中单击“更改颜色”按钮指定颜色，在“设计”选项卡设置外观样式，在“开始”选项卡中设置文字格式。

(5) 单击第 4 张幻灯片，在“插入”选项卡中插入“动作按钮”，并指定动作；在“格式”选项卡中设置“形状样式”和宽度、高度。

(6) 单击第 5 张幻灯片，在“插入”选项卡中插入图片，图片在选定状态下，在“格式”选项卡中设置图片各参数。

(7) 单击“切换”选项卡，选定切换方式，并设置对应效果选项及参数，然后单击“全部应用”按钮。

(8) 单击第 1 张幻灯片，选中标题文本，单击“动画”选项卡，设置对应动画效果及参数。

(9) 标题动画完成后，保持其选中状态，双击“动画”选项卡中的“动画刷”命令；在窗口左侧缩略图区域单击第 3 张幻灯片，编辑区鼠标指针变为“刷子”形状，再单击 SmartArt 图形；在窗口左侧缩略图区域单击第 5 张幻灯片，并单击图片；单击空白处，结束动画刷状态。

(10) 单击“文件”中的“保存”命令，按指定位置、文件名保存文件；单击“文件”中的“保存并发送”命令，再单击“创建视频”选项，按题目要求设置参数及视频文件格式，然后单击“创建”按钮。(注意：视频生成速度较慢时，对话框下方有进度条。)

注：以上相关试题选自于国家职业技能鉴定委员会、计算机专业委员会. 办公软件应用(Windows 平台)Windows 7、Office 2010 试题汇编(高级操作员级). 北京：北京希望电子出版社，2017.